国家自然科学基金资助项目(项目号:71672172、71172111、71232013)
浙江省自然科学基金项目(项目号:LY16G020010)

牛 津 手 册

——商业与自然环境

［加］普拉提玛·班萨尔　［美］安德鲁·J. 霍夫曼　主编

金　珺　阮爱君　张郑熠　郭　敏　译

ZHEJIANG UNIVERSITY PRESS
浙江大学出版社

图书在版编目（CIP）数据

牛津手册:商业与自然环境／(加)普拉提玛·班
萨尔,(美)安德鲁·J. 霍夫曼主编;金珺等译. 一杭州:
浙江大学出版社,2017.10
书名原文:Oxford Handbook of Business and the
Natural Environment
ISBN 978-7-308-17437-4

Ⅰ.①牛… Ⅱ.①普…②安…③金… Ⅲ.①企业环
境管理—研究 Ⅳ.②X322

中国版本图书馆 CIP 数据核字（2017）第 235028 号

浙江省版权局著作权合同登记　　图字:11-2017-250 号

牛津手册——商业与自然环境

［加］普拉提玛·班萨尔　　［美］安德鲁·J. 霍夫曼　主编
金　珺　阮爱君　张郑熠　郭　敏　译

责任编辑	伍秀芳(wxfwt@zju.edu.cn)
责任校对	陈静毅　郝　娇　舒莎珊
封面设计	周　灵
出版发行	浙江大学出版社
	（杭州市天目山路 148 号　邮政编码 310007）
	（网址:http://www.zjupress.com）
排　　版	浙江时代出版服务有限公司
印　　刷	浙江海虹彩色印务有限公司
开　　本	710mm×1000mm　1/16
印　　张	41.25
字　　数	719 千
版 印 次	2017 年 10 月第 1 版　2017 年 10 月第 1 次印刷
书　　号	ISBN 978-7-308-17437-4
定　　价	168.00 元

目　录

第 ① 部 分

介　绍

1 回顾、观点和展望：
《牛津手册——商业与自然环境》简介

Andrew J. Hoffman, Pratima Bansal

20 世纪见证了前所未有的经济增长与人类繁荣：全球人口增长了 4 倍，经济增长了 14 倍（Thomas 2002），而人均预期寿命几乎增长了 2/3（World Resources Institute 1994）。1900—2002 年，单就美国而言，人均预期寿命由 47.3 岁增长到 77.3 岁（National Center for Health Statistics 2004）。但是这些进展有时无意中伴随着对我们赖以生存的自然环境的极大破坏。

2005 年，一个受联合国委托、由来自世界各地超过 1360 名专家组成的千年生态系统评估研究组织，提出人类在 20 世纪下半叶对地球生态系统造成的影响比在人类历史上的任何时期都更迅速和广泛（Millennium Ecosystem Assessment 2005:1）。在分析了 24 个全球生态系统后，我们发现其中 60% 已经退化或不可持续利用。自 20 世纪 60 年代以来，"现代环境运动"就呼吁人们关注人类文明不断增长所带来的一系列环境问题和危机，从最初媒体报道的水和空气问题，扩展到有毒物质、危险废弃物场地、臭氧消耗、酸雨、固态废弃物处理、内分泌紊乱、环境种族主义和气候变化等。

伴随着这些不断增多的问题，公司逐渐被视为环境问题的制造者和解决者。正是由于这种关注重点的转移，"公司环境保护主义"的概念应运而生。在 20 世纪下半叶，随着人们对商业活动和环境保护的认识不断深化，这个概念也经多次更新而被重新定义。因此，"公司环境保护主义"的概念从最初 20 世纪 70 年代的简单的合规性，发展到更加新颖的管理理念，如污染预防、环境质量全面管理、工业生态学、生命周期分析、环境战略、碳足迹和可持续发展等。到 2010 年，商业与自然环境方面的研究已经成为管理实践的既定领域。

公司实践的演变使得学术研究同时重点关注业务决策、企业行为和自然环境保护。从 20 世纪 80 年代后期开始,该学术研究从最初的管理研究分支演变成为一个在不断成熟的跨学科的管理科学领域。现在,随着相关文献的增加,我们可以回顾和审视该领域的研究现状以及未来的发展前景。

这一章是关于《牛津手册———商业与自然环境》的介绍。该手册撰写的目的是探讨现有商业与自然环境方面的研究的独特性以及展现今后该领域研究的多重发展方向。越来越多关于环境主题的书籍已经出版,这表明这个研究领域日益兴盛,而这本手册以学术研究者为受众,从多学科角度,强调商业与自然环境领域研究内容的综合性。我们汇编此手册的目的是对这个日益发展的领域的过去、现在和未来做权威的概括。

接下来,我们分三小节来介绍该手册中各章的主题与重点。第一小节是回顾,概括讨论商业与自然环境领域的历史;第二小节是观点,阐述领域现存主要观点;第三小节是展望,展示我们发现的可作为该领域未来研究的共性和首要的议题与方向。

1.1 回　顾

要探究商业与自然环境领域是如何发展到今天的状态的,最有效的方法是从实证现象和学术本身来考虑其发展轨迹。

商业管理中的环境问题

商业与自然环境的历史可以追溯到 500 多年前[①]。但是该手册中涉及的研究的相关问题则通常追溯到 20 世纪中叶。20 世纪 60 年代是对商业与自然环境进行研究和批判性分析的开始,象征着"现代"环境运动黎明的到来[②]。

以这个作为起点,商业与自然环境的历史经历了价值观、信仰和规范急剧变化的时期,即组织学学者所谓的"间断平衡过程"(Kuhn 1970;Gersick 1991)。在此期间,高度关注是有限的,世界观(包括市场、社会、技术和政治事件)也发生了根本变化。1960 年以来,企业环境实践的特性和价值观发生了三次显著的剧烈变化,被称为环境管理的三大"浪潮",见图 1.1(Hoffman 2001;Elkington 2005)。

第一波浪潮:合规的企业环保主义

由于认识到企业环境问题是一个需要规范控制的问题,企业环境主义的

---

① 　Post,第 29 章。
② 　Weber & Soderstrom,第 14 章。

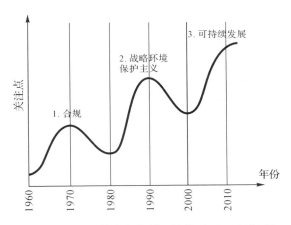

图 1.1　企业环境主义发展三波段,1960—2010 年

第一波浪潮出现在 20 世纪 60 年代末 70 年代初。《寂静的春天》(*Silent Spring*)(Carson 1962)的问世标志着其开端,这本书挑战了弗洛曼(Samuel Florman)提出的"机械工程的黄金时代"的言论(Florman 1976),帮助人们意识到化学药品正在破坏环境,并将终结人类。这本书中的一些观点不仅成为一些事件的起点,也成为修正和控制公司环境行为而立法的有力支持。其中包括启动国际生物项目来分析环境破坏程度以及其中发生的生物学和生态学机制(1963),由 36 个欧洲经济学家和科学家成立的罗马俱乐部来分析工业生产、人口、环境破坏、食品消费和自然资源使用情况之间的动态相互作用(1968),联合国大会决定在 1972 年召开人类环境会议(1968),圣塔芭芭拉溢油事件(1969),以及在第一个世界地球日时近两千万人参加了"关于环境危机的国家授课"活动(1970)。这些事件的成功发起从政治角度激发了人们对环境问题的日渐重视,更重要的是媒体向公众介绍了人口增长、空气和水污染、农药使用,以及设立监管机构的必要性等问题。

　　这类事件之后,新成立的管理机构迅速成为环境规则和规范方面的仲裁者,他们一方面与企业谈判协商,另一方面与环境运动者沟通。随着环境法规基本结构在世界各地被建立,虽然企业根据法规来确定他们的环境责任,但当他们意识到环境法规会限制经济活动开展时,他们也逐渐对环境法规采取规避行为。在公司结构内,环境管理被视为对外的"技术合规"。虽然环境管理在许多企业变成了一个单独的部门,但它仍然是一个辅助角色与较小组织权力,并紧密关注法律要求(Hoffman 2001)。

第二波浪潮:作为战略管理的企业环保主义

第二波浪潮出现在 20 世纪 80 年代末、90 年代初,企业主动将环境保护作为战略要点来对待。这一转变一定程度上起源于由两起企业事故导致的公共恐惧和不信任。第一起事故是 1976 年瑞士罗氏公司的伊美莎化工厂爆炸所释放的二噁英气体,在意大利最富有和工业化程度最高的伦巴第地区布里安扎(Brianza)的赛维索(Seveso)小镇上空升起了毒云。这次事件促使欧洲共同体制定了赛维索指令,这是一个规范企业安全、应急预备和公共信息披露的新系统。

第二起事故是 1984 年发生的意外,在印度博帕尔的美国联合碳化物公司(UC)农药厂,两个地下存储罐泄漏释放出 45 吨异氰酸甲酯气体,导致邻近贫民窟约 3500 人死亡及 30 万人受伤。UC 是一家大型的跨国企业(重要的是,其股东和保险公司),其第一次发现自己要承受巨额的民事处罚(印度政府向 UC 的首席执行官发出逮捕令并赢得了调解协议的 4.7 亿美元)和来自 GAF 公司的敌意收购(在 UC 股票从受灾前的每股 50～58 美元下跌到 32～40 美元之后)。该事件迫使公司和当地公民考虑污染导致的风险,因此法规中的社区"知情权"开始建立,而法律诉讼成了更常见的解决责任问题的方法。再者,博帕尔改变了外资结构和污染保险责任,使污染保险金的获取更难更昂贵。

随后又发生了几起事件,将人们对环境问题的关注提升到了第二波浪潮。例如,北极臭氧层空洞被发现(1985);俄罗斯切尔诺贝利核反应堆事故中释放的气体在东欧上空形成放射性云层(1986);布伦特兰委员会报告《我们共同的未来》(*Owr Common Future*)出版,"可持续发展"开始流行(1987);逐步淘汰消耗臭氧层物质的《蒙特利尔议定书》(*The Montreal Protocol on Substances that Delepet the Ozone Layer*)被签署(1987);联合国成立政府间气候变化小组(1988);埃克森瓦尔迪兹号油轮在威廉王子湾触礁,对脆弱的生态系统造成空前破坏(1989);里约热内卢举行联合国环境与发展会议(1992)。

对企业而言,这些事件使他们更关注环境问题,并将商业与自然环境提升为战略要点。环境管理被重新定义为"积极管理"。企业的环境部门享有新级别的组织权力,对环境问题的考虑不仅被纳入生产流程中,更被整合到生产和产品决策过程中。废物最小化、污染预防和产品监管等概念成为公司新词汇。

第三波浪潮:作为可持续发展的企业环保主义

第三波浪潮开始于 21 世纪头十年的后半时期,重点是将环境社会议题并入全球经济问题中。由于一系列事件和问题,这种转变迫使企业环保主义的范围扩大,全球经济结构发生调整。因此,环境问题得到更广泛的关注,总之,

人们意识到我们的脆弱性及我们对全球环境的联合影响。这些关注点包括:

气候变化和自然事件。在商业与自然环境领域没有一个环境问题比气候变化占有更多的主导地位。从工业革命开始,人类正通过温室气体的排放改变全球气候这一科学共识,使得人们关注如何使经济发展与使用水泵燃料相脱离。引起公众对气候变化关注的事件包括卡特里娜飓风带来的新奥尔良洪水、极地冰川融化、人类历史上第一次开放的西北航道、非洲撒哈拉周缘地区日益严重的干旱和东南亚地区洪水的肆虐。

信息技术。信息技术(IT)的传播和力量加速了世界各地对可持续发展的关注。信息技术使全球公司活动更加透明,将环境退化和收入不平等等问题生动地展现在世人面前。此外,它还改变了权力关系,非政府组织可以组织和动员大型示威活动(如杀手可乐运动、反世贸暴动),迫使公司改变做法。

国家安全和全球恐怖主义。气候变化、干旱和粮食短缺迫使难民潮发生,并破坏政府的稳定,这些使得环境问题开始与国家安全相关联。例如,食品生产链的中断导致了许多作为粮食净进出口国的发展中国家发生社会动乱。2007年,美国军事顾问委员会的一个报告提出警告"可预计的气候变化会对美国的国家安全构成严重威胁……气候变化行为在世界最动荡地区的不稳定威胁将翻倍"(CAN Corp 2007)。此外,一些政府已经开始将可持续发展与全球恐怖主义相关联,并声称,联通世界上贫穷国家的市场和经济是减少全球恐怖主义和极端主义威胁的唯一办法(Barnett 2003)。

经济竞争力。许多分析师指出各国通过开发用于创造和节约能源、食物和水的新一代技术来维持它们的经济竞争力(Friedman 2007)。例如,美国前能源部长朱棣文认为,中国对可再生能源和替代性能源的研究、开发和部署努力是对美国竞争力的威胁,这就像20世纪60年代的"卫星时刻"一样(Chu 2010)。

宗教道德。世界上很多宗教针对现代环境问题开始重新审视他们的核心价值观。2006年,超过100位著名牧师、神学家和教会大学校长签署了《福音派气候倡议》,呼吁大家对气候变化采取行动。2007年,梵蒂冈举行了气候变化会议,承认气候变化带来的一系列影响,尤其是给贫困人口造成的苦难,并计划在梵蒂冈建筑物的屋顶上安装太阳能电池和向碳中和(Carbon-neutral)方向努力。

资源与污染的价格。对资源需求的增加影响了以前"免费"的生态系统服务功能。千年生态系统评估组织警告说"由于资源的减少或退化(如新鲜水)和对应规范的增加,我们预计运作成本会更高或者运作弹性会更小"(MEA 2005)。此外,2010年10月联合国责任投资原则组织的报告中指出,世界上顶级的 3000 家上市公司在 2008 年造成了价值超过 21.5 亿美元的环境损害，相当于全球环境成本的三分之一。报告认为，企业必须减少与环境成本等价的污染和废物，或者赔偿这种污染造成的损害。

企业环保主义第三波浪潮仍在持续。虽然社会和市场变革的种子已经发芽，但是最终会如何还尚未完全展现出来。

商业研究中的环境问题

虽然在商学院中，环境问题最初被作为"企业社会责任"的一部分，但在 20 世纪 80 年代末 90 年代初，随着企业环保主义第二波浪潮的兴起，商学院的学者们开始关注商业与自然环境的研究。在这一领域最早进行正式研究的机构之一，是由国际学者于 1989 年组成的研究兴趣小组"绿化的工业网络"（GIN）。在环境管理研究合作中，GIN 的参与者认为"多数监管措施不是基于对工业企业经营方式的真实理解"，未来环保政策的改进需要加强对"内部动态和互动动态进程"的组织学习，从而意识到"企业内外各类群体如何塑造其行为和战略"（Fischer & Schott 1993:372）。

学者们建立了管理学者们的研究社区后，1990 年又成立了环境与商业管理研究所（后来成为世界资源机构的一个分会），1994 年建立了美国管理学会的组织与自然环境（ONE）特别兴趣小组（2007 年成为一个分会）。

这些群体的成立使得一些研究活动在环境社会学上平行进行，例如从以人为中心和以生态为中心的角度会得到不同的认识，从主流的社会范式与新生态范式来研究得到的结论存在差异（Gladwin et al. 1995；Starik & Rands 1995；Shrivastava 1995）。但更多时候，商业与自然环境的研究侧重于不同问题，比如是否需要付费来实现绿色，以及考虑如何通过经济竞争力与环境需求相结合从而获得市场优势（Schmidheiny 1992；Smart 1992；Hart 1995；Porter & van der Linde 1995；Stead & Stead 1996；Roome 1998；Sexton et al. 1998）。这些研究在本质上是规范的，侧重于了解和预测公司为何及如何"能够采取步骤以实现环境友好且更可持续发展"（Starik & Marcus 2000:542）。

随着这种联系与商学院的发展目标和目的越来越相关，1990 年中期商业与自然环境开始分化出不同的商学院学科。公司战略是最早进入这个领域的，紧随其后的是组织理论。商业与自然环境渗透到了其他商学院学科中，如营销、会计、运营和财务。这些学科都形成了各自的相关研究机构。

一些有关商业与自然环境的特刊也推动了这一领域的研究，例如《心理学与营销》（*Psychology & Marketing*）（1994）、《广告学》（*Journal of*

Advertising)（1995）、《管理学评论》（*Academy of Management Review*）（1995）、《英国管理》（*British Journal of Management*）（1996）、《美国行为科学家》（*American Behavioral Scientist*）（1999）、《商业历史评论》（*Business History Review*）（1999）、《管理学》（*Academy of Management Journal*）（2000）、《生产与运营管理》（*Production and Operations Management*）（2001）等。此外,关注于管理行动和环境保护方面的学术期刊开始涌现,包括《组织与环境》（*Organization & Environment*）［1987 年创刊名为《工业和环境危机季刊》（*Industry and Environmental Crisis Quarterly*）,1997 年更名］、《商业战略与环境》（*Business Strategy & the Environment*）（创刊于 1992 年）和《工业生态学》（*Journal of Industrial Ecology*）（创刊于 1997 年）。这些著作让学者有足够的文献去理解商业与自然环境。本手册便是汇总了这个领域研究的过去、现在和未来。

正如本手册中的许多学者所指出的那样（见第 4 部分"发展趋势"）,商业与自然环境的最新研究进展,以及企业环保主义的第三波浪潮,都拓展了研究领域。包括如三重底线（the Tripple Botton Line）、金字塔底层理论（the Base of the Pyramid）、全球采购协议、生活保障工资、收入不平等、社会正义等。这些社会议题都与可持续发展中的环境与生态议程相关。

然而,需要注意的是,本手册不仅包括相对较新的可持续发展理论,也包括企业环保主义领域中非常成熟的内容。本手册正是从这点出发,回顾过去的工作来帮助形成未来的领域。

1.2 观 点

本手册分为 6 部分,分别代表当代商学院 6 个学科:商业战略、政策和非市场战略、组织行为和理论、运营与技术、营销、会计和财务。其他补充的两部分则提供了商业与自然环境的最新相关观点和该领域带头人对其研究成果以及未来展望的总结。

我们采用该结构有如下原因。第一,它是一般商学院的组织形式。研究人员在这些有学科的领域中树立身份,他们的研究也得到了业内期刊的认同。每个学科传统都有其特有的语言、结构、方法和前期研究基础。第二,虽然我们依赖于传播惯例,但我们希望学者能够从自己熟悉的领域出发探讨其他领域、发现新的想法。这样既拓宽自己的领域,又找到学科交叉联系的机会。最后,完全解决商业与自然环境中的问题的关键是整体地对待现存问题①。由此,我们希望本手册的这样一种框架结构能作为一种催化剂,促进管理研究和商学院本身发生革命性的变化。以下是对本手册每部分关键问题和要点的简介。

商业战略

这部分的章节介绍了环境管理方面的经济学案例,但它指出企业往往超出纯粹传统经济意义来满足其他的战略考虑。这些章节不涉及为公司带来竞争优势或更高利润的多重机制,例如他们的资源、能力、结构,以及他们如何管理利益相关者。该部分的分析主要侧重于组织,当然也会提及例如国际背景等内容。

政策和非市场战略

这部分的章节将由企业层面提升到宏观环境层面,分析如果市场失灵了自然环境会发生什么。这部分章节认识到在解决市场失灵时,企业、认证机构、非政府组织和政府监管之间合作的重要性。这项工作在很大程度上依赖经济学和政治科学的指导及分析。

组织行为和理论

这部分的章节涵盖了一系列分析和理论内容。在个体层面上,研究人员强调对个体认知的约束,其通过不顾未来利益、对世界过于积极的幻想和自私行为等偏见来塑造个人行为,这些都对环境造成很大的危害。在组织层面上,研究人员强调组织文化、结构和符号等影响组织行为的特性。通过认识到社会运动和体制环境(调控、规范和文化认知)在塑造组织行动方面的重要性,从分析上升到体制的高度。虽然分析的层面在各章之间变化,但每章都认识到在分析的组织行为对自然环境影响过程中,心理学和社会学对理解个体和组织间相互作用的重要性。

运营与技术

这部分的章节以技术为基础来看待自然环境。关于运营的章节分析了企业内部以及整条供应链上货物和服务的流动对环境的影响。企业被视为一个生产系统,其边界既可以是一家公司,也可以是整条供应链。这些章节通过强调逆向和闭环供应链来考虑常规正向的供应链。此外,还引入了工业共生的

---

① Banerjee,第 31 章;Shrivastava,第 35 章。

概念,即地理上的邻近可以使得一家企业的废弃物成为另一家企业的投入。这部分的章节还强调了信息的价值,既包括由供应链带来的企业间信息,也包括由信息管理带来的企业内信息。

营销

营销部分的三章将焦点转移到消费者,要么从公司角度出发,考虑公司如何吸引绿色消费者,要么从消费者角度出发,考虑消费者是否关注产品的环境价值。这些章节强烈依赖心理学和经济学来剖析消费者购买行为,最终使市场接受绿色产品。

会计和财务

会计和财务章节侧重于企业及与其财务利益相关者的关系。这些章节强调信息的作用,信息可以用来指导管理控制职能以及传达企业对自然生态环境的承诺。这些章节还从投资者的角度,认识到有很大一部分投资者对参与到自然环境中的行为表示漠视,但也承认对此越来越感兴趣。因此投资者不仅寻求企业报告其环境影响,还寻求新财务工具,如气候衍生产品以应对气候风险。

新兴及关联观点

这部分的五章提供了关于商业与自然环境的非主流观点,尽管这些观点越来越突出,但是它们并不满足单一理论传统或原则。这部分出现三个突出的主题,每个都强调社会环境在理解自然环境时的重要性。第一个主题是确认环境决策中责任和道德的地位。企业社会责任、利益相关者理论和自然环境之间的重叠变得越来越明显,尤其是随着研究转向可持续发展和三重底线。第二个主题是承认我们对自然环境的观点通常是从社会学角度,以个人和组织的最终经济利益为结果。这些章节以更"批判性"观点来重新界定企业在社会中的作用。最后一个主题建议应结合社会和自然环境,运用系统理论来认识系统内行为者和要素之间的复杂关系。

未来观点

本手册的最后一部分集合了经历过该领域从萌芽到兴盛整个过程的六位学者对商业与自然环境领域的未来发展的观点。这部分参与者包括学界和业界的代表,他们很早就开始参与其中,推动商业与自然环境的研究和实践合法化。每个参与者都用自己的方式要求我们要么通过重塑商业与自然环境领域,要么通过回到其原始根基来推进该领域的研究。他们认为,社会和商业与自然环境领域当前的情况都不是"可持续的",并希望研究者为企业找到新方法。

1.3 展 望

本手册一些章节里出现了几个超越任何单个学科以及提供商业与自然环境未来研究方向的主题。这一部分主要包括三个方面:理论议题和机会、范式的选择、方法论的议题和机会。

理论议题和机会

商业与自然环境研究借鉴了每个商业学科现有的大量理论,从而使其在前人研究的基础上建立起来并发展,并通过检验其他领域已经存在的观点来创建与原有理论的联系。本手册中的各章节不是简单地将自然环境视为其他实证内容加上少许独特要素,而是通过理论主题的确定来识别能创建研究关键要点的机会,这些已知的理论主题要么是在该领域具有独特性,要么可以协同跨领域研究。在接下来的部分章节中,这些主题将使我们能够确定一些未来商业与自然环境研究可能会扩展的方向。

为绿色买单吗? 有必要这么做吗?

"是否买单"这个问题将在许多章节中被探讨。主要是在战略、财务和会计的论述中[1],这个问题清晰描绘出有利于环境和有利于企业行为之间的联系。这一问题的核心假设是商业与自然环境之间存在双赢而不是折衷的关系[2]。

尽管研究是否为绿色买单问题的论文已经发表了很多,其在数量上超过其他任何单一的问题,但这一问题仍悬而未决。荟萃分析(Meta-analysis)指出存在稍微正向或中立的关系[3]。目前这一问题的各类研究似乎得出越来越多的不同结论。但是章节作者意识到更多的研究是探讨企业活动何时、何地、如何同时促进了经济和环境的增长。

在本手册的章节中,是否为绿色买单这一问题显然取决于其内容和方法。

---

[1] Bauer & Derwall,第 25 章;Bondy & Matten,第 28 章;Cho et al.,第 24 章;Russo & Minto,第 2 章。

[2] Banerjee,第 31 章;Buhr & Gray,第 23 章;Hart,第 29 章。

[3] Russo & Minto,第 2 章。

例如,企业能够形成竞争优势或销售产品的方式所具有的资源和能力可以用来解释"如何"①,在国际范围内可以解释"何时"甚至"何地"②。此外,研究人员正在试图理清环境绩效是如何不仅影响财务绩效而且影响关键的利益相关者的反应的③,例如投资者④和消费者⑤,谁会影响企业财务从绿化活动中收益的程度,或者被其影响。

而大部分的工作继续扎根于是否、何时以及如何为绿色买单,越来越多的学者甚至认为这不是一个应该要问的问题。有些学者认为,经济增长和企业竞争力可能不是对环境负责的管理行动的真正动机。相反,他们认为信仰、价值观和偏好塑造了个体和企业的行为⑥。其他学者认为这一问题触及到组织行为,不需要组织内更实质性的、深层次的变化,而是要基于"漂绿或人造草皮"的目标⑦。事实上,组织经常通过自律(如组织之间的自愿协议超越合规的要求)来努力扭转法规或公共的压力并延缓实质性变化的发生⑧。

一些学者认识到是否为绿色买单的问题正在使我们偏离更重要、更相关和更紧迫的问题。这个问题是留给企业的,而不是留给社会或环境的,因此是环境服务于企业,而不是企业依赖于环境⑨。他们辩称,寻找梦寐以求的东西或者双赢愚弄了我们,使我们相信当环境危如累卵时,做出取舍没有那么难⑩。

商业与自然环境和社会之间的权衡这个概念贯穿在许多章节,并且在"未来观点"这部分最多。这部分的几位作者指出,业内人士和研究人员都不愿意在经济受到威胁时艰难地做出促进环境保护的必要决定⑪。他们认为战略学者继续鼓吹增长、营销学者提倡销售、运营学者追求效率、财会专家强调控制和评估,把这些商业领域加在一起注定是会失败的⑫。

---

① Scammon & Mish,第 19 章。

② Christmann & Taylor,第 3 章。

③ Kassinis,第 5 章;Delmas & Toffel,第 13 章。

④ Bauer & Derwall,第 25 章;Cho et al. ,第 24 章;Routledge,第 27 章。

⑤ Devinney,第 21 章;Gershoff & Irwin,第 20 章。

⑥ Buhr 和 Gray,第 2 章;Lenox & York,第 4 章。

⑦ Lounsbury et al. ,第 12 章;Melville,第 18 章;Forbes & Jermier,第 30 章。

⑧ King et al. ,第 6 章。

⑨ Banerjee,第 31 章。

⑩ Forbes & Jermier,第 30 章。

⑪ Banerjee,第 31 章;Ehrenfeld,第 33 章;Gladwin,第 38 章。

⑫ Roome,第 34 章。

偏见、激情和情感在环境决策中的作用

大多数章节假设决策是理性的。换言之,根据一组有序首选项来实现一个明确的目标时,行动者采取一致的行为。理性决策模型被用来解释绿色行为,这体现了消费者、投资者及管理者重视环境,该模型也是对他们偏好的整合。如果我们可以对首选项建模,就可以预测个人行为[①]。

但几位作者指出,虽然行动者可能珍惜环境的价值,但其行动往往与其兴趣背道而驰。大量的证据显示消费者不会买绿色产品[②],大部分投资者也不会投资绿色产品[③]。认知障碍领域的研究探索了阻碍合理性的倾向并解释了次优的决策[④]。例如,有证据表明消费者和投资者普遍倾向立即就能得到的收益而不是未来不确定的收益。

除了这些理性决策模型的替代品,另外还有两个领域提供了进一步研究的机会。第一个是大部分决策模型偏向于追求利润和自我利益[⑤]。对自然环境估价往往被视为偏离或违背自身利益。但是有一小群数量日益增多的学者们认为严格关注经济上的自身利益并不总是合理的。积极组织学术研究(POS)和肯定式探询(AI)是两个新兴领域,它们提供有意思的途径使得个体不需要断然偏离正轨就能促进环保取得更大进展。

第二个进一步研究的方法存在于探寻情感、艺术和审美的作用过程中[⑥]。例如,企业家可以感情用事[⑦],即使不付费,管理者也会试图减少他们的碳足迹[⑧]。这便为未来研究人员提供了一次考虑决策模型的机会,即在不假设合理性(如目前所定义的)的情况下开发更复杂的、基于扩大假设的人类行为和环境模型。

新的行动者、新组织和新的伙伴关系

企业通过市场赚钱,政府调控市场的外部因素,非政府组织(NGOs)保护

---

① Devinney,第 21 章;Routledge,第 27 章。
② Devinney,第 21 章;Gershoff & Irwin,第 20 章。
③ Bauer & Derwall,第 25 章;Bertrand & Sinclair-Desgagne,第 26 章。
④ Shu & Bazerman,第 9 章;Tost & Wade-Benzoni,第 10 章。
⑤ Bauer & Derwall,第 25 章。
⑥ Shrivastava,第 35 章。
⑦ Lenox & York,第 4 章。
⑧ Buhr & Gray,第 23 章。

市民社会的利益。这个经济模型及其行动者历来是相对清晰和稳定的。

但是环境问题表明市场经常失灵,价格并不能反映社会利益,货物分配也不是有效率的[①]。当财产共享,即允许搭便车和破坏环境公正[②]时,这种失败就会发生[③]。最近学者们正逐渐认识到发展新组织和新组织模式的重要性。

新的行动者跨越不同的分析层。在制度或社会层层,更多的注意力转向了社会运动[④]和制度企业家[⑤]。社会运动正在扮演许多角色如"对手、合作者、软调节的监督者、影响政府或服务供应商的盟友"[⑥]。当政府失灵时,非政府组织也发挥着监督公司以负责的态度行事的积极作用[⑦]。经营许可证转移到利益相关者手中,因此即使是附带利益相关者或从未有过权力、话语权或正义的社区,也被认为越来越有影响力[⑧]。最后,组织成员成为变革的代言人。企业高管层也在考虑设置首席环境官或首席可持续发展官[⑨],这个彻底改变受到了整个组织的关注(Meyerson 2003)。

我们也看到了新的组织形式的出现。企业、政府和非政府组织之间的界线开始模糊,揭示了新的混合组织的诞生。不受约束的自利主义正让步于自我和社会的平衡,这种平衡有时即社会企业家、社会企业[⑩]、商业组织或混合组织。这些混合组织利用市场失灵抓住机会重新调整组织的目的,使组织有可能利用市场来改善自然生态环境。此外,有一批致力于监管、审计和核证企业报告、管理和环境绩效的新组织,这些组织有效地实施了新形式的监管和治理[⑪]。

本手册的各章节还提倡人们关注组织间形成的陌生的新伙伴关系。通过行业自律,产业联盟正在出现,他们不再仅仅为了一己私利,而是更注重公共利益[⑫]。供应链正成为相关的分析单位,包括产品推进、撤回,甚至连接前后

---

① Baron & Lyon,第 7 章;Coglianese & Anderson,第 8 章;King et al.,第 6 章。

② Bondy & Matten,第 28 章;Weber & Soderstrom,第 14 章。

③ Routledge,第 27 章。

④ Weber & Soderstrom,第 14 章。

⑤ Lounsbury et al.,第 12 章;Lenox & York,第 4 章。

⑥ Weber & Soderstrom,第 14 章。

⑦ Baron & Lyon,第 7 章。

⑧ Lounsbury et al.,第 12 章;Kassinis,第 5 章。

⑨ Elkington & Love,第 36 章。

⑩ Lenox & York,第 4 章。

⑪ Baron & Lyon,第 7 章;Delmas & Toffel,第 13 章;Gray & Herremans,第 22 章;King et al.,第 6 章;Lounsbury et al.,第 12 章。

⑫ King et al.,第 6 章。

形成闭环①。产业生态正在建立原本不太可能建立的合作关系,比如一个养鱼场和电厂之间建立合作关系②。这些组织网络提出了新的问题,例如我们如何测量一家企业的环境足迹,如企业通过网络做了什么? 我们优化哪个层级的环境足迹——企业还是网络? 鉴于系统如此复杂,我们如何减少环境足迹? 当更多的微型企业兴起,形成集体来管理当地能源和水资源时,全球和地方紧张关系更尖锐。

企业不再只是单一追求利润。相反,组织中有着更多的丰富性和结构,例如共同反对某些公司的企业、寻求进一步实现长远环境目标的非政府组织、形成陌生伙伴关系的组织网络。这些组织形态揭示了"体制多元化"和组织多样性的价值③,为曾经登上商学院舞台的行动者开辟了光明的道路。

社会和自然环境的联接和混合

商业与自然环境研究不像其他大多数商业领域的研究,它接触的是社会与自然环境。尽管之前的研究大部分关注管理和企业目标,但在交叉层面寻找研究机会的尝试越来越多。

例如,本手册的大多数章节深深扎根于社会环境及其各个方面。这些章节承认社会约定俗成的信号对组织行为形成的重要性,这些行为如报告、审计、管理系统、认证和技术④。信息成为企业衡量、控制和通报其环境影响的关键媒介⑤。这些章节还认识到社会化结构性符号在操作上是特别开放的,可以轻易地实现与实质为环保漂绿的活动相脱离⑥。这就使得一些学者专注于企业对环境承诺的真实性,并用伦理的放大镜去审视企业行为,这个主题仅仅处于商业与自然环境研究主流的边缘。但是有些人认为质疑道德和个人或企业"应该"做什么的问题是从责任上歧视可持续发展的标志⑦。重新将道德引回到商业与自然环境研究中,我们应更多地关注组织中的个体⑧。一些学者批

---

① Abbey & Guide,第 16 章;Klassen & Vachon,第 15 章。

② Lifset & Boons,第 17 章。

③ Delmas & Toffel,第 13 章;Lounsbury et al.,第 12 章。

④ Buhr & Gray,第 23 章;Forbes & Jermier,第 30 章;Gray & Herremans,第 22 章;King et al.,第 6 章。

⑤ Melville,第 18 章;Cho et al.,第 24 章。

⑥ Forbes & Jermier,第 30 章。

⑦ Bondy & Matten,第 28 章;Post,第 29 章。

⑧ Banerjee,第 31 章;Gladwin,第 38 章;Shrivastava,第 35 章。

评商业与自然环境研究,因为在这之中组织的人性被压制。相反,他们呼吁关注嵌入在组织中的包含心灵、情感、感官认识和审美等方面的人与自然的关系。

但经过更深入的研究,许多人试图探索社会环境同自然或物理世界的联系,他们的注意力从环境行动的财务产出转移到企业行动对自然环境的实质性影响。例如,几位作者侧重于社会和物质世界的相互作用,提倡物质和能量流动的系统观①。这种系统认识到商业与自然环境关系的复杂性,明确引入多层级的分析,其中纳入了商业与自然环境,并赞赏利用积极和消极反馈环路对系统做小小的适应性改变。技术以快取胜,例如,提供环境挑战的解决方案(如提供清洁能源、开发新的能源储存方式、重复使用物质资源和清洗碳汇),但也会注意意料之外的后果可能带来的新的环境问题(如电池和计算机设备里稀土金属的回收处理)②。商业与自然环境关系系统观的改变为社会和环境系统的优化提供了更多的机会,但也对可预测结果的管理带来了更大的复杂性和挑战。

范式的选择

本手册的各章中讲到两种主导范式中的其中一种,两种范式分别代表商学院解决环境问题的不同方法。第一种重点关注现有模型、理论和范式中的环境问题,第二种推动研究探索"大"问题,并超越现有范式。第一种是建立在现存理论适用于当前困境和问题的"普通"科学模型上的(Kuhn 1970)。它一般为实证主义,即经营绩效是因变量,而决策者是理性的。第二种是建立在一种"革命性"的科学模型上的(Kuhn 1970),其问题与众不同,现有理论不再适用,有必要创建新的模型和理论。这种方法感叹自然环境的恶化、质疑人类的中心地位,认为商业研究需要调整,从而不再迫使环境为经济服务,而是寻求适合环境参数范围内的经济活动。

商业与自然环境领域革命性科学的中心论点是,如果我们需要解决的是商业与自然环境不能比较的假设问题,那么商业和商业研究无法继续。例如,革命科学的学者主张"强可持续性",提倡研究人员和管理者停止涉及"弱可持续性"③。这些拥护者为此运用罕见的商业词汇,如蓬勃发展④、道德⑤、公民

---

① Levy & Lichenstein,第 32 章;Lifset & Boons,第 17 章;Ehrenfeld,第 33 章;Gladwin,第 38 章;Roome,第 34 章。

② Ehrenfeld,第 33 章;Gladwin,第 38 章;Post,第 29 章。

③ Roome,第 34 章。

④ Ehrenfeld,第 33 章。

⑤ Gladwin,第 38 章。

身份①、审美和激情②。Ehrenfeld 提出重新配置方法③,认识到"减少不可持续性"和"创造可持续性"是不一样的,"以环境管理、绿化、生态效率、可持续发展为名义做的一切事,或者被错误运用的,其可持续性都只适用于前者——减少不可持续性"。Gladwin 进一步批判这个领域未能"可持续地认识到全球环境危机的大小、严重程度、持续性、复杂性、指数级加速和转型紧迫性"④。他问道:"这个领域切断了与环境科学的联系吗? 它是否沉溺于把还原论、实证主义、经验主义、相对主义、理性主义和客观主义作为唯一的生成知识的基础?"

尽管有些学者可能认为普通的和革命的路线是正当的,但我们看到这两个主题在本手册中有不同程度的体现,且它们为彼此提供更有利和更富成效的研究内容。普通科学可以帮助我们用严谨的分析建立模型和理论;革命科学则推动对此理论的检验,以使其改变和调整。普通科学在现有范式中耐心地研究,而革命性科学提倡更快速的变化,来加快消除环境系统崩溃威胁的步伐。例如,在本手册的各章中列举了很多关于环境管理测量控制方面卓有成效的研究工作,但新问题出现了——它们是否会产生我们需要的影响以及是否是以我们需要的速度来进行的⑤。或者系统观中的研究⑥正开始形成不同的范式——例如商业和人类不一定是研究的焦点,但是却被嵌入在一个复杂系统中,该系统根据中心性及网络可持续性的重要性给予元素权限。最后,普通的研究把商业与自然环境定位于商学院研究结构下的经验学习的合法领域,而革命科学则成为一股复兴和调整研究传统的力量,设法使其更加符合其必需关注的关键实证问题。

方法议题和机会

商业与自然环境研究中使用的方法反映了学科偏好,并且研究方法范围广泛。这表明商业与自然环境研究将从研究方法多样性和多元化中获益,但是每种方法都有弱点。例如,以经济学为基础的商业与自然环境研究往往依赖于大量文档资料和大企业的定量数据。从这种数据集中我们可以看出预测关系的存在性和持久性。但是,这种方法也依赖于过去的趋势、可观察和可获

---

① Banerjee,第 31 章。
② Shrivastava,第 35 章。
③ Ehrenfeld,第 33 章。
④ Gladwin,第 38 章。
⑤ Buhr & Gray,第 23 章。
⑥ Ehrenfeld,第 33 章;Levy & Lichenstein,第 32 章;Roome,第 34 章。

得的数据以及稳定的关系，而这可能对我们刚理解的、正经历快速非线性变化的自然环境并不适用。体制/宏观水平的研究立足于社会学，严重依赖文档纵向数据和定性数据。这些数据使我们更加接近现象的丰富性，但限制了提出预测和具有可操作性建议的可能性。组织层面的研究严重依赖于人种学案例研究，但无法得出关键的见解。以心理学为基础的个体层面研究经常依赖于实验室的工作，它经常被批评为具有特殊性，不能反映实际行为[1]。

没有一种方法可以解决所有自然环境给商业带来的挑战。每种方法都各有长短。但是本手册的章节中提供了加强这些方法的多个建议，以便进行商业与自然环境研究。一些研究方法如下：

①不仅仅关注污染行业（例如煤炭、采矿、石油和木材）的大型跨国企业，还将研究对象扩展到中小型企业，以及新兴的社会企业、非传统组织（例如基于宗教或价值观的机构）。

②采用更多的研究方法，例如使研究者更接近现象的民族志以及揭露现象的多个方面的混合方法；使用可以发现生态系统改变的新的信息资源，例如全球信息系统；或者使用批判性分析，如叙事和话语分析。

③包括多层次的分析，认识到个体行为取决于组织内容，而它进一步取决于体制和自然环境。

尽管这些方法形成我们探索问题的方式，但是也存在希望改变探索问题重点的呼吁。我们遇到的研究瓶颈蒙蔽了我们发现新观点的视野，这可以通过扩大我们的研究范围来解决。以下是一些这样的机会：

①认识到气候变化一直是商业与自然环境研究的重要目标，研究人员应该扩展环境问题和企业目标，包括连接自然环境问题和社会发展问题的千年发展目标。关键的环境问题包括水资源短缺、生物多样性降低和物种消失、渔业的过度捕捞、生态系统破坏、有毒污染物、滥伐森林、富营养化和固氮、土地利用变化和城市扩张。随着环境问题迅速被纳入更广泛的可持续发展议题，问题领域扩大到人口增长、贫困、贫富差距扩大、衣食住行的获取、卫生保健和流行病、就业和公平。

②不仅关注解决方案，也关注对问题的了解。

③不仅关注组织成功的例子，而且关注失败的案例。

④不仅把研究重点从国内活动扩宽到本地，也扩展到跨国及全球范围。后者表明实证的必要性，因为公司嵌入在全球供应链中，而且地方环保组织越来越多地与国际接轨。

---

① Devinney，第 21 章。

1.4　结　论

随着可持续发展改变全球市场和商业企业在市场中的地位,环境及社会的可持续性如何改变现代商学院中研究和教育的作用的问题也出现了。事实上,如我们所知的整个管理领域都面临着新出现的挑战。一些学者已经开始质疑商学院是否与实践相脱节(Stewart 2006;Economist 2007;Jacobs 2009;Podolny 2009)以及现代商学院是否必须从根本上改变其教学和研究以应对21世纪的环境和可持续发展的挑战。

例如,Khurana(2007)提出"随着事态发展,商学院教师和管理者很少讨论新技术、贸易全球化、人口发展趋势、贫富差距扩大、社会规范的不断变化是否会使投资者资本模型被淘汰或变得不可持续,如果实际上没有过时的话。然而,自投资者资本主义崛起以来的这些发展也说明我们需要一种新模型"。Ghoshal(2005)进一步指出,金融危机和公司恶习事实上是由某些理论里的一些基本要素造成的,例如代理理论——该理论巩固商学院地位,其元素经常受到商业与自然环境研究的挑战(如:利润是企业唯一的目标,环境价值仅用商业价值来衡量,企业从社会情境中分离出来,经济增长是不容置疑的当务之急,等等)。简而言之,管理研究和教育的基础受到了质疑。

越来越多的商学院学者提出管理研究的"严谨和相关性"问题(Tushman & O'Reilly 2007)。Bennis & O'Toole(2005)指出,"今天管理教育危机产生的根本是商学院采取不适当的、最终适得其反的学术模型。他们评估自己时不用毕业生的竞争力或者教师对商业绩效重要驱动力的理解程度,而仅用科学研究的严谨性"。Schmalensee(2006)同意该观点。"学术系统当前的招聘和奖励教授的方法不一定吸引或鼓励以实践为导向的教师,我们需要这些教师来使商学院研究和MBA教育更加适应今天和未来的商业挑战"。

在现代商学院作用越来越紧张的情况下,可持续研究为解决这个问题提供了机会。研究的重点要求我们关注问题,而不仅仅是功能或学科。它重建了商业模型使其不再自我服务,而是运用在系统的嵌入模型里。它将整个人类和地球作为商学院的中心地位,认识到企业可以造成巨大的伤害也可以成就巨大的益处。把环境问题(广义地说可持续性)植入到我们的研究、教学和外延(学者和实践者)中,是重构我们的领域和服务的专业性以及解决我们当前迫切需求的有效办法。

商业与自然环境的研究推动了那种基于问题的、与当下息息相关的研究,而这正是来自商学院的评论者和实践者所要求的,因此,环境的可持续性为复兴和调整管理研究及教育提供了机会,以反映正在发生的变化。随着基于问题的研究变得越来越普遍(Biggart & Lutzenhiser 2007;Davis & Marquis 2005),以环境为主题的研究(以可持续性为主题的更常见)机会增加了。事实上,从该领域的利益和社会的利益两个层面讲,当代很少有问题比环境和可持续性更值得学术界分析。本手册中呈现的该研究领域的机会是巨大且令人兴奋的。

参考文献

Barnett,T. (2003). *The Pentagon's New Map*. New York: Berkley Books.

Bennis,W. & O'Toole,J. (2005). "How Business Schools Lost Their Way," *Harvard Business Review*,83(5):96—124.

Biggart,N. W. & Lutzenhiser,L. (2007). "Economic Sociology and the Social Problem of Energy Efficiency," *American Behavioral Scientist*,50:1070—1086.

Carson,R. (1962). *Silent Spring*. Boston: Houghton Mifflin Co.

Chu,S. (2010). "China's Clean Energy Successes Represent a New 'Sputnik Moment' for America," Speech before the National Press Club,November 29.

CNA Corporation (2007). *National Security and the Threat of Climate Change*. Alexandria,CAN Corporation.

Davis,G. F. & Marquis,C. (2005). "Prospects for Organization Theory in the Early Twenty-First Century: Institutional Fields and Mechanisms," *Organization Science*,16:332—344.

Economist (2007). "Practically Irrelevant? What is the Point of Research Carried Out in Business Schools?" *The Economist*,August 28.

Elkington,J. (2005). "Government in the Chrysalis Economy," in Olsen,R. & Rajeski,D. (eds.) *Environmentalism and the Technologies of Tomorrow: Shaping the Next Industrial Revolution*. Washington,DC: Island Press,133—142.

Fischer,K. & Schott,J. (eds.) (1993). *Environmental Strategies for Industry: International Perspectives on Research Needs and Policy Implications*. Washington,DC: Island Press.

Florman,S. (1976). *The Existential Pleasures of Engineering*. New York,NY: St. Martins Press.

Friedman,T. (2007). "The Power of Green: What Does America Need to Regain Its Global Stature?" *New York Times Magazine*,15 April:41—67,71—72.

Gersick,C. (1991). "Punctuated Equilibrium: A Multi-Level Exploration of Revolutionary Change Theories," *Academy of Management Review*,16:10—36.

Ghoshal,S. (2005). "Bad Management Theories Are Destroying Good Management Practices," *Academy of Management Learning and Education*,4(1):75—91.

Gladwin,T.,Kenelly,J. & Krause,T. (1995). "Shifting Paradigms for Sustainable Development: Implications for Management Theory and Research," *Academy of Management Review*,20(4):874—907.

Hart,S. (1995). "A Natural-Resource-Based View of the Firm," *Academy of Management Review*,20(4):986—1014.

Hoffman, A. (2001). *From Heresy to Dogma: An Institutional History of Corporate Environmentalism*. Palo Alto, CA: Stanford University Press.

Jacobs, M. (2009). "How Business Schools Have Failed Business," *Wall Street Journal*, 24 April: A13.

Khurana, R. (2007). *From Higher Aims to Hired Hands: The Social Transformation of American Business Schools and the Unfulfilled Promise of Management as a Profession*. Princeton, NJ: Princeton University Press.

Kuhn, T. (1970). *The Structure of Scientific Revolutions*. Chicago, IL: The University of Chicago Press.

Meyerson, D. E. (2003). *Tempered Radicals: How Everyday Leaders Inspire Change at Work*. Boston, MA: Harvard Business School Press.

Millennium Ecosystem Assessment (2005). *Ecosystems and Human Well-Being: Synthesis Report*. Washington, DC: Island Press.

National Center For Health Statistics (2004). *Health, United States*, 2004. Washington, DC: Department of Health and Human Services.

Podolny, J. (2009). "The Buck Stops (and Starts) at Business School," *Harvard Business Review*, June: 62—67.

Porter, M. & van der Linde C. (1995). "Green and Competitive: Ending the Stalemate," *Harvard Business Review*, September-October: 120—134.

Roome, N. (ed.) (1998). *Sustainability Strategies for Industry: The Future of Corporate Strategy*. Washington, DC: Island Press.

Schmalensee, R. (2006). "Where's the 'B' in Business Schools?" *Business Week*, November 27: 118.

Schmidheiny, S. (1992). *Changing Course*. Cambridge: MIT Press.

Sexton, K., Marcus, A., Easter, W., Abrahamson, D. & Goodman, J. (eds.) (1998). *Better Environmental Decisions: Strategies for Governments, Businesses and Communities*. Washington, DC: Island Press.

Shrivastava, P. (1995). "The Role of Corporations in Achieving Environmental Sustainability," *Academy of Management Review*, 20(4): 936—960.

Smart, B. (1992). *Beyond Compliance*. Washington, DC: World Resources Institute.

Starik, M. & Marcus, A. (2000). "New Research Directions in the Field of Management of Organizations in the Natural Environment," *Academy of Management Journal*, 43(4): 539—546.

Starik, M. & Rands, G. P. (1995). "Weaving an Integrated Web: Multi-Level and Multi-System Perspectives of Ecologically Sustainable Organizations," *Academy of Management Review*, 20(4): 908—935.

Stead, E. & Stead, J. (1996). *Management for a Small Planet*, 2nd edition. Thousand Oaks, CA: SAGE.

Stewart, M. (2006). "The Management Myth," *Atlantic Monthly*, June: 80—87.

Thomas, W. (2002). "Business and the Journey Towards Sustainable Development: Reflections on Progress since Rio," *Environmental Law Reporter*, June: 10873—10955.

Tushman, M. & O'Reilly, C. (2007). "Research and Relevance: Implications of Pasteur's Quadrant for Doctoral Programs and Faculty Development," *Academy of Management Journal*, 50: 769—774.

UNPRI (2010). *Universal Ownership: Why Environmental Externalities Matter to*

Institutional Investors <http://www.unpri.org/files/6728_ES_report_environmental_externalities.pdf> (Accessed 5 October, 2010).

World Resources Institute (1994). *World Resources*. Oxford: Oxford University Press.

第 ② 部分

商业战略

2　竞争战略和环境:新出现的探索领域

Michael V. Russo，Amy Minto

在竞争战略和自然环境交界点上的学术活动激增,这一现象刺激了学术发展,产生了新的知识并且有助于建立更广泛的商业与自然环境领域。现已不能确定竞争战略和环境这一交叉研究的确切起源时间。学者们尝试给一些著名的活动标明时间,如 Bhopal（1984）、Exxon Valdez（1989）、里约热内卢的联合国地球峰会（1992）,以及组织和自然环境兴趣研究团队的建立（1994）,却发现这些活动多样且没有规律。有一种可能解决方案是,参考《管理学评论》（*Academy of Management Review*）（1995）或《管理学会期刊》（*Academy of Management Journal*）（2000）中有关商业与自然环境议题而侧重竞争战略和环境的特刊的出版时间,但这只是一个滞后指标。

我们认为最好是描述竞争战略和环境的学术遗产并且说明这个领域是如何初具规模的,而不是随意选择一个时间点。首先我们调查兼容的文献,并聚焦于公司内部,以此探索那些关于实现或破坏既定战略实施的文献。由于竞争战略研究经常聚焦于对公司行为的经济绩效的影响,因此我们又简单地调查了一些解释环境导向战略如何影响赢利能力的文献。接着,我们关注竞争战略和环境领域的研究方法。最后,我们给出竞争战略和环境领域的批判认识,提出结论性意见,并确定值得学者进一步研究的领域。

2.1　竞争战略和环境的基因

企业的资源基础观

竞争战略和环境研究的主要理论推动力一直是企业的资源基础观。从经济学的角度出发(例如 Penrose 1959；Nelson & Winter 1982；Wernerfelt 1984)，Barney (1991)提出，能够成为公司可持续竞争力的资源应该是有价值的、稀少的、难以模仿的和不可替代的。因此，资源基础观通过将跨企业的资源和能力看作异构而不是通常的市场交易，打破了对新古典主义经济学理论多方面苛责的自由性。此外，这些在资源和能力上的差别可以长期存在并具有创造持续竞争优势的潜力。资源基础观的内在重点吸引了许多竞争战略与环境领域学者的关注，因为它促进了竞争优势资源来源的研究，这些竞争优势往往有一个环境的基础，涉及面从伦理学(López-Gamero et al. 2008)到环境管理系统(Delmas 2001)，再到运营管理能力。

Hart (1995)通过加入生态范围扩展了企业的资源基础观，其实这些早在一篇文献中被系统地排除在外了，那篇文献把企业外在因素的辨认限制在了经济、社会政治和技术力量中(Shrivastava 1991)。Hart 的贡献在于组织和阐述了资源基础观的构建块——内隐性、社会复杂性和稀缺性——的相互关联，从而促进了污染防治、产品的有效管理，最终实现持续发展。他同时也确定了合法性和声誉这些非常有价值资源的外部基础，随后我们将深入研究这部分(Russo & Fouts 1997；Sharma & Vredenburg 1998)。

Russo & Fouts (1997)将组织资源与一家公司的环境绩效相关联，进一步扩展了研究范围。通过比较和对比合规和预防的原型模式，他们意识到不同环境管理方法对企业资源的基础要求存在系统性差异。例如，合规可能只需要采用现成的技术，而污染预防则需要企业提升能力，这种情况的因果关系模糊，且难以观察，因此可以作为一个竞争优势的基础。Russo & Fouts (1997)也提出良好的环境声誉可以吸引高级人才。

Russo & Fouts (1997)对环境绩效如何推动经济绩效进行了回归分析，但他们呼吁研究人员确定连接"两个终端环节"的"整条产业链的所有变量"。学者已开始通过应用资源基础观来进行研究。

熟悉概念的扩展

几个根源于更广泛企业战略文献的概念已经在竞争战略和环境的研究中得到应用了。Shrivastava (1995)研究了环境限制对低成本、差异化和利基战略等波特分类的影响。Orsato (2006)提出了一组异于低成本和差异化战略的类型划分，其中每种战略都可以基于内部流程、产品或服务而发展成独特的子战略。

迄今为止，差异化战略最受商业与自然环境研究者的关注。Reinhardt (1998)的初步工作确定了用环境差异化来保证公司在市场中取得价格优势的三大因素。第一，消费者必须愿意为产品的环境收益支付溢价。第二，公司提供给客户的信息必须是可信的。第三，对产品的仿制必须存在一些限制条件（见 Gershoff & Irwin 本手册[第 20 章]；Devinney 本手册[第 21 章]这章更详细地描述了消费者购买行为）。Delmas et al.（2007）在一项可再生能源发电的研究中探讨了电力公司支付的意愿。在控制很多政策和运营变量之后，他们发现，尤其是当放松管制使发电量不再与绿色绩效相关时，可再生能源发电只与热衷环境的人员相关。Hull & Rothenberg（2008）通过企业社会绩效，发现企业社会责任的差异化在低创新化的产业作用更强大，这类产业里的产品在其他方面的差异小。他们对企业社会绩效的研究结果应该同样适用于企业环境绩效。

　　另一个从企业战略上得到的、能贡献于竞争战略和环境的概念是企业部门之间的关联性（Rumelt 1974，1982）。根据这一理论，一家企业应该通过扩展其最宝贵的资产和能力范围以达到多元化。Diestre & Rajagopalan（2011）的研究发现，超出产品—市场的相关性，常见的排放情况预示着多元化模式。他们将此归因于一家企业应对特殊化学产品的环境挑战而进行排放模式开发的能力。在理论部分，Sharfman et al.（2004）认为，由于不断激增的改善绩效的压力，以及使用共同政策组合的有效性，更好的环境绩效可能与更高的全球化和多样化（包括不同行业和不同国家）水平相关（Dowell et al. 2000）。

相邻领域的贡献

　　企业的资源基础观是一个值得组织骄傲的版块，这也是企业理性分析框架的核心。有两个行为方法可以作为资源基础观的互补：利益相关者管理和制度理论。这两种理论都远远超出了竞争战略的范围，但又都有特定的强调竞争优势的子域（有关利益相关者管理和制度理论的完整评论，请参阅 Kassinis 本手册[第 5 章]；Lounsbury et al. 本手册[第 12 章]；Delmas & Toffel 本手册[第 13 章]）。

　　利益相关者理论是一种主要的理论视角，它影响我们对公司如何有效管理各种外部利益相关者来打造竞争优势的理解（Freeman 1984），且一些学者已经将利益相关者概念应用到自然环境研究中了（例如 Buysee & Verbeke 2003；Henriques & Sadorsky 1999；Sharma & Vredenburg 1998）。最常应用于竞争战略与环境的利益相关者理论分支是有利的利益相关者理论，它探讨了一个观点，即"企业实行利益相关者的管理在常规绩效上会相对成功，而在其他方面都差不多"（Donaldson & Preston 1995：67）。

竞争战略和环境的研究表明,利益相关者管理通过允许企业获取和利用由环境敏感利益相关者控制的资源(包括有形和无形的资产),从而影响企业绩效。Bansal & Clelland(2004)的研究表明环境合法企业在市场上具有竞争优势,但必须满足控制这一环境合法性形象的关键利益相关者群体。这些发现与其他学者(Berrone et al. 2007;Surroca et al. 2010)的研究相一致。通过关注竞争优势这个很一般的概念而不是财务绩效指标,Delmas(2001)展示了外部利益相关者为何特别注重对企业形成竞争优势的 ISO 14001 标准的发展情况。竞争优势取决于企业将利益相关者能力与创新能力等传统能力整合的能力(Sharma et al. 2007)。

因为制度理论与竞争战略有着不同寻常的关系,所以,与竞争战略和环境有关的制度理论研究非常值得一提。制度理论认为制度(规则、习俗、信仰等)引导和约束组织的行为(Scott 2008)。制度化背景下合法的内容可以解放额外资源并促进组织目标的实现(DiMaggio & Powell 1983)。然而这种促进通常并不是从组织间的竞争中幸存下来而发生的,而是通过竞争战略和环境的"防御性"形式,更关注具有垄断性质的积极的利益相关者过程产生的,这些利益相关者能从重要竞争突发事件中转移组织实力。制度理论非常重视对认证和标准的使用(Terlaak 2007)。关于化工行业的责任关怀计划(King & Lenox 2000)和滑雪产业的可持续斜坡计划(Rivera et al. 2006)的研究证明通过采用环境共同标准来降低差异化这一过程存在集体战略价值。

Delmas & Toffel(2008)的研究证据进一步表明,一些标准可以作为战略屏障来预防突变,例如他们发现大企业的市场营销部门往往与 ISO 14001 标准的采用有关。鉴于企业的技术部门,如生产经营部门不是本手册研究的核心,所以 ISO 14001 标准的采纳可能并不会带来环境绩效的改进,这一现象是容易理解的(King et al. 2005;Potoski & Prakash 2005)。(读者若对非市场策略如自愿监管和自愿性标准有兴趣,可以参阅 King et al. 本手册[第 6 章]。)

利益相关者管理和制度理论领域的研究表明,当考虑竞争战略和环境的时候,能力的概念得到大量关注。我们必须明白它不仅仅是那些可以形成竞争优势和直接影响的传统资源能力(卓越的人力资源、一流的生产设备、顶级的品牌资产等)。用于管理外部相关者和机构压力的能力也可以巩固竞争战略和环境(Aragón-Correa & Sharma 2003)。企业面对自己的风险时会忽视构建这些功能的必要性。

竞争战略和环境的研究丰富了以竞争战略和环境为主题的文献。研究者采用多学科视角来整合知识体系,通过引进自然环境与战略方程式来探索细微差别，尊重有关行为的理性和行为解释的价值，并同时令我们意识到仍有很多需要学习。当我们考虑战略的实施策略时，所有这些方面都要考虑。

2.2 实现方面：外部和内部联系

要完全了解竞争战略如何在组织内部展开，我们需要将战略实施问题具体化。这里，一批学者以"剥洋葱"方式解析聚合的每一层并让我们感知外部和内部的联系。这对理解竞争战略和环境非常重要。就像 Delmas & Toffel (2008)指出的，承受同样外部压力的组织会采用不同的做法和策略。对外部和内部联系的现象进行研究有助于我们回答这个看似矛盾的问题。

积极主动性是变革的推动力

在理解竞争战略和环境时，一个重要的问题是组织如何过滤外部压力，以实施环境导向的战略行为（Hoffman 1999；Murillo-Luna et al. 2008）。利益相关者的管理观念和他们的需求是后续行动的重要决定因素（Buysse & Verbeke 2003；Sharma 2000；Henriques & Sadorsky 1999）。对环境问题的前瞻认识（Aragón-Correa 1998；Hunt & Auster 1990；Roome 1992）是着眼于外部环境如何转化为组织行为的一个点。对环境的积极响应与组织内的阶层有关，这将是几个建设性变革的出发点。

领导力，权力和奖励系统

领导力也许是变革过程中的关键变量。Berry & Rondinelli（1998：45）指出"因为积极的环境管理需要一个冠军，成功取决于高层管理人员的支持"。监督鼓励可以激发对内部变革授权的积极反应（Ramus & Steger 2000）。Maxwell et al.（1997）赞同并且肯定了环境倡议活动的成功实现不仅需要高层管理者的付出，也需要他们拥有积极主动地了解和满足下层员工的意愿。Klassen（2001）发现高层管理者的态度是产生良好结果的关键。Andersson & Bateman（2000）指出环境倡议活动的成功包括很多方面的行为，包括标识、包装和宣传这类活动的必要性。Branzei et al.（2004）主张高层管理者对环境拥护的行为会促使高层中其他人更多地采取有利于环境的行动。这并不奇怪，这些领导者有很强的生态价值体系（Egri & Herman 2000）。由于对环境问题的广泛关注能促进行为的改进，因此传授变革的思想和教育员工至关重要（Jiang & Bansal 2003；Sarkis et al. 2010）。

组织单元的相对位置（Howard-Grenville 2006）也能够促进或者阻碍战略变革。Delmas & Toffel（2008）研究发现，内部支持者会影响重污染企业应对变革的制度性压力。他们发现，具有更强大的法律和市场营销部门的企业更能适应来自非市场和市场的压力。Aragón-Correa et al.（2004）指出，如果企业有一个或更多的人对环境特别关注，那么企业就会提出更高的改进承诺。Christmann（2004）通过分析化工业的跨国企业发现，如果子公司对公司剩余的资源依赖性越大，那么政策和沟通实践的全球标准化水平越高。

激励系统也是同样的。一些研究已经开始将报酬作为促进环境管理服务行为的一种方式。Chinander（2001）在研究一家钢铁企业时发现，即使管理人员信奉环境敏感的管理，但工厂的实际情况却是另一回事。通过交流让员工明白他们的行为会产生怎样的环境结果，所以问责制是提升员工环境绩效的关键。Russo & Harrison（2005）通过分析电子企业的一个样本发现，当公司管理者将报酬与环境绩效相联系之后，有毒排放量便减少了。与之矛盾的是，Berrone & Gomez-Mejia（2009）发现，公司有无明确规定环境报酬的政策，对企业的环境策略回报并没有影响。他们的结果表明，这或许是因为企业采用的政策可能已经从理性的变成了象征性的，或者因为奖励方法已经滥用且与政策实施无关。进一步的研究探索激励制度如何改变行为，尤其是当奖励形式多变的时候，可以得到一些高度相关且可操作的结论（关于更全面的内部机制讲述可以参考 Forbes & Jermier 本手册［第 30 章］和 Howard-Grenville & Bertels 本手册［第 11 章］）。

面向环境的能力开发

支持组织环境倡议活动的能力发展或者实现环境目标的直接能力，是我们这里讨论的很多行为的最终结果。理解什么是能力构建应用的一种方法是把环境问题纳入战略规划中。Judge & Douglas（1998）确定了这样的整合能显著地影响环境绩效，其原因可以归结为几个因素。规划和信息是这一进程的关键。规划给了高层管理者机会以获得必要的信息，从而提高环境绩效（Stead & Stead 1995），同时给拥护者机会去维护他们自己（Winn 1995）。事实上，通过这些组织提供核心信息，可以改善采用防止污染等行为的预期结果，尤其是当这些信息无法从其他途径获取时（Lenox & King 2004）。

Christmann（2000）的调查数据显示像污染防治、绿色创新和早期变革这类环境活动的成本优势取决于互补性资产的存在。如果没有互补性资产，包括流程创新、产品创新、技术上持续投资以及其他更广泛的资产，环境活动的影响会减弱。Darnall & Edwards（2006）通过说明组织如果没有不断进步的专业知识，环境管理系统的采纳将花费更多，从而证实了互补资产的重要性。

已有的文献可以帮助我们理解企业是如何在环境改善中充满活力的，以及何种组织机制是最适合引起积极变化的。对这个领域的深入研究，尤其是与第一节的大局观相关的研究将是最热门的。尽管这个领域的一些难题已经解决，但是我们离全面理解竞争战略和环境的有效实施还有一定的距离。

2.3 环境绩效和财务绩效问题

企业策略从根本上关心的是企业行为与经济效益的关系。在竞争战略和环境的子领域中，过去的 30 年来，组织和自然环境领域内所研究的核心问题是：它是否通过支付达到环保。对这个问题的研究已经产生了大量的理论讨论和实证分析，我们将对此进行总结。这项工作非常重要。我们假设大多数商业与自然环境研究者真的相信绿色商业是值得做的，因为它是"在做正确的事情"。尽管如此，研究人员似乎对此有务实的理解：业界人士不希望我们告诉他们对错，而是希望告诉他们如何利用"正确的事情"来提高赢利能力。管理人员并非都通过奖励的方式实现可持续性，而是通过理解环境战略来提高财务绩效，从而为业界和学界人士提供关于用竞争战略实现可持续性的指导。

关于改善环境绩效是否能提升赢利能力这个争论持续了很长时间，这是因为尽管有具有说服力的理论逻辑，关于环境战略和财务绩效关系的实证检验还是产生不同的结果（Margolis & Walsh 2003）。在将整个企业社会绩效与企业财务绩效连接的大量理论尝试中，"通过付费来实现环保"的研究引起了巨大争议。在这个方面，社会绩效被分解成纯粹的社会和环境两部分，当增添了经济绩效之后，就形成了"三重底线"（Elkington 1998）。在本手册中，已经发表的一些优秀的评论文章总结了这个问题。总之，这些评论结果显示，企业环境绩效和企业财务绩效的关系是正向的，但关系很弱（Margolis et al. 2009；Orlitzky et al. 2003）。

有关"通过付费来实现环保"的文献综述给出了实证结果为何不同的几种解释。其中一个解释是，在不同研究中，如何定义和实施不一致的关键变量（Griffin & Mahon 1997；Orlitzky et al. 2003；Peloza 2009）。在下一章，我们将在方法论上详细解释。另一个值得关注的解释是，很多研究人员使用企业环境绩效的单一测量方法（Peloza 2009），但它不可能全面替代一家企业的所有环保活动。而且很少有研究提到改善环境绩效可以降低风险（Sharfman &

Fernando 2008)。如果是这样，这是一个可能会改善环境绩效但不会增加利益的计划，但它仍然提高了企业风险回报收益，因此是一种谨慎的行动计划。

两种绩效同时考虑的一个好处是，虽然企业战略和财务绩效之间的关系很可能具有递归的本质，且总是非常复杂，但以前的很多研究一直依靠相对简单的相关性和直接影响模型来检验商业策略和财务绩效两者之间的关系。通过递归，Orlitzky et al.（2003）认为，即使将企业环境绩效作为一个自变量，企业财务绩效作为因变量也会误述问题，这是因为环境和财务绩效存在一个双向因果的"良性循环"。有关复杂性，Peloza（2009）建议研究人员不仅要识别和测量企业环境绩效和企业财务绩效，也要识别和测量两者关系中的关键中间体和中介变量。Peloza（2009）列出了一些中介变量，尤其是创新和声誉这两类的变量与企业环境战略中资源基础观学者的工作遥相呼应。

这些论点主张将问题"是否通过付费来实现环保"转移到更细微的问题"何时以及如何通过付费来达到环保"上，这个提议已经存在 10 年之久了（Reinhardt 1998）。这种转变呼应了 20 世纪 60 年代和 70 年代随着权变理论出现，在战略和组织研究中产生的一个类似的问题（Burns & Stalker 1961）。该问题推动研究人员探索不同的属性会对组织产生怎样不同的效能，而不是尝试给所有的组织规定相同的基调（Donaldson 2001）。基本上，这与从事企业战略和环境研究的研究人员想法相同。Aragón-Correa & Sharma（2003）认为很多通过权变理论确定的一般商业环境变量可能在调节环境战略和财务绩效之间的关系上非常重要。

在任何情况下，我们采用的立场是竞争战略和环境领域的研究人员集中关注环境绩效和财务绩效的因果联系。这些联系很多已经在前面回顾了。然而这些研究可能无法使研究人员得到确切的成功机会。事实上这个机会的实现目前已经超出我们的研究范围。目前，我们的研究领域像一个年轻人寻找机会，需要进一步提升来取得成功。下面我们将讨论更多关于数据的问题，并提出批评和建议。

2.4　方法论的要点

从竞争战略和环境出现开始，其一直是备受争议的主题。针对其方法论及改进方法，我们需要花时间来回顾其进展。

定量分析

战略管理研究的一个最显著的特点是专注于财务回报，这在竞争战略和环境研究工作中也不例外。很多研究人员都使用了赢利能力比例。利用股票市场，无论是在估值方面，如托宾的 Q 理论（Dowell et al. 2000）或市场增值（Hillman & Keim 2001），或者是在事件和公告的反应上，这些措施都会有助于成功。所有这些方法在文献中无处不在，因此享有高水平的"表面效度"。

财务绩效的经验可以与环境绩效的经验相对比。在竞争战略和环境以及商业与自然环境中的任何领域，环境绩效的测量虽一直在发展，但在某种程度上仍有争议。环境绩效的一些研究利用的是投资公司的第三方评估数据。最流行的评估数据库来自 KLD 公司，其已经多次被用于环境绩效的财务影响研究（Berman et al. 1999；Hillman & Keim 2001）。其他的评估来自各式各样的投资公司，如富兰克林研究和发展公司（Russo & Fouts 1997），或是社会责任共同基金团体（Barnett 和 Salomon 2006）。

这些评估具有一个关键的优势：它们是对一家公司环境绩效的总体评价。Sharfman（1996）的研究表明，KLD 评估有一个很好但不是压倒性的结构效度，且 Russo & Fouts（1996）称他们使用的富兰克林研究数据与公司有毒物释放及罚款相关，且罚款由投资责任研究中心裁定。Chatterji et al.（2009）认为，虽然他们只对未来排放绩效预测产生了有限的价值，但是 KLD 环境评分"是做了一个对过去环境绩效的合理的整合工作"。

或许其他作者对第三方评估存在一些挥之不去的怀疑态度，于是他们尝试利用排放数据直接测量环境绩效。一些作者已从美国环境保护署有毒物质排放清单（TRI）获取数据，这些数据保留了自 1987 年以来工厂排放的信息。回顾该变量如何被提炼并使用是非常有益的。最初，累计排放量的总和除以这个公司的销售额被用来衡量环境绩效（Dooley & Fryxell 1999；Konar & Cohen 2001）。King & Lenox（2000）改进了这个概念，通过认识到 TRI 记录的大量污染物有不同的毒性，给每个限值（由美国环保署[EPA]制定）的倒数加权，超过限值必须报告 EPA。Toffel & Marshall（2004）进一步发展了这个方法，并考虑将权重方案本身作为一个变量。他们调查了 13 种加权方法，发现没有一个最好的加权方法，选择哪种加权方法取决于其他因素，如研究者是否对人类或生态系统影响感兴趣。

因此，出现了关键变量。它们的出现使研究结果的可信度更高。我们还认为，在竞争战略和环境领域里，使用自我报告数据的情况有所下降。现在，与最初研究相比,竞争战略和环境研究人员也更容易解决重要的统计问题。仅举一个例子,战略管理分析不修正内生性,因此在回归中往往会出现偏差(Shaver 1998)。但不进行控制的时候,省略的变量可以产生虚假的联系,具有人为的意义。例如,一个省略变量(如强大的管理或一流的技术)的出现可以提高利润,促进环保。这个未被注意到的异质性可能导致这个关系中虚假的关系被发现(Telle 2006)。

随着某些竞争战略和环境研究重要数据库的开发和利用,研究过程会采用更复杂的统计修正。对于电力公司的研究(Delmas et al. 2007;Delmas & Tokat 2005),EGrid 数据库已是不可缺少的。这是因为与 TRI 数据所包含公司的估值不同,EGrid 是实际排放量的直接检测数据。它还包括很多未被列于 TRI 中的其他污染物。来自碳披露计划(CDP)的一个数据库将会在未来研究中发挥重要作用。通过提供哪些公司选择参与这项志愿报告的记录并最终提供一个统一的数据库,CDP 将被用来探索如何减少温室气体排放对竞争战略和环境的影响。全球报告倡议(GRI)提供了一个更广泛的模型,其中包括用来测量一系列具有一定标准的社会和环境变量从而增加可比性。虽然 CDP 和 GRI 两者都是自愿的,且涉及自我报告,但是他们将促进未来更可靠测量数据的开发。美国环保局(EPA)收集标准化温室气体数据的计划有望实现。

在任何情况下,竞争战略和环境领域里的学者都必须对"梦想数据库"保持耐心。公开财务报告已经有一个世纪了,但我们研究中使用的很多数据只收集了 25 年或者更短时间。未来将会看到包含更广泛变量的、对这些变量更仔细测量的、具有更高可信度和有效度的数据集合。如果有(非地磁化的)"真北",它可能成为被广泛接受的非财务报告标准,公司可以发布集成财务信息和非财务信息的单个报表(Eccles & Krzus 2010)。

定性分析

一如大量的战略管理文献,大样本的定量研究占据着竞争战略和环境文献的主导地位。然而这并不是说,小样本的案例和定性研究就不重要。实证主义和解释主义研究的学者已经开展了重要的定性竞争战略和环境研究。这些研究有助于我们提升对 CSE 的认识,特别是当定量研究结果对理论产生弱支持或不确定支持的时候(如考虑竞争战略和环境—企业财务绩效关系)。虽然,这些研究自身侧重在单个案例和单个行业中,缺少广泛外部有效性,但竞争战略和环境案例研究人员侧重于多个行业。因此通过整合这些研究可以产生一个更普遍的研究框架。竞争战略和环境学者使用定性案例研究方法来研究石油行业（Sharma et al. 1999；Sharma & Vredenberg 1998）、林业产业（Brody et al. 2006）、化工和食品产业（Roome & Wijen 2006）和半导体制造业（Howard-Grenville 2006）等产业。

在竞争战略和环境关于能力重要性的研究中，了解企业利用和发展与环境相关的能力的过程尤为重要。这种基于过程的问题非常适合定性研究，这些结果具有其特有价值，且为进一步定量分析提供了更多理论支持。这并不意味着从事案例研究的研究人员对企业内部进程的研究享有专属权。下面就是一个很好的例子，两种不同研究方法均用于解决同一个类似问题，就是试图打开企业如何应对环境问题的"黑箱"。Howard-Grenville（2006）采用了人种学案例方法来探索企业如何做出对环境负责的行为，而 Delmas & Toffel（2008）使用结构方程模型（SEM）来调查大样本企业，根据两个单独部门所扮演的角色来实施不同的企业模式。这两项研究都促进了竞争战略和环境发展，同时不同的方法产生的结果表明，研究者可以使用不同方法来得到更好的理解。

2.5 点评与建议

竞争战略和环境研究发展迅速。一些观点已经较为深入，有关竞争战略和环境的基本理念也已经形成。这些观点在本手册中已经讨论了，我们将对这些观点进行点评。由于篇幅有限，我们将主要探讨我们认为的在今后竞争战略和环境研究中需要关注的而现有研究不足的两方面。

没有关注竞争与合作的互动

没有任何战略家会忽略竞争者，但是企业战略的研究有时会更关注为什么企业会采取相应措施，这些决定如何影响竞争者的行为。的确如此，例如当我们评价环境绩效如何吸引更优秀的岗位竞聘者时，这就暗示着我们假设该企业比其竞争者更环保。然而，很少有研究会明确表明其研究战略措施是直接轻视竞争者的。Nehrt（1996）研究了环境投资时机，该研究揭示了需何时采取相应行动，同时 Russo（2009）比较了较早或较晚采纳 ISO 14001 标准的企业。但在这两个研究中，作者都简单地认为在特定时间采取特定行动。还没有学者研究早期决策如何影响后期决策，虽然这些决策反映了企业的现有战略（Bansal & Hunter 2003）。管理者如何跟随核心竞争企业和标杆企业来采取行动则证实了真实世界的竞争动态性。

如果我们有更成熟的数据，或有从小样本企业中得到的更普适的研究结果,我们就可以追溯经理人在面对环境危机时如何选择竞争战略。例如,研究表明在品牌产品市场,大企业得到的战略线索不是来自主流市场企业,而是来自占领了边缘市场的垄断者。联合利华密切关注着高露洁、汉高和宝洁,同时也密切关注着第七世代公司(Seventh Generation)和麦舍德(Method)这两家通过商业模式创新来更好地实现环境管理的小公司。对先进技术如何在实践应用群体中扩散以及竞争如何影响扩散等的深入了解,将有助于我们理解环境影响要素在竞争战略和环境中的作用与其他外部影响因素(如变化的技术)类似。

另外,我们了解较少的是寻求环境相关的竞争优势的合作战略。在现有非环境导向的领域中,研究活动的趋势是研究可持续森林行动或责任养护,这些行为倾向成为严格的垄断性行为。许多案例说明绿色公司,特别是在清洁技术、有机食品和自然护肤等新兴领域的公司,与一些商业联盟合作以期获得更多成功机会。我们在可替代能源领域看到,采取合作战略可以获得更好的结果(Russo 2001;Sine et al. 2005),但是很少听说该领域较少获得政府关注和支持。为了弥补政府资助的不足,行为框架(例如制度理论)将会与资源基础观等理性框架一起产生显著的协同作用。

随着社会对于环境信息透明化的压力逐渐增加和企业环境信息透明化势在必行的责任加大,在环境信息报告过程中,与碳披露项目和全球报告行动等第三方机构的合作战略成了研究对象。这些组织如何与众多利益相关者达成报告语言的一致性?在一个更加透明化的时代,他们如何掌控信息?他们是否有一套机制来了解外部组织的期望?这些问题及其他相关问题都需要解答。

该领域的研究工作让人们对组织网络和组织的环境如何随着时间而共同发展有更深入的了解(Kassinis 本手册[第 5 章];Porter 2006;Zietsma & Lawrence 2010)。广义上讲系统理论在战略中的应用(Boons & Wagner 2009;Marshall & Brown 2003;Starik & Rands 1995)将提供一种途径帮助我们了解战略行动中的复杂性和他们对组织和环境的渗透影响如何产生共同响应的影响和反向影响(也请参阅 Levy & Lichtenstein 本手册[第 32 章])。例如,不考虑组织行为及其相关组织、机构和利益相关者的群体反应,将无法真实了解企业应对气候变化行动、我们逐渐加深供应链责任和其他一系列严重意外事件等所带来的挑战与机遇时的战略。随着进一步了解如何对环境规则强化制度压力,关于有关制度如何影响和协调组织网络的研究将得到更多成果(Paquin & Howard-Grenville 2010)。

数据支撑的研究内容、样本和模型说明

许多竞争战略和环境研究是实证研究。数据获取中存在影响我们主题和样本选择的一些偏差。第一点，如 Etzion（2007）所提到的，我们研究污染行业（指污染密集型或资源密集型行业）样本，如化工、汽车、木材和能源行业。使用这些污染行业案例可以更清楚地了解环境变量的显著性，因为这些行业中有较多有意义的可用于企业间比较的有关污染物排放及其他环境指数的变量。而且，在污染行业，大量企业的排放量超过 TRI 限定值，因此需向 EPA 申报，而此数据包含在数据库中。因此，研究这些污染行业减少了回归时数据缺失等问题。

但是污染行业中的企业样本还存在另一个偏差，他们将货物卖给其他企业，而不是消费者。这样，竞争战略和环境研究者就无法对产品市场竞争战略的主要内容进行回归分析。这也是环境问题相关实证研究存在碎片化情况的原因。

第二点，我们主要关注存在较大数据波动的现象，例如 ISO 14001 标准的扩散和影响。虽然这是有关制度理论和竞争战略研究的真正有趣的平台，但是大量有关 ISO 14001 的文献似乎表明这还不足以作为竞争战略和环境的重要驱动力。而在战略绩效结果方面，经常使用容易获得的财务比率，使得我们不去关注其他可能更有意思的结果测量，如新产品创新和与其他公司和组织的成功的伙伴关系。

我们把注意力从我们有数据的现象也转移到一些与竞争战略和环境相关的重要领域，这将有助于填补现有文献的重要空白。仅举一个例子，Lenox & York（本手册［第 4 章］）指出缺乏"严格的有关环保创业的核心动力的实证研究"。毫无疑问，这种实证研究的缺乏是由于学者缺少兴趣而不是缺少中小企业的数据。同理，新的技术创新来自一些企业家掌握的前沿技术，新的环境创新来自企业家应对可持续发展的限制（Russo 2010）。因此，由于缺乏数据而无法研究环境企业家产生了竞争战略和环境的知识创造和预测能力的真正结果。

由于缺乏数据，我们的知识存在其他不足。如果我们有更好的供应链网络的数据，为解决上文提到的网络研究的需要，我们就可以采取 Klassen & Vachon（本手册［第 15 章］）的建议行动，"记得保持较大系统。"实证分析结果会对竞争战略和环境如何体现在纵向关系中以及绿色能力如何在合作者之间共享有更深的了解。

第三点与第二点相关，就是中介影响研究还做得不够（Peloza 2009）。这种对中介影响的忽视最普通地反映在环境绩效如何影响经济绩效的研究中，中介影响,如直接的成本节约、员工的工作效率和品牌影响均出现在环保措施如何能够提高利润的讨论中但很少进行测量(Peloza & Yachnin 2008)。这再次说明结论围绕数据来展开。这里有两个相互关联的问题,第一,大多数中介变量是企业内生的,外部组织通常不可得;第二,即使中介变量是可得的,它也可能不具有跨组织可比性。

一种战略就是获取这些数据。的确,信息透明化运动使得领先公司把更多的信息公开。这需要一套更完整的包含了更大范围变量的会计系统。1961年,营销科学研究发起了一项活动,企业通过中介来与学术界和其他研究人员分享数据。随着时间的推移,与营销科学研究所的研究合作已经为实践者解决了进口问题。现在是时候让竞争战略和环境研究人员来决定内部环境数据的并行存储库如何进行组装。一个现成的、可直接比较的内部变化尺度的数据库将大大影响我们进行有意义的研究以解决关键的概念性问题的能力。鉴于管理人员经常要求证明环保措施的作用,很显然,从业者也会产生价值。

结 论

Hart(1997)开篇总结了 20 世纪 60 年代和 70 年代的企业发展进程,他指出"我们似乎已经行进了很长路程,但是从 20 世纪 90 年代往前倒推 30 年,我们行进的距离似乎还很短"。即使到 2012 年,对于竞争战略和自然环境的研究,我们仍然得到相同的结论。在该领域早期已经取得了一些成就,然而我们有理由期待今后几十年的研究轨迹仍将印证 Hart 对可持续发展的预测。未来将有更大的喜悦和成功。

参考文献

Andersson, L. & Bateman, T. (2000). "Individual Environmental Initiative: Championing Natural Environmental Issues in US Business Organizations," *Academy of Management Journal*, 43(2):548—570.

Aragón-Correa, J. (1998). "Strategic Proactivity and Firm Approach to the Natural Environment," *Academy of Management Journal*, 41(5): 556—567.

——Matías-Reche, F. & Senise-Barrio, M. (2004). "Managerial Discretion and Corporate Commitment to the Natural Environment," *Journal of Business Research*, 57(9): 964—975.

——& Sharma, S. (2003). "A Contingent Resource-Based View of Proactive Corporate Environmental Strategy," *Academy of Management Review*, 28(1):71—88.

Bansal, P. & Clelland, I. (2004). "Talking Trash: Legitimacy, Impression Management, and Unsystematic Risk in the Context of the Natural Environment," *Academy of Management Journal*, 47(1): 197—218.

——& Hunter, T. (2003). "Strategic Explanations for the Early Adoption of ISO 14001,"

Journal of Business Ethics，46：289—299.

——& Roth，K. （2000）. "Why Companies Go Green：A Model of Ecological Responsiveness," *Academy of Management Journal*，43(4)：717—736.

Barnett，M. L. & Salomon，R. M. （2006）. "Beyond Dichotomy：The Curvilinear Relationship Between Social Responsibility and Financial Performance," *Strategic Management Journal*，27(11)：1101—1122.

Barney，J. （1991）. "Firm Resources and Sustained Competitive Advantage," *Journal of Management*，17(1)：99—120.

Berman，S. L.，Wicks，A. C.，Kotha，S. & Jones，T. M. （1999）. "Does Stakeholder Orienation Matter? The Relationship Between Stakeholder Management Models and Firm Financial Performance," *Academy of Management Journal*，42(5)：488—506.

Berrone，P. & Gomez-Mejia，L. （2009）. "The Pros and Cons of Rewarding Social Responsibility at the Top," *Human Resource Management*，48(6)：959—971.

——Surroca，J. & Tribó，J. （2007）. "Corporate Ethical Identity as a Determinant of Firm Performance：A Test of the Mediating Role of Stakeholder Satisfaction," *Journal of Business Ethics*，76(1)：35—53.

Berry，M. A. & Rondinelli，D. A. （1998）. "Proactive Corporate Environmental Management：A New Industrial Revolution," *Academy of Management Executive*，12(2)：38—50.

Boons，F. & Wagner，M. （2009）. "Assessing the Relationship Between Economic and Ecological Performance：Distinguishing System Levels and the Role of Innovation," *Ecological Economics*，68(7)：1908—1914.

Branzei，O.，Ursacki Bryant，T.，Vertinsky，I. & Zhang，W. （2004）. "The Formation of Green Strategies in Chinese Firms：Matching Corporate Environmental Responses and Individual Principles," *Strategic Management Journal*，25(11)：1075—1095.

Brody，S.，Cash，S.，Dyke，J. & Thornton，S. （2006）. "Motivations for the Forestry Industry to Participate in Collaborative Ecosystem Management Initiatives," *Forest Policy and Economics*，8(2)：123—134.

Burns，T. & Stalker，G. M. （1961）. "Mechanistic and Organic Systems of Innovation," *The Management of Innovation*. London：Tavistock Publications，96—125.

Buysse，K. & Verbeke，A. （2003）. "Proactive Environmental Strategies：A Stakeholder Management Perspective," *Strategic Management Journal*，24(5)：453—470.

Chatterji，A.，Levine，D. & Toffel，M. （2009）. "How Well Do Social Ratings Actually Measure Corporate Social Responsibility?" *Journal of Economics & Management Strategy*，18(1)：125—169.

Chinander，K. （2001）. "Aligning Accountability and Awareness for Environmental Performance in Operations," *Production and Operations Management*，10(3)：276—291.

Christmann，P. （2000）. "Effects of 'Best Practices' of Environmental Management on Cost Advantage：The Role of Complementary Assets," *Academy of Management Journal*，43(4)：663—680.

——（2004）. "Multinational Companies and the Natural Environment：Determinants of Global Environmental Policy Standardization," *Academy of Management Journal*，47(5)：747—760.

Darnall，N. & Edwards，Jr.，D. （2006）. "Predicting the Cost of Environmental Management System Adoption：The Role of Capabilities，Resources and Ownership Structure," *Strategic Management Journal*，27(4)：301—320.

Delmas, M. (2001). "Stakeholders and Competitive Advantage: The Case of ISO 14001," *Production and Operations Management*, 10(3): 343—358.

——Russo, M. & Montes Sancho, M. (2007). "Deregulation and Environmental Differentiation in the Electric Utility Industry," *Strategic Management Journal*, 28(2): 189—209.

Delmas, M. A. & Toffel, M. W. (2008). "Organizational Responses to Environmental Demands: Opening the Black Box," *Strategic Management Journal*, 29(10): 1027—1055.

Delmas, M. & Tokat, Y. (2005). "Deregulation, Governance Structures, and Efficiency: The US Electric Utility Sector," *Strategic Management Journal*, 26(5): 441—460.

Diestre, L. & Rajagopolan, N. (2011). "An Environmental Perspective on Diversification: The Effects of Chemical Relatedness and Regulatory Sanctions," *Academy of Management Journal*, 54(1): 97—115.

DiMaggio, P. J. & Powell, W. W. (1983). "The Iron Cage Revisited: Institutional Isomorphishm and Collective Rationality in Organizational Fields," *American Sociological Review*, 48(2): 147—160.

Donaldson, L. (2001). *The Contingency Theory of Organizations: Foundations for Social Science*. Los Angeles: SAGE.

Donaldson, T. & Preston, L. E. (1995). "The Stakeholder Theory of the Corporation: Concepts, Evidence and Implications," *Academy of Management Review*, 20(1): 65—91.

Dooley, R. & Fryxell, G. (1999). "Attaining Decision Quality and Commitment from Dissent: The Moderating Effects of Loyalty and Competence in Strategic Decision-Making Teams," *Academy of Management Journal*, 42(4): 389—402.

Dowell, G., Hart, S. & Yeung, B. (2000). "Do Corporate Global Environmental Standards Create or Destroy Market Value?" *Management Science*, 46(8): 1059—1074.

Eccles, R. G. & Krzus, M. P. (2010). *One Report: Integrated Reporting for a Sustainable Strategy*. Hoboken, NJ: Wiley.

Egri, C. & Herman, S. (2000). "Leadership in the North American Environmental Sector: Values, Leadership Styles, and Contexts of Environmental Leaders and Their Organizations," *Academy of Management Journal*, 43(4): 571—604.

Elkington, J. (1998). *Cannibals with Forks: The Triple Bottom Line of Twenty First Century Business*. Oxford: Capstone.

Etzion, D. (2007). "Research on Organizations and the Natural Environment, 1992-Present: A Review," *Journal of Management*, 33(4): 637.

Freeman, R. E. (1984). *Strategic Management: A Stakeholder Approach*. Boston: Pitman.

Griffin, J. & Mahon, J. (1997). "The Corporate Social Performance and Corporate Financial Performance Debate: Twenty-Five Years of Incomporable Research," *Business & Society*, 36(1): 5—31.

Hart, S. (1995). "A Natural-Resource-Based View of the Firm," *Academy of Management Review*, 20(4):986—1014.

——(1997). "Beyond Greening: Strategies for a Sustainable World," *Harvard Business Review*, January/February: 66—76.

Henriques, I. & Sadorsky, P. (1999). "The Relationship Between Environmental Commitment and Managerial Perceptions of Stakeholder Importance," *Academy of Management Journal*, 42(1): 87—99.

Hillman, A. & Keim, G. (2001). "Shareholder Value, Stakeholder Management, and Social

Issues: What's the Bottom Line?" *Strategic Management Journal*, 22(2): 125—139.

Hoffman, A. J. (1999). "Institutional Evolution and Change: Environmentalism and the U. S. Chemical Industry," *Academy of Management Journal*, 42(4): 351—371.

Howard-Grenville, J. (2006). "Inside the 'Black Box'," *Organization & Environment*, 19 (1): 46.

Hull, C. & Rothenberg, S. (2008). "Firm Performance: The Interactions of Corporate Social Performance with Innovation and Industry Differentiation," *Strategic Management Journal*, 29(7): 781—789.

Hunt, C. B. & Auster, E. R. (1990). "Proactive Environmental Management: Avoiding the Toxic Trap," *Sloan Management Review*, 31(2): 7—18.

Jiang, R. & Bansal, P. (2003). "Seeing the Need for ISO 14001," *Journal of Management Studies*, 40(4): 1047—1067.

Judge, W. & Douglas, T. (1998). "Performance Implications of Incorporating Natural Environmental Issues into the Strategic Planning Process: An Empirical Assessment," *Journal of Management Studies*, 35(2): 241—262.

King, A. & Lenox, M. (2000). "Industry Self-Regulation Without Sanctions: The Chemical Industry's Responsible Care Program," *Academy of Management Journal*, 43 (4): 698—716.

——& Terlaak, A. (2005). "The Strategic Use of Decentralized Institutions: Exploring Certification with the ISO 14001 Management Standard," *Academy of Management Journal*, 48(6): 1091.

Klassen, R. (2001). "Plant-Level Environmental Management Orientation: The Influence of Management Views and Plant Characteristics," *Production and Operations Management*, 10(3): 257—275.

——& McLaughlin, C. (1996). "The Impact of Environmental Management on Firm Performance," *Management Science*, 42(8): 1199—1214.

Konar, S. & Cohen, M. (2001). "Does the Market Value Environmental Performance?" *Review of Economics and Statistics*, 83(2): 281—289.

Lenox, M. & King, A. (2004). "Prospects for Developing Absorptive Capacity through Internal Information Provision," *Strategic Management Journal*, 25(4): 331—345.

López-Gamero, M., Claver-Cortés, E. & Molina-Azorín, J. (2008). "Complementary Resources and Capabilities for an Ethical and Environmental Management: A Qual/Quan Study," *Journal of Business Ethics*, 82(3): 701—732.

Marcus, A., Nichols, M. & Tyagi, R. (1999). "On the Effects of Downstream Entry," *Management Science*, 45(1): 59—73.

Margolis, J. D., Elfenbein, H. A. & Walsh, J. P. (2009). "Does It Pay to be Good... and Does It Matter? A Meta-Analysis of the Relationship Between Corporate Social and Financial Performance," Working Paper, Harvard Business School.

——& Walsh, J. P. (2003). "Misery Loves Companies: Rethinking Social Initiatives by Business," *Administrative Science Quarterly*, 48(2): 268—305.

Marshall, R. S. & Brown, D. (2003). "The Strategy of Sustainability: A Systems Perspective on Environmental Initiatives," *California Management Review*, 46 (1): 101—126.

Maxwell, J., Rothenberg, S., Briscoe, F. & Marcus, A. (1997). "Green Schemes: Corporate Environmental Strategies and Their Implementation," *California Management*

Review, 39: 118—134.

Murillo-Luna, J., Garcés-Ayerbe, C. & Rivera-Torres, P. (2008). "Why Do Patterns of Environmental Response Differ? A Stakeholders' Pressure Approach," *Strategic Management Journal*, 29(11): 1225—1240.

Nehrt, C. (1996). "Timing and Intensity Effects of Environmental Investments," *Strategic Management Journal*, 17(7): 535—547.

Nelson, R. R. & Winter, S. G. (1982). *An Evolutionary Theory of Economic Change*. Cambridge, MA: Harvard University Press.

Orlitzky, M., Schmidt, F. & Rynes, S. (2003). "Corporate Social and Financial Performance: A Meta-Analysis," *Organization Studies*, 24(3): 403.

Orsato, R. (2006). "Competitive Environmental Strategies: When Does It Pay to be Green?" *California Management Review*, 48(2): 127—143.

Paquin, R. & Howard-Greenville, J. (2010). "Building a Network: Processes and Consequences of Network Orchestration," Working Paper.

Peloza, J. (2009). "The Challenge of Measuring Financial Impacts From Investments in Corporate Social Performance," *Journal of Management*, 35(6): 1518—1541.

——& Yachnin, R. (eds.) (2008). *Valuing Business Sustainability: A Systematic Review*. Research Network for Business Sustainability, Ontario.

Penrose, E. (1959). *The Theory of the Growth of the Firm*. New York: John Wiley & Sons.

Porter, T. (2006). "Coevolution as a Research Framework for Organizations and the Natural Environment," *Organization and Environment*, 19(4): 479.

Potoski, M. & Prakash, A. (2005). "Green Clubs and Voluntary Governance: ISO 14001 and Firms' Regulatory Compliance," *American Journal of Political Science*, 49(2): 235—248.

Ramus, C. & Steger, U. (2000). "The Roles of Supervisory Support Behaviors and Environmental Policy in Employee: 'Ecoinitiatives' at Leading-Edge European Companies," *Academy of Management Journal*, 43(4): 605—626.

Reinhardt, F. L. (1998). "Environmental Product Differentiation: Implications for Corporate Strategy," *California Management Review*, 40(4): 43—73.

Rivera, J., De Leon, P. & Koerber, C. (2006). "Is Greener Whiter Yet? The Sustainable Slopes Program after Five Years," *Policy Studies Journal*, 34(2): 195—221.

Roome, N. (1992). "Developing Management Environmental Strategies," *Business Strategy and the Environment*, 1(1): 11—24.

——& Wijen, F. (2006). "Stakeholder Power and Organizational Learning in Corporate Environmental Management," *Organization Studies*, 27(2): 235.

Rumelt, R. (1974). *Strategy, Structure, and Economic Performance*. Boston, MA: Harvard Business School Press.

——(1982). "Diversification Strategy and Profitability," *Strategic Management Journal*, 3(4): 359—369.

Russo, M. (2001). "Institutions, Exchange Relations, and the Emergence of New Fields: Regulatory Policies and Independent Power Production in America, 1978—1992," *Administrative Science Quarterly*, 46(1): 57—86.

——(2009). "Explaining the Impact of ISO 14001 on Emission Performance: A Dynamic Capabilities Perspective on Process and Learning," *Business Strategy and the Environment*, 18: 307—319.

——(2010). *Companies on a Mission: Entrepreneurial Strategies for Growing Sustainability,*

Responsibility, and Profitability. Stanford, CA: Stanford University Press.

——& Fouts, P. (1997). "A Resource-Based Perspective on Corporate Environmental Performance and Profitability," *Academy of Management Journal*, 40(3): 534—559.

——& Harrison, N. (2005). "Organizational Design and Environmental Performance: Clues from the Electronics Industry," *Academy of Management Journal*, 48(4): 582.

Sarkis, J., Gonzalez-Torre, P. & Adenso-Diaz, B. (2010). "Stakeholder Pressure and the Adoption of Environmental Practices: The Mediating Effect of Training," *Journal of Operations Management*, 28(2): 163—176.

Scott, W. R. (2008). *Institutions and Organizations: Ideas and Interests.* Los Angeles: SAGE.

Sharfman, M. (1996). "The Construct Validity of the Kinder, Lydenberg & Domini Social Performance Ratings Data," *Journal of Business Ethics*, 15(3): 287—296.

——& Fernando, C. (2008). "Environmental Risk Management and the Cost of Capital," *Strategic Management Journal*, 29(6): 569—592.

Sharfman, M. P., Shaft, T. M. & Tihanyi, L. (2004). "A Model of the Global and Institutional Antecedents of High-Level Corporate Environmental Performance," *Business & Society*, 43(1): 6—36.

Sharma, S. (2000). "Managerial Interpretations and Organizational Context as Predictors of Corporate Choice of Environmental Strategy," *Academy of Management Journal*, 43(4): 681—697.

——Aragón-Correa, J. A. & Rueda-Manzanares, A. (2007). "The Contingent Influence of Organizational Capabilities on Proactive Environmental Strategy in the Service Sector: An Analysis of North American and European Ski Resorts," *Canadian Journal of Administrative Sciences/Revue Canadienne des Sciences de l'Administration*, 24 (4): 268—283.

——Pablo, A. L. & Vredenburg, H. (1999). "Corporate Environmental Responsiveness Strategies," *The Journal of Applied Behavioral Science*, 35(1): 87.

——& Vredenburg, H. (1998). "Proactive Corporate Environmental Strategy and the Development of Competitively Valuable Organizational Capabilities," *Strategic Management Journal*, 19(8): 729—753.

Shaver, J. (1998). "Accounting for Endogeneity When Assessing Strategy Performance: Does Entry Mode Choice Affect FDI Survival?" *Management Science*, 44(4): 571—585.

Shrivastava, P. (1991). "Societal Contradictions and Industrial Crises," in Jasanoff, S. (ed.) *Learning From Disaster: Risk Management after Bhopal.* Philadelphia: University of Pennsylvania Press, 248—268.

——(1995). "Environmental Technologies and Competitive Advantage," *Strategic Management Journal*, 16(S1): 183—200.

Sine, W., Haveman, H. & Tolbert, P. (2005). "Risky Business? Entrepreneurship in the New Independent-Power Sector," *Administrative Science Quarterly*, 50(2): 200—232.

Starik, M. & Rands, G. (1995). "Weaving an Integrated Web: Multilevel and Multisystem perspectives of Ecologically Sustainable Organizations," *Academy of Management Review*, 20(4): 908—935.

Stead, W. E. & Stead, J. G. (1995). "An Empirical Investigation of Sustainability Strategy Implementation in Industrial Organizations," *Research in Corporate Social Performance and Policy*, Supplement: 43—66.

Surroca, J., Tribó, J. & Waddock, S. (2010). "Corporate Responsibility and Financial Performance: The Role of Intangible Resources," *Strategic Management Journal*, 31(5): 463—490.

Terlaak, A. (2007). "Order without Law? The Role of Certified Management Standards in Shaping Socially Desired Firm Behaviors," *Academy of Management Review*, 32(3): 968—985.

Telle, K. (2006). " 'It Pays to be Green'——A Premature Conclusion?" *Environmental and Resource Economics*, 35(3): 195—220.

Toffel, M. W. & Marshall, J. D. (2004). "Improving Environmental Performance Assessment: A Comparative Analysis of Weighting Methods Used to Evaluate Chemical Release Inventories," *Journal of Industrial Ecology*, 8:1, 2, 143—172.

Wernerfelt, B. (1984). "A Resource-Based View of the Firm," *Strategic Management Journal*, 5(2): 171—180.

Wheeler, D., Fabig, H. & Boele, R. (2002). "Paradoxes and Dilemmas for Stakeholder Responsive Firms in the Extractive Sector: Lessons from the Case of Shell and the Ogoni," *Journal of Business Ethics*, 39(3): 297—318.

Winn, M. (1995). "Corporate Leadership and Policies for the Natural Environment," in Collins, D. & Starik, M. (eds.) *Research in Corporate Social Performance and Policy*, *Supplement*. Greenwich, CT: JAI Press, 127—161.

Zietsma, C. & Lawrence, T. B. (2010). "Institutional Work in the Transformation of an Organizational Field: The Interplay of Boundary Work and Practice Work," *Administrative Science Quarterly*, 55: 189—221.

3 国际商务与环境

Petra Christmann，Glen Taylor

在过去的 20 年里，公司的跨国活动大幅增长。贸易壁垒的减少和海外直接投资导致了跨国企业跨国商品和资本的大量增加。跨国企业是指在两个及以上国家拥有和控制商业增值活动的公司(Dunning & Lundan 2008)。由此，在独立买家和卖家之间的国际贸易形成了巨大的全球供应链。虽然跨国活动得到促进，但由于各国政府的法规有所不同，故引发了一场关于跨国企业全球分布和全球供应链所造成的环境影响的争论。本章回顾了关于跨国企业和全球供应链的环境行为的相关文献，并为未来的研究提供了方向。

跨国企业和全球供应链对自然环境的影响存在争议。有些人认为它们有助于提升环境法规松懈的国家的环境质量，因为这些国家将面临来自国外消费者和其他利益相关者对其环境行为的要求(Christmann & Taylor 2001)，并且海外直接投资和国际贸易有助于将先进的环保措施和技术转移到这些国家。其他人则指出跨国企业和全球供应链利用不同国家中环境法规的不同，把环境法规松懈的国家变成了他们的排污天堂——污染严重产业的生产和出口平台(Leonard 1988)。

国际商务(IB)领域关注的是跨国企业的行为、战略、组织，其与外部机构和利益相关者的关系，以及对东道国的影响。在有关跨国企业运作对环境影响方面，只有很少国际商务文献研究了跨国企业的环境行为。正如 Madsen (2009：1299)提到的："奇怪的是，尽管公司对排污天堂的投资行为还处于争论的中心，但是管理、国际商务和战略领域的学者并未参与到这场争论中。"其中一个可能的解释是，国际商务领域的文献集中于跨国企业活动积极的一面，而较少关注其中的"阴暗面"(Eden & Lenway 2001)。另一个可能的解释是，国际政治经济学者用怀疑的眼光看待跨国企业，专注于分析它们对社会和环

— 47 —

境的负面影响(Eden 1991)。因此,关于跨国企业环境行为的文献没有很好地结合国际商务的主流理论和文献(Meyer 2004)这一现象不足为奇。

鉴于国际商务领域缺乏对环境问题的关注并且未能将国际环境问题与国际商务理论结合在一起,本章有两个方面的目的。首先,我们回顾相关文献,着重于跨国企业和全球供应链环境行为对东道国环境的影响,以及全球经济中对环境行为的治理。我们主要聚焦于国际商务领域的研究。当然我们也概括了经济和国际政治经济的相关文献,但并不旨在提供一个对这些文献的完整概述。其次,为了更好地将跨国企业环境行为及其影响与国际商务研究整合起来,我们会针对国际商务文献围绕几个中心主题进行文献概述。

3.1　跨国企业环境战略和组织

国际商务文献比较关注跨国企业行为、战略和组织的国际方面内容。考虑到跨国企业对自然环境影响的管理,跨国企业主要面临两个战略选择:如何在全球业务范围内设计并组织环境战略,以及如何在国外选址决策中包含环境方面的考虑。我们回顾跨国企业环境战略文献的重点就在于这两个决策。

跨国企业的环境战略:全球标准化 VS 国家差异化

跨国企业如何在不同国家组织它们的战略是国际商务领域的核心问题。Bartlett & Ghoshal's (1989)的整合—响应框架表明,跨国企业面临着运营的全球一体化的压力,如不同国家顾客的共同需求,以及国家响应的压力,如不同国家在政府规章制度、消费者品味和资源可用性方面的差异(Yip 2002)。跨国企业不仅面临着全球一体化的压力,需要在世界范围内采用集中决策和产品与生产全球标准化的全球战略,同时也面临着国家响应能力差异化的压力,将关键决策责任委托给该国的子公司,并根据当地情况定制产品和生产。

不同国家跨业务环境问题的管理是具有挑战性的,因为跨国企业面临着反对全球标准化和不同国家环境政策差异化的外部压力。考虑到这些挑战和跨国企业为应对整体环境影响而实施的跨国组织结构,目前只有少量的研究明确聚焦于研究跨国企业如何通过他们在其他国家的子公司来管理环境问题。

跨国企业环境战略全球标准化的演变

跨国企业的环境管理问题随着时间的推移已经发生许多变化,从子公司环境管理问题到全球化方法,即跨国企业将环境行为或绩效目标标准化,以期实现世界范围内规范操作。在 20 世纪 60 年代，环境问题还不是大家关注的核心，跨国企业通常将环境管理问题的责任分配给当地的生产经理（Pearson 1985）。到 20 世纪 70 年代和 80 年代，研究（Gladwin & Walter 1976；Gladwin & Welles 1976；United Nations 1988)认为跨国企业环境问题的管理是分散的，碎片化的。如 Gladwin & Welles（1976：179)指出："对任何跨国企业而言，通常有多少国外的子公司就有多少环境战略。"然而，最近的研究表明，大多数跨国企业的战略已经改为全球环境绩效标准和（或）全球化程度更高的统一环境政策（Brown et al. 1993；Dowell et al. 2000；Epstein & Roy 2007；Rappaport & Flaherty 1992；Sharfman et al. 2004)，而且跨国企业正在向子公司转移它们的环境措施和技术（Pinske et al. 2010；Rugman & Verbeke 1998)。然而，跨国企业环境战略在特定方面似乎仍保持本土化，例如，Hunter & Bansal（2006)发现环境沟通的可信度，也就是沟通的透明度和综合度，在不同的子公司中存在多元性，这取决于当地条件。

跨国企业环境战略全球标准化的外部决定因素

有关国际商务的文献指出，跨国企业面临着多元化、离散化和外部压力的可能冲突（Kostova et al. 2008)，这些外部压力包括母公司所在国和东道国的压力以及跨越国界的压力（Kostova & Zaheer 1999)。由于业务所在国的材料、技术、人力和其他资源的可获取性不同，对跨国企业全球业务的管理变得更加复杂。在本节中，我们将讨论外部压力和资源可得性在国家层面的差异如何影响跨国企业对它们环境战略的全球化组织和管理的决策。

在过去的 30 年，跨国企业环境战略标准化面临的外部压力不断增加。早期研究指出，各个国家环境规则的异质性导致分裂力量的产生，迫使跨国企业根据当地的环境政策情况制订或调整他们的环境行为（Gladwin & Welles 1976)。国家环境法规在保护环境的有效性上显得越来越无力，这是因为贸易和外商直接投资的壁垒较低，为了与其他国家竞争成为生产投资有吸引力的低成本地区，各国政府就有了维持低要求环境法规的动机。这些问题以及跨国企业透明度高的环境事故如博帕尔惨案（Shrivastava 1987)，导致外部利益相关者向跨国企业施压使其在全球业务中采用高环境标准。非政府组织（NGOs)和国际政府组织如 OECD 和联合国使用各种自愿办法，如行为守则和认证标准，来影响跨国企业的环境行为。客户和投资者对跨国企业环境行为越来越感兴趣，并在决定购买或投资决策时考虑企业的全球环境法规和标准。这些关于环境责任的最新的外部压力跨越了国界，并往往来源于那些没有直接受到跨国企业活动的负外部性影响的地区。

　　少量但越来越多的研究探讨了跨国企业应对持续增加的环境战略全球标准化这一外部压力的措施。Christmann（2004）指出，环境战略标准化的不同外部驱动力会影响不同内容维度的标准化，这意味着研究人员需要明确地考虑环境战略构建中全球一体化的多维度本质。当行业压力促使环境实践活动实施国际标准化时，政府驱动力如环境法规的国际协调，会影响跨国企业全球环境绩效标准的水平。有趣的是，来自客户的压力仅仅影响跨国企业的跨国环境沟通内容的标准化，而不影响降低跨国企业环境影响的行为，这可能是因为跨国企业环境战略标准化的实际水平对客户并不透明。因此，能提高公司环境行为透明度的机制，如可认证的标准之类是提高客户压力对环保责任的影响的关键。

　　不同国家资源可得性的差异是降低跨国企业环境战略全球标准化的分裂力量。不同环境问题的重要性因国家而异，这是因为不同国家的环境同化能力不同，即空气、水和土地的污染物相对吸收能力不同（Dean 1992）。例如，在那些水可得性和吸收能力较低的国家，水污染问题会显得更加重要，跨国企业也更愿意将先进的水处理技术转移到那些国家。此外，能够有效实施环境管理体系和先进环保技术的技术人员的可获得性的差异可能会阻碍这些措施和技术在跨国子公司的转移（Christmann & Taylor 2003）。地方条件的差异，如能用来处理污染的基础设施的可获得性，将会使环保措施不容易在不同地方间转移，因此，跨地区的标准化措施实际上可能会降低一些地区的环境绩效（Cebon 1993；Child & Tsai 2005；Levy 1995；Nehrt 1996）。

跨国企业内部特征对环境战略全球标准化的影响

　　跨国企业通过进军不同国家的技术池来发展和获取自身能力、实践和技术，并通过自身在他国的业务间的转移来提升这些资产。跨国企业环境战略的全球标准化需要转移环保措施、流程和技术给全球所有子公司。跨国企业通过发展先进的措施和技术来应对一些国家的严格的环境法规（Porter & van der Linde 1995）。

　　在多个国家的子公司间转移环保能力可以在多个方面节约成本（Dowell et al. 2000）。首先，在跨国企业全球业务中实施先进环境技术可以提高材料使用效率和降低材料使用量。假设跨国企业在法规较严国家的子公司中已经拥有先进的环境技术，那么转移这些技术到国外子公司可能比实施次先进技术更节约成本。事实上，在环境法规较松的国家使用过时的污染技术可能会增加跨国企业的生产成本(Knödgen 1979)。

其次,在不同国家的子公司间使用标准化的环境技术和实践措施可能会降低合作成本,尤其对那些在多个国家有业务的跨国企业来说。保持与所有国家不断变化的国家环境法规和公众期望同步并确保所有子公司都满足这些不断发展的法规和期望,这是复杂和昂贵的(Sharfman et al. 2004)。通过采用超出每个地方合规的统一方法来实施环境战略全球标准化,能降低这些复杂性。

然而,并不是所有的跨国企业都能通过全球环境战略的整合来实现同样的成本节省。实施环境战略所需的很多能力都是在发展其他业务能力如制造、研发过程中得到提升的(Christmann 2000;Florida 1996)。跨国企业以全球一体化的方式管理其他业务,例如技术和组织实践的标准化使其在实施环境战略全球标准化时比追求不同国家本土化战略的企业成本更低。因此,跨国企业将它们负责环境战略的跨国家组织与它们其他跨国业务的组织相匹配(Christmann 2004)。此外,实施多国本土化战略的跨国企业比实施全球一体化战略的跨国企业更重视地方性的环境问题,这可能因为只有在识别和分析了地方性问题后,实施多国本土化战略的跨国企业的环境成本才会更低(Husted & Allen 2006)。

子公司之间在能力上的差异也使实践经验和技术在跨国子公司之间的转移复杂化。能力的差异导致了子公司吸收能力的差异,即它们对外来新知识的吸收和应用能力(Cohen & Levinthal 1990),以及它们互补资产的差异,也就是需要通过实施某些应用和技术来获益的资产(Teece 1986)。实施环境实践和技术既需要吸收能力,也需要互补资产(Christmann 2000;Christmann & Taylor 2003;Pinske et al. 2010),因此,子公司拥有这些资源的水平可能会影响环境实践转移到子公司的程度。在新兴经济体中,子公司的吸收能力与他们员工基本教育和文化水平相关。技术能力和先前类似的管理流程可以被看成互补资产,这些可以影响子公司实施 ISO 14001 环境管理体系(EMS)的可能性(Christmann & Taylor 2003)。

最后,子公司依赖性会影响总部成功转移政策、实践和技术的可能性。利用资源依赖理论(Pfeffer & Salancik 1978),国际商务学者指出,子公司在关键资源方面对跨国企业其他子公司的依赖性会影响总部对子公司决策的控制水平(Martinez & Ricks 1989;Prahalad & Doz 1987)。因为法规较松国家的子公司经理人会由于相关业务成本增加且无短期收益而经常抵制环保政策、实践和技术的执行(Rappaport & Flaherty 1992),因此总部对子公司的控制力会影响环境政策转移的水平(Christmann 2004)。

环境问题对跨国企业选址决策的影响

各国之间在环境法规上的差异为跨国企业通过将污染生产放到法规较松的国家来降低生产成本提供了可能（Leonard 1988）。然而，有关环境法规的差异对跨国企业选址决策的影响的实证研究还没有得到结论性的成果。大多数的研究几乎没有发现任何证据表明污染密集型产业的对外直接投资受到母公司所在国和东道国相关严格环境法规的影响（Eskeland & Harrison 2003；Javorcik & Wei 2004）。然而，研究表明若给定一个国家考虑对外直接投资选址决策，如美国或者中国，在该国国内进行选址决策时，企业倾向于选择环境法规较弱的地区（Dean et al. 2009；Keller & Levinson 2002；List & Co 2000）。后面这些研究表明，由于东道国的环境法规在区域间的差异，未来的研究不应该关注国家层面，而应关注国家内的地区层面。

对国际商务研究者而言，虽然海外投资行为和选址行为非常重要，但令人吃惊的是，只有极少量的研究强调了环境法规对选址的影响。一个例外是Madsen（2009）最近对汽车行业跨国企业选址决策在公司层面的研究发现，跨国企业环境保护能力在法规严格性和选址之间起到的调节作用。虽然一个东道国严格的环境法规普遍不影响跨国企业的选址，但是缺少环境保护能力的跨国企业更容易选择那些环境法规较松的国家。这个发现符合经济学的研究，即与其他跨国企业相比，来自新兴经济体的跨国企业的环境保护能力可能较弱，更容易选择那些环境法规较松的地区（Dean et al. 2009）。这些结果指出了未来在环境法规对跨国企业选址决策影响的研究中，考虑跨国企业异质性的重要性。

跨国企业对东道国自然环境的影响

关于国际商务与国际政治经济的文献一直关心跨国企业子公司在东道国的行为及其产生的经济和社会影响。在这次讨论中已解决关于环境问题的两个核心问题是：跨国企业子公司的外资所有权如何设置以区别于本土企业，以及跨国企业运营如何影响发展中国家的自然环境。

跨国企业子公司与本土企业的行为比较

国际商务研究人员一直认为，跨国企业业务受到外来者劣势的影响，以至于存在当地企业并不面临的成本（Hymer 1976；Kindleberger 1969；Zaheer 1995）。这些成本是由于对当地环境的不熟悉、当地对跨国子公司较高的公众期望,以及消费者、供应商和政府对外国公司的歧视等。但另一方面,研究人员指出跨国企业可以在进入前的谈判中从东道国政府获取一些本土企业无法获得的优势。为了吸引对外直接投资,各国政府通常会给跨国企业一些优惠政策,如税收优惠和其他投资激励。此外,跨国企业相对于本土企业存在优势,这也是它们存在的理由,因为它们拥有可以转移到国外子公司的优越资源(Dunning 1977)。

研究还探讨了跨国子公司和本土企业如何在环境行为和环境绩效中有所不同。很多环境保护活动如废物或污染防治需要有适应当地环境特殊的隐性技能(详见 Klassen & Vachon 本手册[第 15 章];Lifset & Boons 本手册[第 17 章])。外来者劣势观点表明,相比于本土企业,跨国企业缺乏应对当地条件的专业知识,地方根植性使得跨国企业环境绩效降低(Hymer 1976;Buckley & Casson 1976;Dunning 1977)。此外,对跨国子公司而言,信息劣势使它很难在国外识别其废弃副产品的买家,而且潜在的买家可能不愿意购买他们所不熟悉的外国企业生产技术所产生的副产品(King & Shaver 2001)。

跨国企业在与东道国政府的谈判中往往有很强的议价能力,这是因为他们会威胁地方政府。如果政府执行环境法规,他们将选择其他地方,这也是因为东道国政府通常缺乏相关工厂潜在环境问题方面的足够信息(Leonard 1988)。这种议价能力还可能允许跨国企业得到一些优惠,如无须遵守特定的的环境法规,这也降低了他们的环境绩效。然而只有有限的证据显示,跨国企业子公司可以无须遵守环境法规,跨国企业通常在进入前的谈判中会对子公司环境质量标准做出过度乐观的承诺,只有在公司已经运营的情况下才会进行再谈判(Leonard 1988)。

其他学者认为跨国子公司环境行为和绩效优于本土企业,因为跨国企业在污染治理上拥有卓越的财务、管理和技术能力,并且受到更高的关于环境保护的公众期望和外部压力(Pearson 1985)。虽然正式环境法律对国内外企业公平适用,但政府可能仅对外国企业实施强制行为(Pearson 1985;Mezias 2002)。

可能由于数据可得性,大多数对比跨国企业子公司和本土企业环境行为的实证研究关注高收入的发达国家。与外来者劣势观点相一致,这些研究发现位于美国的国外子公司在废物减少和环境绩效上落后于本土公司(Levy 1995;King & Shaver 2001)。然而,这些结论可能只适用于那些环境法规严格且本土竞争对手拥有较强环境保护能力的特定的发达东道主国家。在新兴经济体中,实证研究表明,在墨西哥的跨国企业子公司与当地企业的环境绩效差不多(Muller & Kolk 2010),而在中国,跨国企业子公司的环境行为优于当地企业(Christmann & Taylor 2001)。在下一节中,我们将探讨跨国企业在新兴经济体的环境行为以及其他跨国企业运营对这些国家自然环境的影响。

跨国企业对新兴经济体自然环境的影响

跨国企业通过金融资本、知识、能力、思想和价值体系的国际转移,在经济体联系中起到了至关重要的作用(Meyer 2004)。然而,它们对新兴经济体的经济发展和社会福祉的影响存在争议。一方面,跨国企业可能向新兴经济体转移先进的技术和实践,并且跨国企业运营对本土企业产生正向的知识溢出,这可能有助于东道国经济和社会福祉的发展。本土企业得到了这些溢出效应,这种溢出也不是来自于跨国企业将资源转移到当地合作伙伴(Dunning & Lundan 2008)。另一方面,跨国企业可能会排挤本土企业以减少竞争,并且利用它们强大的与政府议价的能力获得优惠,从而减少它们对东道国的经济和社会效益(Stiglitz 2008;Vacchani 1995;Vernon 1971)。

尽管国际商务领域的研究兴趣在于跨国企业对东道国的影响,大多数关于跨国企业在新兴经济体的运营对环境影响的研究都在其他学科进行,如经济学和政治学。他们认为跨国企业通过向其子公司所在国转移先进的生产技术和环境管理实践,来提升所在新兴经济体东道国的环境质量。这些转移主要来源于绿地对外直接投资,也就是在东道国建造全新的设施,这是因为跨国企业更愿意在新的海外工厂使用它们最有效和最清洁的技术(Gladwin & Welles 1976;Rugman & Verbeke 1998)。

跨国企业业务对新兴经济体东道国的负面环境影响来自于它们会利用环境法规的不严格或从东道国政府获得的法规豁免权,而将污染产业运营设置在新兴经济体东道。然而,如前所述,关于对外直接投资进入那些法规较松的国家以及跨国企业较本土企业受到更弱的环境法规限制,其实际证据是不足的。事实上,新兴经济体中的监管机构通常倾向于对跨国企业采取强制要求,这可能是因为跨国企业有更强的能力和意愿接受任何可能的处罚和罚款。

新兴经济体的跨国企业子公司通过市场和非市场关系,能对本土企业环境行为产生更广泛的影响。跨国企业子公司通过要求其当地供应商采用特定的环境管理措施可以直接影响供应商的环境行为(Jeppesen & Hansen 2004)。实证研究表明,在中国,跨国企业子公司的供应商更愿意采用 ISO 14001 环境管理体系,并且比中国本土企业的供应商具有更好的环境绩效(Christmann & Taylor 2001)。此外,在对外直接投资中,东道国的持股比例正向影响它们在国家层面采用 ISO 14001 体系(Neumeyer & Perkins 2004;

Prakash & Potoski 2007）。

通过非市场的溢出效应，环境技术或管理实践也可能扩散到本土企业。跨国企业子公司采用先进的技术和实践可以使本土企业了解这些实践做法，并意识到这些做法也可以应用到本地环境中，这就可能使本土企业进行模仿。此外，在跨国企业子公司接受过环境技术或实践方面训练的员工流动到本土企业，促使跨国企业子公司的知识和实践扩散到本土企业（Meyer 2007）。暂无任何研究直接检验环境实践的非市场溢出效应。

3.2　全球供应链的环境行为

外包和境外生产（见 Klassen & Vachon 本手册[第 15 章]）导致了复杂的全球供应链，且促进了世界贸易的显著增加。然而令人惊讶的是，关于国际商务的文献很少关注全球供应链，而更趋向于关注跨国买家和供应商之间的双边关系及其治理。

在全球供应链的环境实施方面见解最全面的文献是国际经济学文献，这些文献长期讨论自由贸易中的环境影响（此方面文献内容，请参阅 Copeland & Taylor 2004）。经济学理论表明，国际贸易通过允许各个国家的禀赋生产而带来了益处。由于一些国家想通过污染密集型产业松散管理获取比较优势并成为污染天堂——污染商品的出口平台，人们越来越关注贸易的环境影响。然而，关于污染天堂存在的实证证据是严重不足的（Copeland & Taylor 2004）。

证据不足的可能的解释是，外部利益相关者越来越认为企业应该对它们国外供应商的环境行为负责（详见 King et al. 本手册[第 6 章]）。这种关注的责任感降低了环境法规较松的国家的采购成本优势，因为这些国家的供应商迫于压力而采取超过当地环境法规规定的环保措施或标准。研究证实了外国客户压力对供应商环境行为的影响。国家层面的研究表明，出口到有高 ISO 14001 认证要求的地区，如欧洲和日本等国，能提高国内的认证率（Corbett & Kirsch 2001；Neumayer & Perkins 2004；Prakash & Potoski 2006），同时企业层面的研究也指出出口水平作为 ISO 14001 认证前因的重要性（Christmann & Taylor 2001）。供应链下游的国外企业的环境行为并没有直接与外国客户接触，也不直接参与出口活动，然而，客户对于他们直接的国外供应商的环境影响的关注忽略了这一现象（Levy 2008）。

3.3 规范跨国企业的环境行为和全球供应链

一直以来,关于国际商务的文献关注跨国企业全球业务的管理,例如转让定价和税务等问题,但最近跨国企业环境和社会行为控制逐渐受到关注。此外,最近有研究研究了新治理机制如何影响国外供应商环境行为(有关这些治理机制详细内容请见 King et al. 本手册[第 6 章],此处我们仅关注国际方面)。

少数但越来越多的实证研究检验了跨国企业及其供应商环境行为的前因。可能由于很难获得企业在国外的环境行为的数据,这些研究集中于公司对国际自愿环境标准如 ISO 14001 的采用上。如前所述,这些研究显示了国外客户压力和外国所有权作为 ISO 14001 认证决定因素的重要性。对这些标准的认证在很多情况下已经成为公司从事国际商务的现实要求(Christmann & Taylor 2001;Cashore 2002)。

全球环境标准可以降低全球供应链成本,这已经得到普遍的认可,因为它可以减少出口公司环境责任行为要求的激增。如果没有国际标准,供应商出口到不同的国家需要满足的需求可能存在潜在的冲突,这会增加它们的成本。

在本节的其余部分,我们将关注可认证的环境标准。企业通过独立的第三方审计来获得这些标准的认证。这能够通过减少全球供应链中的信息不对称促进贸易。通过认证可以为国外的客户提供一些它们不能直接观察到的公司或者产品环境属性(Schuler & Christmann 2011)。这使得相距很远的顾客在做出购买决策时可以考虑供应商的环境行为,因此增加了对环境责任的市场压力。这也可以看作,可认证的标准是基于市场的公司环境行为的治理机制(见 Scammon & Mish 本手册[第 19 章])。

尽管最近几年,对环境认证标准的关注不断上升,但人们对环境标准认证是否准确反映企业的环境行为仍存在一些忧虑。第三方监测的不足让一些企业获得 ISO 14001 认证,但在日常运作中这些企业并不使用 ISO 14001 环境管理体系(Boiral 2007;Christmann & Taylor 2006)。如此低质量的 ISO 14001 标准实施降低了企业的环境绩效(Aravind & Christmann 2011)。在新兴经济体中一些当地的第三方审计机构可能无法或者不愿意强制执行环境质量标准的要求,因此,在这些国家,第三方监测存在的问题可能会更大。这些国家的审计人员更可能缺乏合规监测所需的特定行业专业知识(O'Rourke 2003;Boiral 2003;Yeung & Mok 2005),以及在许多新兴经济体中因腐败文化盛行可能允许企业通过贿赂审计人员获得认证(Montiel et al. 2009)。因此,一些客户要求国外供应商从特定的审计人员手中获得认证(Yeung & Mok 2005),这表明了客户对全球审计质量变化的关注。

这些发现对可认证标准作为市场治理机制特别是在新兴经济体中的有效性提出了质疑。市场治理机制只有在它们为外部利益相关者提供可靠的公司环境行为信息时才起到作用。环境管理和国际商务研究者需要密切关注在全球背景下公司国际标准的实施。

3.4 结　论

国际商务研究提供了很多潜在的方式来拓展我们对以下问题的理解:跨国企业和全球供应链如何影响自然环境、在全球经济背景下这些影响如何被规范化,以及在塑造环境保护外部压力中跨国企业的作用。我们建议从三个方面来研究未来国际商务中的环境问题。

检验跨国企业环境战略的其他方面

尽管目前的文献已经认同,跨国企业就环境战略的全球组织在运作和沟通等功能上是多维度的,但它们并没有探索跨国企业在应对不同环境问题时如何变化它们的战略。环境问题的一些特性,如它们的地理范围、紧迫性、对跨国企业的重要性,都可能会影响跨国企业的应对战略。

从国际商务的角度来看,探索环境问题的地理范围和相应的外部压力是特别有趣的。解决环境问题的外部压力因问题本身所处的地理范围的不同而不同。显然,对于全球问题如全球变暖,企业将面临全球压力。然而,即使污染没有跨越国境,解决环境问题的外部压力也可以出现在其他国家。一个国家的环境问题可以作为其他国家潜在类似问题的范例,而受到全球多个国家对该问题的关注。例如,尽管英国石油公司的"深水地平线"事故造成的环境危害是在墨西哥湾,但环保人士可以将其作为质疑全球海上石油钻井作业的合法性问题的一个范例,且欧盟委员会考虑暂停欧洲的复杂钻井项目直到"深水地平线"事故原因披露。这说明环境压力的地理范围会随着环境问题及其涉及范围而变化。对跨国企业而言,不管采用了多国方法(如果仅有一个国家的环境压力)还是全球战略(如果类似的环境压力在多国存在),理解环境压力的地理范围非常重要。然而,我们不知道环境关注问题如何扩散到其他国家中,以及在这个过程中关键角色(如国外跨国企业和非政府组织)起到什么样的作用。更好地了解到环境问题的关注要点和外部压力的全球化,将有助于管理者更好地应对新兴环境问题。对环境问题的出现和演变的纵向研究可以识别出环境问题成为国际或者全球问题的过程。

跨国企业环境战略的研究主要集中在它们的运作战略，旨在减少它们对环境的影响。只有少数研究关注于那些跨国企业用来影响外部利益相关者感知和压力的战略，如沟通战略（Christmann 2004；Hunter & Bansal 2006）。鉴于跨国企业的政治权利和它们影响公众舆论的能力，我们需要更多地了解关于单个跨国企业或者集团的政治或影响战略。此外，跨国企业与国际和当地非政府组织的互动是未来国际商务研究领域最富有成果的研究领域之一。研究问题可以包括：跨国企业如何与当地和国际非政府组织互动？跨国企业何时与非政府组织一起采用政治策略来预先防止公众对即期行动提出环境期望？跨国企业在协调旨在在广泛环境上达成全球共识的多方利益相关者的过程中担任了什么角色？

通过企业层面的实证研究再论污染天堂假设

使用县级数据来检测环境法规对对外直接投资以及贸易流动的影响的经济学研究暂无定论。对无定论的一个可能的解释是，一些公司利用环境法规的跨国差异，而其他的则不然。因此，公司特征如公司环境保护能力，能够调节国家环境法规与海外直接投资和贸易之间的相互关系（Madson 2009；Dean et al. 2009）。应用企业的资源基础观（Barney 1991）来观察跨国企业选址决策，并使用企业层面数据可以确定其他调节这两者关系的企业特征和能力，包括跨国企业全球组织以及其转移环境技术能力。历来侧重于企业层面分析的国际商务研究者和战略学者极其胜任此方面问题的深入研究。

研究结果的无定论也可能是由于研究只关注国家层面环境法规，并将其作为跨国企业选址决策的决定因素。次国家（州）级层面上的环境法规也会影响跨国企业在国家内部的选址决策，这些研究表明，当决定选择哪个国家时，跨国企业可能会考虑其他如资源或人力资源的可获取性等因素，然后才会考虑环境法规。更好地了解跨国企业在它们做出对外直接投资决策时如何以及何时考虑环境因素，并与哪一级政府进行环境绩效问题谈判，可以解释地理层面的分析。然而，在分析次国家层面的环境法规影响时，研究存在数据可获得性的挑战，特别是在新兴经济体国家内不同地区存在正式法规执行的差异（Montiel et al. 2009）。

类似的结论也适用于全球供应链。环境法规较松的国家成为出口污染商品的平台，缺少这方面证据的一个可能原因是全球供应链中的企业利用弱环境法规的倾向是不同的。将客户、产品和关系特征考虑进来，可以识别这些差异。客户特征可以调节环境法规和贸易之间的关系。例如，如果具有较高品牌声誉的企业向弱环境法规国家外包污染生产活动且没有采取足够的措施来控制其供应商的行为，那么它们就有失去信誉的风险。这表明，或许只有那些不依赖于品牌声誉的企业或行业，全球供应链中的污染天堂假说才有可能成立。这是国际商务研究人员可以研究的一个命题。

此外，产品特征可能调节环境法规和贸易之间的关系。向弱法规国家外包生产零部件相对于外包整个产品或者最后的总装，可能很少受到关注，这是因为客户和其他利益相关者不太可能知道零部件来自于哪个国家。因此，公司很可能向弱法规国家外包零部件生产，而不是整个产品生产或最后的总装。

最后，关系特征，例如更换供应商的容易程度可能会影响客户向弱环境法规国家外包污染业务的可能性。如果更换供应商的成本是昂贵的，公司可能不愿意在弱法规国家中选择供应商。如果在它们供应链上出现控制环境行为的新压力或新增压力，它们就不能简单地通过更换严法规国家的供应商来做出响应。因此，在买家—供应商关系中，只有在买家能够用低成本更换供应商的情况下，污染天堂的假说才有可能成立。

在全球经济中控制公司的环境行为

最近基于市场的国际治理机制的发展引发了很多有趣的研究问题。在全球化阶段，全球治理机制出现的不同流程是什么？它们何时在国家层面生成和发展？它们何时变成了全球化？当存在多个相互竞争的国家标准或认证标准时，跨国企业或全球供应商如何应对？它们会采用多个标准还是在这些标准中选一个？

我们还需要更好地理解除了满足认证标准要求之外，客户还可以采取其他措施来控制其全球供应链中的环境行为。对客户而言，控制那些离他们很远的下游供应商的行为是困难和昂贵的。客户采用什么行动来深入供应链？这些行动的有效性如何？还有什么可以用来增强客户对除第一或第二线供应商之外其他供应商的环境行为的影响？

总之，我们相信国际商务研究者可以在跨国企业和全球供应链的环境影响以及如何控制它们的负面影响等方面的研究中做出独一无二的贡献。公司层面或者跨国企业内部到其子公司层面的分析将为此提供新的视角，这有助于更好地理解不同的动机和激励措施，并制订更多有效的机制来控制它们的环境行为。这样的研究将有助于跨国企业制订战略以应对竞争复杂性和国内外利益相关者对它们的经常相互矛盾的环境要求。

参考文献

Andrews, R. N. L., Amaral, D., Darnall, N., Gallagher, D. R., Edwards, D., Hutson, A., D'Amore, C., Sun, L. & Zhang, Y. (2003). *Environmental Management Systems: Do They Improve Performance?* Chapel Hill: The University of North Carolina.

Aravind, D. & Christmann, P. (2008). "Institutional and Resource-Based Determinants of Substantive Implementation of ISO 14001," *Best Paper Proceedings of the Academy of Management Conference.*

——(2011). "Decoupling of Standard Implementation from Certification: Do Variations in ISO 14001 Implementation Affect Facilities' Environmental Performance?" *Business Ethics Quarterly*, 21(1): 73—102.

Barney, J. B. (1991). "Firm Resources and Sustained Competitive Advantage," *Journal of Management*, 17(1): 99—120.

Bartlett, C. A. & Ghoshal, S. (1989). *Managing Across Borders: The Transnational Solution.* Boston: Harvard Business School Press.

Boiral, O. (2003). "ISO 9000: Outside the Iron Cage", *Organization Science*, 14(6): 720—737.

——(2007). "Corporate Greening through ISO 14001: A Rational Myth?" *Organization Science*, 18(1): 127—146.

Brown, H. S. Derr, P., Renn, O. & White, A. L. (1993). *Corporate Environmentalism in a Global Economy: Societal Values in International Technology Transfer.* Westport: Quorum Books.

Buckley, P. J. & Casson, M. C. (1976). *The Future of the Multinational Enterprise.* London: Homes & Meier.

Cashore, B. (2002). "Legitimacy and the Privatization of Environmental Governance: How Non-State Market Driven (NSMD) Governance Systems Gain Rule-Making Authority," *Governance*, 15(4): 504—529.

Cebon, P. (1993). "Corporate Obstacles to Pollution Prevention," *EPA Journal*, 19: 20.

Child, J. & Tsai, T. (2005). "The Dynamic Between Firms' Environmental Strategies and Institutional Constraints in Emerging Economies: Evidence from China and Taiwan," *Journal of Management Studies*, 42(1): 95—125.

Christmann, P. (2000). "Effects of 'Best Practices' of Environmental Management on Cost Advantage: The Role of Complementary Assets," *Academy of Management Journal*, 43(4): 663—880.

——(2004). "Multinational Companies and the Natural Environment: Determinants of Global Environmental Policy Standardization," *Academy of Management Journal*, 47(5): 747—760.

——& Taylor, G. (2001). "Globalization and the Environment: Determinants of Firm Self-Regulation in China," *Journal of International Business Studies*, 32(3): 439—458.

——(2002). "Globalization and the Environment: Strategies for International Voluntary Environmental Initiatives," *Academy of Management Executive*, 16(3): 121—135.

——(2006). "Firm Self-Regulation Through International Certifiable Standards: Determinants of Symbolic Versus Substantive Implementation," *Journal of International Business Studies*, 37(6): 863—878.

——(2003). "Environmental Self-Regulation in the Global Economy: The Role of Firm Capabilities," in Lundan, S. (ed.) *Multinationals, Environment and Global Competition*. JAI/ Elsevier, Research in Global Strategic Management, 8: 119—145.

Cohen, W. M. & Levinthal, D. A. (1990). "Absorptive Capacity: A New Perspective on Learning and Innovation," *Administrative Science Quarterly*, 35: 128—152.

Copeland, B. R. & Taylor, M. S. (2004). "Trade Growth and Environment," *Journal of Economic Literature*, 17: 7—71.

Corbett, C. J. & Kirsch, D. A. (2001). "International Diffusion of ISO 14000 Certification," *Production and Operations Management*, 10(3): 327—342.

Dacin, T., Goodstein, J. & Scott, W. R. (2002). "Institutional Theory and Institutional Change: Introduction to the Special Research Forum," *Academy of Management Journal*, 45: 45—57.

Dean, J. M. (1992). *Trade and Environment: A Survey of the Literature*. Background Paper for the World Development Report. Washington, DC: World Bank.

——Lovely, M. E. & Wang, H. (2009). "Are Foreign Investors Attracted to Weak Environmental Regulations? Evaluating the Evidence from China," *Journal of Development Economics*, 90(1): 1—13.

Dowell, G., Hart, S. & Yeung, B. (2000). "Do Corporate Global Environmental Standards Create or Destroy Market Value?" *Management Science*, 46(8): 1059—1076.

Dunning, J. H. (1977). "Trade, Location of Economic Activity and the MNE: A Search for an Eclectic Approach," in Ohlin, B. et al. (eds.) *The International Allocation of Economic Activity*. London: MacMillan Press, 395—418.

——& Lundan, S. (2008). *Multinational Enterprises and the Global Economy*, second edition. Cheltenham, UK: Edward Elgar.

Eden, L. (1991). "Bringing the Firm Back In: Multinationals in International Political Economy," *Millennium*, 20(2): 197—224.

——& Lenway, S. (2001). "The Janus Face of Globalization," *Journal of International Business Studies*, 32(3): 383—400.

Epstein, M. J. & Roy, M. J. (2007). "Implementing a Corporate Environmental Strategy: Establishing Coordination and Control within Multinational Companies," *Business Strategy and the Environment*, 16(6): 389—403.

Eskeland, G. & Harrison, A. (2003). "Moving to Greener Pastures? Multinationals and the Pollution Haven Hypothesis," *Journal of Development Economics*, 70: 1—23.

Florida, R. (1996). "Lean and Green: The Move to Environmentally Conscious Manufacturing," *California Management Review*, 39: 80—105.

Gladwin, T. N. & Welles, J. G. (1976). "Multinational Corporations and Environmental Protection: Patterns of Organizational Adaptation," *International Studies of Management & Organization*, 6(1-2): 160—184.

——& Walter, I. (1976). "Multinational Enterprise, Social Responsiveness, and Pollution Control," *Journal of International Business Studies*, 7: 57—74.

Hunter, T. & Bansal, P. (2006). "How Standard is Standardized MNC Global Environmental Communication?" *Journal of Business Ethics*, 71(2): 135—147.

Husted, B. W. & Logsdon, J. M. (1997). "The Impact of NAFTA on Mexico's Environmental Policy," *Growth & Change*, 28(1): 24—48.

——& Allen, D. B. (2006). "Corporate Social Responsibility in the Multinational Enterprise:

Strategic and Institutional Approaches," *Journal of International Business Studies*, 37 (6): 838—849.

Hymer, S. H. (1976). *The International Operations of National Firms: A Study of Direct Foreign Investment*. Cambridge, MA: The MIT Press.

Javorcik, B. S. & Wei, S. J. (2004). "Pollution Havens and Foreign Direct Investment: Dirty Secret or Popular Myth?" *Contributions to Economic Analysis & Policy*, 3(2): Article 8.

Jeppesen, S. & Hansen, M. W. (2004). "Environmental Upgrading of Third World Enterprises Through Linkages to Transnational Corporations: Theoretical Perspectives and Preliminary Evidence," *Business Strategy and the Environment*, 13(4): 261—274.

Keller, W. & Levinson, A. (2002). "Pollution Abatement Costs and Foreign Direct Investment Inflows to U. S. States," *The Review of Economics and Statistics*, 84(4): 691—703.

Kindleberger, P. C. (1969). *American Business Abroad*. New Haven: Yale University Press.

King, A. & Lenox, M. (2001). "Lean and Green? An Empirical Examination of the Relationship between Lean Production and Environmental Performance," *Production and Operations Management*, 10(3): 244—256.

King, A. A. & Shaver, J. M. (2001). "Are Aliens Green? Assessing Foreign Establishments' Environmental Conduct in the United States," *Strategic Management Journal*, 22(11): 1069—85.

Knögen, G. (1979). "Environment and Industrial Sitting: Results of an Empirical Survey of Investment by West German Industry in Developing Counties," *Zeitschrift fur Umweltpolitik*, 2: 407.

Kostova, T. & Zaheer, S. (1999). "Organizational Legitimacy under Conditions of Complexity: The Case of the Multinational Enterprise," *Academy of Management Review*, 24(1): 64—81.

——Roth, K. & Dacin, T. (2008). "Institutional Theory in the Study of MNCs: A Critique and New Directions," *Academy of Management Review*, 33(4): 994—1007.

Leonard, H. J. (1988). *Pollution and the Struggle for a World Product: Multinational Corporations, Environment, and the Struggle for International Comparative Advantage*. Cambridge: Cambridge University Press.

Levy, D. L. (1995). "The Environmental Practices and Performance of TNCs," *Transnational Corporations*, 4(1): 44—68.

——(2008). "Political Contestation in Global Production Networks," *Academy of Management Review*, 33(4): 943—963.

List, J. A. & Co, C. Y. (2000). "The Effects of Environmental Regulations on Foreign Direct Investment," *Journal of Environmental Economics and Management*, 40: 1—20.

Madsen, P. M. (2009). "Does FDI Drive a 'Race to the Bottom' in Environmental Regulation? A Reexamination Building on the Resource-Based View," *Academy of Management Journal*, 52: 1297—1318.

Martinez, Z. L. & Ricks, D. L. (1989). "Multinational Parent Companies' Influence over Human Resource Decisions of Affiliates: U. S. Firms in Mexico," *Journal of International Business Studies*, 20: 465—487.

Meyer, K. E. (2004). "Perspectives on Multinational Enterprises in Emerging Economies," *Journal of International Business Studies*, 34(4): 259—277.

——(2007). "Social Responsibilities and Impact of Multinational Enterprises in Emerging Economies," Working Paper.

Mezias, J. M. (2002). "Identifying Liabilities of Foreignness and Strategies to Minimize Their Effects: The Case of Labor Lawsuits Judgments in the United States," *Strategic Management Journal*, 23: 229—244.

Montiel, I., Husted, B. & Christmann, P. (2009). "Corruption and Environmental Certification: The Case of ISO 14001 in Mexico," Presentation at the 2009 Academy of Management Meetings, Chicago, IL, August.

Muller, A. & Kolk, A. (2010). "Extrinsic and Intrinsic Drivers of Corporate Social Performance: Evidence from Foreign and Domestic Firms in Mexico," *Journal of Management Studies*, 47(1): 126.

Nehrt, C. C. (1996). "Timing and Intensity of Environmental Investments," *Strategic Management Journal*, 17(7): 535—547.

Neumayer, E. & Perkins, R. (2004). "What Explains the Uneven Take-Up of ISO 14001 at the Global Level? A Panel-Data Analysis," *Environment and Planning*, 36: 823—839.

OECD (2008). *OECD Guidelines for Multinational Enterprises*. Paris: OECD Publishing.

O'Rourke, D. (2003). "Outsourcing Regulation: Analyzing Nongovernmental Systems of Labor Standards and Monitoring," *Policy Studies Journal*, 31(1): 1—29.

Pearson, C. S. (1985). *Down to Business: Multinational Corporations: The Environment and Development*. Washington, DC: World Resources Institute.

Pfeffer, J. & Salancik G. R. (1978). *The External Control of Organizations: A Resource Dependence Perspective*. New York, NY: Harper and Row.

Pinkse, J., Kuss, M. J. & Hoffmann, V. H. (2010). "On the Implementation of a 'Global' Environmental Strategy: The Role of Absorptive Capacity," *International Business Review*, 19(2): 160—177.

Porter, M. E. & van der Linde, C. (1995). "Toward a New Conception of the Environment-Competitiveness Relationship," *Journal of Economic Perspectives*, 9(4): 97—118.

Potoski, M. & Prakash, A. (2004). "Regulatory Convergence in Nongovernmental Regimes? Cross-National Adoption of ISO 14001 Certifications," *The Journal of Politics*, 66(3): 885—905.

——(2005). "Covenants with Weak Swords: ISO 14001 and Facilities' Environmental Performance," *Journal of Policy Analysis and Management*, 24(4): 745—769.

Prahalad, C. K. & Doz, Y. (1987). *The Multinational Mission: Balancing Local Demands and Global Vision*. New York: Free Press.

Prakash, A. & Potoski, M. (2006). "Racing to the Bottom? Trade, Environmental Governance, and ISO 14001," *American Journal of Political Science*, 50(2): 350—364.

——(2007). "Investing Up: FDI and the Cross-Country Diffusion of ISO 14001 Management System," *International Studies Quarterly*, 51(3): 723—744.

Qinghua, Z. & Sarkis, J. (2004). "Relationships Between Operational Practices and Performance among Early Adopters of Green Supply Chain Management Practices in Chinese Manufacturing Enterprises," *Journal of Operations Management*, 22(3): 265—289.

Rappaport, A. & Flaherty, M. F. (1992). *Corporate Responses to Environmental Challenges: Initiatives by Multinational Management*. New York: Quorum Books.

Rugman, A. & Verbeke, A. (1998). "Corporate Strategies and Environmental Regulations:

An Organizing Framework," *Strategic Management Journal*, 19(4): 363—375.

Schuler, D. A. & Christmann, P. (2011). "The Effectiveness of Market-Based Social Governance Schemes: The Case of Fair Trade Coffee," *Business Ethics Quarterly*, 21(1): 133—156.

Shah, K. U. & Rivera, J. E. (2007). "Export Processing Zones and Corporate Environmental Performance in Emerging Economies: The Case of the Oil, Gas, and Chemical Sectors of Trinidad and Tobago," *Policy Sciences*, 40(4): 265—287.

Sharfman, M., Shaft, T. M. & Tihanyi, L. (2004). "A Model of the Global and Institutional Antecedents of High-Level Corporate Environmental Performance," *Business Society*, 43: 6—26.

Shrivastava, P. (1987). *Bhopal: Anatomy of Crisis*. Ballinger Publications.

Spar, D. L. & Yoffie, D. B. (2000). "A Race to the Bottom or Governance from the Top?" in Prakash, A. & Hart, J. (eds.) *Coping with Globalization*. London: Routledge, 31—51.

Stewart, R. B. (1993). "Environmental Regulation and International Competitiveness," *Yale Law Journal*, 102: 2039—2106.

Stiglitz, J. E. (2008). "Making Globalization Work," *The Economic and Social Review*, 39(3):171—190.

Teece, D. (1986). "Profiting from Innovation: Implications For Integrity, Collaboration, Licensing, and Public Policy," *Research Policy*, 15: 295—305.

Teegen, H., Doh, J. P. & Vachani, S. (2004). "The Importance of Nongovernmental Organizations in Global Governance and Value Creation: An International Business Research Agenda," *Journal of International Business Studies*, 35: 463—483.

United Nations (1988). *Transnational Corporations and Environmental Management in Selected Asian and Pacific Developing Countries* (ESCAP/UNCTC Publications Series B, No. 13). New York: United Nations.

Vacchani, S. (1995). "Enhancing the Obsolescing Bargain Theory: A Longitudinal Study of Foreign Ownership of U. S. and European Multinationals," *Journal of International Business Studies*, 26: 159—180.

Vernon, R. (1971). *Sovereignty at Bay: The Multinational Spread of U. S. Enterprises*. New York, NY: Basic Books.

——(1997). *Storm Over the Multinationals: The Real Issues*. Cambridge, MA: Harvard University Press.

——(1998). *In the Hurricane's Eye: The Troubled Prospects of Multinational Enterprises*. Cambridge, MA: Harvard University Press.

Yeung, G. & Mok, V. (2005). "What are the Impacts of Implementing ISOs on the Competitiveness of Manufacturing Industry in China?" *Journal of World Business*, 40(2): 139—157.

Yip, G. S. (2002). *Total Global Strategy II*, second edition. Prentice Hall.

Zaheer, S. (1995). "Overcoming the Liability of Foreignness," *Academy of Management Journal*, 8(2): 341—363.

4　环保创业

Michael Lenox，Jeffrey G. York

> 我们不能把有机生命和思想与物理自然分离开来，除非我们同时把自然与生命和思想分离开来。这种分离使得聪明的人在怀疑终点是否是一个灾难，即人们臣服于自己创造的工业和军事机器。
>
> John Dewey，*Experience and Nature*，1925

环保企业家——那些创建了新的，往往以营利为目的的，帮助解决环境挑战的企业或个人——已经成为环保人士和商业人士的宠儿。然而，直到最近，你很难找到作为环保运动英雄人物的企业家。在哈丁的经典著作《公有地的悲剧》中，那些意识到并抓住机会的人（换句话说，企业家）是我们环境困境的根源。用 Hardin(1968)的话说，"毁灭是所有人涌向的目的地，每个人都在一个信仰公有地自由的社会里追求个人的最大利益"。

很多商业与自然环境相关的文献都把 Hardin 的观点作为出发点，经济行为者无约束的个人利益不能在一个资源有限的世界里共存。正如本手册许多章节所表明的观点，大多数的商业与自然环境方面的学术研究都集中在对大企业的研究，以及可以做什么来鼓励他们尊重和维护环境共有权。这些文献涉及的主要问题，比如"何时企业愿意付费变绿""自律可以持续吗""环境责任是否阻碍或妨碍竞争优势"，大部分集中在如何激励企业减少自身的负面的环境外部性（见 Russo & Minto 本手册[第 2 章]；King et al. 本手册[第 6 章]）。

创业研究者已经开始提出了一系列不同的问题。环保创业新生领域让企业家——那些识别、开拓、创造未来商品和服务市场的自私的个人（Venkataraman 1997）——思索不管他们自身是否导致环境退化，他们能否以及如何同时促进社会的经济效益和生态效益（Hall et al. 2010）。通过引进环境友好产品和服务,创业者有可能解决许多环境挑战。这在大众媒体上已经引起广泛关注,以至于 Hall et al.(2010)提醒他们所提出的"灵丹妙药假设"——创业是所有环境问题的解决办法。正如他们所观察到的,需要做更多的工作来了解环保创业的潜力和局限性。

尽管环保创业引起了人们越来越多的兴趣,这个主题的学术文献仍处于新生阶段。许多早期的论文,特别是在以可持续发展为主题的期刊上的论文,主要集中在环保创业的定义上。例如,Isaak(1997)把环保创业企业描述为"具有突破性创新的、系统转型、承担社会义务的环保企业"。在很大程度上,这些早期文献认为,环保创业是一件伦理上必要的事,并没有解释环保创业的驱动力。然而,这些早期的研究确实提供了一些关于"环保创业可能是什么"的内容。

与这些早期的研究论文一致,可持续研究者比创业或管理研究者对创业者在推动环保商品方面的作用更感兴趣。例如,《国际绿色经营》(*Greener Management International*)期刊出版了聚焦此主题的两期特刊,第一期发表于2002 年(Issak 2002;Linnanen 2002;Pastakis 2002;Schaltegger 2002;Schaper 2002;Schick et al. 2002;Volery 2002;Walley & Taylor 2002),而最近的一期发表于 2009 年(Gibbs 2009;O'Neill Jr et al. 2009;Parrish & Foxon 2009;Schlange 2009;Tilley & Parrish 2009;Tilley & Young 2009)[①]。直到 2010 年 4月,美国的顶级管理期刊,比如《管理学》(*Academy of Management Journal*)、《管理 学 评 论》(*Academy of Management Review*)、《 战 略 管 理 》(*Strategic Management Journal*)、《管理科学(季刊)》(*Administrative Science Quarterly*),以及《组织学》(*Organizational Science*),都没有刊登过致力于环保退化的企业解决办法的文章,他们把更多的关注放在了企业家进入可再生能源产业方面的文章上(Russo 2003;Sine & Lee 2009)。Hall et al.(2010)指出,在所有领先的创业期刊[②]

---

① 对于已发表的有关环保创业的文献,请参考 Hall,Daneke & Lenox(2010)发表在 *Journal of Business Venturing* 特刊"创业与可持续发展"(*Entrepreneurship and Sustainable Development*)上的文章。

② 我们讨论的期刊是指《路透期刊引用报告》中所列的并在英国《金融时报》的顶级商业学术期刊列表上出现的期刊。有的期刊不在《金融时报》前 40 顶级期刊列表上,如《家族商业评论》(*Family Business Review*)发表了一篇环境创业论文(Craig & Dibrell 2006),而《小企业经济学》(*Small Business Economics*)发表了另一篇(Bianchi & Noci 1998)。除此之外,《企业理论与实践》(*Entrepreneurship Theory and Practice*)、《战略创业》(*Strategic Entrepreneurship Journal*)、《国际小企业》(*International Small Business Journal*)、《创业与区域发展》(*Entrepreneurship and Regional Development*),以及《小企业管理》(*Journal of Small Business Management*)等期刊上都没有刊登过相关文章。

中，只有两篇主题为环保创业的文章在 2010 年 8 月发表在《企业创业》（*Journal of Business Venturing*）上（Cohen & Winn 2007；Dean & McMullen 2007）。然而，种种迹象表明此主题引起人们越来越多的兴趣，如《企业创业》特刊"创业与可持续发展"（Elsevier 2010）。

总体而言，环保创业的研究从不同领域演变而来，包括伦理、创业、经济、可持续发展。新兴的环保创业的文献主要集中在"什么驱动环保创业"的问题上。根据文献，我们识别了三种主要的驱动力：经济激励、个人动机和机制内涵。在接下来的部分，我们回顾关于每种驱动力的现有文献。这个领域的大多数研究工作都是理论的和规范的。我们试图概述现有理论并适时提出如何与实证证据相联系。文献回顾之后，我们将讨论该领域的今后发展，指出文献中的一些研究不足，并提供未来研究的潜在方向。

4.1　环保创业的经济激励

创业的文章长期以来关注创业者发现（Shane 2000；Shane & Venkataraman 2000；Shane 2004）和创造（Sarasvathy & Dew 2005；Sarasvathy & Venkataraman 2009；Venkataraman 1997）新产品、服务和市场机会。回顾熊彼特的研究（Schumpeter 1934，1942），学者们已经强调了创业者是市场创造性破坏的力量。不同于已经存在的经济行为人，创业者有强大的动机来破坏当下市场格局并追求创新，从而重建竞争秩序。

Larson（2000）把这种观点延伸到环保创业者，描述了他们如何有能力通过同时创造个人经济价值和公共环境价值的方法，来重组商业和环境的关系。尤其是，Larson（2000）阐明了网络以及供应链发展对发现和创造环保相关机会的重要性。她认为"创业文献的核心概念是机会、创新、未来产品以及流程——包括网络结构"，而这些概念同样也适用于环保创业。

York & Venkataraman（2010）认为，唯一适合解决可持续发展问题的是企业家，因为他们可以用一种其他行为人不能用的方式来解决环境问题的根源。他们列举了企业家善于解决的、带有地方性环境问题的三大挑战：不确定性、创新性和资源分配问题。首先，即使风险无法准确计算，创业者也能够在创造过程中，消除不确定性和"私有化"风险，同时创造价值和利润（Knight 1921）。环境问题本身具有不确定性，而且也没有"可持续"的具体时间表，这使它们尤其适合环保企业家。其次，创业是我们社会中创新的重要引擎。随着可持续需求的增加，企业能够为社会提供"创造性破坏"从而推动社会前进。

最后,创业者通过应用资源低效利用"预警",从而解决了资源配置问题(Hayek 1978)。由于自然资源有限,环境问题的可持续解决必须采用最有效率的资源配置方式。致力于减少不确定性和推进创新的企业家可以找到可用资源的最佳使用方式。

Dean & McMullen(2007)开创这种关注市场失灵概念的推理。他们认为环境问题是不同形式市场失灵的结果,包括公共物品、外部性、垄断势力、政府干预和不完全信息。这些市场失灵为对市场敏感和博学的企业家们提供了机会(Kirzner 1979)。类似地,Cohen & Winn(2007)关注外部性、不完全信息、低效企业以及市场不完善导致的缺陷定价机制。缺陷定价是指不合适或不存在的自然资本定价,例如油、天然气和生态服务。他们认为自由市场经济不能充分评估可耗竭资源。由于不可再生资源被错误地定价,可再生资源(生物柴油、风能、太阳能等)的价值被低估了。企业家有机会通过在市场中引进新的、低成本的可再生技术,以一种创造性的市场破坏姿态来修正市场。

Anderson & Leal(2001)找出了一些方法,让企业家在获得经济效益的同时创造环境效益。企业家或许会想方设法对那些重视他们的人做出环保贡献(解决客户的信息不对称问题),找到增加再生原材料和其他环保产品价值的方法(内化外部性),或者开发使环保产品有产权的技术(促进公共物品的供应)。Anderson & Leal(2001)假设企业家的主要作用是建立制度,尤其是保证环境质量的产权制度。比如,企业家可以设计一种标签体系来识别环境友好产品或服务。

在这种情况下,环保企业家会被认为是制度企业家的一种具体类型(Pacheco et al. 2010a)。制度企业家是试图组织集体行动来改变制度领域或者创造新制度的代理人(Leca et al. 2008;Pacheco et al. 2010b)。制度企业家是指包括盈利企业企业家、大型组织中的个体变革推动者以及非营利或社会行为人在内的一大批行为人。他们通过改变指导经济行为的不同体制结构来追求与他们个人目标一致的变革。这是否意味着所有环保企业家都是制度企业家?这不一定。环保企业家或许只是以赚钱为目的,或许能够在不改变根本制度的情况下实现目的。要更完整地回答这个问题,还需要了解环保企业家的个人动机。

4.2 环保企业家的个人动机

如果我们要理解环保创业和一般创业的不同之处,逻辑上我们应该探索环保创业的个人动机与其他未减少环境恶化的创业动机之间的不同之处。环保企业家的动机主要是个人兴趣激励（Anderson & Leal 2001）还是出于"让地球和生活在地球上的人们可持续发展的道德行为"（Isaak 1999）？如果环保企业家动机不同，那么他们创业的过程是否也不同？

在创业研究领域，创业动机一直最吸引学者们。考虑到新企业较低的成功率和创业固有的困难，为什么个人会选择自谋职业，特别是在还有其他吸引人的选择时？尽管得到的结论并不完全相同，但是创业研究学者发现了三类经常出现的创业动机：①强烈的独立欲望；②极高的成就需求；③工作的热情（Shane 2004）。学者们可以很容易认为这些是环保创业的动机，尤其是，面对特定机会时的热情。它与解决环境问题的相关性看起来是核心创业文献研究结果的一个逻辑延伸。

至今，环保创业的研究者还没有完全依靠研究创业来进行动机的研究。比如，Keogh & Polonsky（1998）定义创业为建立一个愿景，并辨识和整合资源来实现该愿景。他们认为个人对环境问题的承诺会产生三种维度的行为：情感的（情绪的）、连续的（经济和社会的）和规范的（法规的）。他们的理论相对主观，却与已有的将创业看作是个体与机会间的关联的观点非常不同（Venkataraman 1997）。在一个对六位印度"草根"环保企业家的定性分析中，Pastakia（1998）把企业家分为商业的（通过识别和利用绿色商业机会来实现个人所得最大化）和社会的（通过市场或非市场渠道试图推广生态友好理念/产品/技术）两种类型。在学者寻求传统企业家和环保企业家动机差异化的过程中，这种"经济"和"环保"动机的区分是文献中反复出现的主题（Choi & Gray 2008；Linnanen 2002；Parrish 2010）。

尽管很多研究已经发现了动机的不同，但是很少有人研究个人环保导向，也就是环境问题是对社会的严重挑战这一信念会如何影响他们去抓住机会、招募利益相关者或者从事其他创业活动。有一个例外，Kuckertz & Wagner（2010）展开了一项针对工程和商业专业在校生和校友的大规模调查，统计检验可持续导向和成为企业家的意图之间的关系，研究表明可持续导向和创业正相关，这种关系会随着参与者商业教育和经验的增多而消失。

如果传统企业家和环保企业家的动机有所不同，逻辑上似乎可以推理出创建和维持一个新企业的过程或许也会不同。Parrish（2010）运用多案例深度研究提出"永久推理"这个概念，也就是环保企业家运用流程和逻辑的方式，其与传统创业的"开发推理"不同。Volery（2002）进行了一个较少见的对挣扎生存的创业企业的深入案例研究，案例企业的创始人试图将"股票市场资本与天然野生动物保护"结合，并努力调整他的目标与外部投资者的意愿。

Schlange（2009）认为环保创业家用一种非常不同的方式，根据三重底线取向来识别重要的利益相关者。

环保创业文献与社会创业文献有很多共同之处（Austin et al. 2006；Dees 1998）。社会创业指的是那些有明确社会使命的创业企业。虽然经常被认为是新型非营利组织的创造和缩影，社会创业文献综述（Short et al. 2009；Zahra et al. 2009）强调社会企业家是一个广泛的群体，包括非政府组织、营利机构和现有组织。至少在某种程度上，环保企业家除了利润最大化外，还有一个清晰的社会目标。我们期望社会和环保创业文献有更多的交融。Venkataraman（1997）认为"未来对产品—市场的追求和创造社会财富紧密联系，可提供一个独特的声音和世界观"。

4.3 制度内容和环保创业

如同其他行为人，企业家也受到周围制度条件的影响。Jennings & Zandbergen（1995）认为，一种制度方法可以帮助我们理解，如何在可持续的意义下达成共识，并通过组织而广泛扩散。新制度理论致力于研究塑造有限理性行为人行为背后所隐藏的力量（见 Lounsbury et al. 本手册［第12章］）。这个理论的核心思想是行为人在制度限制的情况下追求利益，这种制度限制包括规则、规范、文化和法律（Ingram & Silverman 2002）。行为人追求个人利益，同时为其他行为人创造限制。

尽管制度研究学者还没有详细地研究企业家对推动体制向环境友好实践演化的作用，一些文献已经开始研究制度力量如何影响企业家进入可持续导向的商业活动，特别是可再生能源。一些学者提出，环保创业会被大学和政府机构（Isaak 1997）所抑制，同时也会被政府项目、税收结构（Isaak 2002）和拥护文化（O'Neil et al. 2009）所支持。O'Rourke（2003，2005）、Randjelovic et al.（2003）及其合作者分析了风险投资人在促进环保创业方面实际和潜在的作用，并探讨了监管刺激对风险资本和创业基金的影响（O'Rourke 2005：135）。

Russo（2001，2003）及 Sine & Lee（2009）的一系列研究检验了环保企业家在能源产业的兴起，并证明环保创业的确与法规、认知和规范体制紧密联系（Scott 1995）。尽管这类研究并没有被明确地认定为"环保创业"研究，但它们提供了充实的实证证据和严谨的研究，为对进入创业和环境恶化之间的关系感兴趣的学者解决了一个关键问题。

Russo（2001，2003）在可再生能源项目的进入率研究中，提供了一个关于这些推动力如何影响环保创业出现的清晰阐释。第一项研究探讨小型电力发电厂的进入,尤其是随着迫使大型机构购买他们电力的法律的颁布,利用可替代能源(生物质能、水电、市政垃圾发电、太阳能和风能)的发电厂的进入。该研究比较了传统能源(煤、天然气或石油)和可再生能源的小型企业进入率,结果发现集体合作对可再生生产商的进入有较大的正向作用,而宏观经济条件对可再生能源项目几乎没有影响。

在最近一项关于加利福尼亚风能项目的研究结果中,Russo(2003)又一次发现贸易协会的集体行动对企业创建率有显著的积极影响。而且,这项研究阐释了多重体制的融合,发现良好的项目经济、地区的已有成果和自然资源的可获得性,都使风能项目的进入有更好的预见能力。Sine & Lee(2009)通过探讨社会运动,尤其是塞拉俱乐部(Sierra Club)的积极活动在风能项目创业进入方面的决定性作用,延伸了以上研究结果。研究显示,可再生资源政策使得企业创建率增加了14%,而塞拉俱乐部会员每千人中创办企业的比例提高了17%。此外,塞拉俱乐部会员制度正向调节了资源可获得性对企业创建率的影响。

Meek et al.(2010)提供了更多关于规范制度环境对环保企业家重要性的证据。利用太阳能企业的面板数据和综合社会调查(GSS)采集的社会规范数据,研究发现高水平的环保和家庭相互依存规范影响太阳能企业的创建率。再者,社会规范可以影响政策效力,特别是从众规范降低政策效力,而家庭相互依存规范正向调节政策对企业创建的影响。

这类数量少却逐渐增多的研究强烈表明,我们在研究环保创业时必须考虑法规和社会环境。

4.4 未来研究方向

在我们的文献回顾中出现了一个清晰的主题,即需要对环保创业的核心驱动力进行严谨的实证研究。定性分析已产生过剩理论,而且实证检验命题已经被很多人提出。我们认为,这一领域的进一步发展依赖于大规模的实证研究。这些研究本质上不一定是定量研究,但它们必须保持与探索非环境问题相同的严苛标准。在很多方面,环保创业研究与十年前的创业研究领域情况类似。创业研究所走的道路为我们提供了推动该领域向前的有益历史范例。

首先,必须进一步挖掘环保创业潜在的经济激励和个人动机。考虑到这个领域的研究还处于新兴阶段,未来该领域理论还会持续发展。然而,该领域的关键是区分环保创业不同驱动力并理解环保创业可能发生的条件的实证研究。研究者应该探讨经济激励、个人动机和制度内容是如何相互作用从而促进环保创业。

其次,理解环保创业对财务和环境产出的影响还需要我们共同的努力。很多研究都简单假设环保创业提高了社会和环境福利。我们是否能够严格地把环保企业家的的行为和正向的环境和(或)经济产出联系起来? 正如一些学者指出的那样(Hall et al. 2010;Parrish 2010),把环保创业作为灵丹妙药"忽视了做出困难权衡的重要性"(Parrish 2010)。尽管很多学者已经提出环保创业潜在影响的理论(Gibbs 2009;Tilley & Young 2009),为了使环保创业方面的研究更有意义,我们仍应该实证检验这些取舍并理解如何取舍。

不幸的是,截至今日,关于环保创业实际影响的实证研究十分有限。Craig & Dibrell (2006)发现,信奉环境友善战略的家族企业进行了更多的创新,并取得了更好的财务绩效。然而,大多数定量研究把环保创业作为一个因变量。我们找不到检验环保创业直接影响环境资源保护或者环境友善行为的的实证研究。例如,早期关于环保企业家行为的定性案例研究(Larson 2000;Schaltegger 2002;Solaiman & Belal 1999)倾向于关注过程和动机,但没有区分环保企业家的影响。最近的定性研究试图把环保创业的经济和生态影响联系起来。Parrish & Foxon (2009)提出了一个关注技术、制度和商业战略共同演化的整合框架,用来分析美国可再生能源企业案例。在一家绿色建筑新创企业的单个案例研究中,O'Neil & Golden (2009)表明了小企业影响绿色建筑活动的能力。尽管定性方法有助于提出理论且适用于新兴研究领域(Creswell 2009;Yin 2002),但是在广阔的通用背景下,定性方法区分环保创业影响的能力有限。

另一个明显没解决的问题是区分环保企业家与现有企业、社会运动和政府等在实现生态可持续方面的作用。例如,创业进入与其他体制如何相互影响从而实现更多环境友好行为的实施? 一个建议是转换环保创业制度研究的自变量和因变量;换句话说,与其问制度如何影响企业家,不如问企业家如何影响制度。Pacheco et al. (2010a)建议环保企业家可以通过改变或创建制度来建立减少环境恶化的激励制度。因此环保企业家的作用不仅仅是开发新市场、产品和服务(Venkataraman 1997),还类似制度企业家(Battilana et al. 2009;Dean & McMullen 2007;Pacheco et al. 2010b)。未来研究者的一个有意义的问题是,环保企业家如何有意或无意地领导在法规或社会文化层面上的制度变革? 进一步讲,接下来这些制度变革又会如何影响环保企业家的进入率?

最后,我们建议环保创业学者可以尝试拓展研究的边界。如上所述,环保创业学者一直都在试图理解环保创业的动机;同时,创业学者在理解创业动机方面做出了有限的贡献。例如,最近在更广义的创业文献中受到关注的一个领域是热情的作用(Cardon et al. 2009)。我们认为环保创业学者非常适合研究热情的作用,主要是因为热情(解决环境问题的热情)是很多创业研究的表面问题。在严谨研究结果中可以总结概括热情在环保创业中的作用,并为更广义的创业领域提供启迪。

相关的一个问题是,如何解释大量的利益相关者参与环保企业家的新创企业(Schlange 2009)。创业研究的核心问题涉及一个难题,"有些人往往能够在非常有利的条件下从不同的资源控制方获得资源,从而将相当大的风险从企业家转嫁到了利益相关者"(Venkataraman 1997)。一般认为,创业是个人为创造个人收益与已有机会相互作用的过程(Shane 2004)。如果我们把创业想象为一个创造性的发现过程,那我们如何解决提出利益相关者承诺这一难题?通过观察创业过程中建立新利益团体(Freeman 1984)的过程,我们可以更好地理解环保企业家如何创建选择性激励。类似地,新兴环境相关领域(Hockerts & Wüstenhagen 2010)里现有企业与新进入者的竞争动态性的见解拓宽了战略管理研究。

环保创业领域给我们提供了一个丰富而有趣的观点,从而理解了个人信仰、经济激励和广泛的社会力量如何相互作用促进生态可持续实践。正如Dewey 所描绘的思想体现自然,我们必须把环保创业体现在更广泛的领域里。通过寻求严谨经验和更广泛的理论贡献,这一领域将会解决管理学术和广大社会所面临的最紧迫和有趣的问题。

参考文献

Anderson, T. L. & Leal, D. R. (2001). *Free Market Environmentalism*, revised edn. New York: Palgrave MacMillan.

Austin, J., Stevenson, H. & Wei-Skillern, J. (2006). "Social and Commercial Entrepreneurship: Same, Different, or Both?" *Entrepreneurship: Theory & Practice*, 30(1): 1—22.

Battilana, J., Leca, B. & Boxenbaum, E. (2009). "How Actors Change Institutions: Towards a Theory of Institutional Entrepreneurship," *The Academy of Management Annals*, 3(1): 65—107.

Bianchi, R. & Noci, G. (1998). " 'Greening' SMEs' Competitiveness," *Small Business Economics*, 11(3): 269.

Cardon, M. S. et al. (2009). "The Nature and Experience of Entrepreneurial Passion," *Academy of Management Review*, 34(3): 511—532.

Choi, D. Y. & Gray, Ed. R. (2008). "The Venture Development Processes of 'Sustainable'

Entrepreneurs," *Management Research News*, 31(8): 558—569.

Cohen, B. & Winn, M. I. (2007). "Market Imperfections, Opportunity and Sustainable Entrepreneurship," *Journal of Business Venturing*, 22(1): 29—49.

Craig, J. & Dibrell, C. (2006). "The Natural Environment, Innovation, and Firm Performance: A Comparative Study," *Family Business Review*, 19(4): 275—288.

Creswell, J. W. (2009). *Research Design: Qualitative, Quantitative, and Mixed Methods Approaches*. Thousand Oaks, CA: SAGE.

Dean, T. J. & McMullen, J. S. (2007). "Toward a Theory of Sustainable Entrepreneurship: Reducing Environmental Degradation Through Entrepreneurial Action," *Journal of Business Venturing*, 22(1): 50—76.

Dees, J. G. (1998). "The Meaning of Social Entrepreneurship." Paper given at Stanford University.

Freeman, E. R. (1984). "Strategic Management: A Stakeholder Approach," in Epstein, E. M. (ed.) *Pitman Series in Business and Public Policy*. Berkley, California: Pitman.

Gibbs, D. (2009). "Sustainability Entrepreneurs, Ecopreneurs and the Development of a Sustainable Economy," *Greener Management International*, (55): 63—78.

Hall, J. K., Daneke, G. A. & Lenox, M. J. (2010). "Sustainable Development and Entrepreneurship: Past Contributions and Future Directions," *Journal of Business Venturing*, 25(5): 439—448.

Hardin, G. (1968). "The Tragedy of the Commons," *Science*, 162(3859): 1243—1248.

Hayek, F. A. (1978). "Competition as a Discovery Process," *New Studies in Philosophy, Politics, Economics, and the History of Ideas*. Chicago: University of Chicago, Chapter 12.

Hockerts, K. & Wüstenhagen, R. (2010). "Greening Goliaths versus Emerging Davids: Theorizing about the Role of Incumbents and New Entrants in Sustainable Entrepreneurship," *Journal of Business Venturing*, 25(5): 481—492.

Ingram, P. L. & Silverman, B. S. (2002). *The New Institutionalism in Strategic Management*. Advances in Strategic Management. vol. 19. Amsterdam; Boston: JAI Press.

Isaak, R. (1997). "Globalisation and Green Entrepreneurship," *Greener Management International*, (18): 80—90.

——(2002). "The Making of the Ecopreneur," *Greener Management International*, (38): 81—91.

——(1999). *Green Logic: Ecopreneurship, Theory, and Ethics*. West Hartford, Conn.: Kumarian Press.

Jennings, P. D. & Zandbergen, P. A. (1995). "Ecologically Sustainable Organizations: An Institutional Approach," *Academy of Management Review*, 20(4): 1015—1052.

Keogh, P. D. & Polonsky, M. J. (1998). "Environmental Commitment: A Basis for Environmental Entrepreneurship?" *Journal of Organizational Change Management*, 11(1): 38—49.

Kirzner, I. M. (1979). *Perception, Opportunity, and Profit*. Chicago, IL: University of Chicago Press.

Knight, F. H. (1921). *Risk, Uncertainty and Profit*, reprint edn. Chevy Chase: Beard Books Imprint, Beard Books Incorporated.

Kuckertz, A. & Wagner, M. (2010). "The Influence of Sustainability Orientation on Entrepreneurial Intentions: Investigating the Role of Business Experience," *Journal of*

Business Venturing, 25(5): 524—539.

Larson, A. L. (2000). "Sustainable Innovation through an Entrepreneurship Lens," *Business Strategy and the Environment*, 9(5): 304—317.

Leca, B., Battilana, J. & Boxenbaum, E. (2008). "Agency and Institutions: A Review of Institutional Entrepreneurship," Working Paper, Harvard Business School.

Linnanen, L. (2002). "An Insider's Experiences with Environmental Entrepreneurship," *Greener Management International*, (38): 71—80.

Meek, W. R., Pacheco, D. F. & York, J. G. (2010). "The Impact of Social Norms on Entrepreneurial Action: Evidence from the Environmental Entrepreneurship Context," *Journal of Business Venturing*, 25(5): 493—509.

O'Neill, Jr., G. D., Hershauer, J. C. & Golden, J. S. (2009). "The Cultural Context of Sustainability Entrepreneurship," *Greener Management International*, (55): 33—46.

O'Rourke, A. (2003). "The Message and Methods of Ethical Investment," *Journal of Cleaner Production*, 11(6): 683—693.

——(2005). "Venture Capital as a Tool for Sustainable Development," in Schaper, M. (ed.) *Making Ecopreneurs: Developing Sustainable Entrepreneurship*. Burlington, VT: Ashgate, 122—137.

Pacheco, D. F., Dean, T. J. & Payne, D. S. (2010a). "Escaping the Green Prison: Entrepreneurship and the Creation of Opportunities for Sustainable Development," *Journal of Business Venturing*, 25(5): 464—480.

——et al. (2010b). "The Co-Evolution of Institutional Entrepreneurship: A Tale of Two Theories," *Journal of Management*, 36(4): 974—1010.

Parrish, B. D. (2010). "Sustainability-Driven Entrepreneurship: Principles of Organization Design," *Journal of Business Venturing*, 25(5): 510—523.

——& Foxon, T. J. (2009). "Sustainability Entrepreneurship and Equitable Transitions to a Low-Carbon Economy," *Greener Management International*, (55): 47—62.

Pastakia, A. (1998). "Grassroots Ecopreneurs: Change Agents for a Sustainable Society," *Journal of Organizational Change Management*, 11(2): 157—173.

——(2002). "Assessing Ecopreneurship in the Context of a Developing Country," *Greener Management International*, (38): 93—109.

Randjelovic, J., O'Rourke, A. R. & Orsato, R. J. (2003). "The Emergence of Green Venture Capital," *Business Strategy & the Environment*, 12(4): 240—253.

Russo, M. V. (2001). "Institutions, Exchange Relations, and the Emergence of New Fields: Regulatory Policies and Independent Power Production in America, 1978—1992," *Administrative Science Quarterly*, 46(1): 57—86.

——(2003). "The Emergence of Sustainable Industries: Building on Natural Capital," *Strategic Management Journal*, 24(4): 317—331.

Sarasvathy, S. D. & Dew, N. (2005). "New Market Creation Through Transformation," *Journal of Evolutionary Economics*, 15(5): 533—565.

Sarasvathy, S. & Venkataraman, S. (2009). *Made, as Well as Found: Researching Entrepreneurship as a Science of the Artificial*. Yale University Press.

Schaltegger, S. (2002). "A Framework for Ecopreneurship," *Greener Management International*, (38): 45—58.

Schaper, M. (2002). "The Essence of Ecopreneurship," *Greener Management International*, (38): 26—30.

Schick, H., Marxen, S. & Jurgen, F. (2002). "Sustainability Issues for Start-up Entrepreneurs," *Greener Management International*, (38): 59—70.

Schlange, L. E. (2009). "Stakeholder Identification in Sustainability Entrepreneurship," *Greener Management International*, (55): 13—32.

Schumpeter, J. A. (1934). *The Theory of the Economic Development*. Oxford: Oxford University Press.

——(1942). *Capitalism, Socialism and Democracy*, 6th edn. Abingdon, South Yarra: Routledge, Palgrave MacMillan Distributor.

Scott, W. R. (1995). *Institutions and Organizations, Foundations for Organizational Science*. Thousand Oaks, CA: SAGE.

Shane, S. (2000). "Prior Knowledge and the Discovery of Entrepreneurial Opportunities," *Organization Science*, 11(4): 448—469.

——(2004). *A General Theory of Entrepreneurship: The Individual-Opportunity Nexus*. New Horizons in Entrepreneurship Series. Northampton: Edward Elgar Publishing Incorporated.

Scott, S. & Venkataraman, S. (2000). "The Promise of Entrepreneurship as a Field of Research," *The Academy of Management Review*, 25(1): 217—226.

Short, J. C., Moss, T. W. & Lumpkin, G. T. (2009). "Research in Social Entrepreneurship: Past Contributions and Future Opportunities," *Strategic Entrepreneurship Journal*, 3(2): 161—194.

Sine, W. D. & Lee, B. (2009). "Tilting at Windmills? The Environmental Movement and the Emergence of the U. S. Wind Energy Sector," *Administrative Science Quarterly*, 54: 123—155.

Solaiman, M. & Belal, A. R. (1999). "An Account of the Sustainable Development Process in Bangladesh," *Sustainable Development*, 7(3): 121—131.

Tilley, F. & Parrish, B. D. (2009). "Introduction," *Greener Management International*, (55): 5—11.

——& Young, W. (2009). "Sustainability Entrepreneurs," *Greener Management International*, (55): 79—92.

Venkataraman, S. (1997). "The Distinctive Domain of Entrepreneurship Research," in Katz, J. & Brockhaus, R. (eds.) *Advances in Entrepreneurship, Firm Emergence, and Growth*. Greenwich, CT: JAI Press.

Volery, T. (2002). "An Entrepreneur Commercialises Conservation," *Greener Management International*, (38): 109—116.

Walley, E. E. & Taylor, D. W. (2002). "Opportunists, Champions, Mavericks... ?" *Greener Management International*, (38): 31—43.

Yin, R. K. (2002). *Case Study Research: Design and Methods*, 3rd edn. ASRM Ser. Thousand Oaks: SAGE.

York, J. G. & Venkataraman, S. (2010). "The Entrepreneur-Environment Nexus: Uncertainty, Innovation, and Allocation," *Journal of Business Venturing*, 25: 449—463.

Zahra, S. A. et al. (2009). "A Typology of Social Entrepreneurs: Motives, Search Processes and Ethical Challenges," *Journal of Business Venturing*, 24(5): 519—532.

5 管理利益相关者的价值

George Kassinis

正如利益相关者声称和期望的那样——他们对企业来说很重要。证据表明对利益相关者需求的回应(或不回应)会涉及到企业的成本和机会。因此,利益相关者可以直接或间接影响企业绩效和创造价值的能力。事实上,利益相关者理论认为"在双赢情况可以满足重要利益相关者的需求时,企业福利得到优化"(Harrison et al. 2010:60,引自 Harrison & St. John 1996;Walsh 2005)。

Pfeffer(2009:90—91)大胆声明"首席执行官们正在重新发现利益相关者资本主义"——首席执行官们不仅对投资者而且对所有拥护者负有责任,而且"利益相关者回报只是一个尊重所有拥护者的管理实践结果"。他声称这种情况会越来越多,这是"大萧条以来最糟糕的经济崩溃和财富毁灭"以及许多国家政治重组的持续结果。其他人并不同意这个观点。他们反而主张"对经济增长无限制的承诺会持续存留,而且它正产生的问题比正解决的问题多"。Speth(2009:18)指责对经济增长的执迷,其动摇了"工作、社区、环境、对职位和持续性的感觉……它促使了对能源和其他资源的残酷的全球搜索,而且它基于由商人制造的消费主义,而未能满足人类最深层的需求"。

满足利益相关者需要和需求对企业来说有意义,这不是一个新观点。事实上,Freeman(1984)影响深远的著作核心正是如此。利益相关者的观点把企业定位在一个复杂网络的中心(Rowley 1997),通过该网络,商品、服务、资源和影响都是相互交换的。当然,企业如何以及为何承认利益相关者的重要性并实现这种价值,这是不同的。早期研究者(Berman et al. 1999)区分了"战略利益相关者管理"和"内在利益相关者承诺",因此明确了企业与利益相关者关系相关的管理动机范畴的边界。前者是利益相关者关系和他们的管理是一个企业战略的一部分,但并不是战略的驱动力。这种关系"进入一家企业的战略框架内,关系类别会产生企业所追求的最好预期结果"(第492页)。后者则是,"某些基本道德准则"指导企业涉及利益相关者的行为,而不是"仅仅利用利益相关者来实现利润最大化"(第492页)。

不管我们在前述范围的哪一端,战略研究承认企业决策应设法满足利益相关者利益和需求,因为这是企业有效管理的一个必要部分。可论证的是,企业成功管理其与利益相关者的复杂关系将会增加它们创造价值的机会——尤其是如果企业认为这种关系存在固有的潜在价值。

在自然环境的背景下,组织经常面对利益相关者相互冲突的压力,以及从不同利益相关者群体衍生出的需求。这些利益相关者可以被广义分为内部(例如雇员、客户、股东、企业董事)和外部(例如监管机构、社会活动家、非政府组织)。其他分类考虑企业和利益相关者之间是否存在契约或者其他合法关系(Clarkson 1995)。

着眼于有不良环保纪录企业的环保利益相关者(比如社会活动家)能够直接使企业损失资金(比如因成功诉讼而强加给企业的财务义务),或者损害企业在投资者、供应商、客户、潜在员工眼中的信誉,因而间接地迫使企业付出代价(Lenox & Eesley 2009;Sharma & Henriques 2005)。然而,利益相关者也能对新市场机会的创造做出贡献,并鼓励能够创造企业价值和提高企业绩效的创业。例如,它们可能帮助改变法规政策和客户态度,从而促进新产业的创造和持续,如美国风能产业(Sine & Lee 2009)。它们也可能有助于改善企业的环境绩效,如服务设置中的顾客案例(Kassinis & Soteriou 2003)。

广义地说,利益相关者管理是企业在追求其目标的同时如何回应利益相关者的需要和需求。通过多方位视角,这一章试图探讨企业如何随着时间的推移,通过管理多重利益相关者的复杂关系来创造价值。我会围绕谁对企业重要以及为何重要这个基本问题展开讨论。研究主要关注五种主要利益相关者群体。我会给读者提供在不同利益相关者分类下相关文献的回顾,尽管可能会采用其他类别,可能的话,给读者提供一个在考虑企业利益相关者的多形态网络及影响时所涉及事项的清晰视角。在最后一个部分,我会讨论未来的研究方向,强调在环保利益相关者研究中时间性、变革和共同创造价值概念的重要性。

5.1 谁对企业重要以及为何重要?

利益相关者可以通过施加压力、影响资源的流向、增加成本(直接或间接地),或者创造使组织竞争更困难或更简单的条件等方法,影响组织的行为。

例如,社区和监管机构:(i)提供企业使用和运作的有形行政机构和市场,(ii)颁布能影响企业经营方式的法律和法规,和(iii)增加企业的税和其他金融成本(Clarkson 1995;Hillman & Keim 2001;Kassinis & Vafeas 2006)。随着竞争加剧,企业能够从利益相关者的良好关系中获利(例如 Berman et al. 1999;Hillman & Keim 2001;Ogden & Watson 1999)。

鉴于利益相关者的重要性,"利益相关者管理"或许能"揭示利益相关者效用函数的知识",而且这种知识随着时间的推移,带来"创造价值的机会"。理解利益相关者效用的驱动力会让企业修正它们的策略,并重新分配资源优先权,以更有效且高效地满足利益相关者的需求(Harrison et al. 2010:59—60)。

当然,企业经常面对多重利益相关者相互矛盾的压力和需求,这让压力管理变得十分具有挑战性。当企业考虑到需要与其相互合作和建立关系的利益相关者群体(尤其是大群体)的复杂性、多样性、异质性时,这种挑战会被强化(Harrison & Freeman 1999;Kassinis & Vafeas 2006;Winn 2001)。研究者已经通过发展类型学来解释管理者为何以及如何根据重要性把利益相关者分类,从而解决了这种复杂性。例如,Mitchell et al. (1997)以及后来的 Agle et al. (1999)主张管理者根据三种主要的利益相关者属性——权力、合法性和紧迫性来决定竞争的利益相关者优先顺序。这些属性的组合越强,群体对管理者的重要性越大,其对企业决策和结果的影响也越大。

资源依赖理论也为解决是什么赋予利益相关者影响企业决策的能力这一问题提供了一个有用的概念基础。正如理论家所述,"组织不是自给自足的",它依赖于外部资源环境(Pfeffer & Salancik 1978:43)。企业为获得关键资源而对环境因素产生的依赖性赋予这些行为人(比如外部利益相关者)对企业的影响力(Frooman 1999),并允许他们影响组织产出(Pfeffer & Salancik 1978)。再者,资源依赖理论假设目标组织能够积极回应这些利益相关者(Lenox & Eesly 2009;Nohria & Gulati 1994)。因此,利益相关者能够凭借其他利益相关者直接或间接地影响一个企业(Frooman 1999;Gargiulo 1993)。总而言之,一个组织越依赖于一个利益群体,这个群体的权力越大,影响组织产出的能力也越大(Kassinis & Vafeas 2006)。文献中不断出现的组织环境中不同的关键利益相关者,包括监管机构、社会活动家、当地社区、客户、雇员和企业董事会等。有趣的是,文献没有明确地把每个群体视为自给自足的实体,尽管群体中有大量的重叠交叉。在接下来的段落中,我将综合分析这些利益相关群体中的每一个群体。

监管机构

监管环境(比如政府和立法机构)影响一个企业的竞争地位和绩效,因为大量的问题会在公共政策实施过程中产生,这些问题会造成不确定性并提高企业的交易成本(Hillman & Hitt 1999;Shaffer 1995;Williamson 1979)。事实上,有人认为企业竞争环境和公共政策之间存在较高的相互依存度(Baron 1995),因为监管机构有权力改变市场结构的规模或影响市场结构,并影响产品需求(比如通过税收)。而且,立法者可以通过环境保护法律改变企业的成本结构(Hillman & Hitt 1999)。总之,他们有权力使资源投向或背离一个企业。

实际上,立法者在给企业施压时,可以采取大量的胡萝卜加大棒方法,使环境保护成为企业商业活动的一部分(Buysse & Verbeke 2003;Rugman & Verbeke 1998;Hart 1995;Shrivastava 1995)。环保规章对企业的影响及其作为环境可持续创新的驱动力,依然是文献正在讨论的议题(Greenstone 2002;Majumdar & Marcus 2001;Porter & van der Linde 1995)。例如,在美国,在一个由于违反环境法律而被定罪和受罚的企业案例中,监管强制性似乎对环境违法行为的可能性没有影响(Kassinis & Vafeas 2002)。其他研究发现,美国环境机构的监管能力和美国企业的环境绩效没有关系(Kassinis & Vafeas 2006)。然而,在加拿大,董事和企业管理人员要面对违法行为的个人责任,法规体现了影响环保行为的有效驱动力(Sharma & Henriques 2005)。

在具有监管权的利益相关者的研究情境下,研究者同样研究了有立法权的利益相关者,并探究了美国国会对主要环境问题的投票纪录如何与环境事件企业所在选区的国会议员支持或反对环境的投票纪录具有联系。立法者的环境投票纪录或许是一个信号,表明他们愿意用自己的能力来向企业施压以提高其环境绩效。尤其是立法者可以影响或者完全控制资源是否流向企业(比如,以物质或其他基础设施形式在税收或补贴方面造成有利或不利的改变)。尽管文献中没有提及投票纪录和环保绩效的统计显著关系(比如Kassinis & Vafeas 2002,2006),当结合环境积极性进行研究时,这一关系还需要进一步的检验(比如 Lenox & Eesley 2009)。

投票纪录反映了一个国家中环保观念的多样化,即国家选民对环境偏好的异质化程度。研究者强调立法者投票选区在决定他们立法行为方面的重要性,公共选择模型强调立法者关注选举的自身利益以及相关选区在改变他们行为方面的显著作用。因此,立法者在回应政治积极的选民时有浓厚的兴趣,因为取得和维持他们的支持对赢得连任非常关键(Keim & Zeithaml 1986;

Lord 2000）。这些政治积极选民，比如环保组织的成员，以及他们的公共政策或事件偏好不一定代表了大部分国会立法代表的意见，但他们代表了可能积极参与公共政策和选举过程的选民（不像大多数不参与的选民）（Baron 1994；Baysinger et al. 1985；Keim 1985；Keim & Zeithaml 1986）。这表明通过他们能够影响的资源流向，这些企业利益相关者具有间接权力和影响（Frooman 1999；Pfeffer & Salancik 1978；Pfeffer 1992）。

显然，具有监管权的利益相关者是复杂的、多样的和异质的（参见 Coglianese & Anderson 本手册［第 8 章］）。这种异质性如何与利益相关者向企业施压和影响的能力相联系，反过来，企业如何应对这种变化的压力，都值得更进一步的研究。至于具有监管权的利益相关者，组内异质性最早是与该群体的多层成分联系起来的，尤其是如美国这种联邦政治系统的组成。例如，影响企业的政策是在不同层面（国家层面、州层面等）上制定的。而且，与这些政策制定职能相关联的监管体系和制度，在其管辖范围内，可能对企业的定位和运营有不同的影响能力（例如，以资源形式）。复杂性、多样性、异质性无疑可以概括欧盟的具有监管权的利益相关者特性，这个实证条件必能提供丰富的未来研究背景。

社会活动家和当地社区

Eesley & Lenox（2006）通过检验企业对次利益相关者行为（这能造成企业直接的或间接的声望方面的成本）的响应，扩展了 Mitchell et al.（1997）的工作。在概念上，他们的工作拓宽并加深了我们对利益相关者重要性的理解。他们主张利益相关者要求的特点"不仅取决于利益相关者的特性，也取决于要求的本质和目标企业的特性"（第 767 页）。该项研究的实证部分值得注意，这在于它与该领域大多数研究不一样的独特的数据库。该数据库是由大量公共渠道比如 LexisNexis 和投资责任研究中心所描绘的次利益相关者行为的纵向数据组成（1971—2003）。在最近的一项研究中，Lenox & Eesly（2009）通过调查社会活动家包括抵制、抗议和民事诉讼在内的政治行为，深入探究了旨在改变个体企业行为的环保社会活动家运动（Baron 2001；2003）。通过利用 1988—2003 年间针对美国企业环保活动的纵向数据，他们发现有证据表明规模更大、获利能力更强、广告投放密集、更有污染性的企业更有可能成为社会活动家的目标。而且，他们发现企业的现金储备越大以及环保纪录越差，企业默许环保社会活动家要求的可能性越低。两篇文献中，企业和利益相关者之间的资源和资源平衡直接或间接地影响着企业回应利益相关者需求的意愿或能力。

— 81 —

除了增加成本,社会活动家群体(通过与其他比如监管机构等利益相关者互动)或许有助于为环境友好型投资、产品或服务创造市场机会。例如,Sine & Lee (2009:147)研究社会运动。在他们的研究中,塞拉俱乐部(the Sierra Club)、奥杜邦社团(the Audubon Society)、忧思科学家联盟(the Union of Concerned Scientists)和地球之友(Friends of the Earth)如何通过清楚表明能源生产中涉及化石燃料使用的问题以及倡导风能作为环保解决方案,影响了美国风能产业的发展。通过教育计划、公共关系努力和国家政府和监管机构的游说活动,动员数以千计的国家和地方的社会活动家,这些利益相关者有助于创造环保觉悟,从而有助于产生能增加、支持和维持风能产业创业活动的监管变革。更根本地,Sine & Lee (2009:148)表明环保利益相关者如何"开发和倡导另一套价值观和规范(增加规范重点)",即使得使用一套独特资源和技术以环境友好型方式发电合理化。根据作者的观点,这些活动或许会催化其他比如行业协会、监管机构等支持性利益相关者行为的影响,正如早期有关美国独立电厂的研究结果那样(Russo 2001,2003; Sine, Haveman & Tolbert 2005; Sine et al. 2007)。

Hart & Sharma (2004)提出了与上述不同且批判的观点,他们主张企业必须不仅仅与"已知的、突出的且强大的群体"建立密切关系,还应该进行系统识别和整合"次要"利益相关者(贫穷、弱小、不合法)的意见(或知识)(第7页)。通过抢先培养这么做的能力(Hart & Sharma 的术语是"突破性传递"),企业可以"设计并执行破坏性的新业务策略",并为"未来竞争想象"铺平道路(第17页)。

总的来说,社会活动家群体整体或部分地代表了更广泛的社区利益(见King et al. 本手册[第6章]; Weber & Soderstrom 本手册[第14章]; Delmas & Toffel 本手册[第13章])。正如在监管利益相关者部分所提及的那样,当地社区的政治积极分子可能参与到公共政策和选取进程中,因此能够给污染型企业施加强压。然而,大多数人通常是沉默,并退出政治过程。当地社区里没涉及的大多数人是不一样的,会在人均收入、住宅密度,当然还有环境偏好方面不同(Kassinis & Vafeas 2006)。那么问题来了,这种异质性是如何与利益相关者对企业的施压和影响能力联系在一起的?反过来,企业如何回应这种潜在的多变压力?研究表明相对富裕区域的植被污染较少(Kassinis & Vafeas 2006)。Grossman & Krueger (1995:371—372)也指出,"收入与污染最紧密的联系是通过诱导性的政策反应。随着国家或地区更加富裕,居民会更关注他们生活条件中的非经济方面"。因此,他们通过政策过程间接给企业施压,即控制流向企业的资源(比如直接通过税收或补贴,或间接通过与有利或不利立法相关的成本或福利)。

有关环境公正的研究还认为,大多数危险废弃物设施往往位于贫困或少数民族聚居区。这是因为那里的居民缺少政治和金融资源,因此缺少挑战污染型企业的权力(Bryant & Mohai 1992;Grant et al. 2002)。由于不能通过政治过程来表达他们的需求(Hamilton 1995),这些地区缺少影响企业政策的权力。含蓄地说,我们也期望位于这些社区的高污染企业稍微有效地管理排放——或者在这些社区扩大生产能力,以此作为基于弥补和责任成本考虑的利润最大化策略(Boyce et al. 1992;Hamilton 1995)。总之,不同地区对企业资源的依赖性存在不平衡现象,因为相对于富裕的社区,贫穷的社区可能更依赖企业来获得相应资源(比如工作、税收)(Frooman 1999;Pfeffer & Salancik 1978)。

客　户

由于客户直接影响企业的福利和绩效,因此企业对客户看待它们的方式非常敏感。客户通过购买决策表达他们的偏好(以及他们对企业决策的间接审核),因此他们有权力"奖励"或"惩罚"企业的环境相关行为。同样地,不管是独自还是与其他公司的利益相关者(社会活动家、监管机构、媒体)合作,一家企业的客户如果对环境绩效记录不满意的话,可以把企业作为攻击目标(比如抵制或者客户诱导策略)。

从已有的研究中我们知道,企业的环境实践受客户压力的影响(见Gershoff & Irwin 本手册[第 20 章];Scammon & Mish 本手册[第 19 章])。例如,正如 Sharma & Henriques(2005)在加拿大林业产业背景所展示的那样,对产品可持续性或认证信息这一客户需求的管理观念影响企业采取的可持续实践类别。鉴于客户满意度与绩效之间的关系,满足具有环保意识的客户的需求成为企业一个重要的考虑因素。事实上,研究已经表明客户满意度与忠诚度能调节环保实践的执行与企业绩效的关系(Kassinis & Soteriou 2003)。

满足客户对企业采取何种环保实践以及效果如何这一信息的需求是非常关键的,尤其是当旨在消除客户对企业动机的怀疑时。提供关于实践的可靠信息或信号能减少信息不对称,提高客户满意度(如果客户相信企业对环境负责),并取得所涉企业的绩效收益。尽管没有直接调查客户问题,Bansal & Clelland(2004)的研究表明环境信息对投资者如何评估企业的环境合法性有直接和长期的影响,或者 King et al.(2005)对有关 ISO 14001 认证的分析为这方面研究提供了有用的见解。

当客户考虑到他们同时作为联合生产者时,尤其是在企业价值链的服务端或者连接着可持续消费和生产时,客户对企业绩效和价值创造的潜在影响变得越来越复杂。尽管现有战略研究没有大量探究此方面内容,其他领域比如运营管理或者工业生态能给战略研究者提供一个开始此领域工作的基础(见 Klassen & Vachon 本手册[第 15 章];Abbey & Guide [第 16 章];Lifset & Boons [第 17 章])。例如,在前一个领域中,服务联产的客户效率及其对服务交付系统和企业绩效的影响(Xue et al. 2007)为相互受益的增值的企业—利益相关者互动提供了见解。同样地,服务运作失败以及对客户满意度和企业绩效影响的研究能够揭示环境相关企业的"失败"(意外、更糟的污染纪录、诉讼等等)如何影响利益相关者的满意度。消费者心理学的研究表明消费者探寻服务失败的原因,并且这种指责会调节顾客满意度水平下降的影响(Anderson et al. 2009)。

最近的工业生态文献关注客户—企业(或者使用者—生产者)在促进家庭能源创新方面的相互作用(Heiskanen & Lovio 2010)。文献还探讨了企业的战略以促进客户的能源节约(Gram-Hanssen 2010),甚至产品生命周期成本的信息对客户购买决策的影响程度(Deutsch 2010;Kaenzig & Wustenhagen 2010)。这些都是今后深入探索客户—企业相互作用的有趣实证内容。

最后,根据识别相关的文献得出结论,基于组织核心特征来识别身份(Bhattacharya & Sen 2003;Dutton et al. 1994;Gershoff & Irwin 本手册[第 20 章];Homburg et al. 2009)能在利益相关者(比如客户)确认一个企业并倾向于采取积极态度对待它的条件下,提供思考源泉。在同样的背景下,由于客户—企业识别被视为代表群体的动力,它同时提高了客户购买企业产品或服务的意愿(Arnett et al. 2003)——这是企业财务绩效的重要决定因素。客户—企业识别也关系着客户忠诚度——一个与企业财务绩效相关的概念(Reicheld & Sasser 1990;Froehle et al. 2000)。

雇 员

Almazan et al.(2009)认为利益相关者了解"与一家成功企业,即赢家合作的好处",因此一家企业的成功或许会被"束缚于它如何被内部雇员及外部客户和供应商认知"。而且,Enz & Siguaw(1999)的研究也显示,美国住宿业的环境最佳实践冠军表明这种实践对员工士气(和随之而来的满意度)产生了积极的影响,并提高了员工对酒店的自豪感。Goodman(2000)也提出过类似的结果。一般而言,因为员工环境意识的增加会提升个人行为和实践,所以员工如何看待环境问题对一家企业的成功极其重要(Andersson & Bateman

2000；Jiang & Bansal 2003）——假设员工的环保倾向和参与意愿与企业减少运作成本的努力相吻合（Bansal 2003），而且企业把环境问题视为成长的机会（Sharma 2000）。员工自然是组织努力的核心,组织努力促进关于最佳环境实践知识的转移,并最终采用这些实践来提高环境绩效（Lenox & King 2004；May & Flannery 1995；Sharma & Henriques 2005）。最后,de Luque et al.（2008）提出了在环境背景下值得进一步探讨的一个有趣的研究发现,他指出"利益相关者价值……为执行提供更好的决策制定标准","赋予利益相关者在决策制定上更高级别的重要性,这会使得下属认为领导更有远见更少专制"。这种"有远见的领导鼓励员工额外努力从而提高企业绩效"（第646页）。

企业董事会

企业董事会能影响企业对自然环境的态度,但是是否存在一种把利益相关者的忧虑转化甚至转移成管理行动的有效机制？这一点暂不明晰（Hillman et al. 2001）。例如,董事会并不会由于高效的利益相关者管理而嘉奖首席执行官（Coombs & Gilley 2005）。有趣的是,在美国企业的环境绩效与高管薪酬关系的纵向研究中,Berrone & Gomez-Mejia（2009）发现,相对没有明确环境成本政策和环境委员会的公司,明确具有这些组织结构的公司不会多奖励环境战略,这意味着这些机制起一个象征作用。这能被解释为,至少部分被解释为,企业董事会很少有能确切代表环境利益的个人（Prasad & Elmes 2005）。

Kassinis & Vafeas（2002）深入研究了董事会特征,并发现这些特征与企业环境绩效相关。他们发现董事会越大,在预防环境诉讼行为方面效率越低,诉讼可能性由于同行企业中董事比例增大而增大,诉讼可能性也会由于外部董事指导减少而减少。事实上,有关董事会规模对董事决策质量的影响存在争议。尽管资源依赖观点表明,比如,大规模的董事会能通过增强其从外部环境保证获取关键资源的能力,或者通过提供以其他方式无法获得的专家管理建议,从而提高企业绩效,但是有些人不赞同此观点。他们认为,较大的董事会与较小董事会相比,相对缺少团结性和参与性,因此不易于采取战略行动。另外,代理理论认为,更大的董事会会造成决议过程缺失,也会阻碍董事会成员自由地交换意见（参见 Goodstein et al. 1994；Zahra & Pearce 1989）。这会使投机的首席执行官回避不受欢迎的关注环境问题的董事会。关于董事会结构,治理研究关注于董事会独立性的重要性,这是董事会监测管理行为的董事会效率的衡量指标。未来研究方向是进一步探讨董事会结构如何在促进企业解决利益相关者忧虑以及实现利益相关者—企业双赢结果的能力方面发挥作用。

显然董事会对环境问题的态度不仅直接影响着企业环境实践,而且影响企业回应利益相关者环境需求的方式。因此,考虑到董事会在上市企业决策制定进程的顶端,而且每个主要的运营或战略决策都必须通过董事会,董事会在涉及环境利益相关者忧虑方面的决策制定中的作用值得进一步研究。因此,即使董事会有时在决策制定过程中不怎么发挥实权,他们最终对企业环境战略负责,不管这些战略是主动实施的还是照常批准的。要解决环境问题,董事会或许会成立独立的委员会来处理。另外,他们有自由权寻求法律权利,或专家建议以期作为额外资源来确保健全的环境政策。最后,董事办公室就环境问题讨论的广度、深度、真诚度很大程度上决定了企业环境政策的质量。

5.2　未来研究和结语

就利益相关者—企业—环境的关系有很多需深入研究的方向。其中,有两个直接延续之前的讨论:第一个围绕把利益相关者视为联合生产者或价值的联合创造者来研究,第二个是在研究企业—利益相关者的相互作用和结果中明确采用网络观点。在后一个研究方向中,我强调在研究企业—利益相关者关系时,考虑时间性和变革的重要性。

利益相关者作为价值的联合生产者

大多数运营管理和市场营销学科的研究者(Xue & Field 2008),以及战略学科的研究者(Prahalad & Ramaswamy 2000,2004),都已经讨论了,有些也已经实证检验了,客户行为或者客户参与对企业绩效的多个方面(比如效率、生产率、质量和客户满意度)产生影响。从运营和市场营销延伸的、考虑所有重要利益相关者作为价值联合生产者参与的并考虑环境方面绩效的跨学科研究必然会有启发性。

事实上,战略管理文献通常都强调,在研究企业创造价值和实现竞争力时,应考虑利益相关者(比如供应商和前向渠道联盟)的价值链的重要性。更具体地说,企业和利益相关者都参与价值创造过程,产生的价值就是联合生产过程的结果。在这个过程中,利益相关者有基本的"生产"任务,如果没有履行的话,会影响预期结果的本质。在研究有利益相关者参与的环境价值联合创造中,研究者可以考虑利益相关者作为联合生产者最相关的特点。换句话说,研究者可以探讨在环境价值的联合创造中利益相关者的参与能力。事实上,利益相关者能力之间的差距或许带来价值创造过程的无效率,因此为实现目标需要调和参与其中的各组织的能力。例如企业通过（产品和服务）设计工作的改变（Cachon & Harker 2002）等方法来解决这种利益相关者间的能力差距，以及这些行为对企业绩效的影响，将是未来研究中有趣的研究内容。在相同的背景下，研究者值得去探讨环境相关信息如何获得、转移和利用（Bettencourt et al. 2002；Skjolsvik et al. 2007）——在企业和利益相关者之间的信息和知识交换过程中——会影响企业创造价值的努力。

企业—利益相关者网络和价值创造机会

企业和他们的利益相关者在一个动态的关系网络中相互作用以创造价值。因此，社会网络研究能给利益相关者研究人员提供理论和实证的指导。例如，如前所述，利益相关者对企业的影响及相互作用不是二元的，而更像网络，企业与其利益相关者的相互作用同样影响中心组织。例如，Rowley（1997）利用社会网络分析构建利益相关者影响的理论，以预测组织如何回应多重利益相关者的需求。

值得注意的是，我们发现很难理解当时间被抽象时企业与其利益相关者如何相互作用。那么，可以说要完全研究这种类似所涉企业及其利益相关者的现象，时间方法是有必要的（Ancona et al. 2001）。与这种方法紧密相连的是变革观念：企业—利益相关者的关系是动态的，并且随着时间演变（变化）。当企业与其利益相关者相互作用来"解决典型问题"时，变革会发生（Tsoukas & Chia 2002）——特别是当企业面对多方面环境挑战，并且将来也会持续面对这些环境挑战的时候。

企业努力维持现状（面对不断变化的环境）的一种方法就是改变其网络和关系（Kim et al. 2006；Ring & van de Ven 1994）。未来研究可以探讨企业在应对其内外部环境的改变时，如何重新定义谁是它们的利益相关者，以及如何提高关于这些利益相关者的哪些需求能够影响企业绩效这一意识（Harrison et al. 2010）。要应对这种挑战或许会要求企业了解利益相关者效用函数的驱动因素，并随着时间变化，把此信息通过微调策略和战术转换成附加价值的创造，从而给利益相关者提供真正重要的价值。例如，对利益相关者的需求、诉求和约束的微妙理解能使企业处于一个更有利的地位，能比对手更有效地与其"交易"，成功满足他们的需求。这反过来也会增加利益相关者未来与企业合作的意愿，并因此提高企业的成长前景甚至竞争力（Bosse et al. 2009）。这个满足利益相关者需求的方法设计过程被视为"需要企业家直觉和想象力的创意想象过程"（Harrison et al. 2010：66），显然这值得进一步研究。

　　与上述相关的是,企业与其利益相关者之间的熟悉程度、相互了解和信任如何随着时间促进变革、成长和价值创造(Hansen 1999;Harrison et al. 2010;Tsai 2000,2001,2002)。正如 Podonly(1994)指出的那样,地位和名望能够提高合作的可能性,因为这代表了潜在合作伙伴的能力和可信度。

　　最后,利益相关者行为有助于组织转型,并影响组织随着时间实现使命的能力。利益相关者的形成、改革、调整甚至解散对任何组织都具有挑战性。事实上,采取基于过程视角(Ebers 1999;Podolny & Page 1998;Kim et al. 2006)的网络分析强调这种转型所带来的限制和成本。这些观点激发的未来研究能够丰富我们对企业—利益相关者—环境相互作用的理解。

　　总之,本章主张通过管理随着时间推移而变化的复杂的利益相关者需求,企业可以创造价值。如上所述,跨学科研究有许多有价值的地方。感兴趣的读者可以通过细读本手册来发现,我们可以从不同的视角探讨企业—利益相关者—环境的关系,触及组织研究的各个方面。对研究者来说,超越建立结构和变量之间的实证关系是非常重要的。相反,现在是时候探讨这些关系的驱动力以及它们如何随着时间影响组织业绩。

参考文献

Agle,B. R.,Mitchell,R. K. & Sonnenfeld,J. A. (1999). "Who Matters to CEOs? An Investigation of Stakeholder Attributes and Salience,Corporate Performance,and CEO Values," *Academy of Management Journal*,42:507—525.

Almazan,A.,Suarez,J. & Titman,S. (2009). "Firm's Stakeholders and the Costs of Transparency," *Journal of Economics & Management Strategy*,18:871—890.

Ancona,D.,Okhuysen,G. & Perlow,L. (2001). "Taking Time to Integrate Temporal Research," *Academy of Management Review*,26:512—529.

Anderson,S. W.,Baggett,L. S. & Widener,S. K. (2009). "The Impact of Service Operations Failures on Customer Satisfaction:Evidence on How Failures and Their Source Affect What Matters to Customers," *Manufacturing & Service Operations Management*,11:52—69.

Andersson,L. & Bateman,T. (2000). "Individual Environmental Initiative:Championing Natural Environmental Issues in U. S. Business Organizations," *Academy of Management Journal*,43:548—570.

Arnett,D.,German,S. & Hunt,S. (2003). "The Identity Salience Model of Relationship Marketing Success:The Case of Nonprofit Marketing," *Journal of Marketing*,67(4):89—105.

Bansal,P. (2003). "From Issues to Actions:The Importance of Individual Concerns and Organizational Values in Responding to Natural Environmental Issues," *Organization Science*,14:510—527.

Bansal,T. & Clelland,I. (2004). "Talking Trash:Legitimacy,Impression Management, and Unsystematic Risk in the Context of the Natural Environment," *Academy of Management Journal*, 47: 93—103.

Baron, D. P. (1994). "Electoral Competition with Informed and Uninformed Voters," *American Political Science Review*, 88: 33—47.

——(1995). "Integrated Strategy: Market and Non-Market Components," *California Management Review*, 37(3): 47—65.

——(2001). "Private Politics, Corporate Social Responsibility, and Integrated Strategy," *Journal of Economics & Management Strategy*, 10: 7—45.

——(2003). "Private Politics," *Journal of Economics & Management Strategy*, 12: 31—66.

Baysinger, B. D., Keim, G. D. & Zeithaml, C. P. (1985). "An Empirical Evaluation of the Potential for Including Shareholders in Corporate Constituency Programs," *Academy of Management Journal*, 28: 180—200.

Berman, S., Wicks, A. C., Kotha, S. & Jones, T. M. (1999). "Does Stakeholder Orientation Matter? The Relationship between Stakeholder Management Models and Firm Financial Performance," *Academy of Management Journal*, 42: 488—506.

Berrone, P. & Gomez-Mejia, L. (2009). "Environmental Performance and Executive Compensation: An Integrated Agency-Institutional Perspective," *Academy of Management Journal*, 52: 103—126.

Bettencourt, L. A., Ostrom, A. L., Brown, S. W. & Roundtree, R. I. (2002). "Client Co-Production in Knowledge-Intensive Business Services," *California Management Review*, 44(4): 100—128.

Bhattacharya, C. B. & Sen, S. (2003). "Consumer-Company Identification: A Framework for Understanding Consumers' Relationships with Companies," *Journal of Marketing*, 67 (4): 76—88.

Bosse, D. A., Phillips, R. A. & Harrison, J. S. (2009). "Stakeholders, Reciprocity, and Firm Performance," *Strategic Management Journal*, 30(4): 447—456.

Boyce, R. R., Brown, T. C., McClelland, G. H., Peterson, G. L. & Schulze, W. D. (1992). "An Experimental Examination of Intrinsic Values as a Source of WTA-WTP Disparity," *American Economic Review*, 82: 1366—1373.

Bryant, B. & Mohai, P. (1992). *Race and The Incidence of Environmental Hazards*. Boulder, CO: Westview.

Buysse, K. & Verbeke, A. (2003). "Proactive Environmental Management Strategies: A Stakeholder Management Perspective," *Strategic Management Journal*, 24: 453—470.

Cachon, G. & Harker, P. (2002). "Competition and Outsourcing with Scale Economies," *Management Science*, 48: 1314—1333.

Clarkson, M. B. (1995). "A Stakeholder Framework for Analyzing and Evaluating Corporate Social Performance," *Academy of Management Review*, 20: 92—117.

Coombs, J. E. & Gilley, K. M. (2005). "Stakeholder Management as a Predictor of CEP Compensation: Main Effects and Interactions with Financial Performance," *Strategic Management Journal*, 26: 827—840.

de Luque, Washburn, N. T., Waldman, D. A. & House, R. J. (2008). "Unrequited Profit: How Stakeholders and Economic Values Relate to Subordinates' Perceptions of Leadership and Firm Performance," *Administrative Science Quarterly*, 53: 626—654.

Deutsch, M. (2010). "Life-Cycle Cost Disclosure, Consumer Behavior, and Business Implications: Evidence from an Online Field Experiment," *Journal of Industrial*

Ecology, 14(1): 103—120.

Dutton, J. E., Dukerich, J. M & Harquail, C. V. (1994). "Organizational Images and Member Identification," *Administrative Science Quarterly*, 39: 239—263.

Ebers, M. (1999). "The Dynamics of Inter-Organizational Relationships," *Research in the Sociology of Organizations*, 16: 31—56.

Eesley, C. & Lenox, M. J. (2006). "Firm Responses to Secondary Stakeholder Action," *Strategic Management Journal*, 27: 765—781.

Enz, C. A. & Siguaw, J. A. (1999). "Best Hotel Environmental Practices," *Cornell Hotel and Restaurant Administration Quarterly*, 40(5): 72—77.

Freeman, R. E. (1984). *Strategic Management: A Stakeholder Approach*. Boston, MA: Pitman.

Froehle, C. M., Roth, A. V., Chase, R. B. & Voss, C. A. (2000). "Antecedents of New Service Development Effectiveness: An Exploratory Examination of Strategic Operations Choices," *Journal of Service Research*, 3(1): 3—17.

Frooman, J. (1999). "Stakeholder Influence Strategies," *Academy of Management Review*, 24: 191—205.

Gargiulo, M. (1993). "Two-Step Leverage: Managing Constraint in Organizational Politics," *Administrative Science Quarterly*, 38: 1—19.

Goodman, A. (2000). "Implementing Sustainability in Service Operations in Scandic Hotels," *Interfaces*, 30(3): 202—214.

Goodstein, J., Gautam, K. & Boeker, W. (1994). "The Effects of Board Size and Diversity on Strategic Change," *Strategic Management Journal*, 15: 241—250.

Gram-Hanssen, K. (2010). "Standby Consumption in Households Analyzed with a Practice Theory Approach," *Journal of Industrial Ecology*, 14(1): 150—165.

Grant, D. S., Jones, A. W. & Bergesen, A. J. (2002). "Organizational Size and Pollution: The Case of the U. S. Chemical Industry," *American Sociological Review*, 67: 389—407.

Greenstone, M. (2002). "The Impacts of Environmental Regulations on Industrial Activity: Evidence from the 1970 and 1977 Clean Air Act Amendments and the Census of Manufactures," *Journal of Political Economy*, 110: 1175—1219.

Grossman, G. M. & Krueger, A. B. (1995). "Economic Growth and the Environment," *Quarterly Journal of Economics*, 110: 353—377.

Hamilton, J. T. (1995). "Testing for Environmental Racism: Prejudice, Profits, Political Power?" *Journal of Policy Analysis and Management*, 141: 107—132.

Hansen, M. (1999). "The Search-Transfer Problem: The Role of Weak Ties in Sharing Knowledge across Organization Subunits," *Administrative Science Quarterly*, 44(1): 82—111.

Harrison, J. S., Bosse, D. A. & Phillips, R. A. (2010). "Managing for Stakeholders, Stakeholder Utility Functions, and Competitive Advantage," *Strategic Management Journal*, 31: 58—74.

——& Freeman, R. E. (1999). "Stakeholders, Social Responsibility, and Performance: Empirical Evidence and Theoretical Perspectives," *Academy of Management Journal*, 42: 479—485.

——& St. John, C. H. (1996). "Managing and Partnering with External Stakeholders," *Academy of Management Executive*, 10(2): 46—60.

Hart, S. L. (1995). "A Natural Resource-Based View of the Firm," *Academy of Management Review*, 20: 986—1014.

——&. Sharma, S. (2004). "Engaging Fringe Stakeholders for Competitive Imagination," *Academy of Management Executive*, 18(1): 7—18.

Heiskanen, E. &. Lovio, R. (2010). "User-Producer Interaction in Housing Energy Innovations: Energy Innovation as a Communication Challenge," *Journal of Industrial Ecology*, 14(1): 91—102.

Hillman, A. &. Hitt, M. (1999). "Corporate Political Strategy Formulation: A Model of Approach, Participation, and Strategy Decisions," *Academy of Management Review*, 24: 825—842.

——&. Keim, G. (2001). "Stakeholder Value, Stakeholder Management, and Social Issues: What's the Bottom Line?" *Strategic Management Journal*, 22: 125—139.

——&. Luce, R. (2001) "Board Composition and Stakeholder Performance: Do Stakeholder Directors Make a Difference?" *Business &. Society*, 40(3): 295—314.

Homburg, C., Wieseke, J. &. Hoyer, W. D. (2009). "Social Identity and the Service-Profit Chain," *Journal of Marketing*, 73(3): 38—54.

Jiang, R. J. &. Bansal, P. (2003). "Seeing the Need for ISO 14001," *Journal of Management Studies*, 40: 1047—1067.

Kaenzig, J. &. Wustenhagen, R. (2010). "The Effect of Life Cycle Cost Information on Consumer Investment Decisions Regarding Eco-Innovation," *Journal of Industrial Ecology*, 14(1): 121—136.

Kassinis, G. &. Soteriou, A. (2003). "Greening the Service Profit Chain: The Impact of Environmental Management Practices," *Production and Operations Management*, 12: 386—403.

Kassinis, G. &. Vafeas, N. (2002). "Corporate Boards and Outside Stakeholders as Determinants of Environmental Litigation," *Strategic Management Journal*, 23: 399—415.

——(2006). "Stakeholder Pressures and Environmental Performance," *Academy of Management Journal*, 49: 145—159.

Keim, G. (1985). "Corporate Grassroots Programs in the 1980s," *California Management Review*, 28: 110—123.

——&. Zeithaml, C. P. (1986). "Corporate Political Strategy and Legislative Decision Making: A Review and Contingency Approach," *Academy of Management Review*, 11: 828—843.

Kim, T., Oh, H. &. Swaminathan, A. (2006). Framing Interorganizational Network Change: A Network Inertia Perspective. *Academy of Management Review*, 31(3): 704—720.

King, A. A., Lenox, M. J. &. Terlaak, A. (2005). "The Strategic Use of Decentralized Institutions: Exploring Certification with the ISO 14001 Management Standard," *Academy of Management Journal*, 48: 1091—1106.

Lenox, M. J. &. Eesley, C. (2009). "Private Environmental Activism and the Selection and Response of Firm Targets," *Journal of Economics &. Management Strategy*, 18: 45—73.

——&. King, A. A. (2004). "Prospects for Developing Absorptive Capacity through Internal Information Provision," *Strategic Management Journal*, 25: 331—345.

Lord, M. D. (2000). "Corporate Political Strategy and Legislative Decision Making: The Impact of Corporate Legislative Influence Activities," *Business & Society*, 39(1): 76—93.

Majumdar, S. K. & Marcus, A. A. (2001). "Rules Versus Discretion: The Productivity Consequences of Flexible Regulation," *Academy of Management Journal*, 44: 170—179.

May, D. R. & Flannery, B. L. (1995). "Cutting Waste with Employee Involvement Teams," *Business Horizons*, 38(5): 28—38.

Mitchell, R. K., Agle, B. R. & Wood, D. J. (1997). "Toward a Theory of Stakeholder Identification and Salience: Defining the Principle of Who and What Really Counts," *Academy of Management Review*, 22: 853—886.

Nohria, N. & Gulati, R. (1994). "Firms and their Environments," in Smelser, N. J. & Swedberg, R. (eds.) *Handbook of Economic Sociology*. Princeton, NJ: Princeton University Press, 529—555.

Ogden, S. & Watson, R. (1999). "Corporate Performance and Stakeholder Management: Balancing Shareholder and Customer Interests in the UK Privatized Water Industry," *Academy of Management Journal*, 42: 526—538.

Pfeffer, J. (1992). *Managing with Power: Politics and Influence in Organizations*. Boston: Harvard Business School Press.

——(2009). "Shareholders First? Not so Fast...," *Harvard Business Review*, July-August: 90—91.

——& Salancik, G. R. (1978). *The External Control of Organizations: A Resource Dependence Perspective*. New York: Harper and Row.

Podolny, J. (1994). "Market Uncertainty and the Social Character of Economic Exchange," *Administrative Science Quarterly*, 39(3): 458—483.

——& Page, K. (1998). "Network Forms of Organizations," *Annual Review of Sociology*, 24(1): 57—76.

Porter, M. E. & van der Linde, C. (1995). "Toward a New Conception of the Environment-Competitiveness Relationship," *Journal of Economic Perspectives*, 94: 97—118.

Prahalad, C. K. & Ramaswamy, V. (2000). "Co-opting Customer Competence," *Harvard Business Review*, January-February: 79—87.

——(2004). *The Future of Competition: Co-creating Unique Value with Customers*. Boston: Harvard Business School Press.

Prasad, P. & Elmes, M. (2005). "In the Name of the Practical: Unearthing the Hegemony of Pragmatics in the Discourse of Environmental Management," *Journal of Management Studies*, 42: 845—867.

Ramaswamy, V. & Gouillart, F. (2010). "Building the Co-Creative Enterprise," *Harvard Business Review*, October: 100—109.

Reichheld, F. F. & Sasser, W. E. (1990). "Zero Defections: Quality Comes to Services," *Harvard Business Review*, 68(5): 105—111.

Ring, P. & van de Ven, A. (1994). "Developmental Processes of Cooperative Interorganizational Relationships," *Academy of Management Review*, 19(1): 90—118.

Rowley, T. J. (1997). "Moving beyond Dyadic Ties: A Network Theory of Stakeholder Influences," *Academy of Management Review*, 22: 887—910.

Russo, M. (2001). "Institutions, Exchange Relations, and the Emergence of New Fields:

Regulatory Policies and Independent Power Production in America, 1978—1992," *Administrative Science Quarterly*, 46: 57—86.

——(2003). "The Emergence of Sustainable Industries: Building on Natural Capital," *Strategic Management Journal*, 24: 317—331.

Shaffer, B. (1995). "Firm-Level Responses to Government Regulation: Theoretical and Research Approaches," *Journal of Management*, 21: 495—514.

Sharma, S. (2000). "Managerial Interpretations and Organizational Context as Predictors of Corporate Choice of Environmental Strategy," *Academy of Management Journal*, 43: 681—697.

——& Henriques, I. (2005). "Stakeholder Influences on Sustainability Practices in the Canadian Forest Products Industry," *Strategic Management Journal*, 26: 159—180.

Shrivastava, P. (1995). "The Role of Corporations in Achieving Ecological Sustainability," *Academy of Management Review*, 20: 936—960.

Sine, W. D., David, R. & Mitsuhashi, H. (2007). "From Plan to Plant: Effects of Certification on Operational Start-Up in the Emergent Independent Power Sector," *Organization Science*, 18: 578—594.

——Haveman, H. A. & Tolbert, P. S. (2005). "Risky Business? Entrepreneurship in the New Independent Power Sector," *Administrative Science Quarterly*, 50: 200—232.

——& Lee, B. H. (2009). "Tilting at Windmills? The Environmental Movement and the Emergence of the U. S. Wind Energy Sector," *Administrative Science Quarterly*, 54: 123—155.

Skjolsvik, T., Lowendahl, R., Kvalshaugen, S. & Fosstenlokken, S. M. (2007). "Choosing to Learn and Learning to Choose: Strategies for Client Co-Production and Knowledge Development," *California Management Review*, 49(3): 110—128.

Speth, J. G. (2009). "Doing Business in a Postgrowth Society," *Harvard Business Review*, September: 18—19.

Tsai, W. (2000). "Social Capital, Strategic Relatedness and the Formation of Intraorganizational Linkages," *Strategic Management Journal*, 21(9): 925.

——(2001). "Knowledge Transfer in Intraorganizational Networks: Effects of Network Position and Absorptive Capacity on Business Unit Innovation and Performance," *Academy of Management Journal*, 44(5): 996—1004.

——(2002). "Social Structure of 'Coopetition' within a Multiunit Organization: Coordination, Competition, and Intraorganizational Knowledge Sharing," *Organization Science*, 13(2): 179—190.

Tsoukas, H. & Chia, R. (2002). "On Organizational Becoming: Rethinking Organizational Change," *Organization Science*, 13(5): 567—582.

Walsh, J. P. (2005). "Taking Stock of Stakeholder Management," *Academy of Management Review*, 30: 426—438.

Williamson, O. (1979). "Transaction Cost Economics: The Governance of Contractual Relations," *Journal of Law and Economics*, 26: 233—261.

Winn, M. (2001). "Building Stakeholder Theory with a Decision Modeling Methodology," *Business and Society*, 40: 133—166.

Xue, M. & Field, J. M. (2008). "Service Coproduction and with Information Stickiness and Incomplete Contracts: Implications for Consulting Services Design," *Production and Operations Management*, 17: 357—372.

——Hitt, L. M. & Harker, P. T. (2007). "Customer Efficiency, Channel Usage, and Firm

Performance in Retail Banking," *Manufacturing & Service Operations Management*, 9: 535—558.

Yermack, D. (1996). "Higher Market Valuation of Companies with a Small Board of Directors," *Journal of Financial Economics*, 40: 185—213.

Zahra, S. & Pearce, J. (1989). "Boards of Directors and Corporate Financial Performance: A Review and Integrative Model," *Journal of Management*, 15: 291—334.

第3部分

政策和非市场战略

6 产业自律及环境保护

Andrew King，Andrea M. Prado，Jorge Rivera

环境问题不再是地方性问题、区域性问题或州际性问题。环境问题已是全球性问题。解决环境问题需要全球范围的协调与监管。解决这些问题要求治理机构运用全球范围内的大量资源以及激励措施去保护环境。谁能承担起这份责任呢？

在候选人名单中，国际前 100 的经济体是最有可能的候选者。这份名单中有许多熟悉的名字——欧盟、美国、中国和巴西。显然每个经济体都需要发挥自己的作用，但每个经济体也都会遭遇障碍。另外，在名单排名 12 位左右发现一个奇怪现象，名单中的成员从国家变成了企业。在之后的名单中，企业变得很常见。事实上，世界上几乎一半的顶尖经济体都是私营企业。某些比较结果是令人惊讶的，比如埃克森（Exxon）的收益超过了澳大利亚的国民生产总值，大众汽车的收益超过了巴基斯坦的国民生产总值，哥斯达黎加的国民生产总值甚至比不上劳氏。

世界顶尖经济体的名单之所以会令我们感到震撼，部分原因是它颠覆了我们之前的想法，这场经济"游戏"如何玩——尤其是谁是"玩家"而谁又是"裁判"。人们总是倾向于认为企业是这场游戏中的玩家，而政府和社会团体是这场游戏的裁判。体制（如法治国家）设立游戏规则，然后企业在该规则中进行竞争。但企业实际上拥有更复杂的角色。它们也扮演着裁判的角色，修订竞争规则。

在本章中，我们将会关注一些企业协调设立商业竞争规则的方法。这些协调常常被称为"产业自律"，因其包含了那些未经中央政府直接帮助而设定的商业规范。然而标题中没有一个词汇完全合适。"产业自律"有时是由非产业界所创造。它的实施并不是"自律"的，而是依赖于外界的约束。此外，其对行为的规范能力到底有多强仍然是一个有待解决的问题。

"产业自律"具有独特性。它并不接受政府的调控。而由于缺乏政府授权，它变得多问题、刺激，且非常重要。由于没有一个有效的世界政府存在，因此很多重要问题的解决都需要这些自我规范且自我强化的合作协议。企业之间的自律有可能成为解决大范围内环境问题的方法之一。因此，拥有大量资源以及全球影响力的企业能否实现自律，是一个我们必须回答的重要问题，它决定了我们如何最佳地使这个星球更可持续。

本章将首先讨论以产业自律作为一种解决环境问题的机制所将面临的困难与希望。

6.1 产业自律的危险与希望

亚当·斯密曾经精彩地评论过："同一种贸易中的人很少聚在一起，哪怕只是为了快乐和消遣，但是他们的对话最终都会结束于反对公众或者是反对涨价。"这种共谋代表一种共识，始于其形成没有政府的帮助和支持，它就是一种"产业自律"。这种共谋不是我们这章将要讨论的产业自律的类型，但是亚当·斯密的评论确实给我们提供了希望与担忧。他所描述的这种社会主流给了我们一种希望，那就是企业确实可以合作和自律。合作的结果经常以一种"反对公众的共谋"为结尾，这提醒了我们这种自律的产业共识所存在的潜在危险。

本章我们所探索的产业自律形式是那种可以为社会创造价值——或者说至少是那些人们所主张和希望的自律形式。通过在一系列规范上的共同谋划，企业将不再对抗公众。相反地，企业提升了社会福利。它们是如何同时做到既增加自己的利润又造福社会呢？正如一些经济学模型所述，他们能做到是因为有时候商业竞争的规则是如此混乱，以至于这将摧毁整个"游戏"中的所有人——企业、客户以及利益相关者。改变这些规则可以营造更好的竞争环境，并让每个人获得更多的收益。经济学家把这种市场交换极度混乱且亟待改正的情况称为"市场失灵"。

当自由贸易无法保证商品和服务的有效分配，市场失灵便常常发生。竞争和贸易的法则在一定程度上产生了较差的结果。玩家、观众以及规则的制造者，每个人都变得更穷了。唯一的好消息就是这种低效为形成让所有人都获益的更优规则创造了一个机会。正是这种大众获利的潜在可能性，使得产业自律变得如此吸引人。如果新的、更好的规则可以使有权力的大公司获利，那么这些企业将会有动机去引领这种规则变革。

这是一种希望，但当企业被允许去改变竞争规则的时候，一个巨大的危机也出现了。新规则有可能使所有人获利,或者如亚当·斯密所警告的,企业也有可能牺牲公众利益而牟利。如果企业真要成为推崇变革的重要组织者,它们必须被有见识的利益相关者所约束。当企业为大众利益着想时应该被奖励。本章所论述的研究将尝试着更好地去理解以产业自律解决环境问题所可能带来的希望与危机。

6.2 动物、植物还是矿物? 对产业自律常见形式的分类

产业自律的共识是"制度",用 North(1990)的话说,它们改变"游戏规则"。但是只要新规则存在优势,旧规则肯定存在缺陷或低效。这些产业自律的新规则想要尝试解决什么问题? 对此学者们提出了两种主要观点。

第一种是驱使产业自律发展的问题,这是现有规则带有信息"不对称分配"现象。这个问题并不限于但却常见于环境商品和服务中,因为大部分产品和服务中的环境因素是不可见的。以一磅咖啡为例,一个消费者根本不可能知道该咖啡是否以可持续方式种植(如生长在一个自然林的树荫之下)。因此,生产商知道商品的环境属性,但是消费者并不知道。在这种不对称的信息环境中,消费者会理所当然地怀疑那些未经证实的生产商的申明。当这种怀疑达到峰值,一个只有低品质商品贸易的"柠檬市场"将会出现。对于环境商品和服务,这种条件将会形成一个只提供环境不友好型商品的市场。

第二种是驱使产业自律形成的问题,是环境损坏的成本会由其他人而不是那些破坏环境的始作俑者来承担。环境影响通常是"外部性的",并不出现在污染者的资产负债表中。许多环境资源的所有权并没有被清晰地定义、控制或保护。以地球大气为例,它是所有人所共有的,因此这是一种"免费"商品。人类可以用它带走污染。假定大气是免费且共有的,人类有可能滥用它并最终伤害每个人。

综合考虑,这些问题形成了一种 2×2 的矩阵,而将其中部分制度控制在三个象限中是必需的(见表 6.1)。在过去的 15 年中,那些对商业和环境规范感兴趣的学者们已经尝试着去辨别哪种自律解决哪种问题。他们通过假定一些基础预测,分析什么企业有可能参与到这些制度中、他们如何被参与者所影响,以及谁将从这种制度中获利。

表 6.1　产业自律分类

	大量外部性	无外部性
不对称信息	第四象限:混合方法 目标:与利益相关者就不可见的特质进行沟通,并对共同的威胁做出应对 机制:区分"好的"和"坏的"企业,但是提升所有成员的绩效 参与者:不确定 效果:不确定	第一象限:证明 目标:与利益相关者就不可见的特质进行沟通 机制:能可靠地区分"好的"和"坏的"实践者 参与者:"好的"实践者 效果:参与企业和利益相关者获益
共享信息	第三象限:集体责任 目标:对共同的威胁做出应对,并保护利益相关者成员 机制:成员绩效提升以降低共同的威胁(例如,先发制人的规则或利益相关者行动) 参与者:占较大共同利益的产业成员(通常是有较大市场份额的企业) 效果:产业成员和利益相关者获益	第二象限: 不需要自律

第一象限:证明

当不对称的信息造成了交易的无效,产业自律可能可以提供一种方法,从而给消费者和股东传达一些看不到的产品信息。例如,证明企业执行了某些实践,这可以告诉消费者这个产品是"有机的"——生产过程中未使用杀虫剂和除草剂。产品这种"有机"的特质,阐述了一种环境产品所共有的问题:产品的环境特质往往与其生产方式有关,且这种特质对消费者而言并非显而易见。因此,很多类似的项目都对这些看不见的管理实践设定了标准。在一些案例中,一些项目的资助者明确表示他们的目标是帮助利益相关者辨别产品是由"好的"还是"坏的"企业生产。

这种类型的产业自律已经被许多机构所采纳,如企业、非政府组织和多重利益相关者等。一个最有影响力的机构就是国际标准化组织(ISO)。ISO 构成了一种认证型的产业自律。ISO 认证体系包括 ISO 9000、ISO 14000 和 ISO 26000。这些标准包含了一系列的指导,用以指导品质的实施、环境管理系统和社会责任实践。例如,ISO 14000 详细说明了一系列的环境管理系统,包括环境目标及政策形成、培训及记录的提供、责任授权和内部绩效审计(Delmas 2002)。为了获得认证,企业必须经过审计来证明企业符合标准的要求。ISO 的运行依靠一个在世界范围内进行监管的第三方审计机构体系。

第一象限：实证证据

大多认证项目的学术性研究尝试阐明该项目符合信号传递模型中简单的程式化事实（见表6.2）。该模型认为，通过认证的机构相对于未通过认证的机构，应该具有更好的（但另一方面来说也是不可见的）表现，且应该获得一些财政上的奖励（如更高的价格）（King et al. 2005；Terlaak & King 2006；Corbett et al. 2005）。显然，想要阐明这几个假设中的任何一个，都将是一个艰难的实证挑战。这要求学者们去测量那些利益相关者不可见的品质以及不同参与者（包括私有及公有组织）的财政绩效变化。大部分学者已经尝试使用档案数据，确定参与者中那些可以预测其在一个特定的项目中有可能获得证明的特质（Albernini & Segerson 2002；Christmann & Taylor 2001；Delmas & Montiel 2009；King et al. 2005；Rivera & deLeon 2004）。为了理解认证体系对企业绩效的影响，学者们尝试比较加入认证体系前后的企业绩效变化（Terlaak & King 2006）。在一些案例中，两种方法均被采用。在最前沿的研究中，将参与企业的表现和那些尽量相似的非参与企业（例如，控制组）进行比较（Corbett et al. 2005）。

第二象限：认证体系可以发现超级环境实践者吗？

与预测相反，对美国企业的研究很少表明通过认证的企业比未通过认证的企业具有更好的绩效。只有 Toffel（2006）发现认证体系参与者具有更好的表现，测量指标是工厂的化学排放量变化（并非是排放量与其他企业相比的高低程度）。Potoski & Prakash（2005）也发现，通过 ISO 14001 认证的工厂相对于未通过认证的工厂具有更高的污染减排速率。Dasgupta et al.（2000）称，除了美国之外，通过采用 ISO 14001 体系的环境管理实践，墨西哥制造商自己申报的公共法规的合规率提高了。

通过对美国 ISO 14000 体系认证获得者的评估，King et al.（2005）无法证明通过认证的企业比未通过认证的企业可以拥有更好的绩效，但他们认为绩效有所提升是认证企业想要传达给合作商的信息。他们尝试证实他们的结论，并表示在其贸易伙伴无法监控其内部致力于环境提升的努力时，企业更有可能采用 ISO 14000 体系。例如，他们阐述道，当企业拥有远距离或者国际的贸易伙伴时，其愿意采用认证体系。类似地，Welch et al.（2001）提出 ISO 14000 体系已经被工厂用来向远方的企业管理者传达工厂的环境努力。与此论点一致，他们也展示了分散型的组织形式更有可能采用 ISO 14001 体系。他们也发现采用者将更遵从地方性法规，这也暗示着一些企业通过采用认证体系的方式向监管机构传递着它们合规的信号。

与 ISO 14000 体系研究结果相反,对其他认证体系的研究通常都无法找到证据证明参与者会有更好的表现。研究表明那些致力于提升劳动者实践的企业行动守则(Locke et al. 2007,2009),以及农产品的可持续性证明(Blackman & Rivera 2010)并没有相应地表现出更好的工作条件或环境实践。

第一象限:认证体系的参与者获益吗?

第二个已经在文献中被研究过的典型事实是,参与者在认证体系中获益的程度。如果对于获得好的销量来说,认证体系真的是传递产品绩效更优的信号,那么参与的组织必能从中获益。

再一次,研究主要集中探索 ISO 标准体系在美国的作用。研究表明,参与者确实获得了可测量的收益:财务回报或销售制胜优势(Corbett et al, 2005;Terlaak & King 2006)。Corbett et al.(2005)的研究表明,那些通过 ISO 9000 体系认证的企业获得了巨大的财务收益。Terlaak & King(2006)表明,工厂在通过认证体系后发展得更快了,而且这种效应在买家和卖家信息越不对称的产业中越大。这些结果与简单信号传递模型中的预测是一致的。

很少有研究可以测量企业从 ISO 以外认证体系中获得的财务收益。但存在一个明显的例外,Rivera(2002)揭示了哥斯达黎加可持续性旅游业认证体系项目的参与与更高的价格密切相关。然而他表示,这或许是因为哥斯达黎加可持续性旅游亚认证体系是高端项目认证体系,是其允许超高的价格(Rivera 2010)。

第一象限:认证体系相关研究问题

上述典型的结果引出了一些根本性的问题。如果大部分项目无法提供更优异表现的可信证据,那它们到底发挥了什么作用?另外,如果它们不能区分"好的"与"坏的"行为者,那企业为何要选择认证?最后,如果大多数利益相关者无法通过认证获得产品不可见的品质信息,那他们为何要奖励通过认证的企业?

1)利益相关者困惑

研究逐渐表明利益相关者过度信任认证制度。最近 Hiscox & Smyth(2008)的关于消费者是否会为"可持续"商品支付更高价格的实验表明,消费者过于轻信"可持续商品"。在这个实验中,他给纽约一家百货大楼的部分毛巾和蜡烛放置了几个假的认证标签,这些标签代表了这些毛巾是以一种保护员工与环境的方式生产的。消费者为这些商品支付了更多钱的事实揭示出消费者愿意高价购买"可持续"商品。这种假的认证标记也揭示出了消费者愿意相信未经证实的认证声明(见 Devinney 本手册[第 21 章]和 Gershoff & Irwin

本手册[第 20 章]中类似的研究）。

认证项目也有可能给消费者造成更多的困惑。认证体系形式多样并采用大量不同的规则和机制（Darnall & Carmin 2005）。另外，参与不同项目所需要达到的标准复杂，技术性强且涉及多个方面的绩效（Smith & Fischlein 2010）。最后，这些制度有的具有多重目标，例如提供一种方法来辨别好坏企业的同时也提供了一套有用的最优实践纲领（Terlaak 2007）。因此，利益相关者常常无法解读参与揭示了哪些不可见的环境绩效。

一些认证体系名称、缩写以及标签也会增加利益相关者的困惑。在林业产业中，可持续林业倡议（Sustainable Forestry Initiative，SFI）和林业管理委员会（Forestry Stewardship Council，FSC）常常被混淆，其中一个是产业资助的，而另外一个则是独立机构。到 2009 年年底，网站 ecolabelling.org 已经确定了 300 多个不同的产业自律项目（Harbaugh et al. 2010）。在现有的多个项目中，消费者经常不清楚确切的质量标准——那是一个相对容易获得还是较难获得的认证标准（Harbaugh et al. 2010）？因此，消费者、买家以及生产者很难了解这些项目的差异。Baaron & Lyon（本手册[第七章]）将进一步讨论此问题。

2）社会学的解释

如果利益相关者不能通过认证体系或者认证项目来区分"好的"或"坏的"行为者从而进行准确的干预，那这些项目的经济学逻辑将成立。相应地，经济学家预测这样的项目将被终止。然而，我们看到许多的事例，企业不断参与到认证项目中且项目也受到利益相关者的信任。用其他什么理论可以解释这种行为呢？

学者们已经尝试使用社会学理论去解答以上问题（Delmas 2002；Delmas & Toffel 2004；Hoffman 1999；Hoffman 2001）。他们指出，前意识的约束阻止了理性的思考，因为强有力的概要为形成决策设定了严格的框架（Berger & Luckmann 1996）。类似地，后意识的约束也使决策者无法辨别，或者无法有效辨别他们的利益（DiMaggio 1988）。例如，Hoffman（1999）坚持认为对"污染"的隐喻已经渐渐从一种义务转变为战略选择；他认为决策是在这些隐喻的框架中进行的。Delmas（2002:91）得出结论，"国家制度环境中规范和认知方面的不同可以解释 ISO 14000 体系在不同国家普及度的差异"。

Boiral（2007）通过案例研究证明 ISO 14001 体系可以被当作一种"理性的神话"来刺激"正式的行为"。与那些关于标准制度优势的理想化言论不同，他发现环境实践和绩效只存在相对的提高。理性的神话被用来证明实行 ISO 14001 体系的正确性，使其披上了一件更合法的外衣来掩饰其内部冲突，并且避免危害该体系的持续性。

第三象限:集体责任

在第三象限中,外部效应或市场缺失导致共有资源的低效利用。因为这通常意味着企业并不承担它们引起的社会问题所带来的全部成本,那管理者为什么想要通过产业自律来改变这种情景呢?

其中一个原因是利益相关者想要把这种"外部的"成本强加于危害环境的企业之上(见 Baron & Lyon 本手册[第 7 章]关于私有政治的进一步讨论)。他们以游说的方式提高政府法规的门槛,或者是直接参与到处罚企业的行动中。如果这种法规可以有效地将适当的成本加到每一家违法企业,那就不存在产业自律的必要性。但法规经常处罚了所有的企业,不管它们是好还是坏。利益相关者也会通过集中或者随机处罚企业的方式,把一个共有的成本强加于产业中的所有企业。

为了应对整个产业范围的压力,企业可以选择建立产业自律体系作为一个集体防御机制。为了说明这一机制如何运作,许多可能的解释都已经被提出来。一个常见的论点是,企业想通过适当地提升自己,使得监管者与利益相关者没有足够的动机来强加固定额度的监管费用,从而达到先发制人并遏制监管部门和利益相关者行动的目的(Rivera 2010;Segerson & Dawson 2001)。因此,企业虽会招致某些法规的处罚,但却避免了更大数额的损失。在这个模型中,每个人都获利了:利益相关者获得了优化的环境绩效,企业、监管者和消费者则避免了高昂的行政监管费用。

第三象限:实证证据

研究提出了一些关于这些项目效果的程式化预测。如在第一象限的产业自律中,企业和利益相关者都能从这些制度中获益。但是,在这个情况下,利益将会溢出到所有企业,而不仅仅是参与者,整个行业都将被奖励。由于对行业的额外支持,利益相关者应该获得一些照顾,如改善的环境保护。

这些预测模式的总体改善使这些项目的实证分析变得非常困难。尽管如此,一些学者还是发现了有趣的证据。

第三象限:参与者提升环境绩效了吗?

对于这些产业自律提升企业环境绩效的程度,研究给出了不同的答案。例如,Rees(1994)指出,核电运行研究所(INPO)是成功的,因为它有能力支持其内部的处罚,也就是威胁向美国核管理委员会揭露不合规行为(Rees 1994)。相反,一些其他项目的研究表明,参与其中的企业相比于未参与者,其绩效并未提升（Darnall & Sides 2008；King & Lenox 2000；Howard et al. 2000；Rivera & deLeon 2004）。

King & Lenox（2000）阐明责任关怀项目的参与者环境绩效的提升速度并不比未参与者高。Howard et al.（2008）发现在许多参与企业中，管理者并没有掌握实施这些标准所需的知识或资源。Rivera & deLeon（2004）在可持续斜坡项目研究中也得到相似的结果。参与项目的滑雪场在第三方环境绩效评级中结果甚至更差（Rivera & deLeon 2004）。

为什么这些项目没有达到它们所希望的结果呢？一个常见的问题似乎是这些项目缺乏机制来证实它们按照已同意的标准来进行，或者也缺乏可行手段来处罚不合规情况。在1999年，《化学周刊》声称，化学产业企业被认为企业内部并未遵从责任关怀项目，因此项目结果只是一个表面现象（Barnett & King 2008）。

众多的学者已经表明，更严格的要求，如对不合规者明确的处罚、公开曝光以及独立的监督和验证机制均可以提升这些机构的绩效（King & Lenox 2000；Rivera & deLeon 2005）。Lenox & Nash（2003）认为那些已经发表了一系列驱逐违反者等协议的自律机构，不太可能会遭遇不利选择。为了支持这一论点，他们对林木贸易协会的自律项目进行实证研究，该项目确实能驱逐不良者的威胁，但却吸引了一大批超出预计数的参与者，并都有卓越的环境绩效。

第三象限：产业受益吗？

与第三象限中认证项目并未获得环境利益的结论相反，一些研究表明这些项目可以给行业带来财务收益。一些学者已经开始关注产业自律行动给行业所有成员所带来的财务收益。Lenox（2006）发现，责任关怀项目给行业绝大多数企业带来了巨大的财务收益。Barnett & King（2008）发现，责任关怀项目的出现减少了因某家企业发生如化工事故等负面事件而影响其他企业股价的可能性。因此，实证证据表明，正如理论所预测的一样，第三象限项目的财务收益并非仅给参与的企业，而是给整个行业。

第三象限：集体责任研究所提出的问题

在第三象限中，自律制度仍然给我们留下了许多疑问。最关键的是，学者们对这些制度功能相互矛盾的实证研究结果感到困惑。一方面，这些制度似乎并未给利益相关者带来表面收益。另一方面，它们被利益相关者当成了拓展影响力的工具，且它明显给企业带来了财务收益。接下来将会是什么呢？

Barnett & King（2008）提出，责任关怀项目的目的可能已经被曲解了。

他们认为,该项目并非是一个旨在提高环境绩效的协议,它是一个信息披露的协议。这种信息的披露可以帮助减小对化工危险的忧虑,也降低了某一家企业的事故影响其他企业声誉的程度。他们的这个论点修正了现有模型,但却保留了它们的基本框架。他们所讨论的责任关怀项目给予了利益相关者一个好处(信息),其减小了利益相关者处罚该产业的可能性。

其他学者利用社会学的一些理论论证了产业自律有可能获得其本身并不应有的含义。这些制度通过它们的突出性和联系,可能给人一种"合法性"的感觉。这种合法性会让利益相关者奖励参与的企业,无论这些项目是否为利益相关者提供了真正的利益(D'Aveni 1990)。

学者们也在深思这些项目是如何开始的。例如,是什么让企业聚在一起创立一个共同的战略和一套共同准则?轶闻证据似乎暗示较大的负面事件有可能推动这些项目的形成。例如,三里岛的核事故推动了核工业成立了核电运行研究所(INPO)。类似地,化学行业的责任关怀项目是在约一万人死亡、十万人受伤的印度博帕尔事故发生后才建立。其他证据都指向了主导者在协调一个认证标准的协议方面的重要性。Rees(1997)称在责任关怀项目的事例中,美国联合碳化公司的首席执行官 Robert Kennedy,就扮演了这一重要的角色。

第四象限:混合方法

第四象限中的项目是最少被研究的。尽管一些项目的创始人表达出了希望他们可以完成双目标的愿景,但学者们表示,想完成双目标很难,甚至可能得到相反的结果(Terlaak 2007)。这是由于想要完成两个目标似乎包含了具有冲突的战略(见表 6.2)。如表 6.2 所示,当自律制度的目标是提升行业所有企业的时候,成员应该包含所有相关的企业,但是当认证目标是区分"好的"与"坏的"企业的时候,只有较好的企业才能参与其中。类似地,由于绩效最差的企业的提升成本相对较小,那些想要提升集体绩效的自律制度应该将资源分发给绩效最差的企业。但是,如果自律制度就是为了区分"好的"与"坏的"企业而设计的,就不该给绩效最差的表现者提供额外的特殊帮助。最终,财务回报在这两个例子中得到了不同的分配。在集体责任的例子中,整个行业通过项目而提升声誉并获利。在认证制度中,参与者通过区分自身与较差企业的表现,成为了唯一以更高售价获益的人群。

范　例

第四象限中最有代表性的项目范例是赤道原则。这个协议是在参与项目融资的银行之间形成的,且其设计目的就是应对利益相关者对于项目融资所引起的关于环境和社会成本与日俱增的担忧，以及解决投资者对于潜在的贷款拖欠问题的顾虑。一些高收益的项目（如 Holcim 越南工厂）有可能存在伤害整个行业声誉的危险。根据赤道原则创始人的意思，这个项目就是为了让利益相关者再次确信领头银行为了减少社会伤害的倾向，且使投资人确信他们对投资项目进行了尽职调查。

表 6.2　混合方法自律的战略

	集体责任	认　证
成　　员	包括所有企业	包括绩效好的企业
环境绩效	最差的企业改善最多	平均提升以符合标准
财务绩效	整个行业受益	参与企业受益

6.3　高效产业自律的通用原则

所有关于产业自律的研究表明，这些制度一开始都是宣称要造福社会。例如，在责任关怀项目启动的时候，其倡导者宣称该项目可以减少事故，让利益相关者安心，消除高额监管的必要性，最后保证行业获利。尽管这些主张可能只是单纯为了代表公共关系，内部文件和报道表明只有部分创始者和重要成员有这种想法。对产业自律的研究似乎证实了对于这些制度的功能化解释（如制度的出现提高了市场交换效率）。然而，这些制度在对社会宣传它们的潜能和最大化社会利益的道路上，仍然有许多挑战需要克服。

本章综述了哪些实证研究得出的原则呢？研究表明这些行动的有效性受其规则的可靠执行及其与其他制度的互动所限制。学者们必须构建关于这两种原则的知识，并对这种机制和关系的运行有更好的理解。例如，探讨在这些制度的采用和影响过程中强化处罚机制，或者与不同利益相关者建立关系，以及其所产生的潜在交易和意料之外的结果是十分重要的。

法则的可靠实施

关于产业自律的研究已经阐明了遵循法则的可见验证及可靠实施的重要性。在大部分情况下，学者们提出透明度和可靠执行对于自律的高效运行是至关重要的。

在被分析的不同体制中，实现透明度的机理是千变万化的。第三象限中的自律似乎是最难建立起透明体系的。其中一些体制包括了有效的认证体

系。相反地,它们依靠"混乱的"复杂关系而被动地产生透明度。正如 Rees
(1997)所说,化工企业倾向通过复杂的买卖关系而联系在一起,这使企业可以
监控其对责任关怀项目是否遵从。赤道原则的参与者也依赖这些错综复杂的
关系而相互监督。银行倾向于大量贷款,这样它们就可以看到其他企业遵守
协议的情况。

认证项目往往有更直接和可靠的机制来保持透明度。在大部分案例中,
这些项目对规定的遵从性依赖于官方监督和认证。为了使这些监督结果取信
于利益相关者,监督机构往往需要从制度治理中脱离,或者这些制度的资助者
必须和利益相关者而非企业具有明确一致的利益。环境商品通常都是信任
品,因此商品的"品质"即使在购买之后都很难验证。因此,利益相关者必须通
过估量认证者利益来推断这些认证体系的可信度。

独立认证体系代表了许多产业自律项目中的主要问题。在许多案例中,
认证者付费让审计员来审核他们的合规行为。因此,企业更倾向于选择宽宏
大量的审计员(Swift et al. 2000)。在所有的案例中,审计是有日程安排的,
因此审计只是验证一个时间段的合规性。但是,管理系统真正遵从标准是一
个持续性的活动(O'Rourke 2002)。因此,标准的执行有可能变得更像是一种
表象,而非实质上的行动(Christmann & Taylor 2006)。

审计员的能力将会影响到那些认证所提供信息的准确性。一些审计员可
能缺少足够的商业知识(Swift et al. 2000)或特定产业的技术知识(Boiral
2003;O'Rourke 2002;Yeung & Mok 2005)。由于被审计企业需要向外部审
计员提供资料,不称职的审计员可能会不加批判地全盘接受企业准备的内部
报告(Yeung & Mok 2005)。因此,当一位审计员可能让一家企业通过认证的
同时,另一位审计员可能不予通过(Boiral 2003;Yeung & Mok 2005)。这些
担忧正在通过认证组织诸如 ISEAL 联盟之类的倡议等来解决。

一些研究坚持,为保持一个自律项目的有效性,处罚制度是必需的。比较
四个自律项目,对于违反规定的行为拥有明确处罚制度的项目,可以避免遭遇
不利选择的问题(Lenox & Nash 2003)。但是对于工作的处罚必须可行且可
信。实施处罚所需要的成本必须低于处罚所能获得的收益。本章中所讨论的
许多项目在这个测试中失败了,因为集体处罚制度要求将参与者从集体中移
出,而这会给集体带来问题。从集体中移除不合规者意味着参与者并没有保
持对这个项目的遵从。

对于第三象限中的自律项目而言,处罚是一个极难解决的问题。反垄断
条例阻止了一些制裁行动,双边制裁也不能提升集体协议的优势。这种双边

制裁在搭便车行为面前也是很脆弱的,因为每个人都等着他人成为高成本的处罚者。Rees(1994)在对美国核电运行研究所的研究中提出了一个有效的处罚方式。在这个项目中,产业项目的违反者被移交给政府以进行进一步的监管及可能的处罚。这种移交不必是公开的,而其存在性再次证明核电运行研究所的核能管理委员会是起作用的。

认证项目中的处罚要比集体责任项目中的处罚容易得多。这两种类型的项目都有两个主要组成部分:指导手册或要求,以及监管和处罚机制(Gereffi et al. 2001)。在认证事例中,不合规的处罚是直接的。企业不被授予认证,不通过再次认证,或者因违反条例而被取消资格。但在实际操作中,偏离的激励机制有可能阻碍有效处罚。认证体系的赞助商往往会有财政上或者声誉上的利益,而且他们想要避免处罚来鼓励企业采纳该认证制度。如今认证的商业模型也说明处罚将降低激励效应。各项认证都是企业付费,因此在审计的时候会面临具有冲突的激励措施。

支持性的制度环境

大部分产业自律的研究都是在环境法规高度健全的国家中进行的,这使其很难进行制度环境之间的比较。尽管如此,一些研究表明,与国家制度的联系对产业自律的进行是尤为重要的(见 Christmann & Taylor 本手册[第 3 章])。

尽管有些学者提出产业自律可以替代一些缺失的国家体制,但现存的证据表明,自律其实是对这些体制功能的补充。更严格的报告,例如美国有毒物排放清单为利益相关者提供了一种分析项目效力的方法。相应地,国家法规的压力致使自律机制的产生,且国家执法者可以为自愿项目提供一个可靠的执行机制。最终,政府监管可以直接减小企业违反自律协议的可能性(Khanna & Damon 1999)。

证据也表明,得到信息的消费者及中介者支持自律制度的运行。例如,Prado (2010)提出花卉供应商常常选择最弱环境的认证体系——进口到瑞士的除外。她指出瑞士消费者相对于其他国家,其人均花卉购买量更大,另外瑞士消费者也被认为非常有鉴别能力。她假设瑞士消费者更可能要求最严格的环境认证体系。

环境认证项目的采纳往往要求新的管理实践或者是为意料之外的地方创造机会。例如,对于有意提升责任劳动者实践的企业,可以通过让供应商优化工作安排来解决引起较差工作环境的根本原因,从而提高质量与效率(Locke et al. 2007)。Locke et al. (2009)发现,责任源头实践更注重节点问题解决、信息交换和最优实践扩散,而非对行动准则字面上的遵从,这已经带动了世界范围内工厂工作环境的提升。最后,地方上的非政府组织中的活跃团体有助于对参与产业自律项目的监督和支持。

6.4　未来方向

经过十多年产业自律的研究后,给未来研究强调一个基本安排十分重要。文献只关注了有限的项目,如 ISO 14001、ISO 9000、责任关怀、可持续斜坡及林业管理委员会等,这都说明文献中存在明显的研究空白。

首先,我们依旧不清楚,这些关于重点项目特征的新发现是否可以适用到世界上正在实施的其他成百上千的项目中。再者,最常见的研究都专注于制造业及自然资源应用产业中的自律问题。我们对这些制度在经济体的其他领域的影响了解甚少,如银行和保险业。最后,对于那些退出或者被驱逐出项目的企业,我们也并不知道它们的环境及财政绩效如何。

另外,大部分实证研究检验了发达国家的产业自律。我们并不了解这些制度在发展中国家的有效性。而在发展中国家里,这些制度往往是在商业团体中提升环境实践的唯一可行且实际的政策工具。我们需要更多的研究去了解为什么这些国家中的企业要采用产业自律制度,且什么类型的项目更有可能提升商业的环境以及财政绩效。

正如之前所讨论的,这些制度需要以绩效为基础的标准、第三方监督以及处罚或奖励体系以保证其有效运作。但是,我们却很少知道什么样的严格程度最理想并保证这些条件足以避免机会主义。毕竟,一个严苛到无法吸引足够商业参与者的项目与一个松懈但实现微乎其微的环境保护的项目一样,都是低效率的。

另外一个值得探索的研究分支是自律和政府干预之间的关系。这种关系是学者们的争论之一。有些学者坚持这些项目是彻底"脱离"政府干预的(Esbenshade 2004)。与此同时,另外一些学者则认为这些制度加强政府对国家法律的实行效力(O'Rourke 2003;Rodriguez-Garabito 2005)。我们需要更多的研究来了解何时这些相互关系中任一种都可以准确预测行业自律效应。

在研究方法方面,未来研究需要评价参与产业自律的效果并考虑如不参与将会如何。Blackman & Rivera(2010)在 37 个测量认证体系的环境和社会绩效影响的研究中发现,只有 14 个测量认证体系认真尝试了构建可靠相反情况,由此他们也被认为是对偶然影响的试验。Heckman 的纠正与倾向分数匹配法是处理产业自律问题的统计技巧（Greene 2000；Maddala 1986；Rosenbaum & Rubin 1983）。

6.5　结论与启示

本章开头说明了商业企业是众多具有权力、全球影响力和动机应对激增环境问题的成员之一。正如我们在引言中所讨论的一样，商业企业的可用资源可以与除大国以外的所有经济体进行竞争，而它们的独立性决定了它们可以做大部分国家无法做的事情。另外，商业企业有动机去创建新制度来更好地规范市场交易并且避免由产权缺失及信息不对称造成的效率低下。如非政府机构或多股东组织的其他利益相关者也会参与到这些制度的创立之中。

本章所综述的研究表明，由商业企业所创立的自律项目往往被设计为解决交易问题。有一些似乎是为了解决不对称信息所带来的问题。其他一些似乎是为了解决法规的外部效应。很少的一部分是为了同时解决这两类问题。这些项目的快速增长表明了企业和其他机构积极应对激增的环境问题。

现有研究不仅证明了早期有关自律中公共池塘资源问题的发现，同时也向学者们揭示了产业自律的新问题。然而，这些研究主要表明自律项目常常还未来得及实现它们的承诺便失败了。许多项目表明，这些项目无法如它们承诺的环境保护那样给利益相关者提供利益。为什么这些项目可以获得利益相关者的支持呢？一种可能是，这些项目承载了较大希望而这也是最终导致失败的原因。消费者购买带有可疑标签的商品，是因为他们认为这么做是对好商品的支持，而监控者为产业自律项目企业提供监管救济，是因为他们假定这些成员企业多多少少会比非成员做得好。

学者也变成了这种可怕妄想的牺牲品。在 2010 年的一个会议上，很多论文阐明了自律项目的失败，一位知名学者指责专家小组只强调项目的失败，而忽视其希望。他指出，自律项目的失败尝试提高了人们的环保意识，也因此促进了环境事业。事实上，我们相信没有任何东西可以比真相更深入。缺乏对应的利益相关者的监管，这些项目有可能"脱离平衡"。缺乏监管，企业有可能通过产业自律项目使自己获利，而没有使社会获益。企业可能开发那些把好的行动替换为好的感觉的误导性项目。如果这信息是从对自律制度的研究中透露出来的，那就存在"共谋对抗公众"的危险。学者们有义务准确报道自律项目的效果。

现有的主流报道带给我们什么？它给本章作者带来了怀疑与希望。包括政府在内的利益相关者必须停止创建或者认可那些不包含维护合规所要求的制度条件的自愿项目。这包括需要有可靠的公众评价以及对规则破坏者的透明处罚。没有这种训练有素的监管，产业自律的承诺将无法达成。但是，如果利益相关者可以有效治理产业自律，企业和其他组织就可能真正创造所需的新法则，以期建设一个更持续化发展的星球。

参考文献

Alberini, A. & Segerson, K. (2002). "Assessing Voluntary Programs to Improve Environmental Quality," *Environmental and Resource Economics*, 22(1-2): 157—184.

Barnett, M. L. & King, A. A. (2008). "Good Fences Make Good Neighbors: A Longitudinal Analysis of an Industry Self-Regulatory Institution," *Academy of Management Journal*, 51(6): 1150—1170.

Berger, P. & Luckmann, T. (1966). *The Social Construction of Reality*. New York: Doubleday.

Blackman, A. & Rivera, J. (2010). "Environmental Certification and the Global Environment Facility," *Advisory Report*. Washington, DC: United Nations' Global Environmental Facility.

Boiral, O. (2003). "ISO 9000: Outside the Iron Cage," *Organization Science*, 14(6): 720—737.

——(2007). "Corporate Greening through ISO 14001: A Rational Myth?" *Organization Science*, 18(1): 127—146.

Christmann, P. & Taylor, G. (2001). "Globalization and the Environment: Determinants of Firm Self-Regulation in China," *Journal of International Business Studies*, 32(3): 439—458.

——(2006). "Firm Self-Regulation Through International Certifiable Standards: Determinants of Symbolic Versus Substantive Implementation," *Journal of International Business Studies*, 37(6): 863—878.

Corbett, C. J., Montes-Sancho, M. J. & Kirsch, D. A. (2005). "The Financial Impact of ISO 9000 Certification in the United States: An Empirical Analysis," *Management Science*, 51(7): 1046—1059.

D'Aveni, R. (1990). "Top Managerial Prestige and Organizational Bankruptcy," *Organization Science*, 1(2): 187—220.

Darnall, N. & Carmin, J. (2005). "Greener and Cleaner? The Signaling Accuracy of US Voluntary Environmental Programs," *Policy Sciences*, 38(2-3): 71—90.

——& Sides, S. (2008). "Assessing the Performance of Voluntary Environmental Programs: Does Certification Matter?" *Policy Studies Journal*, 36(1): 95—117.

Dasgupta, S., Hettige, H. & Wheeler, D. (2000). "What Improves Environmental Compliance? Evidence from Mexican Industry," *Journal of Environmental Economics and Management*, 39(1): 39—66.

Delmas, M. A. (2002). "The Diffusion of Environmental Management Standards in Europe and in the United States: An Institutional Perspective," *Policy Sciences*, 35(1): 91—119.

——& Montiel, I. (2009). "Greening the Supply Chain: When Is Customer Pressure Effective?" *Journal of Economics and Management Strategy*, 18(1): 171—201.

——& Toffel, M. W. (2004). "Stakeholders and Environmental Management Practices: An Institutional Framework," *Business Strategy and the Environment*, 13: 209—222.

DiMaggio, P. J. (1988). "Interest and Agency in Institutional Theory," in Zucker, L. G. (ed.) *Institutional Patterns and Organizations: Culture and Environment*. Cambridge, MA: Ballinger.

Esbenshade, J. (2004). *Monitoring Sweatshops: Workers, Consumers and the Global Apparel Industry*. Philadelphia: Temple University Press.

Gereffi, G., Garcia-Johnson, R. & Sasser, E. (2001). "The NGO-Industrial Complex," *Foreign Policy*, 125: 56—65.

Greene, W. (2008). *Econometric Analysis*. Upper Saddle River, NJ: Prentice Hall, Inc.

Harbaugh, R., Maxwell, J. W. & Roussillon, B. (2010). "Uncertain Standards," Working Paper, Kelley School of Business, Indiana University.

Hiscox, M. J. & Smyth, F. B. (2006). "Is There Consumer Demand for Improved Labor Standards? Evidence from Field Experiments in Social Product Labeling," Working Paper, Department of Government, Harvard University.

Hoffman, A. J. (1999). "Institutional Evolution and Change: Environmentalism and the US Chemical Industry," *Academy of Management Journal*, 42(4): 351—371.

——(2001). "Linking Organizational and Field-Level Analyses: The Diffusion of Corporate Environmental Practice," *Organization and Environment*, 14(2): 133—156.

Howard, J., Nash, J. & Ehrenfeld, J. (2000). "Standard or Smokescreen? Implementation of a Voluntary Environmental Code," *California Management Review*, 42(2): 63—82.

——& Coglianese, C. (2008). "Constructing the License to Operate: Internal Factors and Their Influence on Corporate Environmental Decisions," *Law and Policy*, 30 (1): 73—107.

Khanna, M. & Damon, L. A. (1999). "EPA's Voluntary 33/50 Program: Impact on Toxic Releases and Economic Performance of Firms," *Journal of Environmental Economics and Management*, 37(1): 1—25.

King, A. A. & Lenox, M. J. (2000). "Industry Self-Regulation without Sanctions: The Chemical Industry's Responsible Care Program," *Academy of Management Journal*, 43 (4): 698—716.

——& Terlaak, A. (2005). "The Strategic use of Decentralized Institutions: Exploring Certification with the ISO 14001 Management Standard," *Academy of Management Journal*, 48(6): 1091—1106.

Lenox, M. J. (2006). "The Role of Private Decentralized Institutions in Sustaining Industry Self-Regulation," *Organization Science*, 17(6): 677—690.

——and Nash, J. (2003). "Industry Self-Regulation and Adverse Selection: A Comparison across Four Trade Association Programs," *Business Strategy and the Environment*, 12: 343—356.

Locke, R. M., Amengual, M. & Mangla, A. (2009). "Virtue out of Necessity? Compliance, Commitment, and the Improvement of Labor Conditions in Global Supply Chains," *Politics and Society*, 37(3): 319—351.

——Qin, F. & Brause, A. (2007). "Does Monitoring Improve Labor Standards? Lessons from Nike," *Industrial and Labor Relations Review*, 61(1): 3—31.

Maddala, M. (1986). *Limited-Dependent and Qualitative Variables in Econometrics*. Cambridge, UK: Cambridge University Press.

North, D. C. (1990). *Institutions, Institutional Change, and Economic Performance*. Cambridge, UK: Cambridge University Press.

O'Rourke, D. (2002). "Monitoring the Monitors: A Critique of Corporate Third-Party Labor Monitoring," in Jenkins, R., Pearson, R. & Seyfang, G. (eds.) *Corporate Responsibility and Ethical Trade: Codes of Conduct in the Global Economy*. London: Earthscan.

——(2003). "Outsourcing Regulation: Analyzing Non-Governmental Systems of Labor Standards and Monitoring," *Policy Studies Journal*, 31(1): 1—29.

Potoski, M. & Prakash, A. (2005). "Covenants with Weak Swords: ISO 14001 and Facilities' Environmental Performance," *Journal of Policy Analysis and Management*, 24 (4): 745—769.

Prado, A. M. (2010). "Choosing among Environmental and Labor Certifications: An Exploratory Analysis of Producer Adoption," Working Paper, New York University.

Rees, J. (1994). *Hostages of Each Other: The Transformation of Nuclear Safety since Three Mile Island*. Chicago: University of Chicago Press.

——(1997). "Development of Communitarian Regulation in the Chemical Industry," *Law and Policy*, 19: 477—528.

Rivera, J. (2002). "Assessing a Voluntary Environmental Initiative in the Developing World: The Costa Rican Certification for Sustainable Tourism," *Policy Sciences*, 35 (4): 333—360.

——(2010). *Business and Public Policy: Responses to Environmental & Social Protection Processes*. Cambridge, UK: Cambridge University Press.

——& deLeon, P. (2004). "Is Greener Whiter? Voluntary Environmental Performance of Western Ski Areas," *Policy Studies Journal*, 32(2-3): 417—437.

——(2005). "Chief Executive Officers and Voluntary Environmental Performance: Costa Rica's Certification for Sustainable Tourism," *Policy Sciences*, 38(2): 107—127.

Rodriguez-Garavito, C. A. (2005). "Global Governance and Labor Rights: Codes of Conduct and Anti-Sweatshop Struggles in Global Apparel Factories in Mexico and Guatemala," *Politics and Society*, 33(2): 203—233.

Rosenbaum, P. & Rubin, D. B. (1983). "The Central Role of the Propensity Score in Observational Studies for Causal Effects," *Biometrika*, 70: 41—55.

Segerson, K. & Dawson, N. L. (2001). "Environmental Voluntary Agreements: Participation and Free-Riding," in Orts, E. W. & Deketelaere, K. (eds.) *Environmental Contracts: Comparative Approaches to Regulatory Innovation in Europe and the United States*. Dordrecht: Kluwer Law International.

Smith, T. M. & Fischlein, M. (2010). "Rival Private Governance Networks: Competing to Define the Rules of Sustainability Performance," *Global Environmental Change*, 20(3): 511—522.

Swift, T. A., Humphrey, C. & Gor, V. (2000). "Great Expectations: The Dubious Financial Legacy of Quality Audits," *British Journal of Management*, 11(1): 31—45.

Terlaak, A. (2007). "Order without Law? The Role of Certified Management Standards in Shaping Socially Desired Firm Behaviors," *Academy of Management Review*, 32 (3): 968—985.

——& King, A. A. (2006). "The Effect of Certification with the ISO 9000 Quality Management Standard: A Signaling Approach," *Journal of Economic Behavior and Organization*, 60(4): 579—602.

Toffel, M. W. (2006). "Resolving Information Asymmetries in Markets: The Role of Certified Management Programs," Working Paper, Harvard Business School.

Welch, E. W., Mori, Y. & Aoyagi-Usui, M. (2001). "Voluntary Adoption of ISO 14001 in Japan: Mechanisms, Stages and Effects," *Business Strategy & the Environment*, 11(1): 43—62.

Yeung, G. & Mok, V. (2005). "What are the Impacts of Implementing ISOs on the Competitiveness of Manufacturing Industry in China?" *Journal of World Business*, 40 (2): 139—157.

7　环境治理

David P. Baron，Thomas P. Lyon

本章将提出一个通过研究社会以减轻环境外部效应制度的分析框架。我们的分析植根于人类行为的经济学方法[①]。我们将个体行为者视为追求他们各自目标的智慧主体，个人目标可能包括利他主义、财务收益、获得他人认可以及良好的自我感觉等。由于自然环境是一个共享资源，个体必须集合在一起并通过集体行动来保护它[②]。我们描绘了环境治理理论的轮廓，识别了影响环境结果和目标的关键人物，他们相互作用的制度，以及他们相互作用所带来的预期结果。与此同时，我们引入了许多政治科学的重要观点，并尝试将非政府组织（NGOs）整合到整个理论中。

环境治理领域植根于一个根本问题，即"减轻环境外部效应的最佳政策是什么？"环境经济学已经为这个问题提供了详细的方案，但是政府常常无法实施这种最佳解决方案。这使得研究者提出疑问"当政治约束限制了最优政策的实施时，次优政策是什么呢？"不幸的是，这个问题比第一个问题更难回答，不过大量的政治经济学制度的相关文献至少提供了部分答案。当政府失灵变得严重时，非政府组织将迅速转向私人政治，并直接参与到商业中改变他们的行为。这种调查领域是新兴的，主要关注"非政府组织如何影响企业环境行为？"以及"非政府组织如何发挥产业作用？"关于这些问题的研究仍然处于初级阶段，且有可能成为今后一段时间环境治理问题的研究热点。

[①]　Becker（1978）对这种观点进行了概述。
[②]　Ostrom（1990）提供了许多集体行动所面临挑战的想法。

7.1　什么是环境治理？

直到最近,治理常常被等同于政府。在这种观点中,环境的外部效应引起了市场失灵,而政府必须制定政策以解决市场失灵问题。但这并不意味着政府的职责是容易的,政策制定者面临很多棘手问题。什么是解决特定问题的正确政治手段呢？这个问题需要在地区、国家、联邦或者国际范围内进行解决吗？法规是必需的吗,或者侵权行为赔偿是否足够？虽然如此,大家普遍认为,市场责任和政治系统责任之间有一条很明确的分界线。确实,这也是弗里德曼学说的核心(Friedman 1970),也就是"商业的社会责任是增加利润"。

在 20 世纪 70 年代及 80 年代早期,《清洁空气法案》、《清洁水法案》、《资源保护及修复法案》等立法的成功,似乎证实了"治理就是政府"这一观点。然而,实现对这些新法律的绝对遵从比人们预计的要慢很多,且有毒化学物质污染和气候变化等新的环境挑战的出现,均证实传统法规手段难以解决这些问题。直到 20 世纪 90 年代,监管者们纷纷转向了新治理工具,如信息披露和自愿合作项目。另外,由于环境活动者对于政府这一实现环境改善工具的急剧失望,他们开始直接通过市场参与到企业行动中。政府政策是环境保护紧迫事件唯一可行的工具,这一事实变得愈发清晰。

经济学文献过去常常假设消费者和投资人会忽略与市场活动相关的环境外部效应,但是近年来他们的行为发生了变化。事实上,一个重要的研究主题是企业因环境改善而获得市场奖励的程度。如果企业得到充分的奖励,他们会自愿采纳环境治理项目。正如 Graff-Zivin & Small (2005)及 Baron (2008, 2009)所证实的,投资人由于企业的环境和社会绩效而奖励企业,但是用财务市场分析去辨认这些效果是一个非常艰难的研究挑战。员工以更高保留率、增长的雇佣率及更低薪水的形式来奖励企业。消费者对企业环境合规的奖励形式更直接,就是愿意支付更高价格购买企业产品。另外,由于产品的环境绩效程度使得产品与众不同,竞争将会变少,从而带来更高的价格和利润。

尽管 Elfenbein & McManus(2010)、Kiesel & Villas-Boas(2007)以及 Casadesus-Masanell et al. (2009)提供的实证证据表明一些消费者愿意付高价购买绿色商品,消费者购买绿色商品的真正意愿仍很难用计量经济学方法估计。此外,实验也已经开始为这种现象提供证据(Hiscox & Smyth 2006)。

如今,环境治理被认为给予了企业充足的压力与激励,推动企业提高其环境绩效。这包括绿色产品和投资市场、监管关系及非政府组织和企业合作(见图 7.1)。本章为理解这些复杂的相互作用力提供了一个大框架。

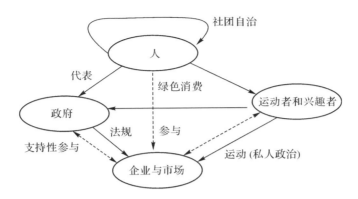

图 7.1   环境治理（来源：David Baron，斯坦福大学）

7.2   环境外部效应的规范

从 Pigou（1932）开始，经济学家们提出，环境政策应该通过税收与每个产品销售所带来的边际社会危害相一致的形式，实现"外部影响内部化"。如果政策可以做到"让价格合理"，那么消费者就不用去研究他们所购产品的环境和社会影响，因为价格已经将所有的信息传递给了消费者。Pigou 这一"最优"解法（通过完美的强制力实现）给环境治理研究提供了合适的起点。从某种意义上说，这为社会解决环境问题的能力设定了一个上限。

政治约束及次优解

如果最优解法在政治上是不可行的，那么环境经济学家就需要根据约束条件寻求受约束的最优解，这也被称为"次优"解法。这可能包括不是最优水平的税收政策，或者转为与另一种政治工具一起进行。政治约束的一个范例是在设定法规要求时，明确不考虑环境保护的代价，如《美国清洁水法案》。因此这种政治约束造成传统环境法规的经济低效，人们应该不会对此感到诧异①。

利益集团政治是环境政策中最为重要的约束之一。Olson（1965）把这一问题进行了鲜明的表达，当危如累卵时，小团体中大部分个体成员都会面临危机，所以他们有很强烈的动机去组织和影响政策过程；而大团体中只有极少数个体成员会直面危机，他们在面对集体行动问题时往往束手无策。因此，特别

---

①   Peltzman（1991）对环境法规的低效性提出了更多评判。

利益团体总是试图以牺牲公众利益为代价来支配政策过程。在环境舞台上，污染性产业总是有强烈的动机去对抗环境立法，而市民则有动机去投机取巧，最终导致政策行动的无效。这个强有力的逻辑给政治过程加上了约束，最终往往导致最优政策无法实现。

一些学者分析认为，政治约束如此之多以至于寻求最优解的过程毫无意义，因此，他们提倡对那些在政治上可能可以实现的替代政策进行一对一的比较。Williamson（1985）强烈提倡在其他领域应用这种"比较制度分析"，而这种观点在环境领域中依旧适用。

与发达国家相比，比较制度分析在发展中国家里变得尤为重要，因为发展中国家的环境法律系统及执行力往往较弱。在考虑全球范围而非当地范围内的环境外在影响时，更多的政策约束出现了，其中包括由于缺乏完整的国际法律系统而无法形成有效的国际公约。

事实上，所有的环境和能源政策都反映出政府的限制。气候政策就是一个最好的例子。从历史上来说，美国是最大的温室气体（GHGs）排放国，美国没有设立碳税，很多经济学家称这一政策为最优解。因此，很多分析家建议，总排放量交易体系可以限制温室气体的排放，同时允许排放权交易。尽管没有一项政策在全美范围内被采纳，但各州却实行了他们自己的政策。最常见的一个政策就是"可再生能源组合标配"（RPS），其要求用电企业有一定比例的能源来自可再生资源。很多州希望将 RPS 作为一个贸易保护工具以促进州内可再生能源产业建设（Lyon & Yin 2010）。因此，美国的碳排放政策还远远不是次优政策。

政府的失败可以由很多方面引起。其中最重要的可能是分配政治，其受政策对企业利润及雇佣率的经济影响所驱动，且有可能阻碍类似于温室气体法规等政策的实施。信息问题在政府内部也很常见，包括难以测定问题的严重性和起因，及那些可以给个体机构带来政治影响力的私人信息。即使没有公开地对政治过程操控，熟悉的主体/代理问题依旧可以扭曲人们的意愿（终极政治原则），因为该问题是通过复杂政府结构中的代理人行动而表达的。另外，民主投票过程可能无法将市民喜好和投票结果相对应（孔多塞悖论，即投票悖论），或者有可能把不合伦理的结果强加于少数民族的人民。如果政府失败根源非常严重，那么允许市场衰退将会比通过政府行动尽力修复衰退更现实。

监管及政策工具选择

很多研究都致力于评价何种政策工具（如排污费、补贴、标准等）可以最好地解决特定环境问题。常见的教科书式处理方式是,在简单、静态的全部信息确定的体系中,监管和执行并不是问题,许多工具都能有效实现外部效应内部化。但是当这些严格假设条件中的任何一个假设放松了,就需要在多种政策工具中进行选择。Coglianese & Anderson(本手册[第 8 章])对环境法律和法规进行了更深入的探索。在此我们只进行一个相对简单的综述,主要关注核心经济观点。

如前所述,排放税通常被认为是解决外部效应问题的最优方法。一个普遍的替代方法是环境标准制度,就是限定单位产出的允许排放量或者规定所使用技术以减少排放。"命令与控制法规"一词常被用于形容政府法规的笨拙与僵化。在我们看来,这个词限指那些要求使用特定技术的法规,比如要求使用"最佳可用控制技术"(BACT)的法规。其他一些环境法规或多或少具有一定的灵活性。例如,排放标准限制了企业污染物的排放,但允许企业选择如何实现减排。然而,相比环境标准,环境税为企业提供了更强的创新激励,因为标准不对超额完成规定的企业奖励实行。环境税也比环境标准让社会中环境目标的实现变得更便宜,因为税收优惠减轻了企业减排负担,从而实现减排成本最小化。

可交易的排污权许可已经成为很多监管者选择的政策工具。正如 Dales(1968)最初提出的,这种许可是非常诱人的,因为它们允许使用量化工具,也允许企业交易减免负担,直到边际减免成本在所有排放者中达到一致,最终实现社会成本最小化。而交易许可从政治上来说也是很吸引人的,因为政客可以根据选民的青睐指定最初的许可配置,从而增加法规的政治被接受度。最著名的许可交易案例是 1990 年的《清洁空气法》(修正案),其给予二氧化硫排放可交易许可。二氧化硫排放许可配置让生产商受益,同时公用设施法规也将利益转移到了消费者。二氧化硫交易项目的成功使得可交易许可在其他领域也得到了使用,如美国加利福尼亚州南部的氮氧化物交易和欧盟的碳交易。

解决如全球变暖之类的环境问题,要求大量的研发(R & D)。设计合适的政策工具来引导所需研发,这将是一个挑战。这是因为研发更像是一个公共商品,知识可以被分享却不会被耗尽,而且很难做到防止竞争对手学习并取得突破。因此,即使环境税使得环境外部效应内部化,市场对研发投入仍不足。在气候变化方面,Popp(2006)发现,研发补贴加碳税的组合比单独使用两个政策中的任何一个更为有效,而且当两者无法同时采用时,碳税将比研发补贴更为有益。

考虑到政治过程特点,工具的选择会变得更加具有挑战性。例如,企业会担心当前的法规在未来可能发生变化。相反地,法规制定者会担心企业可能拥有足够的政治影响力来阻碍最佳政策的实行。在这种情境下,制度制定者已经将视线转向如自愿项目和信息披露等新政策工具。

自愿方法

在过去的 20 年中,环境治理中最为明显的一个趋势就是从强制方法转移至自愿方法。在一个可协商的协议中,制度制定者和企业或者产业群体共同设立环境目标及实现这些目标的方法,这些协议最终在本质上是异质的。在公众自愿项目中,监管机构设定项目目标并邀请企业尽力实现这些目标;作为回报,企业可以获得技术支持和/或政府良好宣传(Lyon & Maxwell 2004)。这种治理的替代方法无法在脱离传统法规的情况下被理解;事实上,很多自愿行动都是在法规受到威胁后发生的,而因为法规的威胁较小,所以其他的一些工具能精确使用。一个完整的环境治理理论必须包含对工具选择、监督和实施的经济学理论,以及环境政策的政治经济学理论。

可协商协议可以分为两类:目标导向型和实施导向型(OECD 2003)。前者的设计是为了有效应对立法威胁,而后者的设计是为了让合规行为具有更好的灵活性。Segerson & Meceli(1998)表示,如果立法威胁有强大的后台,那么,由于交易成本比传统法规所规定的低,因此,法规制定者和产业都可以在目标导向型的可协商协议中受益。可协商协议制度在欧洲和日本比在美国更常见,这有可能是因为这几个国家中的社团结构允许产业界和政府进行协商。另外,欧洲和日本的议会制度确保了政府的立法和行政机构受相同政体控制,这使得立法威胁变得更可靠。但是,OECD(2003)表示,目标导向型的可协商协议制度通常对环境目标的实现作用甚少。实施导向型的可协商协议制度却可以在不削弱环境绩效的情况下,有效减少法规实施的成本。

在公众自愿项目(PVPs)中,监管的"大棒"彻底被"胡萝卜"所取代。美国环境保护署提供了大量此类项目,其中一些比较知名的合作项目包括 33/50 项目、气候领袖项目和合理利用废弃物计划。新一代的法规项目已经被誉为是取代传统低效法规的超级且低成本的政策工具。但是,这些项目也只是当政治反对意见使得环境法规的"大棒"无法使用时的小"胡萝卜"(Lyon & Maxwell 2003)。

实证结果表明,公众自愿项目有效性是混合型的,且学术界对其已经达成了一个共识,那就是公共自愿项目的潜力有限(Morgenstern & Pizer 2007;Lyon & Maxwell 2007)。然而,一个恰当的质疑是"公众自愿项目何时起作用?",而并非"公众自愿项目是否起作用?"。此时最大的挑战就是精确地确定公众自愿项目的潜能到底在哪。Lyon & Maxwell(2007)认为,研究过多关注公众自愿项目参与者是否比未参与者取得进步,而忽略了公众自愿项目确实可以实现其既定目标的可能性,该目标就是实现市场转型从而提升整个产业绩效。Lange(2008)发现这正是煤炭燃烧副产品项目所实现的。进一步说,大部分实证研究并没有控制项目设计。一个关于公众自愿项目的修正观点逐渐成形,或许可以确定这些项目何时是有用的。

信息披露

当由于受限于高交易成本、弱政治制度或者缺少环境损害信息等情况而导致传统法规无法实现的时候,监管者逐渐将视线转向了强制信息披露项目(Dasgupts et al. 2007)。对此现象最彻底的研究是有毒物质排放清单(TRI)项目,由1986年的美国紧急规划和社区知情权法案授权执行。该项目要求报告数百种有毒化学物质的排放。其他国家也有类似的项目,如加拿大和墨西哥。这些项目具有一个潜在的功能,那就是市民可以使用这些报告数据向有毒物质排放者施压,从而减少他们的排放量,这就不需要低效的政府监管了。但不幸的是,评估信息披露项目的影响是很困难的,因为在这之前,人们没有企业的绩效数据。尽管如此,Blackman et al.(2004)还是发现,在印度尼西亚全国实行企业环境绩效评分项目之后,最差的污染企业减少了污染物质的排放量。Delmas et al.(2010)发现,在发电企业被强制要求在每月账单中加入其污染行为通报信息之后,其排放量也减少了。Powers et al.(2011)发现,在一家环境非政府组织对印度纸浆制纸业企业进行公开评分之后,最差的污染者的环境绩效也提升了。

企业们已经开始逐渐通过年度可持续性报告的形式自愿披露环境信息,但是这些报告可能没有完整描绘企业的环境影响。因此,对于实现自愿信息披露的本质,第三方机构的作用十分重要。一些非政府组织对企业漂绿行为进行了抨击,这可以在网站(www. stopgreenwash. org)中找到一些例子(Lyon & Maxwell 2011)。其他一些非政府组织创立了认证项目,以此鼓励企业披露其环境绩效,例如林业管理委员会(FSC)项目要求企业披露树木砍伐量。有时,行业会创立自身的标准和认证项目,例如可持续林业倡议(SFI)。这些非政府项目在交易频繁的产业中比较具有吸引力,因为这些产业无法被单一国家所控制。然而,这些项目的有效性仍不明确。Heyes & Maxwell(2004)认为,作为对法规的补充,认证制度具有价值,但是若用其替代法规则会导致社会福利的削减。Fischer & Lyon(2010)表示生态标签间的竞争使环境破坏更严重。Harbaugh et al.(2011)表明,如果消费者无法确信替代标签的严格性,那么市场结果可能很差。

弱法规能力下的工具选择

发展中国家的工具选择开始吸引学界的注意。许多发展中国家的政治体制薄弱,使得传统政策工具和实行没有效率。如 Bell & Russell（2002）所问的,可交易的排放权在发展中国家有存在的意义吗？其或许并没有实施这种制度运行的政治基础结构。Blackman et al.（2006）认为,在发展中国家,当监管能力较弱时,自愿项目或许可以有所作为。

监督与实施

大部分学术文献都简单假设了监管者拥有完全实施其法规的能力。但事实上,监管主体普遍缺乏能使法律完全被遵守的必要资源,他们也常常被那些对不合规者进行小额惩罚的条例所约束。Gray & Shimshack（2011）报道,2008 年美国环保署对环境违规企业的平均罚款是 2300 美元——这根本无法让污染企业受到警示。当然,企业合规率依旧很高（Cohen 1999）,对这种高合规率的一种可能解释是,企业的管理者认为他们在公司也要和在日常生活中一样遵纪守法。

许多研究试图解释弱法规威胁与高合规率之间的矛盾现象。Hrrington（1988）和其他学者已经构建了动态模型来探究当今企业合规的动机以避免今后更严厉的法规实施。Shimshack & Ward（2010）发现,美国环保署重点执法对象是没有合规历史记录的企业。实证结果表明,监管或者至少监管的威胁正向影响了企业合规行为（Gary & Deily 1996；Shimshack & Ward 2005）。其他一些研究试图以无监管成本来解释高合规率。Konar & Cohen（2001）发现,大企业由于较差的环境绩效,其资产价值将会平均减少 3.8 美元。然而,因为金融市场可以简单反映其他政府措施对于较差环境绩效所给予的处罚,这一领域需要进一步的研究。近几年,监管已经开始转为高额罚款,并且企业管理者和负责人将为环境破坏承担个人责任。这些趋势有可能推动更好的合规行为,并值得进行详细的实证检验（市场对企业披露的反应的讨论见 Cho et al. 本手册［第 24 章］；Bauer & Derwall 本手册［第 25 章］）。

一个良好的合规记录可以得到多种形式的奖励。Decker（2003）表明这可以显著缩短企业获得建造权或排污权所需的时间。因为延迟生产可能会给企业带来每日高达 100 万美元的收入损失,避免许可延误的价值远超过不合规行为的监管罚款。我们需要更多研究来深化对环境法规合规动机的理解。

当环境法规涉及企业的数目越来越多时,强调合规变得越来越困难。对于"非点源型"污染,如农业溢流、小型温室气体或有毒化学物质排放源等,监督和实施可能异常昂贵。在这些案例中,好的环境治理依赖于社会规范及对环境保护的自愿方法。

一套完整的环境治理理论必须包含利益集团政治及产业组织,并考虑到特定事件的制度背景。在建立一个广泛适用的环境治理理论的过程中,最大的研究空缺是理解那些非政府组织在公共政治和更为紧迫的私人政治领域中的作用。这就是我们下文要讨论的议题。

7.3 私人政治、非政府组织和社会压力

部分环境治理机制是私人化的且企业自愿参与的,它们常常面临社会压力和政府监督。这些机制的设立动机各不相同,有些是为了预防社会压力(Baron & Diermeier 2007)或政府管制(Maxwell et al. 2000),有些是为了满足消费者偏好,而有些是对环境提升社会目标的承诺。可持续林业倡议(SFI)是为了应对非政府组织支持下的林业管理委员会(FSC)所施加的社会压力。网络隐私保护的认证项目已经预先阻止了对网络的政府监管,电影产业的自律项目也使整个产业避免了政府调控。非政府组织也参与到了其中一些私人倡议中,如保护国际基金会和环境防护基金会已经帮助可持续林业倡议项目提升了标准,而其他一些支持林业管理委员会的非政府组织,如绿色和平组织认为可持续林业倡议标准还需进一步提高。

与私人环境治理有关的主要研究挑战包括解释私人治理机制兴起的原因,理解私人治理和公共治理的管理,识别每种机制出现的特定环境,并评估私人治理的效果。私人政治是回答这些问题的核心。

什么是私人政治?

私人政治是指那些由私人(非政府)团体发起的、试图改变经济行为人行为的活动。私人政治在政府制度之外运作,但私人政治参与者可能拥有政府制度的资源如法庭等,或者他们有可能参与到与私人政治相关联的公共政治中。和公共政治一样,私人政治也是战略性的,且包含参与者之间的战略竞争。例如,一个环境非政府组织可以发起对环境破坏企业或行业的抵制,与此同时被抵制对象也可以采用战略与这种抵制进行较量。通常私人政治的供给方工具是社会压力。

社会压力在社会学的社会活动领域范围内被研究,其着重于那些直指政府事件的社会压力,例如选举权、人权和劳动者权益等(见 Weber &

Soderstrom 本手册［第 14 章］）。最近,社会活动理论已经开始研究环境活动,并从公共政治延伸到私人政治(Ingram et al. 2010)。经济和管理学中的私人政治是由 Baron (2001,2003)首次引入的。

私人政治和公共政治在许多方面有所不同。私人政治参与到公共政治中的激励措施是由政府体制所规划的,包括立法机构、监管机构、行政机构和法庭等,这些正式的公共体制并不依赖私人政治。

在过去的几十年里,私人政治得到了发展,部分因为人们认识到私人团体确实可以更容易地在政府制度之外实现他们的目标。环境运动早期的成功与 20 世纪 70 年代立法的兴起密不可分,但其后的发展由于政府僵硬、官僚制度的不作为以及法庭挑战而放缓或受阻碍。由于美国议会和总统否决权的阻挠,国会的绝对多数制是通过新法律的必要条件①。管制行为也有可能由于法定程序要求、国会压力以及考虑成本和收益的要求而延缓。相反地,私人政治基本不受这些约束,因此可以在任何时候行动。

与环境外在效应相关的市场失灵是广泛的,政府也早就开始用无数的规定及市场机制来进行回应。部分外在效应仍然难以解决,例如全球气候变化。我们并不清楚这是否是政府失灵的案例,因为政府可能因公众不支持额外法规而不作为。但是,私人政治却可以缓解市场及政府失灵,因其可以让私人团体去缓解未被法规化的外在效应。

当公共政治在公共体制中要求大多数或者绝大多数成员通过时,私人政治只需要少数成员通过即可。而且私人政治的成功依赖于施加于目标群体的社会压力。公众的大多数可能反对一个被提出的公众政策,从而导致政府无作为,但积极分子却可以制定他们自己的政策并促使私人团体响应。这些响应的范围往往比政府所能做的要窄,但私人政治却可以强制目标群体采取行动,这是政府无法做到的。因此,少数群体反而可以做到多数群体无法做到的事情。

公共政治还受到已颁布法律的限制。假定最优环境法规已经制定,执行行为不能逾越已颁布的标准,但私人政治却可以。例如,私人政治中的活动家利用有毒物质排放清单(TRI)的年度排放数据向排放有毒物质企业施加社会压力,迫使许多企业减排有毒物质直到低于政策和法律要求的标准。如果法律上规定的排放量是有效设定,那私人政治和社会压力使排放减少直至低于有效排放量,这就带来了减排的超额成本。当社会压力更多地来自广泛担忧而非社会效率时,就会发生例如 NIMBY(“不在我的后院”)的活动。也就是

---

① 见 Krehbiel (1998,1999)对关键政治的分析。

说,经过社会有效规范后还存在的排放如果仍对环境和人类健康产生威胁,那么活动家会寻求进一步减少这种威胁,即使这可能会失去社会有效性。

一些诸如利己主义的 NIMBY 偏好也带来了私人政治,就如房主会反对在其附近设置危险废弃物处理站的许可申请(Hamilton 1993)。环境 NIMBY 主义的最近形式成为了新的研究热点,因为这让不同环境兴趣之间发生了对抗。例如,加利福尼亚州已经立法要求在 2010 年前实现可再生能源占总能源量的 20%,但是很多可再生能源电厂提案却遭遇了环境上的否定。这些提案包括海岸线上的风场、莫哈维沙漠中的太阳能电场、地热发电站和将电力输送到所需地点的高压传输线等。对这些项目的反对是否反映了传统的 NIMBY 私利,不愿意进行取舍,或者是只偏爱某一种环境绩效?

非政府组织可以设定社会效率目标,而且他们能从各自效率偏好的考虑设立各不相同的分散目标。如 Rawls(1971,2001)关于司法公正的理论所述,分散目标会关注未处于优势的点,如环境公正的主体,或者在预警原则案例中一样关注风险规避。非政府组织也会有惩罚性的公正目标,旨在惩罚那些犯下环境错误的企业。私人政治由此可以超越社会效率的经济学概念并加入其他目标,如扩散和公正①。

7.4 环保行动主义中的产业组织

经济学家对产业组织进行了研究,其主要关注市场的供应商。令人惊讶的是,很少有经济学研究检验成为环境运动脊梁的非政府组织范围,如塞拉俱乐部、美国奥杜邦学会、野生动植物保护联盟、环境保护基金以及绿色和平组织等。Bosso(2005)虽然没有构建有关他们行为的正式模型或用于统计分析的验证假设,但是他对这些研究问题进行了描绘分析。Lyon(2010)调查了社会学家、政治学家和经济学家如何研究非政府组织及其对商业活动的影响。

在我们的观点中,工业组织工具为关于这些组织如何竞争与合作的研究提供了新观点。这一系列研究的重要目标是识别私人政治的处境,包括非政府组织关注的环境问题、他们选择的目标以及他们实施的战略。这是一个巨大的研究挑战,而一个更大的挑战则是识别和测量私人政治结果。

环保非政府组织的私人政治会影响公众对环境问题的情绪,但在多数情况下,它只能针对特定目标,通常为企业。考虑到众多各式各样的环境非政府

---

① Lyon(2010)加入了很多包含非政府组织的章节。

组织及其广泛的潜在目标,环境非政府组织既集中关注又有选择性。他们频繁地关注一些事件领域,然后选择可以有所作为的特定目标。这可以被认为是一种非自愿的配对游戏,其中潜在目标可以影响非政府组织的需求;这些潜在目标成为社会压力接受者的可能性。Eesley & Lenox(2006)和 Lenox & Eesley(2009)将维权类活动进行了分类,并根据媒体报道分析活动结果。

对目标选择系统化了解还比较少。一些非政府组织选择最顽固的攻击者为目标,而其他一些则选择那些更有可能答应他们要求的"软柿子"作为目标。一些非政府组织总结得出,以那些企业所在的市场而非破坏环境的企业本身为目标更好。例如为了减少对树龄较大的林木砍伐,非政府机构会把那些销售用长树龄树木制成木材的零售商作为目标,而不是林木企业,其理由是零售商直面大众,其品牌价值有可能被损害,因此零售商会比林木企业更能积极回应社会压力。零售商业又会向供应商施加压力①。

互联网促进了市场运动的发起。互联网使得运动组织者与其目标之间可以进行大量的沟通,并且能让运动参与者直接沟通。互联网减少了市场运动的组织、协调和执行的成本,且其通过对目标对象声誉和公众形象更广泛的威胁,从而提高市场运动的成功率。互联网对环境运动的资助也有所增强,这是因为非政府组织可以更容易地进行社会集资,前进伙伴组织(Move-On)的活动经验明确地证实了这点。

7.5 对抗与合作

非政府组织是不同的,不仅所选择和关注的事物不同,如野生动物、森林、海洋和气候变化,而且对事物和目标的处理方法也不同。本节的重点是合作与对抗,或者用 Lyon(2010)的话来说,就是一家非政府机构是选择扮演"好警察"还是"坏警察"。

对抗被视为非政府组织要求目标企业改变其实践活动,而目标企业选择是否接受这种要求的过程。如果目标企业不接受,则环保分子会发起运动威胁目标企业。如果可以得到消费者和公众足够的支持,环保活动者的运动就取得成功,目标企业改变他们的经营活动,反之则失败。非政府组织常用的一个战略,就是对目标企业的商品发起联合抵制。联合抵制受到了学术研究的关注(Innes 2006;Baron & Diermeier 2007),但是其理论研究尚留下较多空

---

① 详见 Asmus et al.(2006)。

白,而有关联合抵制有效性的实证研究则得出了不同的结论(Friedman 1999)。在面对来自对抗性非政府组织发起的运动时,目标企业也采用不同战略应对(Baron & Diermeier 2007)。这些战略包括对抗、协商与妥协、声誉管理、与利益集体或者公众进行沟通以及设置壁垒。

那些对于环境问题有能力或者一定专业知识的非政府组织可能会采用合作战略。非政府组织可以邀请目标企业一起参加到发现环境行动收益与成本的活动中,例如环境保护基金组织和麦当劳共同参与减少后厨废弃物与包装的行动。非政府组织由此帮助目标企业发现改变环境实践所能带来的结果,但是事前无论非政府组织还是目标企业都不知道这些可能的确切收益与成本。目标企业在知道可能引起的工作实践改变存在商业意义时,可能会接受邀请。这些变化可能使企业利润得到提升,也可能证明制定企业社会责任政策正当时。

这种合作方法的不足在于这种实践改变带来的社会收益是正向的,但企业会因利润下滑而拒绝这种改变。通过非政府组织更强的讨价还价能力,合作方法可以得到加强。这种合作方法的优势是资源在运动中没有被耗尽,而是被用来发展专业知识。将这种专业知识发展到足以识别合作关系收益的程度需要投资,得到与非政府组织共享环境目标的赞助商的资金支持。合作式的非政府组织也需要能够可靠地证实企业已改变其实践。

非政府组织与目标企业的匹配依靠于目标企业特点及非政府组织所选方法而进行。一些企业似乎更容易被威胁,如消费者日用品企业、具有公众形象的企业及品牌价值较高的企业①。而其他一些没有公众形象,不直接销售给消费者的企业或通过零售商销售的企业则很难被威胁。企业在处理环境问题的能力上也有区别。杜邦公司可以很容易地识别环境问题相关的成本与收益,而一些较小的化工企业却无法做到这一点。

对抗型的非政府组织依赖于可靠的伤害威胁,因此他们会更倾向于把目标企业设定为声誉、品牌价值或公众形象容易受损的企业。合作型的非政府组织对这种潜在伤害不感兴趣,他们更倾向那些他们专业知识足以应付的目标企业。合作型和对抗型非政府组织都喜欢那些有大量机会可以提升环境利益或具有较大潜在环境利益的目标企业。

非政府组织和目标企业的匹配是一种战略。一家(潜在的)目标企业也许在和合作型非政府组织的合作中无法获利,但仍可能选择与其合作以防止受

---

① 有关目标企业相关内容详见 Conroy (2007)。

到对抗型非政府组织的攻击①。如果目标企业容易受到攻击,那么一位对抗型的非政府组织活跃分子会喜欢那些与其自身专业知识相关的目标企业,因为这些专业知识可以帮助环境实践进行有效改变。

正如好坏警察游戏一样,对抗型非政府组织也会要求合作型非政府组织的参与。对一家企业的威胁运动会使这家企业寻求与合作型非政府组织的合作。再者,当潜在的目标企业意识到他们将有可能成为对抗型非政府组织的攻击目标时,会寻求合作型非政府组织的介入以期预防成为攻击目标。这也意味着,一家已选择合作方式的非政府组织无需发展其对抗企业的能力。因此非政府组织可以深化其提升环境绩效的方法。

配对也依靠关系网和共同行动。在运动中,非政府组织经常会与其他非政府组织进行合作来分担成本并增加社会压力。目标企业在受到威胁时也会一起行动,如可持续林业倡议项目的形成正是为了应对来自支持林业管理委员会的非政府组织的要求。

非政府组织和目标企业的战略性匹配仍是一个待解决的研究问题,也是非政府组织专业知识和可靠性发展的途径。在挑选对抗或者合作方式时,非政府组织也会关注捐赠者,因为这种成功会带来财务支持。非政府组织的基金及其如何依赖于战略仍然是一个未被探索的研究主题。

7.6 结 论

随着不断意识到传统法规作为解决环境问题工具的限制,环境治理文献不断涌现。缺乏政治意愿,缺乏决定性的科学信息,以及缺乏监管和实施的资源,这些都限制了法规的有效性。同时,商业界面临着各种新的有关环境改善的压力。市场通过消费者、雇员和投资人的要求,不断激励企业绿色化。环境非政府组织已经进入私人政治领域,并实施了一系列战略以参与企业的环境行动,许多战略被认为比传统公共政治的参与更有效。信息技术渗透在人类现代生活的方方面面,持续地改变着可供非政府组织者及企业选择的战略。这些结合在一起,使得环境治理问题研究变得动态且令人激动。

其中,很多领域的研究特别有前景。随着绿色产品市场持续增长,研究者明确发现消费者对于所购买产品的环境足迹具体信息的辨别能力非常有限。行为经济学为消费者如何处理信息提供一些新观点,这为绿色营销战略和生

---

① 这种屏蔽的有效性仍是个有待解决的问题。

态标签市场演变提供有用信息。媒体在塑造新环境要求中所扮演的角色亟待进一步研究。社会规范有可能在扩大消费者对绿色产品需求的过程中扮演一个重要角色。但是对于这些规范如何出现以及这些规范如何和新法律法规相关联等问题，我们的了解仍极度有限。供应链研究更关注积极分子作为一种影响弱法制发展中国家环境行为的途径，这也是另一个需要更多研究的领域。更重要的是，我们对非政府组织行业组织形式的了解是很初级的，需要更多的理论和实证研究工作。这两个方面都留有空白。

参考文献

Asmus，P.，Hank C. & Maroney，K.（2006）．"Case Study：Turning Conflict into Cooperation," *Stanford Social Innovation Review*，Fall：52—61.

Baron，D. P.（2001）．"Private Politics，Corporate Social Responsibility，and Integrated Strategy," *Journal of Economics & Management Strategy*，10：7—45.

——（2003）．"Private Politics," *Journal of Economics & Management Strategy*，12：31—66.

——（2008）．"Managerial Contracting and Corporate Social Responsibility," *Journal of Public Economics*，92：268—288.

——（2009）．"A Positive Theory of Moral Management，Social Pressure，and Corporate Social Performance," *Journal of Economics and Management Strategy*，18：7—43.

——& Diermeier，D.（2007）．"Strategic Activism and Nonmarket Strategy," *Journal of Economics and Management Strategy*，16：599—634.

Becker，G. S.（1978）．*The Economic Approach to Human Behavior*．Chicago：University of Chicago Press.

Bell，R. G. & Russell，C.（2002）．"Environmental Policy for Developing Countries," *Issues in Science and Technology*，18：63—70.

Blackman，A.，Afsah，S. & Ratunanda，D.（2004）．"How Does Public Disclosure Work? Evidence from Indonesia's PROPER Program," *Human Ecology Review*，11（3）：235—246.

Blackman，A.，Lyon，T. P. & Sisto，N.（2006）．"Voluntary Environmental Agreements When Regulatory Capacity is Weak," *Comparative Economic Studies*，48：682—702.

Bosso，C. J.（2005）．*Environment，Inc.：From Grassroots to Beltway*．Lawrence，KS：The University of Kansas Press.

Casadesus-Masanell，R.，Crooke，M.，Reinhardt，F. & Vasishth，V.（2009）．"Households' Willingness to Pay for 'Green' Goods：Evidence from Patagonia's Introduction of Organic Cotton Sportswear," *Journal of Economics and Management Strategy*，18：203—233.

Chavis，L. & Leslie，P.（2009）．"Consumer Boycotts：The Impact of the Iraq War on French Wine Sales in the U. S. ," *Quantitative Marketing and Economics*，7：37—67.

Cohen，M.（1999）．"Monitoring and Enforcement of Environmental Policy," in Tietenberg，T. & Follmer，H.（eds.）*International Yearbook of Environmental and Resource Economics*，v. III. Edward Elgar Publishers.

Conroy，M. E.（2007）．*Branded! How the Certification Revolution is Transforming Global Corporations*．Gabriola Island，British Columbia，Canada：New Society Publishers.

Dales, J. H. (1968). "Land, Water and Ownership," *Canadian Journal of Economics*, 1: 791—804.

Dasgupta, S., Wheeler. D. & Wang, H. (2007). "Disclosure Strategies for Pollution Control", in Teitenberg, T. & Folmer, H. (eds.) *International Yearbook of Environmental and Resource Economics* 2006/2007: *A Survey of Current Issues*. Northampton, Massachusetts: Edward Elgar.

Decker, C. (2003). "Corporate Environmentalism and Environmental Statutory Permitting," *Journal of Law and Economics*, 46: 103—129.

Delmas, M., Montes-Sancho, M., Shimshack, J. (2010). "Information Disclosure Policies: Evidence from the Electricity Industry," *Economic Inquiry*, 48: 483—498.

Eesley, C. & Lenox, M. (2006). "Firm Responses to Secondary Stakeholder Action," *Strategic Management Journal*, 27: 765—781.

Elfenbein, D. W. & McManus, B. (2010). "A Greater Price for a Greater Good? Evidence that Consumers Pay More for Charity-Linked Products," *American Economic Journal: Economic Policy*, 2: 28—60.

Fischer, C. & Lyon, T. P. (2010). "Competing Environmental Labels," Working Paper, Ross School of Business, University of Michigan.

Friedman, M. (1970). "The Social Responsibility of Business is to Increase Profits," *The New York Times Magazine*, 13 September, New York.

——(1999). *Consumer Boycotts*. New York: Routledge.

Graff-Zivin, J. & Small, A. (2005). "A Modigliani-Miller Theory of Altruistic Corporate Social Responsibility," *Topics in Economic Analysis*, 5: Article 10.

Gray, W. B. & Deily, M. E. (1996). "Compliance and Enforcement: Air Pollution Regulation in the U. S. Steel Industry," *Journal of Environmental Economics and Management*, 31(1): 96—111.

——& Shimshack, J. P. (2011). "The Effectiveness of Environmental Monitoring and Enforcement: A Review of the Empirical Evidence," *Review of Environmental Economics and Policy*, 5: 3—24.

Hamilton, J. T. (1993). "Politics and Social Costs: Estimating the Impact of Collective Action on Hazardous Waste Facilities," *Journal of Economics*, 24(Spring): 101—125.

Harbaugh, R., Maxwell, J. W. & Rousillon, B. (2011). "Label Confusion: The Groucho Effect of Uncertain Standards," *Management Science*, 57(9): 1512—1527.

Harrington, W. (1988). "Enforcement Leverage When Penalties are Restricted," *Journal of Public Economics*, 37: 29—53.

Heyes, A. G. & Maxwell, J. W. (2004). "Private vs. Public Regulation: Political Economy of the International Environment," *Journal of Environmental Economics and Management*, 48: 978—996.

Hiscox, M. J. & Smyth, N. F. B. (2006). "Is There Consumer Demand for Improved Labor Standards? Evidence from Field Experiments in Social Product Labeling," Working Paper, Harvard University.

Ingram, P., Yue, L. Q. & Rao, H. (2010). "Trouble in Store: The Emergence and Success of Protests against Wal-Mart Store Openings in America," *American Journal of Sociology*, 116: 53—92.

Innes, R. (2006). "A Theory of Consumer Boycotts under Symmetric Information and Imperfect Competition," *Economic Journal*, 116: 355—381.

Kiesel, K. & Villas-Boas, S. B. (2007). "Got Organic Milk? Consumer Valuations of Milk Labels after the Implementation of the USDA Organic Seal," *Journal of Agricultural & Food Industrial Organization*, 5(1): 4.

King, A. A. & Lenox, M. J. (2000). "Industry Self-Regulation without Sanctions: The Chemical Industry's Responsible Care Program," *Academy of Management Journal*, 43: 698—716.

——(2002). "Exploring the Locus of Profitable Pollution Reduction," *Management Science*, 48: 289—299.

Konar, S. & Cohen, M. (2001). "Does the Market Value Environmental Performance?" *Review of Economics and Statistics*, 83: 281—289.

Krehbiel, K. (1998). *Pivotal Politics: A Theory of U. S. Lawmaking*. Chicago, IL: University of Chicago Press.

——(1999). "Pivotal Politics: A Refinement of Nonmarket Analysis for Voting Institutions," *Business and Politics*, 1(1): 63—81.

Lange, I. (2008). "Evaluating Voluntary Measures with Spillovers: The Case of Coal Combustion Products Partnership," Working Paper, University of Stirling.

Lenox, M. J. & Eesley, C. E. (2009). "Private Environmental Activism and the Selection and Response of Firm Targets," *Journal of Economics and Management Strategy*, 18: 45—73.

Lyon, T. P. (2010). *Good Cop/Bad Cop: Environmental NGOs and Their Strategies towards Business*. Washington, DC: Resources for the Future Press.

——& Maxwell J. W. (2003). "Self-Regulation, Taxation, and Public Voluntary Environmental Agreements," *Journal of Public Economics*, 87: 1453—1486.

——(2004). *Corporate Environmentalism and Public Policy*. Cambridge, UK: Cambridge University Press.

——(2007). "Environmental Public Voluntary Programs Reconsidered," *Policy Studies Journal*, 35: 723—750.

——(2011). "Greenwash: Corporate Environmental Disclosure under Threat of Audit," *Journal of Economics and Management Strategy*, 20(1): 3—41.

——& Yin, H. T. (2010). "Why Do States Adopt Renewable Portfolio Standards? An Empirical Investigation," *The Energy Journal*, 31: 131—155.

Maxwell, J. W., Lyon, P. & Hackett, S. C. (2000). "Self-Regulation and Social Welfare: The Political Economy of Corporate Environmentalism," *Journal of Law and Economics*, 43:583—618.

Morgenstern, R. & W. Pizer (2007). *Reality Check: The Nature and Performance of Voluntary Environmental Programs in the United States, Europe, and Japan*. Washington, DC: Resources for the Future Press.

Organization for Economic Cooperation and Development (2003). *Voluntary Approaches for Environmental Policy: Effectiveness, Efficiency and Usage in Policy Mixes*. Paris, France.

Olson, M. (1965). *The Logic of Collective Action: Public Goods and the Theory of Groups*. Cambridge, MA: Harvard University Press.

Ostrom, E. (1990). *Governing the Commons: The Evolution of Institutions for Collective Action*. Cambridge: Cambridge University Press.

Peltzman, S. (1991). "The Handbook of Industrial Organization: A Review Article," *Journal of Political Economy*，99：201—217.

Pigou，A. C. (1932). *The Economics of Welfare*，4th ed. London：MacMillan.

Popp，D. (2006). "R & D Subsidies and Climate Policy：Is there a Free Lunch?" *Climatic Change*，77：311—341.

Powers，N.，Blackman，A.，Lyon，T. P. & Narain，U. (2011). "Does Public Disclosure Reduce Pollution? Evidence from India's Pulp and Paper Industry," *Environment and Resource Economics*，Published on 12 April 2011.

Rawls，J. (1971). *A Theory of Justice*. Cambridge，MA：Belknap Press.

——(2001). *Justice as Fairness：A Restatement*. Cambridge，MA：Harvard University Press.

Segerson，K. & Miceli，T. (1998). "Voluntary Environmental Agreements：Good or Bad News for Environmental Protection?" *Journal of Environmental Economics and Management*，36：109—130.

Shimshack，J. & Ward，M. (2005). "Regulator Reputation, Enforcement, and Environmental Compliance," *Journal of Environmental Economics and Management*，50(3)：519—540.

——(2010). "Repeat Offenders, Enforcement, and Environmental Compliance," Working Paper，Tulane University.

Williamson，O. (1985). *The Economic Institutions of Capitalism*. New York：Free Press.

8 商业和环境法

Cary Coglianese，Ryan Anderson

世界各地的政府都以法律的形式影响商业行为，从而减少污染并节约能源及其他自然资源。在过去几十年中，环境法的范畴、数量和细节都取得了引人瞩目的扩展，使其成为了解商业与环境关系过程中不可忽略的、普遍存在的因子。研究环境法的学者在很多方面都获得了巨大的进步，如分类与分析不同环境法的优缺点，研究政府监管机构施行环境法的方式，识别用来解释商业合规行为的影响因子，以及实证评价环境法对环境与商业条件的最终影响。

8.1 环境法的来源

如表 8.1 所示，环境法的制定有不同的来源。从全球范围看，条约和其他国际协定已经解决了许多最近几十年内出现的环境问题。这些条约的范畴广泛，从濒危物种国际贸易公约(CITES)到破坏臭氧层物质管制蒙特利尔议定书，从联合国海洋法公约到联合国气候变化框架公约。尽管国际法并不直接将法律义务强加于商业，但这些条约的义务会强加于国家层面，国内法律条例则需要将可实施的法律责任强加于商业。在确立商业上可施行的法律时，国家不仅要面对国际环境法所给的义务，也会受到国际贸易法对其权力的约束。关税及贸易总协定，以及那些在世界贸易组织(WTO)框架下建立的条例，都有可能阻碍国家采用特定的环境标准，因为这么做属于歧视国外进口商的行为(Bernasconi-Osterwald et al. 2006)。

欧盟(EU)是国际法的产物，源于 1957 年的贸易联盟，但多年后随着其他条例的加入而获得了新的权力，因此，如今欧盟机构已经在处理特定环境问题上拥有法律权力。同那些更为通用的国际法一样，欧盟指令将义务强加于每

表 8.1　环境法来源

来　　源	范　　例
国际法	濒危物种国际贸易公约 联合国气候变化框架公约 破坏臭氧层物质管制蒙特利尔议定书 联合国海洋法公约 有关环境大气质量的欧盟委员会指令 2008/50/EC
国内法：国家	美国清洁空气法案 美国清洁水法案 有关控制移动源的有害气体污染的美国环保署条例 德国环境条例(Umweltgesetzbuch，UGB) 日本水污染防治法
国内法：州或地方	全球变暖夏威夷解决法案 加利福尼亚州安全饮用水和有毒物质执行法案(提案 65) 马萨诸塞州减少有毒物质使用法案 罗马，废弃物处理和再循环使用的意大利条例
非正式"法律"	联合国森林原则 ISO 14000 环境管理系统标准 美国绿色建筑委员会的能源和环境设计领先(LEED)的绿色建筑评分体系

个成员国，而非私人团体。但是部分欧盟法规，如称之为 REACH 的 2007 年欧盟关于化学物质的法规，也会直接将义务强加于私人企业(Applegate 2008)。因此，总体而言，欧盟法律更适合被认为是一种"准国际法"的法律来源。

在德国、荷兰、西班牙及其他一些欧洲国家中，国家宪法授予政府权力去制定环境保护法，尽管这些条款更像是一种愿望而非强制要求(Seerden et al. 2002)。美国的政体中并没有这种清洁环境授权的相应宪法条款，但是宪法内容赋予美国国家政府权力去规范各州间的贸易，这毫无疑问成为国会采用联邦环境立法的基础。

除了一部分特定的欧盟法规之外，国内立法机构是直接将责任强加于商业之上的环境法律的主要来源，也是对不遵从义务者相应惩罚的来源。在每一个国家中，从国内法律中引出的商业责任有可能来源于宪法条款(这被视为一个国家中最高立法权威)、立法(或议会立法)以及部委和行政机构采纳的条例与政策。这些法律，特别是议会立法和行政条例，至少当政府权力按联邦—州这一条线被细分的时候，可被国家政府或州或地方当局所采纳。

在美国和其他一些发达国家中，联邦立法已经给环境法的责任构建了一个总体框架,而商业则需遵从这些责任。例如,《美国清洁水法案》规定任何企业未经政府许可就将污染物排进下水道的行为是违法的;又如《濒危物种法案》规定了私人土地所有者屠杀或破坏栖息地濒危物种是违法行为(Lazarus 2004)。这种国家立法经常授权国家环境部委或机构以建立更专业的标准和规范。如《美国清洁水法案》授权环境保护署设立机动车排放标准,并把这些标准强加于汽车与卡车生产商。

除国家立法和法规之外,国内环境法也可能来自州、省及地方政府。例如,罗马有自己的都市回收法,而加利福尼亚州也有对有毒污染物的规定。甚至是当国家立法设立了环境标准的大框架时,法律真正的实施仍依靠州立法授权。例如,尽管《美国清洁空气法案》授权环境保护署制定美国国家空气质量标准,但企业所需遵循的真正排放上限由州法律所定,州法律则根据美国环境保护署审批的计划来制定。美国环境法体系可被视为一种"合作式的联邦制",因为被实施的法律需要同时协调国家和州两个层面的政府(Percival 1995)。

最后,尽管条例或规范不是严格意义上的"法律",很多没有约束性,有时甚至不是国家层面的,但是它们影响和约束了商业的环境管理。这些所谓的软法律包括国际组织的美好声明(见 Delmas & Toffel 本手册[第 13 章]),例如在 1992 年在里约热内卢召开的联合国环境与发展大会(UNCED)上同意采纳的,有关森林管理和可持续发展的联合国非法律约束原则,即"森林原则"。软性法律也包含了一些非政府组织所采纳的原则和标准,其为商业实践建立了准则,或者有时消费者会要求供应商实行一些商业实践,例如国际标准化组织(ISO)给环境管理系统制定的标准(Prakash & Potoski 2006)。虽然不遵循这些标准不会引起正式的政府处罚,但是消费者和社会压力有时还是让这些标准如同约束性法律一样发挥功效。

8.2 制定环境法

有一点非常明显,环境法的来源可以根据其法律血统进行区分,也就是制定它们的机构类别。另外一种完全不同的思考环境法"来源"的方法是关注其政治来源。政治学家及法学学者主要通过政治来源这种观点来研究环境法的来源问题,强调过去 30 年中发达国家的环境法规兴起的社会和政治因素(Elliott et al. 1985;Coglianese 2001;Keohane et al. 1998;Vig & Kraft 2009)。不断扩大的经济学发展试图获得环境质量的更多公众支持(Inglehart 1997)。原油泄漏和危险品废弃物堆渗漏等严重环境灾难在一些重要特定环境决策的制定以及催生立法回应过程中发挥了作用(Coglianese 2001)。

在制定环境法的过程中,商业扮演着至关重要的角色(Kamieniecki 2006)。商业希望通过游说环境部门中立法者和官员来影响环境法的尺度和内容。政府官员常常欢迎和鼓励商业企业提出建议,因为商业企业可以提供政府官员所需信息用于写入有效法规(Coglianese 2007)。尽管商业企业确实可以影响环境法,但这并不意味着商业团体总能成功(Kraft & Kamieniecki 2007)。相反地,虽然很多环境法规给商业企业带来了巨大的负担,但其仍一直被采用。

有时,商业团体会在环境法规的发展过程中扮演正式、合作的角色。例如在欧洲,一些国家已经将商业在政策制定过程中的角色制度化和常态化,称为社团主义。该政策结构赋予商业团体在环境政策制定过程中的正式功能。Scruggs(2001)认为,采取此种社团主义政策结构的欧洲国家比那些没有采用这种结构的国家,在 20 世纪 80 和 90 年代实现了更多惊人的环境收益。但是,Neumayer(2003)之后的研究表明,欧洲污染程度变化的最佳解释不是社团主义政策结构,而是进步的绿色政治团体的优势。

美国环境保护署很少会采用协商制定法规的流程;在该流程中,美国环保署会邀请商业企业(以及其他一些利益团体)与政府官员一起就新法规要素达成共识(Coglianese 1997)。但更多时候,美国环保署会采用通告和评议的过程制定法规;在这个过程中,商业对政府官员所提出和修订的规则提出建议与反馈意见。尽管广泛支持环境问题的强大环境团体、政治团体和公众的存在使其即使在经济萧条时期也可确保此类法律的完整性,但商业企业无论通过正式或非正式方式,都会为环境法提供信息并寻求对环境法的影响。

8.3 设计环境法

环境法有很多种形式。它可以要求商业企业安装特定的设备(方法标准),或者可以要求企业实现特定的结果(绩效标准)。这两种类型的法规设计在环境法历史中已被广泛使用。最近,有些国家开始实践环境法的创新方法,包括基于市场的管制工具、信息披露和基于管理的法规。社会科学家和政治分析家已经研究了这五种法规设计方法,并概括了每种方法的优势与劣势。

第一种法规设计方法,我们称其为方法标准或规格或技术标准,要求企业安装污染控制技术或者是在他们生产过程中使用特定的操作规范。例如,政府可以强制那些大型的煤电发电厂安装洗涤塔去除工厂烟囱中的污染物质。

相对而言,这种技术标准通常很容易监管。当政府强制工厂采用某项特定技术时,政府监管成本相对较低,因为监管者只需简单观察企业是否安装了这个技术。但是,方法标准的易于管理是以效率为代价的。由于被强制要求采用相同的技术,企业不能使用其他能达成相同环境控制水平但成本更低的技术。

第二种法规设计方法是绩效标准,它减少了方法标准的部分僵化。绩效标准限定了企业的排放上限,但是企业可以自主选择实现这些标准的方法。通过这种方式,绩效标准给了企业机会去创新和发现可实现环境目标的更低成本的方法(Coglianese et al. 2003;Viscusi 1983)。当然,从政府的立场来看,绩效标准更难监管,因为要知道企业是否遵守了规则,需要测定真正的排放量而不是仅仅观察一个企业是否安装了特定的技术。以使用煤电的发电厂为例,测定绩效需要在烟囱中安装监控设备,或者是在工厂附近区域进行测试。

尽管相比方法标准,绩效标准给予被规范企业更大的灵活性,但其仍因要求所有企业达成相同结果而被批缺少灵活性。对于特定的环境问题,如公共水流域和空气质量区域中污染物所带来的环境问题,第三种法规设计方法,即基于市场的管制工具,可以提供比方法标准和绩效标准更高的价格—效率比。基于市场的管制工具采取环境税和排放权交易两种方式(Tietenberg 1990)。

环境税会给逐渐增长的污染物排放设定一个价格。如果政府可以把边际税率设定在一个与消除这些污染的社会成本相同的水平,那企业就应该把他们的污染减少到社会最理想水平。但是,若税率太高,就会发生一个低于最理想水平的污染情况。企业最终不得不花更高费用来控制超过实际所需排放量的减排,因为这些额外的控制量减少了相应的社会收益。另外,若税率过低,那污染排放量会超过预期。为了实现环境税的所有优势,政府必须设定正确的税率。

当政府不知道最优税率,但是仍然对可接受的排放总量心中有数时,排放权交易制度便可被使用。在排放权交易中,政府以理想排放量设定一个排放上限,然后将许可分配给企业,允许企业排放渐增的污染量,但总和不超过上限(Hahn & Hester 1989)。随后企业之间可以进行排污权的交易。那些可以低成本实现污染减排的企业,有动机将污染降至许可值之下,并将多余的配额出售给其他高减排成本企业。对社会来说,相比于所有企业均达到统一排污限值的方法,排污权交易可以以更低的成本实现相同的减排总量(Stavins 1998)。

第四种法规设计是强制的信息披露。这种类型最典型的一个例子是美国有毒物质排放清单(TRI),该清单要求特定企业公开其有毒污染物排放量。消费者和社会组织成员可以利用这些信息向企业施压,要求减少污染排放(Hamilton 2005)。另一个信息披露的例子可以在美国证券法案与交易法案所颁布的规定中找到。长期以来,证券法案要求企业披露财务信息。当法律合规与责任对公开交易企业的财务地位产生重大影响时,美国证券与交易委员会也要求企业披露环境管理方面的一些信息(Monsma & Olson 2007)。

第五种法规设计的基本形式是基于管理的法规(Coglianese & Lazer 2003;Brithwaite 1982)。在这种设计中,企业必须肩负特定的管理事务,如环境规划。例如,美国环境保护署要求大型化工企业制订危机管理计划,来辨别可能的灾害并采取行动,以减少事故发生的可能性。另一个例子是马萨诸塞州减少有毒物质使用法,其要求大型化工企业制订书面计划以减少有毒物质的使用——虽然企业不是被强制要求实施计划,但是企业必须有计划(Bennear 2007)。尽管基于管理的法规并不会总要求企业公开其计划或实施其计划,但是通过强制性的规划过程,政府官员希望企业管理者把注意力转移到环境问题上,并促使他们采取提升环境绩效的步骤。

8.4 执行环境法

尽管环境法律法规是设计出来的,但它们对企业来说很重要,因为这些法律法规可以对不合规行为进行惩罚。例如,很多美国环境法规章程对市民每天违规行为的罚款最高可达 25000 美元。这也意味着,对于企业的单个违规行为,罚款数目很容易就会超过百万美元。考虑到环境法规的广泛性和复杂性,纵使一家发展稳定的企业也很难保证其运行时完全遵从法规,因此存在违反多项不同且均有每日罚款额的环境规定的风险。另外,对于特别过分且危险的环境违规,企业及其管理层将受到刑事罚款。因此,企业所有者和企业管理人员可能会因为违反环境法规而进监狱(Cohen 1992)。

研究者们试图解释法规监督频率、处罚尺度和频率以及法规执行的整体"方式"的多样性。这种执行方式一般分为对抗型和合作型(Hawkins 1984)。当监管者"墨守成规行事"时,监管者展示的是对抗型的方式。监管者把他们的角色定位为法律执行者,并严格根据法律条文对违反者进行罚款。相反,合作型的监管者则更倾向于将自己的角色定位为问题解决者,尝试着发现需要改进的地方,并与企业协同工作,以确保企业遵从环境法规。事实上,很多执行官员的行为可能介于警察和顾问这两个极端之间,即使是在同一企业,执行官员的行为也会随着时间及互动发展而变化(May & Winter 1999)。受博弈论观点的启发,很多法规学家认为,如果监管者根据企业行为调整其方式,则监管会更有成效(Scholz 1984;Ayres & Braithwaite 1992)。换言之,最初监管者可以采用合作的互动方式,若合作没有得到被监管企业回馈,监管者则可以转变为对抗型。

实证研究揭示了一些影响监管执行行为的因素。第一个影响因素是政治文化。一种对抗、墨守成规的形式更有可能在监管者和他们的裁决不被社会或其他政府官员信任的时候出现(Bardach & Kagan 1982)。研究者指出,美国的政府分权体系容易产生较大的对抗主义,因为当他们墨守成规时,可以更好地避免被称为规制俘获的批评和指控。

第二,监管执行也会受到主管执行部门官员的政治意识形态影响。例如,美国联邦和州的环境执法形式随白宫或者州长办公室入驻的政党而变化(Atlas 2007;Ringquist 1995)。相比民主党,当共和党执政时,其执法机构对环境执法的严格程度相对低一些。立法者也可以通过调查及预算控制影响监管机构的执法战略(Wood & Waterman 1991)。

第三,监管执行也可能受司法竞争影响。为了吸引更多的商业投资,州和其他下级地方政府可能会以"逐底竞争"的方式互相竞争,其中每级司法机构会降低执行监察力度以达到商业友善性的目的(Atlas 2007)。尽管这种"逐底竞争"的压力确实存在,但是现实中这种监管竞争游戏非常复杂,因为监管机构不仅要面对经济发展的压力,也要面对来自公众的对保持良好环境的对抗性压力(Konisky 2007;Vogel 1995)。

最后,监管机构的执行行为会受到商业自身特性影响。大型上市企业逐渐发现,他们比小型企业得到了更多的合作型执法战略(Shover et al. 1984)。这可能是因为大型企业内部有从事合规工作的专业团队,他们与法规监管者有着相同的目标;他们可能也会有更大的动机与监管机构合作,并响应监管机构提出的初步合作建议,因为他们相信若成为对抗型监管者的不利目标,企业将会损失更多。那些严格遵守环境法,甚至污染控制表现远远超过立法规定的企业也会受到执行机构更宽松的监管(Decker 2005;Sam & Innes 2008)。

8.5　遵守环境法

为什么某些企业会更好地管理环境绩效呢?政府执行很明显是部分答案,但也只是部分答案。研究者们已经发现解释企业环境绩效差异的三类因素为监管、社会和经济因素。由于企业为了生存必须应对每种压力,这些因素一起有效组成了每家企业的"运营许可"(Gunningham et al. 2003)。

正如之前所提出的,由于存在不合规行为受惩罚的威胁,预计企业管理者会回应监管压力。管理者的决定（假设他们具有完全且不受约束的理性）将权衡由于不合规且未被发现所带来的收益，或是节约的成本，与由于违法被抓所面临的处罚。如果预期的处罚（可能是多次处罚）大于不合规的收益，那企业会选择遵守法规（Becker 1968）。Gunninghan et al.（2003）指出，越来越严格的水污染法规是影响全球制浆造纸厂安装昂贵的污染控制装置的最主要因素。

社会压力将强化监管压力（见 Lounsbury et al. 本手册［第 12 章］）。Aoki & Cioffi（1999）指出，尽管日本的监管机构比美国少，但日本企业在遵守污染物排放法规方面一直比美国企业做得好，这可能是因为日本国内对企业遵守环境法规的要求比美国强烈。尽管有时法律规定并不要求商界采用环保措施，但社会压力依旧会促使企业这么做。个人和社会团体将这种压力施加于企业，使其直接影响工厂管理者，或间接刺激政府官员提高监察力度。正如 Gunningham et al.（2003：37）观察所见，"一个企业若无法达成社会期许的环境绩效，则其声誉会受损，这不利于员工招聘，并会触发更严格、更具攻击性的法规监管。"

与社会及监管压力起相反作用的，往往是施加于企业之上的经济压力。企业需要响应利益相关者关于投资回报的要求。在竞争市场中，企业通过增加额外的成本来实现超出法律要求的环境控制，却并不会带来企业的市场份额竞争优势，而这不仅会威胁到利益相关者的红利，甚至在某个点还会危及企业自身的生存（Thornton et al. 2008）。当然，在一些案例中，企业可以树立负责的环保者形象，从而获得经济优势（Reinhardt 2000），但是我们并未清晰地了解这些优势到底有多强或者多广。假定环境法规是必需的，那来自环境管理投资的经济优势可能根本不足以带来社会最优的环境控制。

运营许可的概念强调了外部监管、社会压力和经济压力如何一起影响商业行为。由于这些外部压力对不同企业会有所变化，它们可以用来解释企业污染控制和合规水平的差异。当然，即使面临相似的外部压力，企业也可能会有不同的环境行为及绩效。与外部压力相同，商业企业自身特性及内部组织特征也会有影响。那些易于观察的企业内部特征，如企业规模及年龄会对企业合规水平产生影响，也会对有形程度较低的，如管理方式或承诺产生影响（Gunningham et al. 2003；Coglianese & Nash 2001）。商业企业似乎受一种"内部许可"的影响，"内部许可"包括组织文化或组织特性以及管理激励等因素（Howard-Grenville et al. 2008）。组织准则和管理者对环境的个人承诺等内部因素可能会给企业带来要求环境卓越的单独压力（Vandenbergh 2003）。与其相同，这些内部因素也会影响管理者如何感知及回应企业所承受的外部压力。

8.6   环境法的影响

从过去几十年的发展来看,环境法对于污染水平有着显著的影响。众多监测数据表明,在广泛采用环境法之后,发达国家的污染显著减少(Davies & Mazurek 1998;Bok 1996)。在众多发达国家,由于一些最易见的环境问题,如冒烟的烟囱及燃烧的河流等均得到了改善,因此从大气、水质量到危险废弃物清除点这些环境条件均得到了提升(Coglianese 2001)。不论这些改进是由于环境法规修订及其实施还是其他因素,例如经济从制造业及其他高污染产业向服务业转型,这最终是一个需要仔细分析的实证问题。

通常,政治分析家和学者观察到法律的颁布及随后污染的减少,因此他们很快得出结论,认为法律是引起污染削减的主要原因。例如,20 世纪 80 年代后期,美国有毒物质排放清单(TRI)——这种信息披露法规的修订被认为带来超过 40% 的有毒物质的减排(Fung & O'Rourke 2000)。Thaler & Sunstein(2008:192)认为,有毒物质排放清单是所有美国政府法规中"最含糊的成功案例","其促成了全美有毒物质的大量减排。"但是若要知晓有毒物质排放清单是否确实促成了有毒物质减排,我们需要假设如果没有有毒物质排放清单,有毒物质排放情况将会如何。若早在有毒物质排放清单通过之前,有毒物质的减排就已经开始,那该法规颁布之后的减排则不能完全归功于有毒物质排放清单。类似地,若美国政府在 1990 年设立的危险空气污染物法规(非有毒物质排放清单)也导致了有毒化学物质的减排,那么 1990 年后所观察到的有毒物质减排也不能全部归功于有毒物质排放清单(Hamilton 2005)。

一些环境法的实证证据表明,有些法规确实带来了环境的提升,但有些却并未达到预期的效果(Bennear 2007;McKitrick 2007;Hamilton & Viscusi 1999;Davies & Mazurek 1998;Revesz & Stewart 1995;Ackerman & Hassler 1981)。即使环境法确实带来了环境条件的改善,那些归因于环境法(相对于其他因素而言)的提升有时只是总体提升的一部分。例如,Greenstone (2004)关于美国清洁大气法案对二氧化硫(SO_2)浓度影响效果的研究表明,那些被该法案认定为"不合格"且由此受到更严格法规监管的地区,确实对周围大气中的二氧化硫浓度实现了更多的削减。但是当其他影响因素被控制的时候,这种额外的减少量抑或消失抑或变得非常小。

除了影响根本的环境条件之外,环境法也会影响其他政策标准,例如技术创新、环境风险分布、管制企业的合规成本及企业的国际竞争力等。例如在美国,每年与环境法相关的成本估计达到数千亿美金(Jaffe et al. 1995)。批评环境法的人们有时认为将这种环境合规的成本强加于企业有可能降低他们的竞争力,并导致制造业向海外转移。尽管不同国家的环境法与其合规成本有着明显的差异(Hammitt et al. 2005;Stewart 1993),并且一些研究的确说明环境标准与产业的海外转移相关(Greenstone 2002),但以美国为例的一些国家的制造业转移主要是由于其他一些经济条件的显著差异,如劳动力成本(Cole & Elliott 2007;Jaffe et al. 1995)。

管理理论学者迈克·波特提出,更严格的环境规范事实上会加强企业的竞争力。他认为,企业通过更创新、更有效的运作方式来应对法规要求,这不仅会减少环境污染,而且会节约成本或获得其他一些底线优势(Porter & van der Linde 1995)。大量轶事似乎支持这种双赢或者说是"绿色到黄金"的假说(Reinhardt 2000;Esty & Winston 2006)。尽管企业有时可能会因为环境管理中的额外付出而获利,但这并不意味着企业可以普遍从环境控制措施中获得奖励,也不意味着环境法规对企业产生的净效应只有正面的。如果企业可以普遍从对污染减排技术的投资中获利,那最终企业为了追求利润,自身必将削减更多的污染。事实上,在一个国家中,环境法规的出现首先是为了消除企业运行所带来的负面效应,这就暗示了企业自身在污染控制方面并不能获得足够的个体收益(Palmer et al. 1995)。商业游说团体对于额外环境立法的一致反对似乎也证明,法规将给企业带来经济优势的这一观点是错误的(Kraft & Kaminecki 2007)。

8.7 全球社会的环境法

当今经济中企业的全球化,加之一些全球范围内最显著的环境问题,不断为商业和环境法带来新挑战。其中一种挑战是关注于法律环境的复杂性,有时甚至是不一致性,跨国企业和其他一些从事国际贸易的企业必须在这个法律环境下运作(见 Christmann & Taylor 本手册[第 3 章])。跨国企业希望通过协调其商业和生产活动来获得规模经济,但他们也必须考虑到他们在众多不同的司法制度中运行会给企业带来截然不同的环境标准(Kagan & Axelrad 2000)。这种法规差别有时可能会带来更有效的商业实践或新技术开发,特别是在高精尖领域,如生物技术和纳米技术领域。如果不看其他方面,国际间的法规冲突会增加全球贸易的成本。在更极端的情况下,若环境标准变成了一种保护主义策略,这将会给全球贸易带来严重损害。

为了回应人们对于法规竞争和跨国法规冲突不良影响的担忧，国家环境官员致力于跨国对话以及通过国际论坛等方式实现法规协调的努力。另外，世界贸易组织有时会否决那些不平等对待国内与国外企业的国家环境标准。例如在 1996 年，世界贸易组织否决了美国环境保护署提出的一项有关重整汽油标准的法规，因为这项标准对美国以外国家油气产品的进口商要求比对美国国内炼油厂更严格（McCrory & Richards 1998）。

一些最紧迫的环境问题的全球特性也给实现国际合作与协调带来了一些挑战。对于气候变化等环境问题，不是单一国家决定是否设立自己的标准就能解决的。全球气候变化问题需要共同行动，因为即使一个国家成功实现了其温室气体的减排，但如果其他国家无所作为，该问题仍无法减轻（Wiener 2007）。某一国家排放的污染物会进入大气，从而影响其他国家的大气质量，这也意味着各国必须以各种方式共同行动，以减少污染物排放所带来的风险。

正如解决气候变化问题的合作历史所示，国际共同行动并不是一件容易的事情。这不仅是由于科学的不确定性，也由于不同的行动者对排放控制法规的收益评价会有差异，而且控制成本也存在巨大差异。发展中的经济强国如中国和印度认为，他们不应该被要求采用与美国和西欧等发达国家或地区相同的减排标准，因为较早以前，这些发达国家或地区经济发展的核心也都是以碳元素为基础的能源。相反地，发达国家则坚持，尽管他们在以前排放过更多的二氧化碳，但当时他们对于这种排放所可能带来的环境危害知之甚少，因此他们不该为过去的排放行为负责。反对共同行动的激励效应，例如投机取巧和抵抗行为（Olson 1968）普遍存在，使得国际合作进一步复杂化。由于这些原因，当环境问题变成全球问题时，这些问题的法律响应变得更难实现。

8.8　未来研究之路

无论是解决全球还是国内问题，环境法都给致力于法律和商业领域研究的学者提出了众多重要问题。其中的很多研究问题都反映在本章讨论的一些议题中。每个议题——环境法的制定、设计、执行、遵守及其对环境和经济的整体影响——都仍是开放的且亟待更多研究的问题。从一方面讲，其研究的必要性是由于环境法及其研究的内容相对较新；对部分问题的研究很少，而且结果有时即使不是相互矛盾，也是众说纷纭。从更根本上来说，环境法之所以成为实证研究中一个具有挑战的领域，在于这种现象自身的复杂性。环境不但带来了自然和公共健康科学等方面的诸多困难问题，而且令我们看到了环境法自身的复杂性——在于其技术密度、来源多样性（国际、国内、州、地方和非政府来源）、设计多样性（方法标准、绩效标准、基于市场的法规、信息披露和基于管理的法规）及实施与执行的多样性（对抗型、合作型和混合型）。环境法实施及其执行也是在一种复杂且多为高风险的政治和经济环境中进行的。该领域的法律都试图规范法律目标的异质主体的行为，即包括从独资到跨国企业，以及个人、非盈利组织甚至其他政府机构。因此，研究环境法需要了解远远超越环境科学和公共法律条款的知识。最终，这要求一种分析人和组织行为动态及复杂现象的能力，并且需要分辨这种行为对其他更复杂系统，如环境的影响。

迄今为止，环境法的研究很明显都是尝试着把一个复杂的大系统分隔开，并通过研究各部分小问题以理解整体问题。学者们较为关注单个法规设计方法的分析，形成了每个特定方法优势和劣势的重要知识。但是研究者还需要更多地关注不同法规设计方法的系统化实证比较。例如，我们并不知道相比于《美国清洁空气法案》中的危险空气污染绩效标准，有毒物质排放清单信息披露制度对空气污染物削减的作用更大还是更小。对于环境法不同的制定、设计和执行方式的相互作用，我们所知道的也比我们理应知道的少。哪些政治经济因素更支持传统方法或绩效标准而不支持基于市场的法规方法（Keohane et al. 1998）？不同的法规设计是否倾向不同的执行方式，或者会分别获益于不同的执行方式？最后，法规设计和执行模式如何互相作用从而影响企业行为？不同的企业和产业运营如何应对不同类型的环境法规的设计与执行的组合？环境质量和经济增长是更获益于有毒物质排放清单和危险空气污染绩效标准的组合执行，抑或是两者单独执行呢？应对全球气候变化的地方、州和国家法律是否有效连接在一起，或者他们是否阻碍了更有效的全球法律响应？

以上问题很难回答。但是至少有三个乐观的理由告诉我们，环境法学者在今后的 20 年将能比过去的 20 年更好地回答部分问题（Coglianese & Bennear 2005）。首先，环境法不再是新兴领域，这也意味着研究者可以尝试之前无法实施的纵向分析方法。其次，对环境法实证研究的政治兴趣也在增加。很多发达国家已经处理过的环境问题（如工业管道的污水排放问题）与那些更难以捉摸和复杂的仍需解决的环境问题相比（如农业溢流及停车场造成的水污染），已经变得更为简单和廉价。不断增长的法规分析压力——有时通过活动在"聪明"法规的旗帜下的政治倡议（Gunningham et al. 1998）实现——近几年在一些发达国家已经明显增强了。

最后，最近及未来可能出现的在测量、信息可获得性和分析技术方面的进步，会让研究者更容易用新的分析方式一并处理老问题和新问题。例如，之前美国环境保护署在不同部门中保存了不同的企业环境绩效数据,如今很多数据都已在线,且已经建立了工厂登记系统,使得相同工厂不同来源的数据可以更容易地组合。更普遍地说,遥感和数控挖掘技术的进步可能会在未来几十年中造福重要的新分析。

8.9　结　论

尽管越来越多的学者也开始了解商业和环境法,该领域仍然存在着更多的研究机会。对商业和环境法交叉领域的研究在未来几年中仍是十分必要的,因为该领域的学者所给出的已解决的问题及需进一步研究的问题的答案将会给立法者、监管者和商业领袖提供决策信息。更多地了解不同企业在面对不同规范设计和执行战略时如何行动及为何如此行动,这必将成为未来更有效实现环境保护和经济增长目标的必要条件。

参考文献

Ackerman, B. & Hassler, W. T. (1981). *Clean Coal/Dirty Air: Or How the Clean Air Act Became a Multibillion-Dollar Bail-Out for High-Sulfur Coal Producers and What Should be Done About It*. New Haven, CT: Yale University Press.

Aoki, K. & Cioffi, J. (1999). "Poles Apart: Industrial Waste Management Regulation and Enforcement in the United States and Japan," *Law and Policy*, 21: 213—245.

Applegate, J. S. (2008). "Synthesizing TSCA and REACH: Practical Principles for Chemical Regulation Reform," *Ecology Law Quarterly*, 35: 721—769.

Atlas, M. (2007). "Enforcement Principles and Environmental Agencies: Principal-Agent Relationships in a Delegated Environmental Program," *Law and Society Review*, 41: 939—980.

Ayres, I. & Braithwaite, J. (1992). *Responsive Regulation*. New York: Oxford University Press.

Bardach, E. & Kagan, R. A. (1982). *Going by the Book: The Problem of Regulatory Unreasonableness*. Philadelphia, PA: Temple University Press.

Becker, G. S. (1968). "Crime and Punishment: An Economic Approach," *Journal of Political Economy*, 76: 169.

Bernasconi-Osterwald, N., Magraw, D., Olivia, M. J., Orellana, M. & Tuerk, E. (2006). *Environment and Trade: A Guide to WTO Jurisprudence*. London: Earthscan.

Bennear, L. (2007). "Are Management-Based Regulations Effective? Evidence from State Pollution Prevention Programs," *Journal of Policy Analysis and Management*, 26: 327—348.

Bok, D. C. (1996). *The State of the Nation: Government and the Quest for a Better Society*. Cambridge, MA: Harvard University Press.

Braithwaite, J. (1982). "Enforced Self Regulation: A New Strategy for Corporate Crime

Control," *Michigan Law Review*, 80: 1466—1507.

Coglianese, C. (1997). "Assessing Consensus: The Promise and Performance of Negotiated Rulemaking," *Duke Law Journal*, 46: 1255—1349.

——(2001). "Social Movements, Law, and Society: The Institutionalization of the Environmental Movement," *University of Pennsylvania Law Review*, 150: 85—118.

——(2007). "Business Interests and Information in Environmental Rulemaking," in Kraft, M. E. & Kamieniecki, S. (eds.) *Business and Environmental Policy: Corporate Interests in the American Political System*. Cambridge, MA: Massachusetts Institute of Technology.

——& Bennear, L. S. (2005). "Program Evaluation of Environmental Policies: Toward Evidence-Based Decision Making," in National Research Council, *Social and Behavioral Science Research Priorities for Environmental Decision Making*. Washington, DC: National Academies Press.

——& Lazer, D. (2003). "Management-Based Regulation: Prescribing Private Management to Achieve Public Goals," *Law & Society Review*, 37: 691—730.

——Nash, J. & Olmstead, T. (2003). "Performance-Based Regulation: Prospects and Limitations in Health, Safety, and Environmental Regulation," *Administrative Law Review*, 55: 705—729.

——(2001). *Regulating from the Inside: Can Environmental Management Systems Achieve Policy Goals?* Washington, DC: Resources for the Future Press.

Cohen, M. A. (1992). "Environmental Crime and Punishment: Legal/Economic Theory and Empirical Evidence on Enforcement of Federal Environmental Statutes," *Journal of Criminal Law and Criminology*, 82: 1054—1108.

Cole, M. & Elliott, R. (2007). "Do Environmental Regulations Cost Jobs? An Industry-Level Analysis of the UK," *The B. E. Journal of Economic Analysis and Policy*, 7: 1—25.

Davies, J. & Mazurek, J. (1998). *Pollution Control in the United States: Evaluating the System*. Washington, DC: Resources for the Future.

Decker, C. (2005). "Do Regulators Respond to Voluntary Pollution Control Efforts? A Count Data Analysis," *Contemporary Economic Policy*, 23: 180—194.

Elliott, E. D., Ackerman, B. A. & Millian, J. C. (1985). "Toward a Theory of Statutory Evolution: The Federalization of Environmental Law," *Journal of Law, Economics and Organization*, 1: 313—340.

Esty, D. C. & Winston, A. S. (2006). *Green to Gold: How Smart Companies Use Environmental Strategy to Innovate, Create Value, and Build Competitive Advantage*. New Haven, CT: Yale University Press.

Fung, A. & O'Rourke, D. (2000). "Reinventing Environmental Regulation from the Grassroots Up: Explaining and Expanding the Success of the Toxics Release Inventory," *Environmental Management*, 25: 115—127.

Greenstone, M. (2002). "The Impacts of Environmental Regulation on Industrial Activity: Evidence from the 1970 and 1977 Clean Air Act Amendments and the Census of Manufacturers," *Journal of Political Economy*, 110: 1175—1219.

——(2004). "Did the Clean Air Act Amendments Cause the Remarkable Decline in Sulfur Dioxide Concentrations?" *Journal of Environmental Economics and Management*, 47: 585—611.

Gunningham, N., Kagan, R. & Thornton, D. (2003). *Shades of Green: Business, Regulation, and Environment*. Palo Alto, CA: Stanford University Press.

——Grabosky, P. N. & Sinclair, D. (1998). *Smart Regulation: Designing Environmental Policy*. Oxford: Oxford University Press.

Hahn, R. W. & Hester, G. L. (1989). "Marketable Permits: Lessons for Theory and Practice," *Ecology Law Quarterly*, 16: 361—406.

Hamilton, J. (2005). *Regulation Through Revelation: The Origin and Impacts of the Toxics Release Inventory Program*. New York: Cambridge University Press.

——& Viscusi, W. K. (1999). *Calculating Risks? The Spatial and Political Dimensions of Hazardous Waste Policy*. Cambridge, MA: MIT Press.

Hammitt, J. K., Wiener, J. B., Swedlow, B., Kall, D. & Zhou, Z. (2005). "Precautionary Regulation in Europe and the United States: A Quantitative Comparison," *Risk Analysis*, 25: 1215—1228.

Hawkins, K. (1984). *Environment and Enforcement: Regulation and the Social Definition of Pollution*. Oxford: Clarendon Press.

Howard-Grenville, J. A., Nash, J. & Coglianese, C. (2008). "Constructing the License to Operate: Internal Factors and their Influence on Corporate Environmental Decisions," *Law & Policy*, 30: 73—107.

Inglehart, R. (1997). *Modernization and Post-modernization: Cultural, Economic and Political Change in 43 Societies*. Princeton, NJ: Princeton University Press.

Jaffe, A. B., Peterson, S. R., Portney, P. R. & Stavins, R. N. (1995). "Environmental Regulation and the Competitiveness of U. S. Manufacturing: What Does the Evidence Tell Us?" *Journal of Economic Literature*, 33: 132—163.

Kagan, R. A. & Axelrad, L. (2000). *Regulatory Encounters: Multinational Corporations and American Adversarial Legalism*. Berkeley, CA: University of California Press.

Kamieniecki, S. (2006). *Corporate America and Environmental Policy: How Often Does Business Get Its Way?* Palo Alto, CA: Stanford University Press.

Keohane, N. O., Revesz, R. L. & Stavins, R. N. (1998). "The Choice of Regulatory Instruments in Environmental Policy," *Harvard Environmental Law Review*, 22: 313.

Konisky, D. (2007). "Regulatory Competition and Environmental Enforcement: Is There a Race to the Bottom?" *American Journal of Political Science*, 51: 853—872.

Kraft, M. E. & Kamieniecki, S. (eds.) (2007). *Business and Environmental Policy: Corporate Interests in the American Political System*. Cambridge, MA: Massachusetts Institute of Technology.

Lazarus, R. J. (2004). *The Making of Environmental Law*. Chicago: University of Chicago Press.

McCrory, M. A. & Richards, E. L. (1998). "Clearing the Air: The Clean Air Act, GATT and the WTO's Reformulated Gasoline Decision," *UCLA Journal of Environmental Law & Policy*, 17: 1.

McKitrick, R. (2007). "Why Did US Air Pollution Decline After 1970?" *Empirical Economics*, 33: 491—513.

May, P. & Winter, S. (1999). "Regulatory Enforcement and Compliance: Examining Danish Agro-Environmental Policy," *Journal of Policy Analysis and Management*, 18: 625—651.

Monsma, D. & Olson, T. (2007). "Muddling Through Counterfactual Materiality and Divergent Disclosure: The Necessary Search for a Duty to Disclose Material Non-Financial Information," *Stanford Environmental Law Journal*, 26: 137.

Neumayer, E. (2003). "Are Left-Wing Party Strength and Corporatism Good for the Environment? Evidence from Panel Analysis of Air Pollution in OECD Countries," *Ecological Economics*, 45: 203—220.

Olson, M., Jr. (1968). *The Logic of Collective Action*. New York: Schocken Books.

Palmer, K., Oates, W. & Portney, P. (1995). "Tightening of Environmental Standards: The Benefit-Cost or the No-Cost Paradigm?" *Journal of Economic Perspectives*, 9: 119—132.

Percival, R. V. (1995). "Environmental Federalism: Historical Roots and Contemporary Models," *Maryland Law Review*, 54: 1141—1182.

Porter, M. E. & van der Linde, C. (1995). "Green and Competitive: Ending the Stalemate," *Harvard Business Review*, September-October: 120—134.

Prakash, A. & Potoski, M. (2006). *The Voluntary Environmentalists: Green Clubs*, ISO 14001, *and Voluntary Environmental Regulation*. Cambridge: Cambridge University Press.

Reinhardt, F. L. (2000). *Down to Earth: Applying Business Principles to Environmental Management*. Boston, MA: Harvard Business School Press.

Revesz, R. L. & Stewart, R. B. (eds.) (1995). *Analyzing Superfund: Economics, Science and Law*. Washington, DC: Resources for the Future Press.

Ringquist, E. (1995). "Political Control and Policy Impact in EPA's Office of Water Quality," *American Journal of Political Science*, 39: 336—363.

Sam, A. & Innes, R. (2008). "Voluntary Pollution Reductions and the Enforcement of Environmental Law: An Empirical Study of the 33/50 Program," *Journal of Law and Economics*, 51: 271—296.

Scholz, J. T. (1984). "Cooperation, Deterrence, and the Ecology of Regulatory Enforcement," *Law & Society Review*, 18: 179—224.

Scruggs, L. (2001). "Is There Really a Link Between Neo-Corporatism and Environmental Performance? Updated Evidence and New Data for the 1980s and 1990s," *British Journal of Political Science*, 31: 686—692.

Seerden, R. J. G. H., Heldeweg, M. A. & Deketelaere, K. R. (2002). *Public Environmental Law in European Union and US: A Comparative Analysis*. Hague, the Netherlands: Kluwer Law International.

Shover, N., Lynxwiler, J., Groce, S. & Clelland, D. (1984). "Regional Variation in Regulatory Law Enforcement: The Surface Mining Control and Reclamation Act," in Hawkins, K. & Thomas, J. T. (eds.) *Enforcing Regulation*. Boston, MA: Kluwer-Nijhoff.

Stavins, R. N. (1998). "What Can We Learn from the Grand Policy Experiment? Positive and Normative Lessons from SZ2 Allowance Trading," *Journal of Economic Perspectives*, 12: 69—88.

Stewart, R. B. (1993). "Environmental Regulation and International Competitiveness," *Yale Law Journal*, 102: 2039—2106.

Thaler, R. H. & Sunstein C. R. (2008). *Nudge: Improving Decisions about Health, Wealth, and Happiness*. New Haven, CT: Yale University Press.

Thornton, D., Kagan, R. A. & Gunningham, N. (2008). "Compliance Costs, Regulation, and Environmental Performance: Controlling Truck Emissions in the U. S.," *Regulation & Governance*, 2: 275—292.

Tietenberg, T. H. (1990). "Economic Instruments for Environmental Regulation," *Oxford Review of Economic Policy*, 6: 17—33.

Vandenbergh, M. (2003). "Beyond Elegance: A Testable Typology of Social Norms in Corporate

Environmental Compliance," *Stanford Environmental Law Journal*, 22: 55—144.

Vig, N. J. & Kraft, M. E. (2009). *Environmental Policy: New Directions for the Twenty-First Century*, 7th ed. Washington, DC: CQ Press.

Viscusi, W. K. (1983). *Risk by Choice: Regulating Health and Safety in the Workplace*. Cambridge, MA: Harvard University Press.

Vogel, D. (1995). *Trading Up: Consumer and Environmental Regulation in a Global Economy*. Cambridge, MA: Harvard University Press.

Wiener, J. B. (2007). "Think Globally, Act Globally: The Limits of Local Climate Policies," *University of Pennsylvania Law Review*, 155: 1961—1979.

Wood, D. & Waterman, R. (1991). "The Dynamics of Political Control of the Bureaucracy," *American Political Science Review*, 85: 801—828.

第 4 部分

组织行为和理论

9 环境行动的认知障碍：问题与解决方案

Lisa L. Shu，Max H. Bazerman

之前的章节已经给我们提供了许多绝佳的、用以促进环境可持续倡议的商业和非市场战略。这些章节共同在企业、政策和组织层面上提供了新型干预方式，以促进社会找到更优环境解决方案。本章中，我们会把注意力转向内部微观层面，即个体层面，从居民和政策制定者角度探索环境干预。我们将从行为学决策文献角度来重点关注辨认认知障碍。我们将特别强调三类认知障碍，这三类认知障碍阻碍了相关影响环境行为的有效个人决策。之后，我们将先从个体居民的角度出发，再从政策制定者的角度出发，讨论克服这些认知障碍的可能方法。

2002 年，诺贝尔奖委员会破天荒地将诺贝尔经济学奖颁给了 Daniel Kahneman。Kahneman 及其之后的 Amos Tversky 开创了研究人们日常决策中所犯系统性和可预测性错误的新领域（Tversky & Kahneman 2002）。其核心观点是，行为决策领域假定在面对判断和选择时，所有人都依赖于简化的战略或认知启发。这种启发方法给予我们快速决策能力，并经受住日常生活的高度复杂性的考验。但是这种快速是有代价的，正如 Tversky 和 Kahneman 所确定的，认知启发也会带来系统性的、可预测性错误。决策错误或偏见被定义为在可预测方向上与理性思考的偏离程度。那些已被确定的众多偏见已经对经济学、金融市场学、消费者行为学、谈判学、药学和组织行为学领域中的现有决策模型产生了巨大的冲击（Bazerman & Moore 2008）。

行为决策领域的观点常常被认为与新古典主义经济学观点正好相反。事实上，这两种方式的共性要比学术争论中所提出的更多。对决策偏见的研究并没有全盘否定经济合理性模型；相反地，行为观点试图从经济合理性（在特定领域和决策环境中）中确定可预测的偏离，以期改善现有行为模型。

行为决策领域已经记录了众多偏见（Bazerman & Moore 2008），许多偏见与错误的环境决策相关（Hoffman & Bazerman 2007）。为了深入了解行为决策研究如何应用，我们关注三类与影响环境行为极度相关的偏见。首先，尽管很多人声称他们想给后代留下一个良好的地球环境，但人们总是直觉地漠视本可以合理捍卫的未来环境；其次，正面的错觉带给我们一个结论，那就是能源问题目前还不存在，或者说远没有达到需要行动的严重程度；最后，我们总是以一种自私自利的方式来解释事件，这会导致我们希望他人在解决能源问题方面付出比自己更多的努力。我们之后将提出一些方式，使得这些偏见成为我们用来获得更好判断的优势之一。在本章末，我们将概述行为决策观点领域前沿研究的核心问题，并揭露行为和新古典经济学观点互相冲突的虚假事实。

9.1 认知偏见综述

忽视未来

你更喜欢现在获得 10000 美元还是在一年之后接受 12000 美元呢？很多面对这一问题的人都选择立即接受 10000 美元，并无视一个获得 20% 投资收益的机会。类似地，房主总是不会将房屋的隔热做到合适的程度，或者不购买能效高的电器及荧光灯，纵使这些改变的长期回报率是巨大的。研究表明，对于未来，人们总是使用过高的贴现率。换而言之，人们总是倾向于关注或者说是过度看重短期利益（Loewenstein & Thaler 1989）。

组织机构也会犯忽视未来的过错（见 Howard-Grenville & Bertels 本手册[第 11 章]；Banerjee 本手册[第 31 章]）。某一顶尖大学曾经对其基础设施进行了重大更新，而其所用的产品从长期角度来看并非成本效益最优产品（Bazerman et al. 2001）。受到建设项目的资金约束，该大学暗中给相关的建造决策设立了非常高的贴现率，并强调在建筑使用过程中现有成本与长期成本之比的最小化。最终，该大学失去了财政办公室本应享受的投资收益。相反，作为绿色校园倡议的一部分，哈佛大学给不同学院有财务价值的项目设立了基金，这些项目可能会由于短期财政压力被忽视。绿色校园倡议项目使得院系降低了由于未来过度贴现倾向而造成较差长期决策的可能性。

未来运营的过度贴现有可能带来一系列的环境问题，如对海洋和森林资源的过度开采、对处理气候变化新技术的投资失败等。Hoffman & Bazerman（2007）记录了极高贴现率对全球渔业危机的毁灭性影响。世界上 17 个最大的渔业流域中,11 个已经被完全耗尽。高技术和政府补贴也使得渔民捕尽海洋渔业资源。全球渔业的补助用来制作的船、鱼钩以及渔网已经足以捕获比整个渔业资源还多的鱼。过多的船在捕杀着过少的鱼,这也导致针对非法捕鱼行为的国际争端。

生态经济学家 Herman Daly 已经发现,我们很多环境决策的出现均基于地球"是一个清算企业"的假设(Gore 1992)。当未来不确定、遥远且涉及两代人之间资源分配的时候,我们最有可能对未来进行贴现(Wade-Benzoni 1999)(也可见 Tost & Wade-Benzoni 本手册[第 10 章])。具体而言,当人们认为地球资源需要保护时,他们将会为其后代考虑。但当如今的消耗机会会使后代经受环境代价的时候,人们便会把后代当成一个模糊的未来团体。Ackerman & Heinzerling(2004)将贴现与物种灭绝、两极冰帽融化、铀泄露、处理有害废弃物的失败等现象联系在一起。从社会观点看,对于现今担忧的过度看重是愚蠢且不道德的,因为这会剥夺后代的机会与资源(Ackerman & Heinzerling 2004;Stern 2007)。

正面错觉

许多国家的边界线有可能会因为类似于毁灭性飓风和海岸线浸没等气候变化而发生实质性改变。但是大部分政府始终忽视一个可以在解决气候变化中扮演建设性角色的机会,而未能采取措施以控制或减少他们国家对化石燃料的依赖。加重这一问题的部分原因是那些最有可能受到气候变化积极响应行动威胁的利益群体的政治行动,例如重工业、油气企业和与这些产业密切相关的官员(见 Weber & Soderstom 本手册[第 14 章])。但是普通民众也加重了这一问题,因为他们未能调整能源使用方式,或者至少在油气价格飙升前没有调整。我们为什么会犯下如此过分的长期错误呢?

我们对于未来的正面错觉或许是罪魁祸首。通常我们更倾向于以一种超越客观事实的正面眼光去看待我们自己、我们的环境和我们的未来(Taylor & Brown 1988)。这种正面错觉有其好处,因为这可以加强自尊,增加对行动的承诺,并鼓励面对困难任务时的坚持不懈和面对逆境时的力量(Taylor 1989)。但是,研究也表明,正面错觉也会降低决策的质量并阻碍我们对重大问题采取及时行动(Bazerman & Watkins 2004;Bazerman & Moore 2008)。

我们都拥有各种各样的正面错觉,但其中的两种与对能源及气候变化的疏忽格外相关:不现实的乐观主义和对控制的错觉(Bazerman et al. 2001)。不现实的乐观主义可以被描述为一种倾向,也就是一个人坚信自己的未来会比他人更好更光明,同时也会比客观分析的结果更优更光明(Taylor 1989)。本科生和研究生均超出客观事实地认为自己会带着众多荣誉毕业,得到一份好的、高薪且令人愉快的工作,并被新闻做专题报道。人们也总是认为相比同龄人,自己更不可能去酗酒、被开除或离婚,或者经受生理与心理疾病。与这些倾向相一致,我们相信并且表现出似乎气候变化的影响远远不像科学预测的那么严重。

我们也倾向于认为我们可以控制不可控的事件(Crocker 1982)。例如有经验的骰子玩家相信"轻轻"抛掷骰子将帮助他们获得更小的点数;赌博者也相信观察者的沉默将会影响他们的成功率(Langer 1975)。这种虚幻的信仰来自于对最不可控事件的错误控制感。在气候变化领域,这种正面错觉转变为公共期望,人们认为科学家会发明新技术从而解决该问题。但不幸的是,除了 Steven & Stephen 在其畅销书《魔鬼经济学》(*Freakonomics*)中的观点(Harper 2009)以外,我们并没有切实的证据证明新技术将会及时解决这一问题。事实上,这种观点使得气候学家的责任更加艰巨。因而,对于新技术出现的不现实的乐观主义和对控制的错觉将会成为当今行动失败的一个长久原因。

利己主义

气候变化归咎于谁呢?正如我们在 2009 年哥本哈根会议上所见,不同团体对该问题的归咎和责任分配比例有着不同的评估结果。例如,中国和印度等新兴国家谴责西方国家在过去和现在的工业化中对资源过度消耗。而与此同时,美国政府也不愿意达成协定,部分因为中国和印度只愿意为他们日益增长的气候变化影响承担部分责任。发达经济体则谴责新兴国家焚烧雨林与未加抑制的经济和人口扩张。

这些互相对立的观点是普遍利己主义倾向的结果,是一种自私行为下的偏见(Babcock & Loewenstein 1997;Messick & Sentis 1983)。作为与之前描述的正面错觉相关的一种偏见,利己主义更特指在罪责与功劳的分配过程中,人们做出利己判断的倾向,这种现象使人们对一个问题可能存在的公正解决方案有不同的评价。

心理学家 David Messick 和 Keith Sentis 发现,我们倾向于在自我利益的基础之上首先确定自身对某一结果的偏好。然后,我们在公平的基础之上,通过改变各种影响公平特质的重要因素,实现对这一偏好的辩护(Messick & Sentis 1985)。因此,每个政府确实都想寻求一种对所有团体都公平的气候变化协定,但是对公平的定义却由于个人利益而产生了偏差。不幸的是,利己主义导致所有参与其中的团体相信，承担少于一个独立团体视为公平的逆转气候变化的责任，对他们而言才是公平的。该问题恶化的原因不是对不公平的渴望，而是缺少客观审视信息的能力。

有一点非常重要，那就是环境事件倾向于变得高度复杂，并且缺乏决定性的科技数据。这种不确定性可能导致利己主义的盛行（Wade-Benzoni et al. 1996；Wade-Benzoni et al. 2002）。当数据清晰且明显时，人类对公平的操纵能力是有限的；相反地，极度的不确定性加剧了利己主义。哲学家 John Rawls 提出，我们需要在"漫不经心的面纱"之下评判公平性，也就是我们需要在不知晓自身扮演何种角色的情况下进行评判（Rawls 1971）。从 Rawls 的观点来看，利己主义描述的是我们在有与没有漫不经心情况之下观点的差别。

这三种刚刚讨论过的认知偏见——忽视未来正面错觉以及利己主义——会相互作用。在坚持认为科学家是错误的几十年后，很多由于个人利益而强烈反对减缓气候变化的团体，渐渐改变了其观点。他们不再坚称气候变化不存在，气候变化与人类无关，或者是气候变化应该归咎于他人；他们现在认为由于成本过高而不应该解决该问题。这种论点的转移——从"没有问题"到"我们没有责任"，再到"太昂贵了而不修复"——使当代人为获得低收益而转嫁了高成本给后代。这些气候变化行动的反对者在一些细节和提议中可能是正确的，但没有证据表明他们想通过客观的成本—收益分析对其断言进行评估。

9.2　克服认知障碍

我们刚刚讨论过的三种认知障碍是固有且普遍的"拦路虎"，阻碍个人采用高能效行为和技术。几十年的研究证实，这些障碍给克服硬连接模式中的困难描绘出了一个黯淡的画面。但是最近，学者们开始在人们对启发法的依赖中看到了一丝曙光。在了解到人们的行为是可预测且非理性的之后，我们可以通过最佳利用自身对启发法固执依赖的方式构建多个选择，并以此完成更优决策。尤其是 Thaler & Sunstein（2008）这两位"选择建筑学"的冠军，已经确定了几种无瑕疵地设计选择环境的创造性方式，以避免系统性的决策陷阱。

行为学决策文献已经表明彻底除去人类决策偏见的困难性（Milkman et al. 2009）。我们看到了通过设计决策内容而带来更睿智选择的巨大潜力（Thaler & Sunstein 2008）。本着"选择建筑学"的精神，我们提出利用以下工具帮助市民和政策制定者克服我们决策偏见的陷阱。

默认的力量

假定气候变化的环境解决方案的认知障碍是与生俱来的,那我们要如何引导人们采用更优行为呢?利用现存的人类倾向或许是一种简单的干预方式。显然,人们对于默认的选择总有着夸张的坚持。Samuelson & Zeckhauser(1988)曾观察过这一效应。当时哈佛大学教职工的医疗保健计划正从默认方式转变为教职工自由选择,但是绝大部分教员却依旧选择维持现有的医疗保健计划,因为他们已经习惯了将默认选择作为参考点,因此并不愿意改变现状。

对默认的力量更为有力的一个证明是由 Johnson & Goldstein(2003)在对器官捐献行为研究中得出的。通过研究欧盟国家所有市民对器官捐赠默认政策从选择加入到选择退出所发生的变化,作者揭示出简单的已建立的默认方式所带来的惊人差别。选择加入政策的国家中市民捐献同意率为4.25%～27.5%,而选择退出政策的国家中有效同意率则为 85.9%～99.98%(Johnson & Goldstein 2003)。

鉴于默认已有的势力和人们普遍不情愿改变默认方式,我们建议政府和机构将绿色选择变成引导人们采取更环保行为的规范。维持现状是精确选择的一个强有力推动,因为其正好利用了人们避免选择的倾向。在消费领域,那些提供混合动力和非混合动力款式的汽车生产商将尽可能将混合动力款式变为人们的默认值。所有家电的默认设置,如空调、冰箱和电脑显示器,虽然可以设置较低功率的出厂设置,但仍为用户设定了相同的功率范围。

一些主要领域的微小改变可能可以带来更为节能的选择。在该过程中,个人会逐步变成温和的能源消费者,而不需要做出明确努力或者根本不会意识到自己经历了选择过程。建立睿智的默认值是一种强有力的工具,因为这使得消费者在毫不察觉之中选择了更优决策。但是,对这种毫不费力影响的依赖性还不足以解决类似节能等重大问题。

能源成本显性化

尽管人们总是强烈地渴望维持现状,但这并不意味着人们对新信息无动于衷。Seligman & Darley(1997)开展了首批阐述反馈对能源消耗的作用研究。这些研究者将实际用电量与根据历史数据预计的用电量之比作为每日用电量比率反馈给房主。这种反馈每周四次,历时一个月。相比于用电量基准程度相同的对照组,获得反馈的用户用电量要低 10.5%。

更多最近的研究强调了我们可以采用类似这种反馈信息的特定形式。

Schultz（1999）对 120 户居民就社区便利回收进行反馈效应研究，其中每户居民都会收到下列五种处理方式的一种：一个回收恳求、一个回收恳求加个人的书面反馈、一个回收恳求加邻居的书面反馈、一个回收恳求加回收情况信息或是无任何处理要求（对照组）。研究结果显示，受到反馈干预（个人或者邻居的反馈信息）的组群，其回收基线量存在明显的增量，但其他条件的群组却未发现明显增量。该研究显示，反馈本身并不足以改变行为，而来自反馈的行为改变需要同时有规范的活化作用存在。

此外，能源消耗量的申报单位也会对结果产生影响。Larrick & Soll（2008）揭示了一个事实，以每加仑的行驶英里数（MPG）为单位评价燃油效率，会导致消费者对他们汽车的燃油使用产生系统性的误解。"每加仑英里数的错觉"是指人们错误地认为汽车油耗的减少是汽车 MPG 值的线性函数，但事实上两者的关系是曲线型的。更具体而言，这种错觉导致人们认为在如下情景下燃油节约量是相同的：将 MPG 为 10 的车置换成 MPG 为 15 的车，将 MPG 为 20 的车置换成 MPG 为 25 的车。但事实上，在相同里程数下，第一种情景要比第二种情景节约更多燃油。MPG 从 10 到 15 的 5 MPG 提升会比从 20 到 25 的 5 MPG 提升对燃油节约影响更大。

Larrick & Soll（2008）提供了以每英里加仑数（GPM）作为测定燃油效率的替代单位，这会更准确反映燃油的消耗与节约情况。事实上，燃油消耗的减少与 GPM 呈线性关系，因此其可以矫正由 MPG 带来的错觉。当油耗用 GPM 而非 MPG 表示时，Larrick & Soll 试验的参与者会更准确地挑选出燃油效率高的汽车。当欧洲、加拿大和澳大利亚已经使用类似于 GPM 的单位距离油耗量作为评价指标时，美国、日本和印度仍未纠正 MPG 错觉。

政策捆绑以减少对损失的厌恶

行为决策研究最稳健的发现之一，就是损失的效果会表现得比获利更大（Kahneman & Tversky 1979；Tversky & Kahneman 1991）。与相同大小的收益所带来的愉悦相比，人们感受到的损失所带来的痛苦程度似乎更大。这表明立法者在提出同时包含成本与收益的立法提议时，会面临一场艰苦的斗争，因为损失的预计权重会大于收益。明智的环境立法所带来的利益超过成本，但人们过度看重成本的倾向会给立法通过设置障碍。因此，我们相信需要战略来帮助政策制定者克服对损失的厌恶心理。

本章前面部分引用的研究强调了厌恶损失的政策应用。人们常把对现状的偏离视为厌恶损失，对这种现象的相关知识可以帮助政策制定者了解重大事件,如在器官捐赠(Johnson & Goldstein 2003)和"401k 计划"参与者(Madrian & Shea 2001)中默认所带来的巨大应用。很显然,Johnson & Goldstein (2003)发现,那些采用选择退出器官捐赠体系国家的捐赠率远远高于那些采用选择参与的国家。在"401k 计划"中,雇主可以通过假定新雇员愿意加入退休体系从而鼓励退休储蓄,而非要求雇员主动同意。类似地,Samuelson & Zeckhauser (1988)对教师不愿意改变默认医疗选项的阐述也表明了哈佛大学教师存在着对损失的厌恶心理;老教师不愿意改变,除非可能的利益远远超出可能的损失,而新教师则没有这种对损失的厌恶心理。

我们相信,通过捆绑方式来克服对损失厌恶的战略知识也能帮助政策制定者通过更好的立法。立法者常常通过采用将不相关的政策糅合在一个法案中的方式来提高立法支持率。Milkman et al. (2012)提出了一种不同的政策捆绑技术,其目标是以一种减少有害效应的方式来实现对相关法案的组合,这种有害效应来自于更看重损失的非理性倾向。他们表示,一个法案是将在领域 A(如 X 镇的失业)的成本与领域 B(如 X 镇森林的保有量)的收益组合为一个法案,其对比法案则结构相反:领域 A(如 Y 镇的就业上升)的收益和领域 B(如 Y 镇森林的损失数)的成本相组合。

在 Milkman et al. (2012)的研究中,每个立法若不是单一法案便是组合法案,两个单独法案的成本和收益组合产生两个领域的净收益。例如,参与者会被随机指定观察如下三个法案中的一个:

• 法案 1:一条关于在社区 X 建立新公园的法规,该公园伐木将被禁止,造成 100 人失业但会保护 24281 公顷森林;

• 法案 2:一条关于废除社区 Y 中受保护公园的法规,允许在 50000 英亩曾受保护的森林中伐木,破坏了森林却创造出 125 个新工作岗位;

• 组合法案:一个由法案 1 与法案 2 组成法案中两部分内容的捆绑法案。

83%的参与者认为他们会投票给组合法案,这远远超出了法案 1(54%)或法案 2(45%)的投票支持率。每个单独法案都在舍弃方面经受了对损失的厌恶。该研究阐明,捆绑政策可能是一个有效的政治工具,其可以帮助政策制定者通过那些总体有利但包含必要代价的法规。

Milkman et al. (2012)在对四个立法领域的研究中证实,这种捆绑技术确实提高了同时具有代价和利益的法案的支持率。单一法律往往难以获得足够的支持率,因为他们特指的范围较为狭窄,这使得立法者无法克服对损失的厌恶心理。捆绑法案可以帮助立法者克服因对损失的厌恶而造成的对睿智立法的非理性反对。

轻微延迟睿智政策的益处

在很多案例中，通过睿智环境法就是做我们认为应该做的事，而非做我们想做的事（Bazerman et al. 1998）。我们知道我们需要减少商品的消费，减少化石燃料的使用而节约能源，并且避免破坏我们的生态系统。我们的最佳期望是我们自信地认为未来将采取这些行动（Epley & Dunning 2000）。但是，当需要做决定的时刻来临时，我们却常常无法做我们认为应该做的事。这是为什么呢？因为在做决定的时刻，我们内心似乎陷入了该做什么和想做什么的冲突之中（Tenbrunsel et al. 2011）。

这种深藏在预期选择与实际行为不一致之下的紧张关系常常被比喻为"多重自我"现象（Schelling 1984）。Bazerman et al.（1998）把这两种自我描述为"想要"的自我和"应该"的自我。前者是指在某一刻的个人情感上人们想要做的自我，而后者是指审慎思考后人们所认为他们应该做的自我。想要和应该之间的紧张关系虽不是一直存在的，却常常和个人短期与长期利益之间的紧张关系同时发生。

居民常常被要求以短期利益换取长期利益的角度来考虑政策。一个通过将未来选择指导为"应该"选项从而获益的当今问题的例子，就是如何减少影响全球气候变化的化石燃料在国内使用的问题。虽然大部分居民都同意美国应该减少其对这一全球问题的影响，但与此相关的立法却受到了严厉的反对。Rogers & Bazerman（2008）认为一个可以帮助立法者的战略就是提升他们称之为"未来锁定"的获益。他们表示，当人们在经历当下选择未来而不是选择立即实现时，更有可能根据"应该"的自我的兴趣来进行选择。

很多睿智的环境政策要求人们牺牲少量到中等的现有利益，以换取未来更大的利益回报（或者是避免未来更大的损失）。这些提案往往无法通过，因为人们会高估实施的即刻成本。当政策将在未来，甚至是近期，而不是当下实施时，人们更可能支持那些有初始成本和长期利益的环境友好型政策。虽然轻微的实施延缓可能带来效率低下问题，但是支持率可能获得巨大提升，即使实际上并没有任何延缓发生。这种轻微的延缓有效地说服了人们跨越情感上对实施的即刻成本的厌恶。

Rogers & Bazerman（2008）首先发现了一系列人们觉得应该支持但却不想支持的政策。在前期研究中，参与者被要求评价其认为对一个政策应该支持和想要支持的程度。当参与者认为一个政策他们应该支持的程度远远高于想要支持的程度时，该政策被认定为应该型政策。那些被 Rogers &

Bazerman（2008）认定为的应该型政策包括提高油价以减少污染的政策、限制捕鱼量以减少海洋渔业过度捕捞的政策以及其他三个非环境类的政策。

对于捕鱼问题，参与者被要求考虑一个限制渔业捕鱼量的政策。该政策会提高鱼肉的价格，减少渔业的工作岗位数量，保护海洋中鱼类储量，并延续和支持捕鱼业生存和发展。参与者被随机分配到不同情景中对提案进行评价——假设该政策即刻生效或者在四年之后生效。后者的情景极大增加了该政策的被接受率。

Rogers & Bazerman（2008）表示，延迟实施时间可能会变成政策制定者的一个实用战略，提高人们对他们认为应该支持却不想支持的政策的支持率。当大部分居民认为美国需要减少其对全球环境问题的负面影响时，提出的大部分相关倡议却受到了立法者和居民的强烈反对。若提倡该改革在未来生效，政策制定者可能可以利用未来锁定利益效应，提高那些认为应该实施改革的人们对该政策的支持率。

在一些案例中，将未来锁定应用于公共政策几乎是零成本的。很多法律已经被设计成将在未来生效，但却在宣传时引起即刻、自私的担忧。Rogers & Bazerman（2008）表示未来锁定即使在少数条件下也可以起作用。他们选取了全国范围内的样本，调查人们对一个在两年内提高53%汽油价格政策的喜恶程度，及在几个月内他们会对其投反对票还是支持票。该研究中的所有参与者都阅读了以下内容：

若该政策通过，其会以提高53%油价的方式减少汽油的消耗量。这么做可以减少美国对大气的碳排放总量，而碳排放是引起全球气候变化的主要原因。该政策也会减少美国对外国，特别是中东地区的石油依赖性。每加仑汽油涨价53%也使得汽油对美国人而言更昂贵，并提高所有形式，特别是开车的出行成本。因为油价上升会降低经济发展速度，短期内也有可能导致工作岗位减少。

一半的参与者阅读到这一政策将在两年后生效，另一半参与者则阅读到国会将尽快对这一政策进行投票。之后参与者被问及"你反对或支持这一政策的强烈程度有多少？"那些阅读两年延迟执行版本的参与者似乎比阅读不包含延迟执行版本的参与者要更支持这一政策。从本质上而言，延缓实施减少了即刻损失所带来的情绪化反应。

延缓实施除了会给将在一段时间以后生效的应该型政策带来更多支持之外，也给了人们以应对新政策影响的准备时间。例如，通过一个将在未来几年生效的更高燃料效率的法规，将给车主多几年时间享受现有汽车的价值，也使得汽车生产商有时间逐步增强制造更高能效汽车的能力。

但这种利用未来锁定效应而通过的政策也存在一个明显的风险,那就是未来立法机构可能会推翻该政策。Rogers & Bazerman(2008)回应说,这种风险并不足以使人恐惧,因为通过政策与推翻政策是截然不同的过程。一旦政策被实施,居民将会参与其中,该政策也会逐渐被视为社会默认或现状。正如我们之前所述,默认的力量很强大(Johnson & Goldstein 2003),且人们并不愿意改变现状(Samuelson & Zeckhauser 1988)。

9.3   现存的问题:研究前沿

当大部分环境管理领域的研究都关注于技术创新及组织变革时(Bazerman & Hoffman 1999),我们却强调了对环境变化中决策者思想的影响作用的相关研究。我们并非此方面研究的先行者。相关的研究早已发表(Bazerman & Hoffman 1999;Bazerman et al. 2001;Hoffman & Bazerman 2007;Hoffman & Henn 2008)。而且这些相关的研究涵盖了其他决策偏见(如虚构的定量馅饼、过度自信等),且某些案例关注了特定的环境问题(见Bazerman(2006)气候变化中的应用)。我们始终坚信,通过思考那些对环境产生负面影响的错误决策,我们可以获得强有力的新见解。本章的目标是强调那些我们认为最为重要的决策影响范例,并强调如何改变那些导致环境破坏的决策。

我们承认,长久以来决策研究者对偏见的辨别能力是一直令人失望的(Fischhoff 1982;Bazerman & Moore 2008)。然而,我们相信,行为学决策研究者洞察力的提升将在某种意义上改变决策系统,使其更好地利用人脑的自然倾向。具体而言,这包括了通过设定有利于环境保护干预的选择框架来改变选择环境。我们所提到的选择架构的观点仍处于初期阶段,且其在环境问题中的应用也非常少;但是我们将其视为一个重要的机会。

一个盛行的且未来研究者可能可以揭露的假象,就是行为经济学家与新古典主义经济学家在设计能帮助人们和政策制定者做出更睿智决策的干预时,采用不同技术而发生的争斗。尽管这两群学者对于相同问题提出了不同的解决方案(例如新古典主义经济学家依赖提价——包括定价及机会成本——阻止高环境成本的行为),但两组建议的组合将会带来巨大好处。对于同一问题,来自行为学和新古典主义思考者的不同建议往往都是互补且非互相抵触的。一个范例就是,减少汽油消耗量以提高汽油价格(新古典主义方法)和用更准确反映汽油消耗量的每英里加仑数来评价燃料效率(行为学方法)。这两种方式没有互相冲突;相反地,行为学方法实际上可以用于加强诱因兼容的新古典主义方法的建议。

从方法学角度而言,我们也看到了行为学决策研究和行为经济学中的一个重要变化。在过去的 25 年里,大部分行为研究都是在实验室中使用纯实验方法进行的。虽然我们相信实验室研究有助于很好地进行结论总结(Bazerman & Moore 2008),但我们也明白,实际情况的有力证据也驱使着我们去改变。一个来自行为经济学家的有趣观察显示,如果你给组织提出一个好的想法,组织应该会有兴趣与研究人员一起测试该想法,以便在更大范围应用和扩散。理想的情况是进行实地研究从而发现因果关系。我们相信这将非常有助于帮助不同组织和国家思考未来对环境的明智干预。

一个特别能从实地证据获益的研究问题是,哪些有助于能源节约的行为更易改变。对于行为改变如何影响我们的能源足迹,我们已经进行了相当好的测定,但是对人们参与这些行为的可能性检验却相对匮乏。研究者和从业者在回答此类问题上是天生的合作伙伴。通过确定哪些是最适合改变的行为——环境干预方面最容易得到的成果——我们将有能力从这些行为的各个方面表现中收获最大的环境影响。

参考文献

Ackerman, F. & Heinzerling, L. (2004). *Priceless: On Knowing the Price of Everything and the Value of Nothing*. New York: New Press.

Babcock, L., Lowenstein, G. & Issacharoff, S. (1997). "Creating Convergence: Debiasing Biased Litigants," *Law and Social Inquiry—Journal of the American Bar Foundation*, 22(4): 913—925.

Baron, J., Bazerman, M. & Shonk, K. (2006). "Enlarging the Societal Pie Through Wise Legislation: A Psychological Perspective," *Perspectives on Psychological Science*, 1(2): 123—132.

Bazerman, M. H. (2006). "Climate Change as a Predictable Surprise," *Climatic Change*, 77 (1-2): 179—193.

——Baron, J. & Shonk, K. (2001). *You Can't Enlarge the Pie: Six Barriers to Effective Government*. New York: Basic Books.

Bazerman, M. H. & Hoffman, A. J. (1999). "Sources of Environmentally Destructive Behavior: Individual, Organizational, and Institutional Perspectives," in Sutton, R. I. & Staw, B. M. (eds.) *Research in Organizational Behavior*, Volume XXI. Stamford, CT: JAI Press.

——& Moore, D. (2008). *Judgment in Managerial Decision Making*, 7th ed. New York: Wiley.

——Tenbrunsel, A. E. & Wade-Benzoni, K. A. (1998). "Negotiating with Yourself and

Losing：Understanding and Managing Confl icting Internal Preferences," *Academy of Management Review*，23(2)：225—241.

——& Watkins，M. D. (2004). *Predictable Surprises：The Disasters You Should Have Seen Coming and How to Prevent Them*. Boston：Harvard Business School Press.

Benabou，R. & Tirole，J. (2006). "Incentives & Pro-social Behavior," *American Economic Review*，96(5)：1652—1678.

Crocker，J. (1982). "Biased Questions in Judgment of Covariation Studies," *Personality & Social Psychology Bulletin*，8(2)：214—220.

Epley，N. & Dunning，D. (2000). "Feeling 'Holier than Thou'：Are Self-Serving Assessments Produced by Errors in Self- or Social Prediction," *Journal of Personality and Social Psychology*，79(6)：861—875.

Fischhoff，B. (1982). "Debiasing," in Kahneman，D.，Slovic，P. & Tversky，A. (eds.) *Judgment under Uncertainty：Heuristics and Biases*. Cambridge：Cambridge University Press.

Gimbel，R. W.，Strosberg，M. A.，Lehrman，S. E.，Gefenas，E. & Taft，F. (2003). "Presumed Consent and other Predictors of Cadaveric Organ Donation in Europe," *Progress in Transplantation*，13(1)：17—23.

Gore，A. (1992). *Earth in the Balance*. New York：Penguin.

Hoffman，A. J. & Bazerman，M. H. (2007). "Changing Practices on Sustainability：Understanding and Overcoming the Organizational and Psychological Barriers to Action," in Sharma，S.，Starik M. & Husted B. (eds.) *Organizations and the Sustainability Mosaic*. Edward Elgar Publishing.

Hoffman，A. & Henn，R. (2008). "Overcoming the Social and Psychological Barriers to Green Building," *Organization & Environment*，21(4)：390—419.

Johnson，E. J. & Goldstein，D. G. (2003). "Do Defaults Save Lives?" *Science*，302(5649)：1338—1339.

Kahneman，D. & Tversky，A. (1979). "Prospect Theory：An Analysis of Decision under Risk," *Econometrica*，47：263—291.

Langer，E. J. (1975). "The Illusion of Control," *Journal of Personality & Social Psychology*，32(2)：311—328.

Larrick，R. P. & Soll，J. B. (2008). "The MPG Illusion," *Science*，320(5883)：1593—1594.

Levitt，S. D. & Dubner，S. J. (2009). *Freakonomics：A Rogue Economist Explores the Hidden Side of Everything*. New York：Harper Perennial.

Loewenstein，G. & Thaler，R. H. (1989). "Anomalies：Intertemporal Choice," *Journal of Economic Perspectives*，3(4)：181—193.

Madrian，B. C. & Shea，D. F. (2001). "The Power of Suggestion：Inertia in 401(k) Participation and Savings Behavior," *Quarterly Journal of Economics*，116(4)：1149—1187.

Messick，D. M. & Sentis，K. P. (1983). "Fairness，Preference，and Fairness Biases," in Messick，D. M. & Cook，K. S. (eds.) *Equity Theory，Psychological and Sociological Preferences*. New York：Praeger，66—94,

——(1985). "Estimating Social and Nonsocial Utility Functions from Ordinal Data," *European Journal of Social Psychology*，15(4)：389—399.

Milkman，K. L.，Mazza，M. C.，Shu，L. L.，Tsay，C. & Bazerman，M. H. (2012). "Policy Bundling to Overcome Loss Aversion：A Method for Improving Legislative Outcomes," *Organizational Behavior and Human Decision Processes*，117(1)：158—167.

——Chugh, D. & Bazerman, M. H. (2009). "How Can Decision Making Be Improved?" *Perspectives on Psychological Science*, 4(4): 379—383.

Rawls, J. (1971). *A Theory of Justice*. Cambridge, MA: Harvard University Press.

Rogers, T. & Bazerman, M. H. (2008). "Future Lock-in: Future Implementation Increases Selection of 'Should' Choices," *Organizational Behavioral and Human Decision Processes*, 106(1): 1—20.

Samuelson, W. F. & Zeckhauser, R. (1988). "Status Quo Bias in Decision Making," *Journal of Risk and Uncertainty*, 1(1): 7—59.

Schelling, T. C. (1984). *Choice and Consequence: Perspectives of an Errant Economist*. Cambridge, MA: Harvard University Press.

Schultz, P. W. (1999). "Changing Behavior with Normative Feedback Interventions: A Field Experiment on Curbside Recycling," *Basic and Applied Social Psychology*, 21(1): 25—36.

Seligman, C. & Darley, J. M. (1977). "Feedback as a Means of Decreasing Residential Energy Consumption," *Journal of Applied Psychology*, 62(4): 363—368.

Taylor, S. E. (1989). *Positive Illusions: Creative Self-Deception and the Healthy Mind*. New York: Basic Books.

——& Brown, J. D. (1988). "Illusion and Well-Being: A Social Psychological Perspective on Mental Health," *Psychological Bulletin*, 103(2): 193—210.

Tenbrunsel, A. E., Diekmann, K. A., Wade-Benzoni, K. A. & Bazerman, M. H. (2011). "Why We Aren't as Ethical as We Think We Are: A Temporal Explanation," *Research in Organizational Behavior*.

Thaler, R. H. & Sunstein, C. R. (2008). *Nudge: improving Decisions about Health, Wealth, and Happiness*. New Haven, CT: Yale University Press.

Tversky, A. & Kahneman, D. (1991). "Loss Aversion in Riskless Choice: A Reference-Dependent Model," *Quarterly Journal of Economics*, 106(4): 1039—1061.

——(2002). "Judgment under uncertainty: Heuristics and biases," in Levitin, D. J. (ed.) *Foundations of Cognitive Psychology: Core Readings*. Cambridge, MA: MIT Press, 585—600.

Wade-Benzoni, K. A. (1999). "Thinking about the Future: An Intergenerational Perspective on the Conflict and Compatibility between Economic and Environmental Interests," *American Behavioral Scientist*, 42(8): 1393—1405.

——Tenbrunsel, A. E. & Bazerman, M. H. (1996). "Egocentric Interpretations of Fairness in Asymmetric, Environmental Social Dilemmas: Explaining Harvesting Behavior and the Role of Communication," *Organizational Behavior and Human Decision Processes*, 67 (2):111—126.

Wade-Benzoni, K. A. Okumura, T., Brett, J. M., Moore, D. A. Tenbrunsel, A. E. & Bazerman, M. H. (2002). "Cognitions and Behavior in Asymmetric Social Dilemmas: A Comparison of Two Cultures," *Journal of Applied Psychology*, 87: 87—95.

10　代际善行及组织环境下环境可持续倡议的成功

Leigh Plunkett Tost，Kimberly A. Wade-Benzoni

环境可持续能力是指某一组织所达成的状态,这时组织中传递给下一代的环境利益(如自然资源)不会减少,环境负担(如有毒废弃物)不会增加,且每位利益相关者达成其潜在状况的能力会逐步增强。为了实现这一状态,有一点至关重要,组织决策者应该以长远眼光看待组织活动,并赋予正面价值以保护和提升未来人的利益及需求。本章我们将会讨论心理学因素的相关研究,这些心理因素会影响个人为后代考虑并因此牺牲当今个人利益以保护环境可持续性的可能性。

为了检测这一问题,我们首先描述个人如何在心理上经受面对当下自我利益和未来他人利益权衡时的两难困境。这时,我们描述出影响人们牺牲当前自我利益以保护或促进未来他人利益的个人倾向的心理学动态过程(见表10.1)。另外,我们也描述了这些研究对于指导组织如何提升环境可持续能力的影响。

10.1　研究代际善行的心理学方法

代际困境是指在当前决策者利益与未来他人利益冲突时进行的选择。对于代际困境的心理学研究,其核心目标是确定那些能影响决策者实施代际善行可能性的因素,这会在当前决策者为了未来他人利益而牺牲当前利益时出现。该领域的研究对"代"的定义比传统观点更广泛。传统意义的"代"只是指社会和家庭背景下20～30年这一时间段;相反,对代际行为的心理学研究提出"代",就是在一个有限时间段内扮演某一角色的任一个人或团体,然后将该角色传承给出现的其他个人或团体(见 Wade-Benzoni (2002a) 对于"代"的定

表 10.1　影响代际善行的正负面影响要素

负面影响	机制	如何反击	今后研究领域
代际距离（人际＋时际距离）	基于距离的贴现	促进代际之间的亲密关系和代际认同	该领域之前的研究中,部分边界条件放松的影响可能是什么? 如果决策者没有即刻从社会情境中移除,反而有机会经历他们的决策在当下与今后的后果,那又会如何?
互惠	社会规范	强调前辈的积极（正面）行为	是什么减缓了代际相互作用时规范粘附的可能性? 何时前辈行为可能被视为"哪些不能做"的范例? 较大的时际距离是否会消除前辈的模范作用? 或者说,前辈行为的模范效应随着时际距离增加而有了重要性和高度,是因为它被赋予了更多的象征性和传统基础的重要性?
权力	社会责任感	提升社会责任的规范;强调当下决策者的权力	如果当前决策者没有对当前决策的单边控制权,那么权力动态性如何变化? 如果当前决策者必须协商才能达成有关当前与未来的资源配置的集体决策,那么这些权力的动态性将如何变化?
遗产动机	死亡意识激起为成为不朽的象征而奋斗	推动组织层面间的遗产构建的行为	是什么因素激活了遗产动机? 什么决定了个人希望创建的遗产内容?

义的深入讨论）。根据这种观点,组织成员的过去、现在和未来群体可以被视为组织中不同的"代"。另外,一代的时间长度可以是任意的,组织成员可以在数周、数年和数十年的时长中发挥其作用。

　　因此,在代际困境的研究中,决策情景的关键特征包括当前和未来行动者的利益冲突以及当下决策和未来结果之间的时间延迟程度。从这种意义上说,代际困境标记了两种典型的心理学距离:把决策者和未来将会经历当前决策影响的他人区分开的社会距离,以及决策时间和对未来他人产生影响的时间之间的时间距离。社会距离和时间距离的交叉得出了代际困境的一些特征,使得那些决策的心理经历变得独一无二。其特征包括代间的直接互惠的缺失、未来结果的不确定性以及当代和未来角色之间力量的不对称性。

由于这些原因的存在,之前对于代际决策的心理学动态研究主要受到两类边界条件的限制。①之前对代际困境的研究都关注决策环境,在该决策环境中,当代人对于将会影响未来代的决策拥有完整和单方面的决策权力。换言之,未来代对当今决策没有话语权。②过去该领域的研究都将社会角色从社会交换环境中移除了,从而角色不会因其之前所做决定而获得利益或遭受损失。第二种边界条件的一个重要应用是,未来代没有机会将前代决策好的或坏的影响直接回报给前代。因此,这些边界条件将代际困境研究与其他更典型的团体内部情境区分开。在其他团体内部情境中,团体都有自己的话语权,且从传统社会困境而言,当决策的结果具体化之后,决策者依旧是整体的一部分。因此,未来关于代际善行的一个研究方向将是考虑当这些边界条件的限制减弱时,代际决策的心理学动态过程将会如何改变。下面我们将讨论此领域研究的一些潜在的未来方向。在这之前,我们将回顾该领域的已有研究。

10.2　距离的两种维度

代际困境可以通过人际和时际两方面的组合进行表征。换言之,在代际困境中,个人或团体的决定与行为将会影响其他个人和团体的结果(人际维度),当今的行动会影响未来的结果(时际维度)。这两种维度代表了心理学距离的主要内容,也就是从现实直接经历中移除所带来的心理感觉,或称之心理即时性的官能缺失(Bjorkman 1984;Henderson et al. 2006;Liberman et al. 2007;Loewenstein 1996;Trope & Liberman 2003;Wong & Bagozzi 2005)。

在下面的研究回顾中,我们将描述在代际情景中这两种距离的独立效果如何组合起来削减代际善行,从而导致代际贴现的出现。

人际距离

人际心理学距离是个人与其他个人或团体亲密程度的函数(Hernandez et al. 2006)。亲密度是指感知到的统一性、同情和观点接受的整合,且是决策者对其他有可能受决策影响的他人感到同情和紧密联系程度的函数(Wade-Benzoni 2008)。当人际心理距离很远、亲密度很低时,决策者更看重决策结果对自身的影响而非是对他人的影响(Loewenstein 1996)。这种现象也被称为社会贴现(见 Shu & Bazerman 本手册[第 9 章])。在一件商品价值贴现归于他人而非自己时,社会贴现就会发生(Loewenstein et al. 1989;Rachlin & Raineri 1992)。例如,一个人可能愿意为自己工作 30 分钟赚得 5

美元,但若要为他人工作,则在相同数目报酬之下愿意工作的时间将少于 30 分钟。严格来说,对于社会贴现的研究已经阐明,人际距离的扩大将导致更大程度的社会贴现(Jones & Rachlin 2006)。考虑到代际情景下人际心理学距离往往很远(如当前决策者可能根本不会接触到未来将会被此决策所影响的人),社会贴现将很有可能给代际善行带来重大的负面影响。

事实上,最近的研究已经给该效应在代际情景下的存在提供了一些支持。在一个基于现实生活中海洋渔业危机的研究案例中,Wade-Benzoni(2008)记录了当代渔夫与未来渔夫的密切关系以及关于当前渔业资源消耗的代际善行决策之间的正面关系。与未来代的密切关系似乎让未来人对决策的结果感受到更高的即刻性与私人性。因此,当与未来人的亲密度较高时,当代决策者可能会把未来人视为自己的一部分,这也会使其自我利益与未来他人利益趋同,从而减少了心理距离并提升了代际善行(Wade-Benzoni 2008);而当这种亲密度很低时,社会距离和社会贴现便会对代际善行产生负面影响。

社会距离的这种现象会加剧对公平的利己性感知,从而会对代际善行的可能性产生负面影响。之前的大量研究已经显示,当两个个体或团体的利益互相冲突时,涉及其中的个人将会对潜在的事实结果的公平性产生带有偏见的感知,因此他们会将他们偏好的结果视为最公平的结果(Babcock et al. 1995;Bazerman & Neale 1982;Neale & Bazerman 1983;Wade-Benzoni et al. 1996;Walster et al. 1978)。这种偏见的出现是因为在社会背景下,个人的动机是双重的。具体而言,一方面,个人总是有动机去感知和表现他们的公平、道德和慷慨;另一方面,个人也有动机通过获取利益和避免负担的方式提升和保护个人利益。对公平的偏见感知是强有力的,这在于这种偏见会允许个人同时满足两种动机,因为这种偏见会让人们产生一种感知,觉得他们对事件的自私行动、结果或对事件的解释也是最合法合理的。因此,决策者可以从决策的困境中解脱,并通过关注公正、道德和公平的方式毫无阻拦地追求个人利益。研究表明,在做此类判断的时候,个人通常不知道其判别标准是带有自利的偏见(Wade-Benzoni et al. 2002)。进一步而言,社会距离越大将会越加剧这种倾向。

之前对于代际善行的研究已经阐明,在代际情景中利己主义的偏见是持久的。具体而言,一个最近的研究表明,当一群人是当代决策者而不是将要经受决策影响的未来个体时,其会认为给予未来更少的配额将是更公平的(Wade-Benzoni et al. 2008)。因此,该研究显示出当代成员在解释代际分配问题时存在利己主义的偏见(与中立第三方的判断相对比),且这些偏见反过来会导致一种利己且对抗未来人利益的趋势(Wade-Benzoni et al. 2008)。

时际距离

当前决策者从未来将要经受当前决策影响的情景中移除的现象，不仅存在于社会层面，同时也存在于时间层面。那就是说，代际情景中不仅存在决策者和他人之间的社会距离的影响，而且会发生决策与其对他人产生的结果之间的时间延迟。就这种意义而言，未来他人将被双重地从决策者的即时经历中移除。代际困境的时际维度产生了加剧当前决策利己主义偏见的两种重要特征：时间贴现和不确定性。

首先，大量的研究已经表明，决策和结果之间的时间延迟对资源配置有系统性效应。具体而言，关于时际选择问题的研究表明，人们会对未来将被消耗的资源进行贴现，这展示出人们对即时利益或消耗的天然喜好，以及对延期利益或消耗的固有厌恶（见 Koewenstein（1992）的综述）。这种时际形式贴现的发生是由于长时间跨度限制了认知，因而潜在的决策结果将给人更少的真实感，并且当时间延迟增加时会变得不那么显著，也更难以辨别（Pigou 1920；von Bohm-Bawerk 1889）。因此，时间延迟将会导致人们更难全面预想和理解决策结果。除了这类认知局限之外，动机影响如延迟的即刻痛苦，也会影响时际贴现。与时际个人选择的研究结果一致，对代际困境的研究也表明，若当下决策和未来结果之间存在更大的时间延迟，则代际善行的可能性会趋于减小（Wade-Benzoni 1999，2008）。

其次，随着决策和结果之间时际距离的增加，当今决策对未来影响的本质和程度的不确定性将会不可避免地扩大。具体而言，随着时间延迟增加，当前行动的预期结果可能会被意外事件破坏。例如，环境学者认为温室气体的继续排放将有可能导致全球剧烈变暖及其他罕见的环境改变现象，甚至部分地区会变得更寒冷。由于这种结果是不确定的，决策者在制定存在时间延迟的决策时，往往会展现出一种乐观的偏见，他们认为他们决策的未来结果将是不切实际的正面结果。这种乐观主义偏见会加剧对公平的利己解释的动态性。具体而言，当代决策者在面临放弃眼前利益以保留未来他人利益的决策时，总是倾向于认为该利益在未来的潜在可用性高于所预测的客观事实。通过这种方式，个人假定那些有利于自己的结果也会在未来产生正面结果，实现了对时间不确定性的利用（Budescu et al. 1990；Gustafsson et al. 1999，2000；Weinstein 1980）。

代际贴现

我们将之前描述的时际和社会贴现的组合效果称为代际贴现，特指人们愿意以自身少量的眼前利益反对未来他人更大利益的倾向（Wade-Benzoni 1999，2002a，2008）。因此代际贴现的程度反映出当前决策中包含了多少未来一代的利益。随着代际贴现增加，未来他人的利益将会小于眼前自身利益，因此，更大的代际贴现程度会带来更少的代际善行。

严格来说，代际贴现的效果往往会被放大，因为决策对未来一代的影响也会随时间而升级。具体而言，若当代人宁愿将负担留给后代而非自己解决，那么后代将因此而遭受更严重的负面结果。例如，有毒废弃物倾倒的负面影响将会随着时间而扩大，因为这些物质将渗入地下水并污染更广的水域。类似地，若当代人可以放弃眼前利益以保留给后代，正面影响也可以逐步积累，正如长期金融投资的例子。这种结果的升级会增大代际困境心理动态性的强度。

因此，代际贴现代表了时际和社会贴现效果的组合，其结果会随时间而升级。因而在代际情景之下，两种不同贴现方式对善行的不同负面效果将有可能混合而形成非常高水平的代际贴现。换言之，当决策者同时经历时间延迟和社会距离两种影响时，他们常常会优先考虑自身的眼前利益而不是未来他人利益。但是对于代际决策的心理动态研究表明，这两种距离的相互作用并非在所有情况下都会带来负面效果（见 Wade-Benzoni & Tost（2009）的综述）。具体而言，两种距离的组合可能会产生意料之外的效果，这些效果对于代际困境而言是独特的，且有可能增加人们保护和提升未来他人利益的可能性。我们将随后对其进行阐释。

10.3　对于代际善行的正面影响

时际和社会贴现效果的组合似乎暗示了在组织情境下提升环境可持续性的前景灰暗，但对于代际善行的研究却表明，那些由前代所建立的规范有时可以压倒这种贴现倾向，甚至有可能出现时间延迟效果的逆转。在之后的小节中，我们将会对部分此类研究进行综述，并为未来该效应的研究指明方向。

互惠

作为社会关系中最基本的规范之一（Gouldner 1960；Haidt 2004；McLean Parks 1997），关于互惠的考虑自然出现在代际困境的人际层面。但互惠在代际情境下的特殊形式却是时际和人际维度的组合函数。互惠通常是指直接和相互的交换由等价心理所表征的利益或负担（Trivers 1971）。理论学家已经确定，在代际情境下任何直接互惠可能性的缺失（由于决策和结果之间的时间延迟）是代际善行的主要抑制原因（Care 1982）。具体而言，由于后代往往无法回报当代人的行为，当代人可以做一些自私的决定且不用担心后代的报复。但是代际困境的心理学研究却表明，互惠可能在代际情境下是一种更为普遍的形式，人们可以把"互惠"到的那些前代留下的好或坏的东西以类似的方式传给下一代（Wade-Benzoni 2002a）。通过这种方式，个体对后代的行为便可以模仿前代，从而把利益（或负担）传递给下一代，这被视为来自前代的好（或坏）的方面的互惠义务（或报复）。这种类型的互惠被称为"代际互惠"（Wade-Benzoni 2002a）。因此，代际互惠可能成为代际善行的障碍或推动力，而这取决于上一代人的行为。此外，代际互惠现象意味着，前代决策者所设立的规范有可能成为能影响多代人的强有力典范。

有关代际行为的原有研究记录了代际互惠现象，并进一步建议组合隐含在这种效果下的各种机制——包括互惠义务和建立代际规范（Wade-Benzoni 2002a）。具体而言，与普适化的交易互惠原则一致，该研究表明代际善行的主要动因之一就是对道德义务的感知，以及在前代格外慷慨时后代得有"偿还这种债务"的需要。此外，这些研究还表明，前代行为将会成为构建合适的代际行的信息来源。

之前的研究在确定代际互惠的基本现象和阐述相关机制方面做了大量的努力，但很多关键问题仍需要去探究。例如，之前的研究已经确定前代行为有可能成为当代决策者模仿的范例，但是研究者还不清楚在何种情境下该范例效果会起作用而在何时又会被忽视。例如，在何种情境下前代行为会被视为"什么不可做"的范例？类似地，更大的时间距离会削弱前代的范例角色作用吗？或者说，因为其被赋予了更大的象征性和基于传统的重要性，前代行为的范例效果随着时间距离增加是否会获得重要性和地位？

权力

如前所述，尽管决策和结果之间的时间延迟所带来的结果不确定性会给代际善行造成负面影响，但是我们仍要指出，在有些情况下，这种不确定性会带来正面效果。具体而言，研究已表明，如果这种不确定所涉及的内容不单单是思考未来将会从该决策中获益多少的问题，而是思考他们是否将会获益的问题，那么不确定性的效果将会变成正面的（Wade-Benzoni et al. 2008）。该研究表明，出现这种结果高度不确定性的效果，有可能是因为此种不确定性的程度提升了决策者对权力不对称天性的认知，并使决策者感受到对他人承受结果的社会责任（Tost et al. 2008；Wade-Benzoni et al. 2008）。

这些对于结果不对称性的意外发现让研究者进一步检验权力在代际决策中的作用。事实上,权力不对称性是代际情境的一个关键特质,它会大幅度影响代际决策中的心理动态(Wade-Benzoni 2002a,2003;Wade-Benzoni et al. 2008)。如上所述,在代际情境下,当代决策者完全控制了给后代分配资源的权力,而后代却没有机会回报这些行为。若在代际情境下,决策的结果会随时间而扩大,那这种权力的不对称性将会加剧。因此,决策的掌控者(当代)并非决策的主要经受者(未来代)。就该意义而言,未来代的无能为力和当代决策者的权力都得到了强化。

出于这些原因,理解权力的心理效果将如何影响代际善行至关重要。高度有权的人是否有义务去保护未来他人利益? 或者说,权力能否带给权力拥有者主观的权力感,造成权力拥有者以牺牲未来他人利益和需要为代价来提升自己的利益? 之前对非代际情境的研究已经得到多种有关权力、道德和伦理行为之间关系的不同发现。例如,研究已经阐明,对社会权力的经历将会使个人更看重自己的观点,并贬低他人(Georgesen & Harris 1998,2000;Kipnis 1972;Sachdev & Bourhis 1985),同时也会减弱人们同情和考虑他人观点的包容度(Galinsky et al. 2006;van Kleef et al. 2008)。但是其他一些研究却发现权力对社会责任感的正面效果(Frieze & Boneva 2001;Wade-Benzoni et al. 2008)。例如,对独裁者游戏(一个实验经济学家常用的范式,决策者对自身和他人的结果只有单一的选择)的研究(Bolton et al. 1998;Forsythe et al. 1994;Hoffman et al. 1996)已经表明,权力不平衡的极端形式能增强社会责任感,并产生一种保护无权者利益的社会动机(Handgraaf et al. 2008)。

在代际情境下,结果极度不确定性(如包括完全耗尽资源可能性在内的结果的不确定性程度)将带来社会责任感和对未来代实施善行,这一惊人发现表明,决策和结果之间的时间延迟有可能是影响权力和道德行为关系的另一个缓和因子。事实上,Wade-Benzoni et al.(2008)发现,类似结果高度不确定性影响,将会给当代决策者权力带来更强的社会责任感以及对未来代更多的善行。

重要的是,当代决策者的权力大小并非天生就与未来他人的无能为力相关,认识这个断点是未来研究领域的重要内容。例如,未来他人依旧会无权,但当代决策者需要对当代他人的利益负责。在这种情境下,当代决策者可能需要通过互相协商,从而确定可能影响未来代的行动步骤。当代决策者对其他利益相关者的义务如何影响对未来代的责任感或善行? 这种动态性是否削弱了权力不对称感,从而减少潜在的责任感和代际善行? 或者说,这种情况是否增加了当代决策者对未来代的换位思考和同情,从而增加了代际善行?

遗产动机

遗产是依附于个人身份的一种持久意义，并被证明对他人拥有跨越生命长度的影响力。因此，遗产属于代际现象，因为它们同时具有时际和人际维度：当个体留下遗产，个体就建立了对未来的持久影响，且会以某种方式影响他人。最近，关于建立持久遗产动机本质的理论和研究已经表明，若能在组织情境中合理利用遗产动机，其将会鼓励代际善行（Fox et al. 2010）。

遗产动机和繁殖这一概念紧密联系。繁殖是指通过展示对未来代福祉的关心与承诺（McAdams & de St. Aubin 1992）而以生命形式投资自身并延续生命的渴望（Kotre 1984）。基于这种繁殖观点，我们将遗产动机定义为参与繁殖行为以实现象征性永恒的个人动机。象征性永恒是指当个人通过与其他个体、机构和价值体系紧密相连而创造持久遗产时，所实现的个人延续的感觉。就该意义而言，留下正面的遗产动机包括希望生命得到进一步延续、对世界有正面影响，以及感觉自己是重要人物的最基本的人类渴望。因此，遗产动机涉及了建立人生意义的渴望，而遗产本身也是这种意义的载体，并通过对未来他人的影响而在未来延续了自我。

大量的社会心理学研究已经阐明，人们渴望在他们的人生中得到个人意义（Heine et al. 2006；Keyes et al. 2002；McGregor & Little 1998；Ryff & Keyes 1995；Steger et al. 2008；Zika & Chamberlain 1992）。Heine et al.（2006：89）提出，这种人生意义是指"将人们、地方、目标和思想通过预期的和可预测的方式与他人联系在一起"。基于此定义，个人人生意义可以被认为是在自身和外在事物，如其他人、组织和价值体系之间所建立的一系列联系。就该意义而言，对人生意义的追求就是对自身和外在事物的联系的追求。

与研究繁殖和人生意义的研究结果相一致，关于代际行为的理论认为，代际善行可以成为象征性的自我延续和繁殖行为的一种形式，因而，当个人想要留下正面遗产时，代际善行得到增强（Wade-Benzoni 2002b，2006）。这种观点提出了一个重要的问题：是什么激活了遗产动机？

对该问题的基本研究都集中在了解死亡意识作为遗产动机的激发来源所扮演的角色。具体而言，研究表明，对个人必死命运的意识激活了人们与未来相联系的渴望。换言之，死亡意识激活了遗产动机，而遗产动机反过来又激发了代际善行作为建立持久遗产的机制。事实上，在一系列最近的研究中，Wade-Benzoni et al.（2010）发现，在代际情境下，死亡意识逆转了时间延迟对资源分配的效果。换句话说，若没有死亡意识，决策和结果之间的时间延迟将导致代际善行的消减。但当个人意识到自己必死的时候,时间延迟将会增大代际善行的程度。这些研究似乎表明,参与者使用代际分配作为实现正面遗产的载体。因此,这些研究的一个重要启示是,代表未来者利益来行动将会减轻对死亡的焦虑,并实现象征不朽的需求,而从当代其他人利益进行考虑,则不会实现这些功能。

这种思想的关键点就是将遗产动机作为一种作用机制,其将决策者自我利益作为渠道去提升共同体的长期利益。就这种意义而言,遗产形成了自我利益和未来他人利益之间的联盟。因此,今后此类研究的一个重要主题将是确定其他激活遗产动机的影响因素。最近的研究表明,负担的分配(Wade-Benzoni et al. 2010)和决策者道德身份的激活可能代表了另外两种激活遗产动机的机制(Fox et al. 2010)。此外,另一个今后重要的研究领域是个人想要创造遗产内容的决定因素。例如,理论学家暗示死亡意识可以有不同的形式(如死亡焦虑和死亡沉思;见 Grant & Wade-Bezoni 2009),且最近的讨论表明不同形式的死亡意识会导致个人追求不同形式的遗产。具体而言,Fox et al. (2010)表明,死亡焦虑带来的遗产行为倾向于关注某个体或群体作为遗产受益人的问题,例如将积累的财富留给家人;相反地,那些由死亡沉思引发的遗产行为将会关注于为更广泛意义上的未来代提供最大利益,例如保护环境留给未来所有人美好环境。理论学家也表示,文化因素和工作价值导向也可能改变人们所追求的遗产的内容(Fox et al. 2010)。这些实证研究将在未来带来丰富的研究成果。

10.4 在组织中建立环境可持续倡议的启示

在本章最后的小节中,我们将对一些在组织中利用代际行为提升环境可持续性的心理学研究发现和启示进行综述。在综述中我们描述了抵消代际善行负面影响的方法,以及提升代际善行的正面影响的途径。

研究表明,在当代决策者和未来他人的时间距离成为代际亲密度的阻碍时,决策者并非必须与未来者互动才能感受到亲密;相反地,他们只需要认同自己和未来他人都是一个共同团体的一部分(Wade-Benzoni 2008)。代际识别是指一种认为自己和他人(过去和/或未来)共享一个团体成员身份的感受或感觉(Wade-Benzoni 2003)。因此,这种识别概念和亲密概念高度相关,因为当个人与组织成员的其他代有强烈的共同团体身份认同感时,个体就更有可能感受到与其他成员的联系,同情他们并考虑他们的利益。

理论学家因此提出一种提升组织中环境可持续性的机制,可能是强化组织角色的代际识别程度(Wade-Benzoni & Tost 2009)。众多影响代际识别程度的因素已经被确定,例如决策者自我强化的动机、决策者的整体需求、用以确定未来他人的特殊条件、决策框架和团体社会身份等因素(详细综述见Wade-Benzoni(2003))。

最近,理论学家关注两种强化代际识别从而提升环境可持续性的潜在途径,关注长期团体目标和强调过去一代在产生当代团体身份中所起的作用(Wade-Benzoni & Tost 2009)。首先,对团体内成员把团体当成一个单个集体或单元的团体实质性和程度的研究已经表明,拥有共同目标的团体是更本质的(Lickel et al. 2000)。基于这一发现,研究者认为,那些建立了最终只可能被未来成员实现的长期团体目标的集体,将有可能通过鼓励当代决策者,增强当代团体成员之间以及跨代成员间的认同感和实体感,从而提升环境可持续性,这是因为其需要多代人共同努力才能实现共同目标(Wade-Benzoni & Tost 2009)。未来的研究应该探究这一可能性。

其次,研究已经表明,个人对过去的理解将会极大地影响其对未来的感知(Sherif 1966)。此外,理论学家也表示,在代际情境下,加强对过去代的认同会比识别未来代更可行,因为过去的团体成员更容易被辨别和指定(Wade-Benzoni & Tost 2009)。进一步而言,过去的团体成员为了创造当今团体情况所发挥的作用也会令两代之间的联系更明确且更可辨。而当今对未来的影响似乎却没有如此明确和清晰,而且还会存在我们之前所讨论的高度不确定性。幸运的是,当个人对自己和过去的团体或组织角色认同时,该个体会把不同代的团体成员视为一个共同的小团体,这也有助于其与未来代进行认同。通过这种方式,增强对过去角色如何影响当代人的认识,这反过来可以鼓励当代决策者在做决定时考虑到其对未来和多代之间的持久影响。这些认识可以加强代际认同,也可以增强当代人对未来代的责任意识,从而鼓励个体重视环境可持续性。因此,对过去代的认同与未来代亲密度或善行影响的实证研究将成为未来重要的研究方向。

10.5　结束语

由于当代的决策者影响组织成员未来代和外在利益相关者的能力是前所未有的,因此用长期环境可持续基础观来制定组织决策、战略和流程已经变得越来越重要。在本章中,为了识别一些影响决策者重视环境可持续性的关键因素,我们已经回顾了代际行为心理学研究的重大发现。我们也指出这一领域的未来研究方向,并且发现了一些能使组织领导者鼓励成员重视环境可持续性的潜在机制。

代际决策在组织和社会中具有巨大的影响。当今的决策将会影响未来领导者可采用的长期战略选择,影响组织今后几十年的公众形象,改变领导地位的传承,并在多个方面影响组织的长期生存能力。代际决策的研究为组织实现长期环境可持续性和可行性提供了重要的观点。因此,我们希望本章中所综述的研究类型可以用以指导组织政策的发展和改变,并以多产和有利的方式实现社会和组织的长期共同成功。

参考文献

Arndt, J., Greenberg, J., Pyszczynski, T., Solomon, S. & Simon, L. (1997a). "Subliminal Presentation of Death Reminders Leads to Increased Defense of the Cultural Worldview," *Psychological Science*, 8: 379—385.

——(1997b). "Suppression, Accessibility of Death-Related Thoughts, And Cultural Worldview Defense: Exploring the Psychodynamics of Terror Management," *Journal of Personality and Social Psychology*, 73: 5—18.

Babcock, L., Loewenstein, G., Issacharoff, S. & Camerer, C. (1995). "Biased Judgments of Fairness in Bargaining," *American Economic Review*, 85: 1337—1343.

Bazerman, M. & Neale, M. A. (1982). "Improving Negotiation Effectiveness under Final Offer Arbitration: The Role of Selection and Training," *Journal of Applied Psychology*, 67: 543—548.

Becker, E. (1973). *The Denial of Death*. New York: Free Press.

Bjorkman, M. (1984). "Decision Making, Risk Taking, and Psychological Time: Review of Empirical Findings and Psychological Theory," *Scandinavian Journal of Psychology*, 25: 31—49.

Bolton, G., Katok, E. & Zwick, R. (1998). "Dictator Game Giving: Fairness Versus Random Acts of Kindness," *The International Journal of Game Theory*, 27: 269—299.

Budescu, D. V., Rapoport, A. & Suleiman, R. (1990). "Resource Dilemmas with Environmental Uncertainty and Asymmetric Players," *European Journal of Social Psychology*, 20: 475—487.

Care, N. S. (1982). "Future Generations, Public Policy, and the Motivation Problem," *Environmental Ethics*, 4: 195—213.

Forsythe, R., Horowitz, J. L., Savin, N. E. & Sefton, M. (1994). "Fairness in Simple Bargaining Experiments," *Games and Economic Behavior*, 6: 347—369.

Fox, M., Tost, L. P. & Wade-Benzoni, K. A. (2010). "The Legacy Motive: A Catalyst for Sustainable Decision Making in Organizations," *Business Ethics Quarterly*, 20(2): 153—185.

Frieze, I. H. & Boneva, B. S. (2001). "Power Motivation and Motivation to Help Others," in Lee-Chai, A. Y. & Bargh, J. T. (eds.) *The Use and Abuse of Power: Multiple Perspectives on the Causes of Corruption*. Philadelphia: Psychology Press, 75—89.

Galinsky, A., Magee, J. C., Inesi, M. E. & Gruenfeld, D. H. (2006). "Power and

Perspectives Not Taken," *Psychological Science*, 17: 1068—1074.

Georgesen, J. C. & Harris, M. J. (1998). "Why's My Boss Always Holding Me Down? A Meta-Analysis of Power Effects on Performance Evaluations," *Personality and Social Psychology Review*, 2: 184—195.

——(2000). "The Balance of Power: Interpersonal Consequences of Differential Power and Expectancies," *Personality and Social Psychology Bulletin*, 26: 1239—1257.

Gouldner, A. W. (1960). "The Norm of Reciprocity," *American Sociological Review*, 25: 161—167.

Grant, A. M. & Wade-Benzoni, K. A. (2009). "The Hot and Cool of Death Awareness at Work: Mortality Cues, Aging, and Self-Protective and Prosocial Motivations," *Academy of Management Review*, 34: 600—622.

Gustafsson, M., Biel, A. & Garling, T. (1999). "Outcome-Desirability Bias in Resource Management Problems," *Thinking and Reasoning*, 5: 327—337.

——(2000). "Eogism Bias in Social Dilemmas with Resource Uncertainty," *Group Processes and Intergroup Relations*, 3: 351—365.

Haidt, J. (2004). "The Emotional Dog Gets Mistaken for a Possum," *Review of General Psychology*, 8: 283—290.

Handgraaf, M., van Dijk, E., Vermunt, R. C., Wilke, H. A. M. & de Dreu, C. K. W. (2008). "Less Power or Powerless? Egocentric Empathy Gaps and the Irony of Having Little Versus No Power in Social Decision Making," *Journal of Personality and Social Psychology*, 95: 1136—1149.

Heine, S. J., Proulx, T. & Vohs, K. D. (2006). "The Meaning Maintenance Model: On the Coherence of Social Motivations," *Personality and Social Psychology Review*, 10: 88—110.

Henderson, M. D., Trope, Y. & Carnevale, P. J. (2006). "Negotiation from a Near and Distant Time Perspective," *Journal of Personality and Social Psychology*, 91: 712—729.

Hernandez, M., Chen, Y. R. & Wade-Benzoni, K. A. (2006). "Toward an Understanding of Psychological Distance Reduction between Generations: A Cross-Cultural Perspective," in Chen, Y. R. (ed.) *National Culture and Groups*, Vol. 9. Greenwich,CT:JAI Press.

Hoffman, E., McCabe, K. & Smith, V. L. (1996). "Social Distance and Other-Regarding Behavior in Dictator Games," *American Economic Review*, 86: 653—660.

Jones, B. & Rachlin, H. (2006). "Social Discounting," *Psychological Science*, 17: 283—286.

Keyes, C. L. M., Shmotkin, D. & Ryff, C. D. (2002). "Optimizing Well-Being: The Empirical Encounter of Two Traditions," *Journal of Personality and Social Psychology*, 82: 1007—1022.

Kipnis, D. (1972). "Does Power Corrupt?" *Journal of Personality and Social Psychology*, 24: 33—41.

Kotre, J. (1984). *Outliving the Self: Generativity and the Interpretation of Lives*. Baltimore: Johns Hopkins University Press.

Liberman, N., Trope, Y. & Stephan, E. (2007). "Psychological Distance," in Higgens, E. T. & Kruglanski, A. W. (eds.) *Social Psychology: Handbook of Basic Principles*, Vol. 2. New York: Guilford.

Lickel, B., Hamilton, D. L., Wieczorkowska, G., Lewis, A., Sherman, S. J. & Uhles,

A. N. (2000). "Varieties of Groups and the Perception of Group Entitativity," *Journal of Personality and Social Psychology*, 78: 223—246.

Loewenstein, G. (1992). "The Fall and Rise of Psychological Explanations in the Economics of Intertemporal Choice," in Loewenstein, G. & Elster, J. (eds.) *Choice over Time* (3—34). New York: Russell Sage Foundation.

——(1996). "Behavioral Decision Theory and Business Ethics: Skewed Trade-Offs Between Self and Other," in Messick, D. M. & Tenbrunsel, A. E. (eds.) *Codes of Conduct: Behavioral Research into Business Ethics*. New York: Russell Sage Foundation, 214—227.

——Thompson, L. & Bazerman, M. H. (1989). "Social Utility and Decision Making in Interpersonal Contexts," *Journal of Personality and Social Psychology*, 57: 426—441.

McAdams, D. P. & de St. Aubin, E. (1992). "A Theory of Generativity and Its Assessment Through Self-Report, Behavioral Acts, and Narrative Themes in Autobiography," *Journal of Personality and Social Psychology*, 62: 1003—1015.

McGregor, I. & Little, B. R. (1998). "Personal Projects, Happiness, and Meaning: On Doing Well and Being Yourself," *Journal of Personality and Social Psychology*, 74: 494—512.

McLean Parks, J. (1997). "The Fourth Arm of Justice: The Art and Science of Revenge," in Lewicki, R. J., Bies, R. J. & Sheppard, B. H. (eds.) *Research on Negotiation in Organizations*, Vol. 6. Greenwich, CT: JAI Press.

Neale, M. A. & Bazerman, M. H. (1983). "The Role of Perspective-Taking Ability in Negotiating under Different Forms of Arbitration," *Industrial and Labor Relations Review*, 36: 378—388.

Overbeck, J. R. & Park, B. (2001). "When Power Does Not Corrupt: Superior Individuation Processes among Powerful Perceivers," *Journal of Personality and Social Psychology*, 81: 549—565.

——(2006). "Powerful Perceivers, Powerless Objects: Flexibility of Powerholders' Social Attention," *Organizational Behavior and Human Decision Processes*, 99: 227—243.

Pigou, A. C. (1920). *The Economics of Welfare*. London: MacMillan.

Pyszczynski, T., Greenberg, J. & Solomon, S. (1999). "A Dual-Process Model of Defense against Conscious and Unconscious Death-Related Thoughts: An Extension of Terror Management Theory," *Psychological Review*, 106: 835—845.

Rachlin, H. & Raineri, A. (1992). "Irrationality, Impulsiveness, and Selfishness as Discount Reversal Effects," in Loewenstein, G. & Elster, J. (eds.) *Choice over Time*. New York: Russell Sage Foundation.

Ryff, C. D. & Keyes, C. L. M. (1995). "The Structure of Psychological Well-Being Revisited," *Journal of Personality and Social Psychology*, 69: 719—727.

Sachdev, I. & Bourhis, R. Y. (1985). "Social Categorization and Power Differentials in Group Relations," *European Journal of Social Psychology*, 15: 415—434.

Sherif, M. (1966). *In Common Predicament: Social Psychology of Intergroup Conflict and Cooperation*. Boston, MA: Houghton Mifflin.

Simon, L., Greenberg, J., Harmon-Jones, E., Solomon, S., Pyszczynski, T. & Arndt, J. (1997). "Terror Management and Cognitive-Experiential Self-Theory: Evidence that Terror Management Occurs in the Experiential System," *Journal of Personality and Social Psychology*, 72: 1132—1146.

Steger, M. F., Kashdan, T. B., Sullivan, B. A. & Lorentz, D. (2008). "Understanding the Search for Meaning in Life: Personality, Cognitive Style, and the Dynamic Between

Seeking and Experiencing Meaning," *Journal of Personality*, 76: 199—228.

Törnblom, K. Y. (1988). "Positive and Negative Allocation: A Typology and Model for Conflicting Justice Principles," *Advances in Group Processes*, 5: 141—165.

Tost, L. P., Hernandez, M. & Wade-Benzoni, K. A. (2008). "Pushing the Boundaries: A Review and Extension of the Psychological Dynamics of Intergenerational Conflict in Organizational Contexts," *Research in Personnel and Human Resources Management*, 27: 93—147.

——& Wade-Benzoni, K. A. "Power Corrupts in the Present but Ennobles over Time: The Roles of Power and Responsibility in Intergenerational Dilemmas," Working Paper, Duke University.

Trivers, R. L. (1971). "The Evolution of Reciprocal Altruism," *The Quarterly Review of Biology*, 46: 35—57.

Trope, Y. & Liberman, N. (2003). "Temporal Construal," *Psychological Review*, 110: 403—421.

van Kleef, G. A., Oveis, C., van der Lowe, I., LuoKogan, A., Goetz, J. & Keltner, D. (2008). "Power, Distress, and Compassion: Turning a Blind Eye to the Suffering of Others," *Psychological Science*, 19: 1315—1322.

von Bohm-Bawerk, E. (1889). *Capital and Interest*. South Holland, IL: Libertarian Press.

Wade-Benzoni, K. A. (1999). "Thinking about the Future: An Intergenerational Perspective on the Conflict and Compatibility Between Economic and Environmental Interests," *American Behavioral Scientist*, 42: 1393—1405.

——(2002a). "A Golden Rule over Time: Reciprocity in Intergenerational Allocation Decisions," *Academy of Management Journal*, 45: 1011—1028.

——(2002b). "Too Tough to Die: September 11, Mortality Salience, and Intergenerational Behavior," *Journal of Management Inquiry*, 11: 235—239.

——(2003). "Intergenerational Identification and Cooperation in Organizations and Society," *Research on Managing Groups and Teams*, 5: 257—277.

——(2006). "Legacies, Immortality, and the Future: The Psychology of Intergenerational Altruism," *Research on Managing Groups and Teams*, 11: 247—270.

——(2008). "Maple Trees and Weeping Willows: The Role of Time, Uncertainty, and Affinity in Intergenerational Decisions," *Negotiation and Conflict Management Research*, 1: 220—245.

——Hernandez, M., Medvec, V. H. & Messick, D. (2008). "In Fairness to Future Generations: The Role of Egocentrism, Uncertainty, Power & Stewardship in Judgments of Intergenerational Allocations," *Journal of Experimental Social Psychology*, 44: 233—245.

——Okumura, T., Brett, J. M., Moore, D., Tenbrunsel, A. E. & Bazerman, M. H. (2002). "Cognitions and Behavior in Asymmetric Social Dilemmas: A Comparison of Two Cultures," *Journal of Applied Psychology*, 87: 87—95.

——Sondak, H. & Galinsky, A. D. (2010). "Leaving a Legacy: Intergenerational Allocations of Benefits and Burdens," *Business Ethics Quarterly*, 20: 7—34.

——Tenbrunsel, A. E. & Bazerman, M. H. (1996). "Egocentric Interpretations of Fairness in Asymmetric, Environmental Social Dilemmas: Explaining Harvesting Behavior & the Role of Communication," *Organizational Behavior and Human Decision Processes*, 67: 111—126.

——& Tost, L. P. (2009). "The Egoism and Altruism of Intergenerational Behavior," *Personality and Social Psychology Review*, 13: 165—193.

——Hernandez, M. & Larrick, R. (2010). "Intergenerational Beneficence as a Death Anxiety Buffer," Working Paper, Duke University.

Walster, E., Walster, G. W. & Berscheid, E. (1978). *Equity: Theory and Research*. Boston: Allyn & Bacon.

Weinstein, N. D. (1980). "Unrealistic Optimism about Future Life Events," *Journal of Personality and Social Psychology*, 5: 806—820.

Wong, N. Y. & Bagozzi, R. P. (2005). "Emotional Intensity as a Function of Psychological Distance and Cultural Orientation," *Journal of Business Research*, 58: 533—542.

Zika, S. & Chamberlain, K. (1992). "On the Relation Between Meaning in Life and Psychological Well-Being," *British Journal of Psychology*, 83: 133—145.

11　组织文化和环境行动

Jennifer Howard-Grenville，Stephanie Bertels

本手册之前的章节解决了企业实施环境提升实践的战略重要性的问题。但是对大部分企业而言，把环境忧思整合进"企业的基因"中依然是大多数企业面临的一个重大挑战（Bertels et al. 2010；Ceres 2010）。很多企业只能勉强达到对现有环境法规的遵从，只有极少一部分企业将环境可持续性当成组织内部日常的指导方针。本章将研究组织文化如何改变环境实践的实施（或不实施），并考虑如何利用文化将环境忧思嵌入组织之中。

组织文化常被通俗地表述为"事情在这里执行的方式"，抓住围绕组织意义的不同形式，并告知成员其每日的行动方式（Martin 2002）。当耐克创造出一系列设计原则，来指导选择鞋与服装产品的环境友好型材料时，耐克意识到了组织文化的强大力量。只有当可持续专家在企业中提出现有的、更广范围的创新文化（以及竞争）时，他们才得以在设计团队中推动这一问题。通过让设计团队互相竞争以获取"兼容环境设计"指数的"金牌""银牌"或者"铜牌"的评分，耐克使得企业内部的竞争文化不受约束，并很快创造出了一些主流产品，如获得"金牌"评分的迈克尔乔丹篮球鞋（Mackrael 2009）。一位耐克经理解释道，"耐克文化本身就是一种创新，因此我们很明白……重视可持续性会给创新和企业成长带来机会"（Severn 2010）。正如该例子所示，当新事物和文化共鸣时，文化会成为变革的有利工具。但是更多时候，文化会成为变革的巨大阻碍。因此，了解文化如何影响雇员对环境事件的行动，对理解如何在商业实践中实现必要的转型至关重要。

商业与自然环境领域才刚刚开始直接研究组织文化。但是这方面研究与大量关于此主题的一般研究相关（Martin 2002），且最近的研究热点是用更动态的方式将文化理论化（Swidler 2001；Hatch 2004；Weber & Dacin 2011）。

本章将会关注常用文献,从而探究组织文化影响成员行动的多种方式,并结合一些商业和环境领域的研究发现,来解释文化如何塑造人们对环境问题的行动。虽然这里包含与商业和自然环境研究并非完全是探究文化问题,但其依旧给组织文化方面提供了一些灵感。

商业与自然环境领域的一个内在的、文化上的观点,将补足那些针对个人认知偏见和心理状态的更微观层面上的分析(Shu & Bazerman 本手册[第 9 章];Tost & Wade-Benzoni 本手册[第 10 章])。当个人使用文化时,文化意义常常被认为是分析更高的、集体层面的附属物(Swidler 2008;Forbes & Jermier 本手册[第 30 章])。组织文化也互补于,却完全不同于那些强调更广泛组织和社会活动的动态(Lounsbury et al. 本手册[第 12 章];Weber & Soderstrom 本手册[第 14 章])。组织文化从来都不在真空中运行,更广范围的意义会被解析并带入组织中(Creed et al. 2002;Zilber 2008)。但是这并不意味着组织文化是这些广义逻辑的简单组合,因为其是由长期积累并且截然不同的意义与行动所组成,反映了组织中内部反应和外部变化的独特轨迹(Ravasi & Schultz 2006;Rindova et al. 2010)。

本章将从组织文化概念的概述开始(详细综述可见 Martin 2002;Martin et al. 2006;Hatch 2010)。随后,本章将勾勒出组织文化改变商业和环境相互作用的三种主要机制,其中每一种都或多或少反映出不同的文化观点。最后,我们勾勒出未来研究的几个方向并提出多产方式的建议,并采用文化棱镜带来商业与自然环境领域的新观点。

11.1　什么是组织文化?

文化一直是过去三十多年组织研究中的一个突出概念,但是长期以来,研究者如何看待和研究这个概念依旧存在着巨大的差异(Smircich 1983;Martin 2002)。尽管存在一些明显的争论(Martin 2002;Weeks 2004),大多数学者和组织中的大部分成员依旧认为,组织文化是一种独特形式的意义,其在组织中循环,并改变成员关于什么是组织中合适和有价值东西的想法与行为。人类学家 Clifford Geertz(1973:5)提出了一种很有影响力的比喻,他认为文化是一张人们自己纺织出的"关于重要性[意义]的网"。组织学者利用这个比喻强调了文化的两个方面:①组织成员在一张意义的网中运作,这张网会指导他们每日的行动;②通过这些行动,成员持续地再创造组织中有意义的东西。因为这种强化循环,文化常常被视为会对组织行动产生稳定的作用。

　　一些早期的支持者认为文化是如此的稳固,以至于可以替代结构和其他形式上的组织控制(Ouchi 1981)。这些学者督促管理者在运行文化时将其视为一个"变量"(Smircich 1983),与重要的组织结果如雇员的承诺和表现等存在因果关系(Ouchi 1980,1981;Deal & Kennedy 1982;Peters & Waterman 1982;Wilkins 1989)。其他一些组织学者从人类学角度进行研究,把文化视为"一种将组织概念化的根本比喻"(Smircich 1983:342),包括组织"是什么"而非组织"拥有什么"(Smircich 1983)。

　　后一种观点经受了时间的考验,而前者却没有(Martin et al. 2006;Hatch 2010),这产生了一些新见解,如"负面"文化持续性(Weeks 2004),以及当意义在组织内分享不均时文化的复杂性(Meyerson & Martin 1987;Kunda 1992)等。在商业与自然环境研究中,一个格外重要的领域是在职业团体、组织角色及官僚层级周围形成的亚文化的存在及其相互作用(van Maanen & Barley 1985;Jermier et al. 1991;Golden 1992;Schein 1996;Stevenson & Bartunek 1996),因为亚文化经常通过特殊职业团体或者其他亚文化而将环境主题带入组织之中,并引起他人的关注(Bansal 2003;Howard-Grenville 2006)。

11.2　组织文化如何塑造对于环境问题的解释和行动?

　　本节概括了三种不同观点,与文化如何改变成员对包括环境问题在内问题的解释和行动有关。这三种观点——文化是共享的规范或价值;文化是框架或滤镜;文化是"工具包"——每种都多少传承了不同的学术传统,尽管这些不同的学术传统在"文化是组织"这一观点上一致。在理解组织文化和商业与自然环境关系中,每种观点似乎都给人以希望。当文化被视为是通过共享的规范或价值进行表达时,这种观点可以帮助解释成员是如何把他们在组织中的工作与更大的如环境保护问题等忧虑相连接,以及他们是否将环境相关的行动作为组织或者自己的首要考虑。当文化被视为是对意义的滤镜或者框架时,这种观点阐明了与环境问题相关的信息和想法是如何获得吸引力和渗透力或者从组织每日话语中过滤出的。最后,当文化被视为一种"工具包"并制订进每日实践中时,我们可以获悉行动可能改变从而创造对环境问题的新意义和新理解。

　　在以下部分,我们会讨论这三种机制,并回顾每种机制的实践贡献。我们在商业与自然环境领域中进行了经验性研究工作,即使作者没有明确使用"组织文化"这个术语,我们认为这些工作对价值、领袖行为、框架和其他实践的考虑与文化角度相关。如此一来,我们希望建立起与文化观点相一致的研究基础,并为未来该领域的研究提供信息。

文化作为共享的规范或价值

一种盛行的组织文化模型认为,文化可从三个层次表达,它们分别是人造物品、信仰价值和假设(Schein 1992)。当类似于行为、穿着和物理安置等人造物品是组织相对明显的特征时,其仅仅是隐藏在成员心理假设深处"真实"文化的反映。一些假设描绘出的"想当然"的规范是组织成员在一段时间内一起合作解决内部统一与外部和谐问题时累积起来的(Schein 1992)。根据 Schein (1992)所言,由于文化规范或价值常常在组织成立初期就已发展,并蕴含了创始人对组织独特的愿景,因此创始人和领袖对文化和价值的影响最大。随着时间的推移,新成员会被这些假设、价值和规范社会化,去学习把握"感受、思考和感觉[特殊]问题的正确方式"(Schein 1992:12)。

其他学者把文化描述为对共享的理解,但他们也详细阐述了符号作为文化载体的作用,并表示不同类型的证据如工件、行为和相互作用等必须组合到一起才能产生"各种符号系统及其相关含义的、多方面和复杂的图景"(Smircich 1983:351)。Schein 的模型明确地把符号排除在外,但由于其理论对工件、符号、假设和价值的动态关系分析不足,而受到了批评(Hatch 1993)。虽然如此,规范和价值以及它们根本的支持性假设,常常是理解组织文化的出发点,而它们被统一分享的程度可视为一个实证问题(Meyerson & Martin 1987)。

一些特殊的机制将共享的规范与组织对环境问题的行动联系在一起。首先,共享的规范促进了与这些准则相符的行动的承诺、接受性和内部沟通(Dutton & Dukerich 1991;Bansal 2003;Ravasi & Schultz 2006)。其次,对要在没有先例的领域做组织决策的人而言,规范既是指导也是灵感,这常常发生在快速变化的环境实践领域。它们会被那些想要在组织中成为解决某一问题的拥护者所使用,因为当与组织中更广泛的担忧和理解部分一致时,拥护者方法往往最有效(Meyerson & Scully 1995;Creed et al. 2002;Bansal 2003)。最后,强大的共享规范会引出和改变组织对不寻常环境或危机的反应,揭示和建立组织的优势与能力(Dutton et al. 2006;Christianson et al. 2009)。通过这种方式,规范给予个人力量来执行和加速集体反应。

以下所勾勒的是商业与自然环境领域有关组织中个体所承担工作的研究。这包括领袖和拥护者行动以及环境相关的特殊角色的创造。个人所承担的工作都伴随着以环境实践和组织共享价值一致性为标志的对其他机制的测试,包括资源配置、激励的使用以及企业政策的存在。

领袖行动

大量商业与自然环境领域研究已经探究了高级管理者在传达自然环境对商业运行重要性中所发挥的作用,其反过来塑造了员工与环境问题相关的规范和价值。很多研究者发现了高级管理层支持环境倡议与环境行为发生之间的联系(Cordano & Frieze 2000;DuBose 2000;Goodman 2000;Ramus & Steger 2000;Sharma 2000;Bansal 2003;Molnar & Mulvihill 2003;Werre 2003;Berry 2004;Dixon & Clifford 2007;Ángel del Brío et al. 2008;Esquer-Peralta et al. 2008;Adriana 2009;Holton et al. 2010)。特别是 Andersson et al. (2005)发现,当生态可持续性的价值观得到高级管理层的强烈拥护时,在组织日常运作层面,主管们会把对这些价值观的解释和确立融入到与下属的日常互动中。当高级管理者做出可持续性为优先发展决策时,支持下属环境行动是另一种传达强烈信号的方式(Howard et al. 2008)。但是 Harris & Crane(2002)警告说,当部分高级管理层的正面信号产生正面效果时,一个负面的即时信号将会严重阻碍环保努力。在通往环境可持续道路上高级管理层所发挥的作用详见 Elkington & Love(本手册[第 36 章])。

环境拥护者

拥护者会辨认出环境对组织的重要性,并有能力把这些问题带入组织的工作日程中(Andersson & Bateman 2000)。环境拥护者可以既是行为的典范,也是价值观大使。商业与自然环境的研究工作主要关注拥护者的策略和特征的比较。Andersson & Bateman (2000)在对 146 位环境拥护者的研究中发现,除了支持帮助和来自他人的认可之外,联盟的建立及对鼓舞的诉求也是两种成功的影响策略。内部拥护者似乎更有可能比外部拥护者成功(Bansal 2003),且高层管理者和董事会成员由于其地位和影响力,将会是特别有效的拥护者(Harris & Crane 2002)。虽然个体拥护者非常重要,但推进可持续日程发展需要一"整队"的拥护者(Molnar & Mulvihill 2003)。与之前强调拥护者特征的研究不同,Markusson (2010)认为基于技能和兴趣的组合,组织会拥有很多潜在的环境拥护者;一旦给予机会,这些人就会以行动参与到环保斗争中。

角色的创建

一些作者指出,环境特殊角色的创建会在组织内部产生合法化的效果(DuBose 2000;Smith & Brown 2003;Ángel del Brío et al. 2008;Cheung et al. 2009;Lee 2009;Holton et al. 2010),并能强化管理层的环境承诺(Smith

& Brown 2003)。在其他案例中,创建角色和分担责任的失败将成为有效执行环境项目道路上的绊脚石(Balzarova et al. 2006)。

除了个人在连接共享规范和环保组织行动间的角色之外,之前的工作还展示出其他三种传达环境实践与组织共享价值间一致性的机制。这些机制包括资源配置、激励使用和企业政策。

资源配置

除了支持解决环境问题的价值观之外,高层管理者也会为可持续性发展配置资源,或者是传达出配置这些资源的意愿。把时间和金钱考虑为一个特定问题,将有助于把该问题列入组织的战略议程中(Andersson & Bateman 2000;DuBose 2000;Buysse & Verbeke 2003;Dunphy 2003;Chamorro & Bañegil 2006;Darnall & Edwards 2006),并支持可持续性发展的执行,和/或传达出强调环境对组织重要性的信号(DuBose 2000;Sharma 2000;Molnar & Mulvihill 2003;Wei-Skillern 2004;Roome 2005;Holton et al. 2010)。

激励

之前的研究也表明,对个体努力的奖励可以帮助建立对环境目标的承诺(Smith & Brown 2003;Ángel del Brío et al. 2008),把绩效激励与环境测评相关联可以塑造行为方式(DuBose 2000;Douglas 2007)。Jones(2000)提出,对个人在可持续性发展方面的贡献给予财务奖励,可以鼓励他们参与到企业环境活动中,并将他们从那些没有采取行动的参与者中区分出来。

企业政策

企业政策会让预期的行为显化,并提升一系列与可持续性相关的共享价值。企业环境政策的存在向雇员传达了组织对可持续发展承诺的信号(Harris & Crane 2002;Andersson et al. 2005),并鼓励员工产生更具创造性的环保想法(Ramus & Steger 2000)。

由于许多商业与自然环境研究没有明确地检验组织文化,我们警告不要轻易下结论,认为这些机制可以或将创造支持环保行动的规范。这些环保行动已在组织中被共享。只有对这种问题进行深入的实证研究之后才能给予回答。有关文化的组织学文献揭示,规范和价值的分享或坚持常常并非一致(Meyerson & Martin 1987;van Maanen 1991;Kunda 1992;Weeks 2004)。那些将支持价值强加于雇员的企业会发现,最终的结果不是承诺和结果的加强,而是愤世嫉俗的脱离(Kunda 1992)。在其他案例中,一个团体或亚文化中的强势规范以及组织关系中固有的权力不平衡,会导致部分成员"说的"比其他人实际做的更多(Hallett 2003；Howard-Grenville 2006)。我们需要进一步研究上述行为是否以及如何影响广泛共享的规范或价值观,并且在某些情况下,规范是否真正阻碍或者不完全支持环境行动。这些问题极为重要,因为环境问题常常挑战着传统的企业文化规范(Emerson & Welford 1997；Meima 1997)。

文化是意义的过滤器和框架

一种相关的,却些许不同于以上关于文化的观点是将文化视为持续重构的"意义的网"(Geertz 1973)。这种观点较少关注与这些意义相关的共享价值和准则,而更关注成员日常行动及其相关意义之间的循环联系。在每天的工作过程中,成员很少质疑文化意义,而文化意义却似乎在指导他们的行为和决定。正如前面观点所述,文化意义是一种作用于文化行动的相对稳固和持久的"深层结构"形式(Swidler 2001：163)。但是,与象征交互作用理论(Fine 1984)相一致,文化的稳固性也是动态的。基于此观点,意义也是可以反复创造的,并可能在人们的相互作用中反复协调(Fine 1984)。那些可以操纵他人文化意义的人将获得权力(Hallett 2003)。

两种主要机制把文化以反复创造的意义和组织行动联系起来。首先,作为意义系统,文化也是分类的体系,会改变成员关注和忽略的内容(Douglas 1978)以及成员认为"正常"和"不正常"的概念(Douglas 1966)。通过这种方式,文化可以对那些来自组织外部的信息进行"过滤",并因此对组织内部的问题议程产生重大影响(Howard-Grenville & Hoffman 2003)。Schön(1983：40)把这种个体层面的过滤过程定义为问题"设置",就是"我们会选择那些我们认为属于该情境的'东西',设定我们注意力的边界,并把一致性加于其上以帮助我们分辨什么是错误的,且情境需要往什么方向改变"。运行类似于问题设置,但是在分析的组织层面上,企业可以通过保护内部可靠性和一致性的方式来解释外部威胁(Ravasi & Schultz 2006)。在商业与自然环境文献中,Howard-Grenville(2006,2007a)发现,一家高科技制造公司中主导的工程师亚文化会过滤信息,更多关注以"数据"呈现的问题;这些问题时间跨度短,并且可以通过刻苦工作和技术性理解进行解决。这给想要把环境影响融入工程师团队的企业带来了巨大的挑战,因为环境问题通常包含不确定的数据,时间跨度长,且只有企业内外部利益相关者一起才能解决。

第二种机制并不关注文化如何作为意义过滤流入信息,而关注信息如何被组织成员用来构建他们的信息和内部对话的形式。从社会行动理论中引申出的框架是指,成员利用"解释的集体过程"(McAdam et al. 1996：2)来激励和改变行动,使它们与在团体或组织得到更广泛共享的意义相一致(Snow & Benford 1988)。通过仔细制作信息,将特殊的担忧转化为组织正统接受的语言,组织中有经验的成员会将新问题设定为组织值得关注的新问题(Creed et al. 2002;Howard-Grenville 2007b;Zilber 2008)。

商业与自然环境研究既探索了构建环境问题的不同方法,也探索了语言形式对环境信息易处理性的影响。Andersson & Bateman(2000)发现,把环境问题构建为紧急事件,构建为一个金融机会,并利用日常的商业语言进行描述将会增加其成功的可能性。他们建议,首先要强调潜在的财务回报,然后把环境问题与其他组织中正在执行的优先战略或者会话进行捆绑。他们强调,与吸引公众的情景不同,生动和情绪化的语言在讨论企业的环境问题时并不会像讨论商业问题一样有效(除非组织已经拥有很强的环保价值观)。类似地,Bansal(2003)发现,环境价值若被构建为担忧的形式,则更有可能带来变化,且被构建的组织价值或优先权若使用组织语言进行表述,则会被更好地接受。

将环境考虑带入组织中的过程,一部分是将抽象的环境概念翻译成可理解的语言,让员工理解这些概念在日常工作中的应用(Cramer et al. 2004;Wei-Skillern 2004;Esquer-Peralta et al. 2008)。跨功能的工作团队对这一翻译过程非常有用(Reverdy 2006)。类似于可持续性这种术语可以被认为是"行话"(Jenkins 2006)。企业可以选择完全避开这些术语,而确保其行动与环境承诺是清晰一致的(Molnar & Mulvihill 2003)。Andersson & Bateman(2000)发现,使用比喻和象征是另外一种传达环境信息的有力方式。Howard-Grenville(2007b)发现,那些帮助员工理解承载了他人环境问题信息意义的经历,会帮助他们再次编辑信息并更好地引起他人共鸣。

文化作为工具包

有关文化的第三种且格外独特的观点来自实践角度,那就是把个人置于行为中——人们真正所做的——而较少关注根本的动机和价值。与象征性相互作用的观点一致,该观点拓展了文化意义并鼓励明确关注行动、后台权力和意义的操作。Swidler(1986,2001)认为具有影响力的工作关注个人,并认为通过从"工具箱"中挖掘文化资源并制订充满文化意义的"战略行动",个人可以表现得更聪明。Swidler(2001:180)认为"当我们把文化视为一种内化的意义与实践的复杂体,而非公共可获取的编码和情节如何运行的知识时,我们总是过于相信我们所看到的东西"。"文化是工具包"的观点与之前综述的其他观点最大的差别,是其对文化调整和改变可能性的辨别。Swidler(1986:277)

没有把他们视为"文化掺杂物",由于人们而是把他们视为有知识和技能的角色。相应地,文化也会改变和进化,因为"那并非是简单的有差异的文化:有很多调动和使用文化的不同方式,以及将文化与行动相联系的不同方式"(Swidler 2002:23)。

这种把文化视为工具包的观点在组织研究中已经获得了关注。一些作者利用此种观点实证阐明了文化如何被那些以新方式使用文化资源的个体行为者所塑造,并引入一些个体寻求把环境实践带入组织之中的案例(Howard-Grenville et al. 2011)。其他人则思考,组织作为整体如何发展文化,这包含更广泛产业和社会文化工具箱信息(Weber 2005;Weber et al. 2008)。一个组织文化工具箱的变化也会反过来带来新战略和实践的发展(Rindova et al. 2011)。

至今,很少有商业与自然环境研究把文化视为工具箱,但是在对将可持续性嵌入组织文化中的学界和业界文献系统回顾中,Bertels et al. (2010)却采用了一个类似于工作箱的观点,从而了解企业如何完成建立和强化那些激励环境和社会决策文化的任务。根据企业如何在组织中灌输可持续性思想,这些作者将行动进行归类,产生了一系列可能较好适用于多种组织环境的实践活动。与工具箱方法相一致,这些作者强调,企业需要思考当前文化资源并利用多种实践组合,包括正式的和非正式的方法,从而实现当今承诺并开发创新方式。

11.3 未来方向

当我们思考以上三种同商业与自然环境相关的文化研究观点时,我们看到了未来几个特别有前途的研究方向。

让文化更明确

在商业与自然环境研究领域中,针对组织文化已经有了一些深入的实证研究。但是在该领域,明确采用文化观点进行的研究却相对较少,尽管有一部分现有文献提及文化问题,也就是组织中的价值、沟通和行为方式。在这个方面,研究者应该关注收集那些在组织多层面上可以抓住文化多层表达意义的数据,例如语言、人造物品和行为,之后才可以构建出一个复杂的蓝图,从而用以分析更为根本的文化问题。例如,研究者可以研究资源条款或者鼓励环境实践的激励措施如何被接受者理解。这些资源和动机与团体已有的价值和行动存在多大程度的一致性,或者说是不一致性? 结果是什么? 为了从事这份工作,学者们必须仔细思考自身对文化的看法。如上所述,现有文献中,没有一个组织文化的定义或者理解为大多数人所接受。如果学者们清晰地知道他们会采用何种观点，理解其内在假设，并相应地设计其数据收集和分析方式，那么这种非统一的定义并不是问题。

超越成功故事

相比于文化支持环境实践实施的"失败"故事或探究当今文化如何阻碍变革，我们有更多的文化支持环境实践实施的"成功"故事（Bertels et al. 2010）。但是，环境倡议在大部分企业中都会面临至少部分抵抗，而在很多案例中，由于这与"当地的做事惯例"相矛盾，从而受到了巨大的抵抗。探究文化如何阻碍环境实践实施（例见 Howard-Grenville 2006）可以构建对文化变迁可能性的理解，因为移除障碍以使环境实践融入日常比传达这些实践的必要性更为重要。多个采用相似环境实践的企业文化的对比研究，让我们更好地理解文化如何成功或不成功地影响这些环境实践。但是对丰富的实证数据的需求，往往采用直接观察和人种学研究方法（van Maanen 1988），这在一定程度上限制了研究者可以实际比较的企业数目及文化观点的普适性。举例而言，一个可能的高产研究方法是探求在一家企业中，具有不同亚文化的两个及以上部门或工厂对一个共同环境管理体系的执行情况。

辨别什么使得环境问题独一无二

学者们必须强烈地意识到，商业与自然环境问题相比于其他问题或倡议对组织文化有不同的要求。环境问题往往比大部分商业决策具有更大的科学不确定性、更广（且更分散）的责任以及更长的时间跨度。改变文化的努力会被天然束缚于组织的边界之内，且受限于其改变或回应组织之外更广泛的社会进程的能力。变革所需的关键杠杆可能存在于组织控制之外，并且可能存在于组织的供应链或外部利益相关者之中。组织文化如何在这些范围内影响企业的相互作用？文化变革的努力如何与组织间的合作相互作用？一个改变会触发另外一个改变吗？最后，环境问题要求多大程度的根本性文化变革？"一如往常"的渐进变化是否真的能达到所要求的破除范例的效果？通过纵向追踪这些问题跨组织边界的移动，并抓住那些极大推动商业与自然环境的行动和相互作用的发展形式，学者们对这些问题进行研究，并对组织逻辑、社会运动和文化之间交互作用的理论发展做出了贡献（Aten et al. 2012）。虽然这种多层次的纵向研究可能令人望而却步，但是已有一些近期的范例（Chiles et al. 2004；Ravasi & Schultz 2006；Rindova et al. 2011）。

考虑与概念上近亲（身份和体制）的联系

　　鉴于环境问题和行动远远超出了单个组织的范围，因此，商业与自然环境领域的研究就非常适合于解决那些在组织研究中邻近的文化和理论之间的联系问题。例如，文化和体制方法都对理解意义如何改变在组织内及组织间的行为感兴趣，且两者都可以通过进一步考虑组织内的意义如何同时反映和改变更广体制规范而互相提供信息（Aten et al. 2012）。类似地，最近的研究在理论上阐明了组织文化和身份之间的联系（Ravasi & Schultz 2006；Kreiner 2011），提出了另外一种文化形成的途径，其由组织与外部利益相关者相互作用而提供信息。在清楚观察了文化和身份、形象、声誉在商业与自然环境领域中的相互作用后，我们看到了巨大的希望。之前有关自愿环境标准、报告、认证及可持续性奖励和排名的研究肯定了在组织行动改变中，外部利益相关者感受和外部规范的重要性（Howard et al. 1999；Bertels & Peloza 2008；Beske et al. 2008；Howard-Grenville et al. 2008；Herremans et al. 2009）。其他学者则认为这种实践的采纳，在很大程度上受到了企业内部管理和文化的影响（Gunningham et al. 2003；Howard-Grenville et al. 2008）。对这些内外交互作用的进一步理解，将极大推动我们对商业与自然环境领域的理解，也会有助于组织理论在文化、体制和身份交叉部分的发展。

进行更多解决变革问题的纵向研究

　　最终，对商业与自然环境的研究需要了解和提供变革的新途径。早期组织文化研究的普遍之处有一种隐含的趋势，即把文化视为一种背景，压迫个人以预先制订好的方式行动（Trice & Beyer 1993），模糊了对文化变革的关注。但是最近的文化研究将文化看得更加动态化（Hatch 1993，2004），且因此，文化可以成为内部推动变革的工具（Weber et al. 2008；Howard-Grenville et al. 2011），而不仅仅是稳定性的来源之一。再度思考文化变革时，我们认为"文化是工具箱"的观点尤其重要，因其涉及了文化"是什么"，同时也想象了文化"可以变成什么"。它也给思考文化变革的紧急性和内部驱动提供了新的思考方式，也与迄今为止许多关注环境实践如何引入企业的研究结果相一致。我们认为，在未来关于不断激增的商业与自然环境领域的研究成果中，文化变革过程的研究尤其重要。正如本章开头耐克案例所示，若考虑把环境整合到组织的日常生活要求中，就算没有文化的大规模转变，也至少有为这些变革努力而服务的刻意行为。未来的研究需要特别关注文化变革的过程以及该过程中的阻碍，同时也需要采用纵向方法考虑不同阶段的变革和实践。我们需要更多的研究来了解在组织想要把环境可持续性嵌入文化和运行的不同阶段中，何种实践最有效，以及是否实践特定"捆绑组合"会更有效（Bertels et al. 2010）。

11.4 结 论

本章综述了组织文化影响环境问题行动的不同方式，以及那些已经在商业与自然环境领域中开展的分析这些关系的研究。在一开始简单综述了组织文化概念之后，我们勾勒出了用以嵌入环境可持续性的文化机制的三种不同观点。我们提出这三种不同的观点——文化作为共享的规范和价值；文化作为框架和过滤器；文化作为"工具箱"——让我们对文化如何同时支持和限制这些努力的了解产生新的见识。对之前商业与自然环境关于文化的研究综述揭示出，我们对组织文化和环境可持续性相互作用的理解依然处在初期。很明显，还需要开展更多的工作。

当商业与自然环境领域持续获得更多的亮点和结构（正如本手册所反映）时，解决文化和环境可持续性之间的关系需要放在研究议程的优先位置。在本章中，我们指出了几个特别有前景的研究路径，包括让商业与自然环境研究中的文化研究更清晰；超越成功故事；了解环境问题的多方面可能如何影响文化变革；考虑文化和身份或者体制间的联系和以更纵向的观点研究把环境可持续性嵌入组织文化的过程。通过完成基础工作，并指出了解商业与自然环境文献中关于组织文化不同观点的方式，本章将给未来研究打开思路。

参考文献

Adriana, B. (2009). "Environmental Supply Chain Management in Tourism: The Case of Large Tour Operators," *Journal of Cleaner Production*, 17: 1385—1392.

Andersson, L., Shivarajan, S. & Blau, G. (2005). "Enacting Ecological Sustainability in the MNC: A Test of an Adapted Value-Belief-Norm Framework," *Journal of Business Ethics*, 59: 295—305.

Andersson, L. M. & Bateman, T. S. (2000). "Individual Environmental Initiative: Championing Natural Environmental Issues in US Business Organizations," *The Academy of Management Journal*, 43: 548—570.

Ángel del Brío, J., Junquera, B. & Ordiz, M. (2008). "Human Resources in Advanced Environmental Approaches—A Case Analysis," *International Journal of Production Research*, 46: 6029—6053.

Aten, K., Howard-Grenville, J. & Ventresca, M. (2012). "A Conversation at the Border of Culture and Institutions," *Journal of Management Inquiry*, 21(1): 78—83.

Balzarova, M. A., Castka, P., Bamber, C. J. & Sharp, J. M. (2006). "How Organisational Culture Impacts on the Implementation of ISO 14001: 1996: A UK Multiple-Case View," *Journal of Manufacturing Technology Management*, 17: 89—103.

Bansal, P. (2003). "From Issues to Actions: The Importance of Individual Concerns and Organizational Values in Responding to Natural Environmental Issues," *Organization Science*, 14(5):510—527.

Berry, G. R. (2004). "Environmental Management The Selling of Corporate Culture," *Journal of Corporate Citizenship*, 16: 71—84.

Bertels, S., Papania, L. & Papania, D. (2010). "Embedding Sustainability in Organizational Culture: A Systematic Review of the Body of Knowledge." Available at <http://www. nbs. net/knowledge/culture>.

——& Peloza, J. (2008). "Running Just to Stand Still? Managing CSR Reputation in an Era of Ratcheting Expectations," *Corporate Reputation Review*, 11: 56—72.

Beske, P., Koplin, J. & Seuring, S. (2008). "The Use of Environmental and Social Standards by German First-Tier Suppliers of the Volkswagen AG," *Corporate Social Responsibility & Environmental Management*, 153: 68—75.

Buysse, K. & Verbeke, A. (2003). "Proactive Environmental Strategies: A Stakeholder Management Perspective," *Strategic Management Journal*, 24: 453—470.

Ceres (2010). "The 21st Century Corporation: The Ceres Roadmap for Sustainability," Available at <http://www. ceres. org/ceresroadmap>.

Chamorro, A. & Bañegil, T. M. (2006). "Green Marketing Philosophy: A Study of Spanish Firms with Ecolabels," *Corporate Social Responsibility & Environmental Management*, 13: 11—24.

Cheung, D. K. K., Welford, R. J. & Hills, P. R. (2009). "CSR and the Environment: Business Supply Chain Partnerships in Hong Kong and China," *Corporate Social Responsibility & Environmental Management*, 16: 250—263.

Chiles, T. H., Meyer, A. D. & Hench, T. J. (2004). "Organizational Emergence: The Origin and Transformation of Branson, Missouri's Musical Theaters," *Organization Science*, 15: 499—519.

Christianson, M. K., Farkas, M. T., Sutcliffe, K. M. & Weick, K. E. (2009). "Learning Through Rare Events: Significant Interruptions at the Baltimore & Ohio Railroad Museum," *Organization Science*, 20: 846—860.

Cordano, M. & Frieze, I. H. (2000). "Pollution Reduction Preferences of U. S. Environmental Managers: Applying Ajzen's Theory of Planned Behavior," *The Academy of Management Journal*, 43: 627—641.

Cramer, J., Jonker, J. & van der Heijden, A. (2004). "Making Sense of Corporate Social Responsibility," *Journal of Business Ethics*, 55: 215—222.

Creed, W. E. D., Scully, M. A. & Austin, J. R. (2002). "Clothes Make the Person? The Tailoring of Legitimating Accounts and the Social Construction of Identity," *Organization Science*, 13: 475—496.

Darnall, N. & Edwards, D. (2006). "Predicting the Cost of Environmental Management System Adoption: The Role of Capabilities, Resources and Ownership Structure," *Strategic Management Journal*, 27: 301—320.

Deal, T. & Kennedy, A. (1982). *Corporate Cultures*. Boston: Addison-Wesley.

Dixon, S. E. A. & Clifford, A. (2007). "Ecopreneurship: A New Approach to Managing the

Triple Bottom Line," *Journal of Organizational Change Management*, 20: 326—345.

Douglas, M. (1966). *Purity and Danger: An Analysis of Concepts of Pollution and Taboo*. New York: Routledge.

——(1978). "Cultural Bias," Occasional Paper No. 35 of the Royal Anthropological Institute of Great Britain and Ireland. Royal Anthropological Institute.

Douglas, T. (2007). "Reporting on the Triple Bottom Line at Cascade Engineering," *Global Business & Organizational Excellence*, 26: 35—43.

DuBose, J. R. (2000). "Sustainability and Performance at Interface, Inc.," *Interfaces*, 30: 190—201.

Dunphy, D. (2003). *Organizational Change for Corporate Sustainability*. New York: Routledge.

Dutton, J. E. & Dukerich, J. M. (1991). "Keeping an Eye on the Mirror: Image and Identity in Organizational Adaptation," *The Academy of Management Journal*, 34: 517—554.

——Worline, M. C., Frost, P. J. & Lilius, J. (2006). "Explaining Compassion Organizing," *Administrative Science Quarterly*, 51: 59—96.

Emerson, T. & Welford, R. (1997). "Power, Organizational Culture and Ecological Abuse," in Welford R. (ed.) *Corporate Environmental Management: Cultureand Organizations*. London: Earthscan, 57—75.

Esquer-Peralta, J., Velazquez, L. & Munguia, N. (2008). "Perceptions of Core Elements for Sustainability Management Systems (SMS)," *Management Decision*, 46: 1027—1038.

Fine, G. A. (1984). "Negotiated Orders and Organizational Cultures," *Annual Review of Sociology*, 10: 239—262.

Geertz, C. (1973). *The Interpretation of Cultures: Selected Essays*. New York: Basic Books.

Golden, K. A. (1992). "The Individual and Organizational Culture: Strategies for Action in Highly-Ordered Contexts," *Journal of Management Studies*, 29: 1—21.

Goodman, A. (2000). "Implementing Sustainability in Service Operations at Scandic Hotels," *Interfaces*, 30: 202—214.

Gunningham, N., Kagan, R. & Thornton, D. (2003). *Shades of Green: Business, Regulation, and Environment*. Stanford, CA: Stanford University Press.

Hallett, T. (2003). "Symbolic Power and Organizational Culture," *Sociological Theory*, 21: 128—149.

Harris, L. C. & Crane, A. (2002). "The Greening of Organizational Culture: Management Views on the Depth, Degree and Diffusion of Change," *Journal of Organizational Change Management*, 15: 214—234.

Hatch, M. J. (1993). "The Dynamics of Organizational Culture," *Academy of Management Review*, 18: 657—693.

——(2004). "Dynamics in Organizational Culture," in Poole, M. S. & van de Ven, A. (eds.) *Handbook of Organizational Change and Innovation*. Oxford, UK: Oxford University Press, 190—211.

——(2010). "Culture Stanford's way," in Lounsbury, M. D. (ed.) *Research in the Sociology of Organizations*. Emerald Group Publishing Limited, 71—95.

Herremans, I., Herschovis, M. & Bertels, S. (2009). "Leaders and Laggards: The Influence of Competing Logics on Corporate Environmental Action," *Journal of Business Ethics*, 89: 449—472.

Holton, I., Glass, J. & Price, A. D. F. (2010). "Managing for Sustainability: Findings from Four Company Case Studies in the UK Precast Concrete Industry," *Journal of Cleaner Production*, 18: 152—160.

Howard-Grenville, J. A. (2006). "Inside the 'Black Box': How Organizational Culture and Subcultures Inform Interpretations and Actions on Environmental Issues," *Organization & Environment*, 19: 46—73.

——(2007a). *Corporate Culture and Environmental Practice: Making Change at a High-Technology Manufacturer*. Cheltemham, UK: Edward Elgar.

——(2007b). "Developing Issue-Selling Effectiveness over Time: Issue Selling as Resourcing," *Organization Science*, 18: 560—577.

——Golden-Biddle, K., Irwin, J. & Mao, J. (2011). "Liminality as Cultural Process for Cultural Change," *Organization Science*, 22: 522—39.

Howard-Grenville, J. A. & Hoffman, A. J. (2003). "The Importance of Cultural Framing to the Success of Social Initiatives in Business," *The Academy of Management Executive* 17: 70—86.

——Nash, J. & Coglianese, C. (2008). "Constructing the License to Operate: Internal Factors and Their Influence on Corporate Environmental Decisions," *Law & Policy*, 30: 73—107.

Howard, J., Nash, J. & Ehrenfeld, J. (1999). "Industry Codes as Agents of Change: Responsible Care Adoption by US Chemical Companies," *Business Strategy and the Environment*, 8: 281—295.

Jenkins, H. (2006). "Small Business Champions for Corporate Social Responsibility," *Journal of Business Ethics*, 67: 241—256.

Jermier, J. M., Slocum Jr., J. W., Fry, L. W. & Gaines, J. (1991). "Organizational Subcultures in a Soft Bureaucracy: Resistance Behind The Myth and Facade of an Official Culture," *Organization Science*, 2: 170—194.

Jones, D. R. (2000). "A Cultural Development Strategy for Sustainability," *Greener Management International*, 71—85.

Kreiner, G. E. (2011). "Identity in Organizations: A Look at Culture's Conceptual Cousin," in Ashkanasy, N. M., Wilderom, C. P. M. & Peterson, M. P. (eds.) *Handbook of Organizational Culture and Climate*, 2nd Edition. Thousand Oaks, CA: Sage Publications, 463—480.

Kunda, G. (1992). *Engineering Culture: Control and Commitment in a High-Tech Corporation*. Philadelphia, PA: Temple University Press.

Lee, K. H. (2009). "Why and How to Adopt Green Management into Business Organizations? The Case Study of Korean SMEs in Manufacturing Industry," *Management Decision*, 47: 1101—1121.

McAdam, D., McCarthy, J. D. & Zald, M. N. (1996). "Introduction: Opportunities, Mobilizing Structures, and Framing Processes—Toward a Synthetic, Comparative Perspective on Social Movements," in McAdam, D., McCarthy, J. D. & Zald, M. N. (eds.) *Comparative Perspectives on Social Movements*. New York: Cambridge University Press, 1—20.

Mackrael, K. (2009). "A Natural Step Case Study: NIKE," Available at <http://www.naturalstepusa.org/storage/case-studies/Nike%20Case%20Study_Jan2009.pdf>.

Markusson, N. (2010). "The Championing of Environmental Improvements in Technology Investment Projects," *Journal of Cleaner Production*, 18: 777—783.

Martin, J. (2002). *Organizational Culture: Mapping the Terrain*. Thousand Oaks, CA: Sage Publications.

——Frost, P. J. & O'Neill, O. A. (2006). "Organizational Culture: Beyond Struggles for Intellectual Dominance," in Clegg, S., Hardy, W. & Lawrence, T. (eds.) *Handbook of Organization Studies*. London: SAGE, 599—621.

Meima, R. (1997). "The Challenge of Ecological Logic: Explaining Distinctive Organizational Phenomena in Corporate Environmental Management," in Welford, R. (ed.) *Corporate Environmental Management: Culture and Organizations*. London: Earthscan, 26—56.

Meyerson, D. & Martin, J. (1987). "Cultural Change: An Integration of Three Different Views," *Journal of Management Studies*, 24: 623—647.

——& Scully, M. A. (1995). "Tempered Radicalism and the Politics of Ambivalence and Change," *Organization Science*, 6: 585—600.

Molnar, E. & Mulvihill, P. R. (2003). "Sustainability-Focused Organizational Learning: Recent Experiences and New Challenges," *Journal of Environmental Planning & Management*, 46: 167—167.

Ouchi, W. (1981). *Theory Z: How American Business Can Meet the Japanese Challenge*. New York: Avon Books.

——(1980). "Markets, Bureaucracies, and Clans," *Administrative Science Quarterly*, 25: 129—141.

Peters, T. J. & Waterman, R. H. (1982). *In Search of Excellence: Lessons from America's Best-Run Companies*. New York: Harper & Row.

Ramus, C. A. & Steger, U. (2000). "The Roles of Supervisory Support Behaviors and Environmental Policy in Employee 'Ecoinitiatives' at Leading-Edge European Companies," *The Academy of Management Journal*, 43: 605—626.

Ravasi, D. & Schultz, M. (2006). "Responding to Organizational Identity Threats: Exploring the Role of Organizational Culture," *The Academy of Management Journal*, 49: 433—458.

Reverdy, T. (2006). "Translation Process and Organizational Change: ISO 14001 Implementation," *International Studies of Management and Organization*, 36: 9—30.

Rindova, V., Dalpiaz, E. & Ravasi, D. (2011). "A Cultural Quest: A Study of Organizational Use of New Cultural Resources in Strategy Formation," *Organization Science*, 22(2): 413—431.

Roome, N. (2005). "Stakeholder Power and Organizational Learning in Corporate Environmental Management," *Organization Studies*, 27: 235—263.

Schein, E. (1992). *Organizational Culture and Leadership: A Dynamic View*. San Francisco, CA: Jossey-Bass.

——(1996). "Culture: The Missing Concept in Organization Studies," *Administrative Science Quarterly*, 41: 229—240.

Schön, D. (1983). *The Reflective Practitioner: How Professionals Think in Action*. New York: Basic Books.

Severn, S. (2010). "New Ceres Report Delivers Powerful Message and Roadmap for Companies," Available at <http://www.nikebiz.com/responsibility/considered_design/features/2010_SarahSevernCeresRoadmapBlog.html>.

Sharma, S. (2000). "Managerial Interpretations and Organizational Context as Predictors of Corporate Choice of Environmental Strategy," *The Academy of Management Journal*,

43: 681—697.

Smircich, L. (1983). "Concepts of Culture and Organizational Analysis," *Administrative Science Quarterly*, 28: 339—358.

Smith, D. & Brown, M. S. (2003). "Sustainability and Corporate Evolution: Integrating Vision and Tools at Norm Thompson Outfitters," *Journal of Organizational Excellence*, 22: 3—14.

Snow, D. A. & Benford, R. D. (1988). "Ideology, Frame Resonance, and Participant Mobilization," *Int. Soc. Mov. Res*, 1: 197—218.

Stevenson, W. B. & Bartunek, J. M. (1996). "Power, Interaction, Position, and the Generation of Cultural Agreement in Organizations," *Human Relations*, 49: 75—104.

Swidler, A. (1986). "Culture in Action: Symbols and Strategies," *American Sociological Review*, 51: 273—286.

——(2001). *Talk of Love: How Culture Matters*. Chicago: University of Chicago Press.

——(2008). "Comment on Stephen Vaisey's 'Socrates, Skinner, and Aristotle: Three Ways of Thinking About Culture in Action'," *Sociological Forum*, 23: 614—618.

Trice, H. M. & Beyer, J. M. (1993). *The Cultures of Work Organizations*. Englewood Cliffs, NJ: Prentice-Hall.

van Maanen, J. (1988). *Tales of the Field: On Writing Ethnography*. Chicago: University of Chicago Press.

——(1991). "The Smile Factory: Work at Disneyland," in Frost, P. , Moore, L. , Louis, M. Lundberg, C. & Martin, J. (eds.) *Reframing Organizational Culture*. Newbury Park, CA: SAGE, 58—76.

——& Barley, S. R. (1985). "Cultural Organization: Fragments of a Theory," in Frost, P. J. , Moore, L. F. , Louis, M. R. , Lundberg, C. C. , & Martin, J. (eds.) *Organizational Culture*. Beverly Hills: SAGE.

Weber, K. (2005). "A Toolkit for Analyzing Corporate Cultural Toolkits," *Poetics*, 33: 227—252.

——& Dacin, T. (2011). "The Cultural Construction of Organizational Life: Introduction to the Special Issue," *Organization Science*, 22: 287—98.

——Heinze, K. L. & DeSoucey, M. (2008). "Forage for Thought: Mobilizing Codes in the Movement for Grass-fed Meat and Dairy Products," *Administrative Science Quarterly*, 53: 529—567.

Weeks, J. R. (2004). *Unpopular Culture: Lay Ethnography as Cultural Critique*. Chicago: University of Chicago Press.

Wei-Skillern, J. (2004). "The Evolution of Shell's Stakeholder Approach: A Case Study," *Business Ethics Quarterly*, 14: 713—728.

Werre, M. (2003). "Implementing Corporate Responsibility: The Chiquita Case," *Journal of Business Ethics*, 44: 247—260.

Wilkins, A. (1989). *Developing Corporate Character: How to Successfully Change an Organization Without Destroying It*. San Francisco, CA: Jossey-Bass.

Zilber, T. B. (2008). "The Work of Meanings in Institutional Processes and Thinking," in Greenwood, R. , Oliver, C. , Sahlin, K. & Suddaby, R. (eds.) *SAGE Handbook of Organizational Institutionalism*. Los Angeles, CA: SAGE, 151—169.

12　组织和自然环境的制度方法

Michael Lounsbury, Samantha Fairclough,
Min-Dong Paul Lee

> 眺望,期盼,回首迦南之地。
> 凝望,注视,显尽人类气息。
> 希望,荣耀,书写众生意义。
> 但恐,家园将成废土。
>
> 歌词来自 *Throwing Stones*,死之华合唱团

在 2009 年 9 月 23 日的联合国大会上,时任美国总统奥巴马在演讲中强调,除了裁军、和平与安全,以及在扩张的全球经济中保证机会平等之外,"保护地球"是在全球时代下实现美国目标的四大根本支柱之一。对自然环境的关注使得更多人关注环境问题,而这在几十年前根本无关紧要(Kneese & Schultze 1975)。奥巴马对自然环境的关注不仅强调其作为政策问题的时代重要性,考虑到该演讲的目标听众,他还强调构建与执行这些政策需要国际范围的合作以及考虑众多地球政治因素。把自然环境提升到政策问题的高度,以及考虑到用协调方式处理这种复杂地球问题的难度,都显示出嵌入在制度动态中去理解这些自然环境事务和问题的必要性。

制度动态是指发生了组织行为和个人行动更宽广的社会历史过程(见 Greenwood et al. 2008)。在组织理论中,虽然有大量的制度理论学方法,但新制度理论却占据了主导地位,其强调更广泛的认知、准则和法规力量如何形成和改变角色行为(Scott 2008)。新制度理论被证明具有价值,其为生态学动态和企业环保主义的当代研究提供了众多信息(Bansal & Roth 2000; Hoffman 1999; Jennings & Zandbergen 1995; Lounsbury 2001; Lounsbury et al. 2003),并给这些主题的未来研究提供了有力的框架。

例如,对制度动态的关注可以深化我们对那些与可持续发展及气候变化相关的紧迫问题的宣传和实践的认知——例如那些来自众多行业的,与资源开采及农业相关人类活动的温室气体排放,将会如何威胁不同物种的生存(Rockström et al. 2009)。虽然,对这些问题的了解受益于当今科学的进步,但是对这些问题的兴趣以及对科学调查的资源支持,都是由以前众多环保主义者和制度企业家实现的,那就是制度动态。因此,制度分析把研究者的关注点指向了那些造成当今问题的历史过程和事件,从而理解之前的活动如何约束和使得一些政策及社会反应变成可能的和适合的。

那就是说,理解现代环保主义的发展历史对于任何当代环境问题的新制度分析是至关重要的。正如记录所述,现代环境运动在第二次世界大战之后的繁荣时期成形,当时大众消费主义迅速发展并伴随产生环境恶化(Packard 1960),包括增长的工业污染(Beamish 2002)和食物链中的有毒物质问题(例如 Maguire 2004;Maguire & Hardy 2009;Szasz 1994),这产生了公众和政治对于环境问题的高度监视(Crenson 1971)①。环境运动的增长趋势在 1970 年4 月 22 日达到了顶峰,当时两千万美国人以环保主义的名义走上街头,参加了"地球日"公众游行活动。美国环境保护署(EPA)成立于 1970 年,其成立不完全是为了应对这种不安,作为美国权威政府机构,EPA 对环境问题相关的政策制定及法规进行了监管,例如水与空气污染、垃圾填埋及有毒物质等。

在里根当政时期,对特定环境问题的发现、资金支持和监管等政策出现了逆转,但是环境问题一直都出现在国家政策的日程中(Dunlap 1992)。此外,类似于美国环保署和众多专业的社会运动组织(如国家资源保护委员会、环境防护基金会、国家野生动物联盟、塞拉俱乐部)等正式且制度化机制的创立,也把注意力从更激进社会活动组织(如地球第一组织)的声明转向政治协商的主流之中(Hoffman & Ventresca 2002)。此外,环境问题作为重要跨国政治事务,受到国际环境论述和条约的增长(Frank 1997)、环境科学专家新团体(Haas 2003)和国际环境非政府组织(Frank et al. 2000)崛起的影响。

我们对这些问题,尤其对最近国际法规和监管趋势的了解,依然很有限,它们应该成为未来研究的重点之一。我们的核心论断是,通过产业集中政策,

---

① 一个关于环境运动发展的评价是塞拉俱乐部会员数,其在 1950 年只有 7000 名会员,而到了 1980 年,成员数目已经增加至 200000 人。这种加速始于 20 世纪 60 年代,当时会员数量增加了 7 倍多,从 1960 年的 16000 人增长为 1970 年的 114000 人。

例如"总量和交易"排放、减少体系，以及清洁技术等以技术为导向的创业活动等，来实现可持续发展和气候变化增长中的突出努力。这最好能被理解为一种更广泛制度动态的结果。这种制度动态与社会运动的动员及有助于定义环境问题解决议程及伴随政策响应的专业知识基础建设的增长相关（Weber & Soderstrom 本手册［第 14 章］）。此外，对于组织和自然环境的普遍关系及与企业环保主义相关的政策问题，我们的理解往往会被将概念化的组织作为更广泛制度动态的受体及创造中间因素（其存在于组织的直接环境中或组织内部）调节的多样反应过程所强化。

本章将会以如下方式展开。首先，我们会为制度动态的研究提供一个简单综述，强调组织分析中的新制度主义理论（Greenwood et al. 2008；Powell & Dimaggio 1991；Scott 2008）。其次，为了评价商业与自然环境交界处制度动态研究所存在的机会和空白，我们会对现存文献进行综述。最后，我们将讨论未来制度方向研究中的机会。

12.1 制度动态的研究

制度动态的研究包括社会学、经济学以及政治科学等不同方面获得信息认知、规范和监管层面问题，并分析其如何与社会体系中的角色行为相联系（综述见 Scott 2008）。为了了解制度分析中各种离散的方面，很多制度学家都使用了域的概念（综述见 Wooten & Hoffman 2008）。这种方法包括对多种利益相关者的关注（见 Kassinis 本手册［第 5 章］；Delmas & Toffel 本手册［第 13 章］），但超越了传统的利益相关者理论，其强调组织在更广泛的交互体系中的嵌入性。该体系被多种制度力量影响，描绘了各角色在特定领域中如何表现及在很大程度上如何共享心态。DiMaggio & Powell（1991：65）把组织领域定义为"那些总体上构成一个可辨认的制度生活领域的组织：核心供应商、资源和生产消费者、监管机构和其他产生类似服务和产品的组织"。Scott（1995：56）以一种稍微相关的方式，把域概念化，组成了"一个社团，其中各个组织共同承担意义体系，参与者的交互更频繁，且参与者注定在内部与他人交互而非与域外角色所交互"。

作为广泛研究的集合，制度学文献是为了处理政策指示与分析、对主流社会问题的历史构建及活动域的相关问题。因此，制度理论方法可以用来处理制度的来源和结果问题，也同时作为规范的和正面的方法。Scott（1995：34）认为，制度环境由"三个基石"构成，即监管、规范和认知体系。另外，制度研究的发展常常是通过强调三个基石中的一个或几个来实现。下面,我们将以该流派的想法,简要强调那些关注监管、规范和认知力量的研究工作。

监管力量

制度分析的监管常倾向于重视对监管机构的研究,以及正式法律、政策及其执行,强调规范体系如何强制角色实施特定的行为。Roland(2004)把正式的规范系统表征为"快速移动的制度",相比于规范和认知体系的力量(见 Scott 2008),其效果很可能非常肤浅。由于正式规则留于表面且难以执行,行为人可以更容易"将体系玩弄于股掌之中"而偏离官方预期。经济学家及理性选择政治学家(North 1990)对于正式法规体系、监管限制和激励的研究,代表了该领域的主要研究内容,并为行为人和机构提供了更有建设性的方法。

但是,与主要由浅显且易于操作规则组成的法规领域分析相比,社会学家和制度化政治学家强调了理解法规及其多样来源和结果的必要性,而这些常隐含在更为复杂的活动域中(Streeck & Thelen 2005;Zald & Lounsbury 2010)。这些更丰富的关于规则系统分析方法是从铁三角理论发展而来,该理论检测了工业和特殊利益团体、国会委员会及监管机构之间的相互联系(Adams 1981;Allison & Zelikow 1999;Baumgartner & Jones 2005)。在社会学中,这些问题在强调产业的社会控制(Zald 1978)、产业治理(Campbell,Hollingsworth & Lindberg 1990)、商业系统(Morgan et al. 2004;Whitley 2007)及法规的动态演变(Baron et al. 1986;Dobbin & Dowd 1997)的相关研究中得到解决。最近的一些与法律和社会文献相关联的研究,已经尝试强调在法律制定和执行中内生且复杂的特质(Sutton et al. 1994;Edelman et al. 1992;Edelman & Suchman 2007)。

有关商业与自然环境的相关研究,Russo 及其同事的工作(Delmas et al. 2007;Russo 1992;Russo & Harrison 2005)阐明了监管制度力量对能源生产者产生影响的典型范例(也见 Russo & Minto 本手册[第 2 章])。通过强调理解治理系统结构的重要性,Hoffman(1999)展示了环境保护署的创立如何影响环境实践的发生和发展。Jennings et al.(2005)关注法规系统的动态性,追踪地区性水资源法律的制定如何作为多种因素的结果随时间而变化。这些因素包括法庭对法律的解释、政党的变迁及类似战争等的外部冲击。虽然该研究强化了我们对监管力量在企业环保主义领域中的了解,但是我们仍需要做更多的研究。我们需要了解环境管理体系更广泛的结构及其在不同治理体系下不同的有效性。

规范力量

　　规范力量把"一种规范的、评价的且义务性的维度带入社会生活"(Scott 2008:32)。规范在制度分析的社会学变量中占据核心地位——特别是在 Selznick (1949)及其同时代学者(Hirsch & Lounsbury 1997)的制度分析中。该文献想要强调,被内化为不同社会过程的、与价值和规范相关的承诺将如何引导行为。规范的概念和被广泛认可的社会预期行动相关联,例如"互惠原则"(Gouldner 1960),对这种共有预期行为的触犯将导致处罚。专业人员(Dimaggio & Powell 1983)及其他第三方仲裁者(如 Zuckerman 1999)的角色被理论定义为制度规范的核心传播者和执行者。

　　对规范制度力量的关注已经成为商业与自然环境文献中的核心主题。例如 King 及其同事的研究已经强调了环境绩效和管理的产业自律准则(Barnett & King 2008;King & Lenox 2000;King et al. 本手册[第 6 章])及类似于 ISO 的认证体系和认证机构在促进更优环境绩效中的重要性(Bansal & Bogner 2002;King et al. 2005)。类似地,基于对英国和日本企业的定性分析,Bansal & Roth (2000)认为,制度合法性是改变企业生态反应的核心影响因素之一。该研究为后续研究提供了基础,可用来检验组织和领域间规范的建立及有效性,并检验规范力量如何对环境问题更正式的监管方法进行补充。

认知力量

　　制度研究也强调了更大范围的"想当然的"认知力量的重要性,例如逻辑和其他一些可以以前意识构建认知、直接注意力,并改变行为的文化信仰(Meyer et al. 1987;Powell & DiMaggio 1991)。例如,研究表明,制度逻辑从根本上塑造了认知和决策过程(Thornton & Ocasio 1999),且新实践的创造常常要求主流逻辑的改变(Haveman & Rao 1997)。相比于监管和规范力量,认知制度力量往往拥有更深厚和广泛的影响力,因为它们似乎不存在争议。与聚焦在对法规的经济分析上的机械行动相反,对于认知力量的研究强调制度的本质特征——如类别、手迹和习俗等文化要素如何让行动实现并"创造特定活动的可能性"(Searle 1995:64)。

　　一小部分研究甚至探索了认知力量和企业环境实践之间的关系。例如,Lounsbury et al. (2003)表明,美国废除了固体废弃物循环实践中限制焚烧发电多于再循环的、更广泛的资源再生框架,使得循环利用成为单独的讨论类别;在这之后,循环实践才被主流接受并渗透进更广的文化环境中。由此,传统的固体搬运工变成了路边回收和国际回收市场的倡议者和主要受益人。同样，Maguire（2004）表示，寻找杀虫剂 DDT（Carson（1962）认定的有毒化学物质之一）的合适替代品是一种无章法过程。该工作阐明了领域层次认知力量的作用，这特别有助于对关注更广的类别和讨论如何真正影响个人和组织认知的努力进行补充。

尽管不同的学者对监管、规范和认知力量和动态的关注点不同，我们还是必须注意到实证解析这三种维度是非常困难的，许多对该传统领域的研究都将三者进行了混合。例如，Hoffman（1997）关于企业环保主义制度的历史研究显示，20 世纪 60 年代环境社会运动的发展是如何导致化学和石油工业的大型企业对环境的认知和实践作出相应的改变。他阐明了规范、准则和信仰如何在四个连续阶段中改变：从产业环保主义（1960—1970 年）到监管环保主义（1970—1982 年），从以环保主义作为社会责任（1982—1988 年）再到战略环保主义（1988—1993 年）。因此，尽管监管、规范和认知力量具有理论实用性，我们还是建议，研究应该较少关注如何将这三种不同力量区分开来，而是要强调不同的制度力量群如何与不同的组织行为和结果相关联。

正如制度动态研究的简单综述所强调的，文献中存在广泛的研究主题和理论焦点。但是该领域知识的集合体被一个共同兴趣所统一，那就是理解组织行为如何嵌入更广领域的活动，以及监管、规范和认知力量群如何从根本上改变角色行为。组织和自然环境的目标事物会自然而然地将自己带入组织分析中。正如 Hoffman（1997）明确表达的那样，环保主义正在经历一个剧烈的制度转型过程，在商业团体中从"异端邪说变成信条"。这种变化显然不是由市场力量驱动的，而是由那些有助于企业启用亲环保实践的制度因素推动的。环境运动组织和政府机构，如环境保护署、职业安全和健康管理局等，已经变成了监督和规范企业环保实践的有效强制力。对规范制度力量来说，不断发展环境自律（如责任关怀制度和 ISO 14000）及众多提倡环境管理提升所带来财务和社会效益的学术研究将会继续支持社会给企业施压。最后，在过去 20 年中，环保主义和绿色管理已经成为另外一个制度认知框架，其挑战了有关利润和自由成长的传统市场逻辑。

12.2　商业与自然环境文献中制度动态的研究

在说明未来研究的一些高产方向之前，我们首先将组织动态的研究置于基于组织的环境研究领域内。为此，我们综述了该领域一个主要专业期刊《组

织和环境》(*Organization & Environment*)中 1997—2009 年的所有文章,以
了解商业与自然环境领域中哪些研究问题受到了研究者的高度关注。这使得
我们粗略了解在商业与自然环境中,关于制度动态研究存在的可能空白和机
会。在对组织和环境期刊文章的综述中,我们确定了四个吸引组织学者关注
的主要研究焦点:①企业如何应对环境问题;②环保行动的组织维度;③环境
公平;④可持续性。

企业如何应对环境问题

发表在《组织和环境》中的最流行的一个研究主题是企业环境实践或项目
的采纳(自愿或非自愿)。例如,在一个格外吸引人的研究中,Howard-
Grenville (2006)测定了组织文化和亚文化在塑造企业对环境问题的解释与
行动中所发挥的作用(也见 Howard-Grenville & Bertels 本手册[第 11 章])。
Hoffman (2001)则更直接地利用制度理论研究企业为何会把对环境的担忧
带入其战略和行动中,他建立了一个概念模型,将制度领域中的支持者——如
投资人和消费者——与那些企业内部制订的结构及文化惯例相联系。Moon
& Deleon (2007)研究了一个类似的主题,他们发现了那些激励企业承诺将资源
投入自愿环境战略中以获得合法性的制度压力。Marshall & Standifird (2005)
也探索了类似的主题,调查同构压力如何影响参与有机认证的组织。Luke
(2001)则分析了福特汽车公司想改变自己成为绿色产业领导者所做的努力。

我们相信,该研究分支将格外高产,并期待未来大量关于该主题的研究。
当大量关于制度动态的研究都倾向于强调单一的主导制度逻辑和自上而下的
同构压力时,我们相信未来研究将关注制度理论的当代发展,主要强调组织环境
的碎片特性、组织的多元天性以及企业对不同制度压力的异质响应(Kraatz &
Block 2008;Lounsbury 2007)。我们将在讨论中详细论述这些研究方向。

环保运动的组织维度

另一个实证和理论研究的关键点是那些成为环境运动核心成员的组织。
研究已经测定了非政府组织、"草根"组织和其他环境利益团体的文化、结构和
运作(Carmin & Balser 2002;Dreiling & Wolf 2001;Dreiling et al. 2008)。此
外,很多学者已经开始关注决定组织保护自然资源、反对产业发展和影响环境
产品的行为变化的影响因素(Kaczmarski & Cooperrider 1997;Weinberg
1997;Widener 2007)。其他研究者开始关注公众对基于科学的环境信息不信
任情况的升温,以及环境运动组织如何通过科学专家争论或参与政策问题从

而实现自身运行(McCormick 2009;Schrader-Freschette 1997)。

当然,对环境运动组织过程的研究也已经成为这些组织和环境运动制度动态性来源及结果的理论研究的关键点(Lounsbury 2001;Lounsbury et al. 2003),而且我们希望,对环境运动的制度动态研究可以为学者提供一个重要的研究方向(也见 Weber & Soderstrom 本手册[第 14 章])。对运动和制度这种交互的制度动态研究的强调,也会带给我们很多重要的启发,如环境激进团体的动员工作、其历年行动的成功案例,以及生态恢复和环境公正运动将如何引起补偿或政权的变化。

环境公正

在《组织与环境》的文章中,一个相关的研究分支是了解环境负担在社会和经济较差人口中不平均分配的情况,例如女人、原住民、少数民族、穷人和欠发达国家人民。所谓的"环境正义与公正"与环境运动文献存在交叉,两者都考虑了弱势群体组织,以及(或者)其对生态恢复的尝试(Gedicks 2004;Tomblin 2009)。其他研究者则关注污染产业发展以及其他环境恶化形式对少数民族及其他弱势群体的影响。例如,Jorgensen(2007)研究了外国投资对于欠发达国家环境的破坏程度;类似地,Whiteman(2004)则调查了水力发电项目对魁北克詹姆斯湾土著民的影响。

当环境公正问题强调地理空间上权力的不平衡分配时,对制度动态的关注却有益于人们深入理解不同地方的不同团体成为企业污染行为目标的过程,以及不同团体何以成功对抗企业权力。这种研究的迫切性与 Jermier et al.(2006)的文章相呼应。Jermier et al.(2006:624)在讨论"新企业环保主义"的过程中表明,"不正当的政策"已经被制度化,"基于国家的环境组织和环境主义的其他地方性形式"已经完全不足以应对企业决定环境日程的权力。将制度和社会运动理论相结合的新知识的出现已经开始为制度企业家,如股东活动者等,克服显著影响企业环境行为的权力不平衡现象提供了启示(Lee & Lounsbury 2011)。

可持续性

可持续发展——一个平衡经济发展和环境保护的概念——在不影响后代富足的情况下满足当代人的需求(Roumasset 1990),其给研究者提供了重要的研究主题。例如,Gould(1999)在极度吸引人的案例研究中,分析了厄瓜多尔和伯利兹雨林可持续旅游业的发展。其他研究者分析了企业在其可持续价值报道中的说法（Livesey & Kearins 2002），以及"可持续商业模式"的发展（Stubbs & Cocklin 2008）。

制度动态也是该领域研究的主要分支。Hoffman & Henn（2008）调查了制度力量的限制作用，认为想当然的理念阻碍了建筑行业中绿色建筑实践，以及环境可持续建筑设计和采纳。Srikantia & Bilmoria（1997）在可持续性文献的综述中提出了相似的论点。他们发现，一种被学者和经理通过同构压力从而实现永久化的企业模式，已经将可持续性的意义转变成另外一种与主流商业组织实践相一致的意义。自 Jennings & Zandbergen（1995）提出使用制度理论来研究生态可持续性组织的议程已经过去了近 20 年，我们相信很多工作还未完成，他们的议程将持续提供有用的指导。

12.3　未来的机会和研究方向

对商业和自然环境的研究是一个生机勃勃且逐渐发展的研究领域，我们相信有众多的机会聚焦制度过程，增强我们对重要环境问题的了解，并为政策发展做出贡献。我们的文献综述表明，制度理论质问了环境破坏和环境行为的根本来源，给监管、规范和认知力量如何塑造社会感知和环境行为提供了灵感（Scott 2008）。但是，我们必须说明，当今制度研究的焦点已经由自上而下的同构压力向制度多样化及组织异质性转变（Kraatz & Block 2008；Lounsbury 2007；Reay & Hinings 2009；Thornton & Ocasio 2008）。我们鼓励对制度动态有兴趣的研究者参与到更广的理论对话中，为企业—环境的关系带来新的启发。尽管我们相信，之前章节综述的主题中存在很多研究机会，但在此，我们想要简单强调一些拓展制度动态研究的机会：①漂绿；②气候变化；③运动和反运动；④政策。

漂　绿

最近制度分析的趋势是了解不同组织如何应对制度压力，其中一个特别有吸引力的主题是漂绿行为——为了表现出具有环保积极性空洞的政策或表面的实践（Beder 1997；见 Jermier & Forbes 本手册［第 30 章］）。不同于同构问题的关注点，这些研究将探究企业能将他们的行为从制度要求中分离，从而形成使利益相关者和其他利益角色满意的象征性回应的程度（Westphal & Zajac 1994）。我们提议，制度动态为理解企业环境影响如何被保持和（或）接纳，以及解释企业采用绿色商业实践行为提供很多潜在的希望。由于制度理论鼓励对环境破坏或环境行为根本来源进行批判性探索，这有可能给社会感知和环境议题制订如何受到监管、规范和认知力量的影响等问题提供新的见解（Scott 2008）。这些方面合成了制度压力，并驱使企业为利益或环境保护采取环境行动。

聚焦于漂绿行为的制度动态有助于确定企业环境实践的正式性和正式程度，以及监管、行动的职业和社会准则，还有助于理解共享的认知和逻辑如何谴责或使各种企业行为合法化。对那些实现不同组织漂绿程度或根本无法实现的真正机制的关注将会特别有价值，其不仅有助于理论发展，还有益于利益相关者和积极分子对政策和战略方法的设计。

气候变化

虽然有前副总统阿尔·戈尔和其他人的支持（Gore 2006），人们对来自温室气体排放的真正生态威胁仍存在巨大的怀疑（Hoggan 2009）。Norgaard（2006）发现，尽管对全球变暖影响的警告反复出现，挪威的冷漠至少可以用一种关于挪威生态兴趣的、社会所认可的组织否认形式来解释。但是，需要更多的研究来解释不同国家和角色团体为何及如何以不同的方式回应气候变化的说法。毫无疑问，我们需要非常理解媒体、对话的产生和演变如何从根本上塑造环境问题，以及人们对此的理解及回应（Lawrence & Phillips 2004；Phillips et al. 2004）。

这些制度上的研究将会为有关气候变化的全球环境问题的解决或在今后被成功解决提供启发。人们只要回顾美国拒绝签署关于全球气候变化问题的《京都协议书》，便可以明白观念或者政策上的冲突——毫无疑问这植根于不同国家的制度逻辑——将如何使环保倡议偏离初衷。建立对比研究实验、研究科学知识在解决和设定不同国家媒体及公众领域的环境担忧中所扮演的角色将尤为有效（Djelic & Sahlin-Anderson 2005；Djelic & Quack 2003）。

运动和反运动

拓展环境运动的制度动态研究，我们相信需要持续关注企业和环境运动组织间的动态和交互关系（见 Weber & Soderstrom 本手册［第 14 章］），以及环保主义思想在环境公正网络中的传播。我们提到，20 世纪 60 年代的环境运动如何用商业和管理哲学改变制度环境，从而极大地影响企业形象（Hoffman 1999）。在美国环境保护署进行的一个口头历史采访系列记录中，其第一任部长 William Ruckelshaus（1993：1）认为，公众意见"对于以环境名义所做的任何事情都是绝对必要的。没有公众意见什么都不会发生，因为经济力量和其对人类生计的影响是自动的和地方性的。没有对环境的公众压力,很多事也不会发生"。公众对政客和法律制定者新施加压力的增加,导致了 20 世纪 70 年代环境法规的迅速制度化,以及随后"绿色消费者"的出现。

但是,企业迅速地利用政治游说活动,快速应对这些制度变革。到 20 世纪 80 年代早期,对环境团体的政治支持已被削弱,且环境制度的钟摆已经转向了相反的方向。特别是里根总统的 12291 号行政命令,要求所有的主要联邦法规在出台之前都必须进行成本—利益分析。这强烈改变了制度环境,并严重限制了环境保护署执行其命令的能力。这些制度环境的改变反过来强迫环境运动组织彻底改造自身,使得其运动策略和活动更加专业化(如利益相关者积极主义、主流政策参与、企业咨询和相关研究的产出)。

除了这些更广泛的运动和反运动的动态性之外,调查企业如何不同地回应运动压力也很有价值。正如 Davis et al.(2008:390)的建议,"一些企业可以用改变战略、结构和惯例的方式来回应社会运动所带来的压力。其他一些则固执地进行抵抗。还有一些企业会创建波特金村式的反运动,从而清晰表明自己的立场——相对于草根组织,其被称为'草皮组织'"。为什么企业的应对方式会产生如此重大的差别?企业抵抗这些压力或者是组织有效反运动的可能性是什么?对影响组织和自然环境关系的制度动态的聚焦可以有效地扩大我们的研究范围,并给产生、持续或阻挠环境损伤或保护的社会机制提供观点。

政   策

最后,我们相信,制度动态研究特别重要,因为这将极大地有助于政策的构思、设计和实现(见 Zald & Lounsbury 2010)。这在著作《组织、政策和自然环境:制度和战略视角》中被清晰地传达出来(Hoffman & Ventresca 2002),该著作在实证论文和思想碎片的集合中,阐明了制度分析在为环境管理和政策讨论提供信息中的应用。这份合集涵盖了绿色管理理论中制度视角应用的许多范围,包括对环保主义争论和领域结构的解释、同构和去耦对回应监管、不确定性和风俗的影响,制度在游说和政策中的授权和限制力量,以及在域水平上认知模式、解释和群体的差异如何影响组织战略和行为。但是,该手册的承诺仍待实现。我们鼓励来自商业与自然环境研究者共同努力关注政策相关问题和政策制定者。虽然理论和批评非常重要,但除非我们可以动员并将我们的研究发现用来帮助影响政策争论,或者提出旨在创造更好世界的政策建议,否则我们的知识将毫无影响力。

总而言之,当代环境威胁,如全球变暖及包括海平面上升、冰川消退、物种灭绝在内的伴生危险,以及政府和媒体在影响公众对这些威胁的认知中所发挥的作用,将给制度导向的环境管理研究带来适当且具有挑战的研究重点。研究者若能更专注地关注这些环境"危机"如何产生,如何引发强烈的媒体审查、公众愤怒以及企业重伤,这将非常有用。人们只需要思考,美国政府和媒体对 BP 公司在 2010 年墨西哥湾重大石油泄漏事故的批评和关注是如此巨大,而在尼日利亚和厄瓜多尔发生的更严重且持续伤害人类健康和生存的石油泄漏事故却被忽略了(Khor 2010)。这些情景阐明了政府和媒体的关注是如何受制度政治和文化兴趣所影响。显然,关于制度规则和信仰如何支持企业环境行动及全世界的政体相关政策的发展和实施,仍然存在许多未知。制度理论为我们提供了工具,可用以评价环境政策影响的内容,以及调查环境事件和问题如何被定义、关注和处理。更好地理解企业和环境如何嵌入更广泛制度动态,将带来丰富的深入讨论政策选择和更多的形成政策应对措施的方法。

参考文献

Adams, G. (1981). *The Iron Triangle: The Politics of Defense Contracting*. New York: Council on Economic Priorities.

Allison, G. T. & Zelikow, P. (1999). *Essence of Decision: Explaining the Cuban Missile Crisis*, 2nd edition. New York: Pearson Longman.

Bansal, P. & Bogner, W. C. (2002). "Deciding on ISO 14001: Economics, Institutions and Context," *Long Range Planning*, 35: 269—290.

Bansal, P. & Roth, K. (2000). "Why Companies Go Green: A Model of Ecological Responsiveness," *Academy of Management Journal*, 43: 717—736.

Barnett, M. & King, A. (2008). "Good Fences Make Good Neighbors: A Longitudinal Analysis of an Industry Self-Regulatory Institution," *Academy of Management Journal*, 51: 1150—1170.

Baron, J. P., Dobbin, F. & Jennings, P. D. (1986). "War and Peace: The Evolution of Modern Personnel Administration in U. S. Industry," *American Journal of Sociology*, 92: 250—283.

Baumgartner, F. R. & Jones, B. D. (2005). *The Politics of Attention: How Government Prioritizes Problems*. Chicago: University of Chicago Press.

Beamish, T. D. (2002). *Silent Spill: The Organization of Industrial Crisis*. Cambridge, MA: MIT Press.

Beder, S. (1997). *Global Spin: The Corporate Assault on Environmentalism*. White River Junction, VT: Chelsea Green.

Campbell, J. L., Hollingsworth, J. R. & Lindberg, L. N. (1990). *Governance of the American Economy*. Cambridge: Cambridge University Press.

Carmin, J. & Balser, D. (2002). "Selecting Repertoires of Action in Environmental Movement Organizations: An Interpretive Approach," *Organization & Environment*, 15 (4): 365—388.

Carson, R. (1962). *Silent Spring*. Boston, MA: Houghton Mifflin.

Crenson, M. A. (1971). *The Un-Politics of Air Pollution*. Baltimore, MD: Johns Hopkins Press.

Davis, G. F., Morrill, C., Rao, H. & Soule, S. A. (2008). "Introduction: Social Movements in Organizations and Markets," *Administrative Science Quarterly*, 53(3): 389—394.

Delmas, M., Russo, M. V. & Montes-Sancho, M. "Deregulation and Environmental Differentiation in the Electric Utility Industry," *Strategic Management Journal*, 28(2): 189—209.

DiMaggio, P. J. & Powell, W. W. (1991). "Introduction," in Powell, W. W. & DiMaggio, P. J. (eds.) *The New Institutionalism in Organizational Analysis*. Chicago: University of Chicago Press, 1—40.

——(1983). "The Iron Cage Revisited: Institutional Isomorphism and Collective Rationality in Organizational Fields," *American Sociological Review*, 48: 147—160.

——& Quack, S. (eds.) (2003). *Globalization and Institutions: Redefining the Rules of the Economic Game*. Cheltenham (Grande-Bretagne): Edward Elgar.

——Djelic, M. & Sahlin, K. (eds.) (2006). *Transnational Governance: Institutional Dynamics of Regulation*. Cambridge, UK: Cambridge University Press.

Dobbin, F. & Dowd, T. (1997). "How Policy Shapes Competition: Early Railroad Foundings in Massachusetts," *Administrative Science Quarterly*, 42: 501—529.

Dreiling, M., Jonna, R., Lougee, N. & Nakamura, T. (2008). "Environmental Organizations and Communication Praxis: A Study of Communication Strategies Among a National Sample of Environmental Organizations," *Organization & Environment*, 21(4): 420—445.

——& Wolf, B. (2001). "Environmental Movement Organizations and Political Strategy: Tactical Conflicts over NAFTA," *Organization & Environment*, 14(1): 34—54.

Dunlap, R. (1992). *American Environmentalism: The U. S. Environmental Movement, 1970—1990*. New York: Taylor & Francis.

Edelman, L. B., Abraham, S. E. & Erlanger H. S. (1992). "Professional Construction of Law: The Inflated Threat of Wrongful Discharge," *Law & Society Review*, 26(1): 47—84.

——& Suchman, M. C. (eds.) (2007). *The Legal Lives of Private Organizations*. Surrey, UK: Ashgate.

——Uggen, C. & Erlanger, H. (1999). "The Endogeneity of Legal Regulation: Grievance Procedures as Rational Myth," *American Journal of Sociology*, 105: 406—54.

Frank, D. J. (1997). "Science, Nature, and the Globalization of the Environment," *Social Forces*, 76: 409—435.

——Hironaka, A. & Schofer, E. (2000). "The Nation-State and the Natural Environment over the Twentieth Century," *American Sociological Review*, 65: 96—116.

Gedicks, A. (2004). "Liberation Sociology and Advocacy for the Sokaogon Ojibwe," *Organization & Environment*, 17(4): 449—470.

Gore, A. (2006). *An Inconvenient Truth: The Planetary Emergency of Global Warming and What We Can Do About It*. New York: Rodale.

Gould, K. A. (1999). "Tactical Tourism: A Comparative Analysis of Rainforest Development in Ecuador and Belize," *Organization & Environment*, 12(3): 245—262.

Gouldner, A. W. (1960). "The Norm of Reciprocity: A Preliminary Statement," *American Sociological Review*, 25: 165—170.

Greenwood, R., Oliver, C., Sahlin, K. & Suddaby, R. (eds) (2008). *Handbook of Institutional Theory*. London: SAGE.

Haas, P. M. (ed.) (2003). *Environment in the New Global Economy*. New York: Edward Elgar.

Haveman, H. A. & Rao, H. (1997). "Structuring a Theory of Moral Sentiments: Institutional and Organizational Co-Evolution in the Early Thrift Industry," *American Journal of Sociology*, 102: 1606—1651.

Hirsch, P. M. & Lounsbury, M. (1997). "Ending the Family Quarrel: Towards a Reconciliation of 'Old' and 'New' Institutionalism," *American Behavioral Scientist*, 40: 406—418.

Hoffman, A. J. (1997). *From Heresy to Dogma: An Institutional History of Corporate Environmentalism*. San Francisco, CA: New Lexington Press.

——(1999). "Institutional Evolution and Change: Environmentalism and the U. S. Chemical Industry," *Academy of Management Journal*, 42: 351—371.

——(2001). "Linking Organizational and Field Level Analyses: The Diffusion of Corporate Environmental Practice," *Organization & Environment*, 14(2): 133—156.

——& Henn, R. (2008). "Overcoming the Social and Psychological Barriers to Green Building," *Organization & Environment*, 21(4): 390—419.

Hoffman, A. J. & Ventresca, M. J. (eds.) (2002). *Organizations, Policy, and the Natural Environment: Institutional and Strategic Perspectives*. Stanford, CA: Stanford Business Books.

Hoggan, J. (2009). *Climate Cover-up: The Crusade to Deny Global Warming*. Vancouver, BC: Greystone Books.

Howard-Grenville, J. A. (2006). "Inside the 'Black Box': How Organizational Culture and Subcultures Inform Interpretations and Actions on Environmental Issues," *Organization & Environment*, 19(1): 46—73.

Jennings, P. D., Schulz, M., Patient, D., Gravel, C. & Yuan, K. (2005). "Weber and Legal Rule Evolution: The Closing of the Iron Cage?" *Organization Studies*, 26: 621—653.

——& Zandbergen, P. A. (1995). "Ecologically Sustainable Organizations: An Institutional Approach," *Academy of Management Review*, 20(4): 1015—1052.

Jermier, J. M., Forbes, L. C., Benn, S. & Orsato, R. J. (2006). "The New Corporate Environmentalism and Green Politics," in Clegg, S., Hardy, C., Lawrence, T. & Nord, W. (eds.) *Handbook of Organizational Studies*, 2nd ed. London: SAGE, 619—650.

Jorgensen, A. K. (2007). "Does Foreign Investment Harm the Air We Breathe and the Water We Drink? A Cross-National Study of Carbon Dioxide Emissions and Organic Water Pollution in Less-Developed Countries, 1975—2000," *Organization & Environment*, 20 (2): 137—156.

Kaczmarski, K. M. & Cooperrider, D. L. (1997). "Constructionist Leadership in the Global Relational Age: The Case of the Mountain Forum," *Organization & Environment*, 10 (3): 235—258.

Khor, M. (2010). "The Double Standards of Multinationals," *The Guardian*, 25 June 2010. Retrieved on July 29, 2010 from < http://www. guardian. co. uk/commentisfree/cif-green/2010/jun/25/double-standards-multinationals-ecological-disasters>.

King, A. & Lenox, M. (2000). "Industry Self-Regulation Without Sanctions: The Chemical Industry's Responsible Care Program," *Academy of Management Journal*, 43 (4): 698—716.

——& Terlaak, A. (2005). "The Strategic Use of Decentralized Institutions: Exploring

Certification with the ISO 14001 Management Standard," *Academy of Management Journal*, 48(6): 1091—1106.

Kneese, A. V. & Schultze, C. L. (1975). *Pollution, Prices, and Public Policy: A Study Sponsored Jointly by Resources for the Future, Inc. and the Brookings Institution.* Washington,DC: Brookings Institution.

Kraatz, M. S. & Block, E. S. (2008). "Organizational Implications of Institutional Pluralism," in Greenwood, R., Oliver, C., Sahlin, K. & Suddaby, R. (eds.) *Handbook of Organizational Institutionalism.* London: SAGE, 243—275.

Lawrence, T. B & Phillips, N. (2004). "From Moby Dick to Free Willy: Macro-Cultural Discourse and Institutional Entrepreneurship in Emerging Institutional Fields," *Organization*, 11: 689—711.

Lee, M. D. & Lounsbury, M. (2011). "Domesticating Radical Rant and Rage: An Exploration of the Consequences of Environmental Shareholder Resolutions on Corporate Environmental Performance," *Social Science Electronic Publishing*,50(1):155—188.

Livesey, S. M. & Kearins, K. (2002). "Transparent and Caring Corporations? A Study of Sustainability Reports by the Body Shop and Royal Dutch/Shell," *Organization & Environment*, 15(3): 233—258.

Lounsbury, M. (2007). "A Tale of Two Cities: Competing Logics and Practice Variation in the Professionalizing of Mutual Funds," *Academy of Management Journal*, 50: 289—307.

——(2001). "Institutional Sources of Practice Variation: Staffing College and University Recycling Programs," *Administrative Science Quarterly*, 46: 29—56.

——Ventresca, M. & Hirsch, P. (2003). "Social Movements, Field Frames and Industry Emergence: A Cultural-Political Perspective on U. S. Recycling," *Socio-Economic Review*, 1: 71—104.

Luke, T. W. (2001). "SUVs and the Greening of Ford: Reimagining Industrial Ecology as an Environmental Corporate Strategy in Action," *Organization & Environment*, 14(3): 311—335.

McCormick, S. (2009). "From 'Politico-Scientists' to Democratizing Science Movements: The Changing Climate of Citizens and Science," *Organization & Environment*, 22(1): 34—51.

Maguire, S. (2004). "The Co-Evolution of Technology and Discourse: A Study of Substitution Processes for the Insecticide DDT," *Organization Studies*, 25(1): 113—134.

——& Hardy, C. (2009). Discourse and Deinstitutionalization: The Decline of DDT. *Academy of Management Journal*, 52(1): 148—178.

Marshall, R. S. & Standifird, S. S. (2005). "Organizational Resource Bundles and Institutional Change in the U. S. Organic Food and Agricultural Certification Sector," *Organization & Environment*, 18(3): 265—286.

Meyer, J. W., Boli, J. & Thomas, G. M. (1987). "Ontology and Rationalization in the Western Cultural Account," in Thomas, G. M., et al. (eds.) *Institutional Structure: Constituting State, Society, and the Individual.* Thousand Oaks, CA: SAGE, 12—37.

Moon, S. G. & DeLeon, P. (2007). "Contexts and Corporate Voluntary Environmental Behavior: Examining the EPA's Green Lights Voluntary Program," *Organization & Environment*, 20(4): 480—496.

Morgan, G., Whitley, R. & Moen, E. (eds.) (2004). *Changing Capitalisms? Internationalisation, Institutional Change and Systems of Economic Organisation.* Oxford: Oxford

University Press.

Norgaard, K. (2006). "We Don't Really Want to Know: The Information-Deficit Model, Environmental Justice and Socially Organized Denial of Global Warming in Norway," *Organization & Environment*, 19(3): 347—370.

North, D. C. (1990). *Institutions, Institutional Change and Economic Performance*. Cambridge, UK: Cambridge University Press.

Packard, V. (1960). *The Waste Makers*. New York: D. McKay Co.

Phillips, N., Lawrence, T. B. & Hardy, C. (2004). "Discourse and Institutions," *Academy of Management Review*, 29: 635—652.

Powell, W. W. & DiMaggio, P. J. (eds.) (1991). *The New Institutionalism in Organizational Analysis*. Chicago: University of Chicago Press.

Reay, T. & Hinings, C. R. (2009). "Managing the Rivalry of Competing Institutional Logics," *Organization Studies*, 30: 629—652.

Rockström, J., Steffen, W., Noone, K., Persson, Å., Chapin, F. S. III, Lambin, E. F., Lenton, T. M., Scheffer, M., Folkel, C., Schellnhuber, H. J., Nykvist, B., de Wit, C. A., Hughes, T., van der Leeuw, S., Rodhe, H., Sörlin, S., Snyder, P. K., Costanza, R., Svedin, U., Falkenmark, M., Karlberg, L., Corell, R. W., Fabry, V. J., Hansen, J., Walker, B., Liverman, D., Richardson, K., Crutzen, P. & Foley. J. A. (2009). "A Safe Operating Space for Humanity," *Nature*, 461(24): 472—475.

Roland, G. (2004). "Understanding Institutional Change: Fast-Moving and Slow-Moving Institutions," *Studies in Comparative International Development*, 4: 109—31.

Roumasset, J. (1990). "Economic Policy for Sustainable Development," *Development*, 3(4): 38—41.

Ruckelshaus, W. D. (1993). "William D. Ruckelshaus: Oral History Interview," Environmental Protection Agency. Retrieved on November 16, 2009 from < http://www. epa. gov/history/publications/print/ruck. htm>.

Russo, M. V. (1992). "Power Plays: Regulation, Diversification, and Backward Integration in the Electric Utility Industry," *Strategic Management Journal*, 13: 13—27.

——& Harrison, N. S. (2005). "Internal Organization and Environmental Performance: Clues from the Electronics Industry," *Academy of Management Journal*, 48: 582—593.

Schrader-Freschette, K. (1997). "Elite Folk Science and Environmentalism," *Organization & Environment*, 10(1): 23—25.

Scott, W. R. (2008). *Institutions and Organizations: Ideas and Interests*, 3rd edition. Thousand Oaks, CA: SAGE.

——(1995). *Institutions and Organizations*. Thousand Oaks, CA: SAGE.

——(1995). *The Construction of Social Reality*. New York: Free Press.

Selznick, P. (1949). *TVA and the Grass Roots*. New York: Harper and Row.

Streeck, W. & Thelen, K. (eds.) (2005). *Beyond Continuity: Institutional Change in Advanced Political Economies*. Oxford, UK: Oxford University Press.

Srikantia, P. & Bilmoria, D. (1997). "Isomorphism in Organization and Management Theory: The Case of Research on Sustainability," *Organization & Environment*, 10(4): 384—406.

Stubbs, W. & Cocklin, C. (2008). "Conceptualizing a Sustainability Business Model," *Organization & Environment*, 21(2): 103—127.

Sutton, J., Dobbin, F., Meyer, J. & Scott, W. R. (1994). "The Legalization of the Workplace," *American Journal of Sociology*, 99: 944—971.

Szasz, A. (1994). *Ecopopulism*. Minneapolis, MN: University of Minnesota Press.

Thornton, P. H. & Ocasio, W. (1999). "Institutional Logics and the Historical Contingency of Power in Organizations: Executive Succession in the Higher Education Publishing Industry, 1958—1990," *American Journal of Sociology*, 105: 801—843.

——(2008). "Institutional Logics," in Greenwood, R., Oliver, C., Andersen, S. K. & Suddaby, R. (eds.) *Handbook of Organizational Institutionalism*. Thousand Oaks, CA: SAGE.

Tomblin, D. C. (2009). "The Ecological Restoration Movement: Diverse Cultures of Practice and Place," *Organization & Environment*, 22(2): 185—207.

Weinberg, A. S. (1997). "Local Organizing for Environmental Conflict: Explaining Differences Between Cases of Participation and Non-Participation," *Organization & Environment*, 10(2): 194—216.

Westphal, J. & Zajac, E. J. (1994). "Substance and Symbolism in CEOs' Long-Term Incentive Plans," *Administrative Science Quarterly*, 39: 367—390.

Whiteman, G. (2004). "The Impact of Economic Development in James Bay, Canada: The Cree Tallymen Speak Out," *Organization & Environment*, 17(4): 425—448.

Whitley, R. (2007). *Business Systems and Organizational Capabilities: The Institutional Structuring of Competitive Competences*. Oxford, UK: Oxford University Press.

Widener, P. (2007). Oil Conflict in Ecuador: A Photographic Essay. *Organization & Environment*, 20(1): 84—105.

Wooten, M. & Hoffman, A. J. (2008). "Organizational Fields: Past, Present and Future," in Greenwood, R., Oliver, C., Sahlin, K. & Suddaby, R. (eds.) *Handbook of Institutional Theory*. London: SAGE, 130—148.

Zald, M. N. (1978). "On the Social Control of Industries," *Social Forces*, 57: 79—102.

——& Lounsbury, M. (2010). "The Wizards of OZ: Towards an Institutional Approach to Elites, Expertise and Command Posts," *Organization Studies*, 31: 963—996.

Zuckerman, E. W. (1999). "The Categorical Imperative: Securities Analysts and the Illegitimacy Discount," *American Journal of Sociology*, 104: 1398—438.

13　制度压力和组织特征：
环境战略的应用

Magali A. Delmas, Michael W. Toffel[①]

　　为什么一些企业采用了超出法规要求的环境管理战略，而其他企业则没有？在过去的几十年中，大量的文献已经阐明企业的环境战略和实践受到外部利益相关者、监管者和竞争者（Aragón-Corra 1998；Christmann 2000；Dean & Brown 1995；Delmas 2003；Hart 1995；Nehrt 1996，1998；Russo & Fouts 1997；Sharma & Vredenburg 1998）及非政府组织（NGOs）（Lawrence & Morell 1995）的制度压力的影响。

　　这些发现与制度社会学研究结论相一致，强调监管、规范和认知因素在决定企业采用高于自身技术效率的特定组织实践时的重要性（Dimaggio & Powell 1983；Lounsbury et al. 本手册［第12章］）。一些作者已经在制度理论的基础上，阐释企业的环境战略。Jennings & Zandbergen（1995）认为，由于强制力——常以法规和监管实施形式——已经成为环境管理实践的主要推动力，各个产业的企业已经实施了相似的实践。Delmas（2002）从制度视角提出了推动欧洲和美国企业采用 ISO 14001 环境管理系统（EMS）国际标准的影响因素。她描述了特定国家制度环境中，监管、规范和认知如何影响 ISO 14001 采纳的成本和潜在获利，以及这会如何带来不同国家 ISO 14001 采纳率的差异。其他研究者已经探索了运行在不同组织领域中的企业如何受不同制度压力制约。

　　但是，制度观点并不能解决商业战略的根本问题：为什么受制于同一制度压力的企业会采用不同的战略？换言之，在一个产业中，制度压力如何带来异

　　①　作者们非常感激 Jenna Bernhardson 出色的研究协助，以及哈佛商学院研究和教师发展部门的财政支持。

质性,而不是同质性。Hoffman（2001）认为,当组织并不是简单回应组织领域所给予的压力时,他们也无法在没有外部限制的影响下完全自主地应对。制度和组织动态紧密关联。

其他研究已经分析了组织特征如何影响企业采纳"超越遵从法规"的战略。这些研究已经调查了组织内涵和设计（Ramus & Steger 2000;Sharma 2000;Sharma et al. 1999）以及组织学习（Marcus & Nichols 1999）的影响。其他研究者已经将注意力转向个人和经理人,调查领导价值（Egri & Herman 2000）和管理态度（Cordano & Frieze 2000;Sharma 2000;Sharma et al. 1999）发挥的作用。

每个研究都提出了一些困惑。对于采用何种制度压力和组织特征条件来解释组织对超越合规环境战略的采纳（见图 13.1）,我们仍然缺乏足够的了解。在本章中,我们将首先描述那些调查企业制度环境的压力如何对企业环境战略采纳产生影响的实证研究（图 13.1 中的关系 1）,之后将对调查组织特征缓和这一关系的研究进行综述（图 13.1 中的关系 2）,最后提出一些未来的研究方向。

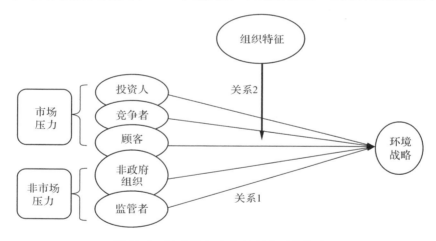

图 13.1　制度压力、组织特征和环境战略

13.1　环境战略

企业可以采用多种自愿环境战略,寻求降低其运营的环境影响,从而达到法规要求。例如,企业可以通过制定环境政策,开发正式培训项目,或者促成常规环境审计等方式,实施环境管理体系内容（Delmas 2000）。此外,管理层

可以选择通过 ISO 14001 环境管理体系标准的认证,来获得第三方对其环境管理体系完整性的验证(Toffel 2000)。管理层还可以将环境管理作为员工绩效考评指标之一,传达出环境管理的重要性(Nelson 2002)。

企业也可以通过参与政府或行业支持的自愿环境项目,提升其与立法者的关系,传达出一种积极主动的环境立场(Delmas & Terlaak 2002;Delmas & Montes-Sancho 2011;Short & Toffel 2010;Toffel & Short 2011)。事实上,美国环境保护署(EPA)、部分行业协会以及一些非政府组织已经制定了自愿标准,鼓励企业超出最低监管要求。例如,美国环境保护署已经为政府机构和企业开发了一些自愿协定,通过减缓特定程序要求的方式鼓励技术创新和污染减排(Delmas & Terlaak 2001)。产业项目则包括责任关怀制度和可持续斜坡项目(King & Lenox 2000;Rivera & de Leon 2003),非政府组织项目包括自然步和全球报道倡议指导方针项目(Bradbury & Clair 1999;Hedberg 2003)。

企业也可以直接与消费者及供应商合作,提升其环境绩效。此外,他们也可以参与"与核心利益相关者的系统沟通、资讯和合作……(以及)主持利益相关者论坛,并建立企业层面、工厂层面或解决特定事件的永久利益相关者顾问小组"(Nelson 2002:18)。

13.2 制度压力:对环境战略的影响

新制度观点建议,企业需要在其制度领域中遵从主流实践,从而获得合法性(DiMaggio & Powell 1983;Scott 1992)。一个组织领域包括"……组成制度生活中一个公认领域的所有组织:核心供应商、资源和产品消费者、监管机构和其他提供类似服务和产品的组织"(DiMaggio & Powell 1983:148)。

一些学者已经提出,仅仅检验制度力量并不足以解释组织变革的离散性(D'Aunno et al. 2000;Kraatz & Zajac 1996)。Kraatz & Zajac(1996)调查了制度和技术或市场环境对组织变革的影响,发现来自技术环境的压力是组织变革的重要推动力。D'Aunno et al.(2000)提出,"制度和市场力量都有可能在不同组织领域以及不同历史时期内,不同程度地影响组织变革离散性。此外,组织和市场力量可能会以重要的方式相互作用,从而影响组织变革。未来的研究需要更精确地说明这些作用。"这说明了迫使企业对组织变革的外部力量进行精确定义的必要性。

在本章中,我们并不将市场力量描绘为制度力量的对立面,而是认为,制度力量可能限制并定义合理的论点和方法(Fligstein 1990)。通过这种方式,我们区分了组织领域内两类主要代理人:市场和非市场委托人(Baron 1995),并认为这两者均可强加制度压力。因此,基于 Hoffman 的观点,我们提出买家和其他市场角色是组织领域内的委托人。

企业通过经济交易与市场委托人(如顾客、供应商、竞争者、股东)相接触,而非市场委托人(如监管者、环境组织)则更关注社会、政治和法律问题(Baron 1995,2000)。非市场和市场委托人构建出不同的环境管理问题(Hoffman & Ventresca 1999)。例如,市场委托人倾向于在商业绩效评估中看待环境问题,关注成本和效率应用。而监管者、激进团体等非市场委托人则典型地把环境问题视为负面外部效应,常常通过法律体系和大众媒体(如作为公共意见的法庭)来运行。

在本节中,我们将对不同制度角色对组织环境实践影响的实证证据进行综述,主要关注政客、监管者、地方性社团、消费者、竞争者和股东(所有人)。

非市场委托人的压力

政治和监管压力

政府可能是影响企业采纳环境实践的最典型的制度委托人之一。法律给予了政府机构传播和实施法规的权力,这是一种强制力量。政治压力指对更广泛或更严格法规的政治支持程度,而监管压力代表了监管者基于企业环境绩效而威胁或阻碍企业运营的程度(Delmas & Toffel 2004)。

很多学者关注强制执行的法律和规范对企业环境实践的影响(Carraro,Katsoulacos & Xepapadeas 1996;Delmas & Montes-Sancho 2010;Delmas 2002;Majumdar & Marcus 2001;Rugman & Verbeke 1998)。其中一项研究发现,政府法规是环境管理实践采纳过程中被最频繁列出的压力来源(Henriques & Sadorsky 1996a)。

一些研究对不同国家中的制度环境进行比较,其中很多研究已经阐明,更严格的监管环境将使企业采纳超过合规的环境实践。Christmann(2004)发现,经理人对一个国家内政府环境监管严苛度的感知与企业内部环境政策的严格性具有正向关系。政府也在企业是否采用 ISO 14001 体系认证的决策中扮演了重要角色(Delmas & Montes-Sancho 2011;Delmas 2002)。政府可以通过提升采纳者声誉等方式,传达其对 ISO 14001 体系认证的认可。政府也可以给潜在采纳者提供技术支持,减少其信息和检索成本,从而促进环境认证体系的采纳。监管压力也是企业参与政府主导的自愿项目的重要推动力之一(Delmas & Terlaak 2002)。Dekmas & Terlaak(2002)提出,那些能使监管者提高对政府项目目标可信性的制度环境,是实现自愿项目的关键。

　　研究已经表明,在单一国家中,通过环境监督或法律责任威胁估量的政府压力,增加了自愿环境实践的采纳率。例如,一项研究表明,面临更大法律责任威胁的企业将会采用更多的环境实践(Kganna & Anton 2002a)。此外,对一个企业产业责任的威胁,以及针对其他产业的监管,被证明可以提升企业公开其环境实践和战略的可能性(Reid & Toffel 2009)。如果企业最近经历了环境执行情况测评(如监督或被公布违例行为),且从对自我曝光违例的起诉中获得了豁免权,则企业将更有可能对自身的环境违例进行自我披露(Laplante & Rilstone 1996;Short & Toffel 2008)。很多国家政府的自愿项目也显示出基本一致的结果,即监管压力是促进参与的重要因素(Delmas & Montes-Sancho 2010;Delmas & Terlaak 2001;Maxwell et al. 2000;Rivera & de Leon 2004;Segerson & Miceli 1998)。在至少一个案例中,这种关系随时间而变化,如Delmas & Montes-Sancho(2010)发现,监管压力显著影响了美国气候挑战自愿项目早期采纳者的参与,但是没有证据表明其也影响了后期采纳者。

社区团体和环境利益团体压力

　　通过地方和国家选举投票、环境非政府组织的环境积极分子及提出公民诉讼等手段,地方社团也可以给予企业强制压力。一些研究已经发现,企业是否采纳环境管理实践的决策受到对改善和维护社区团体关系的渴望的影响(Florida & Davison 2001)。研究表明,来自社区团体的压力影响了企业采纳环境计划(Henriques & Sadorsky 1996a)和政府支持自愿环境项目(Darnall et al. 2010)的选择。另外,一项对在 15 个国家内取得 ISO 14001 体系认证的企业调查研究表明,追求认证的一个最强有力的动机因素是对成为好邻居的渴望(Raines 2002)。

　　一些社区可能比其他一些社区具有更好的鼓励工厂采用环境实践的能力。人口比例较高、收入较低、教育水平较低的少数民族社区可能更容易面临有毒物质排放问题(Arora & Asundi 1999;Brooks & Sethi 1997;Khanna & Vidovic 2001),而拥有较高收入、较高人口密度和较多参与环境保护组织的社区则不太可能面临有毒物质的排放危险(Kassinis & Vafeas 2006)。一项研究发现,对美国环境保护署自愿项目的采纳,更有可能发生在中高收入家庭所在的社区中,这表明社会经济社区特点也会影响工厂采用环境管理实践的决策(Khanna & Vidovic 2001)。在一些具有共同行动偏好的社区,如投票率较高的社区(Hamilton 1999),以及环境兴趣群体会员率较高的州(Maxwell et al. 2000),其工厂会更有效地减排有毒物质。

很多案例表明，企业为了回应环境团体压力会修改其环境实践（Baron 2003；Lawrence & Morell 1995；Sharma & Henriques 2005）。例如，在三菱公司受到雨林行动网络（RAN）领导的长期消费抵制之后，宣布将不再使用原始森林产品（World Rainforest Movement 1998）。

市场委托人的压力

除了如上描述的非市场委托人的压力外，市场委托人的压力也会导致企业采用环境管理实践。下面，我们将回顾那些探索消费者、行业和股东对环境管理实践影响的文献。

消费者压力

来自买家的压力可能是质量管理标准扩散的主要机制（Anderson，Daly & Johson 1999），其在促使企业采用环境实践的过程也发挥了重要作用（Delmas & Montiel 2008）。一些研究发现，消费者压力促使企业采纳环境管理实践，而其中一项研究说明消费者的影响力仅次于政府压力（Henriques & Sadorsky 1996b）。一个最近的实证分析发现，消费者压力是企业可能采纳 ISO 14001 标准的重要决定因素（Delmas & Toffel 2008）。其他研究则发现，企业根据被要求的信息种类定制对消费者要求的响应反馈。例如，当面临消费者对产品可持续性信息的要求时，企业会提升其原材料输入过程，而当面临消费者对产品认证标识的要求时，企业则会着手运行方面的根本变革，包括提升产品设计和包装中的环境效率（Sharma & Henriques 2005）。此外，若企业向消费者直接销售产品和服务，其会采用更全面的环境实践。这也表明经理们认为，零售消费者（相比于商业和行业客户）会给企业采纳环境管理实践带来更大的压力。

行业压力

行业压力是另一个重要的市场压力。例如，跨国企业被广泛认为是在多国中传播环境实践的核心媒介，它可以将组织技术传播给东道国的子公司和其他组织（Arias & Guillen 1998）。企业也可以效仿成功领先企业的实践经验。此外，企业还可以回应消费者要求。行业贸易协会也是企业环境行为的强有力推动者（Christmann 2004；Delmas & Montes-Sancho 2010；King & Lenox 2000；Lenox & Nash 2003）。

竞争压力也会鼓励企业采用环境管理系统（Bremmers et al. 2007）。在美国危险废弃物管理行业中，地方性竞争会增强企业对环境法规的遵从，尽管这种效果会随着市场的扩大而减弱（Stafford 2007）。一项研究发现，面临较小市场竞争的企业，比起那些处于更激烈竞争市场的企业，更不愿意减少其对环境的影响（Darnall 2009）。

一些研究已经发现，行业协会促使企业采用环境管理实践或者参与自愿项目（Christmann 2004；Delmas & Montes-Sancho 2010；Delmas & Terlaak 2002；Gunningham 1995；Lenox & Nash 2003；Rivera & de Leon 2004）。是否追求认证以及追求何种环境管理体系（如 ISO 14001 或欧盟生态审计和管理计划）会极大地受到来自行业协会和一些地方商会、供应商和监管者压力的影响（Kollman & Prakash 2002）。代表行业压力的贸易会议和研讨会也可能影响采购决策的环境方面内容（Sharma & Henriques 2005）。产业集中度似乎也能影响环境管理实践，那些拥有较少竞争者的企业不太愿意减少其环境影响（Darnall 2009）。贸易协会也应用了很多非正式的机制以鼓励企业对其项目要求的遵从（Lenox & Nash 2003）。Lenox & Nash（2003）描述了一些贸易协会如何召集成员聚会来分享实施经验，以及这些聚会如何给落后企业的经理人施加压力。

行业自律机构的创立常常是事故或争论的产物，它可以对由事故导致的更严格的法规进行积极主动的管理。三里岛事故促使行业执行者建立核电运行研究所（Rees 1994）。化工行业的责任关怀项目也是在致命的印度博帕尔事故后才诞生的（Gunningham 1995）。作为警告，一些行业组建的自律项目吸引了重污染企业，这可被看作是逆向选择的一种形式（Lenox & Nash 2003）。

行业团体创建了其他一些制度，例如全球气候联盟来应对环境法规的威胁。该团体由来自石油、煤炭和汽车工业的企业和贸易团体提供财务支持，他们反对释放温室气体会导致全球气候变化这一观点。其公共关系运作已足够有效地扰乱公众争论，并很有可能延迟政府行动（Revkin 2009）。

采纳产业标准的企业特点也已被研究。之前对自愿环境标准的采纳，如责任关怀制度和 ISO 9000 体系，会促使随后的标准如 ISO 14001 体系的扩散（Delmas & Montiel 2008）。大企业和拥有知名品牌和名称的企业、污染密集型更大的企业，以及高污染排放行业内的企业更有可能参与化学制造业协会的责任关怀项目（King & Lenox 2000）。

股东压力

一些研究已经调查了股东对企业环境管理实践的影响。研究发现，由公共养老基金所有权估量出的机构投资者所有权，将正向影响企业的社会绩效（Chatterji & Listokin 2009）。虽然股东对环境问题的决议很少能吸引足够投票而通过，但是 Reid & Toffel（2009）发现，一个企业的股东环境决议（很多也被称为更大透明性)随后将导致其管理层更公开透明地报道气候变化战略和温室气体排放情况。这种股东决议不仅能直接影响目标企业,也可以通过溢出效应影响与目标企业同一行业的其他企业,其他企业的环境也会变得更透明(Reid & Toffel 2009)。

很多学者已经观察到,股东决议促使企业通过管理层和活动人士以私人聚会的方式改变其环境实践。在聚会上,企业会同意采纳部分提议说明,以积极分子放弃他们的提议作为交换(O'Rourke 2003;Proffitt & Spicer 2006;Rehbein et al. 2004)。例如,美国石油公司抵制由 9 个宗教团体提出的要求企业采纳瓦尔德斯原则的股东提议,但却达成了一个协商解决方案。为了让该提议撤销,该公司接受遵守其中一条原则,并公布环境进展报告(Hoffman 1996)。该公司随后又制订了一些与瓦尔德斯原则相一致的管理实践。研究发现,活动人士和管理层之间的妥协与其环境实践披露的强度(或者完整性)密切相关(Marshall et al. 2007)。

检验企业如何应对环境评级是另外一个确定投资人对管理行为影响的方法。Chatterji & Toffel(2010)分析了企业如何应对 KLD 企业环境评级,并发现初始打分非常低的企业,其随后的环境绩效提升效果要比初始评分高的企业和从未被评级打分的企业高许多。这种提升大量存在于可以进行低成本环境提升的低分企业中,以及高度规范产业的低分企业中(Chatterji & Toffel 2010)。

组合压力

我们必须指出,当我们的研究指向单个企业的制度压力时,一些研究也通过因素分析法调查了组合制度压力的效果,并比较了组合体与单个制度压力影响效果的差别(Delmas 2001;Delmas & Toffel 2008)。进一步而言,这些制度压力间的相互作用有可能减弱它们对企业实践的单独影响力(Bansal & Clelland 2004)。例如,Bansal & Clelland(2004)提供了一些有关竞争者、监管者和消费者如何影响投资人对企业环境合法性评价的研究观点。而在另一个例子中,来自环境团体的压力可能会导致更严格法规的形成。这也反过来导致行业领先者鼓励落后的企业采用环境实践。类似地,在 1984 年博帕尔化学灾难后,美国联合碳化公司和其他一些大型化工企业都面临了不断增长的公众压力,要求其出台更严格的安全和环境法规。作为回应,加拿大和美国的化工行业协会发展和推广了一系列环境、健康和安全(EHS)管理实践——责任关怀项目(King & Lenox 2000;Prakash 2000)。

13.3 组织特征减缓制度压力对组织环境战略的影响

传统上，制度理论常常描述同构制度压力如何导致共同的组织实践。在这一传统框架中，同一产业中不同企业的持续不均一性可能是由组织领域构成不同所导致的。例如，不同州内的企业会面临不同的制度压力，这将会带来各异的组织实践。不同层级的制度压力也会导致在任意特定的时间段内的多样活动，但是其声称最终会形成共同的组织结构和实践以保证其正统性。因此，很少有学者尝试用制度理论去理解战略问题，这些战略问题关注那些享有共同组织领域的组织间持续的差异。我们因此需要更多有关组织为何及如何以不同方式应对制度压力的已有理论。学者们已经在制度压力如何影响企业追求"超越合规"的战略决策分析上获得了巨大的进步，但是组织因素如何缓和这些关系的相关研究依旧有限。Levy & Rothenberg（2002）描述了几种制度主义促成不均一性的机制。首先，他们认为，制度力量在跨越组织边界时会发生转变，因为经理人会根据企业独特的历史与文化进行筛选和解释。其次，他们描述了制度领域如何包含那些均要求经理人优先考虑的互相冲突的制度压力。最后，他们描述了不同跨国企业是如何在多种制度领域——社会及组织层面——中运行的，这些制度领域将组织曝光在不同的制度实践与准则之中。在本节，我们会对关于制度压力和组织特征相互作用的实证研究进行综述。

组织功能

研究的一个分支调查了组织功能的差异化如何减少组织压力对企业响应的影响。Hoffman（2001）从理论上说明，组织会把制度压力引导至不同子单位中，子单位会根据自身典型功能路径对这些压力进行重构。例如，法律部门会将压力解释为危险和责任，公众事务会将其解释为企业声誉，环境事务会使用生态破坏和合规，而销售部门会用潜在收入损失进行说明。由此，压力会根据接受它的单位的文化框架进行管理，比如合规监管问题、人力资源管理、经营效率、风险管理、市场需求或者社会责任等（Hoffman 2001）。Delmas & Toffel（2008）将其扩展为假设，并阐明了企业将责任分配给特定部门会导致企业对众多利益相关者的压力产生不同的接受性。在他们的框架中，来自外部利益相关者的压力被引导给不同的组织功能，这将影响压力如何被部门经理接受。这些接受性的差异是至关重要的，因为它们反过来会影响组织对管理实践采纳的应对。换言之，一些组织会允许来自利益相关者的压力渗透到组织中。例如,拥有强有力法律部门的企业对监管者的压力有更强的回应,而拥有强大市场部门的企业则更会回应来自消费者的压力。这些功能部门影响经理对制度压力的敏感性,以及采用不同环境管理实践的方式对制度压力进行回应。通过分析调查问卷和文档资料,Delmas & Toffel (2008)发现,那些对来自市场委托人的制度压力(控制压力数量)具有更高接受性的组织,更有可能采纳 ISO 14001 环境管理体系标准,而对来自非市场委托人的制度压力(控制压力数量)具有更高接受性的企业,则更有可能采用政府主导的自愿项目而非 ISO 14001 体系。

环境管理效率

Chatterji & Toffel (2010)提出,有机会低成本提升环境绩效的企业更愿意应对损害企业声誉的利益相关者的压力。他们发现,生态效率较低的企业(考虑其规模和产业后,污染程度高于平均水平的企业)尤其可能通过改善其环境绩效的方式,以应对来自重要的社会责任投资评分机构 KLD 给出的较低的环境评分。

买家—供应商关系

企业和消费者之间的关系也会影响企业对消费者压力的回应。Delmas & Montiel (2009)揭示出买家—供应商关系在缓和企业采用 ISO 14001 回应消费者压力中的重要性。通过研究汽车供应商对 ISO 14001 的采纳情况,Delmas & Montiel (2009)发现,年轻的供应商更有可能采用 ISO 14001 认证体系,以获得合法性,传达环境实践信息;那些拥有高度专用性资产的供应商则更依赖当前顾客;总部位于日本的供应商则更有必要减少由于与美国的物理和文化距离带来的信息不对称现象;那些向美国环境保护署报告有毒物质排放清单的供应商,则因此受到公众对其环境管理实践更详细的审查(Delmas & Montiel 2009)。如果企业坐落于离潜在客户较远的地方,则其更有可能采用 ISO 14001 体系(King et al. 2005),若企业直接将商品和服务销售给消费者,则他们会采用更为全面的环境实践(Christmann & Taylor 2001)。

产业特征

其他学者则关注产业特征,并将其当作制度压力影响企业行为的缓和剂。Lyon & Maxwell (2011)预测,在拥有社会和环境危害影响的行业内,企业会具有更高的透明性。Cho & Patten (2007)发现,环境敏感型产业中的企业,尤其可能采用在年报(10-Ks)中披露部分环境信息(如对污染控制和减少资金投入)的方式,以回应外部对其环境信息透明度的压力,因为这些企业"相比于非环境敏感型产业,更有可能暴露于公共政策过程中"。对气候变化战略和温室气体排放的企业披露信息分析后,Reid & Toffel(2009)发现,被环境股东决议视为目标的企业,更有可能披露自身信息,且这种关系在环境敏感型产业的企业中尤为突出。他们也发现,那些拥有更多环境股东决议(如把竞争者作为目标)的产业中的企业即使没有被公众视为施压目标企业,仍更有可能披露自身环境信息。类似地,Chatterji & Toffel(2010)发现,那些环境被高度监管的行业中的企业,尤其有可能通过提升自身环境绩效来回应外界较低的环境打分。

13.4   结论和未来研究

本章综述了政客、监管者、地方性社团、消费者、竞争者和股东等利益相关者如何将制度压力施加于企业,以及这些压力如何影响企业采用超越合规的环境战略的相关文献(见 Ksaainis 本手册[第 5 章]对利益相关者观点的补充方法)。此外,本章也回顾了那些揭示组织因素如何调节经理对压力的感知与行动的研究。这些可能放大或缩小组织压力影响的调节因子包括组织结构和功能、环境管理效率、买家—供应商关系以及产业特征。这一新颖的研究分支对制度理论做出了贡献,探究了在影响管理决策,特别是环境战略中,制度压力如何与组织特征相互作用。

我们也相信,这一新方法可以揭示企业更有可能抵抗制度压力的条件。之前的大部分研究预测并展示了制度压力和环境实践采纳之间的正向关系。在大部分案例中,更大的压力与更多环境管理实践的采用相关。但是,在模型中带入企业特征的调节效果将会产生重大的观点,如反向关系。例如,Delmas & Toffel(2008)发现,如果控制监管压力程度,拥有强大法律部门的组织更不可能采用 ISO 14001 体系。这种方法让研究者确定使企业有能力抵抗组织压力的因素。同样地,Delmas & Montiel(2009)分析了汽车供应商抵抗美国汽车三巨头企业要求其在 2003 年以前采用 ISO 14001 体系的动机。他们发现,那些抵抗到最后的供应商大多成立时间较久、规模较小且很少生产定制化产品。此外,很多抵抗企业不受到监管者和环境非政府组织的关注,因为他们不需要向美国环境保护署有毒物质排放清单(TRI)报告其排放情况。

为了理解那些有助于企业环境战略的影响因素,进一步的研究强调了其他组织特征的重要性,如企业的能力、资源及所有权结构(Darnall & Edwards

2006；Sharma 2000；Sharma ＆ Vredenburg 1998），董事会规模（Kassinis ＆ Vafeas 2002），企业身份和管理自主权（Sharma 2000），经理个体特征（Bansal ＆ Roth 2000；Cordano ＆ Frieze 2000），以及企业文化（Howard-Grenville ＆ Bertels 本手册［第 11 章］）。未来研究可以调查企业特征如何调节企业对制度压力的感知与回应。例如，未来研究可以调查经理个体特征和专业经验对其感知特定制度压力的影响程度。由于受总部所在国家的影响，工厂经理的国籍能给我们灌输类似的文化敏感性。此外，企业营销和法律事务部门的经理与利益相关者之前的经验（如当这些经理之前受雇于其他企业时）也会影响当前他们对制度压力的敏感性。更多对这些个人特质的理解将会为本章中确定的组织特征提供重要补充。

有前景的研究领域来自于对制度压力和组织特征相互作用动态性的思考。正如 Delmas ＆ Montes-Sancho（2010，2011）的发现，当特定环境管理实践刚出现时，制度压力将对企业发挥更重大的影响。未来研究可以探究组织特征的调节作用是否、如何及为何随时间而变化。其中的一个例子是调查导致组织对制度压力的感知随时间变化的影响因素，例如与特定利益相关者协作的正面经历的累积，或者成为监管、社区抗议或者维权活动的打击目标。

探索组织因素如何调节企业对制度压力的响应代表了发展制度理论的一个重要机会，同时也强化了制度理论用来更好理解企业为何追求不同环境策略和环境管理实践的能力。

参考文献

Anderson，S. W.，Daly，J. D. ＆ Johnson，M. F.（1999）．"Why Firms Seek ISO 9000 Certification：Regulatory Compliance or Competitive Advantage?" *Production ＆ Operations Management*，8(10)：28—43.

Anton，W. R. Q.，Deltas，G. ＆ Khanna，M.（2004）．"Incentives for Environmental Self-Regulation and Implications for Environmental Performance," *Journal of Environmental Economics and Management*，48(1)：632—654.

Aragón-Correa，J. A.（1998）．"Strategic Proactivity and Firm Approach to the Natural Environment," *Academy of Management Journal*，41：556—567.

Arias，M. E. ＆ Guillen，M. F.（1998）．"The Transfer of Organizational Management Techniques," in Alvarez，J. L.（ed.）*The Diffusion and Consumption of Business Knowledge*. London：MacMillan，110—137.

Arora，A. ＆ Asundi，J.（1999）．"Quality Certification and the Economics of Contract Software Development：A Study of the Indian Software Industry," NBER Working Paper 7260. Cambridge，MA：National Bureau of Economic Research.

Bansal，P. ＆ Clelland，I.（2004）．"Talking Trash：Legitimacy，Impression Management，and Unsystematic Risk in the Context of the Natural Environment," *Academy of Management*

Journal 47(1): 93—103.

——& Roth, K. (2000). "Why Companies Go Green: A Model of Ecological Responsiveness," *Academy of Management Journal*, 43(4): 717—736.

Baron, D. P. (1995). "Integrated Strategy: Market and Nonmarket Components," *California Management Review*, 37(2): 47—65.

——*Business and Its Environment*, 3rd edition. Upper Saddle River, NJ: Prentice Hall.

——(2003). "Private Politics," *Journal of Economics & Management Strategy*, 12(1): 31—66.

Bradbury, H. & Clair, J. A. (1999). "Promoting Sustainable Organizations with Sweden's Natural Step," *Academy of Management Executive*, 13(4): 63—74.

Bremmers, H. Omta, O., Kemp, R. & Haverkamp, D. J. (2007). "Do Stakeholder Groups Influence Environmental Management System Development in the Dutch Agri-Food Sector?" *Business Strategy and the Environment*, 16: 214—231.

Brooks, N. & Sethi, R. (1997). "The Distribution of Pollution: Community Characteristics and Exposure to Air Toxics," *Journal of Environmental Economics and Management*, 32 (2): 233—250.

Carraro, C., Katsoulacos, Y. & Xepapadeas, A. (eds.) (1996). *Environmental Policy and Market Structure*. Boston: Kluwer Academic Publishers.

Chatterji, A. & Listokin, S. (2009). "The Economic and Institutional Motivations for Corporate Social Responsibility," Working Paper, Duke Fuqua School of Business.

——& Toffel, M. W. (2010). "How Firms Respond to Being Rated," *Strategic Management Journal*, 31(9): 917—945.

Cho, C. H. & Patten, D. M. (2007). "The Role of Environmental Disclosures as Tools of Legitimacy: A Research Note," *Accounting, Organizations and Society*, 32(7—8): 639—647.

Christmann, P. (2000). "Effects of Best Practices of Environmental Management on Cost Advantage: The Role of Complementary Assets," *Academy of Management Journal*, 43: 663—680.

——(2004). "Multinational Companies and the Environment: Determinants of Global Environmental Policy Standardization," *Academy of Management Journal*, 47(5): 747—760.

——& Taylor, G. (2001). "Globalization and the Environment: Determinants of Firm Self-Regulation in China," *Journal of International Business Studies*, 32(3): 439—458.

Cordano, M. & Frieze, I. H. (2000). "Pollution Reduction Preferences of US Environmental Managers: Applying Ajzen's Theory of Planned Behavior," *Academy of Management Journal*, 43(1): 627—641.

D'Aunno, T., Succi, M. & Alexander, J. A. (2000). "The Role of Institutional and Market Forces in Divergent Organizational Change," *Administrative Science Quarterly*, 45(4): 679—703.

Darnall, N. (2009). "Regulatory Stringency, Green Production Offsets, and Organizations' Financial Performance," *Public Administration Review*, May/June: 418—434.

——& Edwards, D. J. (2006). "Predicting the Cost of Environmental Management System Adoption: The Role of Capabilities, Resources, and Ownership Structure," *Strategic Management Journal*, 27(4): 301—320.

——Potoski, M. & Prakash, A. (2010). "Sponsorship Matters: Assessing Business Participation in Government- and Industry-Sponsored Voluntary Environmental Programs," *Journal of Public Administration Research and Theory*, 20(2): 283—307.

Dean, T. J. & Brown, R. L. (1995). "Pollution Regulation as a Barrier to New Firm Entry: Initial Evidence and Implications for Future Research," *Academy of Management Journal*, 38: 288—303.

Delmas, M. A. (2000). "Barriers and Incentives to the Adoption of ISO 14001 by Firms in the United States," *Duke Environmental Law & Policy Forum*, 11(1): 1—38.

——(2001). "Stakeholders and Competitive Advantage: The Case of ISO 14001," *Production and Operations Management*, 10(3): 343—358.

——(2002). "The Diffusion of Environmental Management Standards in Europe and the United States: An Institutional Perspective," *Policy Sciences*, 35: 91—119.

——(2003). *In Search of ISO: An Institutional Perspective on the Adoption of International Management Standards*. Stanford, CA: Stanford Graduate School of Business Working Paper 1784.

——& Montes-Sancho, M. (2010). "Voluntary Agreements to Improve Environmental Quality: Symbolic and Substantive Cooperation," *Strategic Management Journal*, 31(6): 576—601.

——(2011). "An Institutional Perspective on the Diffusion of International Management System Standards: The Case of the Environmental Management Standard ISO 14001," *Business Ethics Quarterly*, 21(1): 1052—1081.

Delmas, M. & Montiel, I. (2008). "The Diffusion of Voluntary International Management Standards: Responsible Care, ISO 9000, and ISO 14001 in the Chemical Industry," *The Policy Studies Journal*, 36(1): 65—93.

——(2009). "Greening the Supply Chain: When Are Customer Pressures Effective?" *Journal of Economics & Management Strategy*, 18(1): 171—201.

——& Terlaak, A. (2001). "A Framework for Analyzing Environmental Voluntary Agreements," *California Management Review*, 43(3): 44—63.

——(2002). "Regulatory Commitment to Negotiated Agreements: Evidence from the United States, Germany, The Netherlands, and France," *Journal of Comparative Policy Analysis: Research and Practice*, 4: 5—29.

——& Toffel, M. W. (2004). "Stakeholders and Environmental Management Practices: An Institutional Framework," *Business Strategy and the Environment*, 13(4): 209—222.

——2008. "Organizational Responses to Environmental Demands: Opening the Black Box," *Strategic Management Journal*, 29(10), 1027—1055.

DiMaggio, P. J. & Powell, W. W. (1983). "The Iron Cage Revisited: Institutional Isomorphism and Collective Rationality in Organizational Fields," *American Sociological Review*, 48(2): 147—160.

Egri, C. & Herman, S. (2000). "Leadership in the North American Environmental Sector: Values, Leadership Styles and Contexts of Environmental Leaders and Their Organizations," *Academy of Management Journal*, 43: 571—604.

Fligstein, N. (1990). *The Transformation of Corporate Control*. Cambridge, MA: Harvard University Press.

Florida, R. & Davison, D. (2001). "Gaining from Green Management: Environmental Management Systems Inside and Outside the Factory," *California Management Review*, 43(3): 64—84.

Gunningham, N. (1995). "Environment, Self-Regulation, and the Chemical Industry: Assessing Responsible Care," *Law & Policy*, 17(1): 57—109.

Hamilton, J. T. (1999). "Exercising Property Rights to Pollute: Do Cancer Risks and Politics Affect Plant Emission Reductions?" *Journal of Risk and Uncertainty*, 18(2): 105—124.

Hart, S. L. (1995). "A Natural-Resource-Based View of the Firm," *The Academy of Management Review*, 20(4): 986—1014.

Hedberg, C. J. & von Malmborg, F. (2003). "The Global Reporting Initiative and Corporate Sustainability Reporting in Swedish Companies," *Corporate Social Responsibility and Environmental Management*, 10(3): 153—164.

Henriques, I. & Sadorsky, P. (1996a). "The Determinants of an Environmentally Responsive Firm: An Empirical Approach," *Journal of Environmental Economics & Management*, 30(3): 381—395.

——(1996b). "The Determinants of an Environmentally Responsive Firm: An Empirical Approach," *Journal of Environmental Economics and Management*, 30(3): 381—395.

Hoffman, A. J. (1996). "Trends in Corporate Environmentalism: The Chemical and Petroleum Industries, 1960—1993," *Society and Natural Resources*, 9(1): 47—64.

——(2001). "Linking Organizational and Field-Level Analyses: The Diffusion of Corporate Environmental Practice," *Organization & Environment*, 14(2): 133—156.

——& Ventresca, M. (1999). "The Institutional Framing of Policy Debates," *American Behavioral Scientist*, 42(8): 1368—1392.

Jennings, P. D. & Zandbergen, P. A. (1995). "Ecologically Sustainable Organizations: An Institutional Approach," *Academy of Management Review*, 20(4): 1015—1052.

Jermier, J. & Forbes, L. (2011). "Greening Organizational Culture," in Hoffman, A. J. & Bansal, T. (eds.) *Oxford Handbook of Business and the Environment*. Oxford, UK: Oxford University Press.

Kassinis, G. & Vafeas, N. (2002). "Corporate Boards and Outside Stakeholders as Determinants of Environmental Litigation," *Strategic Management Journal*, 23(5): 399—415.

——(2006). "Stakeholder Pressures and Environmental Performance," *Academy of Management Journal*, 49(1): 145—159.

Khanna, M. & Anton, W. Q. (2002a). "Corporate Environmental Management: Regulatory and Market-Based Pressures," *Land Economics*, 78(4).

——(2002b). "Corporate Environmental Management: Regulatory and Market-Based Incentives," *Land Economics*, 78(4): 539—558.

Khanna, N. & Vidovic, M. (2001). "Facility Participation in Voluntary Pollution Prevention Programs and the Role of Community Characteristics: Evidence From the 33/50 Program," Working Paper, Binghamton University Economics Department.

King, A. A. & Lenox, M. J. (2000). "Industry Self-Regulation Without Sanctions: The Chemical Industry's Responsible Care Program," *Academy of Management Journal*, 43(4): 698—716.

——& Terlaak, A. (2005). "Strategic Use of Decentralized Institutions: Exploring Certification with the ISO 14001 Management Standard," *Academy of Management Journal*, 48(6): 1091—1106.

Kollman, K. & Prakash, A. (2002). "EMS-Based Environmental Regimes as Club Goods: Examining Variations in Firm-Level Adoption of ISO 14001 and EMAS in U. K., U. S. and Germany," *Policy Sciences*, 35: 43—67.

Kraatz, M. S. & Zajac, E. J. (1996). "Exploring the Limits of the New Institutionalism: The Causes and Consequences of Illegitimate Organizational Change," *American*

Sociological Review, 61(5): 812—836.

Laplante, B. & Rilstone, P. (1996). "Environmental Inspections and Emissions of the Pulp and Paper Industry in Quebec," *Journal of Environmental Economics and Management*, 31(1): 19—36.

Lawrence, A. T. & Morell, D. (1995). "Leading-Edge Environmental Management: Motivation, Opportunity, Resources and Processes," in Collins, D. & Starik, M. (eds.) *Special Research Volume of Research in Corporate Social Performance and Policy, Sustaining the Natural Environment: Empirical Studies on the Interface Between Nature and Organizations*. Greenwich, CT: JAI Press, 99—126.

Lenox, M. J. & Nash, J. (2003). "Industry Self-Regulation and Adverse Selection: A Comparison across Four Trade Association Programs," *Business Strategy and the Environment*, 12: 343—356.

Levy, D. L. & Rothenberg, S. (2002). Heterogeneity and Change in Environmental Strategy: Technological and Political Responses to Climate Change in the Global Automobile Industry," in Hoffman, A. J. & Ventresca, M. J. (eds.) *Organizations, Policy and the Natural Environment: Institutional and Strategic Perspectives*. Stanford: Stanford University Press.

Lounsbury, M., Fairclough, S. & Lee, M. D. P. (2011). "Institutional Dynamics," in Hoffman, A. J. & Bansal, T. (eds.) *Oxford Handbook of Business and the Environment*. Oxford, UK: Oxford University Press.

Lyon, T. P. & Maxwell, J. W. (2011). "Greenwash: Corporate Environmental Disclosure Under Threat of Audit," *Journal of Economics & Management Strategy*, 20: 3—41.

Majumdar, S. K. & Marcus, A. A. (2001). "Rules Versus Discretion: The Productivity Consequences of Flexible Regulation," *Academy of Management Journal*, 44(1): 170—179.

Marcus, A. A. & Nichols, M. L. (1999). "On the Edge: Heeding the Warnings of Unusual Events," *Organization Science*, 10: 482—499.

Marshall, R. S., Brown, D. & Plumlee, M. (2007). "'Negotiated' Transparency? Corporate Citizenship Engagement and Environmental Disclosure," *Journal of Corporate Citizenship*, 28: 43—60.

Maxwell, J. W., Lyon, T. P. & Hackett, S. C. (2000). "Self-Regulation and Social Welfare: The Political Economy of Corporate Environmentalism," *Journal of Law and Economics*, 43(2): 583—619.

Nehrt, C. (1996). "Timing and Intensity Effects of Environmental Investments," *Strategic Management Journal*, 17: 535—547.

——(1998). "Maintainability of First Mover Advantages When Environmental Regulations Differ between Countries," *Academy of Management Review*, 23: 77—97.

Nelson, J. (2002). "From the Margins to the Mainstream: Corporate Social Responsibility in the Global Economy," in Højensgård, N. & Wahlberg, A. (eds.) *Campaign Report on European CSR Excellence 2002—2003: It Simply Works Better*! Copenhagen: The Copenhagen Centre, CSR Europe and the International Business Leaders' Forum, 14—19.

O'Rourke, A. (2003). "A New Politics of Engagement: Shareholder Activism for Corporate Social Responsibility," *Business Strategy and the Environment*, 12(4): 227—239.

Prakash, A. (2000). *Greening the Firm: The Politics of Corporate Environmentalism*. New York: Cambridge University Press.

Proffitt, W. T. & Spicer, A. (2006). "Shaping the Shareholder Activism Agenda: Institutional

Investors and Global Social Issues," *Strategic Organization*, 4(2): 165—190.

Raines, S. S. (2002). "Implementing ISO 14001—An International Survey Assessing the Benefits of Certification," *Corporate Environmental Strategy*, 9(4): 418—426.

Ramus, C. A. & Steger, U. (2000). "The Roles of Supervisory Support Behaviors and Environmental Policy in Employee 'Ecoinitiatives' at Leading-Edge European Companies," *Academy of Management Journal*, 43(4): 605—626.

Rees, J. V. (1994). *Hostages of Each Other: The Transformation of Nuclear Safety Since Three Mile Island*. Chicago: University of Chicago Press.

Rehbein, K., Waddock, S. & Graves, S. (2004). "Understanding Shareholder Activism: Which Corporations Are Targeted?" *Business and Society*, 43(3): 239—267.

Reid, E. M. & Toffel, M. W. (2009). "Responding to Public and Private Politics: Corporate Disclosure of Climate Change Strategies," *Strategic Management Journal*, 30(11), 1157—1178.

Revkin, A. C. (2009). "On Climate Issue, Industry Ignored its Scientists," *The New York Times*.

Rivera, J. & de Leon, P. (2003). "Voluntary Environmental Performance of Western Ski Areas: Are Participants of the Sustainable Slopes Program Greener?" Paper presented at the Annual Research Conference of the Association for Public Policy Analysis and Management, Washington, DC.

——(2004). "Is Greener Whiter? The Sustainable Slopes Program and the Voluntary Environmental Performance of Western Ski Areas," *Policy Studies Journal*, 32(3): 417—437.

Rugman, A. M. & Verbeke, A. (1998). "Corporate Strategies and Environmental Regulations: An Organizing Framework," *Strategic Management Journal*, 19(4): 363—375.

Russo, M. V. & Fouts, P. A. (1997). "A Resource-Based Perspective on Corporate Environmental Performance and Profitability," *Academy of Management Journal*, 40: 534—559.

Scott, W. R. (1992). *Organizations: Rational, Natural, and Open Systems*, 3rd ed. Englewood Cliffs, NJ: Prentice Hall.

Segerson, K. & Miceli, T. J. (1998). "Voluntary Environmental Agreements: Good or Bad News for Environmental Protection?" *Journal of Environmental Economics and Management*, 36: 109—130.

Sharma, S. (2000). "Managerial Interpretations and Organizational Context as Predictors of Corporate Choice of Environmental Strategy," *Academy of Management Journal*, 43: 681—697.

——& Henriques, I. (2005). "Stakeholder Influences on Sustainability Practices in the Canadian Forest Products Industry," *Strategic Management Journal*, 26: 159—180.

——Pablo, A. L. & Vredenburg, H. (1999). "Corporate Environmental Responsiveness Strategies: The Importance of Issue Interpretation and Organizational Context," *Journal of Applied Behavioral Science*, 35(1): 87—108.

——& Vredenburg, H. (1998). "Proactive Corporate Environmental Strategy and the Development of Competitively Valuable Organizational Capabilities," *Strategic Management Journal*, 19: 729—753.

Short, J. L. & Toffel, M. W. (2008). "Coerced Confessions: Self-Policing in the Shadow of the Regulator," *Journal of Law, Economics & Organization*, 24(1): 45—71.

——(2010). "Making Self-Regulation More than Merely Symbolic: The Critical Role of the

Legal Environment," *Administrative Science Quarterly*, 55(3): 361—396.

Stafford, S. L. (2007). "Should You Turn Yourself In? The Consequences of Environmental Self-Policing," *Journal of Policy Analysis and Management*, 26(2): 305—326.

Toffel, M. (2000). "Anticipating Greener Supply Chain Demands: One Singapore Company's Journey to ISO 14001," in Hillary, R. (ed.) *ISO 14001: Case Studies and Practical Experiences*. Sheffield, UK: Greenleaf Publishing.

Toffel, M. W. & Short, J. L. (2011). "Coming Clean and Cleaning Up: Does Voluntary Self-Reporting Indicate Effective Self-Policing?" *Social Science Electronic Publishing*, 54(3):609—649.

World Rainforest Movement (1998). "End of Boycott: 'Eco-Agreement' Between RAN and Mitsubishi," *World Rainforest Movement Bulletin*, (9).

14　社会运动、商业和环境

Klaus Weber，Sara B. Soderstrom

　　观察近几年主流报刊中的商业板块时，我们可以发现很多企业在行动，例如联邦快递开始使用混合动力送货卡车，沃尔玛向其供应商提出环境标准，以及跨国企业联盟采用自愿环境标准（如咖啡种植者 4C 联盟）和游说有利于气候变化的立法（如美国气候行动合作企业集团，USCAP）。企业环保主义正在流行，或者至少其已拥有足够的可接受性，不会给人们带来太多惊讶或遭受人们的歧视。但是，我们却很容易忘记，商业在解决环境问题中的角色是近期才出现的现象。本手册其他章节已经涉及对这一现象的许多解释。在本章中，我们回顾社会运动在定义商业与自然环境关系中的历史和当代角色。毫无疑问，若没有现代环境运动，企业环保主义就没有许多内容可述。

　　社会运动是非正式的联盟，以对抗和改变明显的社会及文化实践为目标进行持续行动（MaAdam et al. 2001；Diani 1992）。这些运动的核心特征是其分散的成员形式和有限的正式组织、以创造更好商品的名义清晰表达出的对社会实践的对抗以及这些努力的持久性。运动也可以被理解为是政治的历史演变形式之一，以一系列独特的政治指令对抗当权者，例如街头游行、联合抵制和法律诉讼（Tilly 2004）。从更实用主义的角度来说，社会运动明确表达出共同兴趣和道德不满——例如环境恶化或正义——并将他们转化为社会担忧（Alexander 2006）。因此，对社会运动的研究不包括这些共同行为发生孤立的偶然冲突（如自发抗议），对琐碎事件的动员或抵抗（如时尚狂热），以及正式组织所追求的政治兴趣（如企业游说）。商业可以是运动联盟的组成部分，例如当气候变化激进主义帮助创造了对可再生能源供应商的需求，却将其定位为社会运动动态时，这些努力就必须植根在联盟之中并超越企业自身喜好。

　　社会运动观点对商业—环境关系的独特贡献在于它是正式政治体系之外

分析持久共同行动形式的概念和实证工具包。虽然社会运动常常包括参与私人政治的活动人士及正式组织(Baron & Lyon 本手册[第 7 章])、焦点企业的利益相关者(Kassinis 本手册[第 5 章])及制度企业家(Lounsbury et al. 本手册[第 12 章]),但社会运动研究者认为,任何特定角色的行为和有效性必须在更广的活动及社会力量网络(社会运动)中进行理解(Rootes 2003,2007)。社会运动理论和研究因此优先考虑共同及社会层面的行为模式,这些行为关注社会影响过程、共同身份以及更长时间框架内的文化和制度变革。

社会运动可以被视为对商业的非正式社会控制形式之一,是对以国家和合同法规的公民社会为基础的补充。但是,很多社会运动也从更根本上与经济系统进行着较量。他们也因此在调节角色之外发挥出创造性或毁灭性的作用。虽然很多社会运动已经成功影响政府,但是其影响商业的过程却面临了一个独特的挑战,那就是商业企业往往由私人担忧所组成,这些担忧相对更接近外部诉求者而不是所有者的直接控制(Weber et al. 2009)。因此,商业和环境的社会运动观点的重要问题集中于运动影响的过程:共同环境运动是何时及如何出现的? 他们选择解决什么环境问题和对抗什么目标? 企业如何回应? 社会运动行为如何转化为商业实践? 运动何时成功?

本章将围绕这些过程问题进行展开。首先,我们将勾勒出环境运动实践的环境事件的历史重要节点。之后,我们会回顾有关应对和内在化这些商业挑战的不满的识别和集体动员的基本过程和机理。然后,我们将评价社会运动影响商业中环境相关实践的成功性,并最终描绘环境运动和商业研究的启示和方向。在每一个阶段中,我们描述出核心观点和概念,并综述一些案例以评价每个研究领域的现状。

14.1　环境运动对于商业的历史角色

环境运动在特定的历史和地理背景下发展,并且这些初始条件始终影响着当代环保主义。正如许多社会运动一样,关注自然环境的社会运动可以追溯至工业革命和早期现代化的社会变革过程中。因此,环境运动一开始就关心私人企业的经济活动(更多关于早期阶段的历史见 Post 本手册[第 29 章])。

我们需要区分两波运动浪潮:第一个或早期环境运动,是为了直接应对 19 世纪末和 20 世纪初欧洲和北美的工业化浪潮而形成的;第二个或新环境运动,是 20 世纪 60—70 年代北美和欧洲为了应对新技术、全球化和环境退化而形成的。

19 世纪的环保主义将其知识植根于欧洲浪漫主义和先验主义,渴求前现代的、精神的和田园的过去。该时期的核心思想家有北美的爱默生和梭罗、欧洲的鲁道夫·斯坦纳及像约翰·缪尔一类的活动家,其中约翰·缪尔在 1892年创立了塞拉俱乐部。他们的思想和行动受到了一个更广泛的共享关于自然的核心理念和提升人类社会的途径的运动的启发。早期环保主义仅仅是文化运动,缺少全面动员、打破权威、或阻止工业化进程的能力。但是,这些运动确实对思考自然环境和人类活动关系产生了深远的影响。保存、保护和恢复自然的观点也在这一时期被明确提出。"自然"这一概念区别于简单的人类生存资源的范畴,成为了充满价值的且常为精神的一类。完整稳定的、未开发的自然需要从人们的活动领域中分隔开,并亟待保护。这些观点导致环境保护组织,如塞拉俱乐部的出现,以及随后环保主义对因人类活动带来自然系统污染的持久关注。同样的理解也为一些商业实践,如有机农业的发展奠定了基础。

环保主义第二波浪潮仅在部分层面上与早期的传统环保主义相关联(Dunlap & Mertig 1992)。其不连续性可归因于在间隔的几十年中的两个变化:一个是科学和关于自然知识的理性模型的急剧发展(Meyer et al. 1997;Frank 1997);另一个是第二次世界大战之后,人们对资本主义的反对和政治左倾的批评(Belasco 2007;Rootes 2003)。在北美洲,新环保主义作为社会运动形式的出现,常常与 1962 年蕾切尔·卡尔森出版的书《寂静的春天》(*Silent Spring*)相关——该书对杀虫剂破坏环境的科学批评,以及对化工产业和支持化工产业的政府机构的抨击不是偶然的。在 20 世纪 60 年代后期,这些运动获得了长足的进步,并在 1970 年首个地球日活动中展现出动员全民的能力。在这段时期,对环境退化的担忧在美国是更广范围的反主流文化思潮,而在西欧具有更左倾的意识形态。这两种观念都对大型企业和资本主义体系持有深度的怀疑。新的环保主义者和以前比较保守的受到第一次环保主义浪潮启发的环保者团体形成了不太稳定的合作关系。新环保主义者从人权与和平运动中获得了框架、网络和抗议体系,并引出环境公正、消费者权益和可持续性等观念。新环境团体与旧环境团体最明显的不同点是新团体关心产业生产自身的改革,而老团体则关心在工业社会边缘对完整的自然口袋进行保护。商业活动也因此成为更为核心的焦点。

在 20 世纪后半叶,新环保主义中关于保护自然远离人类干预的早期观点持续关注水与空气污染,以及新核能和基因技术的威胁。这些担忧的共同特征是污染,其概念是指以工业技术生产的"非自然"产品破坏"清洁"的健康的自然状态。除了这一连续性以外,新的理解也产生了,其中很多都与环境科学的发展相关(Frank 1997)。例如《罗马俱乐部》一书出版记录了对全球生态系统和人类生存的威胁,批评了全球资本主义。生态系统和生物多样性等科学概念被理解为新的问题,如封闭循环、拯救濒危物种及可持续全球发展。这些新的担忧非常明显,因为它们部分地扭转了早期环保主义将自然与人类活动分隔开的情况。如果自然系统是动态的,人类活动是自然的一部分,那么对自然的担忧就无法在不依靠社会和经济实践的情况下得到解决。我们需要干预和管理,而不是保存和分离(Brulle 1996;Gottlieb 2005)。在过去50年中,环境运动在努力改变商业实践方面取得了重大成功。大部分发达国家建立了政府机构和法律来监管企业生产,我们也见证了一些文化变化驱动的变革,例如更高的自愿资源回收率、供选择的农业和环境友好产品的增加,以及可再生能源领域中的技术发展。

新环境运动已经在西欧得到了繁荣发展,最近在北美发展更加昌盛(Rucht 1999)。但是除了很多横跨大西洋的联系之外,不同国家中的环境运动常常由于不同的政治体系和地方担忧而并行发展。例如,激进和保守团体形成联盟,在20世纪80年代以绿色政党追求和获得议会代表权的方式出现在一些欧洲国家(Rootes 1999;Rucht 1999)。这一过程在没有代表比例制选举体系的国家中出现得较晚,比如美国。此外,新的担忧,比如生物技术和转基因食品,在法国、意大利和德国等国家中获得了比在美国更多的关注,部分因为议会中绿色政党所发动的运动具有更大的政治影响力。从某种程度上而言,北美和欧洲的环境运动的反主流文化性质减弱而逐渐变成"主流"并制度化(Hoffman 2001)。这一趋势也从以政党和非政府组织形式出现的这些组织的专业化和制度化中得到了证实。其他章节提到的自愿企业环保主义立法也证实了这一趋势。

这些环境运动对商业的全球影响是混合型的(Özen & Özen,2009;Crotty 2006)。一方面,环保主义的西方理念希望能输出到东欧、亚洲、南美和非洲的发展中及发达国家和地区,但是这些理念常常与反对跨国企业和后殖民主义的当地激进派联系在一起(Frank et al. 2000;Ignatow 2007);另一方面,西方环境运动的观点和优先问题并非始终被当地人接受,有时其还会被视为无法解决紧迫物质和社会问题的帝国主义观点,从而受到抵制。环境运动的地方动员能力在不同国家和地区有着重大差别,这给企业重新规划生产地从而逃避环境压力的机会(Welker 2009;Gould 1991)。环境运动全球化本身常常通过参与国际政策制定和以总部在发达国家的跨国企业为目标进行,而将地方运动推广到全球的过程则较不成功。

14.2　环境运动的动态性：不满、动员和目标

相比于商业和环境的更多以企业为核心的方法，社会运动学者把环境问题构建和利益相关者动员过程视为理解企业环保主义的内因和核心。很多中程理论和实证研究调查了不同环境担忧是如何产生、清晰化和被设定的，以及积极分子如何获得足够力量以触发企业反应的动态过程。我们回顾了环境运动出现的三个核心条件：不满的来源和构建、将潜在原因转变为环境运动的集体动员过程及战略和对抗目标的选择。

不满的来源和构建

环境运动何时及如何出现并不是一个无关紧要的问题。大部分运动学者相信，为了满足大众需求或提供公共商品而出现的市场或国家失灵，不能完全解释这一问题。依据理论，当今运动研究主要将个人利益、身份和损失——不满的常见来源——认为是在动员过程中社会构建的结果，而非完全是早已存在的（Goodwin et al. 2001；Polletta & Jasper 2001）。在实证方面，当明显的、持久的地方环境损失（如发展中国家采掘垦殖行业的森林砍伐、迁徙和污染现象）存在时，运动很难出现。与此同时，成功的动员也发生在那些似乎不会带来即时影响的问题中（如北美的生物多样性激进主义分子）。

虽然历史上很多社会运动直接与弱势群体的自我利益相关，如工人阶级和受歧视的社会少数民族，但是环境运动主要还是"代表他人"而行动，包括后代、野生物种或者星球和自然等抽象概念。因此环境运动比其他运动更依赖于这些利益的现实性在文化和科学上的构建（Meyer et al. 1997；Yearly 1992），例如对全球变暖现实的争辩。在现代环境运动中，三种主要理由已经被提出，用以解释有关自然环境共同利益的构建。

第一种解释关注那些影响部分人口物质和理想生活的环境损失。正如"损失"这一词语所暗示的，环境条件不达到标准会引发不满。环境损失由人为灾难引起（如石油和有毒物质泄漏），关乎人类健康和生存的自然资源的污染和衰退，如空气、水和土壤。虽然环境退化确实可以作为很多处理当今情况，如水污染和酸雨破坏森林的相关环境动员的诱因，环境损失的论断为相似条件下一些环境运动的失败提供了反对证据。他们也质疑基于危险的环境运动的动因，如全球变暖和转基因生物是如何在缺乏眼前明显效果的情况下被接纳。

对环境不满的第二种来源是环境公正和环境权力概念的出现。借用人权

和社会公正的概念,这种观点认为人们对自然环境的不满与社会、政治和经济的不公正和不均等存在密切的复杂关系。环境问题的动员同时也是社会从更广泛制度体系中解放的过程(Banerjee 2000,2003)。这种观点的一个明显例子就是"苦役踏车"模型。该模型把社会弱势群体更大的环境损失与工业生产的全球模式设计相联系:企业的"苦役"和联合的政治利益将经济增长的大部分利益送给了富人,而将环境影响留给了穷人(也见 Banerjee 本手册[第31章])。例如一些实证证据指出,低收入群体将更多地承受环境带来的健康威胁,对清洁水和空气的使用已经成为多个运动要求的个人基本权力。

然而,美国和西欧国家的环境运动却特别成功地动员了高教育背景和高收入人群,这些人群受到环境退化的侵害最少且处于环境公正的有利端。因此,第三种,且可能是对环境不满来源的最好解释,是将身份制作和表述视为核心。对"新社会运动"(Polletta & Jasper 2001;Melucci 1996)保护伞之下的研究,认为环保主义更多地受到允许活动人士宣称与其他社会团体关系中具有正面和独特身份的文化及意识变迁过程的影响,而非环境变迁的物质影响。运动参与既关乎团体会员资格,也关乎个人在健康或生活上所受的影响。

动　员

与普遍态度相似,何种类型的不满都不会自动导致共同行动。那些可以把潜在的不满转化为挑战企业实践或刺激新技术产生的运动的过程便是动员——让人们以一种协调和定向的方式共同行动。社会运动研究已经识别了动员的三个主要组成元素:有利的政治机会、如网络和组织等已有的动员结构及有效沟通动员目标的过程设定。

政治机会的形式可以是现有精英分子中的不统一或者是政权中的意识形态立法危机,两者均可能削弱当权者对动员的破坏和压制能力。在环境运动案例中,欧洲左倾政党的意识形态分裂使得绿色诱因和绿色政党通过环境原因团结支持者。早期环境灾难后觉醒的化学工业的立法危机使得反生物技术积极分子可以对相同公司的基因工程生物进行攻击(Schurman 2004,2009)。

积极分子和运动组织之间的现有网络有利于抗议策略的扩散、信任的建立及意识形态统一过程中的共同行动。该网络在地方层面抗议事件的参加人数,以及宏观层面的国际运动及不同运动间的协调中格外明显(Diani 1995)。激进主义招募和持续承诺的一种方式是依靠不同参与者之间密切的个人关系(Jasper & Poulsen 1995)。正式的运动机构也会给更长久的抗议活动提供基础设施,有时会提供资金,例如在地方层面推动可再生能源的使用(Vasi

2010；Sine & Lee 2009）。

最近关于运动动员的研究更加强调另一种途径，即问题架构——公共诉求的休息结构和情感力量。设定服务于诊断、预计和动机目标：它们解释了问题是什么，指导搜寻可能的解法，并激发行动（Benford & Snow 2000；Gamson & Meyer 1996；Gamson & Modigliani 1989）。很多运动，包括环境行动都使用了有限的"控制设定"，如权力、可持续或者自由，这些都是联盟的宽广的保护伞概念（Snow & Benford 1992）。当设定与听众的理解产生共鸣时，其便会起作用，这是由于他们共享更广泛的文化准则或经验基础（Johnston & Klandermans 1995；Weber et al. 2008）。故事和个人陈述在设定更为抽象的环境问题时将格外有用。

14.3 战略和战术

动员所解决的问题是运动如何通过增加会员及会员参与激进运动的意愿而提高其影响力。另一个用以理解运动影响力的问题是，他们追寻何种特定问题，使用何种策略，以及将这些策略应用在谁身上。传统意义上，环境运动主要使用对抗性的策略如抗议来联合抵制或设计出向企业施压的股东决议（King & Soule 2007）。虽然这些依旧盛行，但着重点已经有所改变，并出现了改良型的战略，例如在特定问题上与企业合作（Yaziji & Doh 2009）。

环境运动的问题议程随时间和国家发生显著变化（Dalton 1994；Rootes 2003）。在 20 世纪 80 年代，对酸雨、循环和核能的担忧在某种程度上已经让步于 21 世纪第一个 10 年的对气候变化和可再生能源等的担忧。由于动员常常围绕特定问题发生，激进组织选择问题的原则并非仅仅基于意识形态，也会从实用性上考虑动员的潜力，对获得公众关注的特定事件进行考虑（Hoffman & Ocasio 2001）。例如，灾难、重大政治事件的发生，以及当前的环境破坏等活生生的问题和事件都有可能成为选择目标。

一个相关的问题是环境运动选择何种目标。考虑到商业这个争论的目标，环境运动更有可能对名牌产品生产商、大型企业及具有突出地位或者问题历史的企业进行较量与仔细检查。因此，环境运动并非一直根据企业的环境影响和行动来选择目标企业及相应实践方式。从企业角度而言，目标企业是那些被打上商业"社会风险"标签的企业（Yaziji & Doh 2009）。

14.4　环境运动如何影响商业组织

社会运动可以通过多种截然不同的途径影响企业的环境实践。一种影响方式是间接的,即改变一个产业或经济中所有企业的普遍运行环境。有组织的激进主义常常针对政府,带来新公共政策和法规的形成,例如碳价格或污水处理要求,这反过来会影响整个产业;另外,利用公众情绪中更分散的文化变革来改变企业的社会环境,例如利用消费者喜好、雇员技能和身份的变化。另一种影响方式更直接,运动和组织会相互作用。一种重要的直接途径是对特定目标企业的环境实践发动压力战争。这种战争使用熟悉的抗议方式,例如联合抵制、法律诉讼、媒体战役及街头抗议等,从而威胁企业声誉并破坏其正常运营。除了这种更传统的影响方式之外,最近的研究已经开始关注另外两种直接途径:一种途径是通过刺激新技术、企业和市场的产生,使环境运动在创造现任组织的替代过程中发挥作用;另一种途径是让社会运动组织以合作而非对抗的方式参与到企业中,设计企业自愿政策并提供认证和审计服务。针对运动如何改变企业环境事件这一问题,已经产生了大量的实证和理论知识,但是对每种替代途径的研究程度存在差异。

我们讨论了环境运动在对环境保护主义历史的广泛了解中的文化影响。环境运动可以"改变良好行为的标准,……并给予地方社区权力"(Wapner 1995:311),根据何种企业必须使得他们的行为合法化来改变一般的文化和话语的标准(Maguire & Hardy 2009)。这种广泛的了解和立法标准将影响企业利益相关者,如消费者、雇员、投资人和社区如何理解他们的利益。因此,由环境运动带来的对企业文化变革扩散的影响也会常常在不同的利益相关者团体中进行调整(Soule 2009)。此外,环境运动还发挥了一个其他作用,就是将广泛的文体理解转化为公众对特定问题,如新技术和商业实践的解释与感知(Douglas & Wildavsky 1982)。例如,当企业坐落于大部分人们关心环境的地区时,相比于别处的企业,其将面临更多的环境保护主义观点并更多地受到对环境声誉担忧的影响(Weber et al. 2009;Sine & Lee 2009)。

很多传统研究已经判定,环境运动能成功影响国内和国际层面的环境法规和政策,而且大量研究主题阐明了不同领域中成功所需的条件。由于环境法规的执行往往被认为是自动的,该领域的研究更注意去辨别那些促使政府执行行动的动员战略和策略。例如,在北美自由贸易协定(NAFTA)的协商过程中,环境激进者获得了显著的企业让步,即使这些让步只是来自地位相对较低和资源相对较少的企业(Evans & Kay 2008),因为环境激进者有能力成功协调联盟和资源,调整框架,并可以贯穿多个领域。

积极分子在试图改变组织行为的过程中也会直接面对现任组织。环境运动通过动员组织的利益相关者,如股东、工人和消费者来打破和改变企业运营(Luders 2006)。一种普遍的较量模式是股东决议。Reid & Toffel (2009)发现,一个企业或同行业中其他企业的关于气候变化的股东决议的提出,会增加企业参与和积极分子利益一致的活动的可能性。另一种频繁使用的行动是号召消费者联合抵制。当目标组织的销售额或者声誉在近期有所下降,同时企业受到媒体的巨大关注时,联合抵制将会最有效(King 2008)。虽然消费者联合抵制对企业经济破坏的效果往往微不足道,但其对企业声誉的影响却非常重要且常常更有效。环境积极分子也尝试通过街头抗议、法律诉讼和媒体战役的方式破坏企业声誉。例如21世纪初,由于金佰利克拉克公司决定使用来自"原始"森林的纤维,绿色和平组织和自然资源保护委员会对其发动了长达五年的媒体战役(以及联合抵制)。在2009年,该公司终于同意停止这些业务。

在最近的几十年中,环境运动组织除了对企业使用抵制策略外,更多地使用了合作策略。例如,Yaziji & Doh (2009)表示,基于运动的非政府组织已经参与到从突破性的挑战、倡议到提供服务等许多活动中。合作影响的途径可以是与利益相关者对话、企业环境项目合作或促成自愿产业标准。这些关系在林业和可持续发展领域中得到了充分体现(Bartley 2007);随着环境运动制度化的发展,这种关系逐渐成为寻常之事。部分观察者对这种环境保护主义团体及其目标企业之间的合作关系提出了批评和担忧,其他人则将它视为一种有效的互补战略(Hoffman 2009)。

除了直接针对现存组织外,环境运动也可以直接影响创业和市场(Vasi 2010;Lounsbury et al. 2003)。环境运动的动员能力有助于克服替代技术、企业和市场开发中的障碍。新出现的关于草饲肉制品和奶制品的一项研究中,Weber et al. (2008)发现,环境运动过程可以帮助招募和激励企业家,有助于共同市场身份的建立,并使生产商和消费者理解并定价新的产品种类。在一个较大的样本研究中,Sine & Lee (2009)发现,地方社区的较高的环境活动人士密度会对风能的企业家行为,而不是风能的存在及风能品质产生较大影响。因此,环境运动可以引导与运动目标一致的技术和社会革新,也可以创造这些产品的消费者需求,还可以提高那些解决自身担忧的组织的合法性和正面声誉。

14.5 运动影响的内部化

虽然环境问题得到了关注,但环境问题最终必须渗入到企业内部决策过程中才能改变环境政策和实践。这一过程在合规案例中似乎非常清晰,但是在很多情境下,跨组织边界的过程并非易事。更多的研究已经开始探索组织和组织环境间的转换机制以及内部组织动态性,以便更好理解环境运动及针对企业环境实践的特定战役的影响效果。文献已经确定了一些常见途径(Zald et al. 2005;Weber et al. 2009):通过正式治理结构获得,如股东会议和董事会;通过致力于环境问题的跨边界的单元(如可持续性或环境遵从办公室);通过使用经济成本—利益核算来评价替代方案(Luders 2006);通过同行压力和其他企业的竞争标杆、声誉和状态动机;以及通过企业内部持有环境保住主义身份的积极分子(Scully & Segal 2002)。

社会运动可以利用组织结构方面的优势推行特定需求。跨边界的单元可以放大和(或)采纳运动目标。例如,公共关系和法律部门可以与社会运动组织相互作用,作为商业运营的一部分;社会运动的积极分子和这些部门之间的联系可以提升对运动目标的感知,并有助于不同团体之间的沟通;经理和雇员也可以保持与运动相关的个人身份,参与到相关的关系网络中。这些联系有助于积极分子理解组织,并使他们接近核心决策者。

目标企业的内部组织也会影响企业对来自环境积极分子影响的敏感性。方向,这些组织处理社会运动所要求的能力和承诺不尽相同(Zald,Morrill & Rao 2005)。能力较差的组织即使给出承诺,可能也无法实现运动目标。另一方面,拥有足够能力的组织也许会抵抗运动目标的实施,因为组织者的承诺执行力度较低。组织的内部权力系统也会影响其对运动要求的反应。以早期的德国生物技术为例,社会运动通过对科学家和执行者的地位威胁以及投资不确定性的洞察,影响了制药企业的决策过程,而更重要的是,这两种效果都取决于企业精英阶层的团结性(Weber et al. 2009)。

纵使组织已经承诺将达到社会运动的要求并遵从法规,组织仍必须实行一些改变。就这一点而言,企业内部组织,特别是拥护者的存在将格外重要(Scully & Segal 2002)。内部积极分子的数量和分布将会影响一个环境问题的显著性,因为拥护者的能力会促成结盟并动员共同资源和能量。例如,关于销售问题的研究调查了中层经理如何让环境担忧引起组织领导者的关注(Bansal 2003;Bansal & Roth 2000)。

14.6　环境运动的商业回应

企业可以通过很多方式对环境运动进行回应。他们可以真诚地或象征性地遵从。但更多时候,他们会通过反动员和政治战略抵制环境运动要求。他们也可以收编压力团体,从而将对抗转化为有利的合作。或者,他们也能通过将环境管理整合到企业运营和身份中,并从中获得战略优势,积极主动解决潜在的运动要求。

当企业不愿对环境要求采取行动时,他们往往以反动员的方式进行对抗。这种情景的一个例子是汽车生产商对企业平均燃料经济标准(CAFE)的回应。该标准最初是在 1973 年石油贸易禁令之后,美国国会于 1975 年通过的。汽车生产商用各种方法来游说反对这一标准,例如声称这些标准效率低下,并资助经济学家研究以证明这些标准并不经济。但是,有时组织也会简单答应运动要求。当目标组织面对不合规的成本,比如处罚和罚款、声誉下降及负面媒体关注时,这一情况更有可能发生(King & Soule 2007)。

对环境运动的一个担忧是单纯象征性的遵从。换言之,人们担心组织答应达到环境运动的要求,但事实上他们的行动偏离承诺,最终并不遵从环境运动要求(Weatphal & Zajac 2001)。在环境领域中,一个普遍的担忧就是"漂绿行为"——提出一个特定的环境政策或属性,但是并不付诸实施(Jermier & Forbes 本手册[第 30 章])。例如 Ramus & Montiel (2005)发现,化工制造业和其他产业一样,承诺减少有毒物质的使用,但是却很少有可能实施这些政策。

组织也可能积极主动地处理这些由环境运动影响的文化和公共议程所产生的担忧。这可以是先发制人地处理监管不确定性,或取得战略优势。例如,气候变化全球圆桌会议由来自商业界、民间团体、非政府组织和研究机构的领导者组成,他们达成了气候变化及如何解决该问题的共识。这种联合关系给监管提供了建议和指导方针——其中一部分尝试影响他们希望达成的或可以实现的环境监管目标。有时,个体组织也会积极主动地处理环境担忧。例如,很多企业自愿加入芝加哥气候交易所,并致力于碳平衡运营。这些行动帮助他们获得了成为环境事务领导者的声誉,并影响其他反应强烈的企业。

但是,对解决环境问题的积极主动的尝试却很难与象征性的遵从及笼络环境拥护团体相区别。笼络是指在组织领导或政策决策结构中加入新元素,在本情境下为环境积极分子,从而避免威胁(Selznick 1949)。例如 Murphree et al. (1996)对有毒废弃物企业的笼络尝试行为进行了追踪研究。企业获准与环境积极分子领袖进行协商,但是这一协商过程被设计成有利于废弃物企业。通过让环境积极分子参与协商,废弃物企业可以避免参与协商的环境积极分子参与其他不利活动。这种笼络的尝试最终无法达成其目标——获得建立新有毒废弃物工厂的许可权——因为那些未参与协商的环境积极分子调动了地方性反对。

到目前为止,实证研究主要关注环境运动的内部动态和策略,而牺牲了产业反攻战略及动员和反动员努力相对有效性的研究(Rucht 1990;Gould 1991;Maguire & Hardy 2009)。

14.7　未来研究方向

有关环境运动的研究已经产生了大量的研究成果,关于企业环境保护主义的研究亦是如此。但是在过去的几十年中,这两个分支是并行发展的。直到最近,我们才看到了两种观点交叉研究的出现。这种对话和部分汇聚打开了重要的新观点及研究领域,例如了解企业和拥护团体之间的合作关系,环境运动激进主义在市场和技术演变中的作用,以及更好地了解利益相关者群体不同影响力的来源。由于该研究的扩展,我们发现了很多影响商业和环境运动关系的趋势,一些是由环境运动的持续演化而促成;而另一些则是由理论困惑或不一致性所产生。

第一种实证研究趋势是从环境积极分子和企业间的政治对抗转变为更多样化的关系,其中服务信息对象扮演对手、合作者、软法规的监督者等角色,并与具有影响力的政府或服务供应商结盟。这一趋势不仅被环境运动的意识形态和组织多样化所驱使,而且被改变环境问题的企业观点所促进。在这个快速变化的领域中,关于这些新关系如何构建,不同关系的组合如何管理,以及达成环境和经济目标的有效性等问题逐步显现。一个相关的问题是商业影响在环境运动中所发挥的作用。几乎所有的现有研究都把环境运动视为一种独立的力量,并且直接在商业中观察其影响力。但是,由于企业逐渐使用了类似运动的策略,并在管理积极分子压力时变得更有经验,他们开始在指导、支持或者破坏针对其他企业或国家的环境动员方面发挥作用(关于此类研究的一个罕见案例参见 Walker 2009)。

第二种引起越来越多兴趣的研究领域,不再把企业、运动和运动组织等概念理解为相对统一的角色,而是将其理解为企业内部组织和运动的相互作用过程(Weber et al. 2009)。例如,运动战役的有效性与目标企业内部政治动态及运动动员能力的优势同样相关。因此,运动学者必须成为更好的组织理论家并深入学习市场过程,而组织和经济学者则必须更好地了解政治学和集体行动过程。

第三种趋势是研究焦点的转移,从地方和国家活动转向跨国和国际范围的动员与问题。这在一定程度上是实证研究的必要性,因为企业已经嵌入全球供应链之中,而地方环境运动也越来越多地与国际接轨(Smith 2001;Rucht 1997;Bartley 2007)。但是,环境运动动员国际范围战役的能力依旧不明确,这正如他们影响商业实践、支持国际监管体系和面对地方影响却追求全球目标的能力一样。很多环境问题相互联系的或者本质上是全球化的这一事实吸引了对该领域更广泛的研究。

第四种研究趋势是新兴通讯技术,其让社会运动更便捷的作用已经获得公众的关注,但还缺乏足够的研究。例如,我们仍然不清楚单纯受到社交媒体平台调节的网络关系在动员过程中发挥什么作用,并且如何影响运动和企业策略。高赌注和持久的激进主义在开始更广泛或更激进的战役时往往是必需的,例如封锁、公民不遵从或暴力行为。从历史角度来看,这种激进主义需要环境积极分子之间强有力的嵌入关系(Mcadam 1986)。陌生人之间的脆弱关系能否可以实现类似的功能,或者说他们是否更适合短暂而微弱的环境运动动员?他们可以实现地方环境团体间更好的协调,抑或造成新的不平等吗?他们使得企业更易受伤或给予他们更多的影响力吗?

最后,近期大部分研究都关注中程理论构建及对运动和商业角色之间的交叉作用的实证分析,若没有对其在公民社会和政治制度嵌入性的更强感知,这些相互作用关系就不能被完全理解。例如,很多当今研究都含蓄地假设了西方自由民主制度的背后有着强大国家和大量民间团体的支持。这个假设显然并不适用于其他国家或国际范畴(Rootes 1999)。为了找寻那些更棘手问题的答案,例如为什么环境运动不会在一些地方和为一些问题而出现,实证研究必须更明确地考虑情境内容,而理论发展则必须更直接地阐述社会运动和现代经济之间多层次和网络化的本质。

参考文献

Alexander, J. C. (2006). *The Civil Sphere*. New York: Oxford University Press.

Banerjee, S. B. (2000). "Whose Land Is It Anyway? National Interest, Indigenous Stakeholders and Colonial Discourses: The Case of the Jabiluka Uranium Mine," *Organization & Environment*, 13: 3—38.

——(2003). "Who Sustains Whose Development? Sustainable Development and the Reinvention of Nature," *Organization Studies*, 24: 143—180.

Bansal, P. (2003). "From Issues to Actions: The Importance of Individual Concerns and Organizational Values in Responding to Natural Environmental Issues," *Organization Science*, 14: 510—527.

——& Roth, K. (2000). "Why Companies Go Green: A Model of Ecological Responsiveness," *Academy of Management Journal*, 43: 717—736.

Bartley, T. (2007). "Institutional Emergence in an Era of Globalization: The Rise of Transnational Private Regulation of Labor and Environmental Conditions," *American Journal of Sociology*, 113: 297—351.

Belasco, W. J. (2007). *Appetite for change: How the Counterculture Took on the Food Industry*. Ithaca, NY: Cornell University Press.

Benford, R. D. & Snow, D. A. (2000). "Framing Processes and Social Movements: An Overview and Assessment," *Annual Review of Sociology*, 26: 611—639.

Brulle, R. J. (1996). "Environmental Discourse and Social Movement Organizations: A Historical and Rhetorical Perspective on the Development of U. S. Environmental Organizations," *Sociological Inquiry*, 66: 58—83.

Crotty, J. (2006). "Reshaping the Hourglass? The Environmental Movement and Civil Society Development in the Russian Federation," *Organization Studies*, 27: 1319—1338.

Dalton, R. J. (1994). *The Green Rainbow: Environmental Groups in Western Europe*. New Haven, CT: Yale University Press.

Diani, M. (1992). "The Concept of Social Movement," *The Sociological Review*, 40: 1—25.

——(1995). *Green Networks: A Structural Analysis of the Italian Environmental Movement*. Edinburgh: Edinburgh University Press.

Douglas, M. & Wildavsky, A. (1982). *Risk and Culture: An Essay on the Selection of Technical and Environmental Dangers*. Berkeley, CA: University of California Press.

Dunlap, R. & Mertig, A. G. (eds.) (1992). *American Environmentalism: The U. S. Environmental Movement*, 1970—1990. Washington, DC: Taylor & Francis.

Evans, R. & Kay, T. (2008). "How Environmentalists 'Greened' Trade Policy: Strategic Action and the Architecture of Field Overlap," *American Sociological Review*, 73: 970—991.

Frank, D. J. (1997). "Science, Nature, and the Globalization of the Environment, 1870—1990," *Social Forces*, 76: 409—435.

——Hironaka, A. & Schofer, E. (2000). "The Nation-State and the Natural Environment over the Twentieth Century," *American Sociological Review*, 65: 96—116.

Gamson, W. A. & Meyer, D. S. (1996). "Framing Political Opportunities," in Mcadam, D., Mccarthy, J. D. & Zald, M. N. (eds.) *Comparative Perspectives on Social Movements: Political Opportunities, Mobilizing Structures, and Cultural Framings*. Cambridge, UK: Cambridge University Press.

——& Modigliani, A. (1989). "Media Discourse and Public Opinion on Nuclear Power: A Constructionist Approach," *American Journal of Sociology*, 95: 1—37.

Goodwin, J., Jasper, J. M. & Polletta, F. (eds.) (2001). *Passionate Politics: Emotions and Social Movements*. Chicago, IL: University of Chicago Press.

Gottlieb, R. (2005). *Forcing the Spring: The Transformation of the American Environmental Movement*. Washington, DC: Island Press.

Gould, K. A. (1991). "The Sweet Smell of Money: Economic Dependency and Local Environmental Political Mobilization," *Society & Natural Resources*, 4: 133—150.

Hoffman, A. J. (2001). *From Heresy to Dogma: An Institutional History of Corporate Environmentalism*. Stanford, CA: Stanford University Press.

——(2009). "Shades of Green," *Stanford Social Innovation Review*, Spring: 40—49.

——& Ocasio, W. (2001). "Not All Events Are Attended Equally: Toward a Middle-Range Theory of Industry Attention to External Events," *Organization Science*, 12: 414—434.

Ignatow, G. (2007). *Transnational Identity Politics and the Environment*. Lanham, MD: Lexington.

Jasper, J. M. & Poulsen, J. D. (1995). "Recruiting Strangers and Friends: Moral Shocks and Social Networks in Animal Rights and Anti-Nuclear Protests," *Social Problems*, 42: 493—512.

Johnston, H. & Klandermans, B. (eds.) (1995). *Social Movements and Culture*. New York: Routledge.

King, B. G. (2008). "A Political Mediation Model of Corporate Response to Social Movement Activism," *Administrative Science Quarterly*, 53: 395—421.

——& Soule, S. A. (2007). "Social Movements as Extra-Institutional Entrepreneurs: The Effect of Protest on Stock Price Returns," *Administrative Science Quarterly*, 52: 413—442.

Lounsbury, M., Ventresca, M. J. & Hirsch, P. (2003). "Social Movements, Field Frames and Industry Emergence: A Cultural-Political Perspective on US Recycling," *Socio-Economic Review*, 1: 71—104.

Luders, J. (2006). "The Economics of Movement Success: Business Responses to Civil Rights Mobilization," *American Journal of Sociology*, 111: 963—998.

Mcadam, D. (1986). "Recruitment to High-Risk Activism: The Case of Freedom Summer," *American Journal of Sociology*, 92: 64—90.

——Mccarthy, J. D. & Zald, M. N. (1996). *Comparative Perspectives on Social Movements: Political Opportunities, Mobilizing Structures, and Cultural Framings*. Cambridge, UK: Cambridge University Press.

——Tarrow, S. & Tilly, C. (2001). *Dynamics of Contention*. Cambridge, UK: Cambridge University Press.

Maguire, S. & Hardy, C. (2009). "Discourse and Deinstitutionalization: The Decline of DDT," *Academy of Management Journal*, 52: 148—178.

Melucci, A. (1996). *Challenging Codes: Collective Action in the Information Age*. Cambridge, UK: Cambridge University Press.

Meyer, J. W., Frank, D. J., Hironaka, A., Schofer, E. & Tuma, N. B. (1997). "The Structuring of a World Environmental Regime, 1870—1990," *International Organization*, 51: 623—651.

Murphee, D. W., Wright, S. A. & Ebaugh, H. R. (1996). "Toxic Waste Siting and

Community Resistance: How Cooptation of Local Citizen Opposition Failed," *Sociological Perspectives*, 39: 447—463.

Özen, S. & Özen, H. (2009). "Peasants Against MNCs and the State: The Role of the Bergama Struggle in the Institutional Construction of the Gold-Mining Field in Turkey," *Organization*, 16: 547—573.

Polletta, F. & Jasper, J. M. (2001). "Collective Identity and Social Movements," *Annual Review of Sociology*, 27: 283—305.

Ramus, C. A. & Montiel, I. (2005). "When are Corporate Environmental Policies a Form of Greenwashing?" *Business and Society*, 44: 377—414.

Reid, E. & Toffel, M. W. (2009). "Responding to Public and Private Politics: Corporate Disclosure of Climate Change Strategies," *Strategic Management Journal*, 30: 1157—1178.

Rootes, C. (1999). "Environmental Movements: From the Local to the Global," *Environmental Politics*, 8: 1—12.

——(2003). "Environmental Movements," in Snow, D. A., Soule, S. A. & Kriesi, H. (eds.) *The Blackwell Companion to Social Movements*. Malden, MA: Blackwell.

——(2007). "Environmental Movements," in Ritzer, G. (ed.) *Blackwell Encyclopedia of Sociology*. Malden, MA: Blackwell.

Rucht, D. (1990). "Campaigns, Skirmishes and Battles: Anti-Nuclear Movements in the USA, France and West Germany," *Organization & Environment*, 4: 193—222.

——(1997). "Limits to Mobilization: Environmental Policy for the European Union," in Smith, J., Chatfield, C. & Pagnucco, R. (eds.) *Transnational Social Movements and Global Politics: Solidarity beyond the State*. Syracuse, NY: Syracuse University Press.

——(1999). "The Impact of Environmental Movements in Western Societies," in Guigni, M., Mcadam, D. & Tilly, C. (eds.) *How Social Movements Matter*. Minneapolis, MN: University of Minnesota Press.

Schnaiberg, A. & Gould, K. A. (1994). *Environment and Society: The Enduring Conflict*. Caldwell, NJ: Blackburn Press.

Schurman, R. (2004). "Fighting 'Frankenfoods': Industry Opportunity Structures and the Efficacy of the Anti-Biotech Movement in Western Europe," *Social Problems*, 51: 243—268.

——(2009). "Targeting Capital: A Cultural Economy Approach to Understanding the Efficacy of Two Anti-Genetic Engineering Movements," *American Journal of Sociology*, 115: 155—202.

Scully, M. A. & Segal, A. (2002). "Passion with an Umbrella: Grassroots Activists in the Workplace," *Research in the Sociology of Organizations*, 19: 125—168.

Selznick, P. (1949). *TVA and the Grass Roots*. New York: Harper & Row.

Sine, W. D. & Lee, B. H. (2009). "Tilting at Windmills? The Environmental Movement and the Emergence of the U. S. Wind Energy Sector," *Administrative Science Quarterly*, 54: 123—155.

Smith, J. (2001). "Globalizing Resistance: The Battle of Seattle and the Future of Social Movements," *Mobilization*, 6: 1—19.

Snow, D. A. & Benford, R. D. (1992). "Master Frames and 'Cycles of Protest'," in Morris, A. D. & Mcclurg Mueller, C. (eds.) *Frontiers of Social Movement Theory*. New Haven: Yale University Press.

Soule, S. A. (2009). *Contention and Corporate Social Responsibility*. New York: Cambridge University Press.

Tilly, C. (2004). *Social Movements*, 1768—2004. Boulder, CO: Paradigm Publishers.

Vasi, B. (2010). *Winds of Change: The Environmental Movement and the Global Development of the Wind Energy Industry*. Cambridge, MA: Oxford University Press.

Walker, E. T. (2009). "Privatizing Participation: Civic Change and the Organizational Dynamics of Grassroots Lobbying Firms," *American Sociological Review*, 74: 83—105.

Wapner, P. (1995). "Politics Beyond the State: Environmental Activism and World Civic Politics," *World Politics*, 47: 311—340.

Weber, K., Heinze, K. & DeSoucey, M. (2008). "Forage for Thought: Mobilizing Codes in the Movement for Grass-Fed Meat and Dairy Products," *Administrative Science Quarterly*, 53: 529—567.

——Rao, H. & Thomas, L. G. (2009). "From Streets to Suites: How the Anti-Biotech Movement Affected German Pharmaceutical Firms," *American Sociological Review*, 74: 106—127.

Welker, M. (2009). "Corporate Security Begins in the Community: Mining, the Corporate Social Responsibility Industry, and Environmental Advocacy in Indonesia," *Cultural Anthropology*, 24: 142—179.

Westphal, J. D. & Zajac, E. J. (2001). "Explaining Institutional Decoupling: The Case of Stock Repurchase Programs," *Administrative Science Quarterly*, 46: 202—228.

Yaziji, M. & Doh, J. (2009). *NGOs and Corporations: Conflict and Collaboration*. New York: Cambridge University Press.

Yearly, S. (1992). "Green Ambivalence about Science: Legal-Rational Authority and the Scientific Legitimation of a Social Movement," *British Journal of Sociology*, 43: 511—532.

Zald, M. N., Morrill, C. & Rao, H. (2005). "The Impact of Social Movements on Organizations: Environment and Responses," in Davis, G. F., Mcadam, D., Scott, W. R. & Zald, M. N. (eds.) *Social Movements and Organization Theory*. New York: Cambridge University Press.

第 ⑤ 部分

运营与技术

15　绿色供应链管理

Robert D. Klassen，Steven Vachon[①]

15.1　设定内容

    在过去的 20 年里，顾客、投资者、监管者和公众越来越多地把注意力集中在企业运营和供应链上，而运营和供应链也远远超出传统评价指标，如成本、质量和盈利能力。在发展中国家和发达国家，产品中的危险材料、大量使用过的产品和废物及可观的碳足迹等问题，最近引起了媒体和管理者的关注。此外，新监管措施试图同时保护环境和人类健康。例如，欧盟化学品注册、评估和授权条例（REACH）迫使公司评估大量化学品对人类健康和环境的影响，并在整个供应链中进行追踪。

    环境和社会问题不是一个地区、一种行业或一个公司独有的；相反，这些问题贯穿整个供应链，是一个复杂的企业网络——从原材料、模块到物流和其他服务——共同为消费者或最终用户提供某一特定商品或服务（Beamon 1999），其中一个关键的方面是物料、信息及能源在组织间的流动和传递。将环境可持续发展转化成企业实践的早期努力突出了以下几个方面的重要性：封闭的物料循环（现称之为闭环供应链）、通过提高效率节能和提高质量来延长产品寿命，从而潜在地减少资源需求（Cramer & Schot 1993）。

    然而，供应链中的企业不是在单独运作，因为物流和信息流在多个层次的供应商之间流通，一个供应链合作伙伴的行为可能会间接影响许多顾客。现在，随着供应链以多种方式延伸——在地理上实现真正的全球化；从纵向上

---

    ①　作者感谢加拿大社会科学和人文研究理事会对此项研究的资助。

看,其包含了产品使用后的恢复;从横向上看,将一个企业的废弃物变为另一个企业的投入——供应链中的环境管理为重新定义客户价值带来了严峻的挑战和重要的机会。因此,供应链绩效评估必须转变为一整套更加全面的环境和运营指标,反映出更广泛的客户价值概念。

15.2 环境管理的新举措

为了澄清环境问题如何影响供应链管理,我们退一步,检查了由许多管理者明确或含糊地提出的一个基本假设。对大部分人来说,基于(合法地)赚钱的公司就可以很好地管理资源的假设,他们的注意力往往侧重于财务底线。这种看法是利益相关者的心理写照,对同行企业进行排名时,经济性能是投资者、放款人和分析师的主要焦点。相比之下,管理人员认为环境问题是外围的,环境绩效是监管者、社区团体和其他非政府组织(NGOs)考虑的问题。

在20世纪90年代初,一些领先企业开始思考被称为"绿色制造"的内部环境实践和支出。例如,一些研究探讨了包括运作(Melnyk et al. 2003)、环境技术(Klassen & Whybark 1999)、内部污染减排(King & Lenox 2002)在内的环境管理系统。在一些案例中,绿色制造和传统的竞争力的关系,例如质量(Pil & Rothenberg 2003)、精益系统(Florida 1996)和产品设计(Chen 2001)继续为我们更好地理解绿色供应链提供了重要的基础。

为了更好地掌握环境领域的观点,研究人员和管理人员提出了先进的概念,也就是企业及其供应链应该评估环境和财务业绩(Carter & Rogers 2008)。此外,国际标准和认证体系影响着产品设计、工艺设计、技术选择和管理实践的环境属性。例如,像公平贸易组织(如农业产品)和森林管理委员会(FSC)(如木材的采伐)这样的认证,会考虑与原材料供应相关的具体环境和社会标准。像全球报告倡议(Global Reporting Initiative 2006)这样的综合框架则更进一步在与利益相关者的协商中提供结构化的方法,用来报告关键环境指标(Seuring & Müller 2008)。

管理者还可以利用这些标准诊断供应链中的弱点和目标优化点。如果主要影响在于供应商,无论是在第一层还是在更上层,企业可以更改其采购标准或者通过与供应商合作来改变不足的环境模块或做法(van Hoek 1999)。或者,如果主要影响在于企业自身,可以更改产品的设计,探索新流程技术或调整管理实践(Gungor & Gupta 1999)。最后,如果客户的使用产生了最大的环境影响(包括能源消耗、产品误用等),那么产品设计、产品生命周期结束后的产品回收或客户教育的改变可能会产生最大的环境回报（Klassen & Greis 1993）。

扩展利益相关者群体

利益相关者理论强调咨询和管理对业务流程、产品或服务感兴趣的多级个体与群体的需求。因此，孤立地评估企业运作的环境绩效（即企业的绿色制造）仅能获得最窄范围的可能影响（内部）。在企业运作之外，第二层互动存在于购买企业及其多级供应商和客户之间（供应链）。最后，随着日益兴起的问责制度被监管者、社区团体和非政府组织所要求，许多国际供应链内的企业必须扩展其对利益相关者的考虑来积极涵盖供应链以外的利益相关者（外部）（见 Kassinis 本手册[第 5 章]）。

对一家处于供应链中游的企业来说，这三个层级如图 15.1 所示。供应链内利益相关者（如客户）和外部利益相关者（如监管者、竞争者和非政府组织）已经被明确认为是绿色供应链管理实践的重要驱动者（Mollenkopf et al. 2010；Walker et al. 2008）。多层级考虑问题的重要性不只局限于发达经济体，例如，在中国的大量研究中，内部、供应商和客户维度已被识别（Zhu & Sarkis 2004）。伴随着复杂的全球化供应货物和服务，对供应链伙伴和外部利益相关者之间的透明度要求与日俱增，这并不令人惊讶（New 2010）。总之，所有三个层级必须用来提升更好的管理和改进环境性能（见图 15.1）。

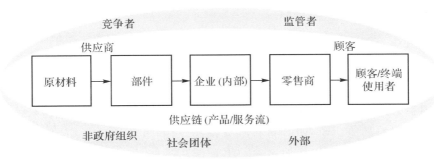

图 15.1   跨供应链的三个层级利益相关者

因此，任何绿色供应链管理的定义都必须抓住设计；材料选择、提取和采购；制造；物流与配送；废弃品管理，包括循环利用、再制造或处置等（Carter & Rogers 2008；Gungor & Gupta 1999；Srivastava 2007）。综合多个观点和利益相关者的考虑，绿色供应链管理被定义为物料流、信息流和资金流的战略和透明一体化，其通过关键组织间业务流程的系统协调来实现环境和经济目标。

这些目标来自客户和利益相关者的要求，必须反映不断变化的科学认知，而且必须长期保持或提高企业的竞争力。

三个相关的供应链趋势

离岸生产

日益全球化的一个表现是离岸生产——一种将内部流程和运营从较发达国家转移到较不发达国家或新兴国家的供应链战略。尽管其他供应链合作伙伴会通过合资企业来利用地方专业知识得到提升，但是在离岸生产中，流程的直接控制仍然掌握在企业手中。显然，离岸的主要动机是成本，同时也能获得诸如更高的当地市场响应度等有利条件。例如，一个全球化的电子企业可能将部分装配生产转移到印度，这不仅可以降低公司成本，而且也为它的产品拓宽了当地的市场份额。当然，北美和印度运营的环境法规和公司业绩可能存在区别（也可能没有）。

从管理环境的视角来看，如果两国间地方监管者对环境标准的监督和执行存在明显不同，离岸外包则具有十分重要的意义。作为回应，由于发展中经济体存在新兴的或者缺乏环境法规政策，企业可能不得不优化和替换其自身的管理系统。伴随着新组织结构的建立，还需要大量的投资用于发展新的信息系统、控制及沟通和审查机制。如果不经过深入的分析，管理者可能会忽视可观的增量成本和风险。

非战略流程外包

和离岸生产相比，外包强调一家企业垂直整合的程度。垂直整合包括活动范围、流程或直接在企业内部进行的生产。在过去的 20 年里，一直有一个强烈的趋势，就是集中几项内部生产的战略活动，依靠一系列供应链合作伙伴来执行无数的其他活动，如产品和服务设计、材料和零部件供应、信息传递和处理，以及整个供应链的货物运输。多种因素在驱动深度专业化或更大的规模经济带来的更低成本，更大的灵活性，获取更高质量的材料或部件，改进设计，以及更快速响应的物流。

简言之，有人可能会认为鉴于价格交易的发生，公司不再对废物的环境排放和处理负责任——现在这只是供应商的权限。但这一结论是一维而浅薄的，许多社区团体、非政府组织和客户等利益相关者没有认识到这种情况（2004）。外包的复杂程度超过离岸生产，供应链趋于更长；也就是说，供应链会有更多的层次，更复杂，且带有不同外部利益相关者的期望。发展中经济体的供应链合作伙伴也被认为受到发达国家下游企业（和客户）的影响。实际上，公司保留了大部分的责任和可能更少的控制，这将增加风险。

增加供应链的时钟速度

在本质上，时钟速度是指在一个产业及其供应链中，产品、工艺流程和组织系统的演变速度（Fine 1998）①。不是所有的供应链都以同样的速度在进步，从创新或快速变化的供应链关系中获得竞争优势对企业具有重要意义。例如，个人计算机、汽车和电力行业的供应链分别具有高、中、低的时钟速度。

因此，供应链的设计已经成为维持竞争优势的核心。在具有更快时钟速度的供应链中，引入可以提高环境绩效的绿色创新也许比那些认为产品、工艺流程和组织变革需要几十年而不是几年或几个月的供应链要来得简单。在某种程度上，变革允许生产流程和技术升级，并促进用以改善环境绩效的供应商关系的变革。与此相反，时钟速度较慢的产业往往以商品为基础，这有利于一个渐进的、关注成本发展和交易关系的高效供应链（Vachonetal 2009），却不利于环境创新（Prokesch 2010）。

15.3   反思供应链设计

更绿色的方式

在传统上，供应链被定义为一个将原材料转化成最终产品，然后交付给客户的单向活动过程（如图 15.1 所示）。在绿色制造中简单的第一步是将环境忧虑作为原材料或零部件采购决策的附加标准，例如纸张的最小回收量（Min & Galle 1997）。受多重利益相关者推动，人们越来越认识到，环境问题的复杂性和互连性迫使管理者将绿色采购的狭隘观念扩大到更广泛的系统（Beamon 1999）。例如，供应链中一小部分的本地优化，事实上可能只是将环境负担通过外包转移到供应链的别处。根据绿色供应链管理的特征，可将其划分为三个独立又强烈相关的部分：①战略思考；②延长和扩大绿色运营，包括再制造与废弃物管理等活动；③绿色设计，包括实现环保理念设计的生命周期评估（LCA）和其他工具（Ilgin & Gupta 2010；Srivastava 2007）。

从公司战略的相似观点引申且平行发展，研究者往往沿着从被动到整合

---

①   注意：时钟速度是行业推广产品、工艺流程和组织创新的速度，而不应该将其与通常要求的一个产品沿着供应链从原材料到最终客户的运动时间相混淆。

（或可持续）的连续性来描述供应链的绿色战略特征（Vachon & Klassen 2006；van Hoek 1999）。因此，跨职能和跨企业的流程必须与产品设计、供应商的流程、评价系统和入库物流一起处理。普遍接受的做法，如零件和用品的及时交付，则需要根据供应链的地理分散、运输方式和可退回的包装等重新核实（Angell & Klassen 1999）。涌现的竞争机会是一个发展与供应链产品、流程、组织方面相关的新战略资源（Carter & Rogers 2008），并且是基于时钟速度而变化的（Fine 1998）。

绿色供应链实践的阻碍包括成本、合法性、供应商虚弱的承诺和监管等（Min & Galle 1997；Walker et al. 2008）。例如，如果企业过去所做的努力被企业的供应商和客户视为"漂绿"行为，那么，其绿色实践的合法性就很难实现。有能力的供应商还可能隐瞒一些关键的信息，比如对产品再设计所必要的化学成分（Dillon & Baram 1993），因此，特定行业规范可能会减缓绿色实践的应用，客户可能也会抵制新概念（Mollenkopf et al. 2010）。

延长供应链

最近亚洲、欧洲和北美的监管法规鞭策许多供应链的代工企业在他们的产品成为废品时仍去管理他们的产品。此外，一些企业出于竞争原因，已经自愿管理他们使用过的产品（Toffel 2003）。随着供应链扩展至产品处置、回收和再利用，一个闭环或逆向供应链的概念应运而生（见图 15.2）（Ilgin & Gupta 2010）。它不仅包括传统的 3Rs（即减少、再利用和回收），还有第四个和第五个"R"，即修复和再制造，它们必须积极发展（见图 15.2）。

尽管相关研究随后 Abbey & Guide(本手册[第 16 章])会详细报道，认识几个与绿色供应链整体发展相关的关键元素也很重要。①供应链决策的范围必须从最初的销售扩大到服务交付和产品使用（以及使用后），以便更好地管理产品或服务的整个生命周期中的环境影响。对制造产品来说，闭环系统有潜力通过原材料再利用、能耗降低和废弃物需求量的减少来实现盈利，同时又减少环境影响（Guide et al. 2000）。②与拓展供应链相关的关键活动和传统供应链差别很大。例如，企业必须设计和维持废弃物收集网络（可能会利用新的合作伙伴），来收集和运输从最终用户到上游供应商的二手产品。不幸的是，已使用的产品、材料和废物流的数量、质量和时序（这可能与"新"产品需求不匹配）是不确定的，这反过来使得收集寿命结束产品所涉及的库存管理和物流变得困难。再者，这还可能需要回收及再制造的新工艺技术和伙伴关系。因此，管理人员必须开发新能力，适应或者减少回收物时序和数量的不确定

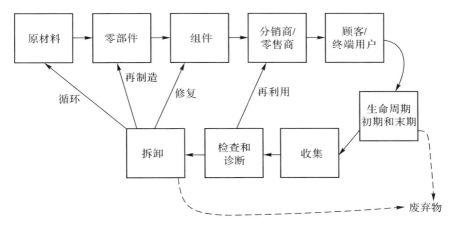

图 15.2 扩展的供应链:闭环回路(Beamon,1999)
注:废弃物在供应链的每一层级都可能产生。

性,平衡回收率和需求率,使得回收的材料和零件的质量更可预测。

拓宽供应链

到目前为止,我们已经探索了运营系统的两种主要拓展方式:①从单个公司的运营到整个供应链的运营层面;②从单向供应链到闭环供应链层面。现在开始出现第三种扩展,其具有横向特征,即藉由无竞争供应链来减少废物,回收利用材料和使用副产品,有时也被称为工业共生(Ehrenfeld & Gertler 1997)(见图 15.3)。因此,企业间创建了新的联系来提高一系列生产流程中物料流和能源流效率;这些企业通常离得较近。

工业共生将在 Lifset & Boons(本手册[第 17 章])的研究中详细介绍。几个细微但是重要业务所涉及的问题至关重要。当单独看待一些企业时,他们可能会显现出比竞争对手效率更低或环境负担更重,然而由于存在共生联系,其总体环境效果却可能比竞争对手更优越。此外,作为其他企业生产使用的原材料或能源等副产品的紧耦合,要求两家或更多的企业来共同管理整体生产水平,以确定替代或废弃副产品,并替代所需的原始材料。随着供应链之间连接数的增长,在特定地区,不断演变的共生联系集结形成了网络,被称为工业生态系统(Graedel & Allenby 1995)。典型的例子是丹麦卡伦堡工业区,那里存在着企业间的废弃物、副产品和能源转移等 11 种物理联系。

对绿色供应链来说,从工业生态系统角度得出的两个发现尤为重要。①原本位置不同但现已连接的同处一地的供应链不会由于有眼光的规划和预

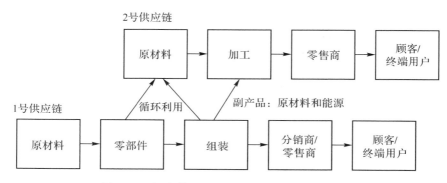

图 15.3　拓宽供应链：工业共生引起的横向联系

注：横向联系的供应链通常涉及非竞争对手提供不同的产品和服务不同的市场。

见而发生。相反，一系列独立谈判的、形成经济和环保意识的双向安排才有机形成了相互连接的系统（Ehrenfeld & Gertler 1997）。然而，当密集网络的各种关系发展时，涌现的系统可以远大于其各部分总和（Bansal & McKnight 2009）。再者，局限于一个小的地理空间的工业共生的好处与由离岸生产和外包所带来的长供应链形成了鲜明对比。②与工业生态系统相关的大多数企业都是供应链中慢时钟速度的合作伙伴。事实上，在卡伦堡的能源、农业、建材和医药学相互关联在一起的多个供应链中，没有一个是快时钟速度的，而且仅有两个是中等的。类似的结论可以通过其他例子得出（Bansal & McKnight 2009）。随着公共政策积极促进工业共生的规模扩大，慢时钟速度供应链的流行可能会改变，从而降低寻找合适合作伙伴的管理搜索成本并方便信息交流与承包（Paquin & Howard-Grenville 2009）。

对供应链伙伴和利益相关者问责制的影响

在供应链内，一家企业对特定环境问题的责任源自于有可获取的信息和有能力进行干预和改善（New 2004；Parmigiani et al. 2011）。实质上，企业对其供应链伙伴所施加的影响程度和利益相关者所要求的企业问责程度共同决定了一条供应链中环境问题如何管理。

影响被定义为说服、施压或控制行动和变化的能力，它反映了企业中管理者有权直接或间接控制和处理具体问题，独立作出商业决策，或通过行动或不行动影响结果的程度。影响可以通过许多手段实现（Hall 2000），如直接通过奖励和威胁，或者间接通过规范、最佳实践和行业领导地位的渴望等复杂诉求。外包为企业尝试改变供应链合作伙伴的环境义务提供了一种手段。但是,外部利益相关者继续关注那些拥有自己的供应商的企业的经济实力所带来的影响程度。

与影响相比,问责制包括了企业(和管理者)被要求或被预期去证明他们决定和行动的范围,而不考虑现在的影响程度。基本上,管理者必须报告、答复和解释结果。如果一家企业因为相对规模较小而影响较低,但其问责制高,那么管理者可能与其他高影响的供应链合作伙伴一起工作,利用组织间小组促进基于共识的改善和提高。影响和问责制的水平因问题类型、供应链性质和地理位置而不同。

影响(Green et al. 1998;Hall 2000)和问责制(Walton et al. 1998)都影响着一家企业在特定的环境问题下的供应链中如何进行自我定位以及管理绩效的可用手段(见表 15.1)。问责制的单独影响也有助于解释为什么需要在管理环境问题而不是其他问题时进行改变。为了说明这种区别,我们考虑在食品供应链中原料商品及其与热带雨林保护的联系。全球食品零售商管理者可能会选择从不同国际供应商购买原材料,如大豆,那些原料中只有很少一部分是从雨林被砍伐后的土地上收获的。但是,尽管企业对森林过度砍伐只有很小的影响(如果有的话),利益相关者仍然可以强烈地追究管理者的责任。在预计成为非政府组织的目标时,管理者可能会主动改变其采购或与供应商一起合作去改变雨林实践。

表 15.1   识别关键的供应链问题:问责制和影响(Parmigiami et al. 2011)

问题问责	供应链影响	
	低	高
低	没有所需的直接行动	对核心供应商进行主动监督和有限审计
高	第三方认证	供应链合作

15.4   环境影响

生命周期评估

供应链内的环境绩效经常由资源和能源的使用(如生态效率)及废弃物的生成(包括毒性和数量)来评估(Beamon 1999)。然而,有一个关键问题很难回答:分析评估如何获取超出企业范围的环境结果?一种方法是生命周期评估(LCA),试图量化产品或服务完整的环境影响。20 世纪 70 年代,自最初关注能源消耗以来,这种方法已发生了重大变化,它现在包括了一种产品在供应链(Dillon & Baram 1993)从"摇篮"到"坟墓"(Fava et al. 1991),或更好的情况是从"摇篮"到"摇篮"(McDonough & Braungart 2002)的过程中对环境的影响。本质上,在整个供应链中一种产品的材料、能源的使用及所有相关的环境负担是确定的和可测算的。因而,在某些方面,LCA 形成了从质量和精益系统等传统主题到产品管理的天然桥梁。

LCA 不是一道简单的会计练习,与日俱增的对供应链、产品使用、服务消费和自然环境间相互影响的科学理解往往未能解决困难的不确定性。必须考虑到化学物质数量在继续增长,努力通过媒介(如释放到空气、水或土壤中)、组合和各种生物毒性来衡量和整合材料和能源是复杂的,其受到了公开争论。此外,消费模式演变、规章扩散和新技术创新经常被介绍。为了响应这些困难,管理者、非政府组织、监管者和消费者普遍接受了供应链中关注不同层级的一部分环境性能标准的管理办法(Faruk et al. 2001)。例如,"碳足迹"跟踪由一个或多个供应链所形成的商品或服务的温室气体排放(将所有温室气体都转化为等效的二氧化碳)。

在最简单的级别上,环境负担发生在两个阶段:货物或服务的消费量(基于使用的影响)、与创造和传递货物或服务有关的流程(基于流程的影响)。因此,供应链的主要环境负担可以被认为是沿着一条连续的从生产到使用的过程而在某处落下(见图 15.4);基于使用的影响包括"消费"产品所消耗的能源(如汽车使用的汽油、烧烤使用的丙烷、电器使用的电)和消费时浪费或产生副产品时的能源(如手电筒的电池、电脑打印纸、快餐盒)。基于流程的影响包括采购决策、制造、产品包装和运输等的环境内容。虽然这些界线在服务业可能比较模糊,如餐馆等直接涉及客户和产品实时组合,但仍可以合理地指出包括能源的使用阶段及包括食物甚至建筑材料的流程阶段。

举例说明,苹果公司已经报告了其受欢迎的产品至少一个维度的环境压力。13 英寸(约 33cm)的 MacBook Pro 的碳足迹为 440kg 二氧化碳当量,其中 68% 来自供应链流程,包括生产(59%)、运输(8%)和再循环(1%)(Apple 2010)。相比之下,27 英寸(约 69cm)的 iMac 的碳足迹更大,有 1970kg 二氧化碳当量,而大部分来自客户使用(56%)。因此,降低每个产品环境压力的主要努力应该侧重于不同的阶段,即 iMac(使用)与能源效率相关的产品设计,以及 MacBook Pro(流程)与材料选择、制造技术和供应链相关的产品或流程设计。但是,基于流程和基于使用的改进之间应该存在取舍。例如,荧光灯比白炽灯消耗的能源要少得多,但也需要少量的水银作为关键材料。由此可见,

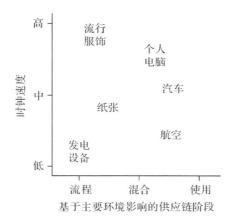

图 15.4　将供应链时钟速度连接到主要环境影响

附加的供应链活动可能减少荧光灯制造和处置过程中的危害。

鉴于对 LCA 的不断强调，产品设计已经成为绿色供应链研究的主流（Srivastava 2007）。在最低限度上，环境问题可以成为产品设计的一项标准，就像质量、周期时间和成本等其他属性一样（Chen 2001），并且须包含在产品开发和再设计的早期阶段（Green et al. 1998）。很多产品设计研究侧重于允许同时考虑环境、经济、消费者和材料要求的多标准技术（Ilgin & Gupta 2010）。但如果更多地从战略角度看待（Sarkis 2003），针对环境的设计应该遵循生命周期原则：产品设计需要从原材料到消费，甚至更大范围地整体考虑对环境的影响。基于 LCA 的工具及"从摇篮到摇篮"的设计原型（McDonough & Braungart 2002）已经开始指导管理者去应对减少有毒物质、增加回收以及闭环产品（服务）系统等复杂的挑战。

全球供应链的挑战

随着由于离岸生产、外包及新市场机会等因素带来的供应链全球化，跨国企业被一些发达经济体消费者和外部利益相关者（如非政府组织）推动去监测环境绩效的差距。公共的第三方认证，如 ISO 14001、公平贸易、FSC 或 SA8000 可以为供应商设置期望，并定期监测合规情况。使用这些标准可以帮助建立合法性，重新调整一家企业对供应链管理的态度。另外，大型企业或行业协会可以制定政策，为供应商设置期望值，监督其环保表现，并密切跟踪危险材料或产品。

随着距离的增加，影响供应链伙伴变得更加困难，因为建立信任和保持丰

富的信息交流变得更具有挑战性。距离是多层面的构造,包括地理位置、企业
间文化差异和供应链层级数(Awaysheh & Klassen 2010)。例如,客户和供应
商分别位于相隔数千千米的欧洲和亚洲,但母公司均在欧洲,该工厂可能同样
重视并认真处理有害废弃物。另外,供应链中两个邻近的亚洲工厂可能对环
境绩效有非常不同的看法,因为一家工厂的母公司在欧洲,而另一家的母公司
在亚洲(即大文化距离)。再者,当有些合作者侧重于低成本,而其他一些合作
者侧重于环境问题,如有毒物质的安全处置时,潜在冲突可能在全球供应链中
发生(Mollenkopf et al. 2010)。正如之前所述,外包和离岸生产也可以将环
境负担从发达国家转移至发展中国家。

供应链的可追溯性和透明度也会影响监测和改进工作。供应链可追溯性
从原材料采购到供应链合作伙伴、制造、分销,最终到消费者使用(而且很有可
能,直到废弃物处理)来跟踪产品(Pullman et al. 2009)。例如,日益增多的客
户在担心食品中转基因的植物成分和产品碳足迹的问题。透明度反映出这一
信息以一种有意义的形式被供应链合作伙伴和客户获得的程度(New 2010)。
距离会加重收集信息、审核和协调的困难。

15.5 供应链中的管理

在许多国家,环境政策已经从有毒化学品风险管理发展到污染防范和生命
周期管理。从广义角度看,供应链绿色化的三种形式其实现程度各不相同:风
险缓解、供应链完善和寻求新机会(Min & Galle 1997; Seuring & Müller 2008)。

风险缓解

一般情况下,风险管理是为了减少环境损害中的潜在负债,降低媒体和非
政府组织不必要的关注,并限制不合规的罚款(Cousins et al. 2004)。风险会
从依赖含有巨大环境负担的有限数量的技术中产生,或从自身含有巨大环境
负担的供应商的使用中产生。为此,这些风险可以巧妙地嵌入供应链中。或
者,当新的环境问题得到关注时,增加的接触可能由企业与顾客和外部利益相
关者的互动中产生,而这些群体对企业及其供应链施加问责制。企业可以通
过以下方法来管理风险:与现有供应商合作、寻找新的供应商、改变生产流程、
试图"教育"顾客或广泛地与公众交流来改变人们的看法。

一些企业正在努力地根据环境风险和在供应链的定位为供应基础进行分
类。风险的评估基于位置(例如当地标准和执法情况)、制造流程(即化学密集

型的制造业和劳动密集型的装备)、供应链关系(合同规格、品牌产品和关系的持久性)和历史信息,包括外部审计员的认证(Hewlett Packard 2008)。其他方法尝试区分风险和影响,从而分离出供应链的关系层面(见表15.2)。这些因素表明了减轻风险的不同方法。需要强调的是,必须共同考虑环境问题和供应链伙伴:表15.1评估了企业对具体环境问题的问责制和影响,而表15.2核算了每个供应链合作伙伴的总体风险。例如,高风险与长期关系和供应商从该企业获得收入的高比例将同时发生(Klassen 2009)。

表 15.2　供应链影响、风险和环境改善(Klassen 2009)

风险	供应链中的营销	
	低	高
低	次优选择 • 筛选:供应商的自我评估 • 绩效追踪	理想的 • 筛选:供应商的自我评估 • 就特定需求签订合同 • 绩效追踪
高	如可能就避免 • 鼓励进行第三方认证 • 如果可能,就特定需求签订合同 • 绩效追踪	"仔细处置" • 积极监督和追踪 • 合作,包括培训和能力构建 • 根据合同进行奖罚

进一步地探究,人们会置疑企业该如何处理具有高环境风险的供应链合作伙伴?该忧虑部分是由交易成本分析产生(TCA),其中,关联环境问题的供应商成本受到不确定性、交易记录的频率和资产专用性影响(Zsidisin & Siferd 2001)。因此,环境绩效的监督和合同执行还产生了外包和离岸生产等其他供应链成本。但是,更多的研究需要去探讨如何量化监督与纠正存在的问题及问题暴露后发生的事故中所隐含的成本。

供应链完善

如果可以制订明确的标准,有替代的供应商,且费用合理,那么,供应商筛选可以被视为改进环境绩效的一种简单方式(Dillon & Baram 1993)。绿色采购的早期努力还关注包装决策(Min & Galle 1997),这部分受到了德国有关消费包装的突破性的"Grüne Punkt"(绿点)法规驱动。一般情况下,绿色采购政策可以采用包容性标准(如循环利用的内容和低碳足迹材料)、排他性标准(如无镉)或流程规范(如使用可回收容器)(Cramer & Schot 1993)。

监控和协作方面的绿色化供应链的努力与传统企业内的污染控制和污

预防方法分别并行发展(Vachon & Klassen 2006)。监测主要关于"控制"风险,而协作强调创造新价值的潜力。环境合作反映了供应链伙伴之间的双向互动,包括联合环境目标设定、共享环境规划,以及合作以减少污染或其他环境负担。协作要求彼此很好地理解双方对环境管理的责任和能力,可以指向上游供应商,改善供应流程和材料选择(Walton et al. 1998),又可以指向下游客户(Vachon & Klassen 2006)。协作最可能发生在供应链中同时拥有高问责制和对特定环境问题有影响的企业中(见图 15.4,第四象限)。随着影响降低,企业可能会发现从合作转为依靠第三方认证来选择供应商更有效。

环境合作的潜在竞争优势是双重的。①案例证据支持环境合作与提升生产力的关系(Geffen & Rothenberg 2000),而调查证据则指出环境合作会带来改进的产品和过程质量(Vachon & Klassen 2008)、更好的供应链绩效和更扎实的财务绩效(Carter et al. 2000);②环境协作直接与供应链中的主动环境管理相关,这暗示着企业基于自然资源基础观的能力(Bowen et al. 2001),然而,具体的实证证据仍然是有限的,毫无疑问部分可归因于难以衡量供应链(或至少多个合作伙伴)竞争和环境绩效,而不是单一企业的情况。

寻求新机会

不管派生于协作还是内部发展,绿色创新对开发新产品、流程、供应链能力和商业模式而言都十分重要(Seuring & Müller 2008)。对许多消费者来说,环境特征和绩效刚开始作为采购标准显露在许多市场表面,例如有机食品、纯天然家用清洁剂和无碳旅游。然而,在其他市场,绿色消费与传统产品创新是一致的,例如冰箱或空调的能效。

环境创新往往向上游扩散,从客户企业到供应商企业,即 B2B 关系(Hall 2000)。基于英国和日本的案例研究发现,当一位供应链成员对他们的供应商、技术能力具有足够的影响,而且他们本身处于特定的环境压力下时,环境创新就会出现。因此,高问责制和对特定环境问题有影响(见表 15.1,第四象限)是最佳定位,其最有可能从绿色创新中获得竞争收益。

严格环境立法会带来新增值服务和产品的机会。例如,欧盟废电器和电子设备有关指令(WEEE)要求个体企业或行业联盟收集和回收空调设备。一家大型制造商为独立实地安装的工人回收自身和竞争对手的废弃产品开发了物流系统,从而提升了新客户的忠诚度和更有力的激励。其商业主张很简单:报废的产品能被安全有效地像卖出新产品一样移除,而不需要安装工人进一步仓储和处理。此外,随着规模经济的增长,财务结果得到提升;这种模式被扩展到欧盟的第二个国家(Klassen 2009)。

如前所述,为了确定和制订具体的新产品相关要求,生命周期评价鼓励企业超越第一层供应商,放眼于整个供应链。类似于新产品介绍,一家大型精密企业(如知名品牌 OEM)必须直接与关键供应商合作。改进标准不仅涉及可以由消费者直接测试的最终产品(例如无污染物),还涉及供应链流程(例如化学品运输、储存和监测)(Seuring & Müller 2008)。有影响力的企业可以以身作则,提供像额外销售额之类的刺激,或是施加如合同损失等威胁(Klassen 2009)。更一般地说,在多级供应链中合作是必需的,因为新的绿色机会要求更"深入"的信息流(Seuring & Müller 2008)和新能力(de Bakker & Nijhof 2002)。

15.6　展望:发展研究趋势

在中短期的研究与实践方面两个主要领域存在着希望:基于系统的测量和供应链中社会底线的强大一体化。

①对那些积极探索供应链绿化如何产生竞争力的研究人员来说,他们在更大的系统中努力尝试,而不是简单考虑相邻层级间的联系(例如买方—供应商交易记录)。然而,一个重大的挑战就是让管理者转型,而不仅仅狭隘地注重企业内部的流程。以流程为基础的标准,例如 ISO 14001 就是很好的起点;而更具体的认证,如 FSC 和公平贸易等有助于扩大供应链范围。然而,即使是这些努力,也只强调了供应链中的上游几个层级,未能包括整个供应链。更广泛的、由利益相关者驱动的报告系统,如全球报告倡议组织 GRI(Global Reporting Initiative 2006)更接近系统预期,至少到目前为止,提交报告的企业产生了很大程度的影响。中间的权宜之计可能是采用平衡计分卡去设计和评估绿色供应链管理绩效(Hervani et al. 2005)。

就像管理学的其他领域,修订过的测量必定产生在更好的实践之前。供应链中的环境绩效测量和随后的贴标可以分为几个测度,如一些行业中的产品能源使用,包括汽车、电脑等。其他测度是基于 LCA 的度量,如碳足迹吸引了来自客户和外部利益相关者的很大兴趣,但也存在很大的争议。与能源的使用不同,这些测度随特定的供应链伙伴、供应流程甚至季节的变化而变化。例如,新鲜水果可能在当地的夏天生长,在冬天由各式各样的供应商进口,每位供应商都有自己的农场特定因素。因此,研究与实践必须衔接起来制定严格的环境会计系统去跟踪供应链中的一小部分的关键环境指标,这可能服从于公正的第三方审计。慢时钟速度的供应链可能会为客户和其他利益相关者开发更好的算法、确定关键参数和开发透明报告系统而提供最佳切入点。

　　②对供应链可持续发展的研究继续以环境问题为主。社会问题、绩效和三重底线的三个维度的整合是罕见的（Seuring & Müller 2008）。然而，当我们试图去解释全球供应链的三重底线时，管理的复杂性急剧增长（Mollenkopf et al. 2010）。社会绩效也来自基于流程和基于使用的供应链，包括供应商的雇员安全、消费者的产品安全和供应商的公平工资。尽管一些国际标准只具体地侧重于社会问题（如 SA 8000），其他如公平贸易却结合了环境和社会标准。

　　所以管理者可以被期望能相同程度地改善所有三重底线吗？这个想法太理想化以至于不太可能发生。我们的个人观察表明，环境、社会和财务绩效的改善浪潮可能与供应链中三个不同比率的因素有关：监管压力、不断变化的客户需求和感知的风险。由于部分受供应链时钟速度驱动，有限的时间、技术和财务资源已迫使管理者把注意力从一个底线转移到另一个。因此，三重底线的成功最好是通过在一个较长时间段内缓慢地、不均衡地却不间断地同时提高所有三重底线来实现。

参考文献

Angell，L. C. & Klassen，R. D.（1999）．"Integrating Environmental Issues into the Mainstream: An Agenda for Research in Operations Management," *Journal of Operations Management*，17(5): 575—598.

Apple（2010）．"Apple and the Environment," accessed on May 10. ＜http://www.apple.com/environment/ reports/＞．

Awaysheh，A. & Klassen，R. D.（2010）．"Supply Chain Structure and Its Impact on Supplier Socially Responsible Practices," *International Journal of Production and Operations Management*，30(12): 1246—1268.

Bansal，P. & McKnight，B.（2009）．"Looking Forward, Pushing Back and Peering Sideways: Analyzing the Sustainability of Industrial Symbiosis," *Journal of Supply Chain Management*，45(4): 26—37.

Beamon，B.（1999）．"Measuring Supply Chain Performance," *International Journal of Operations & Production Management*，19(3): 275—292.

Bowen，F.，Cousins，P. D.，Lamming，R. C. & Faruk，A. C.（2001）．"The Role of Supply Management Capabilities in Green Supply," *Production and Operations Management*，10(2): 174—189.

Carter，C. R. & Rogers，D. S.（2008）．"A Framework of Sustainable Supply Chain Management: Moving toward New Theory," *International Journal of Physical Distribution & Logistics Management*，38(5): 360—387.

——Kale，R. & Grimm，C. M.（2000）．"Environmental Purchasing and Firm Performance: An Empirical Investigation," *Transportation Research. Part E，Logistics & Transportation Review*，36E(3): 219—228.

Chen，C.（2001）．"Design for the Environment: A Quality-Based Model for Green Product

Development," *Management Science*, 47(2): 250—263.

Cousins, P. D., Lamming, R. C. & Bowen, F. (2004). "The Role of Risk in Environment-Relaed Supplier Initiatives," *International Journal of Operations & Production Management*, 24 (5—6): 554—565.

Cramer, J. & Schot, J. (1993). "Environmental Comakership Among Firms as a Cornerstone in the Striving for Sustainable Development," in Fischer, K. & Schot, J. (eds.) *Environmental Strategies for Industry*. Washington, DC: Island Press, 311—328.

De Bakker, F. & Nijhof, A. (2002). "Responsible Chain Management: A Capability Assessment Framework," *Business Strategy and the Environment*, 11(1): 63—75.

Dillon, P. S. & Baram, M. S. (1993). "Forces Shaping the Development and Use of Product Stewardship in the Private Sector," in Fischer, K. & Schot, J. (eds.) *Environmental Strategies for Industry*. Washington, DC: Island Press, 329—341.

Ehrenfeld, J. & Gertler, N. (1997). "Industrial Ecology in Practice: The Evolution of Interdependence at Kalundborg," *Journal of Industrial Ecology*, 1(1): 67—79.

Faruk, A. C., Lamming, R. C., Cousins, P. D. & Bowen, F. E. (2001). "Analyzing, Mapping, and Managing Environmental Impacts Along Supply Chains," *Journal of Industrial Ecology*, 5(2): 13—36.

Fava, J. A., Denison, R., Jones, B., Curran, M. A., Vigon, B., Selke, S. & Barnum, J. (eds.) (1991). *A Technical Framework for Life-Cycle Assessments*. Washington, DC: Society of Environmental Toxicology and Chemistry (SETAC).

Fine, C. H. (1998). *Clockspeed: Winning Industry Control in the Age of Temporary Advantage*. Reading, Mass.: Perseus Books, xv, 272.

Florida, R. (1996). "Lean and Green: The Move to Environmentally Conscious Manufacturing," *California Management Review*, 39(1): 80—105.

Geffen, C. A. & Rothenberg, S. (2000). "Suppliers and Environmental Innovation," *International Journal of Operations & Production Management*, 20(2): 166—186.

Global Reporting Initiative (2006). *Sustainability Reporting Guidelines*. Amsterdam, The Netherlands: Stichting Global Reporting Initiative (GRI).

Graedel, T. E. & Allenby, B. R. (1995). *Industrial Ecology*. Englewood Cliffs, NJ: Prentice Hall.

Green, K., Morton, B. & New, S. (1998). "Green Purchasing and Supply Policies: Do They Improve Companies' Environmental Performance," *Journal of Supply Chain Management*, 3(2): 89—95.

Guide, V. D. R., Jayaraman, V., Srivastava, R. & Benton, W. C. (2000). "Supply-Chain Management for Recoverable Manufacturing Systems," *Interfaces*, 30(3): 125—142.

Gungor, A. and Gupta, S. M. (1999). "Issues in Environmentally Conscious Manufacturing and Product Recovery: A Survey," *Computers and Industrial Engineering*, 36: 811—53.

Hall, J. (2000). "Environmental Supply Chain Dynamics," *Journal of Cleaner Production*, 8 (6): 455—471.

Hervani, A. A., Helms, M. M. & Sarkis, J. (2005). "Performance Measurement for Green Supply Chain Management," *Benchmarking: An International Journal*, 12 (4): 330—353.

Hewlett Packard (2010). "Hp Fy07 Global Citizenship Report," accessed on May 28. <http://www.hp.com/hpinfo/globalcitizenship/07gcreport/pdf/hp_fy07_gcr.pdf>.

Ilgin, M. & Gupta, S. M. (2010). "Environmentally Conscious Manufacturing and Product Recovery (Ecmpro): A Review of the State of the Art," *Journal of Environmental Management*, 91(3): 563—591.

King, A. & Lenox, M. (2002). "Exploring the Locus of Profitable Pollution Reduction," *Management Science*, 48(2): 289—299.

Klassen, R. D. (2009). *Improving Social Performance in Supply Chains: Exploring Practices and Pathways to Innovation*. Leuven, Belgium: Flanders DC and Vlerick Leuven Gent Management School, 79.

——& Greis, N. P. (1993). "Managing Environmental Improvement through Product and Process Innovation: Implications of Environmental Life Cycle Assessment," *Industrial and Environmental Crisis Quarterly*, 7(4): 293—318.

Klassen, R. D. & Whybark, D. C. (1999). "The Impact of Environmental Technologies on Manufacturing Performance," *Academy of Management Journal*, 40(6): 599—615.

McDonough, W. & Braungart, M. (2002). *Cradle to Cradle: Remaking the Way We Make Things*. New York: North Point Press.

Melnyk, S. A., Sroufe, R. P. & Calantone, R. (2003). "Assessing the Impact of Environmental Management Systems on Corporate and Environmental Performance," *Journal of Operations Management*, 21(3): 329—351.

Min, H. & Galle, W. P. (1997). "Green Purchasing Strategies: Trends and Implications," *International Journal of Purchasing and Materials Management*, 33(3): 10—17.

Mollenkopf, D., Stolze, H., Tate, W. L. & Ueltschy, M. (2010). "Green, Lean, and Global Supply Chains," *International Journal of Physical Distribution & Logistics Management*, 40(1-2): 14—41.

New, S. (2004). "The Ethical Supply Chain," in New, S. & Westbrook, R. (eds.) *Understanding Supply Chains: Concepts, Critiques and Futures*. Oxford, UK: Oxford University Press, 253—280.

——(2010). "The Transparent Supply Chain," *Harvard Business Review*, 88(10): 76—82.

Paquin, R. L. & Howard-Grenville, J. (2009). "Facilitating Regional Industrial Symbiosis: Network Growth in the UK's National Industrial Symbiosis Programme," in Howard-Grenville, J. & Boons, F. A. (eds.) *Industrial Ecology and the Social Sciences*. London, UK: Edward Elgar.

Parmigiani, A., Klassen, R. D. & Russo, M. V. (2011). "Efficiency Meets Accountability: Performance Implications of Supply Chain Configuration, Control, and Capabilities," *Journal of Operations Management*, 29(3): 212—223.

Pil, F. K. & Rothenberg, S. (2003). "Environmental Performance as a Driver of Superior Quality," *Production and Operations Management*, 12(3): 404—415.

Prokesch, S. (2010). "The Sustainable Supply Chain," *Harvard Business Review*, 88(10) 70—72.

Pullman, M. E., Maloni, M. J. & Carter, C. R. (2009). "Food for Thought: Social Versus Environmental Sustainability Practices and Performance Outcomes," *Journal of Supply Chain Management*, 45(4): 38—54.

Sarkis, J. (2003). "A Strategic Decision Framework for Green Supply Chain Management," *Journal of Cleaner Production*, 11(4): 397—409.

Seuring, S. & Müller, M. (2008). "From a Literature Review to a Conceptual Framework for Sustainable Supply Chain Management," *Journal of Cleaner Production*, 16(15): 1699—1710.

Srivastava, S. K. (2007). "Green Supply-Chain Management: A State-of-the-Art Literature Review," *International Journal of Management Reviews*, 9(1): 53—80.

Toffel, M. W. (2003). "The Growing Strategic Importance of End-of-Life Product Management," *California Management Review*, 45(3): 102—129.

Vachon, S. & Klassen, R. D. (2006). "Extending Green Practices Across the Supply Chain: The Impact of Upstream and Downstream Integration," *International Journal of Operations & Production Management*, 26(7): 795—821.

——(2008). "Environmental Management and Manufacturing Performance: The Role of Collaboration in the Supply Chain," *International Journal of Production Economics*, 111(2): 299—315.

——Halley, A., & Beaulieu, M. (2009). "Aligning Competitive Priorities in the Supply Chain: The Role of Interactions with Suppliers," *International Journal of Operations and Production Management*, 29(4): 322—340.

van Hoek, R. I. (1999). "From Reversed Logistics to Green Supply Chains," *Journal of Supply Chain Management*, 4(3): 129—134.

Walker, H., Sisto, L. D. & McBain, D. (2008). "Drivers and Barriers to Environmental Supply Chain Management Practices: Lessons from the Public and Private Sectors," *Journal of Purchasing & Supply Management*, 14(1): 69—85.

Walton, S. V., Handfield, R. B. & Melnyk, S. A. (1998). "The Green Supply Chain: Integrating Suppliers into Environmental Management Processes," *International Journal of Purchasing and Materials Management*, 34(2): 2—11.

Zhu, Q. & Sarkis, J. (2004). "Relationships between Operational Practices and Performance among Early Adopters of Green Supply Chain Management Practices in Chinese Manufacturing Enterprises," *Journal of Operations Management*, 22(3): 265—289.

Zsidisin, G. A. & Siferd, S. P. (2001). "Environmental Purchasing: A Framework for Theory Development," *European Journal of Purchasing and Supply Management*, 7(1): 61—73.

16　闭环供应链

James D. Abbery, V. Daniel R. Guide, Jr.

闭环供应链(CLSC)包括整个系统的设计、控制和运行,使产品在整个产品生命周期内价值增值最大化,包括一定时期内从不同类型和数量的召回商品中动态地重获价值(Guide & van Wassenhove 2009)。对许多企业而言,一个设计精良、运行高效的闭环供应链是经济型和环保型的健康商业系统的基础。

16.1　闭环供应链的定义解读

根据闭环供应链定义,为了较好利用不同类型和数量的产品回收物及适应多变的市场环境,一个闭环供应链必须不断地向前发展。因此,闭环供应链的设计、运行和控制不是静止的,也不是一次性的过程决策;相反,闭环供应链是一个不断发展的流程和相关的绩效评价。一般来说,实施一个闭环供应链包括许多在运作、战术和战略层面上的决策。除此之外,为了塑造一个闭环的商业案例,管理者不能仅仅关注节约成本,还必须关注价值增值。在商业中,做正确的事需要增加财务收入。因此,确保管理者及其部门的战术和战略激励相一致在实施闭环供应链中被证明很重要——这是一个需要继续深入研究的话题。

16.2　闭环供应链的章节结构

本章首先把闭环供应链按照工序流程进行分析;接着,通过聚焦正向供应链和逆向供应链在一个闭环供应链中的协作来讨论正向供应链和逆向供应链如何不同;然后,本章继续阐释作为一个包括减少、再使用和再循环(3R)的更广义的商业与自然环境的相关框架的基础组成部分,闭环供应链将如何发展。

通过对产品设计、产品的法规事务和闭环供应链设计衍生问题的讨论,许多研究议题不断出现。本章将以对当下研究空白的讨论作为结尾,这些研究空白包括缺少工业生态学和市场营销的交叉学科研究,以及现在的经济模型需要更深入地考虑竞争因素。虽然本章包括许多关于原始设备制造商和第三方制造商的再制造和闭环供应链的话题,但是大部分关于正向供应链的讨论引用了外部的参考文献和 Klassen & Vachon 供应链管理中的章节内容(Klassen & Vachon 本手册[第 15 章])。关于工业生态学(Lifset & Boons 本手册[第 17 章])和市场营销(Gershoff & Irwin 本手册[第 20 章];Scammon & Mish 本手册[第 19 章])话题的深入讨论留给了本手册的其他作者。

16.3 将闭环供应链作为工序流程进行检验

闭环供应链包括工序流程中的许多活动。正向链和逆向链活动组成了闭环供应链,其包括对逆向供应链活动额外的约束。图 16.1 给出了闭环供应链的一般工序流程和相关约束的图解检验。

穿过流程间箭头的矩形条代表系统中的潜在约束。如图 16.1 所示,图中上面一行的正向供应链一般没有相关约束。正向供应链的主要约束通常是基于成本、质量、提前期和其他可度量的指标。在产品有了需求和使用之后,产品回收就有了很多理由,包括商业召回、停止使用(EOU)或者使用寿命结束(EOL)。商业召回是指由于如客户不满意和中间商库存过多等造成的产品回收。一般来说,商业召回的产品还处于现阶段的产品生命周期,能够回收一些价值。停止使用的产品依然能够运行,只是不再生产——这种产品已经落后于现在技术一代甚至更多代。使用寿命结束的产品不再采用现在的技术(比如阴极射线导管电视),除了再循环,它再使用的潜在性极小。

如图 16.1 中逆向供应链,即闭环部分所示,一家公司必须回收和检查产品,以实现在产品、部件和原材料层面的再生产。在每一种情况下,多重约束能够影响这个系统。对每一闭环供应链而言,首要的约束就是来自正向供应链的生产方式。回收品只能回收之前生产的产品(完整讨论见 Geyer et al. 2007)。根据图 16.1 中矩形条约束所示的产品特性,即使将丰富的回收品来源提供给再制造企业,获得和收集回收品对一个再制造企业来说也是充满挑战的。大型产品,如重型结构设备一般能够通过租赁合同由原始设备制造商(OEM)进行监控并提供服务。这种类型的租赁合同允许原始设备制造商对货物的流向维持高度的控制。相反,由于消费者一般分布广泛,其导致消费产品更不容易被收集和监控。假设产品能够被轻易地回收,那么一家公司就不得不发展技术能力去修复和再制造产品,然后进入充满约束的细分市场进行再销售。这种技术能力依赖于对产品、部件和原材料的有效测试、分类和处理。

图 16.1 和相关的讨论已经说明,一家企业要实施闭环供应链战略将面临许多挑战和约束。当然,这些挑战使那些具有前瞻性的公司获得被竞争对手忽略的利益。在闭环供应链系统中使用旧材料、能源和劳动力的企业能够提高环境绩效,更清晰地了解产品的生命周期,找到方法来改善工业流程,甚至能够获得更多的利益。

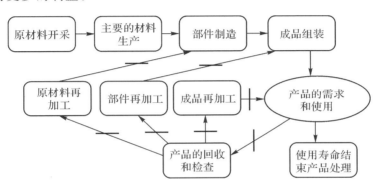

图 16.1 闭环供应链作为一个有限制的工序流程(Guide & van Wassenhove 2005)

16.4 正向和逆向供应链

在正向供应链设计、控制和运营中,众多原材料包含了广泛的概念。一些通用教材提供了完美的综述,包括 Jacobs & Chase (2010)有关运营和供应链管理的最新版教材,Harrion et al. (2005)关于供应链理论与实务集合的教材,而 Martin (2006)则提供了一个更加具体的以六西格玛为导向的教材。因此,本节将聚焦逆向供应链如何不同于正向供应链,什么活动驱动着逆向供应链,以及一个闭环供应链如何协调正向和逆向供应链。

16.5 解读逆向供应链与正向供应链的基本不同点

在一家企业对其正向供应链有了清晰的了解后,闭环供应链中的逆向供应链和正向供应链的不同之处就显而易见了。比如,Levitt (1965)所定义的一个产品的生命周期不再仅仅是市场诞生、成长、成熟和衰亡的营销概念;相反,产品的生命周期包含了终端使用者如何消费和处置产品。在闭环供应链环境中,产品的生命周期包括第一次终止使用循环、第二次终止使用循环和最后一次终止使用中包含的价值。理想情况下,产品的设计尤其会考虑多重生命周期。然而,如果产品的设计没有考虑多重生命周期,那么,产品的可用性设计和可修复性设计能允许产品从多重生命周期中提取价值。实际上,一家设计可用性和可修复性产品的公司在转为真正的闭环供应链时拥有很大的优势。

与正向供应链的另一个不同就是闭环供应链内在的输入—输出特性。过去生产的输出成为未来回收的投入。利用过去生产的部件,使公司可以使用过去在能源、劳动力和原材料上的支出。当然,处理回收产品质量和数量具有的可变性使得交易变得越来越复杂。同时,为了满足当下市场的需求,老产品使用的技术经常需要更新。如果技术更新主要是基于软件的,那么技术升级就很简单;相反,如果技术更新是基于硬件的,那么公司就需要慎重评估如何从以前的生产中抽取价值。比如,通用电气交通运输集团就面临着柴油机车引擎控制组件需要频繁更新的问题,而机车引擎本身只需要少量适当的维护就可使用十几年。即使经过精心设计,硬件也会过时。如果原有生产对满足现在的技术要求基本没有任何价值,企业将面临决定仍存在价值的老产品的细分市场的营销挑战。

16.6 探究逆向供应链

本节将详细介绍逆向供应链要素的发展和实施。本节的重点关注是再使用——这是本章后面部分的主要话题,即讨论减少、再使用和再循环(3R)结构。在再使用发生之前,产品必须从最终使用者手中回收,并从使用点运输到评估点进行测试、分类和处理,以确定在重新装配和营销中最有利可图的再使用选择。此外,许多设计完善的闭环供应链系统含有维修和服务功能,以满足逆向供应链中对回收部件的维修承诺。

产品回收选择

在开始回收之前,企业需要明白潜在的拆卸、质量和最终的产品结果。表16.1改编自 Thierry et al.(1995)关于战略性产品回收的论文。

表16.1中的定义也许对一些产品和行业而言显得太过狭隘。例如,重新装配常常指的是基于技术的产品(例如喷墨打印机)。而重新制造一般基于更标准的机械产品或者重型设备。实际上,不论是重新装配还是重新制造,都包

括把一个产品拆分成模块或零件,以便检查和重新加工成预先设定的标准件。虽然术语定义的差别很细微,但是一般的概念应该适用于公司的指导准则,用来检验产品再使用的选择。

表 16.1 产品回收指导方针(Thierry et al. 1995)

回收方式	拆解水平	质量要求	最终产品
维修	整个产品	恢复到原来的产品规格	像新的一样
重新组装	模块/零件水平	为了恢复到原来的产品规格进行模块/零件检查	预先设定的标准或者带有升级潜力且像新的一样
重新制造	模块/零件水平	为了恢复到原来的产品规格进行模块/零件检查	混合使用旧的和新的模块/零件的预先设定标准
服务部件	模块/零件回收	模块/零件检查和抽取以达到服务要求	可再循环的选择性回收的模块/零件或部分残余部件
再循环	原材料	因回收材料而异	可用于生产新的零件或者替代使用的材料

产品获取管理

产品获取管理关注从使用者手中获得使用过的产品(Blackburn et al. 2004)。正如 Guide & van Wassenhove(2001)所描述的,产品获取管理(PrAM)系统包括三个核心内容。第一,作者描述了再使用活动如何一定会创造价值。第二,作者解释了,为了通过再制造实现竞争获利,如何对产品回收品进行系统管理。作者使用一个经济附加价值(EVA®)框架来解释产品回收活动的财务潜力(Young 1997)。第三,作者展示出产品回收品管理如何推动运营事务。该论文的核心是企业需要主动监测和管理回收品的可获取市场。获取管理需要使用便宜并且能够快速可视检查的系统,如 ReCellular(一家第三方移动电话设备再制造商)使用的那些系统来区分高利润和低利润回收品(Guide & van Wassenhove 2001)。同时其他系统需要监督活跃的回收品市场的价格,甚至还要从零开始创造市场。最成功的再制造商公司必须能够主动前瞻性地控制回收品的质量、数量和时间,实现利润最大化。

一个对经济附加价值概念的快速回顾揭示,管理者需要仔细地记录诸如原材料、劳动力和获取价格等运作过程成本。此外,再制造产品的潜在收入需要持续的监控和估算。事实上,再制造产品的定价代表了一条对闭环供应链领域最基本的理解。所以,本章的作者积极参与多家公司活动,并且完成许多研究来阐明定价的困难。经济附加价值模型中的其他考虑因素还包括税收、当前资本设备、资本资产使用率和资本成本等。换句话说,经济附加价值模型采用一个更深度和整体的视角来研究产品回收系统决策中采用产品获取管理的利润路径。

逆向物流

逆向物流指要求将回收的产品运送到工厂进行检验、分类和处理的过程(Blackburn et al. 2004)。一般来说,逆向物流网络的设计遵照与正向物流网络相似的设计原则,运用了工厂选址中许多相似的原则(Fleischmann et al. 2001)。一般来说,公司需要评估正向和逆向供应链能否设成单独的个体(连续的)或者综合实体(联发的)。作者发现,答案取决于满足供给与需求的商品流的属性。在很多情况下,即使正向和逆向供应链共享了资源,它们也可以作为独立的个体。分开管理这两条供应链的能力极大地简化了管理要求。作者还表示,供应的不确定性对供应链网络设计的影响很小,同时相对简单的模型会运作良好。然而,行业检验使得显著的差别显现。对存在大量回收品的行业来说,由于具有高环境影响(如纸业),所以要有法规要求。这时,带有多个正向和逆向设施选址的综合网络设计就显得十分必要(Bloemhof-Ruwaard et al. 1996;Fleischmann et al. 2001)。这些发现指出,大多数工厂有能力避免单独建立一套逆向物流专用设施带来的高成本,并且能依赖于交通运输网络将货物运送回正向供应链设施。

逆向物流设计的另一项考虑是,选择内包还是外包逆向物流任务。目前的研究发现,现在很多交易都采用内包、外包或者两者混合处理的逆向供应链活动(Martin et al. 2010)。对于以客户服务为导向且回收产品的时间边际价值高的知名品牌企业,内包逆向物流活动是明智的选择,它便于企业完全控制时间和货物流向。外包逆向物流对于那些回收产品的时间边际价值较低的企业和还未在运输和物流网络进行较大投资的公司比较有意义。

检验、分类和处理

检验、分类和处理过程能够评估回收品的状况并确定最获利的再使用方式(Blackburn et al. 2004)。一般来说,允许快速有效的检查和测试回收产品的回收系统能够显著节省成本。其他研究表明,当大多数回收产品的质量都比较低时,检查和测试节省的成本快速上升——性能好的产品更有价值(Aras et al. 2006)。另外,面对回收产品质量的高度不确定性,Galbreth & Blackburn(2010)阐述了估算回收数量平均数的方法。相关的论文详细分析了一家企业应该采用多少质量等级、该处理多少单位，以及不同的质量等级对应什么类型的库存策略等问题（Ferguson et al. 2009）。结果证实，企业应该使处理的单位数量和需求匹配（假设回收品数量充足），而且质量分级会提高利润获得率，尤其是当回收数量巨大时。有趣的是，研究还证实，五级或者五级以下的质量等级对大多数公司来说就足够了，在一些情况下二级质量等级也已足够。

一般来说，公司需要简单并且便宜的方式来检验和分类产品。例如，博世和惠普这样的公司设计了一款简单的可以记录产品重要使用信息（例如最高运行温度、使用小时数和列印份数）的记忆芯片，以决策产品再制造或者再循环（Klausner 1998）。满足质量标准的产品可以被分类，最后被重新加工以满足需求。

维修、服务和保修考量

对许多公司来说，将产品回收纳入维修和服务网络可以有效地降低模块和零件的成本。当大量最小量订单造成采购新零件价格过高而被禁止时，对老机器的维修和服务而言，产品回收带来的成本降低是无价的。从产品回收物中收获零件，能够使一家企业为产品提供比标准正向供应链采购可能更长时间的服务。在回收零件时，企业需要估算回收的数量和时间以控制维修网络中模块和零件的库存。研究表明，当确定维修网络应持有多少替换零件的库存时，调整基础库存政策显得十分有效（Huang et al. 2008）。另外，一项IBM的研究聚焦于何时回收，何种渠道回收，以及如何协调备件供应源（Fleischmann et al. 2003）。这项研究表明，IBM可以通过采购旧零件来代替新品，从而实现显著的成本节约。这项研究还表明，节约的成本超过任何附加的逆向物流成本，尤其当零件而非整个机器是回收重点时。与 Huang et al.（2008）的观点相同，调整基础库存政策对控制备件库存来说很有效。此外，作为对 IBM 进行研究的论文中一个非特定考虑因素，为替换老零件而不断增加的新采购成本的生命周期将对提高使用回收零件作为备件的利润获得率具有显著影响。

惠普将几方面合并使用

一个 2002 年的欧洲工商管理学院的商业案例研究了惠普的产品回收管理。这个案例非常好地描绘了如何整合本节中提到的所有活动（Kumar et al. 2001）。该案例说明了惠普采用价值创造观点，而不是把产品回收当作一项麻烦事，以及将成本最小化作为核心所带来的好处。虽然惠普案例的细节太多，不能完全出现在本章,但是对商业案例、营销机会和逆向物流网络,以及一些测验、分类和处理的特定例子的讨论,都对想要进一步研究闭环供应链流程的实践者和学者很有帮助。

把正向和逆向供应链协调成一个闭环供应链

通过闭环供应链回收产品不是慈善事业。事实上,一个设计完善并且运行良好的产品回收系统,能够为独立的第三方再制造商(3PR)带来高额利润。例如,第三方再制造商 ReCellular 公司不生产新手机,而是聚焦其他公司生产的移动通讯设备的回收价值和利润(Guide & van Wassenhove 2001)。ReCellular 公司也会从使用模式、设计瑕疵和产品失败原因等信息中获得额外的利润,同时阻止隐藏在旧产品中的原材料和能源被当成垃圾丢进垃圾场。

如果一家第三方再制造商如 ReCellular 公司一样,能够建立完整的逆向供应链业务,那么,能够设计、控制和运作正向和逆向供应链的企业将比聚焦某一方向的企业有更多获利机会。为了获得产品生命周期所有阶段的利润,企业采用积极方式增加利润、提高环境绩效、扩大客户群,以及关注流程改善,同时能够获得产品设计衍生物的信息。

本节对闭环供应链环境中逆向供应链的组成部分进行了概述。有兴趣的读者可以在 Guide & van Wassenhove (2003)早期的闭环供应链商业应用的教材中了解更多的细节,该教材包括许多议题,比如零售业逆向物流研究、产品回收战略、收缩协作、逆向物流网络设计、生产计划、库存控制、产品回收预测及其他主题。在 Ferguson & Souza (2010)的书中涵盖了聚焦商业实践可持续性发展的闭环供应链。其他一些有趣的书籍包括 Flapper et al.(2005)和 Klose et al.(2002)。

16.7　产品回收作为闭环供应链的基础

虽然产品再使用常常是闭环供应链的首要关注点,但是仅考虑再使用对于一个完整的闭环供应链显得目光短浅。所以,减少、再使用和再循环(3R)结构形成更完整的闭环供应链。许多闭环供应链会聚焦再使用环节,但不会排除再循环和减少环节。

减少、再使用和再循环的顺序代表这三项活动大体的环境影响水平。第一项活动是减少原材料和能源负担;第二项活动是再使用,这是许多闭环供应链主要的重心;第三项活动是再循环,一旦公司用尽了前面两个选择,再循环就是最后的手段了。不幸的是,减少、再使用和再循环结构的使用并不总是非常简单的。例如,不考虑缩短产品生命周期就减少材料,长期下去会导致材料负担的净增加。另外,再循环产出的产品可能比原始材料更低级,尤其是在处理塑料的时候,因此,减少塑料的使用比在生命周期结束时再循环使用塑料能获得更多的利润。减少、再使用和再循环一般都是联合使用,而不是单独使用用。另外,由于法律压力、实施的简便性和其他事项,优先选择再循环,其次是减少,第三才是再使用。图 16.2 展示了减少、再使用和再循环结构的现状。

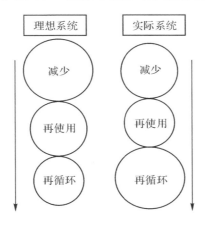

图 16.2 减少、再使用和再循环结构

3M 公司实施以减少为核心,以再循环和再使用为辅的主要战略。3M 公司以污染防治自付(3P)流程为导向的管理哲学将减少、再使用和再循环概念完美地结合在一起(Ochsner 1995)。虽然细节内容不在本章讨论之内,但从产品设计的早期阶段开始,直到产品的生命周期结束,3M 的污染防治自付项目试图稳固公司每个层面的监控废弃物减少所获得的内在利润。最终的结果是通过聚焦各种产品的整个生命周期,成本和废弃物都减少了。

减少:闭环供应链中原材料和能源降低的需要

在许多方面,原材料、能源和劳动力投入的减少来源于质量改进中的许多努力。事实上,ISO 9000 和 ISO 14001 流程认证的主要结果是原材料、能源和有毒排放物中的废弃物减少。甚至是全面质量管理和其他质量改进的早期工作,也注重以流程为导向来减少系统中的废弃物。作者自身的研究指出,企业需要发展成为具有卓越运营绩效的学习型组织(LOOPE)。

服务化代表了通过扩大生产者责任实现减少废弃物的消费模式范式转变

的案例。服务化允许企业向消费者出售货物的使用权,而不是货物实体。这样,使用者可以享受所有权赋予的所有好处,且不需要担心产品保养、修理和停止使用后的处理问题。换句话说,一家服务化公司以服务的形式来提供产品,通常都是通过租赁或者合同安排的方式。泰勒斯研究所的报告(White et al. 1999)提供了服务化在许多方面的具体细节。该报告称,服务化不会自动产生环境效益。例如,当服务实体和制造商没有很好地协作时,虽然更有效的新产品可以减少总的能源使用,但低效产品仍可能长时间充斥市场。报告表明,缺少明确的终止市场上产品使用寿命的政策,产品的效率提升会延迟很长时间。另外,在许多市场上,多方面的挑战一直阻止服务化被广泛接受。在许多方面,抛弃型产品文化和普遍的市场接受度似乎是服务化转型的最大挑战。因此,在一家企业采用服务化战略前,一定要彻底分析和理解顾客的可能反应。服务化在再使用过程中也有衍生物,这将在名为"服务化:把再使用融入消费"小节中进行描述。

共享节约合同代表着另一种和服务化相似的潜在原材料减少的形式。一个典型的共享节约合同例子来自化学溶剂行业(Corbett & DeCroix 2001)。在传统的销售量合同中,买方希望减少化学溶剂的消费量,供应商则需要制订销售配额。在共享节约合同中,买方支付一些担保费用,确保供应商保有可接受的利润,以期激励供应商允许买方的消费减少。比如,与服务化很类似的化学管理费用合同——供应商保证以一个固定的费用向买方提供化学溶剂,其结果是供应商无需提供超额的化学溶剂,节约了成本,同时买方无需担心使用率。真正的共享节约合同还实施固定费用安排,并辅以其他条款,如共享化学试剂使用中任何较少使用所带来的节约,从而刺激双方都减少消费。节约不仅来自化学溶剂使用的减少,还来自废弃物和处理费用的减少。在所有案例中,当化学溶剂使用的减少发生时,供应链利润和环境绩效都会提升。

再使用:解读闭环供应链情境中的再使用

在许多情况下,再使用是闭环供应链中的主要活动。如定义所述,闭环供应链在整个产品生命周期中,动态地从产品回收物里抽取价值。另外,一个设计完善的再使用系统能够通过开拓之前未开发的细分市场提供巨大的潜在利润。再使用的价值来自早期采购材料及能源和劳动力费用——这是 Lund (1984)关于再制造的世界银行报告所深入涉及的话题。如 Lund 所述,再使用带来了社会和经济价值,比如与采购新材料相比的主要回收品的低成本(比如使用过的产品)。同时,再使用可能带来 5:1 或者更好的能源材料提升比率。Lund 进一步指出，相比于从原材料开始的产品设计和制造，原始设备制造商和第三方二者进入再使用行业的壁垒均较低。

原始设备制造商反对闭环供应链的一个最典型的原因是新产品同类竞争的威胁。最新研究指出，企业应少关注同类竞争，而多关注通过再制造产品的合适价格策略扩大自身的产品组合（Atasu et al. 2010）。另一个反对再使用的原因与物流有关。其观点主要认为，旧产品的运输成本较高。幸运的是，对于一个为回收品匹配合理时间边际价值的闭环供应链，其利润常常能够比相关的逆向物流成本更高（见 Blackburn et al. 2004）。对于生命周期较短的产品，如电脑，其时间边际价值一般都很高。事实上，企业试图从高时间边际价值的产品中抽取价值，必须快速地重新组装产品并将产品投入市场。具有更稳定和更长生命周期的产品，如电动工具具有较低的时间边际价值，这允许企业多次再使用和再销售产品来获取价值。

前面的讨论已经清楚地指出，再使用不是闭环供应链的内在联系本质的唯一方面。事实上，目光短浅地关注原材料的减少，而不考虑再使用和再循环会导致产业的整个环境结果变得更糟糕。再者，忽视包含在以前产品中的价值，使得第三方能够获得原始设备制造商忽略的价值。另外，企业需要通过使用生命周期评估法（LCA）或其他可获得的工具进行仔细检查，从而考虑完整产品生命周期。

商业案例：再使用是利润中心

简单地整合正向供应链，从而实现在正确的时间和地点提供正确的产品对一些企业而言有时会是一个挑战。因此，再使用的概念常常变成了一个遥远的事后想法，尤其是在新产品市场推广阶段。另外，把采用逆向供应链作为一个事后做法会显著地增加系统的复杂性和成本，而系统原本的利润已经很少。因此，一些企业简单地忽视了再使用的潜力，认为其耗费成本且不获利。诚然，这种想法为那些认为闭环供应链和再制造是获利而不是应该削减成本的第三方再制造商创造了机会。然而，将再使用观点从成本转变成利润中心也是充满挑战的。许多企业，如博世成功地完成产品观点转变，将产品视为货物和服务的组合。换句话说，企业必须决定在产品和服务的组合内增加再使用操作能否提高总获利能力和竞争地位。

如图 16.3 的流程图所示，逆向供应链的特性可以是垂直的（内部的）、混合的或者外包的，这取决于企业的核心竞争力和企业结构。

垂直式逆向供应链很大程度上来源于强大的品牌形象和高水准的客户服

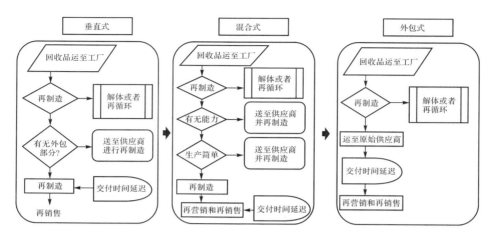

图 16.3 逆向供应链结构(Martin et al. 2010)

务需求。企业采用混合式逆向供应链,常常是因为缺少再制造能力作为核心竞争力或者产品的复杂性。完全外形式逆向供应链的主要推力来源于缺少制造能力。这种内部能力的缺失常常发生在正向供应链采用外包合同生产的企业。当然,当从垂直式转为外包式时,知识产权风险和控制权的丧失在上升。一般来说,企业可以很轻易地从垂直式转向外包式。然而,由于知识缺失等原因,从外包配置中脱离出来就比较难。因此,由于长期战略应用选择多种多样,我们在做配置决策时需要认真对待。

商业回收和失败产品

商业回收是指在销售后的 90 天内,客户能以任何理由退回产品。制造商必须信任零售商,并决定从回收品中抽取剩余价值的最佳方法(Blakburn et al. 2004)。对处理企业到客户(B2C)产品的企业来说,很难对商业回收进行管理。当回收品大多是错误造成的失败产品时,问题就变得更突出了——失败品指的是能够正常运转,但是部分功能不能达到客户要求的产品(Ferguson et al. 2006)。不幸的是,很难区分合法产品回收品(比如由于缺陷而回收的产品)和失败产品。一般来说,零售商需消耗资源检查和测验回收品,从而进行恰当的处理,因此,他们获得的激励很少。所以,确定一种恰当的合同或者其他方式来提供激励,对获得回收品是很重要的。

立法作为再使用的驱动因素

基于乐观地假设政府对市场的规制会强迫推行一些减少、再使用和再循环的项目,一些企业已经决定采用再使用策略。例如,3M 公司的污染防治自付项目至少在一定程度上是主动为可能的政府规制行为做准备,比如清洁空气法和清洁水法。另外,如宝马这样的公司已经主动采取行动发展内部标准,使其转为法制标准,比如废旧电子电气设备法规(WEEE),这相对容易一些。Atasu et al. (2009)的研究讨论了修改改善环保绩效的回收法规和法规的公平性的方法。回收法规是可继续深入研究的活跃领域。

熟悉环境立法将为企业实施闭环供应链提供很大的帮助。包括废旧电子电气设备法规在内的全部信息可以在欧洲委员会环境部(欧洲委员会,2010)找到。其他欧盟法规包括限制在电子电气设备中使用有害物质的条例(RoHS)等,也能够在英国的国家商业创新测量办公室(Department of Business and Innovation National Measurement Office 2003)找到。关于美国环保署清洁空气和清洁水法的信息可以在美国环保署网站上找到(US EPA,2010)。

利用材料的减少使用和产品设计的再使用

在移动电话行业,材料的使用量在过去的二十多年里确实一直在减少——一种显著的湮灭现象。然而,消费者手中产品的生命周期也随着材料投入的减少而缩短。随着时间的发展,对减少材料的关注会被市场因素所淹没,导致产品生命周期的缩短。随着时间流逝,其净效果是没有充足的再使用和最终再循环计划的系统会产生更坏的潜在净影响。另外,如果原始设备制造商只是简单地将产品投入市场而没有考虑产品的最终处理,那么像 ReCellular 公司这样的第三方组织就会进入市场,获得被原始设备制造商所忽略的利润。

在很多情况下,再使用计划是产品设计的一个环节。诸如元件/模块最小化、用螺丝代替焊接、产品线的通用框架和模块可获得性的简易性等设计原则,都为再使用提供了便利。事实上,很多再使用的产品设计原则也使产品的服务和维修变得更容易。Ferguson & Souza (2010)提出了一些关于设计事务的讨论。尤其是 Bras (2010)关于产品设计的章节,涉及了许多运用在闭环系统中的产品设计内容。例如,能够通过再制造和再循环从产品中抽取价值的外部企业的出现,如同寄生于原始设备制造商身上。因此,原始设备制造商在产品设计时,可能会直接防止第三方再制造商进入这个行业。原始设备制造商甚至可以通过设计,使产品难以再循环,进而阻止第一次出售后的价值抽取。Bras (2010)还讨论了何种程度的再制造和价值抽取应该发生。例如,企业可能不希望再制造整个产品,而只想获得某些部件。通常,正如技术评估办公室在他们关于绿色产品设计选择的报告(Congress of the United States, 1992)中所注明的一样,这些决定应该在产品设计阶段就确定。该报告还表明,不应该由任何一个维度,如再循环能力,主导产品设计。相反,企业要进行全生命周期的评估,并在绿色设计中适应不断变化的技术交易。

服务化:把再使用融入消费

泰勒斯研究所(White et al. 1999)把服务化描述成通过对产品功能的销售而不是产品的交易销售来改变产品的生产、使用和处理方式的一种手段,并且讨论了在服务化运作中潜在的学习周期。Yadav et al.(2003)讨论了货车运输快捷轮胎的服务化业务的发展。不幸的是,有记录的服务化企业的数量还很少。一般来说,服务化企业通过租赁、采用回购系统或者采用一些扩展生产者责任的其他形式来保持产品所有权,因此,服务化企业可以有机会在顾客每一次使用结束时,从产品中回收价值。区分使用模式、替代比率和维修要求等信息对于未来的产品设计、原材料采购和生产计划是无价的。另外,泰勒斯研究所(White et al. 1999)的报告甚至指出,与注重寻找高效制造和交易销售的传统核心能力相比,知识和信息会成为服务化企业的核心能力。

再循环:评估闭环供应链中再循环的作用

一般来说,再循环在环境影响方面能够获得的利益最低。再循环需要多方面的操作,包括运输、拆解、碎片化、融化和其他步骤来制造可使用的材料。金属一般特别适合在如美国铝业这样的公司进行再循环。美国环保署提供了一长串推荐使用的产品清单(United States Environmental Protection Agency,US EPA website,2010)。由于技术限制,许多产品不能只靠再循环回收的材料制成。因此,在减少、再使用和再循环结构中,位于最后的再循环排位也是其在成本和环境中的排序。再循环也许看起来是最简单的阻止垃圾源和垃圾堆的方法,但是减少和再使用一般能提供更多的环境收益、成本节约和潜在利润。令人好奇的是,再循环在许多企业中占据了主导位置,也许是因为企业通过利用现有的再循环网络的能力来满足政府环境管理的要求(例如欧洲的废旧电子电气设备法规),并且能让消费者一直看到企业对环境的关心。然而,对增加利润感兴趣的制造业企业而言,再循环不是首要关注点;相反,减少尤其是再使用通常是更有成效的选择。

即使再循环不应是第一选择,一些行业已找到了可获利的解决方法。比如,纸的再循环既对环境有益,也可获利。在欧洲,纸的再循环主要面临的问题是造纸厂一般离主要的城市使用地比较远。因此,逆向物流网络设计如能适应这种回收距离,那么,再循环就能完全接近城市。不幸的是,不是所有的行业都有合适的可获利网络。当最终的结果只能是损失较少的钱(比如简单的成本削减)时,重新设计整个逆向物流网络对许多企业也不是一个可行的选择。在一些情况下,企业在实施前可能会同时考虑正向和逆向物流网络设计,并对两个方面进行综合决策。

16.8 最终讨论和研究机会

本章的开头将闭环供应链定义为"包括整个系统的设计、控制和运行,使产品在整个产品生命周期内价值增值最大化,包括一定时期内从不同类型和数量的召回商品中动态地重获价值"。本章前面的部分涉及了基本概念,如为什么闭环供应链是盈利的、环境友好的和好的商业实践。后面的部分将为未来研究的开放性问题提供一个简单的总结。有关再制造和闭环供应链的开放研究话题的更多全面评论可以在 Guide & van Wassenhove (2009)关于闭环供应链演变的研究成果和 Atasu et al. (2008)关于产品再使用经济学的研究成果中找到。

闭环供应链的设计

为了理解使供应链形成闭环的方法,一家企业一定要彻底地了解正向供应链。在设计闭环供应链前,一家企业通常需要仔细检验和规划正向供应链系统的特性——一个需要不断研究的业务流程。未来研究的其他领域包括与改良产品和闭环供应链设计相关的产品使用方法和处理模式。如前所述,企业根据租赁合同回收 B2B 大型设备相对容易。另一方面,对销往不同市场且在不同地理区域大量扩散的较小较便宜的消费品来说,回收的难度不断增加。未来研究的一个开放性问题涉及旧产品回收的时间边际价值。时间边际价值高的产品,如高科技产品,其价值流失较快,所以需要快速响应逆向供应链以实现回收价值最大化。但是作为时间函数的最优价值最大化仍然是未来研究的一个领域。闭环供应链的设计有许多相互关联的过程,包括产品设计要素、拆卸过程、逆向物流网络设计,以及回收品的测试、分类和处理。虽然逆向物流网络设计相对容易理解,但是产品设计、拆卸过程和与现行逆向物流网络的整合等相关话题是未来研究的开放性议题。

闭环供应链的控制和运营

公司一旦正确理解了如何设计和实施闭环供应链，闭环供应链就需要一个控制机制。控制机制的持续改进需要对消费者和企业顾客进行研究，以便更好地理解再制造和再循环产品的方法和评估。一些研究者声称，存在消费者愿意为绿色产品品牌支付高价的"绿色市场"——这一主张需要进一步的研究和严格的实证检验。如前所述，闭环供应链可能会存在较高的回收流不稳定的现象，这就需要对多重生命周期环境改进库存控制进行研究。甚至，闭环供应链的设计必须允许持续改进和过程学习——这个话题适用于经典运营管理模型及与更多传统管理研究的协同。因为许多企业的产品组合不断扩大，产品增值常常代表了不断增长的企业尝试从回收品中抽取价值的挑战。在多重生命周期情境下处理产品增值的改进模型是未来研究中比较容易出成果的一个领域。其他关于缩短的产品生命周期、不断增加的竞争压力和越来越少的利润空间的影响研究，都刺激研究者去分析从正向和逆向供应链中抽取价值的有效方法。

跨学科的研究需要

研究者还需要检验包括产品再使用在内的产品组合是否会增加市场份额，提升品牌知名度，形成多重生命周期中产品使用的知识，减少环境影响和增加利润。通过改进的竞争经济学模型、较强的营销模型意识、改进传统运营管理模型中的时间效应处理和提高工业生态学学家的更多参与，以提高商业与自然环境的协同，以上每个主题都适用于跨学科研究。研究者也要开发更好的模型来解读现在的法律和确认未来法律可提升的空间。换句话说，未来的闭环供应链需要跨越多个商业学科的更全面的观点。这样的观点对于研究者和管理者追求提高收益能力及改进环境绩效（整合商业与自然环境的核心）的意义是无价的。

参考文献

Aras, N., Boyaci, T. & Verter, V. (2006). "The Effect of Categorizing Returned Products in Remanufacturing," *IIE Transactions*, 36: 319—331.

Atasu, A., Guide, V. D. R., Jr. & van Wassenhove, L. N. (2010). "So What If Remanufacturing Cannibalizes My New Product Sales?" *California Management Review*, 52(2): 56—76.

——van Wassenhove, L. N. & Sarvary, M. (2009). "Efficient Take-Back Legislation,"

Production and Operations Management, 18(3): 243—258.

——Guide, V. D. R., Jr. & van Wassenhove, L. N. (2008). "Product Reuse Economics in Closed-Loop Supply Chain Research," *Production and Operations Management*, 17(5): 483—497.

Blackburn, J. D., Guide, V. D. R., Jr., Souza, G. C. & van Wassenhove, L. N. (2004). "Reverse Supply Chains for Commercial Returns," *California Management Review*, 46 (2): 6—22.

Bloemhof-Ruwaard et al. (1996). "An Environmental Lifecycle Optimization Model for the European Pulp and Paper Industry," *Management Science*, 24(6): 615—629.

Bras, B. (2010). "Product Design Issues," in Ferguson, M. E. & Souza, G. C. (eds.) *Closed-Loop Supply Chains New Developments to Improve the Sustainability of Business Practices*. Boca Raton: CRC Press.

Congress of the United States (1992). *Green Products by Design Choices for a Cleaner Environment*. Washington, DC: Congress of the United States Office of Technology Assessment.

Corbett, C. J. & DeCroix, G. A. (2001). "Shared-Savings Contracts for Indirect Materials in Supply Chains: Channel Profits and Environmental Impacts," *Management Science*, 47 (7): 881—893.

Department of Business and Innovation National Measurement Office (2003). "Official Journal of the European Union Directive 2002/95/EC of the European Parliament and of the Council," Available at http://www. rohs. gov. uk/Docs/Links/RoHS%2odirective. pdf, accessed in June 2010.

European Commission (2010). "Waste Electrical and Electronic Equipment," European Commission Environment website: http://ec. europa. eu/environment/waste/weee/legis_ en. htm, accessed in June 2010.

Ferguson, M., Guide, V. D. R., Jr. & Souza, G. C. (2006). "Supply Chain Coordination for False Failure Returns," *Manufacturing & Service Operations Management*, 8(4): 376—393.

Ferguson, M. E. & Souza, G. C. (2010). *Closed-Loop Supply Chains New Developments to Improve the Sustainability of Business Practices*. Boca Raton: CRC Press.

Ferguson, M., Guide, V. D. R., Jr., Koca, E. & Souza, G. C. (2009). "The Value of Quality Grading in Remanufacturing," *Production and Operations Management*, 18(3): 300—314.

Flapper, S. D. P., van Nunen, J. A. E. E. & van Wassenhove, L. N. (2005). *A Business View on Closed-Loop Supply Chains*. Berlin: Springer-Verlag.

Fleischmann, M., van Nunen, J. A. E. E. & Grave, B. (2003). "Integrating Closed-Loop Supply Chains and Spare-Parts Management at IBM," *Interfaces*, 33(6): 44—56.

——Beullens, P., Bloemhof-Ruwaard, J. M. & van Wassenhove, L. N. (2001). "The Impact of Product Recovery on Logistics Network Design," *Production and Operations Management*, 10(2): 156—173.

Galbreth, M. R. & Blackburn, J. D. (2010). "Optimal Acquisition Quantities in Remanufacturing with Condition Uncertainty," *Production and Operations Management*, 19(1): 61—70.

Geyer, R., van Wassenhove, L. N. & Atasu, A. (2007). "The Economics of Remanufacturing Under Limited Component Durability and Finite Product Life Cycles," *Management Science*, 53(1): 88—100.

Guide, V. D. R., Jr. & van Wassenhove, L. N. (2001). "Managing Product Returns for Remanufacturing," *Production Operations Management*, 10: 142—155.

——(2003). "Business Aspects of Closed-Loop Supply Chains," in Guide, V. D. R, Jr. & van Wassenhove, L. N. (eds.) *Business Aspects of Closed-Loop Supply Chains Exploring the Issues*. Pittsburgh: Carnegie Mellon University Press.

——(2005). "Evolution of Closed-Loop Supply Chain Research," Presentation for the Evolution of CLSC.

——(2009). "The Evolution of Closed-Loop Supply Chain Research," *Operations Research*, 57(1): 10—21.

Harrison, T. P., Lee, H. L. & Neale, J. J. (2005). *The Practice of Supply Chain Management: Where Theory and Application Converge*. New York: Springer.

Huang, W., Kulkarni, V. & Swaminathan, J. M. (2008). "Managing the Inventory of an Item with a Replacement Warranty," *Management Science*, 54(8): 1441—1452.

Jacobs, R. F. & Chase, R. (2010). *Operations and Supply Chain Management*. New York: McGraw-Hill/Irwin.

Klausner, M. (1998). "Design and Analysis of Product Takeback Systems: An Application to Power Tools." Ph. D diss., Pittsburgh: Carnegie Mellon University.

Klose, A., Speranza, M. G. & van Wassenhove, L. N. (2002). *Quantitative Approaches to Distribution Logistics and Supply Chain Management*. Berlin: Springer-Verlag.

Kumar, N., van Wassenhove, L. N. & Guide, V. D. R., Jr. (2001). "Product Returns at Hewlett-Packard Company," *INSEAD Teaching Case Series*, Mar. : 4940.

Levitt, T. (1965). "Exploit the Product Lifecycle," *Harvard Business Review*, 43: 81—94.

Lund, R. (1984). *Remanufacturing: The Experience of the United States and Implications for Developing Countries*. Washington, DC: World Bank.

Martin, P., Guide, V. D. R., Jr. & Craighead, C. W. (2010). "Supply Chain Sourcing in Remanufacturing Operations: An Empirical Investigation of Remake Versus Buy," *Decision Sciences*, 41(2): 301—324.

Martin, J. (2006). *Lean Six Sigma for Supply Chain Management*. New York: McGraw-Hill.

Ochsner, M., Chess, C. & Greenberg, M. (1995). "Pollution Prevention at the 3M Corporation," *Waste Management*, 15(8): 663—672.

Thierry, M., Salomon, M., van Nunen, J. & van Wassenhove, L. N. (1995). "Strategic Issues in Product Recovery Management," *California Management Review*, 37(2): 114—135.

US EPA (United States Environmental Protection Agency) (2010). *Wastes: Resource Conservation-Comprehensive Procurement Guidelines*. <http://www. epa. gov/waste/conserve/tools/cpg/ products/index. htm>, accessed in October 2010.

US EPA (United States Environmental Protection Agency) (2010). *EPA Laws & Regulations*. <http://www. epa. gov/lawsregs/laws/index. html>, accessed in June 2010.

White, A. L., Stoughton, M. & Feng, L. (1999). *Servicizing: The Quiet Transition to Extended Producer Responsibility*. Washington, DC: US Environmental Protection Agency Office of Solid Waste.

Yadav, P., Miller, D., Schmidt, C. & Drake, R. (2003). "McGriff Treading Company Implements Service Contracts under Shared Savings," *Interfaces*, 33(6): 18—29.

Young, D. (1997). "Economic Value Added: A Primer for European Managers," *European Management Journal*, 14(4): 335—343.

17　工业生态学:物质世界中的企业管理

Reid Lifset，Frank Boons

工业生态学(IE)是一个集合概念,它指的是企业可以且从现在就开始处理他们对环境影响的方法。它以自然生态现象的隐喻为基础而建立,以便为工业系统,而不是局限于单一企业,分析和开发解决问题的工具及解决方案。工业生态学的规范性目标是,在这个更具包容性的系统范围内,优化资源效率和封闭物质循环,从而实现可持续生产和消费。尽管这一领域有十分广泛的根源和先行词,但工业生态学通常被认为起源于1989年《科学美国人》特刊中由两名通用汽车公司高管发表的一篇文章《制造业战略》(Erkman 1997)。在这一被人们广泛阅读的作品中,Frosch & Gallopolous (1989)认为,如果自然系统被视为工业组织的潜在模型,工业活动则可以更加的环境友好。被称为生物学或生态学类比(或称隐喻)①的概念认为,在使用和再使用资源时,自然系统是高度有效的。正是人们对生态模型的这种兴趣,产生了工业生态学②这一名称。

这一领域的主要灵感来源于丹麦小镇卡伦堡的一些企业间合作关系的演变(Ehrenfeld & Gertler 1997)。几十年来,工业管理者们,包括发电厂、炼油厂、制药厂和石膏板厂在内的企业集群构建了一个副产品和废物交换的网络,用来减少排放和节约资源。现在,这种区域工业生态系统的类似案例被人们贴上"工业共生"的标签来进行研究,"工业共生"被 Chertow(2007:12)定义为,"传统独立的工业致力于以一种集体的方式来获取竞争优势,涉及材料、能

---

①　这种关系是否为一种类比或隐喻,这是学者讨论的基础,但是与本章没有直接密切的关系。

②　工业生态学中的"生态学"也暗指对环境可持续发展的关注,与生态比喻无关。

源、水及副产品的交换。工业共生的关键在于地理位置相近所带来的合作和协同可能性。"

工业生态学的一个核心前提是,环境问题和补救措施必须从系统的角度去看待,这是为了了解生物物理和社会过程在其中所起的作用,同时也为了避免片面理解和那些转移环境威胁而不是解决环境威胁的管理和政策措施。这种系统方法常常出现在生命周期观点中①,也就是说,产品、设施、技术或服务的环境评估是通过检查贯穿于生产、使用和处置过程中的投入和产出来实现的。因此,一个产品的评估,例如一次性尿布(或相对于棉尿布),要从资源开采和材料加工到产品的生产和销售从消耗再到废物处理的所有活动中调查其对环境的影响。当正式采用生命周期评估时,这一从"摇篮"到"坟墓"的框架可以是非正式和定性的,或是高度量化和复杂的。生命周期评估(LCAs)已经成为公共话语和环境管理的常见元素。

这一系统的观点也体现在关注环境问题的多样性上。人们往往将多重环境问题放在一起进行评估。例如,不只是研究温室气体排放或废物的产生,该分析涉及环境问题的整个范围——气候变化、能源消耗、臭氧层耗竭、人类和生态系统的毒性、水体富营养化等——构架和分析工业生态学层面上具有的多属性环境问题。

对资源效率和系统分析的关注,促使人们对资源存量和流量的跟踪形成一种依赖,这是该领域的一个标志。用美国国家工程院时任主席的话来说(White 1994:V):"工业生态学研究工业和消费活动中材料和能源的流动,该流动对环境的影响,以及经济、政治监管和社会因素对材料和能源的流动、使用和转换过程的影响。"

工业生态学具有工业性质,因为工业被视为以专业技术轨迹和杠杆点为核心,而这两者都可以作为环境的补救措施。在该领域的早期发展阶段,关于企业部门所扮演角色的观点是,从恶棍之一转变为在追求环境目标和战略时潜在的积极参与者之一(Boons 2009)。

从起源上来说,工业生态学具有前瞻性——就它的意图而言——它强调寻找需求和机会,通过有意识地使用环境化设计(DfE)来避免高成本的和破

---

① 此外的术语有点混乱。在工业生态学中,"产品生命周期"一词是指产品和材料以物质形态从资源开采到最终处置的流动过程。在营销学中,同样的词汇所指的是产品和产品市场地位的商业阶段,从市场推介到市场份额增加,从市场份额成熟再到市场饱和及下滑。在本章中,这个词用来指代其物质形态。

坏性的环境失误。这是一个经过深思熟虑后的转变，即企业既要符合环保要求，又要有利于环境整治。然而，随着时间的推移，对该领域的环境现象、管理和政策的历史的关注在不断提升，因为研究人员发现，在相关政策和资金允许的情况下，该领域的一些关键工具可以改造污染的形式。

　　强调前瞻性的环境管理和政策会促使工业生态学家专注于技术变革及其与环境多方面的关系——量化研究技术变革的环境效益（Wernick et al. 1997）、环境创新和社会层面转型的机制特征（Green & Randles 2006），以及对技术变革实现理想化的环境结果的功效的争论（Huesemann，2003）。

　　专注于技术及专注于将材料流和能源流作为分析基础，也反映出这一研究领域的起源——显而易见，许多研究的先驱者均具有工科背景，有的研究产品设计（机械工程背景），有的研究质量平衡（化学工程背景），还有的研究基础设施（环境与土木工程背景）。

　　工业生态学的系统观点要求，对所分析的系统有一个明确的定义。该研究领域体现了研究多样性，包括产品生命周期分析及在资源网络中作为网络焦点的个体企业；设定区域边界的企业群（在工业共生的标签下，该边界已经获得大量的关注）；全球物质流量和存量的平衡，例如磷酸盐、汞或铜；还包括城市内和国家内的物质流动。因此，系统边界可以基于社会、地理或技术标准。考虑如此大范围的系统将会关注使用不同边界带来的后果。这些后果涉及相关的管理问题（Boons & Baas 1997）和环境影响的相对重要性。

17.1　工业生态学与企业职能之间的关联

商业战略

　　从根本上说，商业战略指的是企业在其广泛商业环境中的运作方式。管理驱动研究依据社会角色及社会角色间的相互关系来定义该环境。工业生态学使这个定义面临两个方面的挑战：①它扩展了社会环境，使其包括物理和生态现象；②它为解决环境影响问题提出了一个超出单个企业的系统范围。第二个挑战并不是很独特，因为其他概念将企业间网络作为竞争优势的潜在来源进行分析（Porter 1985，1990；Gereffi et al. 2005）。工业生态学上的区域和产品链系统范围与以下概念是平行的，如产业集群、供应链管理、全球价值链以及逆向物流（详见 Klassen & Vachon 本手册［第 15 章］；Abbery & Guide 本手册［第 16 章］）。

在一定程度上，工业生态学主要强调现有活动效率的改进，而不是专注于企业系统的更多根本性的变化（Commoner 1997；Oldenburg & Geiser 1997），这是一个受到人们持续关注的问题。这种论述可以转化为这样一个问题，即在什么程度上，工业生态学被认为是企业的战略活动，而不是经营活动。工业生态学可以提供竞争优势，特别是当涉及探索资源效能有助于成本领先时，但是闭环物质回路①却可能导致额外的成本，例如需要产品回收和开发用于收集基础设施的情况。另外，采用环境化设计（DfE）的原则将会使得那些需要可替代商业模式和不明显消费者需求的产品得到开发。

同样也有一些商业战略的正面案例，在这些案例中，工业生态学的准则处于核心地位。有一些案例专注于通过互通的生产经营活动来提高资源生产率，如 Luke（2001）对福特汽车公司（FMC）处理其生产流程和产品对生态影响的事件发展过程的研究。另一个有趣的案例是贵糖集团，一家生产糖的大型中国企业集团。根据 Zhu et al.（2007）的研究，40 多年来，该集团一直在实施工业生态战略，它将产品生产流程相互连接，开发一系列整合的生产活动，包括酒精和纸张生产。因此，一个纵向集成战略通过闭环原则被结合起来。该案例也说明了该企业集团的脆弱性，由于大量的相互关联生产，企业很容易受到外部事件及任何一个市场竞争变化的影响。

从概念上来说，工业生态学的广泛系统范围可以与企业战略抱负相结合，以实现现有产品和消费系统的转型。这种战略需要特定的系统功能，以确保公司在新技术轨迹确定的情况下发展它的资源网络（Boons 2009）。通过环境设计，像 GE 医疗服务这样的公司能够使企业战略与改善环境绩效相一致（Finster et al. 2001）。并且，产品—服务系统的概念已经被一些公司作为可行的商业模式采纳，也就是将商品租赁给顾客而不是把商品卖给顾客（Mont et al. 2006）。

下面的例子阐明，工业生态学可以通过新产品开发将环境问题纳入企业的商业战略。有趣的是，工业生态学的一些工具可以实现降低风险的战略目的。可持续供应链的文献表明，降低风险已经被认为是一个重要的动机（Seuring & Müller 2008）。在这种情况下，风险主要被解释为，由于企业活动和产品的社会和环境影响，公司可能失去合法性。然而，近来人们对供应的安全问题越来越感兴趣。随着资源变得越来越稀缺，获得资源的地区在政治上

---

① 在该背景下，回路指资源在自然系统的循环。闭环可能因此捕获已经使用过的资源。考虑到消费后的浪费，回路指回到同样产品的材料再循环。对于其他的废弃物，该观点可以延伸使用，并无特殊性。

越来越不稳定,供应安全受到威胁。物质流分析有助于此类问题的分析(将在本章后面部分介绍)(Alonso et al. 2007)。

治理和协调

根据定义,工业生态学需要大量的企业协调它们的活动以确保物质和能源的交换。这些交换是经济系统的核心。市场、网络和组织是不同的协调机制,各自有独特的优点和缺点(Williamson 1975;Powell 1990)。经济系统中这些机制的普遍性已经促使"开发共生"的方法产生,即在区域集群中发现环境可持续连接的"核心程序",并且为更进一步的发展提供基础(Chertow 2007)。

工业生态学的概念或暗示或明确地为这种协调增加了两个特定的条件:

①它表明,随着时间的推移,经济主体的连接越来越紧密(循环闭合),或现有的连接越来越重要(增加流动);

②连接必将带来更大系统的环境绩效改进。

这些条件应该作为必要还是充分条件,工业生态学研究人员对此产生了分歧。第一个条件说明,工业生态学的研究必须有时间跨度。文献重点在于深入了解过程,在这个过程中,工业系统的行为者可以提升循环的闭合性。根据个人和组织行为者们广泛使用的经济模型,经济行为者可以评价激励结构和交易成本的效果及其对循环闭合的影响(Andrews 2000)。

不同的系统范围——产品链、区域集群、行业部门——根据它们现存的协调结构而有不同的初始条件(Boons & Baas 1997)。少数案例研究表明,发展支持增强连接的初始结构是一个漫长的过程,它需要建立信任,而且构建便于知识的交换、标准制定和监督的具体组织安排(Ehrenfeld & Gertler 1997;Seuring 2004;Ashton 2009)。

第二个条件说明,在某些方面,连接将有助于提升环境的可持续发展。这使得工业生态学成为治理问题,也就是说,行为者活动的协调将解决共同问题(Sharfman et al. 1997;Koppenjan & Klijn 2004)。这种情况增加了问题的复杂性,因为它需要平衡环境问题和经济价值。市场机制所能实现这些价值的集成程度一直是该领域人们所争论的焦点。Desrochers(2000)有力地提出了这一可能性,但是他对工业生态学的定义却是狭隘的(详情见 Boons 2008a)。更恰当地说,工业生态学常常被认为在依赖于公司从事这种交换时的主动性。

同时,很多人认为政府控制不是市场交换的可靠替代办法;事实上,它通常被认为是实现工业生态的阻碍。此外,基于对生态工业园区的广泛调查,Gibbs et al.(2005)发现,园区中大多数企业并没有实现共享远景和计划。就生产者延伸责任(EPR)而言,企业实行根据在整个生命周期中,特别是生命周期结束时产品的环境影响进行责任分配的战略,该策略的成效往往只是适度的,并且经常达不到最初的目标。占主导地位的响应是,企业往往宁愿建立组织来代表单个企业去共同解决消费后的污染问题,也不愿意将生命周期的影响纳入它们的核心关注点(因此,为环境化设计提供动机)(Lifset & Lindhqvist 2008)。

另外,作者寻求那些在区域网络中作为信息掮客和引导者的行为人(Burström & Korhonen 2001)。这一掮客的成功案例就是英国的国家工业共生项目(NISP)[①],它提供信息,并且积极地将那些可以参与废弃物交换的企业联系在一起(Paquin & Howard-Grenville 2009)。

部分学者已经提出一种复杂的系统方法,为对各种各样治理机制的分析提供了一个理论基础(Boons 2008b;Chertow 2009;Dijkema & Basson 2009)。这种系统方法清晰地表明了自组织的情况,即在工业生态学方面,它意味着企业间将自发地进行联系以增强系统的环境可持续性。这种自组织必须满足特定的条件,例如系统内部可以获得关于废弃物供应和潜在用途的有效信息,同时法律体系要允许私人团体间签订处理废弃物的合同。同样地,行为者也能够组织一个自发治理的系统,在该系统中,他们开发监督和处罚的准则来指导他们的行为,正如在公平贸易咖啡的认证系统中,经济行为者已经开发出一些标准,并由独立审计师进行监督(Raynolds 2002)。在复杂系统中,政府机构被视为希望管理这个系统的外部机构。他们可能通过规划将来的连接以实现这个目的,但他们也可以通过创造条件形成自组织或治理的特定模式从而进行管理。

每一种治理类型(自组织、自治理、政府设定的条件、外部控制)都有助于为工业生态学提供必要的协调。随着时间的推移,它们在同一个系统中的应用也会变化,例如鹿特丹港的产业复杂性案例所表现出的情况(Boons 2008b);同时,工业系统被嵌入不同国家的经济和政治系统中,这将导致不同国家采取不同的主要治理形式(Heeres et al. 2004;Zhu et al. 2007)。

运营和技术

工业生态学主要在三个方面与运营管理和研究相交叉:

①通过对资源利用效率的关注;

---

① 详见 http://www.nisp.org.uk。

②通过努力实现闭环①；

③通过生态模拟中获得的见解。

同技术的联系来源于对工业生态学的强烈兴趣，这一兴趣是将设计作为一项产品和工艺层面的环境改善的工具，以及将技术创新作为资源效率提升的基础。当设计在生命周期框架中进行时，产品设计在工业生态学上呈现鲜明的特色（Keoleian & Menerey 1993）。然而，设计的关注不应该只局限于对常规产品的开发。企业对工业生态的专注也促使企业在追求资源效率和闭环时，对产品链、共生网络和基础设施的设计进行考量。在这里，工业生态学所做的大多数贡献体现在实质性的环境评估形式，以及评估和改进的分析工具。

对资源有效利用的关注是工业生态学的当务之急。从概念层面上来说，关注的动机来源于对环境可持续的广泛关注，尤其来源于生态模拟的应用。在这种情境下，资源被狭义地定义为原材料，或者在某些广义的观点中还包括生态系统服务（Ayres 1993）。工业生态学中对资源效率的关注特别地超出了单个企业范围，包括供应链、整个产品的生命周期及产业集群。一些企业层面的研究和实践还着眼于清洁生产，这是一个与工业生态学大致同一时期在欧洲涌现的研究领域，但是与工业生态学相比，其范围和会员性质却是模糊的（Jackson 2002）。清洁生产可以溯源到污染防治（一个在美国的相关领域）它起源于在流程和公司层面上对减少有毒材料的使用和类似的环境改善（如能源和水资源的有效利用）的关注，随后扩展到工业生态学的核心，即对产品整个生命周期的担忧。20 世纪 90 年代，生态效率概念的涌现是企业应对环境压力的反映。为了寻求企业如何在更少环境损害或者使用更少环境资源的情况下达到一定的生产量，企业界试图寻找双赢的机会。随后，学者们采用了这一概念，生态效率最终成为该领域持续不断的研究焦点（Huppes & Ishikawa 2005）②。

生态效率分析与成本效益分析（CBA）十分相似，即成本或效益以环境破坏或资源消耗形式表示，也就是说，成本可以被表示为以吨计量的污染物的排放，或者效益可以用同样排放量的削减来表示。生态效率分析与成本效益分析（CBA）的不同之处在于，前者更关注环境影响的特性及在实践中避免影响的货币化，从而在度量方面使关键生物物理信息的损失最小化。

通过生态效率的镜头所看到的运作问题和技术问题间的重叠是十分大量

---

①　有关资源效率的见解详见 Klassen & Vachon（本手册［第 15 章］），有关闭环的见解详见 Abbey & Guide（本手册［第 16 章］）。

②　更多关于生态效率的内容，请参阅《工业生态学期刊》第 9 卷第 4 期生态效率特刊。

的。如上所述,技术创新和变革被视为增强资源有效利用和减少对环境影响的重要方式。去物质化,即完成一项任务时材料使用数量的减少,是在产业部门、地区和经济等层面的典型讨论议题(Wernick & Ausubel 1995;Adriaanse et al. 1997)。它被看作经济增长中耦合资源使用的一种方法。

这一观点的商业应用在行业分析中是显而易见的。例如,Wernick et al.(1997)检查了森林产品链中的技术改进,通过在每个产品生命周期中寻求"大自然还有多少土地可以幸免"的答案作为资源效率提高的结果,来评估每个生命周期阶段的材料使用强度的减少量。Ruth & Harrington(1997)将造纸行业的目标("议程 2020")模型化,以减少能源使用和可循环内容的利用,并且量化在同时追求这些目标时的极其显著的变化。

在另一个脉络中,对生命周期管理(LCM)的关注在工业生态学被不断提升。生命周期管理被视为对生命周期评估的模拟管理(Jensen & Remmen 2006),是政策、系统、概念、工具和数据的组合,为环境管理提供以产品为基础的分析方法。它与其他研究平行发展,都采取了产品链视角——商业学者们主导的逆向物流和闭环供应链议题以调研产品收益管理的运筹学为基础(Abbey & Guide 本手册[第 16 章];Guide & van Wassenhove 2009)。

营 销

工业生态学与营销之间的关系始于对产品的环境评估,即为解决棘手问题"X 产品是绿色的吗"提供分析工具和基础,换一种说法,就是纸张和塑料显而易见的争论。因此,工业生态学与绿色营销、环境标签和环境认证之间有着重要联系。最近,工业生态学已经扩展到消费的问题,更加关注消费者行为和环境影响之间的交叉点(包括反弹效应)。

大多数工业生态学的研究焦点是评估材料、流程、产品、技术和设施对环境的影响。通常,人们采用生命周期评估方法进行评估,但是其他如生态足迹法和生态效率分析法也会被使用。因此,工业生态学为证实绿色营销声明提供了分析基础或科学基础。

绿色营销和环境声明的依据经常具有争议性,不仅是因为环境声明暗示了比竞争对手相对优越的地位,而且因为在商业和环境政治化的世界里,这些环境声明通常将产品环境愿景提升为政治主题,而因此成为环境积极分子团体或者政府分歧的焦点。相对的环境优越感,或甚至是收益的非比较声明成为固有的争论问题,主要有以下几个原因:①评估对于评价规则如何制订,特别是在系统边界方面(如经济的什么部分以及哪些间接影响包含在分析中)十分敏感；②评估的关键组成部分必定充满了价值；③大量的分析和以数据为基础的不确定性是不可避免的。因此，"X是更绿色的吗"的答案为"视情况而定"。

这些挑战已经引发了如何开展生命周期评估标准（ISO 2009）的开发，这些标准可以协调研究领域中的实践，但是却不能解决根本问题。这些挑战也会造成这种议题内在规范本质的敏感性，成为该领域的一个持续不断的争论点。

生命周期评估中所体现的环境评估活动，依据生命周期框架，为管理和公共政策方法奠定了基础。生命周期管理与集成产品政策（IPP）是相互平行的，其中集成产品政策是指在公共管理领域中以生命周期为基础的概念。在由生命周期管理和集成产品政策组成的分析和纲领性的概念中，营销最相关的组成部分是环境标签和环境认证。环境标签指的是给消费者关于产品环境质量或性能的信息条款（详见 Gershoff & Irwin 本手册[第 22 章]）。部分但并不是全部环境标签是基于考虑生命周期的基础上的，因此这显然涉及工业生态学的工具和概念。

环境认证和环境标签是密切相关的，其中环境认证是通过信息条款来影响消费者和生产行为者。各式各样的服装通常有认证标签，而认证通常带来某种标签。作为环境管理和政策中的典型术语，认证与标签的不同之处主要在于，前者通常由非政府组织（NGOs）发起和实施，并关注以自然资源为基础的商品收获、加工和（或）销售的行为方式。正是因为它们的起源及对缓解资源开采影响的关注，在评估中，它们常常很少涉及生命周期框架。

工业生态学正在飞速地扩张它的范围，包括消费和环境结果之间的关系，还与市场的供应方和需求方的营销进行交叉研究。在对消费所扮演的环境角色的理解上，工业生态学独特的贡献在于将消费置于生命周期框架中，通过消费种类来定量研究环境影响（Tukker & Jansen 2006），并拓展和构建反弹效应的讨论（Hertwich 2005）。产品的使用阶段（与生产和报废阶段是有区别的），具有鲜明的环境影响。例如，汽车排气管排出废气，家用电器排出废水，还有些是极细微的环境排放物，例如轮胎的一些成分在常温天气下会被排出，使得马路成为水污染的非点源。

识别食物、流动性和住宅等不同产品类别在整个经济中环境影响的不同比重（Huppes et al. 2006），对环境政策的决策优先权的选择及企业战略和市场营销具有潜在的重大影响。反弹效应的概念由 Jevons 在 20 世纪初发展起来，随后能源分析师（Greening et al. 2000）进行探索，为营销提供了一种不同的竞争方式。反弹效应指的是提高产品效率，从而增加服务需求。作为收入、替代及各种宏观机制的结果，效率的提高也可能有负面影响，或许会导致资源节约小于预期,甚至可能会使需求净增长。因为工业生态学采用多属性的环境框架,反弹效应的影响将更复杂,积极和消极的结果将同时存在(Hertwich 2005)。

通过对绿色产品辨别做出贡献,努力与公众交流这些发现,以及评估消费的量值和环境显著性,工业生态学因此能够告知、塑造,甚至可以约束企业的营销活动。

会计与金融

工业生态学主要通过生物物理视角,特别是以材料为基础的视角来看待世界。这将产生新的、扩展的系统测量需求。工业生态学对会计和金融都有影响,因为它需要适合其更广泛系统范围的会计方法。

工业生态学中的应用工具范围包括从非常狭小的尺度单位——单元流程、设施和企业——到更宽广的超级企业集群和实体——供应链和产品链、产业集群、城市和地区、行业部门及国民经济体。因此,这些工具对传统的会计方法进行了补充,并且使得生物物理导向的会计学和传统方法的融合具有挑战性。

物资流分析(MFA)是工业生态学的一个重要工具,可以在不同的尺度下量化材料的投入、输出和积累。物质流分析(SFA)是物资流分析的一种形式,可以应用于最狭小和最详细的标准。物质流分析通过在全方面基础上的一个特定系统来跟踪一种特殊物质或材料的存量和流量。物质流分析在制造业中部分呈现为努力减少有毒物质的使用,而这又相应地依赖于被政府强制管制的材料会计①。物资流成本分析(MFCA)是一种用来测量在物理和货币层面的物质流动的流程和公司层面的会计方法;它在过去的数十年中已经出现,但未得到广泛使用。物资流成本分析以材料流动为基础分配成本,是识别资源有效利用机会的一种方式(Jasch 2009)。

特定物质流分析的详细会计方法可以被用来识别污染物的排放,这是一个被忽视的基于末端控制的活动,同样还可以被用来提高企业的运转效率,并满足排放控制的目标或义务②。它还能够确保材料使用的创新方法得以实现,例如,在化学品管理服务(CMS)中,"顾客与服务供应商就有关顾客的化学品和相关服务的供应和管理签订合同,其中供应商的报酬与他们所提供服

① 美国有毒气体排放清单(TRI)包含了工业中有毒化学品的排放和废弃物管理(http://www.epa.gov/TRI/),但是通常不会生成有效的复杂数据作为 SFA 的基础。马萨诸塞州和新泽西州均制定法规要求企业采用材料会计,从而为 SFA 提供更多数据基础。

② 可参见 Ayres(1997)进行的识别氯碱生产流程中"被忽视"的汞的研究。

务的数量和质量挂钩,而不是化学品的成交量"(CMS Forum 2010)。物资流分析可以采取第二种形式,它有时候被称为经济系统的物资流分析(EW-MFA),或者物资与能量流分析(MEFA)。在 EW-MFA 中,所有的材料均是在实体或者地理区域中被跟踪,这为整体的生物物理学资源流动提供了一个定量描述。EW-MFA 通常被应用于区域或国家层面作为理解物资趋势(或物资缺量)的方法,例如非物质化的方法①。尽管人们偶尔会尝试将 EW-MFA 应用于公司层面(如 Liedtke et al. 1998),并且已经提出了一种基于 EW-MFA 的产品和流程的环境评估方法②,但这种工具更多地被应用于学术和政策的研究中,而非商业管理。

　　工业生态学的很多会计过程都是在比单个企业更大的规模上进行的,这在使用投入—产出表格及投入—产出分析(IOA)时尤为突出。IOA 是从行业相互作用方面描述经济结构的一种经济分析方法,通常适用于区域和国家经济。由于这种分析允许跟踪整个经济中生产各阶段的资源利用情况,所以投入—产出分析逐渐被工业生态学采纳,并被作为一种全面的、以生命周期评估为基础的获取环境影响的间接方法,同时也被作为通过环境和资源数据中投入和产出货币量的增加来分析其本身的独立形式(Hendrickson et al. 2006;Suh 2009)。投入—产出分析也可以被应用于区域层面(如 Lin & Polenske 1998),但并不普遍。

　　投入—产出分析的实际应用,特别是当它作为生命周期循环的一部分时,是指产品(或服务、施设等)的环境评估可以在整个经济范围内进行,其涵盖供应链各个层次的影响,而不仅仅是可明显被发现的部分。Lenzen(2000)已经发现,常规的、基于流程的生命周期评估方法可能会有近似 50% 的"截断"错误,该生命周期评估方法不包括生产过程的高级上游阶段,因此,在产品生命周期或者工业部门的环境热点的概念可能会失效。能够在严格的可复制的基础上定量描述供应链环境影响的基于投入—产出分析的评估工具不断涌现,并且它们与公司环境管理具有直接相关性(Wiedmann et al. 2009)。

　　其他以环境为导向的会计方式与工业生态学具有一致性和互补性,但是

---

　　①　通过环境和经济会计系统(SEEA)和包括环境核算的国民核算矩阵(NAMEA),工业生态学的会计方法与宏观经济的会计(国民核算)存在交叉,但是在商业中的引入不是即时的(Pedersen & de Haan 2006)。

　　②　Schmidt-Bleek et al. (1998)提出每单位服务的物资强度(MIPS)的概念,用来测量提供一定数量服务所使用的资源数量。

并没有凸显它的核心关注点。总成本评估（TCA）是资本预算的一种形式，旨在定量研究公司常规成本会计考虑的成本和结余，以及与环境影响相关的成本和结余。这些成本通常隐藏在日常管理费用中，且未分配给会带来影响的来源（Rosselot & Allen 2002）。生命周期成本（LCC）——不能与生命周期评估混淆，通常用来评估一个项目从成立之初到结束的成本。因为环境成本和结余通常发生在一个项目生命周期的后期阶段，而不是在采购或最初成本阶段（例如，耐用产品的价值体现在它的长寿上，而节能产品的纯结余在使用的后期阶段显现），生命周期成本具有重要的环境应用价值，即使该技术并不是为了环境而开发的。

工业生态学与金融并没有十分明显的联系。该领域的一个关键问题是，工业生态学的概念及方法是否可以，以及如何在盈利的基础上被应用到商业活动中（Esty & Porter 1998；Jackson & Clift 1998）。对与标志着工业生态学的实践啮合得非常好的商业模式的研究正在兴起（例如环路闭合、工业共生）。工业生态学的前提，即环境收益可以伴随着财务收益的产生而产生，已经带来了一些有关是否需要付出才能够实现环保问题的文献（King & Lenox 2001；Koellner et al. 2007；Russo & Minto 本手册［第 2 章］）。

17.2 讨论与总结

工业生态学提供了一系列丰富的概念和工具来系统地分析工业系统的环境影响。通过对以工业流程为核心的系统的关注将企业置于自然环境中进行研究。该领域凸显有很多突出的贡献。首先，它提供了一种受欢迎的解毒剂用于处理社会方面的环境管理和政策的概念化的危险。其次，它有助于避免对组织或更大社会系统环境影响不充分的操作化（Whiteman & Cooper 2000；Baumann & Tillman 2004）。通过对物资和能源流的显著关注，工业生态学使社会和生态系统之间相互作用，发挥出更核心的作用。

另一个贡献是基于系统视角的。虽然企业管理有与之相匹配的概念，即最显著的组织生态（Aldrich & Ruef 2006；Dimaggio & Powell 1983），有影响力的理论如自然资源基础观（Hart 1995）趋向于用一种原子论的方式来处理企业问题。这一系统的视角对更广泛社会系统中的情景化商业活动发挥了一定的作用（Hoffman 2003）。

工业生态学在环境上的物质概念对传统管理方法的垄断提出了挑战，它也是该领域核心困境的主要来源——如何考虑吸收社会、政策和经济观点并仍然保持它们各具特色的定义和作用。该领域对系统分析的渴望要求其解决非物质因素。然而，工业生态学还没有就其系统边界在保持一个连贯的一致性时被扩展的程度形成共识，例如在有关可持续消费的社会和行为的影响因素的研究中，这种压力已经释放出来（Lifset 2008）。

因此，社会科学研究开始成为该领域跨学科对话的一部分（Boons & Howard-Grenville 2009）。企业管理研究将有助于工业生态学领域的深入发展。它们在概念、工具和系统边界上有一些相似性。至于后者，企业研究可能在以下方面有一些有用的见解，即企业行为相互作用产生商业网络及行业和国家的商业系统（Whitley 1998）。鉴于对企业管理中这些主题的长期传统研究，工业生态学家可以获取有用的经验教训。

此外，在工业生态系统的分析中还没有对权利不对称的主题进行研究。经济因素可能迫使一些企业选择他们通常不会选择的行为模式，并且这些模式将影响工业生态系统的环境影响的数量和分布（Jackson & Clift 1998）。组织研究领域有丰富的组织内部及组织之间权力问题的研究经验（Clegg 1989）。为了进一步构建社会系统以及物资和能源流的产生方式的现实模型，工业生态学领域可以借鉴组织研究的结果。

参考文献

Adriaanse, A., Bizingezu, S., Hammond, A., Moriguichi, Y., Rudenburg, E., Rogich, D. & Schütz, H. (1997). *Resource Flows: The Material Basis of Industrial Economies*. Washington, DC: World Resources Institute.

Aldrich, H. & Ruef, M. (2006). *Organizations Evolving*. Thousand Oaks: Sage Publications.

Alonso, E., Gregory, J., Field, F. & Kirchain, R. (2007). "Material Availability and the Supply Chain: Risks, Effects, and Responses," *Environmental Science & Technology*, 41(19): 6649—6656.

Andrews, C. J. (2000). "Building a Micro Foundation for Industrial Ecology," *Journal of Industrial Ecology*, 4(3): 35—52.

Ashton, W. S. (2009). "The Structure, Function, and Evolution of a Regional Industrial Ecosystem," *Journal of Industrial Ecology*, 13(2): 228—246.

Ayres, R. U. (1993). "Cowboys, Cornucopians and Long-Run Sustainability," *Ecological Economics*, 8(3): 189—207.

——(1997). "The Life-Cycle of Chlorine, Part I: Chlorine Production and the Chlorine-Mercury Connection," *Journal of Industrial Ecology*, 1(1): 81—94.

Baumann, H. & Tillman, A. (2004). *The Hitchhiker's Guide to LCA: An Orientation in Life Cycle Assessment Methodology and Application*. Lund: Student Literature AB.

Boons, F. A. A. (2009). *Creating Ecological Value: An Evolutionary Approach to Business Strategies and the Natural Environment*. Cheltenham: Edward Elgar.

——(2008a). "History's Lessons: A Critical Assessment of the Desrochers Papers," *Journal of Industrial Ecology*, 12(2): 148—158.

——(2008b). "Self-Organization and Sustainability: The Emergence of a Regional Industrial Ecology," *Emergence: Complexity and Organization*, 10(2): 41—48.

——& Baas, L. W. (1997). "Types of industrial Ecology: The Problem of Coordination," *Journal of Cleaner Production*, 5(1—2): 79—86.

Boons, F. A. A. & Howard-Grenville, J. (2009). *The Social Embeddedness of Industrial Ecology*. Cheltenham: Edward Elgar.

Burström, F. & Korhonen, J. (2001). "Municipalities and Industrial Ecology: Reconsidering Municipal Environmental Management," *Sustainable Development*, 9(1): 36—46.

Chertow, M. R. (2007). "'Uncovering' Industrial Symbiosis," *Journal of Industrial Ecology*, 11(1): 11—30.

——(2009). "Dynamics of Geographically Based Industrial Ecosystems," in Ruth, M. & Davidsdottir, B. (eds.) *The Dynamics of Regions and Networks in Industrial Ecosystems*. Cheltenham: Edward Elgar, 6—27.

Clegg, S. (1989). *Frameworks of Power*. London: SAGE.

CMS Forum (2010). Defining CMS. Available at <http://www.cmsforum.org/cms_definition.html>, accessed on April 28, 2010.

Commoner, B. (1997). "The Relation Between Industrial and Ecological Systems," *Journal of Cleaner Production*, 5(1-2): 125—129.

Desrochers, P. (2000). "Market Processes and the Closing of 'Industrial Loops': A Historical Reappraisal," *Journal of Industrial Ecology*, 4(1): 29—43.

Dijkema, G. P. J. & Basson, L. (2009). "Complexity and Industrial Ecology," *Journal of Industrial Ecology*, 13(2): 157—164.

Dimaggio, P. J. & Powell, W. W. (1983). "The Iron Cage Revisited: Institutional Isomorphism and Collective Rationality in Organizational Fields," *American Sociological Review*, 48(2): 147—160.

Ehrenfeld, J. R. & Gertler, N. (1997). "Industrial Ecology in Practice: The Evolution of Interdependence at Kalundborg," *Journal of Industrial Ecology*, 1(1): 67—79.

Erkman, S. (1997). "Industrial Ecology: An Historical View," *Journal of Cleaner Production*, 5(1-2): 1—10.

Esty, D. C. & Porter, M. E. (1998). "Industrial Ecology and Competitiveness: Strategic Implications for the Firm," *Journal of Industrial Ecology*, 2(1): 35—43.

Finster, M., Eagan, P. & Hussey, D. (2001). "Linking Industrial Ecology with Business Strategy: Creating Value for Green Product Design," *Journal of Industrial Ecology*, 5(3): 107—125.

Frosch, R. & Gallopoulos, N. (1989). "Strategies for Manufacturing," *Scientific American*, 261(3): 94—102.

Gereffi, G., Humphrey, J. & Sturgeon, T. (2005). "The Governance of Global Value Chains," *Review of International Political Economy*, 12(1): 78—104.

Gibbs, D., Deutz, P. & Proctor, A. (2005). "Industrial Ecology and Eco-Industrial Development: A Potential Paradigm for Local and Regional Development?" *Regional Studies*, 39(2): 171—183.

Green, K. & Randles, S. (2006). *Industrial Ecology and Spaces of Innovation*. Cheltenham: Edward Elgar.

Greening, L. A., Greene, D. L. & Difiglio, C. (2000). "Energy Efficiency and

Consumption——The Rebound Effect: A Survey," *Energy Policy*, 28(6-7): 389—401.

Guide, V. D. R., Jr. & van Wassenhove, L. N. (2009). "ORFORUM——The Evolution of Closed-Loop Supply Chain Research," *Operations Research*, 57(1): 10—18.

Hart, S. L. (1995). "A Natural-Resource-Based View of the Firm," *The Academy of Management Review*, 20(4): 986—1014.

Heeres, R., Vermeulen, W. & de Walle, F. (2004). "Eco-Industrial Park Initiatives in the USA and the Netherlands: First Lessons," *Journal of Cleaner Production*, 12(8—10): 985—995.

Hendrickson, C., Lave, L. & Matthews, S. (2006). *Environmental Life Cycle Assessment of Goods and Services: An Input-Output Approach*. Washington, DC: Resources for the Future.

Hertwich, E. G. (2005). "Consumption and the Rebound Effect: An Industrial Ecology Perspective," *Journal of Industrial Ecology*, 9(1-2): 85—98.

Hoffman, A. J. (2003). "Linking Social Systems Analysis to the Industrial Ecology Framework," *Organization & Environment*, 16(1): 66—86.

Huesemann, M. H. (2003). "Recognizing the Limits of Environmental Science and Technology," *Environmental Science and Technology*, 37(13): 259—261.

Huppes, G. & Ishikawa, M. (2005). "A Framework for Quantified Eco-Efficiency Analysis," *Journal of Industrial Ecology*, 9(4): 25—41.

——de Koning, A., Suh, S., Heijungs, R., van Oers, L., Nielsen, P. & Guinée, J. (2006). "Environmental Impacts of Consumption in the European Union: High-Resolution Input-Output Tables with Detailed Environmental Extensions," *Journal of Industrial Ecology*, 10(3): 129—146.

ISO (International Organization of Standardization) (2009). *Environmental Management: The ISO 14000 Family of International Standards*. Geneva: ISO.

Jackson, T. (2002). "Industrial Ecology and Cleaner Production," in Ayres, R. U. & Ayres, L. W. (eds.) *A Handbook of Industrial Ecology*. Cheltenham: Edward Elgar, 36—43.

——& Clift, R. (1998). "Where's the Profit in Industrial Ecology?" *Journal of Industrial Ecology*, 2(1): 3—5.

Jasch, C. (2009). *Environmental and Material Flow Cost Accounting: Principles and Procedures*. New York: Springer-Verlag.

Jensen, A. A. & Remmen, A. (2006). *Background Report for a UNEP Guide to LIFE CYCLE MANAGEMENT——A Bridge to Sustainable Products*. Paris: United Nations Environment Programme.

Keoleian, G. A. & Menerey, D. (1993). *Life Cycle Design Guidance Manual: Environmental Requirements and the Product System*. Washington, DC: U. S. Environmental Protection Agency.

King, A. A. & Lenox, M. J. (2001). "Does It Really Pay to be Green? An Empirical Study of Firm Environmental and Financial Performance," *Journal of Industrial Ecology*, 5(1): 105—116.

Koellner, T., Suh, S., Weber, O., Moser, C. & Scholz, R. (2007). "Environmental Impacts of Conventional and Sustainable Investment Funds Compared Using Input-Output Life-Cycle Assessment," *Journal of Industrial Ecology*, 11(3): 41—60.

Koppenjan, J. F. M. & Klijn, E. (2004). *Managing Uncertainties in Networks: A Network Approach to Problem Solving and Decision Making*. London: Routledge.

Lenzen, M. (2000). "Errors in Conventional and Input-Output-Based Life-Cycle Inventories," *Journal of Industrial Ecology*, 4(4): 127—148.

Liedtke, C., Rohn, C., Kuhndt, M. & Nickel, R. (1998). "Applying Material Flow Accounting: Ecoauditing and Resource Management at the Kambium Furniture Workshop," *Journal of Industrial Ecology*, 2(3): 131—147.

Lifset, R. (2008). "The Quantitative and the Qualitative in Industrial Ecology," *Journal of Industrial Ecology*, 12(2): 133—135.

—— & Lindhqvist, T. (2008). "Producer Responsibility at a Turning Point?" *Journal of Industrial Ecology*, 12(2): 144—147.

Lin, X. & Polenske, K. R. (1998). "Input-Output Modeling of Production Processes for Business Management," *Structural Change and Economic Dynamics*, 9(2): 205—226.

Luke, T. W. (2001). "SUVs and the Greening of Ford," *Organization & Environment*, 14(3): 311—335.

Mont, O., Singhal, P. & Fadeeva, Z. (2006). "Chemical Management Services in Sweden and Europe: Lessons for the Future," *Journal of Industrial Ecology*, 10(1-2): 279—292.

Oldenburg, K. U. & Geiser, K. (1997). "Pollution Prevention and... or Industrial Ecology?" *Journal of Cleaner Production*, 5(1—2): 103—108.

Paquin, R. & Howard-Grenville, J. (2009). "Facilitating Regional Industrial Symbiosis: Network Growth in the UK's National Industrial Symbiosis Programme," in Boons, F. A. A. & Howard-Grenville, J. (eds.) *The Social Embeddedness of Industrial Ecology*. Cheltenham: Edward Elgar, 103—127.

Pedersen, O. G. P. & de Haan, M. (2006). "The System of Environmental and Economic Accounts: 2003 and the Economic Relevance of Physical Flow Accounting," *Journal of Industrial Ecology*, 10(1-2): 19—42.

Porter, M. E. (1985). *Competitive Advantage: Creating and Sustaining Superior Performance*. New York: Free Press.

——(1990). *The Competitive Advantage of Nations*. New York: Free Press.

Powell, W. W. (1990). "Neither Market nor Hierarchy: Network Forms of Organization," *Research in Organizational Behavior*, 1: 295—336.

Raynolds, L. T. (2002). "Consumer/Producer Links in Fair Trade Coffee Networks," *Sociologia Ruralis*, 42(4): 404—424.

Rosselot, K. S. & Allen, D. (2002). "Environmental Cost Accounting," in Allen, D. T. & Shonnard, D. (eds.) *Green Engineering: Environmentally Conscious Design of Chemical Processes*. Upper Saddle River: Prentice Hall PTR, 397—416.

Rubik, F. (2006). "Policy Profile: Integrated Product Policy: Between Conceptual and Instrumental Approaches in Europe," *European Environment*, 16(5): 307—302.

Ruth, M. & Harrington, T. (1997). "Dynamics of Material and Energy Use in U.S. Pulp and Paper Manufacturing," *Journal of Industrial Ecology*, 1(3): 147—168.

Schmidt-Bleek, F., Bringezu, S., Hinterberger, F., Liedtke, C., Spangenberg, J. H. & Welfens, M. J. (1998). *MAIA, Einfürung In Die Material-Intensitätsanalyse Nach Dem MIPS-Konzept (MAIA——Introduction: The Material-Intensity Analysis According to the MIPS Concept)*. Bern: Birkhäuser.

Seuring, S. (2004). "Integrated Chain Management and Supply Chain Management Comparative Analysis and Illustrative Cases," *Journal of Cleaner Production*, 12(8—

10）：1059—1071.

——& Müller，M.（2008）．"From a Literature Review to a Conceptual Frame Work for Sustainable Supply Chain Management," *Journal of Cleaner Production*，16（15）1699—1710.

Sharfman，M.，Ellington，R. T. & Meo，M.（1997）."The Next Step in Becoming 'Green'：Life-Cycle Oriented Environmental Management," *Business Horizons*，40（3）：13—22.

Suh，S.（2009）．*Handbook of Input-Output Economics in Industrial Ecology*. Dordrecht：Springer.

Tukker，A. & Jansen，B.（2006）."Environmental Impacts of Products：A Detailed Review of Studies," *Journal of Industrial Ecology*，10（3）：159—182.

Wernick，I. K. & Ausubel，J. H.（1995）."National Materials Flows and the Environment," *Annual Review of Energy and the Environment*，20（1）：463—492.

——Waggoner，P. E. & Ausubel，J. H.（1997）."Searching for Leverage to Conserve Forests：The Industrial Ecology of Wood Products in the United States," *Journal of Industrial Ecology*，1（3）：125—145.

White，R.（1994）."Preface," in Allenby，B. R. & Richards，D.（eds.）*The Greening of Industrial Ecosystems*. Washington，DC：National Academy Press.

Whiteman，G. & Cooper，W. H.（2000）."Ecological Embeddedness," *The Academy of Management Journal*，43（6）：1265—1282.

Whitley，R.（1998）."Internationalization and Varieties of Capitalism：The Limited Effects of Cross-National Coordination of Economic Activities on the Nature of Business Systems," *Review of International Political Economy*，5（3）：445—481.

Wiedmann，T. O.，Lenzen，M. & Barrett，J. R.（2009）."Companies on the Scale：Comparing and Benchmarking the Sustainability Performance of Businesses," *Journal of Industrial Ecology*，13（3）：361—383.

Williamson，O. E.（1975）．*Markets and Hierarchies，Analysis and Antitrust Implications：A Study in the Economics of Internal Organization*. New York：Free Press.

Zhu，Q.，Lowe，E.，Wei，Y. A. & Barnes，D.（2007）. Industrial Symbiosis in China：A Case Study of the Guitang Group. *Journal of Industrial Ecology*，11（1）：31—42.

18　信息系统、商业和自然环境：数字化商业能改变环境的可持续性吗？

Nigel P. Melville

我们生活在一个越来越数字化的世界。关于商业与自然环境的学术研究已经取得进步，但是大部分研究仍遵循通常的商业研究规律。在早期，当信息系统在促进商业发展中只起到不太大的作用时，比如利用决策支持系统支持企业合规行为，这种情况是合理的。然而，在互联网时代，信息系统已经成为了转型的使者。Y 世代的人们（泛指 1981—2000 年出生的人）伴随着互联网而成长，他们的生活中充满了短信，他们期待生活的各个方面都变得数字化和社交网络化。实际上，从音乐到金融服务，一个行业接着一个行业正在因数字商业创新而转型。数字商业是否正在准备改变环境的可持续性？如果是，它将如何改变？本章将主要探讨这个问题。

在接下来的部分，本章将简单地回顾信息系统对环境可持续性影响的发展，既把它当做"英雄"（将世界变得更好的改革动力）也把它当做"恶棍"（贪婪的能源消耗者、电子垃圾等）来检查。那么，本章将从信息系统改变个人信仰、改变环境实践和最终影响组织的金融和环境绩效这三个方面来观察信息系统对环境可持续性的转型影响；接着，描述一个特定环境中的复杂性、挑战和商业机会：一个大型高校的碳排放数据管理；最后提供关于研究者如何对这个动态的、紧急的环境可持续性领域做出贡献的一些例子。

18.1　信息系统和环境可持续性：从自动化到转型

电梯制造和高级女士时装等不同行业的管理者已经创新性地应用信息系统，使商业流程自动化，来处理和发布信息，并在许多方面改变了竞争的基础。

以音乐产业为例,音乐产业之前是由一些大型的唱片公司和分销商控制,但是现在很大一部分已经由像苹果公司和亚马逊公司这样的消费者产品公司控制。关于信息系统如何使得创新改变行业的研究指出,早期的信息系统应用专注于现有业务流程的自动化和效率,其通过集中、处理和发布信息来进行,并改变可能被改变的事务和变化的竞争基础,从而带来最终的转型(Zuboff 1984)。这种模式——自动化、信息化、转化——是否适用于环境可持续性?

在 20 世纪 90 年代早期,来自监管者的制度压力(见 Delmas & Toffel 本手册[第 13 章]),比如欧盟的生态管理审计制度带来了决策支持系统和其他信息系统的出现,从而减少文书工作和提升合规能力(Kleindorfer & Snir 2001;Sen et al. 2000)。另一个自动化的例子是像 ISO 14000 这样的自愿环境标准,其可以引发使用信息系统来自动化处理环境计划的各个方面,使得公司满足技术、规范和用户要求等方面的变化(Dray & Foster 1996)。慢慢地,自动化时代被信息化取代。商业流程再设计在健康、安全和环境功能方面的应用促使人们采用信息系统,以提高效率、支持环保人员和营业单位之间的协作,以及提升信息和知识共享(Heptinstall 2001)。另一个信息化的例子是供应链,在以生命周期为导向的环境管理中,网络化信息系统能够带来战略利益(Shaft et al. 1997;Shaft et al. 2002)。

在自动化和信息化出现的数十年后,我们正在见证转型的发生,环境可持续性向环境可持续发展 2.0(ES 2.0)转变。过去被认为神秘的并局限于公司内"环境、健康和安全"小组的环境数据正在大量地被收集、存储和发布。以碳排放数据为例,机构投资者和消费者越来越要求这个数据——碳披露项目的回复数据从 2003 年的 235 条到 2010 年的 2456 条(2010 碳披露项目),增长了 9 倍。为了应对这些市场压力(已颁布的和潜在的法规),创新企业正在采用碳管理软件系统和社交媒体,把环境可持续性报告思想从一个静态的、单一的文本形式(人们真的会阅读这些吗?)变成一个动态的、用户可定制的、图片的、社交网络的在线资讯仪表盘(SAP 2010)。除了碳排放,因特尔还使用维基百科和博客等社交媒体来改进它的环境可持续项目,发展组织内有兴趣的社团,促进外部利益相关者的参与(Rowley 1999)。甚至绿色和平组织都认为环境可持续发展 2.0 是未来的趋势,它开发了自己的"脸书:不友好的煤",利用脸书自身的社交网络来促使抗议组织向脸书施压,让其百分之百使用可再生能源(Greenpeace 2010)。如 Friedman(2007)所描述的,能源是另一个领域:"成千上万的跨国企业在 21 世纪早期参与的所有能源计划和监视任务,不论是为了实现二氧化碳中性还是更高的能源效率",都将"成为下一个重要的全球商业转型"。

更多关于环境可持续发展 2.0 出现的证据隐藏在近几年大量的政府和行业有关信息系统对环境可持续性影响的分析报告里。举例来说，气候组织的全球电子可持续发展倡议估计信息系统，通过提供解决方案让我们实时看见自己的能源和排放量，并提供优化系统和流程的方法使能源和排放更高效，到 2020 年将减少全球 15% 的商业碳排放（7.8×10^9 吨二氧化碳当量）（Howard 2008：7）。类似地，欧盟委员会的前瞻性技术研究所在供应链管理、虚拟会议、电子商业、废弃物管理、设备管理和生产流程管理等领域发现了环境友好影响（Erdmann et al. 2004）。认识到这是一个有利可图的商业机会，全球管理咨询公司也分析了信息系统在改变环境可持续性中的作用（Boccaletti et al. 2008；Dittmar 2010；Shehadi et al. 2010）。

虽然环境可持续发展 2.0 很有潜力，但是几十年的信息系统研究表明其仍有两个显著的障碍：明显的实施复杂性和负面（同时也是不可预测的）结果（Markus & Robey 2004）。因为复杂性加上管理能力的缺乏，可能使信息系统不能实现预期结果（Avison et al. 2006；Nelson 2007）。业务经理责怪信息技术人员，而信息技术人员则责怪业务经理。在负面结果中，计算机和相关的设备只有较短的使用寿命，这就导致包含有毒的原材料，如导线、砷和水银等电子废弃物的增加，并污染自然环境（Wong et al. 2007）。同时，信息本身也消耗能源，甚至可能促成一些新形式的漂绿。出乎意料的结果包括可能习惯低能源的创新信息系统，也可能带来反弹效果（Berkhout, Muskens & Velthuijsen 2000），或者只能维持短暂的能源降低效果（van Dam, Bakker & van Hal 2010）。利用视频会议减少碳排放量可能会降低员工对雇主的依附。其他未预料到的负面结果包括使用者再创造颠覆管理意图、不可靠的数据、不准确的事务、运营故障、违反安全和欺骗（Markus & Robey 2004）。总之，信息系统虽然可以潜在地改变环境可持续性，但是存在明显的障碍。几十年的信息系统知识阐述了将预期的结果转为现实的内在的管理困难；它还阐述了没有理由去相信自然环境会有任何的不同。

不幸的是，关于信息系统、商业和自然环境之间联系的研究（Melville 2010；Watson et al. 2010）较缺乏，我们对现在的情况和将来可能的情况知之甚少。作为解决知识缺口的第一步，我们现在描述信息系统通过改变个人信仰、改变环境实践和最终影响组织的金融和环境绩效这三种方法来改变环境的可持续性。

18.2 应用信息系统的转型机会：信念、行动和结果

信息系统知识的核心结构包括系统、人、流程、组织和市场。与环境可持续性相关的问题，将这个范围扩大到自然环境，比如如何减少电子废弃物或者如何管理碳排放。在结构之外，信息系统范围的扩张使得一些机制和理论的相关性加强，比如利他主义、价值观和社会规范。信念—行动—结果（BAO）框架旨在通过媒介形成关于自然环境和信息系统的信念和希望，信息系统如何使新的管理行为、实践、惯例等实现环境可持续性，又如何使前者能够影响环境和组织的绩效等，提出扩张的信息系统知识范围。

Coleman（1986,1994）的微观—宏观关联模型是综合宏观和微观现象的方法，并且已经延伸到组织范围（Felin & Foss 2006）。作者将这个方法应用到信息系统和环境可持续发展范围（Melville 2010）。这里有三种有趣的现象：①环境的信念由组织和社会结构所塑造（Andersson et al. 2005），这可能受到有目的地设计的信息系统所提供的信息调解或进行调节；②行动的形成代表了信念和个人行动的联系（Fishbein & Azjen 1975；Sharma & Yetton 2009）；③组织内个人行为的综合会影响宏观层面的变量，比如社会系统和组织的行为（Berkes & Folke 2000）。总之，组织和社会范围塑造了自然环境信念（比如环境和经济绩效中显著的能耗减少），从而引导管理行动（例如采用系统进行测量、减少和报告二氧化碳排放）、影响组织行为和自然环境（比如，成本降低和更低的碳足迹），以及影响反向因果概率。

18.3 信息系统如何转变环境可持续发展信念的形成？

环境可持续性的信念和态度源于何处，信息系统在形成这种信念时又扮演何种角色？信念是个人如何看待世界。他们可以直接从个人对世界的观察中形成或者在间接的影响下形成。信念—行动—结构（BAO）框架表明，信念可能也产生于外来资源提供的信息，比如一个人工作的组织或者生活的社会（见 Howard-Grenville & Bertels 本手册［第 11 章］；Lounsbury et al. 本手册［第 12 章］）。Fishbein & Azjen（1975）总结了关于相信什么是真的和相信外来资源提供的信息是真的之间的区别——这在自然环境中更为突出。在自然环境情境下，气候变化的信息可能是外部的信息系统提供的，而很少是直接观察到的。

在消费者伦理信念形成的探索性研究中，Shaw & Clark（1999）总结得

出，个人的信念是由规范的信念（企业、地区、社会和社会范围）和信息（文学、标签、广告等）共同组成的。这表明，设计高效的信息系统可能在环境可持续发展信念形成中发挥着重要作用。这种观念和 Dumont & Frenjeska-Nicole (2008)的发现一致。他们认为："环境危机的核心是信息获取和态度形成等重要事务。因为在一个环境中，如果缺少信息，一个人对任何事物都无法形成态度，无论是积极的还是消极的"（Dumont & Frenjeska-Nicole 2008：5）。认知科学文献的一些资料表明，精心设计的信息系统人工产品在告知个人关于环境的情况上是有效的（Abrahames et al. 2005；Seligman & Darley 1977）。然而，虽然实践中存在许多的例子，但是我们很少发现关于检验信息系统在环境可持续发展信念形成作用的学术研究。在下面，我们列出一些关于初步的研究资料和研究方向的建议。

在生态形象化中，关于环境的信息都通过在线或者公共空间的虚拟方式呈现，以达到提醒、振奋和震惊等效果。许多生态形象化的例子正在涌现。例如，一家信息报摊利用树木和树叶呈现一家办公建筑物实时能源消耗和温室气体排放量（Holmes 2006）。另一个是地图应用例子，比如城市生态地图运用阿姆斯特丹等城市的邮政编码来显示温室气体强度（Urban Ecomap 2010），以及展示电脑等日常用品的原材料来源（Sourcemap 2010）。包括建立此类信息系统和测试他们功效（Hevner et al. 2004；Peffers et al. 2007）的设计研究可能会被用来检验这种信息系统能否形成个人的信念。个人和计算机的相互作用研究也可能被用来检验系统的一些特定细节，确定什么是有效的，什么是无效的（Blevis 2007）。例如，在形成信念和态度中，个性化和交互性发挥了什么程度的作用？人口学的特点使其发生了变化吗？认知科学的发现（见 Shu & Bazerman 本手册[第 19 章]）提供了相关信息。

另一种方法——综合评估将会从信息系统的角度进行检验。一个精心设计的组成综合评估信息核心的信息系统将多大程度地影响环境可持续发展信念（Morgan & Dowlatabadi 1996；Pereira & O'Connor 1999）？在一项研究中，研究者设计并开发了一个为居民提供气候变化和当地维度信息的信息系统，然后安排焦点小组去评估该系统如何较好提升对人为的气候变化的判断（Schlumpf et al. 2001）。焦点小组的一个主要结果是，精心设计的系统使综合评估可以通过提升对气候变化的风险和不确定性的理解来形成信念，并且加强气候变化的披露。

目前只有少量的研究，但伴随着创新信息系统实践应用的快速涌现，许多研究问题开始出现。第一，什么类型的信息系统对形成环境信念是有效的？

候选的信息系统包括使实时生态信息可视化的公共显示系统，如在线社交网络平台的社交媒体、提醒个人实时能源消耗的碳足迹应用和带有碳排放布局图的在线地图应用。这些系统中的每一个都提供不一样的使用体验、不一样的信息和不一样的目标。因此，可能有不同的因果关系在运转，这就引出了我们的第二个问题：在众多信息系统中，什么样的因果关系可能在发挥作用？这可能包括利他主义触发等个人现象，类似同行压力的社会现象，负面外部性的经济结果的确认和呈现而导致的经济现象，或者其他机制。另外，自我中心主义可能被信息系统提供的"清楚明确"的数据减弱（见 Shu & Bazerman 本手册[第 9 章]）。第三，信息系统在恶化或者减弱由社会和组织支持的信念之间紧张关系的过程中发挥什么作用（如果存在作用）？如果管理者个人环境价值观和企业的不符合，那么代理问题将会出现（Eisenhardt 1989；Jensen & Meckling 1976）。如 Andersson et al.（2005）所强调的："当薪资和生活方式处于危险时，雇员会将他的价值观、信念和规范放在一边。"第四，什么样的设计方法会被用来设计能够有效培养可持续性信念的信息系统？正在呈现的可持续交互作用的设计（Blevis 2007）、设计思维（Brown 2008）和设计科学研究（Gregor & Jones 2007；Hevner et al. 2004；March & Smith 1995；Peffer et al. 2007）领域对这个方面可能有所帮助。

利用信息系统形成商业和自然环境信念的负面或意料之外的结果是什么？比如，新型的"漂绿"或者其他形式的故意误导信息可能会出现（Markus & Robey 2004；Forbes & Jermier 本手册[第 30 章]）。技术是价值负载，所以一个试图客观地告诉大众气候科学的应用就像利用它的设计使大众相信众多观点中的一个一样容易。信息技术本身能够培养技术决策论者，并使管理者相信信息技术能够解决所有的问题，这是一种积极的错觉（Shu & Bazerman 本手册[第 9 章]）。最后，部分商业管理者有一种信息过载的总体感觉：自然环境中的新信息传送方式是否能够打破认知的负担（Kollmuss & Agyeman 2002）？

18.4 信息系统如何改变环境可持续发展实践和战略？

对信息系统的研究已经表明，个人对信息技术反应的显著不同影响着他们对信息的采纳。现在许多研究采用技术采纳模型（TAM），并把它当作概念基础。技术采纳模型假设感知有用性和感知易用性是信息系统使用的前提，使用意图起调节作用（Davis 1989；Davis et al. 1989）。技术采纳模型已经通过很多方式被扩展，比如增加个人特证（Devaraj et al. 2008）、性别（Gefen &

Straub 1997)，以及控制、动机和情感（Venkatesh 2000）。批评已经对准了技术采纳模型。比如 Bagozzi（2007）指出，使用意图和行为之间的联系还没有被研究。他提出了一个以不断改进目标为核心的替代公式，并辅以多个阶段来调节技术采纳模型框架中现有的联系：形成意图、计划、克服苦难、抵制诱惑、监督流程、调整行动、维护意志力和重新评估目标。

技术采纳模型的延伸模型提供了一个更微观的视角，以观察组织中的个人如何采用信息系统来实现可持续发展。一个例子是如果组织中的个人被要求使用一个新的碳管理系统，那么感知有用性和感知易用性可能不能完全满足使用的前提，因为它可能包括利他主义和环保信念。另一个例子是把维基百科当做一款协作信息系统来使用，鼓励雇员选择生态友好型方式进行上下班通勤，比如公共交通。在其他条件不变的情况下，即使维基百科的设计比较简单，有很强环保信念体系的雇员与没有这种信念的雇员相比，可能更倾向于使用信息系统。

先前的研究已经调查了信息系统和信息在塑造外部环境背景行为中的作用。Shepherd et al. (1995)调查了电子头脑风暴系统驱动的社会比较的作用，并发现这种比较减少了时间的浪费。反馈是另一种潜在的重要动力。决策行为中反馈的研究揭示了以信息技术为基础的反馈能够加强预想的行为（Hosack 2007）。在有关消费者行为的文献中，Stern（1999：469）解释了信息和环境行为形成的激励之间的协调作用："激励计划的效果取决于个人领域因素，并能够通过信息干预措施显著地提高"。与此相关的一条建议是，行为改变是由于规范激活中以信息为基础的反馈信息（见 Shu & Bazerman 本手册[第 9 章]）。信息干预措施的例子包括如何解释和交流信息可能影响对节约用电的激励、对不同目的的信息和激励的观察（背后不同的因果关系）和提供信息可靠性的重要性。Stern 认为，需求的价格弹性会受到提供的节能激励项目信息的影响。

与信息系统和可持续发展信念形成的研究相反，关于信息系统和可持续发展行动的形成有广泛的现存研究基础，包括理论观点和实证分析，均可作为研究基础。适应性变化（Orlikowski 1996）、创新路径（Pentland & Feldman 2008）、信息系统同化（Fichman & Kemerer 1999）和多核心信息系统创新模型（Swanson 1994）等信息系统创新理论基础也可丰富地应用在可持续发展情境中。

这也引发了几个问题。首先，技术采纳模型（和延伸模型）如何应用在可持续发展情境中？个人为什么采纳或者不采纳以可持续发展为导向的信息系统的观点，有助于理解普遍情况下的信息系统采纳，以及开发有效的应用于环境可持续发展的信息系统。其次,鉴于偶尔反对可持续发展信息系统的感知结果(例如降低温室气体确实增加了成本),组织中个人会如何判断是否采用这样的信息系统? 再次,信息系统中信息交流的形式是否影响环境可持续发展行为? 从次,如何通过信息系统将激励和提供的信息结合起来调整行为? 这些是先前关于信息研究的直接后续发现还是信息系统引入的新的机制和现象? 最后,在组织内,个人信念和组织价值如何决定可持续发展行动? 信息系统在其中发挥什么作用?

在组织中的个人行为领域,是否有可能推进环境可持续发展这种不可预料的结果也很显著。一种可能是如果环境管理系统设计良好,但是没有相配套的惯例,那么"愚蠢的设计,却希望形成行动模式"的问题就会出现(Pentland & Feldman 2008)。另一种可能就是个人价值观和公司价值观间紧张关系的出现,这会导致不可预料的组织惰性。更明显的是,用来改善环境绩效的信息系统会被增选为"漂绿"目的,比如塑造一个绿色形象却不以行为为支撑。最后,快闪族等智能手机推动的创新型环保行为是否弊大于利?

18.5　信息系统对环境和经济绩效的影响是什么?

通过数字商业改变商业和自然环境的实践会对公司的环境和经济绩效有显著的影响。这样的效果涵盖从组织文化到市场份额,可能有许多的分析水平和指标。鉴于范围的限制,我们只调查了其中一小部分,包括能源节约和电子废弃物。

根据美国能源署公布的数据,美国经济中的能源密度在 1985 至 2004 年间,每年下降 1.6%(US DOE 2010)。排除经济结构调整和其他无效因素的影响,能源密度的降低归因于能源效率的提高,大约占每年的 0.56%。这种降低会不会在一定程度上是公司员工把高耗能的商业流程转化为信息技术更密集和低耗能的业务流程的集合作用? Romm(2002)通过引用供应链管理软件使库存管理更优化(降低货物的流通),使在线零售店消耗更少的能源,并以对交通产生影响的例子作为信息技术驱动效率的范例。他总结道,"(互联网)的出现不是推动经济效率,而是带来了几十年内最大程度的用电密度和能源密度的降低"(Romm 2002:152)。

关于韩国公司的信息技术密度和能源密度间联系的数量经济学分析揭示,服务行业和大部分制造行业的信息技术投资能够增加电力密度(Cho et al. 2007)。一幅更微妙的画面出现在对法国服务行业的实证分析上,电脑和软件增加使电力密度上升，但是通讯设备、技术流程、价格和加热区的控制使电力密度下降（Collard et al. 2005）。与这些相类似的研究论文引发了对该话题的兴趣，如那些分析跨国数据（Bernstein & Madlener 2008）的论文和那些分析各种各样的互联网活动或者数据服务所消耗的能源（Koomey 2007）的论文。很显然，这还需要更多研究，可能需要利用 Allen & Morishima 索引来正式地研究信息技术对能源的可替代性，这与已有的信息技术和其他如固定资本和劳动力的生产要素的案例研究相类似（Chwelos et al. 2009；Dewan & Min 1997）。关于温室气体排放，我们还没有发现任何分析信息系统和温室气体排放间关系的研究。

关于信息技术商业价值的文献为研究方向提供了一些观点。例如，研究者发现，竞争环境调节了信息技术和生产率之间的关系（Melville et al. 2007；Stiroh 1998），需要互补的工作实践来获得价值（Bresnahan et al. 2002），以及提高生产率的信息技术的财务影响可能在自由市场中消失（Hitt & Brynjolfsson 1996）。和可持续发展内容相关的研究方法包括效率界限、生产函数和事件研究法。

最后一个领域包含了意料之外的影响（Markus & Robey 2004）。第一个方面是需要新数据管理程序及环境数据的隐私性和准确性的相关事宜（Cayzer & Preist 2009）。数据的准确性是其他形式的数据的一件重要事务，我们没理由相信这不是环境问题的重要事务（CIO 2010）。第二个方面是快速的技术变化带来的更短生命周期的信息产品所导致的"电子废弃物"增多。据估计美国 2005 年全部的电子废弃物（包括信息技术和消费电子产品，如电视机）包括 $1.9 \times 10^6 \sim 2.2 \times 10^6$ 吨的过时设备，$1.5 \times 10^6 \sim 1.8 \times 10^6$ 吨的报废设备，其中只有 $3.45 \times 10^5 \sim 3.79 \times 10^5$ 吨可被循环再利用（占废弃设备的 19％～25％）（US EPA 2008）。研究者已经检查了问题范围和潜在的解决方案。在一份美国电子废弃物问题的评估中，Kahhat et al.（2008）提出了一个基于市场的创新方案：设计一个押金返还系统，鼓励电子废弃物的回收和推广再使用和再循环的竞争市场。另一个减轻这一问题的解决方法是让制造商承担这个责任。这个概念已经在瑞士使用，这给分析它的优势和劣势提供了一个机会（Khetriwal et al. 2009）。问题的关键事项和领域包括系统推广，获得融资，开发一个物流网络，并验证是否合规。"基于处理费用"和"基于销售费用"的经济模型方法揭示了不同的机制，即基于降低新产品导入来降低电子废弃物，并鼓动生产者设计可循环的产品（Plambeck & Wang 2009）。研究者也分析了电子废弃物对那些最可能被影响的领域的影响（Schmidt 2006）。总之，电子废弃物可以被视为一种有效监管或者市场机制也可以被看作一个创新机会的外部性。鉴于这个领域的运作方向,同运作研究者的合作将会变得有效。

18.6 复杂性和挑战:碳管理系统之迷你案例

与许多大型的组织和大学一样,自 2004 年开始,密歇根大学每年都会做可持续发展报告,主要测量和报告水、垃圾和能源使用情况,以及计算和报告温室气体排放。密歇根大学的报告工作以密歇根大学环境任务组(ETF)的建议为基础,该建议为:"一个高效且有效的系统……来管理报告生命周期过程中的数据",迫使"中心数据编辑、数据分析、转换成合适的测量单位和标准化"(UM CSS 2005)。

为了回应环境任务组的推荐和新的报告目标的推动,密歇根大学开发了环境数据知识库(EDR)。环境数据知识库包括一系列的、带有专业功能宏的电子表格,使商业单位能够把数据输入到定制化的表格中,并把完整的数据通过邮件发送给管理者。之后,管理者再把它输入到主要的电子表格中。环境数据知识库也允许输入密歇根大学以外的数据,如来自美国能源署(DOE)和环境保护署(EPA)的排放系数。数据的输入包括手工和自动处理过程。一旦数据被输入,计算就会开始,比如总能源消耗的计算。温室气体排放的计算也是基于已知的排放系数,然后转化为使用者友好型的指标如每个学生的排放量。环境数据知识库的采用符合之前所描述的,从自动化和效率开始,然后转向信息化和转型。密歇根大学并不是唯一的一个:现在的组织倾向于依靠电子表格来实现自动化碳排放管理(Greenbiz 2010)。

慢慢出现的监管、消费者需求的转变,以及可见的和可预测的气候变化影响所产生的风险都大幅度增加了组织对环境信息的要求。电子表格方法因为一些原因已经处于使用极限。第一,鉴于工作流管理,它很难审核数据。比如,利用个人登入和时间戳记来追踪数据输入不是电子表格的功能。第二,碳减少涉及的财务应用不包含在电子表格的功能项里,这就很难计算减排计划的财务影响。第三,这个过程不能自动生成与外部机构相一致的报告,比如碳披露计划。这意味着针对每一个新的管理规定,需要定制化的宏来制订规定格式的报告。第四,电子表格方法包括一些人工数据输入,这会增加数据录入错误的可能性。

意识到气候变化带来的社会、经济和环境变化,2010 年,密歇根大学(和其他许多大型组织一起)发起了一项新的战略性倡议,通过校园网络综合评估

(IA)来建立环境可持续发展工作的目的和目标。一个可能的结果就是采用精巧的碳管理软件系统(CMS)来代替电子表格，并可能改善环境可持续发展。碳管理软件系统完全尽可能地自动输入指标，无论是能源还是旅行里程等，并尽量减少人工输入。他们能够分析和管理如能源消耗的排放源，并利用内置的和自动更新的排放系数将他们转化成碳排放量。他们也能在仪表盘上可视化地显示数据，以供内部使用、假设分析和与商业倡议相关联等。最后，碳管理软件系统通过将环境资源使用转化为财务指标而具备了高级主管功能，并且具备方便外部报告和审计功能(Mines 2009)。可以看出，碳管理软件系统和环境管理系统相关(见 Buhr & Gray 本手册[第 23 章])。

碳管理软件系统能否改变大企业的碳排放管理？或者我们是否会看到类似于几十年前的企业资源计划软件的大规模灾难？成功依赖于新型有效的信息系统、业务流程及工作实践使用和开发。早前信息系统的研究阐述，为了提升信息系统的价值，需要明显的工作实践和业务流程的改变(Melville et al. 2004)。这种变化如何发生，由谁负责？组织又是否具有能力进行这种变化？没有的话，有效实施碳管理软件系统是否存在威胁？例如，大企业内部的环境功能如何管理软件的审查和供应商的选择，以及确保后续工作惯例的改变？鉴于根植于人员和流程事务方面信息技术项目的高失败率(Nelson 2007)，与可持续发展相适应的惯例尤其难以设计和制订。一位财富 50 强前信息技术负责人兼首席财务官说："它通常不是技术失败，而是技术和组织本身的交互失败"(CIO Update 2010)。

总之，这个迷你小案例说明了环境可持续发展 2.0 的许多方面。首先，组织内慢慢变化的环境战略正在创造新的信息要求，这反过来驱动了更好的环境信息系统、流程和工作实践的需求。这种形式的创新是市场驱动的，因为企业感知与风险和商业机会的竞争影响。同时，像英国 CRC(碳减排承诺)能源效率计划法规可能会对这个复杂的市场系统增加额外的压力，也会进一步引导创新。其次，设计合适的环境惯例和选择正确的软件系统一样重要，以防企业怀着实现行动模式的想法却成为采用人工设计的受害者(Pentland & Feldman 2008)。再次，碳管理软件系统的采纳可能会被一些想被视为环境友好型的企业作为"漂绿"的方法。最后，碳管理软件系统如何改变员工的信念体系或者现实中碳排放量减少的程度，这还不清楚。

18.7 讨 论

信息系统准备用来改变商业和自然环境,这暗示着我们可能开启环境可持续发展 2.0 时代。然而,数十年的信息系统研究表明,最优化应该和谨慎联系在一起。组织经常不能理解所需变化的程度和范围,低估员工的抵触,以及不能有效管理数据、信息和知识的复杂性,忽略设计新工作惯例以实现新技术的效率最大化的需要。信息系统研究因此需要在环境可持续发展情境下,创造新的知识,并提醒组织进行管理实践。

信念—行动—结果框架是思考信息系统在商业和自然环境范围内的角色的一条思路。在这三个领域的每个方面,作者采用一种批判性的立场,包括负面的和不可预测结果发生的可能性,来检验包括我们知道和不知道的一些相关问题。这个迷你案例说明了在某一特定领域公司面临的挑战和机会:实施复杂的新信息系统管理二氧化碳、水和废弃物排放量。在最后,我建议这些领域亟需学者协助管理者开发新信息系统驱动的战略和实践,以应对——或者参加——根植于环境可持续发展中的新的商业现实。

首先,需要进行实地研究和案例研究,以便更好地理解聚焦于环境可持续发展的信息系统驱动的组织变化的动因、机制和结果。我们对引入利他主义和碳密度、碳变化、碳强化等新结果的衡量方法,或可能排除现存的概念和理论的新背景知之甚少。再者,对机制理解的提升可以提醒管理实践,这可能会降低如前信息技术时代的企业资源计划软件之类的高失败率的发生机会。

其次,鉴于普通公众对最基本的环境事实、环境测量和环境动态的激烈讨论,以在线社交网络、维基百科等新在线渠道形式传递环境信息影响的研究可能很大程度地提高公众的环境理解和环境意识。尤其是组织内这种形式的交流和"数字同行压力",也许是改变组织内员工信念的重要因素。然而,鉴于潜在的不可预料的结果,需要更多的研究来理解是什么在发挥作用、在何种环境下发挥作用及为什么会发挥作用。

最后,不断增加的存在于传统环境可持续发展话题(如对生命周期的分析)和信息技术研究的交叉部分的信息系统研究会加速我们了解事物。例如,如果没有智能感应器、数据库和实时报告,从"摇篮"到"摇篮"和闭环供应链追踪(见 Abbey & Guide 本手册[第 16 章])是不可能实现的,但是只有极少研究者开始研究新形式的信息系统是在这方面如何驱动和改变的。另一个案例是电子标签,它集成了创新的照相手机应用来实现零售店内实时决策。这些和其他创新可能会从信息系统学者们和其他商业学科之间的协作中受益。

总之,在信息系统、商业和自然环境的关联中存在着机会和风险。学者和管理者需要一个乐观却批判的立场。信息系统可能会是对抗环境灾难的胜利者,如以往一样加强商业,或者甚至加剧气候变化。未来从现在开始铸就,一切皆有可能。

参考文献

Abrahamse, W., Steg, L., Vlek, C. & Rothengatter, T. (2005). "A Review of Intervention Studies Aimed at Household Energy Conservation," *Journal of Enviromental Psychology*, 25(3): 273—291.

Andersson, L., Shivarajan, S. & Blau, G. (2005). "'Enacting Ecological Sustainability in the MNC: A Test of an Adapted Value-Belief-Norm Framework," *Journal of Business Ethics*, 59(3): 295—305.

Avison, D., Gregor, S. & Wilson, D. (2006). "Managerial IT Unconsciousness," *Communications of the ACM*, 49(7): 88—93.

Bagozzi, R. (2007). "The Legacy of the Technology Acceptance Model and a Proposal for a Paradigm Shift," *Journal of the Association for Information Systems*, 8(4): 244—254.

Berkes, F. & Folke, C. (2000). "Linking Social and Ecological Systems for Resilience and Sustainability," in Berkes, F. & Folke, C. (eds.) *Linking Social and Ecological Systems*. Cambridge: Cambridge University Press.

Berkhout, P., Muskens, J. & Velthuijsen, J. (2000). "Defining the Rebound Effect," *Energy Policy*, 28(6-7): 425—432.

Bernstein, R. & Madlener, R. (2008). *The Impact of Disaggregated ICT Capital on Electricity Intensity of Production: Econometric Analysis of Major European Industries*. E. ON Energy Research Center, Future Energy Consumer Needs and Behavior.

Blevis, E. (2007). "Sustainable Interaction Design: Invention & Disposal, Renewal & Reuse," in *CHI 2007 Proceedings*. San Jose, California, 503—512.

Boccaletti, G., Löffler, M. & Oppenheim, J. (2008). "How IT Can Cut Carbon Emissions," *McKinsey Quarterly*, 1—5.

Bresnahan, T., Brynjolfsson, E. & Hitt, L. (2002). "Information Technology, Workplace Organization, and the Demand for Skilled Labor: Firm-Level Evidence," *Quarterly Journal of Economics*, 117(1): 339—376.

Brown, T. (2008). "Design Thinking," *Harvard Business Review*, June.

Carbon Disclosure Project (2010). Website: <https://www.cdproject.net/en-US/Results/Pages/overview.aspx>, viewed on Nov. 14, 2010.

Cayzer, S. & Preist, C. (2009). "The Sustainability Hub: An Information Management Tool for Analysis and Decision Making," in *SIGMETRICS'09*. Seattle, WA, USA.

Cho, Y., Lee, J. & Kim, T. (2007). "The Impact of ICT Investment and Energy Price on Industrial Electricity Demand: Dynamic Growth Model Approach," *Energy Policy*, 35: 4730—4738.

Chwelos, P., Ramirez, R., Kraemer, K. & Melville, N. (2009). "Does Technological Progress Alter the Nature of Information Technology as a Production Input? New

Evidence and New Results," *Information Systems Research*, 21(2): 392—408.

CIO (2010). Website: <http://www.cio.com/article/591114/Data_Data_Everywhere_But_Not_Enough_Smart_Management>, viewed on Nov. 16, 2010.

CIO Update (2010). Website: <http://www.cioupdate.com/features/article.php/3866441/Reinventing-IT-Project-Management—Peter-Drucker-Style.htm>, viewed on Nov. 16, 2010.

Coleman, J. (1986). "Social Theory, Social Research, and a Theory of Action," *American Journal of Sociology*, 91: 1309—1335.

——(1994). *Foundations of Social Theory*, 2nd ed. Harvard: Harvard University Press.

Collard, F., Feve, P. & Portier, F. (2005). "Electricity Consumption and ICT in the French Service Sector," *Energy Economics*, 27(2): 541—550.

Davis, F. (1989). "Perceived Usefulness, Perceived Ease of Use, and User Acceptance of Information Technology," *MIS Quarterly*, 13: 319—339.

——Bagozzi, R. & Warshaw, P. (1989). "User Acceptance of Computer Technology: A Comparison of Two Theoretical Models," *Management Science*, 35: 982—1003.

Devaraj, S., Easley, R. & Crant, J. (2008). "How Does Personality Matter: Relating the Five-Factor Model to Technology Acceptance and Use," *Information System Research*, 19(1): 93—105.

Dewan, S. & Min, C. (1997). "The Substitution of Information Technology for Other Factors of Production: A Firm Level Analysis," *Management Science*, 43(12): 1660—1675.

Dittmar, L. (2010). "If You Can't Measure It, You Can't Manage It," *SAP Insider*, Jul-Aug-Sep: 1—2.

Dray, J. & Foster, S. (1996). "ISO 14000 and Information Systems: Where's the Link?" *Total Quality Environmental Management*, 5(3): 17—23.

Dumont, J. & Franjeska-Nicole, B. (2008). *Learning about the Environment: The Role of Information Technology in Shaping Attitudes and Developing Solutions*. University of Indianapolis, Indianapolis.

Eisenhardt, K. (1989). "Agency Theory: An Assessment and Review," *Academy of Management Review*, 14(3): 57—74.

Erdmann, L., Lorenz, H., Goodman, J. & Arnfalk, P. (2004). *The Future Impact of ICTs on Environmental Sustainability*. 21384 En, Institute for Prospective Technological Studies, European Commission Joint Research Centre.

Felin, T. & Foss, N. (2006). "Individuals and Organizations: Thoughts on a Micro-foundations Project For Strategic Management and Organizational Analysis," in Ketchen, D. & Bergh, D. (eds.) *Research Methodology in Strategy and Management*. Elsevier Ltd., 253—288.

Fichman, R. & Kemerer, C. (1999). "The Illusory Diffusion of Innovation: An Examination of Assimilation Gaps," *Information Systems Research*, 10(3): 255—275.

Fishbein, M. & Azjen, I. (1975). *Belief, Attitude, Intention, and Behavior: An Introduction to Theory and Research*. Massachusetts: Addison-Wesley Publishing.

Friedman, T. (2007). "The Dawn of E2K in India," *New York Times*, November 7, 2007.

Gefen, D. & Straub, D. (1997). "Gender Differences in the Perception and Use of E-mail: An Extension to the Technology Acceptance Model," *MIS Quarterly*, 21(4): 389—400.

Greenbiz (2010). Website: <http://www.greenbiz.com/blog/2010/07/29/its-time-give-

spread-sheets-tracking-carbon-emissions? ms＝36097＞，viewed on Nov. 16，2010.

Greenpeace（2010）. Website：＜http://www. greenpeace. org/international/en/campaigns/climate-change/cool-it/Its-carbon-footprint/Facebook/? things to do＞，viewed on Nov. 14，2010.

Gregor, S. & Jones, D.（2007）. "The Anatomy of a Design Theory," *Journal of the Association for Information Systems*，8(5)：1—25.

Heptinstall, J.（2001）. "Environmental Information Management Systems at Rhone-Poulenc," in Richards, D. J., Allenby, B. R., & Compton, D.（eds.）*Information Systems and the Environment*. National Academy of Engineering, Washington, DC，87—93.

Hevner, A., March, S. & Park, J.（2004）. "Design Science in Information Systems Research," *MIS Quarterly*，28(1)：75—105.

Hitt, L. & Brynjolfsson, E.（1996）. "Productivity, Business Profitability and Consumer Surplus：Three Different Measures of Information Technology Value," *MIS Quarterly*，20(2)：121—142.

Holmes, T.（2006）. "Environmental Awareness Through Eco-Visualization：Combining Art and Technology to Promote Sustainability," in *CHI* 2006. Montreal, Canada.

Hosack, B.（2007）. "The Effect of System Feedback and Decision Context on Value-based Decision-Making Behavior," *Decision Support Systems*，43(4)：1605—1614.

Howard, S.（2008）. *SMART* 2020：*Enabling the Low Carbon Economy in the Information Age*. The Climate Group.

Jensen, M. & Meckling, W.（1976）. "Theory of the Firm：Managerial Behavior, Agency Costs, and Ownership Structure," *Journal of Financial Economics*，3：305—60.

Kahhat, R., Kim, J., Xu, M., Allenby, B., Williams, E. & Zhang, P.（2008）. "Exploring E-Waste Management Systems in the United States," *Resources, Conservation, and Recycling*，52：955—964.

Khetriwal, D., Kraeuchi, P. & Widmer, R.（2009）. "Producer Responsibility for E-Waste Management：Key Issues for Consideration——Learning from the Swiss Experience," *Journal of Environmental Management*，90：153—165.

Kleindorfer, P. & Snir, E.（2001）. "Environmental Information in Supply-Chain Design and Coordination," in Richards, D., Allenby, B. & Compton, D.（eds.）*Information Systems and the Environment*. National Academy of Engineering, Washington, DC，115—138.

Kollmuss, A. & Agyeman, J.（2002）. "Mind the Gap：Why Do People Act Environmentally and What Are the Barriers to Pro-Environmental Behavior?" *Environmental Education Research*，8(3)：239—260.

Koomey, J.（2007）. *Estimating Total Power Consumption by Servers in the U. S. and the World*. Palo Alto, CA.

March, T. & Smith, G.（1995）. "Design and Natural Science Research on Information Technology," *Decision Support Systems*，15(4)：251—266.

Markus, M. & Robey, D.（2004）. "Why Stuff Happens：Explaining the Unintended Consequences of Using Information Technology," in *The Past and Future of Information Systems*. Amsterdam：Elsevier Butterworth-Heinemann.

Melville, N., Gurbaxani, V. & Kraemer, K.（2007）. "The Productivity Impact of Information Technology Across Competitive Regimes：The Role of Industry Concentration and Dynamism," *Decision Support Systems*，43(1)：229—242.

——Kraemer, K. & Gurbaxani, V.（2004）. "Information Technology and Organizational

Performance: An Integrative Model of IT Business Value," *MIS Quarterly*, 28(2): 283—322.

——(2010). "Information Systems Innovation for Environmental Sustainability," *MIS Quarterly*, 34(1): 1—21.

Mines, C. (2009). "Market Overview: The Advent of Enterprise Carbon and Energy Management Systems," Forrester Research.

Morgan, M. & Dowlatabadi, H. (1996). "Learning from Integrated Assessment of Climate Change," *Climatic Change*, 34(3—4): 337—368.

Nelson, R. (2007). "IT Project Management: Infamous Failures, Classic Mistakes, and Best Practices," *MIS Quarterly Executive*, 6(2): 67—78.

Orlikowski, W. (1996). "Improvising Organizational Transformation over Time: A Situated Change Perspective," *Information Systems Research*, 7(1): 63—92.

Peffers, K., Tuunanen, T., Rothenberger, M. & Chatterjee, S. (2007). "A Design Science Research Methodology for Information Systems Research," *Journal of Management Information Systems*, 24(3): 45—77.

Pentland, B. & Feldman, M. (2008). "Designing Routines: On the Folly of Designing Artifacts While Hoping for Patterns of Action," *Information and Organization*, 18(4): 235—250.

Pereira, A. & O'Connor, M. (1999). "Information and Communication Technology and the Popular Appropriation of Sustainability Problems," *International Journal of Sustainable Development*, 2(3): 411—424.

Plambeck, E. & Wang, Q. (2009). "Effects of E-Waste Regulation on New Product Introduction," *Management Science*, 55(3): 333—347.

Romm, J. (2002). "The Internet and the New Energy Economy," *Resources, Conservation, and Recycling*, 36(3): 197—210.

Rowley, M. (2009). "Why Social Media Is Vital to Corporate Social Responsibility," *Mashable——The Social Media Guide*, < http://mashable. com/2009/11/06/social-responsibility/>, viewed on March 19, 2010.

SAP (2010). Website: <http://www. sapsustainabilityreport. com/performance/carbon-foot-print>, viewed on Nov. 14, 2010.

Schlumpf, C., Pahl-Wostl, C., Schonborn, A., Jaeger, C. & Imboden, D. (2001). "An Information Tool for Citizens to Assess Impacts of Climate Change from a Regional Perspective," *Climatic Change*, 51: 199—241.

Schmidt, C. (2006). "Unfair Trade E-Waste in Africa," *Environmental Health Perspectives*, 114(4): A232—A235.

Seligman, C. & Darley, J. M. (1977). "Feedback as a Means of Decreasing Residential Energy Consumption," *Journal of Applied Psychology*, 62(4): 363—368.

Sen, T., Moore, L. & Hess, T. (2000). "An Organizational Decision Support System for Managing the DOE Hazardous Waste Ceanup Program," *Decision Support Systems*, 29 (1): 89—109.

Shaft, T., Ellington, R., Meo, M. & Sharfman, M. (1997). "A Framework for Information Systems in Life-Cycle-Oriented Environmental Management," *Journal of Industrial Ecology*, 1(2): 135—148.

——Sharfman, M. & Swahn, M. (2002). "Using Interorganizational Information Systems to Support Environmental Management Efforts at ASG," *Journal of Industrial Ecology*, 5 (4): 95—115.

Sharma，R. & Yetton，P. (2009). "Estimating the Effect of Common Method Variance：The Method-Method Pair Technique with an Illustration from TAM Research," *MIS Quarterly*，33(3)：x—y.

Shaw，D. & Clarke，I. (1999). "Belief Formation in Ethical Consumer Groups：An Exploratory Study," *Marketing Intelligence & Planning*，17(2)：109—120.

Shehadi，R.，Fayad，W.，Karam，D.，Sabbagh，K. & Harter，G. (2010). *ICT for a Low-Carbon World：Activism，Innovation，Cooperation*. Booz & Company.

Shepherd，M.，Briggs，R.，Reinig，B.，Yen，J. & Nunamaker，J. (1995). "Invoking Social Comparison to Improve Electronic Brainstorming：Beyond Anonymity," *Journal of Management Information Systems*，12(3)：155—170.

Sourcemap (2010). Website：<http://www.sourcemap.org/>，viewed on Nov. 16，2010.

Stern，P. (1999). "Information，Incentives，and Proenvironmental Consumer Behavior," *Journal of Consumer Policy*，22：461—478.

Stiroh，K. (1998). "Computers，Productivity，and Input Substitution," *Economic Inquiry*，36：175—191.

Swanson，E. (1994). "Information Systems Innovation among Organizations," *Management Science*，40(9)：1069—1088.

UM CSS (2005). Website：< http://www.oseh.umich.edu/pdf/Environmental%20Reporting%20(C)SS05-11.pdf>，viewed on Nov. 16，2010.

Urban Ecomap (2010). Website：< http://ams.urbanecomap.org/? locale = en _ US>，viewed on Nov. 16，2010.

US DOE (2010). Website：<http://www1.eere.energy.gov/ba/pba/intensityindicators/total _energy.html>，viewed on Nov. 16，2010.

US EPA (2008). *Fact Sheet：Management of Electronic Waste in the United States*，by U. S. EPA，vol. EPA530-F-08-014，< http://www.epa.gov/osw/conserve/materials/ecycling/docs/fact7-08.pdf>，viewed in April 2010.

van Dam，S.，Bakker，C. & van Hal，J. (2010). "Home Energy Monitors：Impact over the Medium-Term"，*Building Research & Information*，38(5)：458—469.

Venkatesh，V. (2000). "Determinants of Perceived Ease of Use：Integrating Control，Intrinisic Motivation，and Emotion into the Technology Acceptance Model," *Information Systems Research*，11(4)：342—365.

Watson，R.，Boudreau，M. & Chen，A. (2010). "Information Systems and Environmentally Sustainable Development：Energy Informatics and New Directions for the IS Community," *MIS Quarterly*，34(1)：23—38.

Wong，C.，Duzgoren-Aydin，N.，Aydin，A. & Wong，M. (2007). "Evidence of Excessive Releases of Metals from Primitive E-Waste Processing in Guiyu，China," *Environmental Pollution*，148(1)：62—72.

Zuboff，S. (1984). *In the Age of the Smart Machine：The Future of Work and Power*. New York：Basic Books.

第 6 部分

营　销

19 从绿色营销到环境可持续性营销

Debra L. Scammon，Jenny Mish

　　虽然今天的很多营销实践都依赖于已建立的知识和理论，但营销本身是一个不断变化的领域。如市场度量、社会媒体、价值共建以及全球消费者文化等，与自然环境相关的营销已经拓展了传统营销思想的原有范畴。具体而言，它涉及价值建立、传递以及与目标的沟通，并超越了仅仅满足消费者即刻要求和需求的概念。它把营销者作为消费者满意度和企业利润之间，以及消费者需求和企业对声誉管理、长期生存和管理工作的需求之间的中介，这些都会涉及多种利益相关者。营销者为了阐明其活动对企业财务绩效的贡献而肩负的压力前所未有。当对于广泛包容性思想的需求变得越来越重要时，这种压力便激励了减少营销活动范围的做法。

　　之后的两个章节(见 Gershoff & Irwin 本手册[第 20 章]；Devinney 本手册[第 21 章])将讨论在理解消费者绿色消费的两难困境中所面对的挑战。本章中我们将考虑自然环境营销在催化环境可持续消费中所扮演的角色。学者们已经从绿色营销中学到了什么？在为自然环境可持续发展而实践有效营销策略中，营销者和营销学者将面临何种挑战？需要何种研究来指导成功的环境可持续发展营销？

　　我们对"绿色"营销的四个年代进行了综合性的概述，并强调了未来研究中有潜力的研究方向。在综述中，我们参考了该领域中的文献综述和研讨会论文。我们的范围限定在单纯解决营销问题的研究工作中。除了对使用"绿色"和"社会责任"这些关键词的营销进行研究之外，我们的研究还包括环境、生态和可持续性相关的营销研究，但是我们并不综述因果营销、社会营销，以及企业社会责任文献(后者见 Bondy & Matten 本手册[第 28 章]；营销综述见 Maignan & Ferrell 2004；Peloza & Shang 2011)。我们的综合性分析试图增加对环境可持续性营销的理解，但其作用仍然非常模糊。最终，营销者面临的与环境可持续性相关的最大的挑战是把范例变迁视为文化变革过程的研究。

19.1　"绿色营销"的过去时代

营销者对于环境问题的兴趣已经在多个截然不同的阶段发生了演变（Menon & Menon 1997；Kilbourne & Beckman 1998；Peattie 2001）。正如Hoffman & Bansal（本手册［第 1 章］）所指出，对于自然环境福利的担忧最初在 20 世纪 60—70 年代出现，当时媒体对环境破坏型的商业实践进行了曝光。市场研究证实了消费者渴望"绿色"商品的心理需求在增长，这在 20 世纪 80—90 年代促使营销者去尝试与环境影响相关的新产品、包装和声明。该研究领域伴随着被称为"环境可持续发展"的环境问题带来的广阔的系统方法进入了一个新纪元。

20 世纪 60—70 年代

在 20 世纪 70 年代前，自然环境对于营销实践并没有显著的影响（Menon & Menon 1997）。由于关注环境担忧的社会压力非常有限，环保主义者选择对商业实践施加法律压力。作为回应，企业普遍采用了防御性策略，只要能达到法规的要求即可，需要做的越少越好。环境和商业利益似乎不可调和。

媒体对于污染的报道聚焦于少数被认为引起这些问题的"肮脏"企业和产业。被环境保护主义者列为目标的产业中的营销者逐渐意识到其声誉上所受到的威胁。新法律和法规给处理目标产业中的市场外部效应提供了新的机制。企业致力于发展产品特征来满足新法规要求（如排放控制设备），而不是尝试开发环境友好型产品（如本质上不产生污染的汽车）（Varadarajan & Menon 1988）。

伴随着食品合作社的热潮，一些创业型的"精品"企业诞生了，例如巴塔哥尼亚公司（Patagonia）、美体小铺（The Body Shop）和本杰瑞冰淇淋公司（Ben & Jerry's）等。这些先驱者往往很小，且容易被主流营销者所忽略。但是这些企业以围绕生态价值构建的创新品牌营销方式推动了社会暗流，并最终成为主流营销者眼中基于价值的战略的重要典范。

早期学者，如 Feldman（1971）、Fisk（1974）以及 Henion & Kinnear（1976）鼓励营销者采用他们领域中的一个更广泛的观点。他们提倡，不仅要检验有助于解决环境问题的营销活动，也需要检验那些帮助补救环境问题的营销活动（Henion & Kinnear 1976）。Fisk 间接提到了理解社会环境问题根本原因的必要性，但是几乎没有学者探究这一问题。Feldman（1971：54）预测，由于环境压力的出现，"营销将有可能经历一个深远的变革，其会把重点转移至非物质消费和社会考虑之中"。

20 世纪 80—90 年代

在 20 世纪 80—90 年代期间，持续的环境灾难增强公众意识，警醒商业领袖，使其意识到一系列广泛利益相关者的市场重要意义。环境团体和商业及政府的合作增强（Menon & Menon 1997）。联合国布伦特兰委员会（UN 1987）提出"可持续发展"概念，允许企业、政府和环保主义者发掘新的共同基础。

市场研究首次揭示了"绿色"产品的潜在市场。调查发现，美国消费者中有很大一部分人会考虑他们所购买的商品对环境的影响，且声称他们愿意支付 5％的涨价购买用可循环或生物可降解材料包装的产品（Roper 1990；Mintel 1991）。1990 年的地球日（首个地球日之后的 20 年）"可能已经成为世界第一个主流绿色营销战役"（Makower 2009：2）。对于新产品的环境宣言，特别是家用、健康和美妆以及宠物相关产品的环境宣言，在 1988—1990 年间急速增长，在 20 世纪 90 年代早期达到顶峰，随后在 90 年代中晚期适度下滑（Mayer et al. 2001；Banerjee et al. 2003；Carlson et al. 1993）。

该时期的绿色宣言典型地强调了单一产品特质的存在（如可生物降解、可循环或可回收）或者负面特质的不存在（如无氟碳化物或无磷酸盐）。其中很多仅给出模糊的断言，如产品是"自然的""环境友好型的"，或仅仅说是"绿色的"。消费者的困惑成为主要担忧，这带来了潜在欺骗行为。对绿色产品的监管环境并非平等，导致企业奋力争取更多的统一性（Simon 1992；Scammon & Mayer 1995）。1992 年，美国联邦贸易委员会给企业环境声明提出了广泛的国家指导方针（US Code of Federal Regulations 1992）。这些"绿色方针"在 1996 年和 1998 年进行了修改（US Code of Federal Regulations 1996，1998）且在 2011 年又进行更新。

这一时期开创了许多首创的生态标签，如德国的蓝色天使、加拿大的环境选择、日本的生态标记、美国的能源之星以及欧洲与北美的有机与公平贸易（Mayer et al. 2001；Sahota et al. 2009）。部分认可标签考虑了品牌环境绩效的多个方面，并可在广泛的产品种类中使用（如蓝色天使）；其他一些则与单一特质相关，且只能应用于较窄范围内（如能源之星）。这些"第三方"证明给利基市场的增长提供了可靠性和支持。

Peattie & Crane（2005）认为，20 世纪 90 年代大部分的绿色营销根本不是绿色的，也不是营销（也参见 Devinney 本手册[第 21 章]）。直到 20 世纪 90 年代中期，"表现欠佳的绿色产品、过度狂热的促销宣言、不准确的科学和不一致的立法，共同导致了消费者对绿色营销实践的怀疑"，并让消费者"迷惑并不愿参与绿色购买行为"（Crane 2000：278）。消费者对于绿色营销的"强烈抵制"出现了（Wong et al. 1996），结果，在营销者关于成功实现绿色营销的困难中产生了众多的"神话"（Peattie & Crane 2005：367）。

在 20 世纪 90 年代，环境问题逐渐被重新组织为经济问题，那些在解决环境担忧的同时发展竞争优势的战略被正面考虑（Porter & van der Linde 1995）。直到 20 世纪 90 年代结束，减少成本变得比向消费者促销绿色产品具有更大动力。

人们开始认识到可持续产品设计的必要性。类似于生命循环设计、分散性设计以及利益相关者在可持续设计过程中的作用等议题开始出现（如 Polonsky & Ottman 1998），购买环境产品的企业逐渐增加（Drumwright 1994；Polonsky et al. 1998）。但是，消费者依旧拒绝购买那些在单一环境方面具有巨大竞争优势而在其他方面表现平平的产品。企图获得"绿色溢价"的企业受到了较低购买量的阻挠。

监管和平淡的消费需求减弱了绿色营销明显的过剩激增现象，利基市场持续缓慢增长。与此同时，因果营销也变得更普遍。在该营销中，消费者有机会把自己的部分钱分配给非营利动机而不用支付更高的价格。营销者测定，其绿色战略影响的基础已经得到了扩大，不仅包含了如品牌收入、市场份额和投资回报等财务数据，而且包括了品牌形象、客户忠诚度和企业形象等（Menon et al. 1999）。

Peattie（2001）把 20 世纪 90 年代末期的僵局称为"绿墙"。在挂得最低的水果被采摘时，我们需要更多彻底的改变以产生绿色创新，而这往往被认为成本过高。环境绩效的传递已经变得复杂、难以评价，且难以传递可信性。成功的环境产品差异化要求消费者自愿为公共产品、环境产品特质信息的可靠传播以及防御模仿等付费（Reinhardt 1998）。采取步骤提升环境绩效的企业往往因其不完美而被批评，而不会因为其努力而受到赞美。正如 Walley & Whitehead（1994）所感叹："成为绿色不容易啊。"

在 20 世纪 90 年代期间，只有少量的学术论文讨论环境营销的管理问题。Mendleson & Polonsky（1995）检验了运用战略联盟来增强绿色营销的可信性；Brown & Dacin（1997）则关注消费者对于社会责任品牌机构的响应；Menon & Menon（1997）开发出一个环境营销模型。很多经理人手册已经对迄今为止环境营销领域中的发现进行了总结。

21 世纪第 1 个十年

在新世纪,环境"可持续性"概念开始固定化。该概念包含了相互依赖关系的复杂性,并从长期、全球和包容的角度对绿色营销进行了重新构建。很多企业开始发布可持续发展报告,这反映了投资人对于未来生存和竞争力担忧的增加。

利基绿色市场的增长率上升了。例如,受到 2000 年美国新建筑领先能源与环境设计(LEED)认证体系实施的影响,绿色建筑行业开始兴旺。类似地,2003 年美国农业部(USDA)有机标准的实施也刺激了食品产业分散的暗流,并在这 10 年的大部分时间段内创造了两位数的增长率(Organic Trade Association 2010)。咖啡市场被咖啡公平贸易所打破,这在许多零售商中都被采用,比如星巴克、玛莎百货和麦当劳。环境可持续性标准的建立和认证体系的使用有助于公众了解潜在环境问题(Conroy 2007)。很多小而精的前驱者,比如本杰瑞冰淇淋公司,已经被一些寻求学习可持续发展实践的企业集团收购。

一种新的市场动力来自于 B2B 消费者,他们对环境信息和环境责任的要求正在增加。在 21 世纪第 1 个十年,类似于沃尔玛、塔基特百货等大型购买者,以及政府和机构采购者因其环境购买政策与所购产品巨大体量而成为重要的力量。

产品开发中的创新开始出现。学者们探索环境和传统新产品开发过程的类似性,并确定了前者的原型(Pujari et al. 2003,2004)。其他学者则识别了一些边界条件。在这些条件下,增加的法规要求企业能遵守,如通过环境产品的开发,以及通过影响绿色产品市场绩效的因素(Pujari 2006)。直到 21 世纪第 1 个十年末,增长的 B2B 市场开始对主流消费者产生连锁效果,特别是在环境产品战略方面(Albino et al. 2009)。

成本和定价也因此开始逐渐考虑更多社会和环境成本,因为在生产、使用和使用之后等阶段存在特定的环境外部效应。例如,欧盟的危害性物质限制指令在 2006 年生效,其限制廉价危险材料在电子产品中的使用。但是包括 IBM 和 HP 等生产商更倾向于支持全球性的单一准则,并将这种规范的收益扩大到欧盟之外。不牺牲产品质量的开发和生产环境价值商品的高成本之间的矛盾仍然是一个主要问题(Dangelico & Pujari 2010)。

伴随着 2008 年经济大萧条的到来,很多人预测,可持续性的利基市场将会衰退。但是,绿色零售商市场却在 2004—2009 年间增长了 41%(Mintel 2010)。增长虽然缓慢,但是很多企业仍继续投资环境可持续性项目,并将这些项目视为未来稳定性和竞争优势的着力点。B2B买家继续对供应商抱有更多的期待，消费者也继续支持着利基市场，而那些避免有害成分的绿色消费服务、个人护理产品以及婴儿产品在21世纪第1个十年末成为了增长尤为迅猛的类别（Mintel 2010）。

营销者开始关注简单的环境宣言之外的事物，但是我们仍然不清楚何种变革会增加环境可持续性及利润，与此同时又能给消费者的生活提供正面贡献。这一时期的消费者研究以对更复杂的绿色态度和行为间分歧的理解为目标（见Gershoff & Irwin本手册[第20章]）。一些营销学者分析相关的伦理和宏观问题，例如责任营销的规范原则（Laczniak & Murphy 2006）、可持续性的市场系统限制和机会（Press & Arnould 2009）以及财务绩效和企业社会表现之间的关系（Luo & Bhattacharya 2006）。绿色企业战略与绿色市场战略涉及管理高层的承诺与公共担忧、监管力量及竞争优势之间的不同关系（Banerjee et al. 2003）。

建立社会和环境责任品牌，以及面对环保积极分子批评时捍卫品牌公正是很多企业的核心关注（Conroy 2007；Palazzo & Basu 2007）。品牌创新似乎与信任的建立紧密相关。一些人坚持"只有当有可持续性特质的产品与企业内部的价值观和活动明显一致时，它们才有可能吸引注意力"（World Business Council 2005）。

这种更全面的方法也被营销学者所提倡。Ginsberg & Bloom（2004）提出，营销者需要依据绿色对目标顾客的重要性及其区别其他竞争者的能力来进行市场定位。他们鼓励企业关注有选择性的混合营销战略，利用价格、地理位置、促销及产品去实现目标。这些作者指出，企业战略有可能随时间而变化，例如通过不影响品牌身份的方式"悄悄"实施变革，或者是以雇员更遵从根本价值的方式激进地成为更绿色的企业。

Ottman et al.（2006）认为，不关注环境产品特征是目光短浅的，并称其为"绿色营销近视"。他们建议营销者必须同时提升环境质量和消费者满意度，这需要通过比较如效率和成本有效性、健康和安全、整体绩效、象征和地位以及便利性等获益进行谨慎价值定位来实现。这些作者指出了通过消费者信息和环境标签的使用来准确测定消费者知识与建立产品宣言可信性的重要性。

沃尔玛的战略显示了很多企业在自然环境营销中的谨慎。除了将品牌信息从"每天低价"换为"省钱，更好的生活"之外，该零售巨头追求实现其环境目标的方式主要是通过供应商提升物流效率和雇员行动，进行产品、位置和价格创新，而非促销。直至完成众多内部目标之后，沃尔玛才开始将战略重点转向传达其价值观的挑战，也因此转向可持续性标准和认证事项。目前正在开发的产品可持续性指标旨在以一种简单容易的方式将透明的产品信息传递给消费者。该项目将长期与供应商、其他零售商、学界、非政府组织和政府机构保持合作关系（http://walmartstores.com/Sustainability）。

沃尔玛的例子强调了自然环境营销的四个核心观点：①为了将环境承诺和行动转化为消费者价值，我们需要可靠的度量标准；②可验证的产品标准和认证可以帮助传达与传递这一价值；③这些标准必须与多方利益相关者保持合作开发使其可信；④环境可持续性相关的品牌价值必须植根于真诚的、系统的和组织化的承诺中。

总之，20世纪绿色营销者的机会主义和活动性均让步于21世纪中更成熟与更严谨的方法。通过营销过程，非经济影响测定作为第三方认证体系支持的可信营销宣言的基础来源，以及为未来建立全球相关品牌的开放教育方法吸引多方利益相关者观点的现象已经变得越来越常见。但是，主要障碍仍然存在。之后我们将会探讨那些营销者当前在自然环境营销中所面临的挑战。

19.2　营销和自然环境的挑战

在新千禧年，营销者必须处理传递环境公允价值的复杂性问题。自然环境营销涉及价值创建、传递以及超越消费者即刻需求的沟通目标。最终，这意味着营销者和营销学者将面临该领域的再次定位。在本节中，我们将讨论这根本规律的转变。我们首先讨论营销的定义、其主导逻辑以及营销组合的角色，这些都是还未解决的问题。之后，我们将分析消费的可持续性程度以及自然环境营销系统整合的必要性。

营销、营销逻辑和营销组合的定义

众多自然环境营销的定义已被提出，它们都认为生态系统需要强调营销的不同方面（Jones et al. 2008）。例如，对可持续性营销的定义，Fuller（1999）关注营销组合的管理过程，Belz & Peattie（2009）聚焦于关系的建立，而Martin & Schouten（2011）对可持续营销的定义集中在价值创建。这些新的定义与很多企业提供不同产品以满足消费者短期需求的实践相反。Smith et al.（2010）把后一种实践表征为"新的营销近视"，即只专注消费者而未能看到更广阔社会背景下的商业决策过程。

美国营销协会对于营销的最新定义表明，营销的目标应该是为消费者、客户、合作者和社会整体创造价值（www.marketingpower.com）。在对该领域边界的多年学术争论之后，这个新定义于 2007 年提出（Gundlach & Wilkie 2010）。这一定义紧随 Menon et al.（1999）之后，将营销的范围扩展到系统社会观点，代表了思想上的范式转变。

考虑到这问题及其他趋势，营销学者提出以下问题，如营销是否需要改革（Sheth & Sisodia 2006），什么营销需要去"重新获得席位"（Webster et al. 2003），以及该营销需要什么新逻辑（Gronroos 2007；Vargo & Lusch 2004）。在可持续性的背景下，该领域根本性的基本原理受到了 Kilbourne（2010）的挑战，他引用 Einsteins 的观点，认为问题不可能被创造问题的相同思路解决。类似地，Varey（2010：112）认为"一个彻底的新营销逻辑作为社会过程"对于可持续社会来说是必需的。

服务主导的逻辑（SDL）代表了一种正兴起的营销逻辑，用以处理营销范式向社会过程的转变。在一个重要文献中，Vargo & Lusch（2011）把商品主导逻辑（GDL）与服务主导逻辑进行了对比，指出两者在市场中同时存在。他们建议营销需要打破商品和基于制造的模式（GDL），并意识到"组织、市场和社会从根本上关心服务——能力（知识和技能）应用的交换"（http://www.sdlogic.net）。这种观点"包含了使用中的价值以及价值共同创造的概念，而非［商品主导逻辑］交易中的价值和内含价值的概念"（同上）。这些作者进一步建议，"企业并不应该向顾客进行营销，他们（应该）与消费者以及企业价值网络中其他价值创造的合作伙伴进行买卖"（同上）。服务主导逻辑为那些寻求将自然环境营销置于主流营销逻辑关系中，发展在使用更少物质消耗下满足消费者需求的新见识以及与利益相关者合作的学者们提供了一个研究框架。

营销组合的有效性一直饱受争议。批评者认为它过于简单化，仅仅从卖家的观点考虑，过分强调了产品本身，而不是服务或使用价值这些更核心的价值主题（Belz & Peattie 2009；Constantinides 2006；Gronroos 2007）。他们认为这种基于产品的营销组合语言并未辨认出价值和营销的根本动态及关系本质。Belz & Peattie（2009）针对可持续性营销提出了一个替代的营销组合，其由四个 C 组成：消费者解法（customer solution）、消费者成本（customer cost）、便利（convenience）以及沟通（communications）。这里的焦点问题在于通过整个消费过程共同创造的关系来解决消费者问题。这种观点把重点核心从企业转移到了企业与消费者的关系中，并在时间与空间便利、解决方法而非商品、双向沟通和价值交换方面考虑到了消费者的需求。

正如 Shrivastava（本手册［第 35 章］）所指出的，在早期的商业与自然环境研究中，该领域的每一个人都是先驱者。这在营销领域中可能格外正确。重新定义营销、重新认识新市场逻辑的表现，以及修订营销组合，这些对于克服自然环境营销面临的危机都至关重要。该领域的理论和实践必须解决消费者价值的识别与传递问题，包括准确评价营销在整个社会关系中所拥有的本质及作用。

消费的可持续性程度

虽然消费在可持续的未来中占有一席之地，但是毫不抑制的消费最终必然是非可持续性的。全球消费速率正在迅速增长，且最近已经超过了地球的环境承载能力（见 Gladwin 本手册［第 38 章］）。

对于营销的批评认为营销与可持续性是天然对立的目标，前者促进消费而后者呼吁对自然的负责使用（Jones et al. 2008）。在这种环境中，"声誉和信任已经不足以捍卫一个品牌。若想要成功，营销者必须引领更可持续性的消费方式"（World Business Council 2008：10）。营销者可以指导通往环境可持续性的变化，但是正如 Jones et al.（2007）报道的，营销队伍很少在驱使可持续性的议程中扮演战略角色。

事实上，很多有关自然环境营销最有前景的观点和最具创新的方式已经在企业外产生了。例如，新美国梦这一非政府组织，向组织和消费者推广责任购买项目，并为帮助家庭持续关注消费过程中的意义提供工具（www. newdream. org）。McKenzie-Mohr & Smith（1999）把社会心理学的发现应用到"培养可持续性行为"的挑战中，他的建议已经被全世界数以千计的政府和非政府组织采纳（www. cbsm. com）。Assadourian（2010）追溯了消费者至上主义作为主流文化准则及在全球范围内扩散的历史，认为营销、媒体和政府是所有机构中最具责任心的。正因如此，他呼吁这些机构积极引导向可持续文化的转变。

企业中想要"引领更持续性消费道路"的营销者，必须克服那些当今强调物质消费全球文化已经带来的深层习惯与假设。这包括可能阻碍人们对于产品的准确评价的组织价值和规范，特别是推动可持续性生活方式的服务的市场机会。尽管营销功能常常包括环境审视和对宏观趋势的战略回应的发展，但很多企业似乎通过将批评活动转移至企业内部其他部门，通常是企业管理层的方式，对营销身份危机进行回应。

系统整合

在通往可持续营销的道路上，营销学者需要同时具有营销管理的微观观点及宏观营销的宏观观点。前者强调为利润而管理，而后者则强调系统和包容的关系。宏观营销的学科分支关注社会对营销系统以及营销系统对社会的影响

(Hunt 2007)。自然环境营销也必须类似地与宏观观点整合。把市场视为一种具有不均一结构的复杂体系这一观点确定了参与者的选择"会对自身之外的其他事物产生影响,更好或更坏的结果均有可能"(Mittelstaedt et al. 2006:135)。

在对于营销和环境跨度 25 年的文献综述中,Kilbourne & Beckman (1998:519)观察到,除了极少的例外情况,微观观点在 1995 年前是研究者的最主要兴趣,结果导致整体上"充分定义环境问题的失败"。虽然随后对于宏观观点的强调从 1995 年开始出现,但是营销学研究主体仍然主要关注微观问题,对背景启示并没有付诸重大关注。

最终,我们强调,把微观与宏观力量整合为系统观点将是一个重大挑战,这与 Peattie (1999)、Crane (2000)和 Jones et al.(2008)的观点相呼应。营销经理始终需要对企业和其他的消费者进行战略上的强调,即使该强调只是对短期利润取向的扩展。但是在未来可持续全球营销环境中,类似于生态系统健康等宏观问题必须被完全整合进营销战略的发展之中。

总而言之,我们已经强调了营销的定义和框架的修订、当今消费的不可持续性程度,以及将宏观与微观内容的系统观点整合是营销者和营销学者在自然环境营销过程中将会面临的三个主要挑战。我们现在将阐述这种向系统观点的转变及其对环境价值主题启示的研究必要性。

19.3 营销和自然环境的未来研究方向

对于营销学者而言,为经理和政策制定者的自然环境营销提供指导的机会无处不在。该领域的研究设计必须要仔细考虑营销运行中的宏观背景。在本节中,我们给未来研究提供了特定的方向。首先,我们认为现有的理论基础可以被更广泛地用来提升对自然环境营销的学术理解;然后,我们将确定需要发展新理论的重点研究领域。

现有理论的应用

复杂系统理论

正如 Levy & Lichenstein(本手册[第 32 章])所展示的,复杂系统理论或许可以被有效地当作管理棱镜。我们建议现有的营销理论需要被再度测定,以确定他们需要如何改变才能适应系统观点。

服务主导逻辑(SDL)明确建立在系统理论之上(Vargo & Lusch 2011),并且可能提供有用的研究框架来检验有关企业与消费者、政策制定者、非政府组织和其他企业之间的作用与关系的学科假设。例如,对于环境可持续性要求的 B2B 和 B2C 之间的关系需要被重点理解。在通往长期观点的道路上,企业的资源基础观理论可能可以通过将劳动力和投入作为投资"资本"而非可消耗的生态和人类"资源"的方式得到扩大,并收纳入系统应用(Hawken et al. 1999)。若考虑一个长期的投资资本观点,经济衰退中的机会和威胁或许会经受不同的评价。正如 Laczniak & Murphy(2006)所呈现的,伦理原则可能会成为一种有用的诊断工具,格外重要的将是其对外部效应的解释,这在之前的决策过程中并未被包含(Schultz & Holbrook 1999)。通过将新市场条件整合进使用复杂系统理论概念的各种现有理论中,营销将有助于创建一个将可持续性作为准则的社会(Martin & Schouten 2011)。

　　为了将复杂系统理论应用到营销组合元素中,那些旨在开发消费者解决方案的研究[如 Belz & Peattie(2009)认为这应该成为一个目标]必须更加强调服务合作共建,这些服务在售前和售后都需要向消费者提供。正如 Hawken et al.(1999)所述,"产品的非物质化"暗示产品销售向服务销售的转变,如分享、租赁和再使用等选择需要被探究以确定它们将如何适用与改变演变中的消费者生活方式。渠道模型需要变成循环式而非线性,才能适应"所有的废弃物都是食物"这一新的认知(McDonough & Braungart 2002)。地方化及其他一些生产和消费的新空间方法将可能需要被用来最大地优化消费者的便利程度。

　　研究需要考虑消费者购买这些新选项的意向程度。向环境可持续性的转变代表了带有定价暗示的系统性调整(市场纠正)。我们需要向更复杂的思考转变(Peattie 2010)而不是明确表示新选择成本会更高,或是这些选择拥有"正常"的价格。一种环境健全的替代方法或许可以以更低的成本进行生产,一个"正常"价格在消费者脑海中的建立过程可能涉及基于外部效应的成本补贴。

　　营销沟通研究需要确定能使可持续性变得有趣、吸引人且易采纳的方式。关于漂绿行为的研究需要开展,特别是要研究企业如何在不成为伪君子的条件下取得进步。需要用理论来理解那些把环境可持续性放在次要而非首要品牌特质位置的品牌经理的当前经历。复杂性理论为这些问题的研究提供了实用的工具。

利益相关者理论

　　另外一个微观—宏观整合的平台是利益相关者理论(Bhattacharya & Korschun 2008)。利益相关者关系给企业和大社会之间建立了一座桥梁。企业不是简单地管理这些关系或者向这些利益相关者营销,而是可以投资这种关系并将他们作为资产,与利益相关者合作共创价值(Mish & Scammon 2010)。我们指出,营销者需要把更广泛的利益相关者囊括进他们的计划,并评价他们的行动对这些利益相关者的影响。平衡和优化利益相关者担忧的模型需要被建立,包括评价那些能影响优先性的背景特征的方法。

为此,需要有效方法来评价营销情报和环境扫描中利益相关者的担忧与影响。参与式行动研究(PAR)以及特定社区行动研究(CAR)已经被证明具有很高的价值,它们提供了有关可用以向多种利益相关者传递价值的情景局限和资源的观点。需要提供不仅能用于产品和服务,而且能用于如消费者反冲、潜在要求、组间和社区影响等相关文化现象的测评工具。在有效的自然环境营销中,定量和定性数据需要无缝整合。

生活质量

研究已经相当一致地表明,在最低临界值之上,物质商品的积累并不是生活高质量的基础(如 Ryan & Deci 2001;Malhotra 2006;Kahneman et al. 2004)。相反,营销者可以通过多种形式将他们的注意力转移至高生活质量的理念的传递,如经验奖励(Csikszentmihalyi 2000),家庭及其他社会关系的强化,对于健康和健康生活方式的支持,消费者和自然环境间的交互,以及对于时间、信息和财富过载等挑战的帮助。消费者渴望在富裕生活中获得这些提升,这代表了文化中的暗流。它可能被营销者利用。同样地,消费者对社会地位和新颖性的渴望也会被营销者所利用。

通过关注健康和自然环境,人们对于品质生活的(即刻)需求满足感被加强了。我们需要开展超越这种被满足感测量所体现的价值的研究。研究者需要探究自然环境营销如何与自然环境的长期系统富足相联系。研究需要考虑经济富足、生态/环境富足以及社会/文化富足受到的阻碍与威胁。我们需要能从整体上更好理解系统富足的度量和其他工具。

消费者文化理论

当这种转变发生时,消费者文化理论家(CCT)的观点(如 Arnould & Thompson 2005)可能在营销者操控多种同时进行的构建运作来创造市场的过程中格外重要。根据 CCT 的观点,人们对于产品和消费所持有的意义是不均一的、互相重叠的,并且存在于全球化和市场资本主义的社会历史框架中。消费者文化被视为一种社会安排过程。在该过程中,生活文化、社会资源以及象征性物质资源的关系通过市场进行了调节。

我们需要建模来理解未来世界人口将如何以环境可持续的方式进行消

费。这牵涉到对需求、消费者责任以及消费者对复杂系统现象学习和参与的新的概念化过程。

新理论领域

增长与可持续发展

进一步探究可持续性范式转变的含义是至关重要的。在当今市场中，价值本质扩展包含了价值的社会与环境形式，而这些以前并不是价值方程的组成部分（Mish & Glavas 2010）。需要对价值的清晰说明来作为可信度与环境价值主张的基础。商业常常关注企业增长，并以收入、市场份额和较之前时期的逐步增长率来评价自身营销的成功。可持续营销意味着营销要以可持续的方式进行，所以所有的营销过程均是环境和社会友好型（Martin & Schouten 2011）。伴随着这种观点，向自然环境营销的转变要求对目标进行新的概念化以及要建立可测量转变过程的新度量体系。

对于环境可持续的未来的追求要求我们向可持续发展观点转变，也就是将各种资源的优化优先于单一资源最大化。我们需要能够同时给企业和利益相关者提供准确且全面地评价企业行动成本与收益的方法。在可持续发展观点中，外部效应必须被证明，这不仅是为了达成可持续性，同时也是为了经受积极分子的仔细检查。我们需要创新型的方法对产品在其生命周期中的整体成本进行评价，包括消费者在使用中和使用后所发生的成本等。很多企业已经发现，观点的转变可以挖掘出那些之前只能通过成本进行感知的市场机会，例如将废弃物转变为新产品。

标准和证明

为了有效地营销环境价值，营销者必须以新的方式使用标准和证明。传递和沟通环境价值的可信度是所有挑战中最重要的。标准和证明将是解决该挑战的核心工具，但它们没有被学者和经理较好地理解。最理想化的情况下，这些工具可以：①满足企业、他们的组织合作伙伴、社会利益相关者和顾客的信息需求；②实现实践的协调一致；③提供大量的市场上所需的信任和可靠性。但是，在标准的发展过程以及营销者对标准的战略使用中，理论工作的指导。

标准的发展和采纳过程极具挑战性。两个过程都涉及多方利益相关者团体，每个过程都有各自的兴趣和议程。在产业层面上，我们必须考虑竞争格局，因为标准可以被塑造，为那些渴望以差异化获得竞争优势的企业提供机会。易受伤害的利益相关者，例如自然环境，需要标准的合法化表现。一旦形成了标准,对遵从标准的监督将是确保公平竞争和最优化产业广泛提升的可能性的必要条件。正如 Mish & Scammon(2010:24)所述,"标准可以成为所有竞争者'更上一层楼'的一种方式"。

我们需要研究营销者对标准和证明的战略使用。例如,需要阐明标准在营销组合中的作用,也需要探究品牌、营销宣言以及生态标签在传达品牌价值中的相对优势。

总　结

最后,自然环境营销中最大的研究挑战是那些阐释范式转变为文化变革所面临的。营销已经变成消费者文化发展中的一种实质性力量,在未来的转型中可能会成为一种正面力量(Assadourian 2010)。正如 Jackson(2009:7)所述,"繁荣具有极其重要的社会及心理两个维度",但营销者并没有全身心地致力于将这两方面提供给市场。研究需要克服的挑战将是把营销者销售产品时相同的活力和技能传递给消费者与环境富足。满足这些需求的学术努力将有助于理解营销通过何种方式成为改变主流社会范例的积极主动的力量。

19.4　结　论

本章中,我们已经回顾了自然环境营销实践的历史发展过程,强调了许多在演化过程中所出现的重要研究工作。退一步讲,我们强调了营销者未来在追求自然环境营销中所面临的挑战,这包括营销领域思想的转变和达成消费可持续程度的挑战。我们用研究建议结束本章。我们建议研究者可以致力于就自然环境营销对广泛利益相关者的影响提出新观点,并因此产生可以更好地指导营销者和政策制定者的理论。未来一个重要主题将是把微观和宏观观点成功整合到关于自然环境的更系统的观点中。

参考文献

Albino, V., Balice, A. & Dangelico, R. M. (2009). "Environmental Strategies and Green Product Development: An Overview on Sustainability-Driven Companies," *Business Strategy & the Environment*, 18(2): 83—96.

Arnould, E. J. & Thompson, C. J. (2005). "Consumer Culture Theory (CCT): Twenty Years of Research," *Journal of Consumer Research*, 31(4): 868—882.

Assadourian, E. (2010). "The Rise and Fall of Consumer Cultures," in *State of the World: Transforming Cultures From Consumerism to Sustainability*, Worldwatch Institute Report. New York: WW Norton and Company.

Banerjee, S., Iyer, E. S. & Kashyap, R. K. (2003). "Corporate Environmentalism: Antecedents and Influence of Industry Type," *Journal of Marketing*, 67(2): 106—122.

Belz, F. M. & Peattie, K. (2009). *Sustainability Marketing: A Global Perspective*. West Sussex, UK: John Wiley & Sons, Ltd.

Bhattacharya, C. B. & Korschun, D. (2008). "Stakeholder Marketing: Beyond the Four Ps and the Customer," *Journal of Public Policy & Marketing*, 27: 113—116.

Brown, T. J. & Dacin, P. A. (1997). "The Company and the Product: Corporate Associations and Consumer Product Responses," *The Journal of Marketing*, 61(1):68—84.

Carlson, L., Grove, S. J. & Kangun, N. (1993). "A Content Analysis of Environmental Advertising Claims: A Matrix Method Approach," *Journal of Advertising*, 22(9): 27—39.

Coddington, W. (1993). *Environmental Marketing: Positive Strategies for Reaching the Green Consumer*. New York: McGraw-Hill.

Conroy, M. E. (2007). *Branded: How the 'Certification Revolution' Is Transforming Global Corporations*. Gabriola Island, BC: New Society Publishers.

Constantinides, E. (2006). "The Marketing Mix Revisited: Towards the 21st Century Marketing," *Journal of Marketing Management*, 22(4): 407—438.

Crane, A. (2000). "Facing the Backlash: Green Marketing and Strategic Reorientation in the 1990s," *Journal of Strategic Marketing*, 8(9): 277—296.

Csikszentmihalyi, M. (2000). "The Costs and Benefits of Consuming," *Journal of Consumer Research*, 27(9): 267—272.

Dangelico, R. & Pujari, D. (2010). "Mainstreaming Green Product Innovation: Why and How Companies Integrate Environmental Sustainability," *Journal of Business Ethics*, 95 (9): 471—486.

Drumwright, M. E. (1994). "Socially Responsible Organizational Buying: Environmental Concern as a Noneconomic Buying Criterion," *The Journal of Marketing*, 58: 1—19.

Feldman, L. P. (1971). "Societal Adaptation: A New Challenge for Marketing," *Journal of Marketing*, 35(3): 54—60.

Fisk, G. (1974). *Marketing and the Ecological Crisis*. New York: Harper and Row.

Fuller, D. A. (1999). *Sustainable Marketing: Managerial-Ecological Issues*. Thousand Oaks, CA: SAGE.

Ginsberg, J. M. & Bloom, P. (2004). "Choosing the Right Green Marketing Strategy," *MIT Sloan Management Review*, 46(1): 79—84.

Gronroos, C. (2007). *In Search of a New Logic for Marketing*. New York: John Wiley & Sons.

Gundlach, G. T. & Wilkie, W. L. (2010). "Stakeholder Marketing: Why 'Stakeholder' Was Omitted from the American Marketing Association's Official 2007 Definition of Marketing and Why the Future Is Bright for Stakeholder Marketing," *Journal of Public Policy & Marketing*, 29(1): 89—92.

Hawken, P., Lovins, A. & Lovins, L. H. (1999). *Natural Capitalism*. Boston: Little, Brown, and Company.

Henion, K. E., II & Kinnear, T. C. (1976). *Ecological Marketing*. Chicago: American Marketing Association.

Hunt, S. D. (2007). "A Responsibilities Framework for Marketing as a Professional Discipline," *Journal of Public Policy & Marketing*, 26: 277—283.

Jackson, T. (2009). "Prosperity without Growth? The Transition to a Sustainable Economy," Sustainable Development Commission. Accessed on June 15, 2010 from <http://www.sd-commission.org.uk/publications.php?id=915>.

Jones, P., Clark-Hill, C., Comfort, D. & Hillier, D. (2008). "Marketing and Sustainability," *Marketing Intelligence & Planning*, 26(2): 123—130.

Kahneman, D., Krueger A. B., Schkade, D., Schwarz, N. & Stone, A. (2004). "Toward National Well-Being Accounts," *The American Economic Review*, 94: 429—434.

Kilbourne, W. E. (2010). "Facing the Challenge of Sustainability in a Changing World: An Introduction to the Special Issue," *Journal of Macromarketing*, 30(20): 109—111.

——& Beckman, S. C. (1998). "Review and Critical Assessment of Research on Marketing and the Environment," *Journal of Marketing Management*, 14: 513—532.

Laczniak, G. R. & Murphy, P. E. (2006). "Normative Perspectives for Ethical and Socially Responsible Marketing," *Journal of Macromarketing*, 26(2): 154—177.

Luo, X. & Bhattacharya, C. B. (2006). "Corporate Social Responsibility, Customer Satisfaction, and Market Value," *Journal of Marketing*, 70(4): 1—18.

McDonough, W. & Braungart, M. (2002). *Cradle-to-Cradle: Remaking the Way We Make Things*. New York: North Point.

McKenzie-Mohr, D. & Smith, W. (1999). *Fostering Sustainable Behavior*. Gabriola Island, BC: New Society Publishers.

Maignan, I. & Ferrell, O. C. (2004). "Corporate Social Responsibility and Marketing: An Integrative Framework," *Journal of the Academy of Marketing Science*, 32: 3—19.

Makower, J. (2009). *Strategies for the Green Economy: Opportunities and Challenges in the New World of Business*. New York: McGraw Hill.

Malhotra, N. K. (2006). "Consumer Well-Being and Quality of Life: An Assessment and Directions for Future Research," *Journal of Macromarketing*, 26(6): 77—80.

Martin, D. M. & Schouten, J. W. (2011). *Sustainable Marketing*. Upper Saddle River, NJ: Prentice Hall.

Mayer, R. N., Lewis, L. A. & Scammon, D. L. (2001). "The Effectiveness of Environmental Marketing Claims," in Bloom, P. & Gundlach, G. (eds.) *Handbook of Marketing & Society*. Thousand Oaks, CA: SAGE.

Mendleson, N. & Polonsky, M. J. (1995). "Using Strategic Alliances to Develop Credible Green Marketing," *Journal of Consumer Marketing*, 12(6): 4—18.

Menon, J. & Menon, A. (1997). "Enviropreneurial Marketing Strategy: The Emergence of Corporate Environmentalism as Market Strategy," *Journal of Marketing*, 61: 51—67.

——Chowdhury, J. & Jankovich, J. (1999). "Evolving Paradigm for Environmental Sensitivity in Marketing Programs: A Synthesis of Theory and Practice," *Journal of Marketing Theory and Practice*, 7(2): 1—15.

Mintel (1991). *The Green Consumer Report*. London: Mintel.

——(2010). *Green Living—US*. London: Mintel.

Mish, J. & Glavas, A. (2010). "Systemic Transparency as the Key to Marketing and Sustainability: Lessons from Pioneering Firms," Working Paper, University of Notre Dame.

——& Scammon, D. L. (2010). "Principle-Based Stakeholder Marketing: Insights from Private Triple-Bottom-Line Firms," *Journal of Public Policy & Marketing*, 29(1): 12—26.

Mittelstaedt, J. D., Kilbourne, W. E. & Mittelstaedt, R. A. (2006). "Macromarketing as

Agorology: Macromarketing Theory and the Study of the Agora," *Journal of Macromarketing*, 26(2): 131—142.

Organic Trade Association (2010). "Organic Trade Association's 2010 Organic Industry Survey," Organic Trade Association.

Ottman, J. A., Stafford, E. R. & Hartman, C. L. (2006). "Avoiding Green Marketing Myopia: Ways to Improve Consumer Appeal for Environmentally Preferable Products," *Environment*, 48: 22—36.

Palazzo, G. & Basu, K. (2007). "The Ethical Backlash of Corporate Branding," *Journal of Business Ethics*, 73(4): 333—346.

Peattie, K. (1999). "Trappings Versus Substance in the Greening of Marketing Planning," *Journal of Strategic Marketing*, 7(6): 131—148.

——(2001). "Towards Sustainability: The Third Age of Green Marketing," *Marketing Review*, 2(2): 129—146.

——(2010). "Green Consumption: Behavior and Norms," *Annual Review of Environment and Resources*, 35: 195—228.

——& Crane A. (2005). "Green Marketing: Legend, Myth, Farce or Prophesy?" *Qualitative Market Research: An International Journal*, 8(4): 357—70.

Peloza, J. & Shang, J. (2011). "How Can Corporate Social Responsibility Activities Create Value for Stakeholders: A Systematic Review," *Journal of the Academy of Marketing Science*, 39(1): 117—135.

Polonsky, M. J. & Mintu-Wimsatt, A. T. (1995). *Environmental Marketing: Strategies, Practice, Theory, and Research*. Binghamton, NY: Haworth Press.

——& Ottman, J. (1998). "Stakeholders' Contribution to the Green New Product Development Process," *Journal of Marketing Management*, 14(7): 533—557.

——Brooks, H., Henry, P. & Schweizer, C. (1998). "An Exploratory Examination of Environmentally Responsible Straight Rebuy Purchases in Large Australian Organizations," *Journal of Business & Industrial Marketing*, 13: 54—69.

Porter, M. E. & van der Linde, C. (1995). "Toward a New Conception of the Environment-Competitiveness Relationship," *Journal of Economic Perspectives*, 9: 97—118.

Press, M. & Arnould, E. J. (2009). "Constraints on Sustainable Energy Consumption: Market System and Public Policy Challenges and Opportunities," *Journal of Public Policy & Marketing*, 28: 102—113.

Pujari, D. (2006). "Eco-Innovation and New Product Development: Understanding the Influences on Market Performance," *Technovation*, 26(1): 76—85.

——Peattie, K. & Wright, G. (2004). "Organizational Antecedents of Environmental Responsiveness in Industrial New Product Development," *Industrial Marketing Management*, 33(7): 381—391.

——(2003). "Green and Competitive: Influences on Environmental New Product Development Performance," *Journal of Business Research*, 56(8): 657—671.

Reinhardt, F. L. (1998). "Environmental Product Differentiation: Implications for Corporate Strategy," *California Management Review*, 40: 43—73.

Roper Organization (1990). *The Environment: Public Attitudes and Individual Behaviour*, New York: Roper Organization and SC Johnson and Son.

Ryan, R. M. & Deci, E. L. (2001). "On Happiness and Human Potentials: A Review of Research on Hedonic and Eudaimonic Well-Being," *Annual Review of Psychology*, 52:

141—166.

Sahota, A., Haumann, B., Givens, H. & Baldwin, C. (2009). "Ecolabeling and Consumer Interest in Sustainable Products," in Baldwin, C. J. (ed.) *Sustainability in the Food Industry*. Ames, IA: Wiley-Blackwell.

Scammon, D. L. & Mayer, R. N. (1995). "Agency Review of Environmental Marketing Claims: Case-by-Case Decomposition of the Issues," *Journal of Advertising*, 24(2): 33—44.

Schultz, C. J. & Holbrook, M. B. (1999). "Marketing and the Tragedy of the Commons: A Synthesis, Commentary, and Analysis for Action," *Journal of Public Policy & Marketing*, 18: 218—29.

Sheth, J. N. & Sisodia, R. S. (eds.) (2006). *Does Marketing Need Reform?* Armonk, NY: M. E. Sharpe.

Simon, F. L. (1992). "Marketing Green Products in the Triad," *Columbia Journal of World Business*, 27: 268—285.

Sirgy, M. J. & Samli, A. C. (eds.) (1995). *New Dimensions in Marketing/Quality-of-Life Research*. Westport, CT: Quorum.

Smith, N. C., Drumwright, M. C. & Gentile, M. C. (2010). "The New Marketing Myopia," *Journal of Public Policy & Marketing*, 29(1): 4—11.

UN (1987). *Our Common Future*. World Commission on Environment and Development. Oxford: Oxford University Press.

US Code of Federal Regulations (1992, 1996, 1998). "Green Guides," 57 FR 36363, 61 FR 53311, 63 FR 24240.

Varadarajan, P. R. & Menon, A. (1988). "Cause-Related Marketing: A Coalignment of Marketing Strategy and Corporate Philanthropy," *The Journal of Marketing*, 52: 58—74.

Varey, R. J. (2010). "Marketing Means and Ends for a Sustainable Society: A Welfare Agenda for Transformative Change," *Journal of Macromarketing*, 30(2): 112—126.

Vargo, S. L. & Lusch, R. F. (2011). "It's All B2B ... and Beyond: Toward a Systems Perspective of the Market," *Industrial Marketing Management*, 40(2): 181—187.

——(2004). "Evolving to a New Dominant Logic for Marketing," *Journal of Marketing*, 68: 1—17.

Walley, N. & Whitehead, B. (1994). "It's Not Easy Being Green," *Harvard Business Review*, 72: 46—51.

Webster, F. E., Malter, A. J. & Ganesan, S. (2003). "Can Marketing Regain Its Seat at the Table?" *MSI Reports*, Working Paper Series 29—47.

Wong, V., Turner, W. & Stoneman, P. (1996). "Marketing Strategies and Market Prospects for Environmentally-Friendly Consumer Products," *British Journal of Management*, 7(3): 263—281.

World Business Council For Sustainable Development (2008). "Sustainable Consumption Facts and Trends: From a Business Perspective," 1—40.

——(2005). "Driving Success: Marketing and Sustainable Development," 1—20.

20 为什么不选择绿色？消费者对环境友好型产品的决策

Andrew D. Gershoff, Julie R. Irwin

在过去的 10 年中,消费者对于环境友好型或者"绿色"产品的兴趣已有明显的增加。消费者们声称他们更喜欢购买那些使用较少稀有资源、无污染、对物理环境和人类伤害较少的产品(Mackoy et al. 1995；Luchs et al. 2010)。作为回应,制造商和零售商已经开始增加供应特征属性或生产过程对环境影响较小的产品。但相当矛盾的是,消费者虽然持有赞成态度且这些商品也越来越多,但是绿色产品的销量却比不上其非绿色的同类竞争产品(UNEP 2005)。

本章的目的是更好地理解这一悖论,探索影响消费者采用绿色产品的相关因素,并关注:①理解为何消费者的绿色兴趣未能转化为消费者的绿色行为,以及②建议哪些营销解决方案可以增加绿色产品的销量。作为商业和环境手册中的一部分,本章将与本手册中的其他营销章节享有共同的营销焦点。正如 Devinney(本手册[第 21 章])的检验分割方法,我们也强调绿色态度如何只是一个更复杂决策算法中的一部分。但是,我们的目标是理解那些影响个人选择支持或反对绿色产品的心理学因素。我们的方法与 Shu & Bazerman(本手册[第 9 章])类似,因为我们也使用行为学解释分析我们的主要问题(尽管他们关注经理和政策制定者,而我们关注消费者)。Scammon & Mish(本手册[第 19 章])则通过追踪绿色产品随时间的演化过程,及其在环境讨论中如何改变以达到吸收众多利益相关者的目标,对营销在绿色产品中的作用进行了更广泛的验证。

在本章中,我们强调来自绿色消费研究主体的显著案例,并深入观察四个可能导致消费者不顾其绿色宣言而放弃绿色选择的重要影响因素。在第一部分中,我们讨论消费者如何评价一个产品是否真的可以提供绿色收益,以及他们将如何评估实现这些收益的成本。随后,我们检验消费者的情绪反应将如何在决策中发挥作用,以及这些情绪将如何对抗他们对绿色选择的渴望。第三,我们将观察背景元素,例如决策时产品如何呈现给消费者以及消费者如何表明对某一个产品高于其他产品的喜好。由于消费者的态度和行为可能受他们的身份影响,我们会调查身份如何成为导致消费者绿色选择失败的因素。自始至终,我们表明社会和市场影响力,包括之前对绿色产品的经历、零售环境、道德期待以及营销者劝说消费者的尝试,与最优化促进绿色决策的环境往往是不一致的。我们试图提供改善此种错位的建议,并以增加绿色购买和消费为目标。

20.1 评价绿色化的成本与收益

我们可能期待那些说想要购买环境友好型产品的消费者,在感知选择绿色的收益超过成本之时,将会进行绿色消费。但不幸的是,消费者不选择绿色产品的原因之一,是有很多因素阻碍了消费者准确评估绿色产品收益和相关成本。

在本节中,我们将讨论三个格外具有吸引力的领域。首先是消费者的信仰,即被描述为绿色的产品和行为会真正地提供绿色收益。第二个领域是消费者为获得绿色利益而必须权衡的评估和推理。最后,我们将会考虑消费者评估自身相对于他人所承受的成本,从而获得绿色收益的方式。

消费者们不认为绿色行动会带来绿色结果

购买一个"绿色"标签产品所带来的环境收益往往很难评估。例如,在检测那些声称由可循环原材料或使用节能生产方式所制造的产品中,消费者所能做的往往很少。因此,相比于更实在的属性,如大小或风格,产品绿色的属性要求消费者对销售人员抱有信任。那些纵使是在使用之后仍需巨大努力或专业知识来评估的产品属性,常常被营销者称为"信任属性"(Darby & Karini 1973)。相比于其他属性,消费者对于信任宣言将持有更高的怀疑,且他们会把这些属性与更大的风险进行联系。因此,对于信任属性,消费更倾向于要求更多来自可信来源的信息,并更依赖品牌和产品质量(Ostrom & Iacobucci 1995)。例如 Srinivasan & Till(2002)显示,当知名的 Kleenex 品牌做出化妆纸"易于生物降解"的信任宣言时,相比于一般的生产商,其将更有可能被认为是真实的。

不幸的是,对于绿色产品收益的过度陈述甚至会破坏那些知名品牌的可信性。例如,最近由环境营销企业 TerraChoice 发布的一个报道表明,98％的常用绿色家用物品均被营销者以无法证实的含糊术语,如"天然"和"地球友好型"进行陈述,或被强调产品可能存在的短期环境收益而忽略在整个产品生命周期中则几乎无环境收益,从而误导消费者(TerraChoice 2009)。该报道得到媒体中数以千计案例的呼应,批评营销者使用漂绿策略。

当消费者意识到这些骗局时,其未来的购买可能性将会急剧减小。探究消费者对营销者目的理解的研究表明,消费个体会强烈意识到营销者有说服力的目的并以较好方法应对或对抗这些目的(Friestad & Wright 1994)。Vohs et al.(2007)认为,当人们进入一个他们认为应该是公平,但事实上并不公平的贸易中时,他们会觉得自己受到了欺骗,特别是当他们相信更严格的检查或更大的警觉性理应阻止这些不公平的结果时。经过此类事件后,人们对再次出现的伤害会抱有更高的警惕性,再次购买的可能性会下降(Harley & Strickland 1986;Broniarczyk & Gershoff 2003)。

此外,消费者可能在做决策时由于受刺激而依赖,甚至是过度看重这种不信任。特别是,营销者可能使用绿色宣言误导消费者这一观点的激增,可能会给那些更不愿做绿色选择的人有借口避免选择绿色产品。确定一种绿色宣言是过度陈述或者错误地将是一种避免更多地了解环境问题,避免将该问题与其他产品属性进行交换的方式,从而最终避免购买环境更友好型的产品(Namkoong & Irwin 2010)。

对于营销者而言,找到为消费者证明其环境利益的方式或许是一种解决方法。有关克服消费者不愿依靠信任属性的研究表明,找对沟通的方式会产生正面效果。例如,当营销者不仅对其产品做出环境宣言,而且在其他更可见的属性中满足顾客期待,那么,产品可信性将得到提升。消费者对于可见属性以及不可见宣言之间关系的信任被证明将给这些宣言带来更大的信任(Grolleau & Caswell 2006)。营销者的另外一种选择是依赖第三方标签或者是"生态标志"。这些标签有效减轻了消费者验证绿色宣言的工作量,并使得信任属性表现为搜索属性。这些标签使用的实证研究,如金枪鱼的"海豚安全"标签(Teisl et al. 2002)和纸制品的"北欧白天鹅"标签(Bjøner et al. 2004)均被证明可以有效增加销量。

消费者认为不值得以今天的代价换取未来的利益

使用环境友好型产品或以环境更友好方式行动常常要涉及权衡过程,其可以是真实的,也可以是预期的。例如,一个安装节能太阳能电力系统的消费者可能要等待超过 20 年,其总共节约的电费才能抵消当初安装的成本(National Renewable Energy Laboratory 2004;Galbraith 2009)。未来更普遍的消费产品或许并不需要消费者如此大的投资,但很多依旧会要求消费者牺牲其他的质量属性以换取"绿色"属性,或者为绿色支付更多金钱,期待着未来有更好的环境从而让这笔投资得到回报。

对于消费者而言,需要满足的延迟属性带来的一个问题是消费者往往沦为"夸张贴现"的受害者(Loewenstein & Prelec 1992):能够提供即刻回报的属性相比于提供未来回报的属性,估值更高(如未来可贴现)。纵使选择有"优点"的绿色产品,而非另一个对环境更有害的产品("缺点"),确实会让消费者在未来感到更快乐和更美好,但是消费者当下仍更会选择缺点产品(Read et al. 1999)。对于个体的实际偏差和取舍的讨论可参见 Bazerman & Shu(本手册[第9 章])以及 Tost & Wade-Benzoni(本手册[第 10 章])。

消费者假定内有玄机

甚至当真正的权衡并不存在时,消费者也会推断出它们。很多人隐约相信,市场中并不存在"免费的午餐"。产品任何一方面的提升,如尺寸增加,肯定会伴随另一方面的缩减,例如产品质量下降(Chernev 2007)。除了普遍的放弃某一东西以获得另一东西的期待,消费者对于绿色属性如何影响产品也存在特定的推理。例如 Luchs et al.(2010)发现,消费者会把那些关心环境的企业(加之除可持续性相关的其他因素以外)与温和或是温柔相关的属性相联系,企业不关心环境更有可能与企业优势相关。作为这些联系的结果,具有绿色和可持续利益的产品将会降低目录产品(如汽车轮胎和洗手液)的偏好,在目录中优势可被测量。另一方面,在温柔性可被估值的产品类别中,如婴儿洗发液,绿色和可持续性利益将增加产品的受欢迎程度。

对于营销者而言,了解消费者对绿色利益将如何影响产品其他属性的推断非常重要。例如,营销者可以利用消费者关于绿色产品在温柔相关属性中(如安全、健康)具有更优表现这一推断,在适当的场合对该特质进行强调。因为 Luchs et al.(2010)发现,对于优势的保证,例如使用标志性语言"保证强力"将减缓负面推断,那些优势较为重要的产品的营销者必须保证绿色利益不代表任何优势的损失。

消费者让他人承担成本

尽管选择绿色产品带来的成本往往落到个体消费者身上,但是利益却是共享的。例如，很多电力供应商目前有一些项目，允许消费者以更高的费用购买由可再生能源资源（如风能和太阳能）所产生的电能。尽管这些项目减少了向大气层的碳排放量，但是这些利益甚至也被那些以低价购买不环保电能的消费者所分享。这种搭便车效应（Dawes et al. 1977）也因此成为了消费者考虑绿色产品和行为时的潜在问题：如果消费者认为他们将独自承担本应被分享的成本，他们便可能不愿参与其中；甚至当他们非常关心这一问题时，他们会假设他人也会以相同的信念进行行动，从而他们可以让他人承担成本而自己收获利益。

对于公共商品估价的研究表明，消费者有时确实会尝试搭便车，不论是通过支付比商品真正价值更少的金额，还是使用较少数量但却不停止使用本应放弃的商品。这些消费者假设他人会为商品掏钱，而自己将从其中获得利益且不用付出"公平的份额"或者牺牲公平数量的金钱。有趣的是，并非所有消费者都想搭便车，哪怕是在明显的以公共商品交换金钱的经济游戏中（见Ledyard 1995）。在环境商品价值，如空气质量（如 Irwin et al. 1993）的研究中，调查对象很少展示出搭便车倾向。虽然有很多解释来理解该搭便车行为缺失，但最主要的原因是消费者的伦理与社会信仰阻止了他们这么做。

我们怀疑搭便车行为与其他一些形式的欺骗类似，人们可能会在某些点上欺骗，但完全的自私行为似乎不太可能发生，可能是因为这么做会威胁他们将自身视为伦理生物这一观念（Mazar et al. 2008）。事实上通过签署荣誉准则，写下十诫，或是单纯思考"上帝"而实现的对现存道德信仰的这种强化已经被证明可以减少欺骗行为并增加亲社会行为（Mazar et al. 2008；Shariff & Norenzayan 2007）。营销者和公共政策制定者可能可以通过将道德提示植入绿色产品和项目的广告与包装的方式对这些发现进行利用。

20.2   情绪在环境评价中的作用

对通俗属性（如价格或质量）和环境问题相关的属性（如为子孙后代保护资源或不让威胁生命的灾难发生）之间的必要取舍将很有可能引发许多情绪。这些决策所引起的情绪将是另一个解释消费者为什么表明绿色立场却未付诸实践的原因。在本节中，我们将关注情绪和决策的两个特定方面：第一个方面是情绪化的决策可能会因为关注情绪反应而非对事实的理性思考而产生；第二个方面是用以做出最优决策的取舍过程有可能被让步弃用以保护决策者远离情绪压力。

消费者的情绪可能会阻碍绿色利益评估

在评估选择和做出决策的过程中,人们依靠两种独立却相互作用的系统:一种慎重的、分析的、理性的系统和一种情绪、本能反应更有可能影响结果的更自动的系统(Chaiken & Trope 1999;Epstein et al. 1996)。当评价涉及包括环境风险在内的风险的结果时,消费者更有可能依赖情绪系统,让自己对可能结果的感受影响其对风险的评价,而非对正式可能性表现出理性思考或计算(Loewenstein et al. 2001)。研究者把这种现象描述为"情绪启发法",它允许个人快速做判断,但有可能与决策者更广的目标及准则标准不一致(Slovic & Peters 2006)。正如 Slovic et al.(1979)所阐明的,人们对风险的反应不单单依靠伤害的客观可能性,而且也会考虑其他方面,例如伤害是否是"恐惧的"(不自发的、突然的、令人恐惧的风险,例如核事故或恐怖袭击)及其是否能被称为"灾难性的"(很多人会同时受到影响,例如空难事故)。不幸的是,环境风险往往被归为这些类别中,例如全球变暖的效果往往被描述为会带来灾难性的洪水和大量的饥荒。

消费者的情绪反应会驱动其对环境风险的判断,因此他们可能只会对风险相关的普遍问题的情绪反应进行回应,而不对明显的规范性方面,如环境被影响的程度进行回应。一些引人注目的例子被界定为"范围"(Nadler et al. 2001)或"植入"(Kahneman & Knetsch 1992)效应,它们表明,人们愿意以相同的价格购买程度极其不同的利益。例如当被要求向慈善机构捐款时,不论是用于救助众多动物或大量湖泊还是仅救助一只动物或一个湖泊,参与者会给予相同数目的捐款(Kahneman & Knetsch 1992;Diamond & Hausman 1994)。类似地,Irwin & Spira(1997)表示在一系列可能的产品(如汽车)中,增加一种新的不相关环境属性(如可回收材质)将会减少之前已经存在的环境属性(如一氧化碳排放)对受访者对产品评估的影响。由于这些属性都触发了类似的情绪反应,受访者在脑海中将这两类属性合并成一种,因此降低了单个属性的影响之和。

类似以上描述的结论也表明,伦理行为可能具有较大程度的象征性。因此,最轻微的亲环境行为可能可以让决策者充当"绿色"角色。例如,仅仅安装一只低能耗电灯泡与全家都安装节能灯泡或许会得到相同的评价,尽管两者的环境影响是截然不同的。虽然营销者对于只有很小影响的环境姿态便可以增加销量这一事实会感到很开心,但是从一种规范的观点来看,我们最好避免这种并不会带来太多作用的象征性环境手势。因为正如之前所提出的,生态标签可能有助于绿色产品的购买，在允许使用生态标签之前要求显著的环境提升将有助于避免范围问题。

消费者有可能为了避免负面情绪而拒绝绿色权衡

情绪影响消费者决策过程的另外一种方式是让消费者"停工"，完全拒绝面对权衡取舍问题。事实上，考虑取舍的行为就涉及了一种情绪属性，如考虑舍弃汽车安全属性来换取更好的音响，这将导致次优选择（Luce et al. 1997）。这种次优选择的出现，有可能是因为决策者对某一属性全心全意的关注而逃避了对取舍的思考，或者是因为他们单纯为了避免取舍而完全避免了决策。这种避免方式经常是简单地维持现状（如他们尝试购买以前购买过的产品）。

在绿色营销背景下，这种对情绪属性的逃避将会对那些最关心环境问题的人产生极大影响。环境利益取舍的存在可能会引起消费者最情绪化的压力，他们将因此完全逃避选择，不购买或者只是重复过去的购买。事实上，关于"禁忌"取舍和受保护的价值的文献中已经包含了很多个人案例，表明一些取舍过程根本不会被考虑，例如用人命换钱（Tetlock et al. 2000）或者是用濒危森林交换更便宜或更漂亮的家具（Irwin & Baron 2001）。讽刺的是，事实上，消费者的情绪反应会因为紧紧拥有的环境价值而导致更少而非更多的行动。

尽管之前的很多研究都表明，营销者可能选择减少消费者对绿色产品的情绪反应，以期增加绿色产品销量，但情绪反应也能被营销者当作优势使用。例如，Liu & Aaker（2008）通过要求参与者在捐赠金钱之前奉献时间参与慈善活动的方式实现了捐款数的增加。他们认为，相对于要求金钱，要求时间改变了人们思考的方式，将其从单纯经济角度的交换转移到了一个更情绪化的考虑之中。结果，人们想要同时付出更多的时间和金钱。类似地，Hsee & Rottenstreight（2004）发现，使用有感染力的例子将会影响情绪化评估的使用，并反过来影响慈善捐赠行为。在一项研究中，他们用图示方法准确展示了需要消费者捐款救助的濒危熊猫数量。当熊猫以简单的点表示时，人们捐赠的数目依赖于需要帮助的熊猫数量。但是当每个大熊猫都被用可爱的熊猫照片表示时，捐赠数量对救助的熊猫数量不再那么敏感。此外，当要救助的熊猫数量为一只时，富有感染力的图片相对于毫无感染力的点而言，将吸引更多的捐款。

通过利用该信息，营销者可以开发一系列目标战略，正面地影响消费者反应。例如，对于那些在取舍的经济评价中格外不利的产品，使用情感诉求将会首先让人们转向对于自身行为影响更情绪化的思考。例如，当环境收益相对较少时，使用具有感染力的方式来呈现收益将增加其遵从性。相反，当环境收益暗示出负面情绪时,将信息以一种对结果更理性评价的方式呈现,将有可能减少负面思考(Gershoff & Koehler 2011)。

消费者可能故意忽视信息

尽管一些产品强调并展示了其绿色属性,但其他一些产品却并未如此。事实上,很多最环境友好的产品,如小苏打、醋或者柠檬汁,常常完全不兜售其绿色属性信息。市场上关于很多产品绿色属性的信息缺失,意味着消费者必须自己搜集信息。但不幸的是,消费者有时会故意避免搜集这些信息,从而逃避那些在考虑环境问题时被触发的负面情绪。Ehrich & Irwin(2005)表示,当被给予在购买之前确定一系列产品是否绿色(如家具所用的木料是否来自濒危雨林)的选择时,很多参与者,包括表示自己极度关注相关的环境问题(如雨林保护)的参与者都避免询问可用信息,且对于产品是否"绿色"的问题保持漠不关心。但是当参与者被给予所有的属性信息时(且不用再自己询问),那些更关心环境问题的参与者在做购买决策时会更多地依赖绿色属性。换言之,简单告诉消费者该商品是否是绿色的(且不让他们询问信息)将极大增加绿色决策的可能性。

对于营销者来说,该研究的一个启示是当产品包含正面的绿色属性时,这些属性需要以明显的方式被强调,从而不会被消费者错过。若属性信息很容易获得,消费者便会利用这些信息作选择,但是情绪成本可能会在信息不清晰时阻碍消费者对信息的追寻。

20.3　绿色选择的情境影响

在之前的章节中,我们描述了消费者如何会因为评估绿色属性的方式和评估过程中情绪的作用而不选择绿色产品。在本节中,我们检验了一些可能降低消费者选择绿色产品的情境影响因素。

若消费者拒绝选项而非挑选选项时,绿色产品可能会被选择

一项最近的研究(Irwin & Naylor 2009)阐明,如何从一系列合格购买(考虑集合)中加入或去除选项将会显著影响对绿色产品的评估。若决策过程涉及不想要物件的剔除,而不是想要选项的挑选,则绿色产品更有可能被包括到考虑集合中。例如,若决策者将一系列他们感兴趣的产品投入标记为"感兴趣"的箱子时,那他们对产品"绿色性"的关注将会比当他们将一系列不感兴趣

的产品投入标记"不感兴趣"的箱子时对产品绿色性的关注更少。这表明，对于消费者而言，通过明确拒绝来承认不想要某些伦理产品将比通过减少潜在替代项来简单地不包括伦理选择要困难得多。事实上，对于损失厌恶和环境偏爱的研究（如 Irwin 1994）表明环境商品（如镭防范设备）和政策（如要求空气质量提升）在决策者考虑放弃什么和获得什么时，能得到更多的重视。

考虑金钱可能会减少对绿色产品的偏爱

当与金钱相关时，对环境提升进行评估对于很多消费者而言是一种困难。事实上，在一个对环境和非环境市场产品的评价研究中，很多调查对象表明环境商品"不应该以金钱进行衡量"（Irwin 1994）。在一些案例中，人们对于价值的货币化可能会反感，且这种反感可能导致消费者完全逃避或拒绝考虑（Tetlock et al. 2000；Lichtenstein et al. 2007）。或者，消费者会采用一种基于市场的评估方式，在决策过程中完全避免价值暗示。

联合评估与独立评估

在多种选择之中做决策常常是联合型评估（A 与 B 直接比较）或者是独立型评估（先评估 A，再评估 B 等）。研究（Irwin et al. 1993；Bazerman et al. 1998）已经表明，联合评估倾向于对"应该"属性进行更多的关注，例如环境质量，而独立评估则更关注"想要"属性，例如价格和质量。此外，很多研究表明那些难以评估的属性，如绿色属性往往会在联合评估中受到更多的关注（Hsee et al. 1999）。

情景效应和市场位置：绿色营销者所面对的一个问题

不幸的是，很多关于情景效应的研究表明，那些最有可能在购买时出现的情景很可能阻碍消费者对绿色产品的选择。零售环境的多样性已经得到了稳步增长，这使得消费者更可能挑选一部分选项进行考虑，而非挑选出不再进一步考虑的选项。类似地，零售环境倾向于关注价格，所有的产品都被清晰定价且交易收银完结。因此在市场中，经济评估在替代选择的考虑过程中会显得非常突出。此外，也很少有购买情景会鼓励两个产品间的直接比较；更可能的是，消费者对两个产品分别进行单独评价。研究表明，零售环境的这三个方面均会减少消费者对"绿色"属性的关注。

另一方面，营销者也可以利用这些情景效应增加绿色产品的销量。一种理想的环境将会提供更少的选项，或者促进材料作为决策战略或清单引导消费者以此为初始产品选项进行剔除。部分零售空间,例如公平贸易商店,以及类似于全食超市(Whole Foods)和巴塔哥尼亚公司(Patagonia)这样的企业会给消费者提供已经预先筛选的产品。此外,零售商和制造商可以在零售情景下做更多事情来减少经济心态和/或促进环境心态,这有可能通过给消费者提供参与其他绿色活动的机会而实现,例如将回收利用或堆肥作为零售体验的一部分。广告商也可以鼓励这些有助于绿色和其他"应该"属性的直接比较,例如促销人员会单独挑出一个竞争者,并明确阐释自身促销产品如何比竞争者的产品更具环境友好性。这些看似较小的情景变迁会对绿色产品的吸引力产生巨大的影响。

20.4　环境身份

个人身份,如关心社会或是具有同情心,代表个人本身及个人特性、特点以及目标。身份帮助个人指导、组织和对他们的行为赋予意义(Brewer 1991)。每一个人都有众多的个人和社会身份:一个人可以认为自己是父母、银行家和一位手巧的人。但是并非所有的身份都会在同时突显或相互关联(Oyserman 2009;Tajfel & Turner 1979)。何种身份在给定时间内会凸显个人特征受到众多情景因素影响(Oyserman 2009;McGuire et al. 1979)。在本节中,我们将检验个人身份如何在绿色商品购买决策中发挥作用。

若适当身份未被暗示,消费者便可能不购买绿色产品

明显的身份会影响个人如何思考和处理信息,也会影响尝试改变态度和行为的有效性(Erikson 1964;Oyserman 2009)。例如在 Grinstein & Nisan (2009)的一项研究中,一个由以色列政府资助的节水战役的遵从性与市民被主流社区认同的程度相关,引申而言,便是与政府的认同感相关。因此,社会身份与以色列政府对其认同度最高的非正统犹太人在水资源消费上的节约最为明显,而身份与政府对其认同度较低的以色列人在节约水资源的战役中表现较差。

尽管广泛的种族身份常被认为具有心理上的巨大显著性,但情景身份可能更有效地影响行为,特别是当与身份相关的准则同时被呈现时。例如 Goldstein et al. (2008)检验了消费者在酒店住宿期间,毛巾再次使用的可能性与那些声称会再次使用毛巾者的社会身份的书面要求存在的相互关系,最高再次使用率发生在特定情景身份被暗示时。若客人被告知,之前住在这个房间的客人曾重新使用过他们的毛巾,那当前客人再度使用的可能性会最高。

而当客人被告知重复使用毛巾的他人很少住在同一旅馆中，且他人被简单描述为"同样的市民"时，客人的遵从率将达到最低。

除了社区和情景特定身份之外，道德身份的暗示也可能会格外有效地促进影响环境的消费者决策。最近的研究表明，很多个人会让自己保持一种围绕一系列道德特性组织而成的身份，例如有同情心、慈悲、公平和善良。与那些道德身份重要性较低的人相比，道德身份重要性高的人们更会参与到帮助他人的自愿行动中，在食物募捐中捐赠更多食物，且捐赠更多以帮助团体之外的他人（Reed & Aquino 2003）。Nyborg et al.（2006）在一个采用绿色产品倾向性的经济学模型中加入了道德身份的考虑。他们得出结论，对他人行为的了解将会影响消费者购买绿色产品的动机，因为这在一定程度上使得他们认为自己有责任去这样做。类似地，另一项研究也支持道德身份重要性的观点。该研究发现，消费者对过度包装生活用品的避免以及对可重复灌装瓶饮料的购买均可以由个人对解决污染问题的道德信仰进行预测（Thogersen 1999）。

总之，个人身份可能影响他们是否会选择绿色产品或者是否采取绿色行为。若与绿色选择相一致的身份和准则在做决定的一刻没有十分突出，那么消费者可能就不会选择绿色产品。营销者和政策制定者在制定营销策划时可以考虑身份的影响。例如，一个由政府所创立的项目若想得到少数族裔群体的遵从，则很有必要改变项目来暗示少数族裔身份和预期行为之间的关系。研究表明，类似于使用一位少数族裔发言人的简单操作便能达成目标（Deshpandé & Stayman 1994；Grier & Deshpandé 2001）。再者，如果有可能，营销者可以尝试提供关于他人遵从预期准则并进入相关预期消费者情景的私人定制案例。最后，暗示道德身份有可能成为一种有效影响消费者行为并引导其绿色购买的方式。捆绑将有可能是实现这种暗示的方式之一，例如消费者购买特定配置的 Dell 电脑时，Dell 公司会捐款植一棵树。对于慈善捐赠捆绑的研究，包括对环境事业的捐赠表明，与奢侈品的捆绑相比于与必需品的捆绑将引起更大的反响，因为快乐和内疚的暗示都与伦理身份相关联（Strahilevitz & Meyers 1998）。

若无法在他人面前展现，消费者可能不会购买绿色产品

个人会被对管理和影响他人身份信仰的渴望所影响。因此，尽管绿色产品常常涉及额外成本，但消费者仍然会选择和购买绿色产品作为传递自身地位的方式。例如 Griskevicius et al.（2010）让参与者在绿色与奢侈商品（并非绿色）间进行选择，从而了解参与者是否认为寻求地位存在重要意义。如果购

买发生在公众场合,那些追求地位的人相比于不追求地位的人,将更多地选择绿色产品而非奢侈产品。但是当购买发生在私人场合时,追求地位者则更有可能选择奢侈品选项。这一发现指出,参与者会特意选择绿色作为向他人传达信号的载体。Bennett & Chakravarti(2009)也报道了非常类似的发现,如果相关的行为会被展示给他人,则消费者会更喜欢那些能把一部分收入捐赠给慈善机构的手机公司。

营销者和政策制定者可以假设,使一个产品更易获得,或降低价格,或许会增加遵从或销量。但是该研究表明,购买过程的公开程度也会影响结果。若预期行为更有可能被他人观察到,营销者就可以通过在他人可见的地方营销并将消费者地位传递给他人的方式,和通过品牌效应强化行为与地位间的联系的方式,来获得更大的成功。

消费者可能不会购买绿色产品,因为他们已经这么做了

尽管暗示道德身份有可能导致消费者购买绿色产品,但不一定会带来再次购买。关于道德的心理学研究表明,人们常常在某一时刻实施道德行为作为下一次较不道德行为的一个借口。因此,某一时刻购买一件绿色产品的经历实际上可能降低了下次购买一件绿色产品的可能性。

大量研究支持了这种观点。Sachdeva et al.(2009)表示,在考虑并记录自身与负面特质相比的正面特质后,人们将不太愿意签署协议来减少企业污染。在一个消费者情景中,那些从绿色产品专卖店而非传统商店挑选商品的参与者将更有可能在另外一个不相关的为绩效买单的游戏中作弊(Mazar & Zhong 2010)。在一个类似的研究中,参与者或是讨论或是真正执行一些较小的环境友好型任务。那些真正执行任务的人将自己视为更环保的个体。但是这些执行过任务的人相比于未执行者,之后更不愿意参与更多绿色行为要求的任务(Becker-Olsen et al. 2010)。

让消费者较为容易地做出生活上的较小改变而帮助减少环境困难,似乎是一种克服固执和习惯性行为的好主意。但是之前的研究表明,给予微小或容易的解决方案将有可能导致反效果,使得消费者认为他们已经以很小的环境影响实现了对绿色的义务。因此,营销者和政策制定者应该慎重考虑消费者的要求。对于活动捆绑的潜在建议,例如把整个厨房或供暖系统绿色化,相比于对单个活动的建议,如购买单一绿色吸尘器或百叶窗,更有可能减少个人认为自身已经有资格停止绿色行为的可能性。

20.5　结　论

本章的目的是考虑为何决策时消费者对于保护环境的兴趣已然增长，但依旧常常放弃或未能选择那些环境友好型的产品和行为。我们认为这是多方面的问题，并探究了四个核心因素：消费者的信任，认为他们的决策会真正带来他们想要的绿色结果；情绪在绿色选择中所扮演的角色；决策环境中的情景因素；显著的、被渴望的身份所起的作用。当然这些方面并未穷尽所有可能影响绿色决策的因素，但是每一个都对什么将导致消费者远离绿色行为的问题提供了启发。

一个可能可以应用在这里所列出的所有研究中的包罗万象的问题是，让消费者可以执行绿色行为的理想背景环境和市场，特别是零售市场的组织形式之间的不匹配。机会主义营销者对于真实绿色优势的夸大有可能增加绿色产品价值的不确定性（TerraChoice 2009）。耸人听闻的媒体报道有可能增加人们对潜在环境灾难带来浩劫的情绪焦虑（Vasterman et al. 2005）。主要折扣零售商的增加已经改变了消费者对于贸易的经济和价格考虑的关注，并且有可能不去关注其他利益（van Heerde et al. 2008）。在一个高度关注价格的背景下，购买涉及了在独立评价中选择物品（与拒绝物品相对应）。身份、家庭结构变化、工作期以及郊区组织形式等方面已经改变了社会身份，减少了归属感和成员感，且也有可能减少亲社会行为（Putnam 2000）。亲社会身份主要作用在类似于政治和慈善捐赠领域，而非市场领域，市场更倾向于强调其他属性，例如成功和节俭。虽然并非完全无法逾越，但是我们似乎仍有很多困难需要克服，从而才能带来消费者绿色行为与好的意图的互相统一。我们希望本章中的分析能成为这种努力的起始点。

我们希望未来研究可以知晓那些被我们视为绿色消费行为障碍的东西，并用这些知识增加环保消费者把想法付诸实践的可能性。例如，未来研究可以更深入地钻研消费者对绿色产品的假设，特别是荒谬的假设，并检验是否可以用包装和第三方标签纠正这些假设。此外，研究者应该提供方法让营销者引导消费者远离逃避机制，这种机制会让他们避免情绪的和艰难的决策。让绿色决策过程更愉悦、更容易和更主动可能是一种解决方法。例如，研究者可以沿用 Gershoff & Koehler（2011）的建议，其中提出了一系列方法，通过减少与决策相关的情绪影响而改进对安全产品人选择，如对疫苗和安全气囊的选择。或者研究者可以找寻再次构建绿色选项的方式，从而鼓励人们做出更好的选择(Thaler & Sunstein 2008)。这或许可以依靠人为地将绿色选择设定为默认选择,或者是相对于规范的创新选择而完成(Johnson & Goldstein 2003;Goldstein et al. 2008)。最后,研究需要调查是否存在一些情景,有可能特别让人们变得绿色,例如慈善、政治领域或是与自己的邻居相关的决策。研究者可以探索我们能从这些情景中借用什么,并将其运用到广告、购买点或者是零售设计中,从而增加人们对绿色产品和行为的选择。

参考文献

Bazerman, M. H., Tenbrunsel, A. E. & Wade-Benzoni, K. (1998). "Negotiating with Yourself and Losing: Making Decisions with Competing Internal Preferences," *Academy of Management Review*, 23(2): 225—241.

Becker-Olsen, K., Bennett, A. & Chakravarti, A. (2010). "Self and Social Signaling Explanations for Consumption of CSR-Associated Products," Special session presentation at the Society for Consumer Psychology Conference, St. Petersburg, FL, February 25—27.

Bennett, A. & Chakravarti, A. (2009). "The Self and Social Signaling Explanations for Consumption of CSR-Associated Products," *Advances in Consumer Research*, Vol. XXXVI: 49—52.

Bjørner, T. B., Lars Gårn Hansen, L. G. & Russell, C. S. (2004). "Environmental Labeling and Consumers' Choice: An Empirical Analysis of the Effect of the Nordic Swan," *Journal of Environmental Economics and Management*, 47(3): 411—434.

Brewer, M. B. (1991). "The Social Self: On Being the Same and Different at the Same Time," *Personality and Social Psychology Bulletin*, 17(5): 475—482.

Broniarczyk, S. M. & Gershoff, A. D. (2003). "The Reciprocal Effects of Brand Equity and Trivial Attributes," *Journal of Marketing Research*, 40: 161—175.

Chaiken, S. & Trope, Y. (1999). *Dual-Process Theories in Social Psychology*. New York: Guilford Press.

Chernev, A. (2007). "Jack of All Trades or Master of One? Product Differentiation and Compensatory Reasoning in Consumer Choice," *Journal of Consumer Research*, 33(4): 430—444.

Darby, M. R. & Karni, E. (1973). "Free Competition and Optimal Amount of Fraud," *Journal of Law and Economics*, 16: 67—86.

Dawes, R., McTavish, J. & Shaklee, H. (1977). "Behavior, Communication, and Assumptions About Other People's Behavior in a Common's Dilemma Situation," *Journal of Personality and Social Psychology*, 35(1): 1—11.

Deshpandé, R. & Stayman, D. (1994). "A Tale of Two Cities: Distinctiveness Theory and Advertising Effectiveness," *Journal of Marketing Research*, 31: 57—64.

Diamond, P. & Hausman, J. (1994). "Contingent Valuation: Is Some Number Better than No Number?" *Journal of Economic Perspectives*, 8(4): 45—64.

Ehrich, K. & Irwin, J. R. (2005). "Willful Ignorance in the Request for Product Information," *Journal of Marketing Research*, 42: 266—277.

Epstein, S., Pacini, R., Denes-Raj, V. & Heier, H. (1996). "Individual Differences in

Intuitive and Analytical Information Processing," *Journal of Personality and Social Psychology*, 72(2): 390—405.

Erikson, E. H. (1964). *Insight and Responsibility*. New York: Norton.

Friestad, M. & Wright, P. (1994). "The Persuasion Knowledge Model: How People Cope with Persuasion Attempts", *Journal of Consumer Research*, 21(1): 1—31.

Galbraith, K. (2009). "More Sun for Less: Solar Panels Drop in Price," *New York Times*, August 26, 2009.

Gershoff, A. D. & Koehler, J. J. (2011). "Safety First? The Role of Emotion in Betrayal Aversion," *Journal of Consumer Research*, 38: 140—150.

Goldstein, N. J., Cialdini, R. B. & Griskevicius, V. (2008). "A Room with a Viewpoint: Using Social Norms to Motivate Environmental Conservation in Hotels," *Journal of Consumer Research*, 35: 472—482.

Grier, S. A. & Deshpandé R. (2001). "Social Dimensions of Consumer Distinctiveness: The Influence of Social Status on Group Identity and Advertising Persuasion," *Journal of Marketing Research*, 38(2): 216—224.

Grinstein, A. & Nisan, U. (2009). "Demarketing, Minority Groups, and National Attachment," *Journal of Marketing*, 73(2): 105—122.

Griskevicius, V., Tybur, J. M. & van den Bergh, B. (2010). "Going Green to be Seen: Status, Reputation, and Conspicuous Conservation." *Journal of Personality and Social Psychology*, 98: 392—404.

Grolleau, G. & Caswell, J. A. (2006). "Interaction Between Food Attributes in Markets: The Case of Environmental Labeling," *Journal of Agricultural and Resource Economics*, 31(3): 471—484.

Harley, W. E. & Strickland, B. R. (1986). "Interpersonal Betrayal and Cooperation: Effects on Self-Evaluation and Depression," *Journal of Personality and Social Psychology*, 50: 386—391.

Hsee, C. K. & Rottenstreich, R. (2004). "Music, Pandas and Muggers: On the Affective Psychology of Value," *Journal of Experimental Psychology: General*, 133: 23—30.

——et al. (1999). "Preference Reversals Between Joint and Separate Evaluations of Options: A Review and Theoretical Analysis," *Psychological Bulletin*, 125(5): 576—590.

Irwin, J. R. (1994). "Buying/Selling Price Preference Reversals: Preference for Environmental Changes in Buying Versus Selling Modes," *Organizational Behavior and Human Decision Processes*, 60: 431—457.

——& Baron, J. (2001). "Response Mode Effects and Moral Values," *Organizational Behavior and Human Decision Processes*, 84: 177—197.

——& Naylor, R. W. (2009). "Ethical Decisions and Response Mode Compatibility: Weighting of Ethical Attributes in Consideration Sets Formed by Excluding Versus Including Product Alternatives," *Journal of Marketing Research*, 46: 234—46.

——Slovic, P., Lichtenstein, S. & McClelland, G. H. (1993). "Preference Reversals and the Measurement of Environmental Variables," *Journal of Risk and Uncertainty*, 6: 5—18.

——& Spira, J. S. (1997). "Anomalies in the Values for Consumer Goods with Environmental Attributes," *Journal of Consumer Psychology*, 6(4): 339—363.

Johnson, E. J. & Goldstein D. G. (2003). "Do Defaults Save Lives?" *Science*, 302: 1338—1339.

Kahneman, D. & Knetsch, J. L. (1992). "Valuing Public Goods: The Purchase of Moral

Satisfaction," *Journal of Environmental Economics and Management*, 22(1): 57—70.

Ledyard, J. O. (1995). *Handbook of Experimental Economics*. Princeton University Press.

Levin, I. P. (1987). "Associative Effects of Information Framing Onhuman Judgments," Paper presented at the annual meeting of the Midwestern Psychological Association, Chicago, IL.

——& Gaeth, G. J. (1988). "Framing of Attribute Information Before and After Consuming the Product," *Journal of Consumer Research*, 15: 374—378.

Lichtenstein, S., Gregory, R. & Irwin, J. (2007). "What's Bad Is Easy: Taboo Values, Affect, and Cognition," *Judgment and Decision Making*, 2: 169—188.

Liu, W. & Aaker, J. (2008). "The Happiness of Giving: The Time-Ask Effect," *Journal of Consumer Research*, 35(3): 543—557.

Loewenstein, G. F. & Prelec, D. (1992). *Choices Over Time*. New York: Russell Sage Foundation.

——Weber, E. U., Hsee, C. K. & Welch, N. (2001). "Risk as Feelings," *Psychological Bulletin*, 127(2): 267—286.

Luce, M. F., Bettman, J. R. & Payne, J. W. (1997). "Choice Processing in Emotionally Difficult Decisions," *Journal of Experimental Psychology: Learning, Memory, and Cognition*, 23: 384—405.

Luchs, M. G., Naylor, R. W., Irwin, J. R. & Raghunathan, R. (2010). "The Sustainability Liability: Potential Negative Effectgs of Ethicality on Product Preference," *Journal of Marketing*, 74(5):18—31.

Mackoy, R. D., Calantone, R. & Droge, C. (1995). "Environmental Marketing: Bridging the Divide Between the Consumption Culture and Environmentalism," in Polonsky, M. J. & Mintu-Wimsatt, A. T. (eds.) *Environmental Marketing*. Binghamton, NY: Haworth, 37—54.

Mazar, N., Amir, O. & Ariely, D. (2008). "The Dishonesty of Honest People: A Theory of Self-Concept Maintenance," *Journal of Marketing Research*, 45(6): 633—644.

——& Zhong, C. B. (2010). "Do Green Products Make Us Better People?" *Psychological Science*, 21: 494—498.

McGuire, W. J., McGuire, C. V. & Winton W. (1979). "Effects of Household Gender Composition on the Salience of One's Gender in the Spontaneous Self-Concept," *Journal of Experimental Social Psychology*, 15(1): 77—90.

Nadler, J., Irwin, J. R., Davis, J. H., Au, W. T., Zarnoth, P., Rantilla, A. & Koesterer, K. (2001). "Order Effects in Individual and Group Policy Allocations," *Group Processes and Intergroup Relations*, 4: 99—115.

Namkoong, J. & Irwin, J. R. (2010). "Prospective Motivated Reasoning in Charitable Giving: Making Sense of Our Future Behavior and Protecting Our Future Self," Working Paper.

National Renewable Energy Laboratory (2004). "PV Facts: What Is the Energy Payback for PV?" Available at <http://www.nrel.gov/docs/fy04osti/35489.pdf>.

Nyborg, K., Howarth, R. B. & Brekke, K. A. (2006). "Green Consumers and Public Policy on Socially Contingent Moral Motivation," *Resource and Energy Economics*, 28(4): 351—366.

Ostrom, A. & Iacobucci, D. (1995). "Consumer Trade-Offs and the Evaluation of Services," *Journal of Marketing*, 59: 17—28.

Oyserman, D. (2009). "Identity-Based Motivation: Implications for Action Readiness, Procedural-Readiness, and Consumer Behavior," *Journal of Consumer Psychology*, 19 (3): 250—260.

Putnam, R. D. (2000). *Bowling Alone: The Collapse and Revival of American Community*. New York: Simon and Schuster.

Read, D., Loewenstein, G. & Kalyanaraman, S. (1999). "Mixing Virtue and Vice: Combining the Immediacy Effect and the Diversification Heuristic," *Journal of Behavioral Decision Making*, 12: 257—273.

Reed, A. & Aquino, K. F. (2003). "Moral Identity and the Expanding Circle of Moral Regard Toward Out-Groups," *Journal of Personality and Social Psychology*, 84(6): 1270—1286.

Rozin, P., Grant, H., Weinberg, S. & Parker, S. (2007). "'Head Versus Heart': Effect of Monetary Frames on Expression of Sympathetic Magical Concerns," *Judgment and Decision Making*, 2(4): 217—224.

Sachdeva, S., Iliev, R. & Medin, D. L. (2009). "Sinning Saints and Saintly Sinners: The Paradox of Moral Self-Regulation," *Psychological Science*, 20(4): 523—528.

Shariff, A. F., Norenzayan, A. (2007). "God Is Watching You: Priming God Concepts Increases Prosocial Behavior in an Anonymous Economic Game," *Psychological Science*, 18(9): 803—809.

Slovic, P., Fischhoff, B. & Lichtenstein, S. (1979). "Rating the Risks," *Environment*, 21 (14-20): 36—39.

——& Peters, E. (2006). "Risk Perception and Affect," *Current Directions in Psychological Science*, 15: 323—325.

Srinivasan, S. S. & Till, B. D. (2002). "Evaluation of Search, Experience, and Credence Attributes: Role of Brand Name and Product Trial," *Journal of Product and Brand Management*, 11(7): 417—431.

Strahilevitz, M. & Meyers, J. G. (1998). "Donations to Charity as Purchase Incentives: How Well They Work May Depend on What You Are Trying to Sell," *Journal of Consumer Research*, 434—446.

Tajfel, H. & Turner, J. C. (1979). "An Integrative Theory of Intergroup Conflict," in Austin, W. G. & Worchel, S. (eds.) *The Social Psychology of Intergroup Relations*. Monterey, CA: Brooks-Cole.

Teisl, M. F., Roe, B. & Hicks, R. L. (2002). "Can Eco-Labels Tune a Market? Evidence from Dolphin-Safe Labeling," *Journal of Environmental Economics and Management*, 43 (3): 339—359.

TerraChoice (2009). "The Seven Sins of Greenwashing: Environmental Claims in Consumer Markets," Available at < http://sinsofgreenwashing.org/findings/greenwashing-report-2009/>.

Tetlock, P. E., Kristel, O. V., Elson, S. B., Green, M. C. & Lerner, J. S. (2000). "The Psychology of the Unthinkable: Taboo Trade-Offs, Forbidden Base Rates, and Heretical Counterfactuals," *Journal of Personality and Social Psychology*, 78(5): 853—870.

Thaler, R. H. & Sunstein, C. R. (2008). *Nudge: Improving Decisions about Health, Wealth, and Happiness*. Yale University Press.

Thogersen, J. (1999). "The Ethical Consumer. Moral Norms and Packaging Choice," *Journal of Consumer Policy*, 22: 439—460.

United Nations Environment Programme（UNEP）（2005）. *Talk the Walk: Advancing Sustainable Lifestyles through Marketing and Communications*. UN Global Compact and Utopies.

van Heerde, H. J., Gijsbrechts, E. & Pauwels, K.（2008）. "Winners and Losers in a Major Price War," *Journal of Marketing Research*, 45(5): 499—518.

Vasterman, P., Yzermans, C. J. & Dirkzwager, A. J. E.（2005）. "The Role of the Media and Media Hypes in the Aftermath of Disasters," *Epidemiologic Reviews* 27（1）: 107—114.

Vohs, K. D., Baumesiter, R. F. & Chin, J.（2007）. "Feeling Duped: Emotional, Motivational, and Cognitive Aspects of Being Exploited by Others," *Review of General Psychology*, 11(2): 127—141.

21 以市场分割方法理解绿色消费[①]

Timothy M. Devinney

尽管大量的学术研究已经关注对绿色消费者——更准确而言,是支持"绿色"态度者——的发掘与表征,但是却很少有研究理解拥有不同程度和类型环境担忧的消费者的分割特征。了解伦理和绿色消费者不均一性和分割特征的重要性可从如下的引用中看出:

根据 LOHAS(2002)对绿色经济趋势的追踪研究所示,大约 30％的美国成年人——6300 多万消费者——现在正在购买拥有健康、环保、社会公正和可持续性价值的产品。该市场一年的价值约 2270 亿美元,并在稳步扩张,在2020 年将达到每年 10000 亿美元的市场规模。

若上述所言均是事实,那我们预计,约 30％的日常用品将是有机的,30％的汽车会采用混合动力,30％的咖啡将被公平交易。但是,这几种观点中没有一个是接近真实的。

对于态度和意图的大胆陈述与日常消费者行为的事实存在明显的断裂,这使得将态度作为需求预测或分割特征来源受到了质疑。对于影响消费的态度,我们需要所测定的态度和态度相关行为之间见解的统一。在调查和使用真实情景限制的行为中出现的社会负载下"被表现"的态度往往并非如此。但是这并不意味着绿色消费者不存在或者绿色倾向的片段无法被找到。其所暗示的是我们必须考虑到:(a)个人价值和态度的变化,(b)态度和价值测量方式的正确性,(c)相关行为所受的限制和情景(以及其如何与态度相关)和(d)促进行为揭示价值和态度的机会。

————————

① 该研究由澳大利亚研究委员会探索基金项目支持。本章因 Grahame Dowling,Pratima Bansal 和 Andrew Hoffman 的深刻见解而得到巨大提升。

本章将关注我们如何能将市场分割模型应用到对绿色消费者特征变迁过程的理解之中。由于学术研究有限且商业研究的质量又参差不齐,并存在目的性偏见,或者只针对非常特定的组织需求,本章所述内容更多的是原创性思考,而非对已完善建立的文献总结。

下一节勾勒出分割的两种方式,并认为当尝试了解社会负载的消费行为时,两者中只有一个是有效的。之后我们将讨论如何从这种观点思考分割问题。我们以一些管理启示作为总结。

21.1　分割模型

对市场分割的意义和操作化拥有清晰理解将非常重要。在其最基本的形式中,分割与消费者对产品成分的敏感性相关,这在消费者购买具有更多渴望成分或更少不渴望成分产品的意愿中得以揭示。这是在特定环境中对一个特定价格下拥有特定属性组合的产品进行"需求"差别的表征过程,或是对拥有相同属性组合产品消费者所愿付"价格"差别的表征过程。Schlegelmilch, Bohlen & Diamantopoulos (1996)和 Diamantopoulos et al. (2003)对目前为止应用到"绿色"消费者领域的学术文献进行了最完整的综述,其中包含了大量本章中我们将要讨论的商业应用。

这种差异化的需求可以从很多原因中产生——一些是理性的,一些是不够理性的。首先且最重要的是,它可以是对"每个人都有自己的口味"这一陈述的自然反思——口味到底如何解释。不同的理性个体可以简单地拥有不同的喜好,这在用以决定购买何者的不同决策模型中出现。其次,差异化的需求也会由个人面对显示特定不同需求成本的不同情景或背景而引发(见 Gershoff & Irwin 本手册[第 20 章])。人们可能渴望相同的事物,但这些事物或是不可得或是可用截然不同的成本获得,这最终导致人们选择的差异。第三,这也可能是因为个人对说服(如广告、信息)、社会压力或其他与购买情景相关因素的敏感性不同。最后,正如 Shu & Bazerman (本手册[第 9 章])细致的讨论所言,认知偏见也会带来差异化需求。这种差异化需求可以通过很多方式被组织发现,虽然其从根本上是与对价格的不同要求相关,但最终却引起了差异化需求。

我们必须重点关注我们对分割的定义与商业市场研究中的定义存在何种细微但却重要的差别。例如,在一种典型的方式中,NBC 环球公司(Banikarim 2010)确定了不同的分段,其包括:阿尔法生态(对绿色事业的深度承诺）、生态中心（关心绿色产品如何让他们自身获益）、生态时尚（想要获得能被他人视为绿色的标志）、经济学的生态（更少关心绿色）以及生态母亲（强调针对小孩的绿色产品）。NBC 环球公司关注人们对于"他们为什么购买"说了什么，以及其在不同的团体如何不同，而非他们真正做了什么以及这会如何将他们与类似情景中的他人区分开。尽管了解人们为何未能把意图转化为行动可能会与沟通战略等相关，但市场分割最终将与有效表征和预测相关。分割模型忽视了不同人表现不同的理所应当的"为什么"，除非这些"为什么"给行动提供了重要见识并助其转变为更大的利润、消费者满意度或者企业战略其他方面的提升。

在对两种特定分割方式的细节讨论之前，我们必须了解方法中潜藏在逻辑之下的根本参数。我们最终关心的是消费者会选择什么——如一个"绿色"选择——以及其在不同个体间（或不同分段间）如何变化。这可以与三种主要因素相关联：①购买发生的外部情景；②决策制定的方式或偏见；③基于个人经历，如价值观和性格，以及可视的或固定的协变量，如性别、年纪、收入等的个人差异。

虽然明显的是所有这些因素都相关且应混合，但是我们将讨论为什么了解这些因素在消费者决策过程中所占据的位置以及如何测定它们将是至关重要的。标准市场研究方法使用所谓的先期分割模型。该模型并不忽略决策模型，但其会将决策模型视为具有假定形式的黑箱中的某一部分。其强调描述者将之前经历作为首要驱动力而成为选择预言者的过程。行为分割关注决策模型，并尝试理解人们用以做决定的模型如何依个人和情景的不同而变化。

21.2　有效分割的必要条件是什么？

首先，有效分割要求所显示的偏好具有多样性。这是一个复杂的问题，可以被分割为许多成分，其中一部分关注偏好方面，其他一些则关注显示方面。

我们可以认为消费者在其已知的偏好这一方面是完全不同的。我们暂且假设人们知道自己的偏好。例如一些个体，纵使是在最为理想的情况下，也可能简单地忽略环境问题，而其他一些人处于最悲惨情况下却能给予环境问题最多的偏好。这暗示当个人对可得产品的成分具有不同的敏感性时，分割的机会便出现了。在环境情景下，个人可能因为产品的绿色属性/特征，或产品拥有一种其他竞争产品所没有的属性，或竞争产品拥有一个"坏"属性而选择购买该产品。这可以用图 21.1 的矩阵来说明。

产品1

产品2	绿色＋	绿色0	绿色－
绿色＋	A	B	C
绿色0	D	E	F
绿色－	G	H	I

降低

图 21.1　具有风格化的分隔模型

在我们的简化世界中只存在两类可能的产品（产品 1 和产品 2），我们假设企业可以选择提供任何一种但不能同时提供这两种产品。这些产品可以是绿色（绿色＋）、中性（绿色 0）或者是环境破坏型（绿色－）的。我们可以很明显地发现，对角线上的单元（A，E，I）并未给绿色凭证提供分割的机会，这也称为异质性论据。若偏好没有差异，那分割也毫无价值。在消费者关心的事物中，分割选项并非即刻清晰。当存在绿色消费者而其他人是中性消费者时，则单元 B 和 D 最为明显，G 和 C 也可以被使用。若提供一种绿色产品的成本非常高，而潜在的绿色分割很小，并且剩余的人根本不关心环境问题，那么提供环境破坏型的产品将变得合情合理（意味着分割对是 C/G，而非 B/D）。

如果存在一种负面的来自环境破坏对消费者价值的影响，那么这种分割效果将会被缓解。在这些情景中，个人不需要积极主动的绿色才能保证绿色分割的存在！在这一情景中，消费者想要避免具有负面环境定位的产品（绿色－），但也没有对于环境的正面倾向——他们不会找寻（绿色＋）产品。相反的逻辑暗示，明显的解决方法是存在“中性”分割，其会付出一些代价避免环境破坏型产品，而其他一些人则继续购买环境破坏型产品；从而分割形式会变成 F/H。然而，即使没有人想要正面的环境结果，但人们可能会有强烈的避免有害环境结果的倾向。因此，这种效果可能会导致企业强迫拥有这些倾向的人进行（绿色＋）产品的购买，这也意味着分割形式变成 C/G①。

这一讨论意味着：(a)有效分割要求存在真实的和可付诸行动的偏好差异；(b)这些偏好差异可以包括对负面属性的避免以及对正面属性的渴望；(c)从偏好中出现的分割可能会比偏好本身更极端；以及(d)绿色分割的建立将可能真正导致一种“反绿色”分割的对抗建立。

最后两点（c 和 d）带来了有效分割揭示方面的问题。在调查和实验中，个

①　请注意这假定了市场力量的作用。

人给我们提供了"阐明的"偏好。在调查中,这比猜测自己可能会做什么或相信什么的人数要稍多一些。在环境或社会属性的案例中,人们的反应会受到个人偏见和给予社会可接受回答的渴望的强烈影响。在实验案例中,实验可以是实验室型、基于调查型——我们将从调查中获得怎样的控制样本——模拟,或是购买真正发生的实地实验等。尽管实验更少受限于社会接受偏见,但除非是模拟或田野实验与消费者环境购买情景非常相似,否则实验与人们真实购买时所做事情之间仍为弱联系。当消费者即将购买时,这些偏好的显示将受到市场中完全由可得性所决定的机会的影响,而这也完全由企业所决定。

图 21.2 对我们在讨论分割的不同形式及其有效性时所陈述的和显示的偏好中什么将会更重要的问题进行了综述。

	陈述的		显示的
范例	目标群体	实验	观察
	访谈	模拟	购买
	调查		面板数据
正面影响	简单操作	包括权衡取舍	现实的
		接近行为本身	与市场行为直接挂钩
		困难"游戏"	
负面影响	社会响应偏差	人工的	成本高
	猜测的结果		受市场变化影响
	与有限的行为相关		

图 21.2　陈述的和显示的偏好

有效分割的第二个要求是在市场竞争中可以幸存。(a)是一个必要条件,其中分割是消费者偏好结构的不均一以及企业比竞争对手更高效利用或协调这种不均一的能力这两者的结果。换而言之,分割必须具有可持续商业化特点。

使分割在企业可行的第一个问题是,在一个产品因果中增加产品类别导致规模经济和范围的减少,而非更专业的产品的需求增加所导致的。换言之,分割要求那些获得更专业产品的消费者将价值归因于其所接受的专业化,从而支付规模经济损失所带来的成本费用。

我们通过观察类似于全食超市等企业的产品来阐明最后一个观点。在全食超市购物时,消费者本质上在购买情景中经历"完全有机"的产品,因为零售店要求其供应商严格遵从这一规定。因此若我想要成为一位"有限的"有机消费者——我想要购买的奶制品和肉制品是有机的,但是不介意其他食物是否有机——我将在全食超市购物中经历两难困境。我可能需要在多个商店中花更多时间购物,或者我需要高价购买一些产品:但(a)产品不满足我理想需求(我不需要有机,但他们却是有机的),以及(b)价格超过我对单个商品的保留价格(但是低于我对捆绑产品的保留价位)。这会带来一个讽刺的结果,仅仅因为我太懒,或者发现花更多时间购买非有机替代产品的成本过高,我才成为了一个"显露的"全有机消费者。

这个例子也表明为何从简单的销售数字中推测一些对消费者喜好理解有意义的事物是如此困难。例如,人们对于公平贸易咖啡产品销量剧增的现象有巨大的研究兴趣。但是正如 Argenti(2004)和 Devinney, Auger & Eckhardt(2010)的实地研究所示,这更多是一种基于市场可得性的现象,而非消费者需求所驱动的潮流。基于直接销售给消费者的公平贸易咖啡销量,我们所能说明的是,当产品对于消费者而言可获得时,他们并不会因为产品是否是公平贸易而主动逃避(这也正是当今很多咖啡商店中发生的情景)。类似的直接给予消费者的环境解决方案(如高能效电器)的失败或成功反映出,监管和标准的变化是为了满足特定利基政治兴趣而发生,并不能揭示消费者是否真正想要走向绿色。例如,人们不可能在澳大利亚购买到非节能灯泡,因为这是被禁止的。因此,如果监管机构要求,或者主要生产商着重生产主导的节能电器,则可能发生无论消费者是否喜好节能电器,它都会变成市场中的主流设计的现象。

第二个问题是分割在竞争环境中是否稳定。让我们回到图 21.1 中,假设存在第三家运营企业。企业 1 起初便提供绿色产品,而企业 2 和 3 需要决定是否一开始就:(a)提供绿色产品;(b)提供中性产品;或者(c)提供环境破坏型产品①。假定消费者有偏好可以暗示他们是否想要好的环境产品,或者他们对此无所谓。对于那些无所谓的消费者,从需求角度而言中性和破坏型产品地位相同。对于那些要求(绿色+)产品的消费者,甚至连中性产品都不可以。在这些情景中企业 2 和 3 只有两种选择:同时提供环境破坏型产品,或者其中一家提供环境破坏型产品而另外一家则提供(绿色+)产品。但是没有任何一家会提供中性产品,因为:(a)中性产品不够格替代(绿色+)分割;且(b)这对无所谓的消费者而言成本太高。无论这些企业做何种选择,他们总会放弃分割中的一种,从而减少了获利可能性,同时也可能进一步增加价格并超越起初的正当定价。结果是否可以盈利将决定分割的形式和结构。

---

① 当人们不正面地重视环境友好型产品,但是希望避免环境破坏型产品时,这一例子也适用于其他案例。

21.3　分割中的个体

之前小节的讨论说明,个人偏好的不均一性将是有效分割的必要而非充分条件,而且这种不均一会导致非显著结果。在这一点上,我们忽略了不均一性的来源——个人偏好——以及其具有的不同形式。

个人以三种基本方式进入分割的讨论中:(a)购买倾向的差异;(b)属性敏感性的差异;(c)偏好的变化。理论上而言,当个体消费者拥有不同的决策模式时,分割便会出现①。在之后的讨论中,我们将关注最常见的基于(b)和(c)情景的分割。

分割中最明显的方面通过对产品属性对市场和个人消费者接受这些产品不同反应的影响的检验得出。因此,分割成为了企业寻求混合属性产品来最有效地平衡消费者意愿(如混合动力汽车中动力和燃料效率之间的选择)的一个过程。

从更实用主义的角度而言,企业面临两种战略选择。第一种是他们仅仅需要向市场提供一系列具有不同属性组合的产品,消费者会根据个人倾向自然选择最想要的一个。这是自然或显示的分割解决方案。第二种是根据个人对该问题的敏感性和个人特征之间的关系,锁定特定的消费者。这是目标分割解决方案。自然分割要求:(a)消费者在一定合理的程度上了解自己的偏好;(b)产品的相关组合是可行的;且(c)消费者充分了解市场中的替代产品,可以合理地选择。目标分割解决方案更容易控制,因为其将众多的搜索负担从消费者身上移除了,且允许消费者接受相关的信息(说服)。

分割也会受消费者偏好变化影响。选择的变化可能在如下情景中出现:(a)个人积极寻求多样性;(b)个人对自己的偏好没有概念(因此选择似乎是随机的);以及(c)可得的替代产品属性并不包含他们所考虑的因素。在该情景中,你将拥有不同分割来源,将不同敏感性与如下因素相关联,例如:(a)厌倦——从而需要多样性;(b)经验——因此存在个体消费者不了解他们偏好的可能性;(c)影响个体消费者选择但是不易被捕获的无形因素——如为了看起来表现"好"而选择绿色(如 Griskevicius et al. 2010);(d)导致选择变成随意和非理性的认知和其他心理学因素(如 Shu & Bazerman 本手册[第 9章]);以及(e)在模型中未被解释的情景因素。

---

①　与 Shu & Bazerman(本手册[第 10 章])的观点相一致,我们也可以加入基于个人认知偏见的第四种分割基础。

21.4　先验性分割及行为分割

　　到目前为止,我们已经给个人消费选择以及消费者喜好的不均一性如何导致分割机会这一问题提供了一个逻辑结构。从一种更实用的观点而言,我们也需要检验分割涉及哪些基本的理论结构逻辑。如今被使用的分割模式主要有两类:先验性分割和行为分割。对于绿色消费者的商业和学术研究主要采用先验性分割(Cotte 2009)。

　　先验性分割基于购买之前的可见特征而产生。一个典型的先验性模型如图 21.3 所示。其逻辑建立在个人拥有先前购买经历的前提之上。对于绿色消费者而言,其可能是多种范围内所测定的"价值"、对特定环境原因的一个明确表述的偏好、多样的环境倾向等。先验性分割模型的主要观点是,企业试图寻找与不可见驱动力相关的可见测量。换言之,驱使消费者走向绿色的是不可见的价值和个人倾向,而可见因素如性别、教育、收入、居住地等则成为了精准目标客户的描述者、预测者或区分者。

　　从一个实用的观点出发,先验性分割常常依赖以下过程:

　　(1)就作为经验的价值、态度和其他因素对潜在和实际的消费者进行调查:分析经历以发现普遍倾向;

　　(2)就可观察因素(如年龄、性别、以往行为、商店喜好等)对潜在和实际的消费者进行调查;

　　(3)以相关技术(例如因素和聚类分析)对可观察因素与经历进行相关分析;

　　(4)就特定类型产品的购买意愿对潜在和实际的消费者进行调查,将购买意愿与经历和可观察因素进行关联;

　　(5)以实际购买活动证实购买意愿。

　　学术研究很少进行过程(5)的分析,尽管在商业领域中人们普遍假定其中有某种关系的存在,因为那是金钱发源地。但是对于态度—行为差距的研究(如 Boulstridge & Carrigan 2000;Carrigan & Attala 2001)却表明,其预测数据要比人们所渴望的低。

　　行为分割与图 21.3 中的逻辑相反,其所关心的是面对限制时人们将做什么,而不是忽略限制时人们想要做什么。经历也会变成无形的,因为起作用的只有行为差异。换言之,经历影响结果这一假设并不是强假设(尽管我们的了解可能有助于向特定目标团体传递信息)(见图 21.4)。

　　图 21.4 呈现了一个简单的行为模型。我们必须指出其与图 21.3 存在两

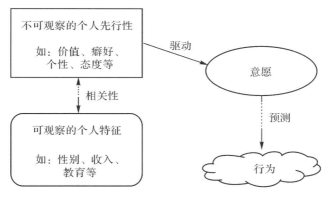

图 21.3　一个简单的先验模型

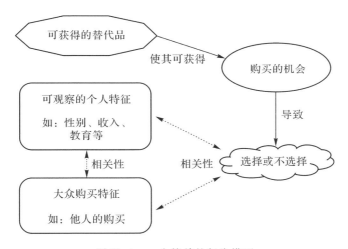

图 21.4　一个简单的行为模型

点主要的不同。首先,可获得的替代品给予了消费者选择或放弃购买的机会。可得性的选择条件揭示了消费者不同的价值评估。从分割的观点而言,当面对类似或者完全一样的替代选择时,个人所做的不同选择将是重要的。在实验方法的例子中,可获得的替代产品可以被限制为完全相同(或者从设计观点而言,是信息上等同)。在市场数据的案例中,可获得的替代产品需要足够多样化才能带来真正不同的选择机会。但是在任何一个案例中,目的都是让个人以确定决策时心智模型的方式揭示个人偏好。之后所要关心的是:(a)当完全相同的替代产品可得时,决策时的根本性差异可以到达何种程度;以及(b)这些差异是否与个人的可见特征,以及/或者他人购买时可见模式相关。从而使得目标分割可以为企业所用。

行为分割的最简单例子是"购买了这些物品的消费者也购买了……"这一在亚马逊等网站上随处可见的功能。这只是个人之间的一种匹配实践,当更多人的更多信息变得可得时,这种实践变得更为准确。更为精密的变化范围也能解释个人特征,从而也出现了"像您一样购买了该物品的消费者也购买了……"。如果能拥有个人购买行为的充足数据,这会变得相当准确,正如乐购(英国)公司和冯氏(美国)公司使用海量数据库和忠诚项目,进行非常特定的基于行为的目标选定。

先验性和行为分割之间的差别意义深远且启示重大。例如,"分割 1"的概念或者大规模定制必须基于行为分割逻辑。先验性分割在表征人口方面非常有效,而行为分割却可以表征那些由于类似性充足或不充足而代表某一群体的个人。我们可以在这两种方法如何创造新绿色产品的过程中看到这一点。

接受先验性分割原则的人首先会尝试理解是什么驱使着绿色消费者,并调查他们的价值观、兴趣和"有益于环境的渴望"。人们可能会对例如"我认为地球环境是公共产品,需要所有人去保护",或者"我在购物时会考虑我的碳足迹"等问题,依据"不代表我/充分代表了我"进行 1～5 分的打分。这些反馈会与特定的个人特征和购买意图进行关联。产品随后将依据这些反馈进行开发。

先验性方法中的一种经典方法是 LOHAS 分割法。LOHAS 使用了图 21.3 所勾勒的过程,并在其原始构想中出现四个分割——健康和可持续性的生活方式(LOHAS,19%)、崇尚自然(15%)、随大流者(25%)、墨守成规(24%)——存在 2006 年后增加了第五个分割,漠不关心(17%)[①]。这些分割比我们在美国国家广播环球公司(National Broadcasting Company,NBC)所见的要更普遍,因为它们更少受意图而更多地受基本态度差异驱使。一定程度上,它们不如美国国家广播环球公司的做法更有效,只不过是将个人分布在如下的连续范围上:

在任何情景下我都不关心 ←--------→ 这是我生活中的第一首选

此外,该方法也被一个事实所扼杀,那就是分割本身并不与市场趋势相结合,因为它们完全从特定市场和产品情景中抽象出来。换言之,如果个人处于"漠不关心"的分割中,则他们在所有情景下都是"漠不关心的"。如果他们是 LOHAS 消费者,则他们在任何地方购买任何东西时都是 LOHAS 消费者。该方法的模糊可以在本节开始的引用中看出。存在的问题不是因为先验性方

---

① 百分比是指美国人口比例。LOHAS 分割可查阅其网站:http://www.lohas.com。

法没有足够信息，而是这些信息的准确性不足以被有效使用。

那些遵循行为方法的人一开始会尝试确定新产品的哪些成分与"绿色"相关。之后他们会建立同时包含环境和功能成分，以及品牌、价格和其他成本的产品选择模型，并根据实验设计改变这些参数。最后他们会以一些形式将其呈现给样本个体——例如离散选择实验，模拟的购物环境，可行的话甚至以实体店形式。关于购买选择和购物的个人信息都会被搜集。该过程会被重复且产品会被改良，或者包括沟通、广告和分销等活动的类似实验或测试将会被实施。这些被客户需求，且技术上和财务上对于企业可行的特征的混合体将会驱使商业产品的发展。

想要发现公开可得的、直接与绿色消费相关的且基于市场的行为分割的商业案例非常困难。这部分是因为行为分割被一般化利用时没有意义（因此也不需要讨论 LOHAS 或 Eco-Moms）。由于强调购买情景，其也较难经受得起拥护全球信任的巨大压力的释放。此外，应用这一方法的这些人往往不希望将他们的发现公之于众，因为这会揭示其众多的实施战略（也因为这是产品层面的细化）。Auger et al.（2010）和 Devinney et al.（2010）在学术著作中提供了最完整的例子，这将在下一节中介绍。他们的工作揭示出避免单独关注绿色消费者的重要性。研究者应该关注一个完整分割模型的建立，包含个人购买决策计算过程中所有方面，其中部分可能是绿色的。

21.5　应用分割模型

正如我们所述，大量的研究试图理解绿色消费者。我们并非重复 Scammon & Mish（本手册［第 19 章］）和 Gershoff & Irwin（本手册［第 20 章］）的综述，而是关注三个应用领域：①先验性分割案例；②行为分割案例；③开发一种考虑分割模型应用的通用方法。

先验性分割

我们已经提供了两种被较好辨认的先验性分割案例，但是更多的案例必然存在，如最大且最复杂的案例，罗珀绿色计调查①。然而，正如我们所指出的，应用这些方法的难点在于评估其反映真实行为的程度。准确性的缺失已

---

① 罗珀绿色计调查的总结可参阅其网站：http://www.gfkamerica.com/practice_areas/roper_consulting/roper_greengauge/index.en.html。

经引发了对分割和行为特征关系中中介者和调解者的了解尝试——来解释态度与行为之间的差距。这不是通过询问这些基本模型是否正确,而是尝试找出阻止人们依据模型行动的"障碍物"。

这种信息往往从调查中获得,导致方案或多或少的平淡无味且泛泛而谈。例如 Mckinsey 对 7000 多名消费者进行了一项调查,以确定消费者为什么不购买绿色产品。他们发现五个障碍并提出相应的解决方案(见括号内):(a)对于生态友好型商品缺乏了解(教育消费者);(b)对于绿色产品的负面感知(建立更好的产品形象);(c)不相信绿色宣言(诚实);(d)价格较高(提供更多产品);以及(e)可获得性较低(把产品带给人们)。这些观点对于想要将消费者转化为更有效的绿色消费者的企业而言毫无帮助。事实上,如果忽略讨论中出现的绿色概念,这五个障碍完全可以应用到任意市场中的任意产品和服务中。

但是记住这些局限,当这些限制被合理理解时,则先验性分割也能有一些价值(Straughan & Robert 1999)。我们如何才能做到这一点呢?

一种修正的先验性分割方法

首先,我们需要对通往绿色的障碍有一个更为详细的科学理解,避免 Bonini & Oppenheim (2008)那样模糊的概念,并加入认知科学逻辑(如 Shu & Bazerman 本手册[第 9 章])。我们需要知道这些障碍是否是:(a)分割特定的;(b)在分割个体中内在还是外在的(如可能在这些情况下存在:与可得性相关或只影响女性,或在 Shu & Bazerman 例子中,与个体层面的认知偏见相关);以及(c)结构性的(例如,若其要求开展相关的市场行动,如投资辅助服务)。

第二且更重要的一点是,我们需要知道这些障碍如何影响行为。这由两部分构成。某些看似是障碍的事物并不意味着其必然影响行为。例如,我们常常可以看到个人声明其想要获得与某一原因相关的"更多的信息"(正如我们在 Bonini & Oppenheim (2008) 所见)。但重要的是个人是否会以积极主动的方式利用这些信息并带来亲环境的结果。例如,在一个未发表的实验研究中,我们给予个人接近与产品购买相关社会问题的众多信息的机会(例如环境标准)。但是,我们可以操作这些信息(其以 10 分钟的纪录片形式呈现),从而根据相关性将其分成"好"、"坏"或者"中性"。我们发现,这些信息很少改变行为,且个人更有可能记住那些与他们实验前态度相符合的事实。换言之,这些信息并非用于改变行为,信息选择只用以强化行为(以及之前陈述的信仰)。

第三,这些分割如何进化?如果走向绿色是不可避免的,我们最终都会成为绿色消费者,而分割会失去其相关性。但是这暗示着我们需要了解分割的转变和进化。它并不一定是自然过程,因此其对于企业、非政府组织和政策制定者而言并没有巨大的战略重要性。尽管目前为止在营销文献中关于人们如何穿越分割仍未存在有意义的研究工作,但是却有大量研究致力于研究生活方式分割的进化过程。

这些结合在一起提供了一种战略是如何建立在先验性分割逻辑上的大致轮廓。当然这也假设了我们所得出的分割是有意义的。基于此,我们可以基于三个必要而非充分条件建立一个逻辑路径。

(1)潜藏在分割之下的理想行为必须被理解和表征。尽管先验性分割倾向于依赖真实行为,但特定分割若想变得有意义则必须在"最优"行为结果的基础上具有可表征性。

(2)分割必须是可接近的。可接近性意味着分割中适合个人的最理想行为必须是可识别的,且如果不可识别,并非是因为被识别的障碍的存在。可接近性并不必然意味着分割中的个人必须是可识别的,而仅仅是可以以某种方式接触到(如通过广告、产品定位等)。

(3)理想行为的障碍必须被辨别和理解。换言之,若分割中的个人并未以"理想"方式行动,这有可能是分割中的个人被错误归类了,或者是障碍阻止了人们追求最优行为。

基于此,企业有众多战略选择。首先且最为明显的是,企业可以尝试以某些方式缓和障碍。例如企业可以游说津贴,从而减少绿色能源选项的成本,或者他们可以组织一个全面禁令(正如一些国家中对白炽灯泡所做的那样)。我们必须说明,这并不会必然改变分割(因为其并未改变经历)。其次,企业可以"在障碍附近停止"。例如企业可以推出考虑了障碍或者完全绕开障碍的新产品和产品包装。第三,企业可以尝试改变个人在分割的位置。前两个战略旨在改变市场限制,而第三个战略则是对改变个人心理和动机的尝试。这也是为什么理解分割之间的转变具有重要意义。因此,如果目标是让更多的个人成为绿色消费者,最终起作用的将是他们如何从一个分割向另外一个分割转移。对于那些相信先验性分割的人,由于分割就是他们本身,这便成为了最困难的一个事实,且需要对更深层的且不太可能被轻易改变的经历进行定义和反思。

行为分割

为了阐明消费者决策模型的复杂性,作者提供了基于先前工作的例证,可能会给理解行为方法的逻辑和战略相关性提供指导(Auger et al. 2010)。

在两个产品种类,运动鞋和 AA 电池中,消费者必须在一系列替代产品中进行选择。他们所选择的产品在如下方面存在差异:功能属性(如电池寿命)、社会属性(如无汞/镉)、价格、品牌以及生产国。基于这一实验,我们可以估计:(a)产品选择对每个层次的功能和社会属性的敏感性;(b)个人之间这些敏感性的差异;以及(c)这些决策模型是否是产品特定的。该研究在以下方面与先验性方法进行区别:(a)从未询问消费者对环境问题的普遍看法;以及(b)从未直接向消费者询问特定产品属性。

图21.5呈现了由我们的实验估计出的原始分割形式。水平轴代表基于属性显著性而体现的属性的重要性。为了简化,我们集合了功能属性。我们想要在这个图中展示的是分割及其如何变化。三种分割可以被粗略辨认为(1)品牌,(2)价格,以及(3)社会。分割1由正面和负面的品牌关联关系(其他种类代表了地方品牌),正面和负面的产品生产国关联关系,以及产品的功能属性所驱使。分割2受到了价格以及产品当地生产这一事实的重大影响,假设不受到功能属性的影响。分割3显示了其自身对产品环境组成以及功能属性的关心。品牌和价格在他们的决策过程中几乎不起作用。

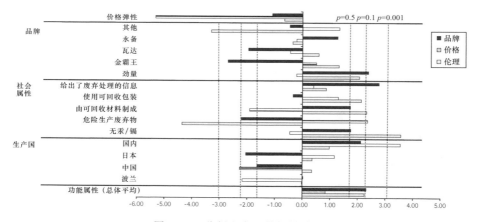

图21.5　分割和产品特性敏感性

我们可以很明显看出这些结果与先验性分割如何存在不同。行为方法并不关注于描述绿色分割,而是聚焦于确定那些拥有相关绿色成分的购买分割。其并不存在产品种类中存在需要被发掘的绿色分割这一先验性假设。只在个体层面上存在购买倾向的差异。任意消费者的"绿色程度"是由这种倾向被环境属性的存在或缺失所影响的程度决定的。

这些结果正在揭示出更多的内容,其可以被战略化使用,也有助于理解"更绿色化"的消费者。首先,价格敏感性和社会敏感性之间存在强烈的负向关系，这也使得对于不同产品属性的组合（也包括绿色属性）需要有效的定价方法。其次，社会属性必须与功能属性捆绑。那些愿意牺牲功能属性的人可能是为了价格（分割 2），而非为了环境（分割 3）。第三，品牌所扮演的角色非常古怪，因为那些关心环境的人没有正向的品牌的敏感性（他们似乎不愿为了品牌而付钱），但是却受到本地品牌的负面影响。最后，我们可以看到不同绿色属性的价值差异，以及它们如何影响选择。危险产品废弃物以及不含镉/汞占据了其他绿色属性种类。

　　总而言之，我们可以看到组织如何利用行为方法获得分割的信息。首先，他们需要理解搜索绿色消费者的过程与绿色无关，而与消费者有关。他们需要关注将绿色作为成分之一的消费模型。先验性分割的出发点基于绿色是行为主要决定因素这一信念。但事实并非如此，这只是复杂决策计算过程中的一个方面。此外，在讨论绿色消费者分割时若排除基于计算中所有其他方面的分割，则将有可能导致不正确的模型、分割特定化以及市场失望的更高可能性。这带来我们的第二个规则，了解绿色消费者要求我们理解消费者决策计算过程中的所有方面，从功能属性到购买发生时的环境等。我们喜欢将问题划分进不同的盒子中，从而更容易地进行分析，但事实上消费者始终处于复杂的取舍过程中。理解某人为什么是或者不是一个绿色消费者的问题同时也是询问他关心或不关心其他那些方面。当一个人不选择成为绿色消费者时，其可能与绿色"障碍"无关，但是个人可能有其他优先考虑项从而表现出他们单纯不"做绿色"。

21.6　总　结

　　本章强调了理解环境驱动的消费和绿色消费主义的复杂性。对于绿色消费者，很多我们理应知晓的东西在事实上却是非常有限的，因为我们所调查的现象与很多被使用的标准化市场研究技术并非完美契合，同时也受限于真正绿色替代产品市场的出现。

　　然而，正如我们所展示的，也存在替代研究方法以使我们对消费者心理有更好的理解，让我们能够评估他们绿色的程度。为了解释 Banikarim(2010)所述，我们所需知道的是绿色中有很多阴影，个人显现出的绿色程度不仅仅是由其自身颜色所决定，光线和其他周围的颜色也会产生影响。

　　三个至关重要的经验可以从如下的讨论中得出：

　　(1)**我们很少看到夜以继日的绿色消费者**。换言之，正如伦理消费者一般,LOHAS 消费者的无处不在仅仅是一个传说。它并不代表广泛行为,而是调查方法的人工产物。

因此,产生了以下观点。

(2)**若对于特定消费情景下的非绿色方面没有一个全面的了解,那么了解绿色消费是不可能的。**换言之,为了知晓绿色消费者之间的细微差别,你需要了解这只是对于特定市场中消费者分割的简单陈述,实际上是寻求对行为细微差别的整体理解。

(3)**战略上而言,这要求拥有一个有关绿色消费主义的演化战略,深入探索在消费的功能和社会方面消费者的取舍方式。**对于某些消费者来说,在某些市场中,绿色消费是非常合理的。对于这些消费者而言,绿色消费与不同生活方式所产生的无形利益相关。在该案例中,企业必须了解这些无形利益并想出一个独创性方式以期在产品和服务中捕捉并满足消费者无形的需求。

总而言之,我们讨论所强调的是,为了能够理解消费者,研究者必须首先理解行为,这也是最重要的。价值观、态度以及意图在理论上可能很吸引人,但是它们被证明过于易变和主观,会对个人真实购买行为本质产生偏见,而这也是分割包含的所有内容。有效的分割也是市场中可持续的分割,这是因为其揭露了真实且相关的取舍过程,对于消费者有意义,对于企业而言也有利润可得。

毫无疑问,环保主义和可持续性对于未来的人类至关重要。作为研究者,我们理应基于可用的最优研究方法给政策制定者提供最准确的指导。但是环境科学本身一直在演变,并有时应用于政策选择,有时没有成为政策选择项,这部分信息即使对于一些专家而言也是非常模糊的。随后混合了部分已被告知或未被告知的信息,使消费增加了一些复杂性,从而限制了最优理论和方法的研究。但是环境发展和个人决策制定之间的多方面交互作用也给发现提供了许多真实的机会。

如本章所讨论的以及本领域的研究,我们可以从三种方式来思考机会。

(1)目前的很多分割研究均过度关注于将个人作为某一产品或服务的消费者,而忽略了个人是社会体系的一部分。这在环境担忧的例子中格外明显,因为这些问题体现外部效应,且外部效应很少与作为自私市场消费者的个人产生共鸣。事实上,外部效应对于理性消费者而言是"坏的",但是绿色消费主义却尝试着让人们将其感知为"好的"。这两种观点都过于天真。我们生活在社会环境中,我们每时每刻都在将利益或成本强加于他人之上。未能解释人类社会背景将导致我们错失消费中至关重要的社会网络方面信息,而其对于未来的绿色消费主义可能也是十分关键的。我想要提出,仅仅关注环境结果的个人利益只是整个故事的一小部分,关注基于这些个人利益的分割也将限制我们对于让外部效应更少成为障碍而更多成为参与可持续行为诱因的重要性的理解。

(2)个人环境担忧会连同科学和相关技术一同演变,但是我们却很少知晓这将如何影响人类。我们并不清楚随着环境的改变消费者将如何反应,这也意味着个人偏好和市场共同演化过程中真实存在的研究机会。若未来和当今现实存在巨大差别,只询问人们如今相信什么或者今天和明天将如何表现并不必然与他们未来的行动存在关联。但是他们当今如何表现将有可能创造心目中那个未来,这一点需要我们理解。

(3)行为研究其实是对于决策模型的调查。决策将带来选择和行为。但是我们却很少观察决策模型的细节。这要求我们更深入思考如何研究实地行为,以及如何发展新的方式从而对人们的行为及他们为什么这么做进行剖析和理解。若可持续性成为一种新的生活模式,其最终必将为重大的社会问题和平凡个人的日常决策带来不同的决策制定方式。

参考文献

Argenti, P. A. (2004). "Collaborating with Activists: How Starbucks Works with NGOs," *California Management Review*, 47(1): 91—116.

Auger, P. & Devinney, T. M. (2007). "Do What Consumers Say Matter? The Misalignment of Preferences with Unconstrained Ethical Intentions," *Journal of Business Ethics*, 76(4): 361—383.

——Louviere, J. J. & Burke, P. F. (2008). "Do Social Product Features Have Value to Consumers?" *International Journal of Research in Marketing*, 25(3): 183—191.

——(2010). "The Importance of Social Product Attributes in Consumer Purchasing Decisions: A Multi-Country Comparative Study," *International Business Review*, 19(2): 140—159.

Banikarim, M. (2010). "Seeing Shades in Green Consumers," *Adweek* (19 April 2010). <http://www. adweek. com/aw/content _ display/community/columns/other-columns/e3i33e34f97cd-beee3ef24db33271b96735>, Accessed on 12 June 2010.

Bonini, S. & Oppenheim, J. (2008). "Cultivating the Green Consumer," *Stanford Social Innovation Review*, 6(4): 56—61.

Boulstridge, E. & Carrigan, M. (2000). "Do Consumers Really Care about Corporate Responsibility? Highlighting the Attitude-Behavior Gap," *Journal of Communication Management*, 4(4): 355—368.

Carrigan, M. & Attala A. (2001). "The Myth of the Ethical Consumer——Do Ethics Matter in Purchase Behaviour?" *Journal of Consumer Marketing*, 18(7): 560—577.

Cottee, J. (2009). "Socially Conscious Consumers: A Knowledge Project for the RNBS," Unpublished working paper, Ivey Business School.

Devinney, T. M. (2010). "The Consumer, Politics and Everyday Life," *Australasian Marketing Journal*, 18(3): 190—194.

——Auger, P. & Eckhardt, G. M. (2010). *The Myth of the Ethical Consumer*. Cambridge, UK: Cambridge University Press.

Diamantopoulos, A., Schlegelmilch, B. B., Sinkovics, R. R. & Bohlen, G. M. (2003). "Can Socio-Demographics Still Play a Role in Profiling Green Consumers? A Review of the Evidence and an Empirical Investigation," *Journal of Business Research*, 56 (6): 465—480.

Griskevicius, V., Tybur, J. M. & van den Bergh, B. (2010). "Going Green to be Seen: Status, Reputation, and Conspicuous Conservation," *Journal of Personality and Social Psychology*, 98(3): 392—404.

LOHAS (2002). "LOHAS Consumer Research," *LOHAS Weekly Newsletter*, June 10, 2002. Available at <http://www.lohas.com/articles/68495.html> (last accessed on 1 January 2011).

Namkoong, J. & Irwin, J. R. (2010). "Slam the Cause: Reactions to Being Asked to Contribute to a Charity," Working Paper.

Schlegelmilch, B. B., Bohlen, G. M. & Diamantopoulos, A. (1996). "The Link Between Green Purchasing and Measures of Environmental Consciousness," *European Journal of Marketing*, 30(5): 35—55.

Straughan, R. D. & Roberts, J. A. (1999). "Environmental Segmentation Alternatives: A Look at Green Consumer Behavior in the New Millenium," *Journal of Consumer Marketing*, 16(6): 558—575.

Train, K. (2009). *Discrete Choice Methods with Simulation*, 2nd ed. Cambridge, UK: Cambridge University Press.

Wedel, M. & Kamakura, W. A. (2000). *Market Segmentation: Conceptual and Methodological Foundations*, 2nd ed. Boston, MA: Kluwer.

第 7 部分

会计与财务

22　可持续性发展与社会责任报告、外部社会审计的出现：责任的挣扎？

Rob Gray，Irene M. Herremans

　　社会对于责任的定义已经拓展至包罗形形色色的利益相关者、多维度缜密的绩效评估和各种形式的稽核（Logsdon & Lewellyn 2000）。然而，商界对于责任的定义却仅指财务绩效中的责任。由于任何企业与社会及自然环境之间都存在不同程度的相互影响，而仅依靠财务报告无法掌握这些信息（详见 Cho et al. 本手册［第 24 章］），因此，这些企业的利益相关者（详见 Kassinis 本手册［第 5 章］）可能希望，有权利在财务责任的狭隘定义之外了解自身的环境（和社会）绩效。随着国际综合报告委员会（IIRC）于近期成立，对责任的多维度定义也正逐步被商界所接受。IIRC 是 IFAC（国际会计师联合会）、全球报告倡议组织（GRI）和王子可持续性发展项目共同努力的成果。IIRC 通过在财务业绩外添加环境与社会方面的非财务指标，与其他倡议一起，将报告书的重点从短期的财务业绩转移到决策的长期后果上。

　　本章将讨论关于问责制的现存状态，以及其如何逐步进化到囊括环境责任、社会责任和可持续性发展责任，并体现在报告书和其他披露形式中。

　　企业与利益相关者的沟通方式有许多种，包括通过财务报表和年度报告、广告、研讨会、游说、网站、专用报告和特殊报告等媒介。面向企业开放的这些传播媒介不断发展，引发了研究人员的兴趣，特别是那些对企业责任感兴趣的研究人员，他们历来都侧重于年度报告中的法定披露与非法定披露部分（见 Cho et al. 本手册［第 24 章］；Gray et al. 1995a，1995b，1996）。然而，在过去 20 年间，我们越来越关注在相对近期出现的一种新型报告，即"独立报告书"。最近我们开始发现，企业越发对使用网站作为信息披露的媒介兴趣益然（Patten & Crampton 2004；Lodhia 2005）。同时，当全面审查某一组织机构的责任时，需要对其使用过的所有媒介都进行分析（Zeghal & Ahmed 1990），而这一点却很少在文献中被提及。在某种程度上，这种文献空白源于一种特殊的观念，认为不同的媒介应被用来讨论不同的问题，或用于和不同的委托人进行交流。在某种程度上还存在另一个原因，即不同媒介所包含的材料中会出现明显信息重叠（甚至是信息冗余）。举例来说，网站可重现年度报告及独立报告书，但仅是对这些材料的复制（Freedman & Stagliano 2004）。但事实上，由于整理、校对、合并如此丰富的媒介资源是一项十分艰巨的任务，其价值却并不总是非常明显，从而也就因为实用性的原因限制了研究关注（或可详见 Unerman 2000）。

在本章中，我们将探讨不断扩展的现实与潜在的环境（社会）责任的构成要素。Cho et al.（本手册［第 24 章］）集中探讨了主要面向利益相关者及金融市场的年度报告及报告书撰写过程，而我们将拓展至更广泛的领域，并集中探讨（相对）近期的独立报告书及在民间团体中出现的"对立账目制度"现象。

独立报告书曾相继以许多名字出现，包括"环境报告书"、"公民报告书"甚至"可持续发展报告书"①。使这些独立报告书备受瞩目的独特之处在于当社会福祉及地球自身遭遇前所未有的威胁时，这些独立报告书可明确地体现企业在面对日益严重的环境管理、社会责任和地球可持续性发展问题时，其对责任的承担。事实上，世界上许多企业都发布此类自愿性责任报告书。显然，社会需要此类责任被承担，但并不能完全确定这些自愿性报告书可以切实地促使企业承担更多的责任，而不是增加显露此类责任。因此，尽管自愿性信息披露出现了令人印象深刻的显著增长，这反而更像是试图为企业活动设立独立的账目（通常称为"外部社会审计"）。此类民间社会机构活动稳步增多。

我们应进行一些初步观察。

首先，我们必须扩展简述的范围，超出对商业和自然环境的认知。任何对自然环境的感性理解都无法简单脱离人类社会与自然环境之间的相互影响和相互调解，也不得不意识到地球需要社会与环境的可持续性发展（详见 Ehrenfeld 本手册［第 33 章］）。因此，若不明确社会个体及其所担负的责任，探讨环境责任是粗陋浅薄的。同样，若对地球的（不）可持续性发展缺乏意识而探讨环境管理则在很大程度上失去了探讨的重点。

其次，企业报告书的发展方式模糊了所有社会的、环境的和可持续性发展报告之间的区别。虽然早期的报告书明显与环境报告相关，然而在 20 世纪 90

---

① 术语"可持续发展报告书"已成为最佳的标签选择，并被（错误地）泛指提供社会、环境和/或经济信息的报告，有时（再次错误地）与企业社会责任报告相互替代。

年代中期却并非如此，当时这种自愿性信息披露与社会责任紧密结合，最终演变出所谓的三重底线标准和可持续性发展报告书。在企业责任的背景下，区分社会、环境和可持续性发展报告徒劳无益，因此在本章中我们不会刻意这样做。

最后，对企业报告的行为、流程以及如何加以改善的解释存在重大差异，因这取决于企业是以围绕商业的（管理主义的、边际主义的）角度，还是以社会/地球的（全面的、激进的）角度进行报告。我们争取提供两种视角的观点及其论据。

本章的结构如下。我们首先探讨独立报告书的含义、其近代历史，以及此现象的决定因素。然后，我们分析一些互相对立的观点：针对这种令人瞩目且涉及面广的自愿性行为的不同评估方法。接着，从管理主义的角度，了解企业采用这种自愿性报告书时所面临的种种挑战。在这之后，我们将介绍这些独立报告书的用途、可靠性及对报告书的认证。在下一节中，我们将介绍另一种关于责任的不同观点——当无法知晓企业对责任真正的认知时，减少对企业希望向外界如何表述自己的关注，而更多地关注民间团队如何看，即：这些外部的组织可能会提出和产生些什么"账户"。最后，我们梳理出一些结论，为民主利益提出一些可以更好地调节民间团体、市场和国家之间关系的途径。

22.1　独立报告的出现

企业披露其与社会及环境相互影响的数据，在极大程度上，是一种自愿性行为。尽管（例如）澳大利亚、丹麦、法国和韩国等国家对此类信息披露都增加了监管力度，关于社会及环境信息的系统报告书仅有部分因法律原因而披露，但企业更多是出于自身（经常是复杂的）原因而采用自愿性信息披露（详见Cho et al. 本手册[第 24 章]）。

企业年度报告书中自愿性信息披露的增长、试验性质的社会及环境账目的出现，以及从 20 世纪 60 年代中期开始的雇员报告的增加，共同形成了大多数社会及环境报告书的研究基础（AICPA 1977；Estes 1976；Gray et al. 1996）。直到 20 世纪 90 年代独立报告书的出现，信息披露的重点才发生改变。

很难确定是什么带来了这种改变，但是 20 世纪 80 年代可能是关键性的 10 年。普遍的经济萧条或经济低增长率、高负债比率（特别是发展中国家），以及（可能具有讽刺意味的）新自由主义经济理论的涌现，伴随着一系列令世人关注的工业灾难（例如印度博帕尔化学品泄露事故、切尔诺贝利核泄漏事故、埃克森瓦尔迪兹游轮阿拉斯加港湾漏油事故），看上去都对（企业的信息披露）期望的改变起到了重要作用，可能在布伦特兰委员会上这种期望更加清晰具体了（UNWED 1987）。

独立报告书的主要案例是出现在 20 世纪 90 年代早期，如英国航空公司、加拿大诺兰达矿产公司和挪威海德鲁集团等企业撰写的环境报告书。很快，行列中加入了越来越多的大企业，并且撰写环境报告书的小企业也日益增多。报告书的发展被迥然不同的倡议机构激发和支持，包括一系列来自工业、政府和专业组织的指导和协调（United Nations 1992；International Chamber of Commerce 1991；Public Environmental Reporting Initiative Cuidelines 1994）。

直到 20 世纪 90 年代中期，由于认识到社会问题的重要性，纯粹的环境报告书概念发生了变化，因此我们看到报告书的题名现在变成了（例如）企业社会责任报告书或企业公民报告书。在世纪之交，这种发展反过来又因将独立报告书称为可持续性发展报告书而显得过于矫揉造作。无论题目如何，报告书都陈述了相互交织在一起的社会、环境和经济问题。

独立报告书的发展持续加速，吸引了过多的学术研究，发展的进程也被联合国环境规划署（Sustain Ability/UNEP 1996，2002）和 KPMG（1997 及下文）系统地监测及评估。表 22.1 整理自 KPMG 对世界上较大企业的实务情况报告中的调查数据。

报告书的数据明显呈上升趋势（虽然挪威在 2005 年和美国在 1999 年的数据有所下降），除了一些企业重新将独立报告书合并回其年度报告书中，这种增长显然会持续下去（Pallenberg et al. 2006）。然而，必须注意到（a）最大型企业依然是报告书的主要撰写者（接近 80% 的世界 250 强企业都撰写报告书，而表 22.1 中每个国家的前 100 强公司却只有不到半数这样做），以及（b）自愿性倡议已经发展了近 20 年，这些国家中依然只有不到半数的大型企业定期撰写报告书。

为自愿性报告书创建指南并被广泛地接受和采纳的尝试，在 GRI 成立之前都不甚成功。GRI 是一家拥有多方利益相关者的机构，其尝试为环境、社会及可持续性发展报告书创建一个框架及被公众接受的报告原则，类似于财务报告书中公认的会计原则。G3 指南（第三版，撰写中）包含针对报告书的内容、质量和报告界限的撰写原则及指导纲领。指南为企业的战略规划、管理方法和绩效指标提供了信息披露的标准，意图使报告书更加规范，并可在世界范围同业间进行比较。特定行业指导也被补充进指南中。之后，企业被邀约依照指南撰写报告书，并在 GRI 网站上呈交合规性申请①。表 22.2 显示了各国采取这种做法的企业数量。

---

① 　在编写本章时，全球报告倡议组织已成为国际综合报告委员会的重要组成机构。国际综合报告委员会是刚刚成立的倡议组织，其正探索一种将企业的可持续性发展报告书和财务报告书融为一体的报告书形式。

表 22.1 大企业报告的趋势（选定国家的前 100 强企业中发布报告的企业数的百分比）

单位：%

国家	1996 年	1999 年	2002 年	2005 年	2008 年①
澳大利亚	5	15	14	23	37
巴西	—	—	—	—	56
加拿大	—	—	19	41	60
捷克共和国	—	—	—	—	14
丹麦	8	29	20	22	22
芬兰	7	15	32	31	41
法国	4	4	21	40	47
德国	28	38	32	36	不适用
匈牙利	—	—	—	—	25
意大利		2	12	31	59
日本	—	21	72	80	88
墨西哥	—	—	—	—	17
荷兰	20	25	26	29	60
挪威	26	31	30	15	25
葡萄牙	—	—	—	—	49
罗马尼亚	—	—	—	—	23
南非	—	—	—	18	26
韩国	—	—	—	—	42
西班牙	—	—	—	25	59
瑞典	26	34	26	20	59
瑞士	—	—	—	—	28
英国	27	32	49	71	84
美国	44	30	36	32	73
全球 250 强企业百分比（数目）	—	35(88)	45(112)	52(129)	79(198)
毕马威国家平均数百分比（数目）	17(220)	24(267)	23(440)	33(525)	45(990)

注：改编自 KPMG(1997,1999，2002，2005，2008)

————————————

① 表中所列的数字不包括那些合并在企业年度报告书中的"可持续发展"报告，因为从 2008 年起，KPMG 开始对此类报告单独监测。这种做法使大多数国家的数据都被低估了 1%～5%。然而，一些国家在年度报告的统计中有出色表现，这些国家包括巴西(22%)、法国(12%)、挪威(12%)、南非(19%)和瑞士(21%)。

表 22.2　基于全球报告倡议组织统计的企业报告书数量

单位:份

国家	1999 年	2002 年	2005 年	2008 年
澳大利亚		7	17	62
巴西	—	6	10	71
加拿大	—	6	14	38
捷克共和国	—		1	1
丹麦	—	4	2	7
芬兰	—	1	12	14
法国	—	3	12	37
德国	—	5	18	39
匈牙利	—	3	4	9
意大利	—	3	12	40
日本	1	17	22	61
墨西哥	—		1	10
荷兰	—	5	26	39
挪威	—		5	9
葡萄牙	—	1	2	19
罗马尼亚	—		0	0
南非	1	10	22	51
韩国	—		8	46
西班牙	—	8	62	131
瑞典	2	2	9	23
瑞士	—	1	11	29
英国	1	14	24	46
美国	4	26	37	110
其他国家	—	18	55	208
全球	9	140	386	1100

摘自全球报告倡议组织网站的报告列表,2010 年 2 月 17 日采样。

注:表 22.2 中的国家由作者筛选,可与表 22.1 中 KPMG 的数据相比较。

　　表 22.2 中的企业(可能只是 GRI 自愿发布报告书的成员中的冰山一角)比 KPMG 关注的那些机构更加多元化。GRI 的名单上不仅有大型企业,也包括(例如)大学、小型价值导向的企业、社会型企业和非政府组织(NGOs),并覆盖了更多的国家。比较表 22.1 和表 22.2 可以看出,在一些国家(澳大利亚、巴西和西班牙最为明显)中,并非那些大企业占据着独立报告书撰写的主导地位。

　　这些数据使我们得出结论,尽管独立报告书是极其多样且流行的,并在不断增长,但绝不是普遍存在的。不可避免地,这引出了一个问题,即缺乏普遍性到底是否事关紧要？这转而又引得我们思考,这些报告书包含了哪些内容？其可靠性及其重要性又如何？本质上,我们如何解释这一显著的全球性自愿现象？这将是下一节我们探讨的内容。

22.2 争论的出现

虽然这种流行的自愿性现象似乎表明,企业能够自愿地展现其责任、义务和可持续性,然而这可能是一个值得怀疑的推论(参见 Walley & Whitehead 1994；Milne et al. 2009；Milne & Gray 2007；Gray 2006,2010；Moneva et al. 2006)。

两个直观的现象说明了问题本身。首先,独立报告书仅仅被少数企业采用。举例来说,全球估计有约 60000 家跨国企业,其中,可能实际撰写报告书的企业少于 2000 家(ACCA/Corporate Register 2004；UNCTAD 2005；Pallenberg et al. 2006)。其次,虽然不是没有认识到挑战和问题,但是报告书通常是有目的地展示企业活动的正面形象,其本质上是片面的和不完整的。所以,对于决策者来说,在某些情况下,由于报告书的内容粗陋浅显而显得无关紧要且毫无用处。(图 22.1 或多或少佐证了这一点。)

在一般情况下,独立报告书很大程度上展现的责任是企业希望读者看到的内容。而读者从大部分的独立报告书那里不会知晓,在何种程度上,企业是(或不是)承担了社会对其要求的义务和责任(Mintzberg 1983；Cooper & Owen 2007)。若企业不(也许无法)承担环境责任或保护环境的可持续性,那么社会须对此有所了解。然而,目前信息披露的现状使社会各阶层无法判断许多企业的可持续性发展状态。

争论相当地单刀直入。最广泛使用的可持续性发展报告标准是全球报告倡议组织指南。2009 年,有 1290 家企业(这在全球范围重要企业数量中占很小的比例)按照指南撰写报告书注册登记。而这 1290 家企业不会全都完全遵循 GRI 指南撰写报告书。就让我们宽宏大量些,假设其中的 1000 家完全遵照指南撰写报告书。GRI 指南是"三重底线"的粗略近似值(Elkington 1997；也请参见 Klassen & Vachon 本手册[第 15 章])。所有的评论员都认为 GRI 指南尚在完善中,且并未完全涵盖三重底线标准(Henriques & Richardson 2004)。更强大的分析表明,GRI 指南和三重底线甚至未曾接近,特别是在社会指标上(Moneva et al. 2006；Milne & Gray 2002；Gray 2006)。此外,三重底线并没有——完全不可能——为企业对社会及生态系统的可持续性发展作目前,一些世界上最大的企业已经有能力在企业报告书中量化他们与企业社会责任相关的商业业务并报道……企业责任报告书在许多方面正为公司创造价值(KPMG,2008:4,10)

三分之二的世界领先的上市公司现在都在正式地报告其可持续性发展……其中79家企业在他们的企业责任报告书中使用术语"可持续性",而这其中仅有2家企业最开始对"可持续性"给出了定义(SPADA,2008:9,3)

"对任何一家二十一世纪的企业来说,可持续性发展已成为强制性条件"(商业和可持续性发展(基础)会议,伦敦,2010年3月16—17日)

《可口可乐中国2008—2009可持续发展报告》中,86次提及了"持续的"或"可持续的",但是从未对其定义或将其与地球或正义联系起来。"我们评估一切以提高生产能力,减少浪费并最大限度地提高资源利用——将可持续性发展目标与经营目标相结合的清晰案例。(第2页)""LIVE POSITIVELY™(积极生活)是我们对世界做出积极改变的承诺。通过重新设计我们的工作和生活方式,我们视可持续性发展为我们所做一切的一部分。因此我们的经营活动顾及子孙后代。我们将专注于推动业务增长,创建一个更可持续发展的世界。(第6页)"

彪马公司的《2007/2008年度可持续性发展报告书》中,146次提及了可持续性;这份报告书是世界上最佳报告书之一,尝试通过其他机构间接地关联可持续性发展(瑞士永续资产管理公司,联合国全球契约组织,道琼斯全球可持续发展指数,这些机构本身并不能解释与可持续性发展相关的链接):"过去十年彪马的发展道路确实证明了,我们并不只是简单地探讨可持续性发展,我们采取了行动。"(第5页)"可持续发展是赋予的使命,而不是一种趋势……"(第52页)

图22.1　关于可持续性发展和企业社会责任报告书的一些提示性陈述

出的贡献或毁害的程度提供指导标准。三重底线原则上可以代表向(不)可持续性报告书发展的第一步,但是它并不是可持续性发展报告书。

事实上,先验推理会表示更可能的情况是所有商业组织实际上是不可持续的。因此,作为公民和研究人员,更明智的方法是在此推论的基础上处理商业和自然环境的问题并努力排除争端,而不是假设推论之后仅让社会去努力查明它是否是真实的(参见Gladwin et al. 1995;York et al. 2003;Enrenfeld本手册[第25章])。

关键的是,独立报告书并不提供证据来帮助报告书的读者评估企业的环境影响,更别说其对(不)可持续性发展的贡献。从管理的角度来说,报告的文件本身就能证明其价值;证据相当地令人叹服,然而它们却可能被社会(或这个星球)的观点所误导。为什么出现这种情况?这是我们将在下一节中讨论的内容。

22.3 挑战的出现

对企业所宣称的社会责任和对可持续性发展构成挑战的各种各样的社会观点有所了解是必要的，但是，理解企业如何做出这样的主张也同样重要。只有这样，才有可能理性地推动时下自愿性报告，或许更加贴切地，向这些希望改进报告书的人提供建议，帮助他们寻找改进的途径。

尽管存在一系列自愿性报告理论（Gray et al. 2010），当从撰写报告书主体的视角来看，决定是否报告及报告什么会看起来简单一些。不需理会企业为误导与其相关的公众而做的那些有意识的玩世不恭的尝试，报告书应符合企业的逻辑并适用于任何商业状况。这是不言自明的真理。因此，这样的报告书必须（全部地）符合管理主义、边际主义，并主要代表企业的利益。

然而事实上存在着一系列问题，影响了企业决策被转化到报告实务的过程。我们在本章只探讨了其中一部分。

多元化的观点和理解

企业社会责任（CSR）和可持续性发展存在着高度争议的内容，而对于这些有争议的内容，不同的个人和团体、企业和行业持有不同的理解（Wood 1991；Herremans et al. 2009）。虽然有 Mintzberg（1983）对责任的社会基础和可持续性发展的证据基础（物种灭绝、贫困、水资源短缺、全球气候变化等）的相关建议，企业仍可能继续对上述内容产生迥然各异的理解，并相应地在报告书中明确清晰地表达各自的观点。

所以大多数企业并没有试图采用（例如）布伦特兰女士的定义并将其转释为企业逻辑（Herremans et al. 2009），而是将布伦特兰隐含的概念调和变通：首先通过国际机构调和，如可持续性发展世界商业协会、国际商会和全球报告倡议组织，接着这些机构发出的消息再一次被调和变通到企业自身的意义构建和商业活动当中（Angus-Leppan et al. 2009；Gray & Bebbington 2000）。所以毫不奇怪，关于可持续性发展和企业社会责任会出现迥然各异的理解。

多元化的回应

对报告行为粗略泛泛地解释，尽管并不是没有实践上的支持，但是仍然无法对企业内部和企业之间的差异进行鉴别并解释，也无法说明这些差异如何显现在报告书中（Buhr 2002；Matten & Moon 2008；Angus-Leppan et al. 2009）。

重要性和信息系统

企业需要信息系统来支持他们的报告书，证明在报告书中的任何声明，并帮助企业识别风险和曝光（Buhr & Gray 本手册［第 23 章］）。企业信息系统在企业认为重要的领域发展，但却并不清楚企业如何评价其利益相关者对信息需求的重要性。事实上，核对这些信息并非物有所值。尽管企业会充分地理解其利益相关者的特性，但对信息特性的掌握却并非同等必要。

选择和平衡

企业如何从范围广泛的潜在信息中选择可出现在报告书中的内容？必须做出决策来呈现一份企业认为是平衡且公正的报告书，其中的信息是有效的并被认为是需要的。需要承认的是许多利益相关者可能对报告书持怀疑态度，因此报告书必须是可信和可靠的。漂绿行为是任何企业都不想要面对的控诉，但是同样地，企业会排斥披露那些可能吸引不需要的及令人不悦的关注的数据。

可比较性

对一家撰写报告书的企业来说，最突显的指南形式是 GRI。GRI 在特定产业指导领域逐渐发展，为企业报告书的选择提供了明智且正当有理的战略方针。但是，企业会担忧其在面对其竞争对手时自身的表现，因为多种多样对碳排放的解释的经验表明，商业世界与可靠可比较的报告书中呈现的形象仍大相径庭（Kolk et al. 2008）。因此，使用者的观点和担保的作用更加重要。

使用者、担保和独立报告书

检验企业信息能在何种程度上满足数据使用者的需求和需要，在会计核算和会计研究方面有着非常长期、但可能不是那么辉煌的历史。此类关注已经扩展到对企业年度报告书和最近的独立报告书中的非财务类信息披露成果进行检验。这一研究方向被认为有效地包含两条路线：一方面关注金融参与者的需要和回应（参见 Cho et al. 本手册［第 24 章］；Russo & Minto 本手册［第 2 章］）；另一方面关注其他利益相关者及其对数据（我们在此提到的）的回应（参见 Kassinis 本手册［第 5 章］）。

对非金融参与者的需求的调查显示，目前的自愿性社会及环境信息披露没有能够满足利益相关者的期待和需要（Deggan & Rankin 1999；O'Dwyer et al. 2005）。从广义上来说，这并没有让我们觉得惊讶：自愿性信息披露的最初设计是为了满足企业的需要而不是利益相关者的需要——这两种需要极少会完全一致。社会及环境的信息披露同样没有能够满足社会责任型投资机构的需要，这自然也会引起更多的忧虑（Freidman & Miles 2001；Solomon & Solomon 2006；Hunt III & Grinnell 2004；Solomon & Darby 2005）。

在报告过程的研究，尤其是关于独立报告书过程的研究中，文献资料出现了两个关键的漏洞，即利益相关者本身参与到报告程序的程度（通常简称为利益相关者对话）和这些报告书中信息的可靠性（通常称为担保问题）。

利益相关者对话作为企业责任和问责程序的一部分，其发展呈现出非常积极的增长趋势。然而，利益相关者对话看上去似乎更多地被表象而非本质所主导（Owen et al. 2000，2001）。Cooper & Owen（2007）总结认为，这可能是将管理主义的报告功能转变成真正问责程序的关键（但目前缺失的）因素。

除了将利益相关者纳入进来，独立报告书还需要成为读者可依赖的信息。这种可靠性包含重要的两方面：完整性和可信性。我们已经质疑大多数可持续性报告书中包含的信息是否可以完全满足使用者的需求。对担保质量的探究也得出了类似的结论。

我们已经看到一个明智的企业会通过其结构框架、信息系统和决策程序确保任何结果报告均可靠且合乎情理。另外，许多企业会要求董事会在报告书上签字，使得整个企业为独立报告书做出承诺。这些做法都是十分重要的内部担保流程。为这类报告添加外部可信度的通常做法是采用某种方式为报告书取得担保，说服读者相信报告的公正与公平性。（这一做法显然与财务报表的法定审计相类似。）实现这一过程的最简单也最便宜的方法就是请一些利益相关者阅读报告书并做出评论。这些评论及改进建议也可能被收录在报告中。而更系统更昂贵的做法则是聘请独立的顾问或审计事务所，他们会为（如）报告书的可靠性、完整性、公正性及准确性提供一份担保声明。针对担保声明所进行的调查逐渐开始遵循某一国际准则，例如 AA1000 或 ISEA3000（Leipziger 2010）。

然而这种担保声明的价值却难以衡量。虽然包含担保声明的报告书数量呈上升趋势，但仍然仅有不到50%的报告书具有担保声明（KPMG 2008）。如果担保声明的确有价值，那么就可认为超过50%的报告书是值得怀疑的。然而，Ball et al.（2000）和 O'Dwyer & Owen（2005）得出结论，在许多情况下仔细阅读担保声明会得出这样的结论，即担保声明的存在本身可能无法为已得到担保的信息的准确性增加信服力（参见 Henriques & Richardson 2004）。因为当前不同报告书的担保程序、担保提供方的资质及担保声明本身存在极大差异,而且并不规范,使用者必须仔细阅读担保声明来判断担保的严谨性及其可信赖程度。

22.4　提供对立账目:外部社会审计

民主社会的优点之一体现在至少在一定程度上允许不同的观点的表达。现代西方社会被企业的意愿所主导,不论我们是否支持这种观点,观点的多元化可能是健康民主的标志。利益相关者磋商的增多表明那些针对企业的反对声得到了更好地聆听,或者至少企业的意见与民间社会的意见能更加和谐地共存。然而迄今为止,这些关于社会和环境责任与可持续性发展的其他意见显然还未达到应有的普遍存在性(参见如 Owen et al. 2001；Cooper & Owen 2007)。正是(感觉到?)来自民间社会发言权的缺席导致了被广泛称为外部社会审计的出现。

术语"外部社会审计"包含令人眼花缭乱的一系列账目——事实上,也涉及独立于问责组织之外为该组织编织故事(账目)的某些主体、团体或个人。有人可能认为这是某种由于某些主体对企业自愿性问责感到不满而试图强制问责的机制。而实际使用的工具可能只是临时性的,包括诸如新闻报道、公民抗议报告书以及非政府组织的倡议文件。或者这些对立账目可能同样包括来自各种不同的政府委员会、法定机构和学术机构等主体的调查研究。让人更感兴趣的审计(至少在当前背景下)倾向于在一段时期及有时在持续基础上实施的更加系统、深入并广泛的调查研究。

这些审计方法很可能是由美国消费者运动率先提出的,但许多审计标准是在 20 世纪 70 年代由诸如社会审计公司(Medawar 1976)和美国经济优先委员会(CEP 1977),以及早期的环保压力团体和劳工运动代表(例如参见 Harte & Owen 1987；Gray et al. 1996；Geddes 1991)订立的。外部社会审计目前已经非常普遍,比如现在已经成为非政府组织的一种主要工具(参见如 Greenpeace 1985；Christian Aid 2005)。外部社会审计是社会责任型投资运动(Global Witness 2005)信息来源的重要组成部分,并且是企业声誉风险的主要来源(Deegan & Blomquist 2006)。

潜在的外部社会审计的多样性及范围非常庞大(Gray & Bebbington 2001:279；Gray et al. 1996；Shu & Bazerm 本手册[第 9 章]；Geddes 1991)。我们在此将非常简要地回顾三大主题:监管机构、一次性报告以及对立账目。

监管机构

监管机构也许在消费者运动中表现得最为明显，其中对产品质量、性价比、安全性等对象的评估来源可以包括从专业杂志和网站到诸如公平贸易或森林管理委员会等此类认证机构。然而，这些机构绝不仅限于消费者议题，每个企业都需充分了解那些从环境污染到人权侵犯再到健康与安全事宜等各个方面监管企业的众多政府、半政府和独立机构。越来越多的组织开始提供各种指数和排名，或许这至少对于问责来说是一项极为重要的发展，在很大程度上是对社会责任型投资运动的回应。这些指数和排名涵盖范围如声誉（例如，最受尊敬企业排行榜）、可持续发展表现（例如，道琼斯可持续发展指数）和社会责任表现（例如，FTSE KLD 社会指数）。由于指数来源相对简单且方便获取，这些指数带来了巨大的影响。然而这些指数也存在着危险（Fowler & Hope 2007），因为单凭一个简单的衡量标准不可能成功评测出复杂且难以衡量的品质（金融利润方面的经验是一个很好的例子），并且那些经常使用这些指数且对数据感到兴奋的研究者却似乎忘记了这些指数是利益变量（往往非常粗糙）的代理，从而造成频繁出现不正确的推论（参见如 Gray 2006）。

这类监管过程的社会价值在于它们可以提供一种公平的观点，以与企业倾向交流的观点相抗衡（Medawar 1976；Stephenson 1973）。这类过程旨在保证企业诚实。（当然我们不应该忘记，如果企业有能力完整诚实地撰写自愿性报告书，那么这种监管举动很可能是不必要的。）然而，有一个非常重要的提醒，即任何明智的公民（希望包括研究人员）都会检查每项监管活动的出处及监控重点：如果是以市场为基础的指数或监控活动，且其评估过程直接针对企业，那么每个人都应该对问责的独立机制及可靠性持一种健康的怀疑态度。

仅在发生危机后提供报告书

虽然监管是正常商业实务的一部分，然而只能提供一次报告书的可能性却总会对企业的战略、声誉和理念构成挑战。如果一家企业没有意识到（管理不善）或试图隐藏（判断力差）问题，那么该企业极有可能只能提供一次报告书。如壳牌、英国石油、耐克、盖普、雀巢、可口可乐和沃尔玛等公司都对此有切身体验①。这些报告书在深度和可信度方面存在极大差异，但却迎合了民

---

①　范例可在以下网址获得：http://www.st-andrews.ac.uk/~csearweb/aptopractice/ext-aud-examples.html。

间社会的诉求,因为它们公开地向那些不负责任的企业问责。

对立账目

我们在此接触的最后的或许也是最多样化的类别是对立账目。在本质上,与企业本身提供的账目相比,对立账目提供了另一种迥然不同且具有挑战性的版本。对立做账设立由完全独立于问责企业的个人和组织(例如学术机构或非政府组织)执行。他们利用广泛的信息来源制作"账目",包括公司或行业的监察数据和其他公开数据资源(互联网、新闻和心怀不满的利益相关者可能是其中最常见的),然后(有时)与企业自己的可持续发展信息结合起来。其结果提供了一个对于企业活动的不同、对立且可能更全面或理性的观点。我们也从 Adams(2004)了解到这点,她对许多她所研究的公司的声明提出了反驳。Gallhofer et al.(2006)建议采取类似的策略,互联网提供了解放式账目的机会。Gibson et al.(2001)提出一种略有不同的方法,建议设立两项账目:(a)"沉默账目",仅使用企业自己的信息;及(b)"影子帐目",使用公共信息来反驳沉默账目的声明。这种做法的目的是试图对报告书中存在的偏见和不可靠性问题进行系统地曝光①。

所有这些方法都至少在表面上将改进问责体系作为共同目标,并允许大众在企业希望向国家和民间社会表达的观点之外发出其他诉求。在许多情况下,非金融利益相关者推动了这一外部社会审计议程。然而,颇具讽刺的是历史最悠久的外部社会审计已被制度化,并成为了支持金融参与者的服务。无论是伦理投资研究服务(EIRIS)、环境金融和养老金投资研究咨询公司(PIRC)这样的监管机构,还是诸如道琼斯可持续发展指数(DJSI)和英国富时指数,或者甚至联合国全球契约本身,都支持增长迅速的社会责任型投资运动。他们之所以这样做是试图(成功与否尚存在争议)将社会、环境和可持续发展问题责任性的社会偏好和管理者偏好结合起来(Owen 1990)。

22.5　前进之路

社会经历了翻天覆地的变化,已慢慢意识到由于当下的企业行事风格而可能引发的环境(和社会)灾难——或者至少恶化。毫无疑问,企业也同样经历了与环境、社区和利益相关者之间关系的重大变化。自愿性独立报告书的发

---

① 可在 CSEAR 的网站 http://www.st-andrews.ac.uk/~csearweb/aptopractice/silentacc.html 上查阅。

展、GRI 的促进和监管活动的出现，以及外部社会审计都是这种变化的一部分。

两种主要的不确定因素是我们在此讨论的重点。首要问题是企业是否应该被问责。如果是的话，如何问责以及向谁解释说明？长久以来，企业向其金融参与者承担解释义务已成为惯例，而现在对向非金融利益相关者的归责原则的认可似乎更为普遍。在实践中，企业及其利益相关者对问责有不同的理解，在某些情况下导致了报告书在质量和数量上存在相当大的差异。这需要研究人员迫切地探索出为什么在社会需求与企业所能提供的之间存在差距，以及怎样通过更多的沟通和理解消除这种差距。一条通向全面社会与环境责任的缓慢、渐进的途径——可能是通过完整的三重底线账户（Spence & Gray 2008）——将带来诱人并令人兴奋的前景——尤其是因为它让企业对责任和可持续发展的概念的理解与那些社会需求进一步接轨。

然而，可持续发展的出现改变了一切：相当明确的一点是漫长的途径并不是一种选择（参见 Ehrenfeld 本手册［第 33 章］）。我们需要一种特别激进的变化，而且越快越好。那么我们讨论的重心就在于第二种不确定因素：在可持续性发展问题上企业该何去何从？许多企业和商务相关机构直接地或暗示性地声称，他们的业务是可持续的，或者至少正在实现可持续性发展（Milne et al. 2006）。可持续性发展报告书的增长可能表明这种观点是成立的——但 Brundtland 女士认为，这些报告书中并没有明显的证据表明有任何一家企业对可持续性发展世界的贡献（反而是伤害）。这种缺陷可能是可持续性发展报告书的主要局限。如果金融市场无法从一家企业的财务报表中评估其财务表现，这将是完全不能接受的。为什么可持续性发展报告书就能被接受？只有当大多数主要企业均被要求出示一份完整、充分的综合声明，描述其社会、环境及可持续性发展的绩效，社会才可以判断（若果真发生）企业对社会及环境管理最高标准的执行程度及对他们声称的正直和正当行为的忠诚度。

研究者的角色至关重要，尤其是因为如此多的研究内容似乎忽视了更广泛的数据和更广阔的背景，将一切照旧的设想排除在考虑之外（Milne et al. 2009）。本章试图表明，涉及企业、金融市场、自然环境、社会环境和可持续性间整体关系的无数重要问题都亟待解决。而仅有少数研究严谨地对待这些关系，大多数研究在为越来越乏味的问题寻找更精致的答案时，可能更倾向于毫不迟疑地接受欠佳和误导性的代理。如果真如数据所显现的那样，我们对商业和商务机构在商业—社会—环境关系的表达方式模棱两可，那么对于任何研究人员来说，最重要的任务是调查研究这些关键的声明是否属实。如果不属实，那么社会和地球事实上正处于十分危险的境地。

参考文献

ACCA /Corporate Register （2004）. *Towards Transparency：Progress on Global Sustainability Reporting* 2004. London：ACCA.

Adams, C. (2004). "The Ethical, Social and Environmental Reporting-Performance Portrayal Gap," *Accounting, Auditing and Accountability Journal*, 17(5)：731—757.

American Institute of Certified Public Accountants (1977). *The Measurement of Corporate Social Performance*. New York：AICPA.

Angus-Leppan, T., Metcalf, L. & Benn, S. (2009). "Leadership Styles and CSR Practice：An Examination of Sensemaking, Institutional Drivers and CSR Leadership," *Journal of Business Ethics*, 93：189—213.

Ball, A., Owen, D. L. & Gray, R. H. (2000). "External Transparency or Internal Capture? The Role of Third Party Statements in Adding Value to Corporate Environmental Reports," *Business Strategy and the Environment*, 9(1)：1—23.

Buhr, N. (2002). "A Structuration View on the Initiation of Environmental Reports," *Critical Perspectives on Accounting*, 13(1)：17—38.

Christian Aid (2005). *The Shirt off their Backs：How Tax Policies Fleece the Poor*, September. Available at<http://wwwchristianaid. org. uk/indepth/509tax/index. htm>.

Cooper, S. M. & Owen, D. L. (2007). "Corporate Social Reporting and Stakeholder Accountability：The Missing Link," *Accounting Organizations and Society*, 32：649—667.

Council on Economic Priorities (1977). *The Pollution Audit：A Guide to* 50 *Industrials for Responsible Investors*. New York：CEP.

Deegan, C. & Blomquist, C. (2006). "Stakeholder Influence on Corporate Reporting：An Exploration of the Interaction Between WWF-Australia and the Australian Minerals Industry," *Accounting Organizations and Society*, 31(4—5)：343—372.

——& Rankin M. (1999). "The Environmental Reporting Expectations Gap：Australian Evidence," *British Accounting Review*, 31(3)：313—346.

Elkington, J. (1997). *Cannibals with Forks：The Triple Bottom Line of 21st Century Business*. Oxford：Capstone Publishing.

Estes, R. W. (1976). *Corporate Social Accounting*. New York：Wiley.

Fowler, S. J. & Hope, C. (2007). "A Critical Review of Sustainable Business Indices and Their Impact," *Journal of Business Ethics*, 76：243—252.

Freedman, M. & Stagliano, A. J. (2004). "Environmental Reporting and the Resurrection of Social Accounting," *Advances in Public Interest Accounting*, 10：131—144.

Friedman, A. L. & Miles, S. (2001). "Socially Responsible Investment and Corporate Social and Environmental Reporting in the UK：An Exploratory Study," *British Accounting Review*, 33(4)：523—548.

Galllhofer, S., Haslam, J., Monk, E. & Roberts, C. (2006). "Emancipatory Potential of On-Line Reporting：The Case of Counter Accounting," *Accounting Auditing and Accountability Journal*, 19(5)：681—718.

Geddes, M. (1991). "The Social Audit Movement," in Owen, D. L. (ed.) *Green Reporting*. London：Chapman Hall, 215—241.

Gibson, K., Gray, R., Laing, Y. & Dey, C. (2001). *The Silent Accounts Project：Draft*

Silent and Shadow Accounts Tesco plc 1999—2000. Glasgow：CSEAR. Available at ＜www. st-andrews. ac. uk/management/csear＞.

Gladwin，T. N.，Kennelly，J. J. & Krause，T. S.（1995）．"Shifting Paradigms for Sustainable Development：Implications for Management Theory and Research，" *Academy of Management Review*，20（4）：874—907.

Global Witness（2005）．*Extracting Transparency：The Need for an IFRS for the Extractive Industries.* London：Global Witness Ltd.

Gray，R. H.（2006）．"Does Sustainability Reporting Improve Corporate Behaviour? Wrong Question? Right Time?" *Accounting and Business Research（International Policy Forum）*，2006：65—88.

——（2010）．"Is Accounting For Sustainability Actually Accounting For Sustainability... and How Would We Know? An Exploration of Narratives of Organisations and the Planet，" *Accounting，Organizations and Society*，35（1）：47—62.

——& Bebbington，K. J.（2000）．"Environmental Accounting，Managerialism and Sustainability：Is the Planet Safe in the Hands of Business and Accounting?" *Advances in Environmental Accounting and Management*，1：1—44.

——（2001）．*Accounting for the Environment*，2nd edition. London：SAGE.

Gray，R. H.，Kouhy，R. & Lavers，S.（1995a）．"Corporate Social and Environmental Reporting：A Review of the Literature and a Longitudinal Study of UK Disclosure，" *Accounting，Auditing and Accountability Journal*，8（2）：47—77.

——（1995b）．"Constructing a Research Database of Social and Environmental Reporting by UK Companies：A Methodological Note，" *Accounting，Auditing and Accountability Journal*，8（2）：78—101.

Gray，R. H.，Owen，D. L. & Adams，C.（1996）．*Accounting and Accountability：Changes and Challenges in Corporate Social and Environmental Reporting.* London：Prentice Hall.

Gray，R. H.，Owen，D. L. & Adams，C.（2010）．"Some Theories for Social Accounting? A Review Essay and Tentative Pedagogic Categorisation of Theorisations around Social Accounting，" *Advances in Environmental Accounting and Management*，4：1—54.

Greenpeace（1985）．*Whiter Than White*? London：Greenpeace.

Harte，G. & Owen，D. L.（1987）．"Fighting De-Industrialisation：The Role of Local Government Social Audits，" *Accounting，Organizations and Society*，12（2）：123—142.

Henriques，A. & Richardson，J.（2004）．*The Triple Bottom Line：Does it Add Up*? London：Earthscan.

Herremans，I. R.，Akathaporn，P. & Mcinness，M.（1993）．"An Investigation of Corporate Social Responsibility Reputation and Economic Performance，" *Accounting Organizations and Society*，18（7-8）：587—604.

Herremans，I. M.，Herschovis，M. S. & Bertels，S.（2009）．"Leaders and Laggards：The Influence of Competing Logics on Corporate Environmental Action，" *Journal of Business Ethics*，89：449—472.

Hunt Ⅲ，H. G. & Grinnell，D. J.（2004）．"Financial Analysts' Views of the Value of Environmental Information，" in Freedman，M. & Jaggi，B.（ed.）*Advances in Environmental Accounting and Management*，Volume 2. Oxford：Elsevier，101—120.

International Chamber of Commerce（1991）．*Business Charter for Sustainable Development.* Paris：ICC.

Kolk，A.，Levy，D. & Pinkse，J.（2008）．"Corporate Responses in an Emerging Climate

Regime: The Institutionalization and Commensuration of Carbon Disclosure," *European Accounting Review*, 17(4): 719—745.

KPMG (1997). *Environmental Reporting*. Copenhagen: KPMG.

——(1999). *KPMG International Survey of Environmental Reporting* 1999. Amsterdam: KPMG/WIMM.

——(2002). *KPMG 4th International Survey of Corporate Sustainability Reporting*. Amsterdam: KPMG/WIMM.

——(2005). *KPMG International Survey of Corporate Responsibility* 2005. Amsterdam: KPMG International.

——(2008). *KPMG International Survey of Corporate Responsibility Reporting* 2008. Amsterdam: KPMG International.

Leipziger, D. (2010). *The Corporate Responsibility Code Book*, revised second edition. Sheffield: Greenleaf.

Lodhia, S. K. (2005). "Legitimacy Motives for World Wide Web (WWW) Environmental Reporting: An Exploratory Study into Present Practices in the Australian Minerals Industry," *Journal of Accounting and Finance*, 4: 1—16.

Logsdon, J. M. & Lewellyn, P. G. (2000). "Expanding Accountability to Stakeholders: Trends and Predictions," *Business and Society Review*, 105(4): 419—435.

Matten, D. & Moon, J. (2008). "'Implicit' and 'Explicit' CSR: A Conceptual Framework for a Comparative Understanding of Corporate Social Responsibility," *Academy of Management Review*, 33(2): 404—424.

Medawar, C. (1976). "The Social Audit: A Political View," *Accounting, Organizations and Society*, 1(4): 389—394.

Milne, M. J., Kearins, K. N. & Walton, S. (2006). "Creating Adventures in Wonderland? The Journey Metaphor and Environmental Sustainability," *Organization*, 13 (6): 801—839.

Milne, M. & Gray, R. (2002). "Sustainability Reporting: Who's Kidding Whom?" *Chartered Accountants Journal of New Zealand*, 81(6): 66—70.

——(2007). "Future Prospects for Corporate Sustainability Reporting," in Unerman, J., Bebbington, J. & O'Dwyer, B. (eds.) *Sustainability Accounting and Accountability*. London: Routledge, 184—208.

Milne, M. J., Tregidga, H. M. & Walton, S. (2009). "Words Not Actions! The Ideological Role of Sustainable Development Reporting," *Accounting Auditing and Accountability Journal*, 22(8): 1211—1257.

Mintzberg, H. (1983). "The Case for Corporate Social Responsibility," *The Journal of Business Strategy*, 4(2): 3—15.

Moneva, J. M., Archel, P. & Correa, C. (2006). "GRI and the Camouflaging of Corporate Unsustainability," *Accounting Forum*, 30(2): 121—137.

O'Dwyer, B. & Owen, D. L. (2005). "Assurance Statement Practice in Environmental, Social and Sustainability Reporting: A Critical Evaluation," *British Accounting Review*, 37(2): 205—230.

——Unerman, J. & Hession, E. (2005). "User Needs in Sustainability Reporting: Perspectives of Stakeholders in Ireland," *European Accounting Review*, 14 (4): 759—787.

Owen, D. L. (1990). "Towards a Theory of Social Investment: A Review Essay,"

Accounting, Organizations and Society, 15(3): 249—266.

——Swift, T., Bowerman, M. & Humphreys, C. (2000). "The New Social Audits: Accountability, Managerial Capture or the Agenda of Social Champions?" *European Accounting Review*, 9(1): 81—98.

——& Hunt, K. (2001). "Questioning the Role of Stakeholder Engagement in Social and Ethical Accounting, Auditing and Reporting," *Accounting Forum*, 25(3): 264—282.

Palenberg, M., Reinicke, W. & Witte, J. M. (2006). *Trends in Non-Financial Reporting*. Berlin: Global Public Policy Institute.

Patten, D. M. & Crampton, W. (2004). "Legitimacy and the Internet: An Examination of Corporate Web Page Environmental Disclosures," in Freedman, M. & Jaggi, B. (ed.) *Advances in Environmental Accounting and Management*, Volume 2. Oxford: Elsevier, 31—57.

Solomon, J. & Darby, L. (2005). "Is Private Social, Ethical and Environmental Reporting Mythicizing or Demythologizing Reality?"*Accounting Forum*, 29(1): 27—47.

Solomon, J. F. & Solomon, A. (2006). "Private Social, Ethical and Environmental Disclosure," *Accounting, Auditing and Accountability Journal*, 19(4): 564—591.

SPADA (2008). *Environmental Reporting: Trends in FTSE 100 Sustainability Reports*. London: SPADA.

Spence, C. & Gray, R. (2008). *Social and Environmental Reporting and the Business Case*. London: ACCA.

Stephenson, L. (1973). "Prying Open Corporations: Tighter than Clams," *Business and Society Review*, Winter: 66—73.

Sustainability/UNEP (1996). *Engaging Stakeholders: The Benchmark Survey*. London/ Paris: Sustainability/UNEP.

——(2002). *Trust Us: The 2002 Global Reporters Survey of Corporate Sustainability Reporting*. London: Sustainability/UNEP.

Unerman, J. (2000). "Reflections on Quantification in Corporate Social Reporting Content Analysis," *Accounting, Auditing and Accountability Journal*, 13(5): 667—680.

United Nations (1992). *Environmental Disclosures: International Survey of Corporate Reporting Practices*. Report of the Secretary General, 13 January (E/C. 10/AC/1992/3). New York: UN.

United Nations Conference on Trade and Development (2005). *World Investment Report* 2005. New York: United Nations.

United Nations World Commission on Environment and Development (1987). *Our Common Future (The Brundtland Report)*. Oxford: OUP.

Walley, N. & Whitehead, B. (1994). "It's Not Easy Being Green," *Harvard Business Review*, May/June: 46—52.

Wood, D. (1991). "Corporate Social Performance Revisited," *Academy of Management Review*, 16(4): 691—718.

York, R., Rosa, E. A. & Dietz, T. (2003). "Footprints on the Earth: The Environmental Consequences of Modernity," *American Sociological Review*, 68(2): 279—300.

Zeghal, D. & Ahmed, S. A. (1990). "Comparison of Social Responsibility Information Disclosure Media Used by Canadian Firms," *Accounting, Auditing and Accountability Journal*, 3(1): 38—53.

23 环境管理、测量及会计：
决策与控制所需的信息？

Nola Buhr，Rob Gray

只需要花几分钟时间阅读本书的索引即可发现，商业与自然环境之间存在着广泛且复杂的相互作用。所有的企业或多或少地从环境中汲取他们所需的资源，回报给环境的是他们产生的废物和排放。更为微妙却同样严峻的是，商业的基本原则（无论我们怎样去定义这些原则），深刻地影响着我们作为个人及社会成员对我们相互之间以及与地球和自然世界之间关系的感知与交涉方式——（不论我们是否记得）我们是地球和自然世界中非常重要的一部分。虽然有大量围绕着现代商业是否能够与自然环境和谐相处的经营方式的实质性争论（Bakan 2004），但是我们不会在本章中过多探讨这些顾虑（无论其是多么地合法）。我们不会探讨自然环境是否可以（或应该）被管理。我们将商业机构管理自然环境视为一个前提，并在本章中致力于探讨环境管理系统和环境管理会计如何帮助商业机构对自然环境进行管理。然而在本章的最后，我们会转向研究商业与自然环境之间关系的未来前景及其对研究者的意义。

环境管理系统是一种用于控制商业活动的系统。要做到运转良好，所有管理系统必须容纳一系列商业原则，如企业战略、人力资源和会计。然而，在商业上的"控制"功能通常属于会计学科的范畴（尽管也涉及其他领域），并直接归属财务控制①。因为基本要素是相同的，无论是何目的，我们从管理控制系统的概述开始，然后特别探讨环境管理体系。我们将了解这些系统的信息

---

① 但必须注意的是，在环境管理体系中会计功能的参与程度与金融体系并不相同，这是在很大程度上是因为一个健康的环境和追求利润之间的根本区别，这也是我们在本章中要讨论的主题。

需求及其能够生成的信息。

多数此类信息符合我们对环境管理会计的定义,其大致可被广义描述为企业针对商业与环境相互作用在决策和控制活动层面上用于组织管理的财务及非财务信息的产物。这与外部利益相关者使用的信息形成鲜明对照(参加 Cho et al. 本手册[第 24 章];Gray & Herremans 本手册[第 22 章])。正如我们所描述的那样,环境管理会计信息可以在管理系统中生成或者独立存在。

本章内容力求做到翔实,更具描述性和批判性。我们的目的是指出管理控制系统可以支持、反对或忽视环境管理问题。为什么会这样及其无法避免的程度将是我们在本章所探讨的议题之一。此外,我们还将考虑企业在环境管理会计中可能会应用新事物的可能性——但是企业目前却没有这么做。我们希望能够对人们熟知的环境管理系统和环境管理会计给企业带来的真正积极影响做出实事求是的评价。然而,我们非常清楚在这方面存在着大量的张扬媚俗的产物,我们亦想对这些低俗之作发表批判性的评价。因此,我们还会讨论环境管理中的商业案例及未来前景。参见 Russo & Minto(本手册[第 2 章])了解更详细的商业案例,以及商业活动是否为绿色"买单"。根据我们的判断,揭示环境管理工作的真正局限性并解释为何在财务目标的传统诉求与最高环境诚信标准之间总是存在如此巨大的冲突是至关重要的。

本章内容结构如下。简单探讨管理控制系统之后,我们将介绍环境管理体系的本质和细节。之后,有一节内容专门探讨如何能(或不能)使环境管理体系和企业管理控制系统达到和谐融洽。此过程中的一个关键因素便是管理会计系统,特别是通常被称为环境管理会计中的一系列技术方法。这将是下一节中出现的内容。接着,我们不再探讨本章其余部分涉及的简单管理主义,而是探寻商业案例和双赢的机遇及它们的局限性。这将使我们认识到,经济上的成功和环境管理工作不一定是和谐融洽的,当我们简要分析环境管理体系、环境管理会计与自然环境之间的关系时,会进行更加细致的探讨。最后,我们会对目前环境管理体系、环境管理会计与自然环境之间的关系提出总结性评论和三种可能的结果,以及这些结果对研究者的意义。

23.1 管理控制系统

环境管理本质上是控制,而且,环境管理系统实质上是经过改编后用来关注环境问题的管理控制系统。这种认知要求我们在开启对环境信息的探索之前先有清晰的(如果简单的)管理和管理控制观念。

　　Anthony（1965）认为，管理控制某种程度在功能上"是企业在实现目标中确保资源获得并被有效、高效利用的过程"。Knights & Willmott（2007）认为控制代表"剥削机制"，尽管 Grey（2005）总结说"管理其实就是关于控制"。所以，我们虽然对企业的本质、控制和目标有着模糊的推测，然而其核心理念是主要通过管理从事一些有目的性的活动。Merchant（1985）更直接地认为，控制主要影响人的行为，涉及三个控制问题：个人缺乏方向、动机问题，以及个人局限性——尤其因为人们有时不愿或无法为了企业的最大利益行事（不管怎样，是这样理解的），这一点是毫无疑问的。因此，Merchant（1985：4,5）认为："控制是必要的，防止人们做一些企业不希望他们去做的事情，或逃避他们应该做的事情。"

　　管理和控制并不是孤立地发挥作用，而是整合在一起和（Sundin et al. 2009），或者更为通俗地讲是在各种控制体系中发挥功能。Simons（1995）将管理控制系统定义为"管理人员用以维持或改变企业活动模式的信息化的正规程序和过程"。这个定义中有两个因素值得强调："正规"和"信息化"。由于这些系统是正规的，因此他们合法地消耗企业资源和企业的直接关注；由于这些系统是信息化的，因此财务和非财务信息的生成是为了制定决策、监督计划和目标的实现、在内部交流企业战略、支持企业学习及撰写外部报告书。

　　虽然许多早期关于控制管理的文献都意图将企业战略从控制管理中分离出来（Merchant 1985），Simons（1995）提出了一种包含更广泛定义的控制管理方法，通过一系列控制系统在会计、控制和战略之间建立了联系。这些控制系统包括信仰系统、边界系统、诊断系统和交互系统。例如，Simons 倡导建立和使用信仰系统来传达价值观并激发企业认同感。因此，管理控制现在不再被视为通过单一的整体系统寻求某种事物，而被理解成通过一些以控制为基础的系统的交互作用来追求理想。在这些系统中，使用信息的完整性也非常关键，正如 Simons 指出，依赖于（通常被称为）内部控制系统。根据发起组织委员会（COSO 1994），内部控制可以被定义为"通过一个组织的成员实现的过程，其目的是实现特定目标"[①]。这些目标可以被看作与三大功能相关：

　　•经营（有效并高效地使用组织资源）；

　　•财务报告（编制可靠的公开财务报表）；

---

　　①　反对虚假财务报告委员会的发起组织委员会（COSO 1994）规定了内部控制的标准框架，并被大多数北美地区采用为标准。这个定义来自 COSO（1994：13）。在英国，特恩布尔报告（Institude of Clartered Accountants in England and Wales 1999）专注于上市公司，可与COSO 报告进行比较。

•合规（组织对适用法律法规的合规性）。

为了促进这三项功能，需要从内部和外部资源中获取信息以便管理业务运营，编制财务报表，并确保企业遵守适用的法律。

环境管理系统和管理会计系统都是管理控制系统的独特案例，以下我们将探讨这两个系统。

23.2 环境管理系统

环境管理系统是专注于环境问题的控制系统，可以被定义为"用于决定和实施环境政策的组织结构、职责、实务、程序、流程和资源"（Netherwood 1996）。虽然可能是由于企业管理的心血来潮而产生了这种系统，然而更确切地说，这种系统是随着自愿性准则的确立而发展起来的，最为人熟知的有欧盟生态管理和审计计划（EMAS）和/或国际标准化组织制定的 ISO 14000 系列标准①。（对自我调节系统的深入探讨参见 King et al. 本手册[第 6 章]；Baron & Lyon 本手册[第 7 章]。）

这类系统具有共同的元素（Schaltegger & Burritt 2000）：
•目标设定；
•信息管理；
•环境管理方案决策、制定与策划的支持；
•指导、实施和控制；
•交流沟通；
•内部与外部审计和/或审查。

正是这些被系统地编入到组织构架中，尤其是管理（和会计）控制系统构架中的因素，将决定企业实质性处理环境事宜的程度。虽然有各种各样的自愿性指南存在，但 ISO 14000 系列标准已经成为环境管理体系中最重要的标准，部分原因是美国大公司采取了 ISO 14000 系列标准，还有部分原因是系统鲜明的自愿性性质。重要的是，ISO 专注于环境管理而不是环境绩效，而且 ISO 不包含对信息披露或苛刻验证的要求。Krut & Gleckman（1998）认为，正是由于并不苛刻的标准和淡化最佳做法的要求才使得 ISO 系列标准得到企业的欢迎而遭到批评家和非政府组织的排斥。然而，有一些证据表明，某种程度上（虽然不高）环境管理确实比没有任何环境管理更好（Potoski & Prakash 2005）。

① 另一个早期的标准是英国标准协会（BSI）BS 7750，虽然该标准现在包含在 ISO 14001 中。

有必要注意，植入环境管理系统并不需要任何具体的企业目标，也不意味着企业需要履行环境管理系统标准认证的要求。若以开阔的视野看待环境管理，企业认证并不是那么重要。

23.3 环境管理系统和管理控制系统：和谐、矛盾或互不理睬？

假如控制系统超越了礼仪性或象征性的目的，那么它们必须被采用且有适用性。如果各种控制系统、环境系统及其他系统想要和谐共存，那么必须将它们整合起来使之能够相互沟通。事实上，关键是各系统之间要存在连接，以确保这些不同系统可以真正地同步。坦率地说，绩效和决策制定会回应并寻求占主导地位的控制系统。具有代表性的是负责权衡盈利能力的（那些）系统。在发生冲突的情况下，例如是否选择一个更加环境友好型选项或一个显然更便宜的金融选项时，当然是金融选项获胜。

不可避免的是，环境管理系统和管理控制系统之间的整合程度取决于企业的战略、目标及所处的环境状态（参阅本手册 Delmas & Toffel[第13章]关于环境战略的讨论）。出发点是企业如何实际定义并认识环境问题，事实上这也是一个关键因素。毕竟，大多数商业都由财务导向和市场取向所支配，意味着"环境"根本无关紧要，除非它能够体现在成本和价格中，或很可能会影响到利益相关者的行为和态度。所以企业审视环境问题的方式决定了企业回应环境问题的态度以及环境问题是否被纳入企业范畴。企业经过粗糙的审视，会将环境问题限制在环境法律法规允许的范围或可能的行业最佳实践规范内。更进一步的审视则会将上下游供应链的影响考虑在内。最细致的审视会认识到并试图了解外部效应。企业以何种态度将环境视为经营业务的一部分，将决定环境问题在运营管理系统中的渗透程度或者整合程度。

Epstein（1996：xxvii）认为（如他所说）"企业环境一体化"含有十种元素，其中包括环境战略、信息系统、内部审计制度、成本核算体系、资本预算制度，等等。他倡导环境管理不仅要与企业战略、产品设计和绩效评估系统整合，关键还需包括管理会计系统的整合。然而，像其他早期作者一样，他对此的观点持模棱两可的态度。他说道（1996：87）：

"联系是必要的吗？不。这种联系是人们想要的吗？在大多数情况下，是的！将废弃物与其他环境影响因素的相关物理数据和成本数据集成到管理会计和报告体系中，可以为决策制定者提供更加全面的信息，使其决策更完善。"

暂且不考虑环境战略，假设环境管理系统和管理控制系统之间的联系是必要的,传统的管理会计系统和实务仍然存在一定的限制,使得系统很难收集并利用与环境相关的数据(International Federation of Accountants 2005:26-29)。这些限制导致信息的丢失、不准确以及被误读,因此只能生成次优决策。正如我们将在下文中看到的,环境管理体系的一个关键功能是帮助企业利用双赢的机会。帮助企业为实现企业目标与环境和谐无间而建立长效机制,也许最重要的是要识别出那些不和谐的状况。因此,管理会计的限制十分重要,可能以多种形式出现:

•会计和其他部门之间的沟通/联系往往没有得到良好的发展。不同的部门有各自不同的目标和观点,往往专注于“自己”这块业务,而不与其他部门联系起来。采取全局观点的经营和对话才是解决这个问题的必要措施。

•环境相关的成本信息往往“隐藏”在一般管理账目中。一般管理账目用来积累如电费和废物处置费这些难以分配到产品价格上的成本。

•材料使用、流转和成本信息常常跟踪不足。需要为持续的材料物流管理建立数据系统。

•许多类型的环境相关成本信息未被存储在会计记录中。会计账目的重点是已发生的事项而不是未来将要发生的事项。然而,欠佳的环境绩效会产生未来的财务影响,如罚款、失去客户及失去信誉(未提及社会和环境影响)。

•投资决策往往是在不完整的信息基础上做出的。虽然永远不会获得准确和完整的信息,但是管理者仍然需要在决策中努力争取这样的信息。举例来说,信息需回答这样的问题:“京都议定书的执行与对设备的资本投资相比对许可的投资将产生什么样的影响?”

这些在研究中发现的各种各样的限制出现了一次又一次(例如参见 Bebbington et al. 1994；Gray & Bebbington 2001；Schaltegger & Burritt 2000；Epstein 1996；Ditz et al. 1995；Durden 2008)。事实上,似乎始终流传着一种说法,即不论环境管理工作能否体现社会需要的环境管理水平(见后文),企业作为一个整体似乎甚至无法利用环境管理体系中那些支持和加强他们业务的方面。导致这种局面的原因仍然是争议的焦点(例如参见 Bansal & Roth 2000；Young & Tilley 2006；Henri & Journeault 2010)。

23.4　环境管理会计技巧

一个试图消除管理会计系统和环境管理体系之间差距的尝试主要是将注意力放在管理会计工艺本身的变化发展和调整上,使其可以明确地识别出环境因素(Bennett & James 1998)①。人们特别期望环境管理会计技巧可以成为环境管理体系中的一部分,然而实际情况却不一定如此。尤其是当一家企业在环境测量方面正处于试验阶段,很可能会察觉到环境管理会计技巧的操作是孤立存在的。

　　管理会计已充分建立,其定义已被广泛接纳为"用来支持内部管理人员制定日常及战略性决策的企业非货币和货币信息的发展"(International Federation of Accountants 2005:16)。然而,环境管理会计是一个崭新的领域,以至于对该领域的范围尚未有统一的定义。事实上,定义的广度反映出环境被以何种方式对待,是作为商业的基本方面还是作为商业的附加品。来自联合国(United Nations Division for Sustainable Development 2002:11)的定义为:

　　管理会计是对实体物流信息(如材料、水和能源物流)、环境成本信息,以及其他的货币信息的识别、收集、评估、分析、内部报告和利用,用于制定企业常规和环境决策。

　　而国际会计师联合会(IFAC,2005:19)的定义是:

　　管理会计是通过制定与实施环境相关的适当会计制度和规范来实现环境和经济绩效管理。虽然在某些企业中可能包含报告和审计,然而环境管理会计通常包括生命周期成本、全成本核算、效益评估和环境管理战略规划。

　　虽然在那些避开所有非财务数据的会计师和那些对会计师几乎不信任的环境管理人员之间仍然不可避免地存在紧张的关系(例如参见 Gray & Bebbington 2001),此领域中最成熟的研究既会关注信息本质(由联合国提供的定义),又强调系统方法(由国际会计师联合会提供的定义)。

　　对于我们来说,我们已经将环境管理会计技巧归为三类:

- 运营和资本预算；
- 成本核算和计量；
- 监测。

运营和资本预算

　　Gray & Bebbington (2001)表明,将环境问题纳入日常运营和资本预算程序中,才能表明企业对待环境问题的严肃性。简而言之,运营预算是企业确

---

　　①　为了完善这一概念,我们在此强调目前的探讨既是以企业为中心(我们忽略了更广泛的社会观点)也是以股东为中心(忽略了更广泛的社会及环境责任)。我们将在本章的结尾简要地弥补这一漏洞。

定其收入和支出主要领域的手段，并列明其对个人、团体和单位的期望。举例来说，我们倾向于认为运营预算是成本中心需要支出的数额。这种解释有两种粗略但很重要的作用。首先，它表明了期待进行的业务活动及活动级别：我们在 X 上可以支出多少？我们希望在 Y 中招募多少工作人员？Z 需要多少预算？如果环境没有在此预算内，无论是否将它作为安全、事故预防、环境管理人员、整治、回收、标签等的成本，环境因素都很有可能会被忽略。同样，预算的第二个作用是纳入绩效考核体系（见下文关于监测的部分）。如果管理者、员工和单位都没有被环境绩效评估，那么他们不太可能做出有意识的环境绩效（Gray & Bebbington 2001）。

资本预算有时也被称为投资评估，甚至具有更大的结构性影响。对新产品、工艺、厂房及设备的决策都是根据资本预算做出的。此类决策将决定单位和企业在持续的投资生涯中的环境绩效（例如参见 Ditz et al. 1995）。从本质上说，有一系列做法可以将环境标准——而且不一定是财务量化的环境标准——集成到投资规则和程序中。（两种最直接的方法是预筛选未来选择项以确保符合环境政策和设立未来所有投资必须通过的环境"障碍"。）同时，更成熟的企业认识到，在投资决策中存在许多"软"因素，而且这个认知将很多潜在的环境成本和效益集成到决策标准内（例如参见，International Federation of Accountants 1998；Society of Management Accountants of Canada 1997）。"软"因素会将未来的环境成本纳入现时的决策中。未来的环境成本涉及环境法律和市场需求可能发生的变化。这种资本预算的方法迫使企业将长期观点纳入到投资评估决策中。

成本核算和计量

在环境管理会计中存在过剩的成本核算和计量技巧。比较流行的技巧（不可避免地聚焦于私下产生的内化费用，而非任何估算成本或对外部社会和公共费用的计量）包括以下内容。

业务量成本核算

传统的产品和服务成本计算方法往往会在任意及简单化的基础上分配开销项目。业务量成本核算（自称是）通过识别导致即时费用产生的成本因素得到更有意义的成本信息。这会降低被任意分配的数额，帮助更好地理解哪些成本附加在哪些产品和服务上。通过将环境成本纳入此成本核算方法中，或许可以将治理有毒废物的成本分摊到生成这些废物的产品上（例如参见，Ditz et al. 1995）。

质量成本核算

质量成本核算是全面质量管理体系（TQM）或全面质量环境管理体系（TQEM）的一部分。众所周知的是，它曾经的关注焦点在环境问题上。这种成本核算方法包括四种类型的成本：①预防缺陷的费用；②考核（如监测和检测）的费用，用于确保缺陷检测；③内部故障成本，指产品离开公司之前所发生的缺陷/问题；④外部故障成本，指产品离开公司之后所发生的缺陷/问题。

产品/服务成本核算

通过采取比业务量成本核算或质量成本核算更简化的核算方法，企业可以从各种与环境相关的角度考察产品及服务成本，例如能源消耗、运输、废弃物和排放。然后，此类信息可以被战略性地用于鼓励或阻碍特定投入、活动及其产出。例如，使用利乐包包装葡萄酒即节省了成本，又可使企业发表"可持续性发展"的声明①。

实体流/生态平衡分析

实体流分析是对企业资源使用及产出的一种非财务量化。在确定环境影响和需要被控制的各种活动、产品及物质过程中，这是十分关键的第一步。企业的环境企图越严肃，需要被确定和控制的事物范围就越大（参见例如，Schaltegger & Burritt 2000；特别是 Jasch 2009）。很显然，为了能够有效地管理废物、废水和废气排放产生的环境影响，企业必须监测这些污染物的实体流。当然，对这些污染物的监测过程实际上是被管制的，而且这些监管法规是与政府制裁相关联的②。

生态效率指标

生态效率指标旨在衡量诸如能源和材料的强度。它们被表示为非财务比率，例如，企业的单位产出除以能量消耗。理想情况下，这些指标被用作高标定位以提高资源的使用效率。生态效率的损失和提高与企业经营活动产生的

---

①　与运输相同数量的玻璃瓶包装的红酒相比，利乐包装盒节约了 92% 的包装材料和 54% 的能源，减少了 80% 的温室气体排放，并且少用了 35%～40% 的卡车数量（Tetra Pak 2010）。

②　在美国，企业必须按照美国环境保护署（EPA）管理的有毒物质排放清单（TRI）报告污染物。在加拿大，政府已实施了类似的计划，被称为国家污染物排放清单（NPRI）。

成本或节约的成本相关①。

除了核算私下发生的内化成本外,一些成本核算机制还以更具全局性的视野看待企业的环境影响并包含社会成本和公共成本的核算。总之,这些机制具有外部效应,且拥有各式各样的术语名称:全成本核算、生命周期(从"摇篮"到"坟墓")成本核算和成本效益分析。我们将在后续部分进一步讨论。

监　测

我们对管理会计技巧简要回顾的第三部分是监测。我们之前探讨的大部分内容的核心就是监测,然而其在绩效评估和考核方面的作用是最重要的。在本节简述中,我们将只专注于环境审计和平衡计分卡。

环境审计

所谓"环境审计"是用来表示企业用于监测环境绩效的一系列活动(例如,Gray & Bebbington 2001)。这些活动包括但不限于以下内容:

•环境影响评估——这些评估专注于识别特定的拟建项目对环境的影响,例如一条新道路或一个新矿。这方面活动主要由环境立法进行规范,并确定评估中包含的内容。受管制的环境影响评估通常要求企业与受影响的社区进行磋商。

•供应商审计——此类审计涉及作为投入的产品与服务的质量及环境影响。如果下游企业对其产品及服务做出"绿色"声明或正在将战略重点放在供应链管理的问题上,那么对供应商审计是必要的。这也可能需要对上游供应商在健康和安全方面进行伦理审计。

•业务合规性——业务合规性审计涉及企业是否遵从适用的法律、法规和/或公司的政策。

•系统评估——系统评估是指确保企业环境管理体系依照设计发挥作用的活动。

通过平衡记分卡进行内部报告

为了使环境管理(和会计)系统成功运行并与控制系统集成在一起,需要从综合监测系统中获得集成信息。这种认识一直在鼓励各种新流程的开发。平衡计分卡也许是其中最流行的。平衡计分卡是在20世纪90年代(Kaplan & Norton 1996)兴起的一种新绩效评估方法。它被看作是一种将战略与管理活

---

① 请参阅 Bennett & James (1998)、Ditz et al. (1995)、EPA (1995,1996)、Epstein (1996)和 Gray & Bebbington (2001),以了解更多成本和测量的相关信息。

动联系起来的方法，包括四个方面：财务、客户、内部流程以及学习与成长。环境方面可以被整合到这个机制中，这表明环境方面已经属于明确的企业战略的一部分（Schaltegger & Burritt 2000）。

23.5　商业案例：探索双赢的局限性

现在，我们不再继续从管理主义的角度推进探讨，而采取更关键的方法以分析业务状况作为开端。鉴于业务经营的限制性，我们最好的期望或许是企业在识别并管理环境问题时可以抵得上为环境管理（包括污染防治）的支出。也就是说，企业将通过管理环境问题为商业获得双赢的机会和/或在适用于业务状况的范围内实现双赢。

对企业有益的就是对环境有益的，这是（至少在初期）建立环境管理系统及其在企业中发挥作用（参见 Brady 2005）的原则。这就是 Walley & Whitehead（1994）所谓的双赢机会：为环境和商业节约能源效益，同时减少浪费。毫无疑问，环境管理系统的第一个作用是梳理出双赢机会并激励企业利用这些机会。它们可带来哪些节约以及在何种程度上它们值得追求的经济价值，直接涉及会计师和会计制度。因此，如果需要花费 10 万美元去清除特定的废弃物，但这么做仅仅为公司节省了 5 万美元，那么企业在此类商业活动时就会有所纠结。环境管理者总是纠缠于这些问题。让会计师更加了解环境，或者使环境管理者掌握更多的财务知识，似乎是解决这一潜在难题的唯一途径。

只有存在双赢的机会，环境管理系统和管理控制系统的发展与整合才势在必行。但是这样一个看似简单的主张会引发两个问题。首先，如何识别这些双赢机会：难道成本核算总是那么简单吗？显然，对于是否考虑对包括外部性在内的所有社会与环境影响进行量化分析这一问题的答案是否定的。第二个问题是，对环境诚信和财务成功的追求是和谐统一还是互相冲突？

"业务状况"看上去一目了然。但是，事实与此相去甚远。我们已经看到，任何健康的管理团队在寻求清晰战略、准确定位和/或决策制定时都会考虑各种各样的因素。风险、声誉、自由与各国政府和利益相关者的关系等等，对于企业的持续成功来说都是必不可少的——但是上述因素很少可以轻易地用简单的财务术语表达。事实上，Spence & Gray（2008）发现，业务状况是一种微妙和灵活的想法，在不同企业之间存在相当大的差异。正因如此，只要一种选择对企业来说是以可识别的术语和语言进行表达的，那么根据定义它可被纳入业务状况内。因此，良好的环境管理对环保措施价值的认识完全取决于一个人能够为其提供令人信服观点的能力。Gray et al. (1995)和 Levy (1997) 都阐述过这一发现，其中"环保冠军"的例子又对此有了新的发现，从而说服一家企业去识别之前未被识别的业务状况。

读了很多商业报道及许多企业及"可持续发展"的文章之后，人们会得出这样的结论，即如果作为合适的"环保冠军"，对业务状况的限制几乎是无限的。例如，Willis & Desjardins（2001：18）认为，企业行为超越法律法规合规性的范围是非常重要的，因为良好的环境管理与创造相关利益者价值互相关联。他们断言，从长远来看，这将带来积极而深远的利益。正如他们所说，在环境问题上的领导力可以作为市场优势的来源，从而增加销售额并降低资金成本。此外，领导力的这种声誉可能会加强企业与监管机构的关系或者提高企业影响公共政策的能力。但是，很少有令人信服的证据支持这些说法。

显然对所有商业案例来说都存在限制——无论争辩如何强烈有力。不可避免地，一些环保措施就算具有环境效益也是公司不愿实施的：零排放、避免不可再生的新型原材料、只使用非化石能源交通工具运输、对栖息地无影响等等，根本不是目前的业务选择。

尽管在过去的 20 年里，环境管理取得了非常可观的进步，然而地球退化仍然在持续。目前为止，所有证据表明，没有一家企业在追求生态效率过程中成功地提升了其生态效力（Gray 2006a；Young & Tilley 2006）。本质上，仍然遗留下关键的问题——企业可以（通过或不通过环境管理）为长期的地球健康和任何生活在地球上的人带来可持续性发展吗？这是下一节要探讨的问题。

23.6 环境管理系统、环境管理会计和环境可持续发展之间的关系

环境管理系统和环境管理会计可以将企业带入环境可持续发展的应许之地吗？答案是"不能"，但是其原因似乎有点晦涩——并且肯定让商业作家们不喜。

首先，环境管理会计的艺术（相比于科学，当然它更是一门艺术）造成了问题。我们以实例形式说明其中的几个问题。环境管理会计很少延伸到整个供应链（从"摇篮"到"坟墓"）或整个社会中（Bennett & James 1998：31）。采用"全社会"的观点则要求企业努力克服那些影响所有利益相关者的外部因素，甚至是那些尚未出现的外部因素，而且还有地理的、全球空间的问题。成本核算方面，怎样与因为特定业务而导致的酸雨损害划清界限？同时也存在时效的问题。法律一直在变化，这使得曾经被接受的行为变成了非法的，而企业则必须为这种变化买单。美国拉夫运河事件就佐证了这一点（Rubenstein 1991）。最

后，还有一些诸如全球变暖等问题涉及整个社会、整个地球及人类的未来。

　　然而，虽然存在这些困难，会计师还是设计了更具有包容性的成本核算方法，主要被称为全成本核算法。这类方法不同于前面所讨论的环境会计技巧，因为它们将外部效应也做了货币化处理。Bebbington et al.（2001）阐述了全成本核算法包括：①普通的直接和间接成本；②隐性成本，如监管、监测和安全成本；③负债成本，包括罚款和未来的清理费用；④无形成本，如项目所引起的商誉损失或收益，以及对改变利益相关者态度的影响；⑤确保项目零环境影响的成本。

　　通过检查全成本核算法在生命周期（从"摇篮"到"坟墓"）的分析中的应用，可以说明全成本核算法带来的挑战性。从上游来说，这包括识别原材料和分析生产原材料时的能耗和产生的生态影响。从下游来说，这包括消费者的使用和对物品的最终处置。识别所述的分析范围可以让情况变得极其复杂。例如，上游产品也有生命周期，而能源产生的投入理论上也应该包含在分析中。困难在于，虽然有必要划清界限以避免无限的退步，然而划清界限的行为会使分析变得不完整或不全面。

　　假设分析的范围和影响均可以被确定，则下一个步骤是将外部成本货币化。国际会计师联合会（IFAC 2005：52）确定了四种估算外部因素的方法：①避免成本核算法，利用预防措施的资本支出成本代表损害的货币价值；②损害成本核算法，采用科学且经济的估值方法来确定为防止环境破坏而需要支付的金额；③修复成本核算法，估计将损坏的环境修复到其原始状态所需要的成本；④排放量的直接货币化，这种方法将为使用最优可得技术的处理设施支付的交易价格或处理费作为核算的成本。

　　总之，全成本核算比（已经很苛刻的）环境会计要求更高，甚至更加主观。

　　其次，环境管理体系的中心是生态效率：在生产商品和服务时更精细地利用资源。（有时，被误解为"少花钱多办事"。）环境管理系统指导企业管理其环境资源，然而却并不指明环境资源的使用量或者企业是否需要提高并增加其"生态足迹"（Wachkernagel ＆ Rees 1996）。最好的情况下，环境管理系统会带来缓慢的改善；在一些遥远而阳光明媚的未来，环境管理系统会使得生态企业可以（真实地）做出环境可持续发展的声明。对于"最佳前景"还存在两个问题：①生态效率的速率远远不能应对生态足迹的崛起（York et al. 2003；Polimeni et al. 2008）；②如果所有数据都是可信的，那么实在是没有许多时间让企业就可持续性发展摇摆不定（Meadows et al,2004）。事实上，我们可能只有短短五年时间（Hamilton 2010）。

23.7 总结评论、可能的结果和对研究人员的启示

本章概述了系统和计量在环境管理中发挥的作用,以及企业中环境管理系统和以利益为导向的管理控制系统之间的关系(或不存在)。虽然环境管理会计和环境管理系统对企业及生态效率有很大的影响,精明的读者会注意到,我们认为,采用目前的操作方式,这两种系统几乎没有能力显著地改变我们消费资源及污染地球的方式。

尽管(例如)Schaltegger & Wanger (2006)曾著书《可持续发展管理商业案例》,对于企业来说仍然没有引导环境可持续发展的商业案例。尽管(例如)Bennett et al. (1999)曾著书《可持续的措施》,目前仍然没有与企业财务成功相称的措施。简单地说,与此类主张相对的情况是显而易见的,并(至少)由三种简单的理念支撑:①环境可持续发展不能应用在企业层面(任何生态教材会明确这一点,也参见 Milne & Gray 2007);②没有证据表明(我们怎样都能找到),企业所展示的绩效与环境上更加可持续发展的地球和企业维持可持续发展的手段相称(参见 Gray 2006b)——主张仅仅是主张;③初步认定的情况是,星球毁灭和社会不公可能是国际金融资本主义的极致成功的结果,如同它们也可能是任何其他情况所导致的(Gray 2010;Levy 1997)。

社会的需求和业务实践并不一定总是协调一致的。对于所有认为它们协调一致的建议其实都是可笑的。而且不论我们设计得多么好的环境管理系统,也不论将环境管理系统与管理控制系统和会计如何完美地整合,环境管理系统在现在、未来都不会,也不可能开展环境更可持续发展的业务。(或者如果可能的话,请偷偷地知会我们?)

无论你是否同意这个状况,我们与自然环境的关系只存在三种可能的结果:

(1)维持十年来的现状,自欺欺人,认为我们自己稍作调整就会有所作为。

(2)从根本上改变我们的生活方式(顺便说一句,这将需要民间社会而不是企业来引导),而且要速战速决。

(3)及时行乐,去喝杯啤酒,要知道人类物种像其他大多数物种一样,在这个世界上都有生存时限。

那么这些结果对于研究者来说意味着什么?如果你相信我们稍作调整就会有所作为,那么研究怎样使用环境管理系统和环境管理会计,以及是否包含外部因素都是非常重要的。如果你认为人类注定遭此一劫[许多学者如Hamilton (2010)都如此认为],那么你还是会希望这样做,即使只是为了延缓

不可避免的劫难，尽可能并尽快地改变商业模式以减缓毁灭。或者，你也可以让追求利润的动机作为指引，研究环境管理系统和环境管理会计以确定它是否为绿色"买单"并寻求这些机会。

　　因此，尽管持悲观态度（或者只是现实主义），我们笃信，理解人类与自然环境的关系及环境管理会计和环境管理系统在这关系中的作用是至关重要的。

参考文献

Anthony, R. N. (1965). *Management Accounting Principles*. Homewood, IL: Richard D. Irwin, Inc.

Bakan, J. (2004). *The Corporation: The Pathological Pursuit of Profit and Power*. Toronto: Penguin Canada.

Bansal, P. & Roth, K. (2000). "Why Companies Go Green: A Model of Ecological Responsiveness," *Academy of Management Journal*, 43(4): 717—736.

Bebbington, J., Gray, R., Hibbitt, C. & Kirk, E. (2001). *Full Cost Accounting: An Agenda for Action*. London: ACCA.

Bebbington, K. J., Gray, R. H. Thomson, I. & Walters, D. (1994). "Accountants' Attitudes and Environmentally-Sensitive Accounting," *Accounting and Business Research*, 24(94): 109—120.

Bennett, M. & James, P. (eds.) (1998). *The Green Bottom Line: Environmental Accounting for Management*. Sheffield: Greenleaf.

——& Klinkers, L. (eds.) (1999). *Sustainable Measures: Evaluation and Reporting of Environmental and Social Performance*. Sheffield: Greenleaf.

Brady, J. (ed.) (2005). *Environmental Management in Organizations: The IEMA Handbook*. London: Earthscan.

Committee of Sponsoring Organizations of the Treadway Commission (1994). *Internal Control-Integrated Framework*. Vol. 1.

Ditz, D., Ranganathan, J. & Banks, R. D. (1995). *Green Ledgers: Case Studies in Corporate Environmental Accounting*. Baltimore, MD: World Resources Institute.

Durden, C. (2008). "Towards a Socially Responsible Management Control System," *Accounting Auditing and Accountability Journal*, 21(5): 671—694.

Environmental Protection Agency (1995). *Environmental Accounting Case Studies: Green Accounting at AT & T*. Washington, DC: EPA.

——(1996). *Environmental Accounting Case Studies: Full Cost Accounting for Decision Making at Ontario Hydro*. Washington, DC: EPA.

Epstein, M. J. (1996). *Measuring Corporate Environmental Performance: Best Practices for Costing and Managing an Effective Environmental Strategy*. Montvale, NJ: The IMA Foundation for Applied Research, Inc.

Gray, R. (2006a). "Social, Environmental, and Sustainability Reporting and Organisational Value Creation? Whose Value? Whose Creation?" *Accounting, Auditing and Accountability Journal*, 19(3): 319—348.

——(2006b). "Does Sustainability Reporting Improve Corporate Behaviour? Wrong Question? Right Time?" *Accounting and Business Research* (*International Policy Forum*), 65—88.

——(2010). "Is Accounting For Sustainability Actually Accounting For Sustainability... and How Would We Know? An Exploration of Narratives of Organisations and the Planet," *Accounting, Organizations and Society*, 35(1): 47—62.

——& Bebbington, K. J. (2001). *Accounting for the Environment*, 2nd edn. London: SAGE.

Gray, R. H., Bebbington, K. J., Walters, D. & Thomson, I. (1995). "The Greening of Enterprise: An Exploration of the (non) Role of Environmental Accounting and Environmental Accountants in Organisational Change," *Critical Perspectives on Accounting*, 6(3): 211—239.

Grey, C. (2005). *A Very Short, Fairly Interesting and Reasonably Cheap Book About Studying Organizations*. London: SAGE.

Hamilton, C. (2010). *Requiem for a Species: Why We Resist the Truth About Climate Change*. London: Earthscan.

Henri, J. F. & Journeault, M. (2010). "Eco-Control: The Influence of Management Control Systems on Environmental and Economic Performance," *Accounting Organizations and Society*, 35(1): 63—80.

Institute of Chartered Accountants in England & Wales (1999). *Internal Control: Guidance for Directors on the Combine Code* (Turnbull Report). London: The Institute of Chartered Accountants in England and Wales.

International Federation of Accountants (1998). *Environmental Management in Organizations: The Role of Management Accounting Study* #6. New York: IFAC.

——(2005). *Environmental Management Accounting*. New York: IFAC.

Jasch, C. (2009). *Environmental and Material Flow Cost Accounting*. Milton Keynes: Springer Science.

Kaplan, R. S. & Norton, D. P. (1996). *The Balanced Scorecard: Translating Strategy into Action*. Boston: Harvard Business School.

Knights, D. & Willmott, H. (2007). *Introducing Organizational Behaviour and Management*. London: Thomson Learning.

Krut, R. & Gleckman, H. (1998). *ISO 14001: A Missed Opportunity for Sustainable Global Industrial Development*. London: Earthscan.

Levy, D. L. (1997). "Environmental Management as Political Sustainability," *Organization and Environment*, 10(2): 126—147.

Meadows, D. H., Randers, J. & Meadows, D. L. (2004). *The Limits to Growth: The 30-Year Update*. London: Earthscan.

Merchant, K. A. (1985). *Control in Business Organizations*. Cambridge, MA: Ballinger Publishing Company.

Milne, M. & Gray, R. H. (2007). "Future Prospects for Corporate Sustainability Reporting," in Unerman, J., Bebbington, J. & O'Dwyer, B. (eds.) *Sustainability Accounting and Accountability*. London: Routledge, 184—208.

Netherwood, A. (1996). "Environmental Management Systems," in Welford, R. (ed.) *Corporate Environmental Management: Systems and Strategies*. London: Earthscan, 35—58.

Polimeni, J. M., Mayumi, K., Giampietro, M. & Alcott, B. (2008). *The Jevons Paradox and the Myth of Resource Efficiency Improvements*. London: Earthscan.

Potoski, M. & Prakash, A. (2005). "Covenants with Weak Swords: ISO 14001 and Facilities

Environmental Organization," *Journal of Policy Analysis and Management*, 24（4）: 745—769.

Rubenstein, D. B. (1991). "Lessons of Love," *CA Magazine*, March: 34—41.

Schaltegger, S. & Burritt, R. (2000). *Contemporary Environmental Accounting: Issues, Concepts and Practices*. Sheffield: Greenleaf.

——& Wagner, M. (2006). *Managing the Business Case for Sustainability*. Sheffield: Greenleaf.

Simons, R. (1995). *Levers of Control: How Managers Use Innovative Control Systems to Drive Strategic Renewal*. Boston: Harvard Business School Press.

Society of Management Accountants of Canada (1997). *Accounting for the Sustainable Development: A Business Perspective*. Hamilton, ON: The Society of Management Accountants of Canada.

Spence, C. & Gray, R. (2008). *Social and Environmental Reporting and the Business Case*. London: ACCA.

Sundin, H., Granlund, M. & Brown, D. (2009). "Balancing Multiple Competing Objectives with a Balanced Scorecard," *European Accounting Review*, 19(2): 1—44.

Tetra Pak (2010). "Vintage Goes Modern," Available at <http://www. tetrapak. com/us/packaging/food_categories/wine/Pages/default. aspx>, accessed on 24 March 2010.

United Nations Division for Sustainable Development (2002). *Environmental Management Accounting: Policies and Linkages*. New York: United Nations.

Wackernagel, M. & Rees, W. (1996). *Our Ecological Footprint: Reducing Human Impact on the Earth*. Gabriola Island, BC: New Society Publishers.

Walley, N. & Whitehead, B. (1994). "It's Not Easy Being Green," *Harvard Business Review*, May/June: 46—52.

Willis, A. & Desjardins, J. (2001). *Environmental Performance: Measuring and Managing What Matters*. Toronto: CICA.

York, R., Rosa, E. A. & Dietz, T. (2003). "Footprints on the Earth: The Environmental Consequences of Modernity," *American Sociological Review*, 68(2): 279—300.

Young, W. & Tilley, F. (2006). "Can Business Move Beyond Efficiency? The Shift Toward Effectiveness and Equity in the Corporate Sustainability Debate," *Business Strategy and the Environment*, 15: 402—415.

24　企业环境财务报告和金融市场

Charles H. Cho，Dennis M. Patten，
Robin W. Roberts

　　企业环境财务报告被广泛定义为一组关于企业过去、当前和未来环境管理活动及表现的资讯事宜(Berthelot et al. 2003)。企业的环境活动报告可能由财务监管强制执行，例如企业资产负债表中的环境负债披露，抑或是自愿性质的，例如管理讨论中关于循环利用行为的报告和企业年度报告书中的分析部分。在这两种情况下，企业环境财务报告的确切性质和程度都反映了企业管理做出的战略决策(Aerts et al. 2008)。企业环境财务报告应视为一家企业对外披露及报告整体进程中不可分割的一部分，这是由"金融市场及公众利益考虑内生驱动的"(Aerts et al. 2008:643)。此外，我们还应当注意到财务报告是向企业外部用户提供信息的。对企业内部成员的信息提供被称为管理会计。Gray & Herremans（本手册[第 22 章]）讨论了环境会计研究的内容。环境会计研究的另一个方面是对与环境绩效相关的金融市场反应的检验，这部分将在本章及 Bauer & Derwall（本手册[第 25 章]）中进行讨论。

　　金融市场参与者依靠公司信息披露和报告为投资决策提供重要信息。由于财务报告是一种战略执行，企业精心撰写强制性和自愿性的信息披露和报告，以满足监管要求和市场信息的预期，同时也管理发布过程以突显企业的最大优势。会计研究的一些流派认为，通过准确的信息披露，公司可减少"信息风险"并帮助他们的股票更精确地定价(Graham et al. 2005)。其他人则认为企业使用信息披露和报告，更多的是为了维持企业的社会合法性，以及管理金融市场和其他利益相关者对企业绩效的印象，而不是提供准确的客观信息(Merkl-Davies & Brennan 2007)。

　　鉴于企业财务报告中的企业环境信息披露被金融市场参与者用来评估风

险和绩效,因此这些合理性也同样适用于环境财务报告研究中。事实上,已有大量关于企业环境信息披露和报告的决定因素以及相关的法规和市场研究结果(参见 Berthelot et al. 2003)。贯穿整个企业环境财务报告研究中的不变主题,是日益剧增的社会对环境关注和对公司环境信息披露的需求,与企业提供的有限的、有意义的信息披露和报告之间的脱节(Solomon & Lewis 2002)。即使近期对企业信息披露形式替代品的研究,如对可持续发展的独立报告书及网络报告的研究,也失望地发现自愿性企业环境报告缺乏广度和深度(Milne et al. 2009;Cho & Roberts 2010)。

本章的目的是讨论关于企业环境财务报告和金融市场的两个具体问题。这些问题是:

(1)为什么企业在其财务报告中披露环境信息?

(2)资本市场是否看重企业的环境信息?

毫无疑问,对于这些问题的解释是开放的,并可能产生各种各样的反应。经济学家们对此的反应(如 Graham et al. 2005)与挑剔的会计研究者(如 Milne et al. 2009)的反应大相径庭。鉴于在社会和环境会计研究中发现的理论折中主义(Sil 2000),全面回顾这两个研究课题上所进行的调查是不可能的。所以,我们利用本章介绍会计研究者在解决这些问题时所使用的最常见的理论方法,并回顾相关的实证研究结论。我们的回顾将有助于该领域新的研究人员理解与这些研究相关的重要考虑因素。我们向您推荐 Gray et al.(2010)的著作以便对有关社会和环境会计理论进行全面回顾。

本章的其余部分安排如下。首先,我们将研究企业为何在其财务报告中进行环境信息披露,重点关注相关会计研究应用中的两个主要理论。然后,我们将讨论如何利用股票市场行为的经济学理论,评估市场是否重视包含在财务报告中的企业环境信息。在最后一节,我们将这两类研究与环境财务报告和金融市场相关的、更新的、富有成果的潜在研究方向联系起来。

24.1 财务报告中的公司环境信息披露

企业环境信息的披露往往至少部分是由报告法规强制推动的。例如,在美国,证券交易委员会(SEC)将联邦证券法下所有现存的披露要求整合纳入到一个全面的披露体系中,即法规条例 S-K(Johnson 1993)。该法规条例中的三个部分——条款101(业务描述)、条款103(法律程序)和条款303(对于财务状况和运营业绩的管理层讨论和分析)——都与环境信息披露尤为相关。正如 Johnson（1993：119）的总结：

条款 101 要求描述一般性业务，及遵守环境法规对注册者的资本支出、盈利和竞争力的重大影响的特定信息披露。披露包括对当前和下一财务年度重要的资本支出预计，以及今后的一些重要支出，包括企业遵守环保法规支出的成本。

Johnson（1993：119）进一步指出：

条款 103 要求披露待定的或预期的行政或司法程序，包括出现在环保法规中的程序（a）是重大的，或（b）超出注册者现有资产 10％ 的索赔，或（c）涉及政府机关一方并且处罚超过 10 万美元。

最后，法规条款 303 要求企业在管理层的讨论与分析部分"对公司经营或财务状况可能造成重大影响的任何环境事件的信息"中披露。显而易见，美国证券交易委员会在法规条例 S-K 中确定的环境信息披露要求重点是给投资者提供与环保法规相关的财务信息，这些财务信息可用来评估环保法规和带来现有义务的要求，以及已经或将对企业的财务状况、支出及盈利能力产生的影响（Cho & Patten 2008）。

美国证券交易委员会发布的其他公告，包括 1989 年发布的第 36 号财务报告公告（FRR），与 1993 年发布的第 92 号专职会计公告（SAB），提供了有关环境信息披露的实例和/或指导，但仅限于补救曝光相关问题。此外，美国注册会计师协会（AICPA）和美国金融会计标准委员会（FASB）都发布了暗示需要披露环境信息的公告，最引人注目的是美国注册会计师协会的立场声明（SOP）96-1。

尽管之前讨论了法律指南，对美国公司财务报告环境信息披露的研究（Cho & Patten 2008；Freedman & Stagliano 1998；Gamble et al. 1995）持续表明，虽然不同企业和不同时期的环境信息披露程度存在巨大差异，提供信息的整体水平和深度往往都非常有限（Cho & Patten 2008）[1]。

在欧洲大陆，特别是法国和西班牙，可以看到在公布和应用中存在类似的趋势。例如，2001 年法国新经济法规（NRE）法案命令所有公开上市的法国公司在年度报告中增加与他们活动产生的社会和环境影响的相关信息，但似乎并没有奏效：法国政府委托的一份独立报告审慎评估了 2003 年，也就是 NRE 法案适用的第一年，法国企业对法国新经济法规的适用情况，结果发现平均合规率仅为 35％（Delbard 2008）。同样，在西班牙，尽管通过一般会计计划（PGC）

---

[1]　尽管美国政府问责局（GAO）这个研究机构基于美国国会要求对企业环境信息披露审查，得出结论："对公司提交给美国证券交易委员会的文件中关于环境信息的披露程度知之甚少（Government Accountability Office 2004：4）。"

针对电气设施发布了环境信息披露标准的义务(RD 437-498),研究结果表明合规水平非常低,约有 80% 的企业未提供任何环境信息(Larrinaga et al. 2002)。

最后,Owen et al.(2005)研究了英国的强制性报告要求的潜在作用。他们对运营和财务审查(OFR)要求的演变的分析表明,虽然运营和财务审查被监管机构认为是披露社会和环境信息的一个合适的平台,此类披露的目的和受众已逐渐变窄(即由股东主导,而不是扩大至其他非财务类的利益相关者)。在研究中发现的其他问题还包括,由于缺乏来自政府或会计准则委员会的具体报告指南以及缺乏决定"报告必然性"的政策(而不是全部文件)而产生的问题。总体来说,在英国,运营和财务审查要求要成为提高社会和环境信息披露的"催化剂"尚存一些潜在的限制性。此类信息披露似乎主要受到金融风险的驱动,并且缺乏清晰的报告指南使得运营和财务审查要求的实用性令人怀疑(Owen et al. 2005)。

总体而言,关于企业环境信息披露程度的研究表明,虽然存在一些环境信息披露的法规条例,然而负责这些法规实施的机构在监督、监管和执行方面的问题导致了企业财务报告中相对较低水平的环境信息披露。

部分受到低水平信息披露的吸引,但更多是受到信息披露的公司间差异性的驱动,研究试图识别促使选择不同信息披露的原因,以及环境信息是否对市场参与者有所影响。在回顾这些研究脉络之前,我们需要讨论与测量信息披露程度相关的问题。

环境信息披露的测量

衡量财务报告环境信息披露的不同方法,尤其是对定性的或叙事性质的信息披露的衡量方法,造成研究人员之间实质性的争论。这主要是由于对企业财务报告内容的分析研究缺乏一致性,导致相关的测量可靠性问题(Milne & Adler 1999;Unerman 2000)。争论是重要的,因为内容分析是"根据数据内容,从数据导出可复制及有效推论的研究技巧"(Krippendorff 1980:21)。Milne & Adler(1999:238)则认为,之前的环境会计研究显示"在处理可靠性和可复制性方面参差不齐"。虽然一些研究者在解决评定者间可信度问题时报道使用多种编码,并解释他们的编码规则(Hackston & Milne 1996;Gray et al. 1995b),但其他研究者则很少或者不解释如何解决这些问题以及编码数据怎样可以被认为是可靠的(Freedman & Jaggi 1986;Neu et al. 1998;Trotman & Bradley 1981)。Milne & Adler(1999)强调,认真解释如何分析报告内容是必要的,能够让读者评估类似的信息是否以同样的方式被编码。

　　Al-Tuwaijri et al.（2004）和 Smith & Taffler（2000）把对环境信息披露内容分析的披露测量技术分为两个特别的群组。第一组使用纯内容分析或"意义至上"（主观）的分析（Smith & Taffler 2000:627）衍生出来的披露—评分衡量指标。这种技术的测量主要侧重于在感兴趣的披露文本中呈现基本的主题或题目本身。研究人员列举出一定数量的感兴趣的环境事项来确定这些主题是否被企业的管理人员在他们的环境信息披露中提及或讨论，由此相应地设计出一组关于这些主题分类的得分指数。研究人员再判断信息披露中列举的主题的存在或缺席，使用"是/否"（或 1/0）的编码方法。经过量化，确定样本中每个企业的总成绩，一般标记为信息披露得分变量（Barth et al. 1997；Cho & Patten 2007；Cho et al. 2006；Ingram & Frazier 1980；Patten & Trompeter 2003）。最近的研究已经对传统的内容分析评分方法进行了改进。例如，根据信息披露中是否包括货币性的、量化的或质化的项目（Choi 1999；Al-Tuwaijri et al. 2004；Wiseman 1982），或者信息披露是否是描述性的、模糊的或非实质的（Hughes et al. 2001），进行不同层次或权重的分配。

　　第二种方法是测量环境信息披露的数量，这涉及 Smith & Taffler（2000:627）所说的"形式至上"（客观）的分析。研究人员之间就什么才是最佳的"分析单位"展开了讨论（Milne & Adler 1999）。而信息披露通过统计字数（Deegan & Rankin 1996；Neu et al. 1998）、句子的数量（Buhr 1998；Hackston & Milne 1996；Tsang 1998）或页数（Guthrie & Parker 1989；Patten 1992，1995）进行测定。信息披露也可以通过计算披露信息页数的百分比（Gray et al. 1995a；O'Dwyer & Gray 1998）或总信息披露量的百分比[①]（Trotman & Bradley 1981）进行测定。这种计数方法仅仅关注信息披露的数量。经过对不同分析单位的全面回顾，Milne & Adler（1999:243）建议使用句子数量来进行编码和测量，因为这种方法"为进一步的分析提供了完整、可靠和具有意义的数据"。

　　虽然这两个关于信息披露的主题（"什么"）和数量（"多少"）对于企业的管理者和财务报告使用者来说是重要的，一些关系到有效性和可靠性的测量担忧似乎仍然存在。对于"意义至上"（主观）的分析（Smith & Taffler 2000:627）来说，当叙述编码或确定所寻求的主题是存在还是缺席时（Krippendorff

---

　　①　在报告分析中，将涉及社会和环境问题内容的页数除以报告的总页数得出页数百分比，而总信息披露量的百分比则是由总的社会和环境信息披露量（以段落或句子为基础）除以所有问题的讨论总量计算出来的。

1980),问题似乎涉及到人类本质的主体性。即使使用多种编码,对研究人员判断力的需求依然会导致一些固有的可靠性问题;也就是说,即使不同编码之间的评级是一致的,而内容项目在多大程度上真实地反映出基本属性依然是一个问题。至于"形式至上"(客观)的分析(Smith & Taffler 2000:627),仅仅关注在某一财会报告中环境信息披露的数量可能引起误导。例如,如果企业提供了大量使用带有偏见性语言表达的环境信息,那么对此的披露测量的有效性可能令人怀疑。沿着这一思路,Cho et al. (2010)最近进行了一项调查,以确定带有偏见性的语言和语气是否存在于企业的环境信息披露中。他们发现,就像预期设想的那样,具有糟糕环境绩效公司的信息披露显著地比那些具有更好环境表现的同行呈现出更多的乐观性及明显较少的确定性。因此他们得出结论,"在调查该企业的信息披露和绩效之间的关系时,我们一定要考虑到企业的环境信息披露所使用的语言和语气,以及披露中的话题内容"(Cho et al. 2010:432)。

环境信息披露的动机

鉴于上面提到的企业环境信息披露的差异,也许并不令人感到意外的是大量的研究(Al-Tuwaijri et al. 2004;Cho & Patten 2007;Fekrat et al. 1996;Freedman & Wasley 1990;Hughes et al. 2001;Hughes et al. 2000;Ingram & Frazier 1980;Patten 2002;Wiseman 1982)都在检测财务报告中企业环境信息披露的动态性。然而,是什么促使企业向不同利益相关者提供大量的被认为是非强制的环境信息,这个问题仍然没有得到解决。

有两种主要的、相互竞争却不一定相互排斥的理论被用于为企业毫无束缚的环境信息的披露选择提供解释。每一种理论各自涉及企业环境绩效的信息披露选择,但是两种理论各持相反的论点。其中一种理论被称为自愿性信息披露理论,以新古典经济学理论为基础(Dye 1985;Verrecchia 1983)。将自愿性信息披露理论应用于环境信息披露和报告中时,支持者断定有较好环境绩效的企业会积极地利用信息披露向投资者及其他利益相关者传递其卓越战略的信号(Bewley & Li 2000;Li et al. 1997)。信息披露是必要的,因为具有前瞻性环境战略的许多重要方面是难以被察觉的(Clarkson et al. 2008)。此外,这些环保绩效良好的企业有理由专注于"那些不容易被环境绩效恶劣的企业模仿的客观的'硬性'措施"(Clarkson et al. 2008:309)。因此,从自愿性信息披露理论的角度来看,企业公开环境信息是为了彰显自己具有前瞻性的战略和相对优越的环境绩效。信息披露有助于资本市场参与者清楚地了解企业的环境绩效,减少任何相关的信息风险,并体现在企业的资本成本计算上

（Graham et al. 2005）。Bewley & Li（2000）、Al-Tuwaijri et al.（2004）和 Clarkson et al.（2008）都证实了企业环境绩效和企业的信息披露程度之间存在正相关关系。

第二种关于环境财务报告研究的理论方法被称为合法性理论。它是一种社会—政治理论（Gray et al. 1995a），根植于一个基本概念，那就是企业只要履行其与广泛社会之间的社会契约即可享有合法权利（Mathews 1993）。若企业以社会所接受的方式追求社会所接受的目标，那么就会被视为合法的。鉴于这种规范的质量，仅有绩效和经济效益似乎不足以获得或保持合法的地位（Epstein & Votaw 1978）。因此，合法性不能由经济可行性、成就大小或法律的遵守与否来定义。合法性理论仅将经济可靠性视为合法性的一个方面。理论上，合法性是社会价值变化的实施者，而非创造者（Chen & Roberts 2010；Deegan 2002；Lindblom 1994）。此外，企业的活动是否合法取决于观察他们的观众（Suchman 1995）。

合法性理论的支持者（Cho 2009；Deegan 2002；Deegan & Gordon 1996；Milne & Patten 2002；Patten 2002）认为，由于环境记录较差的公司面临着更大的社会和政治压力与威胁，企业就有动机去使用环境信息披露作为一种改善工具，以便：①培养和告知相关公众有关环境绩效的（实际）变化；②改变对他们的环境绩效的认知；③通过强调其他成就来转移人们对关注问题的注意力；及/或④试图改变公众对他们的环境绩效的期望（Lindblom 1994）。Deegan & Rankin（1996）、Patten（2002）和 Cho & Patten（2007）的研究都证明了企业环境绩效和企业的环境信息披露之间存在负相关关系。合法性理论和自愿性理论研究之间相互矛盾的结果仍未得到解决。

最近，环境会计研究人员利用合法性理论提出并检验了关于企业环境财务报告的假设。这些研究认为公司的环境信息披露的决策主要取决于其印象管理的参与意愿（Neu et al. 1998；Merkl-Davies & Brennan 2007）。Cho et al.（2010）调整了 Merkl-Davies & Brennan（2007）提出的印象管理框架，并以此创建了用于检测呈现在企业的环境财务报告披露中的印象管理技巧的使用程度的方法。在此框架下，企业被期望会积极地运用隐蔽手段和归因行为，这样有助于尽可能有力地展示他们的环保活动。隐蔽性手段包括突出利好消息和混淆负面新闻。归因行为允许企业因积极正面的环保成就获得夸奖，并减轻因任何恶劣的环境绩效产生的责备。无论是隐蔽性手段还是归因行为，都会使企业的环境信息披露使用带有偏见性的和不确定的语言来尽可能有利于描绘该企业的环保记录。

24.2 环境报告和市场估值

大量的实证会计研究主要调查资本市场对社会和环境信息的重视程度。这些研究的焦点往往集中在环境绩效和信息披露上（虽然少数的例外情况将在下面讨论），并大致可分为：①研究使用市场估值模型来评估对环境信息，尤其是非企业提供的环境信息，被市场获取的程度；②检测股票市场对于社会或环境信息披露相关事件的反应；③关于环境信息披露对于投资者决策作用的实验研究[①]。下面我们将对上述各方面进行详细讨论。

市场估值研究

会计研究中一个特别与环境问题相关的主要问题是市场是否会对整个环境领域中与潜在风险相关的信息进行估值。正如 Hughes（2000：210）注意到的，环境绩效问题可能会有在未来的成本往往不能符合"合理可预测"这一美国财务会计准则公告第 5 号的要求，而且在财务报表中此类成本也无法被识别出来。但是，由于这些成本的数额可能是巨大的，它们被认为会影响企业的价值。依托模型控制对资产和负债账面价值的影响，仅有少数研究做出关于资产市场价值的差异是否与未来的环境成本风险相关的检验。这个研究方向的代表，Barth & McNichols（1994）检验了在综合环境响应及通常被称为超级基金的 1980 年补偿和责任法案的调查中企业披露多少公开信息，可以使市场发现被影响的企业未能识别出的负债。基于各种主要来自美国环境保护署（EPA）决策记录中的环境成本变量，Barth & McNichols 发现，反映环境负债的市场价格大大超过了他们研究中的样本公司的财务报表中的应计数额。

类似于 Barth & McNichols（1994），Hughes（2000）探讨非财务类的污染测量是否作为未来负债风险体现在市场价值中。更具体地说，Hughes 认为污染表现信息更多地和面对具体的监管风险的公司有关，并发现在美国能源署的报告中，根据 1990 年的清洁空气修正案（CAAA）设定减排目标的上市企业的二氧化硫排放量差异与这些公司的市场价值差异有关。较高程度的污染似乎导致了更多的负面市场估值，证据表明市场捕获了受影响企业的环境风险。Hughes 还指出，污染数据对市场价值影响的敏感性根据监管水平的等

---

① 大量管理领域的研究也调查了环境绩效和财务绩效各个方面之间的关系（参见 Russo & Minto 本手册［第 2 章］）。

级不同而变化。与此相反，Hughes 发现没有证据表明，对于没有根据清洁空气修正案(CAAA)设立减排目标的企业，其市场估值会受到排放信息的影响。

在一项最终市场估值的研究中，Clarkson et al. (2004)利用美国环境保护署编写的关于企业环境绩效的两种不同的测量标准(毒性化学品排放和生物需氧量排放)将他们的纸浆造纸企业样本划分为高污染和低污染的两个子样本。与 Barth & McNichols (1994)和 Hughes (2000)一致，Clarkson et al. (2004)发现统计的数据中，对于高污染企业的市场评估会包含显著的未记录负债。Clarkson et al. 的报告中也提到，市场会积极地评估企业环保资本支出，但只适用于分类为低污染的企业。笔者认为这种影响归因于所宣称的在环境领域合规性的益处。

在一般情况下，Barth & McNichols (1994)、Hughes (2000)及 Clarkson et al. (2004)都提出了证据，认为市场的环境绩效信息通过非企业渠道获得，且对于潜在的未来成本显示出负面的价值观念。从不同的角度来看，在最近的两项研究中，Murray et al. (2006)和 Jones et al. (2007)试图识别社会和环境信息披露之间的差异是否具有长期的市场估值影响。Murray et al. (2006)在利用来自英国的公司样本的研究中指出，信息披露和市场估值之间没有显著的短期关系，但是他们确实发现在超过 9 年的时间区间里，更高层次的信息披露似乎与更高的市场估值相关联。另一方面，Jones et al. 发现来自澳大利亚的公司样本表现出信息披露与长期的市场估值影响呈现负面的关系，但只是微弱的负面关系。

市场反应研究

与少数依据市场估值模型的研究相反，有相当多的会计研究采用市场模式的方法[①]来研究社会和/或环境信息对市场回报变化的影响。大多数这些研究的焦点都集中在对企业财务报告所释放信息的反应，或者当其他社会—成本—诱导事件发生时的信息披露的间接价值。对前一领域的研究结果喜忧参半，而对后一领域的研究则持续报告说，披露似乎减轻了受影响企业的负面市场影响的程度。我们将在下面逐一详细地讨论。

大部分早期的关于市场对企业环境信息披露反应的研究依赖于安永会计师事务所(1973 年起)的企业社会责任信息披露调查中编制的信息，并以此确定样本企业及其对信息披露的选择。例如，Belkaoui (1976)利用每月收益模

---

① 参见 Watts & Zimmerman (1986)了解总体的市场模型方法。

型来检验对于不同群组公司发布的年度报告的市场反应差异,其中一组是安永会计师事务所挑选的发布污染治理信息披露的 50 家样本企业,试验对照组是没有发布信息披露的公司。Belkaoui 的报告显示,积极的却只是临时性的市场反应有利于发布信息披露的公司。Ingram (1978)使用了更广泛的样本及涉及社会和环境领域的信息披露,研究发现发布信息的样本公司并没有得到显著的市场反应,虽然对预期外收益的控制以及划分各个行业的子集倒是显示出一些有限的正面影响。Anderson & Frankle (1980)也依据来自安永会计师事务所对广泛的企业样本的调查以及对企业特有的市场风险差异的控制,得出研究结果,即相对于无信息披露的同行,那些履行信息披露的公司得到了显著积极的市场反应,但也仅仅主要在年度报告发布前的一个月。依靠安永会计师事务所的调查公司样本的研究有一个例外,就是 Freedman & Jaggi (1986)关于来自四个环境敏感行业(化工、钢铁、纸浆和造纸、石油)的样本公司年度报告中污染的信息披露的市场反应的研究。利用每月收益模型,Freedman & Jaggi 发现被划分为大量与最低限度信息披露的公司在市场反应方面并没有显著的差异。

与上述各种研究发现相反,关于在社会—成本—诱导事件时期缓解之前企业社会责任信息披露的影响的研究持续表明信息披露与市场影响有着正相关关系。例如,Blacconiere & Patten (1994)在美国联合碳化物公司的灾难性的印度博帕尔化学品泄漏事件(美国联合碳化物公司没有被列入样本中)时期抽样调查了美国化工企业的市场反应。他们提出,虽然事件对产业整体情况有着显著的负面市场影响,然而样本企业之前的环境信息披露 10-K 的报告减缓了市场反应的程度。Blacconiere & Northcut (1997)对国会关于超级基金法案辩论的研究,Patten & Nance (1998)关于埃克森公司瓦尔迪兹石油泄漏事件的市场反应的研究,Freedman & Stagliano (1991)关于棉尘职业安全法规变化的市场反应研究,以及 Freedman & Patten (2004)关于 1990 年清洁空气修正法案的市场反应研究都发现类似的结果。Blacconiere & Patten (1994:363)认为这样的缓解效应可能是由于市场参与者将更为广泛的信息披露视为一种信号,表明企业在处理由社会成本诱发事件引起更高的社会和政治风险时会处于更有利的地位。

实验性研究

为了将以市场为基础的调查研究补充到社会和环境信息的价值中,最近的一些研究利用实验设计来调查这些信息披露的影响。例如,Chan & Milne

(1999)对抽样的会计师和投资分析师进行了调查,研究正面或负面的环境信息披露是否会影响投资决策。他们发现负面的信息披露会导致投资选择的减少,但是正面的环境信息却影响不大。与此相反,Holm & Rikhardsson (2008)则发现,正面的环境绩效信息披露对投资者在不同的投资时间跨度及投资经验水平下做出的投资选择会产生积极的影响。Milne & Patten (2002)的报告表明,正面的环境信息披露产生的合法化影响可减缓负面环境绩效信息所产生的影响。最后,Milne & Chan(1999)运用了社会信息披露而不是环境信息披露进行研究,发现这种信息对投资决策的影响不大。

24.3　结论和未来研究方向

对环境财务报告感兴趣的研究人员可以从我们的讨论中发现,环境财务报告就像其他类型的公司报告,可以通过采取适当却不同的理论方法从不同理论视角进行研究。至今为止,研究几乎都是采用多样的自愿性信息披露的角度或者合法性的角度作为其分析的理论基础。而理论角度则引出一项研究的调查问题,以及遵循实证结果的政策意涵。无论是使用理论还是方法论的方法,我们将继续纠结使用何种实验方法来有效地检验环境绩效和环境信息披露之间的关系。矛盾的结果迫使我们得出结论,这一问题尚存悬念并值得持续研究。鉴于信息披露研究的不确定发现,我们也不确定如何去最好地测量环境信息披露的质量。简而言之,还有许多研究有待完成。

我们同意 Sil (2000)的观点,即理论折中主义适用于社会科学,并且研究人员应继续从各种理论的出发点去探索环境财务报告。这就是说,我们提供一些我们认为可以推进此领域发展的建议,来更好地理解企业为什么发布环境财务报告,以及金融市场会如何对这些不同类型的强制监管的和自愿的信息披露做出反应。

Gray et al. (2010:6)指出"理论是一个棘手的事情",并且"简单来说,理论是事物之间关系的概念"。而这个概念却往往因为众多的市场参与者、监管者和其他利益相关者之间的关系而变得复杂。之前关于环境财务报告的研究说明了这个问题。企业可以使用环境财务报告为监管机构和市场参与者提供有用的信息,即使这些信息包含了相当程度的正面偏差。Solomon & Lewis (2002)提出的政策建议似乎调和了这些矛盾,因为这些建议指出,企业可能会使用环境财务报告去迎合法规、传播信息和培养目标。未来的研究可以帮助我们更好地了解企业衡量这些目标重要性及实施其报告政策的方式。

Aerts et al.(2008)提供了一种整合这些相互矛盾的理论观点的方法,就是关注报告环保活动的管理决策背后的信息动态。他们的分析既考虑到自愿性信息披露理论中所描述的市场信息需求,也包含了由合法性和印象管理理论推进的操纵信息披露的管理激励。他们的实证结果支持这两种动机同时在市场上发生。未来的研究需要承认环境财务报告决策内在的复杂性,并将复杂性模型化,用这种方式使信息披露既翔实又有说服力。

关于环境信息披露和报告实务的最新趋势(Buhr 2007)表明,大量增加的独立报告书,其中包括社会、环境和经济/金融信息,反映了 Elkington (1997)提及的三重底线报告(Milne & Gray 2007)。这种可持续性发展类型报告的发布几乎已经成为世界上大公司的标准——KPMG International 报告在其2008 年对可持续性发展报告书的调查中表示,例如,有近 80% 的全球 250 强企业目前都发布此类报告(KPMG International 2008:13)[①]。GRI 试图向发布独立报告书的企业提供自愿性指南。抛开可持续性发展独立报告书日益增长的趋势,在美国仍然没有官方发布对此事宜的监管(或其他权威机构)指南。企业越来越多地使用独立报告书及互联网企业环境报告,进一步使研究过程复杂化,因为近期的研究显示媒体信息披露的类型会影响信息披露的内容及市场反应的方式(Aerts et al. 2008)。企业的整体环境战略可能会因为响应市场和公众的压力而改变,从而改变财务报告中环境报告的作用。通过我们在本章的回顾和建议,我们希望能推动崭新及创新的方法来研究为什么公司在其财务报告披露环境信息,以及市场重视此类信息的程度。

参考文献

Aerts,W.,Cormier,D. & Magnan,M.(2008).“Corporate Environmental Disclosure,Financial Markets and the Media:An International Perspective,” *Ecological Economics*,64:643—659.

Al-Tuwaijri,S. A.,Christensen,T. & Hughes,K. E.(2004).“The Relations Among Environmental Disclosure,Environmental Performance,and Economic Performance:A Simultaneous Approach,” *Accounting*,*Organizations and Society*,29(5—6):447—471.

Anderson,J. C. & Frankle,A. W.(1980).“Voluntary Social Reporting:An Iso-Beta Portfolio Analysis,” *The Accounting Review*,55(3):467—479.

Barth,M. E. & McNichols,M. F.(1994).“Estimation and Market Valuation of Environmental Liabilities Relating to Superfund Sites,” *Journal of Accounting Research*,32(3):177—209.

[①] 虽然独立可持续性发展报告书的发展呈现蓬勃兴盛的趋势,然而许多可持续性会计趋势的批评者却认为报告书只是一种公关工具(Unerman et al. 2007)。

——& Wilson, P. (1997). "Factors Influencing Firms' Disclosures about Environmental Liabilities," *Review of Accounting Studies*, 2: 35—64.

Belkaoui, A. (1976). "The Impact of the Disclosure of the Environmental Effects of Organizational Behavior on the Market," *Financial Management*, Winter: 26—31.

Berthelot, S., Cormier, D. & Magnan, M. (2003). "Environmental Disclosure Research: Review and Synthesis," *Journal of Accounting Literature*, 22: 1—44.

Bewley, K. & Li, Y. (2000). "Disclosure of Environmental Information by Canadian Manufacturing Companies: A Voluntary Disclosure Perspective," *Advances in Environmental Accounting and Management*, 1: 201—226.

Blacconiere, W. G. & Patten, D. M. (1994). "Environmental Disclosure, Regulatory Costs, and Changes in Firm Value," *Journal of Accounting and Economics*, 18: 357—377.

Blacconiere, W. G. & Northcut, W. D. (1997). "Environmental Information and Market Reactions to Environmental Legislation," *Journal of Accounting, Auditing, and Finance*, 12(2): 149—178.

Buhr, N. (2007). "Histories of and Rationales for Sustainability Reporting," in Unerman, J., Bebbington, J. & O'Dwyer, B. (eds.) *Sustainability Accounting and Accountability*. London: Routledge, 57—69.

——(1998). "Environmental Performance, Legislation and Annual Report Disclosure: The Case of Acid Rain and Falconbridge," *Accounting, Auditing and Accountability Journal*, 11(2): 163—190.

Chan, C. C. C. & Milne, M. J. (1999). "Investor Reactions to Corporate Environmental Saints and Sinners: An Experimental Analysis," *Accounting and Business Research*, 29(4): 265—279.

Chen, J. & Roberts, R. W. (2010). "Towards a More Coherent Understanding of the Organizations-Society Relationship: Implications for Social and Environmental Accounting Research," *Journal of Business Ethics*, 97(4):651—665.

Cho, C. H. (2009). "Legitimation Strategies Used in Response to Environmental Disaster: A French Case Study of Total S. A.'s *Erika* and AZF Incidents," *European Accounting Review*, 18(1): 33—62.

——& Patten, D. M. (2007). "The Role of Environmental Disclosures as Tools of Legitimacy: A Research Note," *Accounting, Organizations and Society*, 32(7 — 8): 639—647.

——(2008). "Did the GAO Get It Right? Another Look at Corporate Environmental Disclosure," *Social and Environmental Accountability Journal*, 28(1): 21—32.

——& Roberts, R. W. (2006). "Corporate Political Strategy: An Examination of the Relation between Political Expenditures, Environmental Performance, and Environmental Disclosure," *Journal of Business Ethics*, 67(2): 139—154.

——(2010). "Environmental Reporting on the Internet by America's Toxic 100: Legitimacy and Self-Presentation," *International Journal of Accounting Information Systems*, 11(1): 1—16.

——& Patten, D. M. (2010). "The Language of U. S. Corporate Environmental Disclosure," *Accounting, Organizations and Society*, 35(4): 431—443.

Choi, J. (1999). "An Investigation of the Initial Voluntary Environmental Disclosures Made in Korean Semi-Annual Financial Reports," *Pacific Accounting Review*, 11(1): 75—102.

Clarkson, P. M., Li, Y. & Richardson, G. D. (2004). "The Market Valuation of

Environmental Capital Expenditures by Pulp and Paper Companies," *The Accounting Review*, 79(2): 329—353.

——& Vasvari, F. P. (2008). "Revisiting the Relation Between Environmental Performance and Environmental Disclosure: An Empirical Analysis," *Accounting, Organizations and Society*, 33(4—5): 303—327.

Deegan, C. (2002). "The Legitimising Effect of Social and Environmental Disclosures: A Theoretical Foundation," *Accounting, Auditing and Accountability Journal*, 15(2): 282—311.

——& Gordon, B. (1996). "A Study of the Environmental Disclosure Practices of Australian Corporations," *Accounting and Business Research*, 26(3): 187—199.

——& Rankin, M. (1996). "Do Australian Companies Report Environmental News Objectively? An Analysis of Environmental Disclosures by Firms Prosecuted Successfully the Environmental Protection Authority," *Accounting, Auditing and Accountability Journal*, 9(2): 50—67.

Delbard, O. (2008). "CSR Legislation in France and the European Regulatory Paradox: An Analysis of EU CSR Policy and Sustainability Reporting Practice," *Corporate Governance*, 8(4): 397—405.

Dye, R. A. (1985). "Disclosure of Non-Proprietary Information," *Journal of Accounting Research*, 23(2): 123—145.

Elkington, J. (1997). *Cannibals with Forks: The Triple Bottom Line of 21st Century Business*. Oxford, UK: Capstone Publishing.

Epstein, E. M. & Votaw, D. (eds.) (1978). *Rationality, Legitimacy, and Responsibility: Search for New Directions in Business and Society*. Santa Monica, CA: Goodyear Publishing Co., 116—130.

Ernst & Ernst (1973 *et seq.*). *Social Responsibility Disclosure*. Cleveland, OH: Ernst & Ernst.

Fekrat, M. A., Inclan, I. & Petroni, D. (1996). "Corporate Environmental Disclosures: Competitive Disclosure Hypothesis Using 1991 Annual Report Data," *The International Journal of Accounting*, 31: 175—195.

Freedman, M. & Jaggi, B. (1986). "An Analysis of the Impact of Corporate Pollution Disclosures Included in Annual Financial Statements on Investors' Decisions," *Advances in Public Interest Accounting*, 1: 193—212.

——& Patten, D. M. (2004). "Evidence on the Pernicious Effect of Financial Report Environmental Disclosure," *Accounting Forum*, 28(1): 27—41.

——& Stagliano, A. J. (1991). "Regulators and Economic Benefits: The Case of Occupational Health Standards," *Advances in Public Interest Accounting*, 4: 131—142.

——(1998). "Political Pressure and Environmental Disclosure: The Case of EPA and the Superfund," *Research on Accounting Ethics*, 4: 211—224.

——& Wasley, C. (1990). "The Association Between Environmental Performance and Environmental Disclosure in Annual Reports and 10Ks," *Advances in Public Interest Accounting*, 2: 183—193.

Gamble, G. O., Hsu, K., Kite, D. & Radtke, R. R. (1995). "Environmental Disclosures in Annual Reports and 10Ks: An Examination," *Accounting Horizons*, 9(3): 34—54.

Government Accountability Office (2004). *Environmental Disclosure-SEC Should Explore Ways to Improve Tracking and Transparency of Information*. Washington, DC: GAO.

Graham, J. R. , Harvey, C. R. & Rajgopal, S. (2005). "The Economic Implications of Corporate Financial Reporting," *Journal of Accounting and Economics*, 40: 3—73.

Gray, R. , Kouhy, R. & Lavers, S. (1995a). "Corporate Social and Environmental Reporting: A Review of the Literature and a Longitudinal Study of UK Disclosure," *Accounting, Auditing and Accountability Journal*, 8(2): 47—77.

——(1995b). "Methodological Themes: Constructing a Research Database of Social and Environmental Reporting by UK Companies," *Accounting, Auditing and Accountability Journal*, 8(2): 78—101.

——Owen, D. & Adams, C. (2010). "Some Theory for Social Accounting? A Review Essay and a Tentative Exploration of Categorisation of Theorisations Around Social Accounting," *Advances in Environmental Accounting and Management*, 4: 1—54.

Guthrie, J. & Parker, L. D. (1989). "Corporate Social Reporting: A Rebuttal of Legitimacy Theory," *Accounting and Business Research*, 19(76): 342—356.

Hackston, D. & Milne, M. J. (1996). "Some Determinants of Social and Environmental Disclosures in New Zealand Companies," *Accounting, Auditing and Accountability Journal*, 9(1): 77—108.

Holm, C. & Rikhardsson, P. (2008). "Experienced and Novice Investors: Does Environmental Information Influence Investment Allocation Decisions?" *European Accounting Review*, 17(3): 537—557.

Hughes II, K. E. (2000). "The Value Relevance of Nonfinancial Measures of Air Pollution in the Electric Utility Industry," *The Accounting Review*, 75(2): 209—228.

Hughes, S. B. , Anderson, A. & Golden, S. (2001). "Corporate Environmental Disclosures: Are they Useful in Determining Environmental Performance?" *Journal of Accounting and Public Policy*, 20(3): 217—240.

Hughes, S. B. , Sander, J. F. & Reier, J. C. (2000). "Do Environmental Disclosures in U. S. Annual Reports Differ by Environmental Performance?" *Advances in Environmental Accounting and Management*, 1: 141—161.

Ingram, R. W. (1978). "An Investigation of the Information Content of (Certain) Social Responsibility Disclosures," *Journal of Accounting Research*, 16(2): 270—285.

——& Frazier, K. B. (1980). "Environmental Performance and Corporate Disclosure," *Journal of Accounting Research*, 18(2): 614—622.

Johnson, L. T. (1993). "Research on Environmental Reporting," *Accounting Horizons*, 7 (3): 118—123.

Jones, S. , Frost, G. , Loftus, J. & van der Laan, S. (2007). "An Empirical Investigation of the Market Returns and Financial Performance of Entities Engaged in Sustainability Reporting," *Australian Accounting Review*, 17(1): 78—87.

KPMG International (2008). *KPMG International Survey of Corporate Responsibility Reporting*. Amstelveen, The Netherlands: KPMG International.

Krippendorff, K. (1980). *Content Analysis: An Introductory to Its Methodology*. London, UK: SAGE.

Larrinaga, C. , Carrasco, F. , Correa, C. , Llnea, F. & Moneva, J. M. (2002). "Accountability and Accounting Regulation: The Case of the Spanish Disclosure Standard," *European Accounting Review*, 11(4): 723—740.

Li, Y. , Richardson, G. D. & Thornton, D. (1997). "Corporate Disclosure of Environmental Information: Theory and Evidence," *Contemporary Accounting Research*, 14 (3):

435—474.

Lindblom, C. K. (1994). "The Implications of Organizational Legitimacy for Corporate Social Performance and Disclosure," Paper presented at the Critical Perspectives on Accounting Conference, New York, NY.

Mathews, M. R. (1993). *Socially Responsible Accounting*. London, UK: Chapman Hall.

Merkl-Davies, D. M. & Brennan, N. M. (2007). "Discretionary Disclosure Strategies in Corporate Narratives: Incremental Information or Impression Management?" *Journal of Accounting Literature*, 26: 116—194.

Milne, M. J. & Adler, R. W. (1999). "Exploring the Reliability of Social and Environmental Disclosures Content Analysis," *Accounting, Auditing and Accountability Journal*, 12 (2): 237—256.

——& Chan, C. C. C. (1999). "Narrative Corporate Social Disclosures: How Much of a Difference Do They Make to Investment Decision-Making?" *British Accounting Review*, 31: 439—457.

——& Gray, R. (2007). "Future Prospects for Corporate Sustainability Reporting," in Unerman, J., Bebbington, J. & O'Dwyer, B. (eds.) *Sustainability Accounting and Accountability*. New York, NY: Routledge, 184—207.

——& Patten, D. M. (2002). "Securing Organizational Legitimacy: An Experimental Decision Case Examining the Impact of Environmental Disclosures," *Accounting, Auditing and Accountability Journal*, 15(3): 372—405.

Milne, M. J., Tregidga, H. & Walton, S. (2009). "Words not Actions! The Ideological Role of Sustainable Development Reporting," *Accounting, Auditing and Accountability Journal*, 22(8): 1211—1257.

Murray, A., Sinclair, D., Power, D. & Gray, R. (2006). "Do Financial Markets Care about Social and Environmental Disclosure? Further Evidence and Exploration from the UK," *Accounting, Auditing and Accountability Journal*, 19(2): 228—255.

Neu, D., Warsame, H. & Pedwell, K. (1998). "Managing Public Impressions: Environmental Disclosures in Annual Reports," *Accounting, Organizations and Society*, 23(3): 265—282.

O'Dwyer, B. & Gray, R. H. (1998). "Corporate Social Reporting in the Republic of Ireland: A Longitudinal Study," *Irish Accounting Review*, 5(2): 1—34.

Owen, D., Shaw, K. & Cooper, S. (2005). "The Operating and Financial Review—A Catalyst for Improved Social and Environmental Disclosure?" *ACCA Research Report No. 89*.

Patten, D. M. (1992). "Intra-Industry Environmental Disclosures in Response to the Alaskan Oil Spill: A Note on Legitimacy Theory," *Accounting, Organizations and Society*, 17(5): 471—475.

——(1995). "Variability in Social Disclosure: A Legitimacy-Based Analysis," *Advances in Public Interest Accounting*, 6: 273—285.

——(2002). "The Relation Between Environmental Performance and Environmental Disclosure: A Research Note," *Accounting, Organizations and Society*, 27 (8): 763—773.

——& Nance, J. R. (1998). "Regulatory Cost Effects in a Good News Environment: The Intra-Industry Reaction to the Alaskan Oil Spill," *Journal of Accounting and Public Policy*, 17: 409—429.

——& Trompeter, G. (2003). "Corporate Responses to Political Costs: An Examination of the Relation Between Environmental Disclosure and Earnings Management," *Journal of Accounting and Public Policy*, 22(1): 83—94.

Sil, R. (2000). "The Foundations of Eclecticism: The Epistemological Status of Agency, Culture, and Structure in Social Theory," *Journal of Theoretical Politics*, 12(3): 353—387.

Smith, M. & Taffler, R. (2000). "The Chairman's Statement: A Content Analysis of Discretionary Narrative Disclosures," *Accounting, Auditing and Accountability Journal*, 13(5): 624—646.

Solomon, A. & Lewis, L. (2002). "Incentives and Disincentives for Corporate Environmental Disclosure," *Business Strategy and the Environment*, 11: 154—169.

Suchman, M. C. (1995). "Managing Legitimacy: Strategic and Institutional Approaches," *Academy of Management Review*, 20(3): 571—610.

Trotman, K. T. & Bradley, G. W. (1981). "Associations Between Social Responsibility Disclosure and Characteristics of Companies," *Accounting, Organizations and Society*, 6(4): 355—362.

Tsang, E. W. K. (1998). "A Longitudinal Study of Corporate Social Reporting in Singapore: The Case of the Banking, Food and Beverages and Hotel Industries," *Accounting, Auditing and Accountability Journal*, 11(5): 624—635.

Unerman, J. (2000). "Reflections on Quantification in Corporate Social Reporting Content Analysis," *Accounting, Auditing and Accountability Journal*, 13(5): 667—680.

——Bebbington, J. & O'Dwyer, B. (2007). "Introduction to Sustainability Accounting and Accountability," in Unerman, J., Bebbington, J. & O'Dwyer, B. (eds.) *Sustainability Accounting and Accountability*. New York, NY: Routledge, 1—16.

Verrecchia, R. (1983). "Discretionary Disclosure," *Journal of Accounting and Economics*, 5: 179—194.

Watts, R. & Zimmerman, J. (1986). *Positive Accounting Theory*. Edgewood Cliffs, NJ: Prentice Hall.

Wiseman, J. (1982). "An Evaluation of Environmental Disclosures Made in Corporate Annual Reports," *Accounting, Organizations and Society*, 17(1): 53—63.

25　环境保护投资中的价值观驱动
和利润追求的观念

Rob Bauer，Jeroen Derwall

企业环境责任不再受到投资界的忽视。一些全球最大的机构资产管理公司，例如，美国的加州公务员退休基金、英国高校退休基金和荷兰的 APG 集团，都承诺投资那些对环境和社会负责的公司。由社会投资论坛（SIF 2005）做出的估计显示，在美国，以对环境和/或社会负责的方式管理的资产约占整个股市的 10％以上。根据 Eurosif（2008），截至 2008 年其管理的社会责任资产已在欧洲达到 2.665 万亿欧元，高达资产管理行业的 17.5％。

然而，根据许多机构投资者提供的信息，这些估计数字却掩盖了关于环境目标和财务目标之间紧张关系的持续辩论，妨碍了环境信息的全面整合。大量的紧张关系围绕着这一理念——环境保护投资是一种价值观驱动的投资方式，即非财务驱动而是植根于非货币性的动机中，如个人价值和社会关注[1]。机构投资者担心追求目标而非最大化风险调整后收益，会与他们的信托责任发生冲突。在美国，例如，许多州都采用了《统一谨慎投资人法案》，其中 2b 项条款规定"受托人的投资和管理决策涉及个人资产的必须不能被孤立出来，而是在信托投资组合的情况下作为一个整体进行评估。并且作为总体投资策略的一部分，其风险和收益目标应合理地适用于信托投资组合"[2]。因此，除非

---

① 我们从 Derwall et al.（2010）处借用术语"价值观驱动"和"追求利润"，他们对这些术语都做了详细的解释。所谓"价值观驱动"在这里是指做出投资决策时的非货币动机。

② 此外，该法第 5 条说："没有任何形式的所谓社会投资是与忠实义务相一致的，如果投资活动导致信托受益人承担利益的牺牲——例如，接受低于市场回报率——而却有利于那些可能受惠于追求特定社会原因的人们的利益。"参见 http://www.law.upenn.edu/bll/ulc/fnact99/1990s/upia94.pdf。

信托条款对非货币性目标指定偏好,否则信托人很难轻易整合价值观驱动的投资风格,如果这意味着牺牲回报(Bollen 2007)。虽然在美国之外对信托责任的监管较为宽松,机构投资者却对他们如何能够为客户和受益者之间不同的金钱需求和非金钱需求服务缺乏正确的认识。

价值与财务绩效之间的取舍解释了为什么最近社会责任投资的采纳者表明,只要环保投资追求利润的方式能获得更高的收益,那么环境投资就是可行的。例如,许多机构投资者是责任投资原则(PRI)的签署人。根据 PRI,"环境、社会和企业治理(ESG)问题可能影响投资组合的表现,因此对于这些问题,投资者若想完全履行他们的信托(或同等的)责任,就必须适当考虑"[①]。

所有这些发展都加剧了对环境责任投资的需要与其服务的投资者需求之间的混淆。然而,由于某些原因,了解环保投资背后的价值观驱动与追求利润的动机还是有益处的。

首先,价值观驱动的环境投资者对有关金融市场运作、资产价格行为和受托经理人的目标的传统理论形成了挑战,即假定投资者是财富最大化经纪人的同类群体。在某些持有价值驱动动机的投资者的世界里,金融市场可能会被细分,价值观会影响资产的价格,而受托人仅仅提供风险调整后的投资收益也许不是满足所有受益人需求的最佳方式。此外,由于对公司股票价格的潜在影响,价值观驱动的投资者理论上可以影响企业吸引新资金的能力,这为他们提供了一个引导更好企业行为的机制。

相比之下,持有逐利心态的环境投资者可能追求一种完全不同的环境投资方法,并且对金融市场上的企业环境绩效持有不同的期望。同主流投资者(而与价值驱动的投资者不同)一样,其目的是要战胜市场;但与主流投资者不同的是,他们认为环境信息丰富了他们的投资技巧。他们的环境责任投资决定倾向于认为企业能通过更好的环境绩效表现增加(贴现)未来的现金流,而且这种关系被金融市场低估了。

不清楚何种观点已被现实证实,尽管事实上每种观点对资产价格、投资组合管理及企业的环境责任行为有着不同的影响。遵循 Derwall et al.(2010)的市场分割理论,我们试问是否这些观点确实相互排斥或是否环境责任投资吸引着价值观驱动和追求利润的投资者。为了在本章深入探讨这一问题,我们将综合回顾环境责任投资的理论研究、投资者行为的实证研究以及环境筛选投资的收益证据。

---

① 参见 www.unpri.org/about/。

　　根据这些研究,我们将在本章连续回答几个重要问题。关于投资者的偏好,环境投资对金融市场以及投资收益的影响,价值观驱动和追求利润的环境投资的这些理论讨论了什么内容? 现实中,环境责任投资者是价值观驱动还是追求利润? 什么环境责任投资理论得到了环保责任投资组合绩效的实证支持? 最后,我们将探讨价值观驱动和追求利润运动对实践者及研究者的影响。

25.1　理论背景

价值驱动的环境责任投资

　　投资者也许出于某些原因而选择持有与预期的未来现金流和风险无关的某些资产。这些类型的某些投资者可以被认为是"价值观驱动"的投资者,他们衡量他们的投资中金钱利益与非金钱效用的权重。

　　当投资者可能不仅仅关心收益和风险时,多属性效用理论提供了一种模拟偏好的方法。受 Bollen (2007)启发,我们可以利用多属性效用函数来描述愿意为了投资的环境责任效用而牺牲收益的投资者:

$$U = w(\mu - \theta\sigma^2) + (1-w)G \tag{25.1}$$

其中,μ 和 σ^2 分别指代预期收益和投资组合回报率的方差,$0 \leqslant w \leqslant 1$,$G$ 为指数变量(如果投资满足投资者"环境责任"的需求,则 G 等于 1,否则为零)。假设偏好符合加性效用函数,其中投资"环境责任"特征的效用(U)可从收益和风险衍生的效用中分离,并且可互相替换(Bollen 2007)。

　　虽然此效用函数适合用于描述价值驱动的投资者做出的权衡,然而对于他们关心环境责任投资的非金钱方面的原因并不是完全清楚。研究人员认为,以下几个因素可以解释投资决策背后的非经济动机。相关的因素有社会规范(如 Hong & Kacperczyk 2009)、政治价值观(Hong & Kostovetsky 2009)、影响力(Statman et al. 2008)和宗教(例如,Kurtz 2008)。

　　价值观驱动的环境责任投资者带来的一个暗示是他们可能会对金融资产定价的传统金融模式提出挑战,例如,将预期收益与 Sharpe (1964)和 Lintner (1965)的资本资产定价理论(CAPM)下的市场风险相关联。当这样的投资者大量涌现时,他们将导致对环境不负责任的资产的需求短缺以及环境责任资产的过度需求,而这可能会进一步导致此类市场的股票价格偏离无此类投资者市场的股票价格。因此,从理论上讲,价值驱动的投资者可以影响金融市场的运作,并最终说服企业变得对环境更加负责。

具体而言,这些投资者理论上可以推高存在环境争议企业的资本成本而压低环境责任企业的资本成本。在这里,企业环境绩效对资本成本的影响至少通过两条经济渠道实现。首先,由环境责任投资者发起的股票抵制限制了对存在环境争议企业投资的风险分担机会(Heinkel et al. 2001)。因为他们无法与环境责任投资者分担风险,环境争议企业的股东会因为持有的存在环境争议企业股票数超过了他们在无抵制市场可能持有的股票数而要求赔偿。其次,由于价值观驱动的投资者可能会导致细分的资本市场和资本资产定价模型(CAPM)的不成立,特殊的(企业特有的)风险可能会成为相关的经济方法,使得企业环境绩效对资本成本造成影响。诉讼的风险是一项与企业环境责任相关的风险,该风险可以根据传统的金融市场理论而变化,并在细分市场中被定价。

Angel & Rivoli (1997)采用 Merton (1987)的均衡模型构建争议股票的投资者联合抵制和企业资本成本之间的关系。在他们的模型中,由于当其余部分保持相等时,投资者除股票的分数会变大,因此具有争议的股票拥有较高的资本成本。在这里,企业 i 的资本成本增加由下面公式表示:

$$\lambda_i = \delta \sigma_i^2 x_i \frac{(1-q_i)}{q_i} \tag{25.2}$$

其中,δ 是总的风险厌恶系数,σ_i^2 表示股票 i 的特殊风险,x_i 为企业相对于总市值的市场价值,$(1-q_i)$ 是投资者中(相对于在市场中的投资者总数)不愿持有企业 i 的股票的部分。

式(25.2)说明了为什么金融市场理论上可以鼓励企业对环境更加负责。由于价值驱动的环境投资者对股票抵制而导致更高的资本成本,可能最终将推动企业向更好的环境责任方向发展。在某一时刻,一旦资本成本的增加超过了改革的成本,环保薄弱的企业最好还是通过改革来取得更好的环境绩效。

标准的金融理论将企业的股票价格和企业的预期未来现金流挂钩,以股东的权益资本成本价格贴现。若被某些投资者避而远之而使得这些具有环境争议的股票拥有较高的资本成本,那么与更具有环境责任(但在其他方面相同)的企业股票相比,这些股票将会以相对较低的价格交易。这些较低的价格为未来更高的回报创造了机会①。根据 Derwall et al. (2010)研究,我们提出了这种称之为"避而远之的股票假设"的预测关系:当其他方面相同时,更具有环境争议性的公司拥有更高的股票收益预期;价值观驱动的环境责任投资者

---

① 资本成本等于提供资金的投资者的预期收益。

可能以相对较低的经济收益形式为他们的非金钱的偏好付费,但他们可能从他们的投资组合的环境属性中获得非金钱效用来弥补这个损失。

价值观驱动的投资者是否可以影响资产价格和企业行为,关键取决于他们的数量是否庞大。根据 Heinkel et al.(2001)理论模型,一旦环境责任投资者的人数在金融市场呈现显著占比,他们就可以影响企业的资本成本。Heinkel et al. 还预估,如果环境责任投资者的比例达到约20%的话,那么对资本成本的影响力就足以影响企业的行为。这意味着,目前根据环境和/或社会标准进行投资的占总资产的 10%~17.5%这一数额并不足以激励有争议的企业改变他们的环境政策,尽管这些公司拥有潜在的较高资本成本。最终,价值观驱动的投资者对资本成本和股票收益的影响是我们贯彻本章探讨的实证问题。

追求利润的环境责任投资者

环境责任投资是由价值观驱动的这一理念涉及在非金钱的考虑与收益之间权衡取舍,而这对于一些投资者而言是无法接受的。他们主要的顾虑是这种权衡会导致与信托责任的紧张关系,而这种紧张关系通常被认为会排斥牺牲受益人收益的明确意愿。这些对环境责任投资行为犹豫不决的态度解释了为什么近年来在社会责任投资运动的浪潮会倡导"追求利润"这一不同的观点,以此来赢得优厚的收益,即"行善时盈利"(Hamilton et al. 1993)。

追求利润的环境责任投资者的目标是通过提供卓越的长期风险调整后收益,或者"不平常"的收益,就像传统的投资者那样"战胜市场"。这些投资者认为,利用公司的环境绩效信息有助于实现这一目标。具体来说,这些投资者相信企业环境绩效与公司的基本价值相关,但企业环境责任的价值相关性尚未得到金融市场的完全理解。

环境责任投资行为持有的追求利润观点,必须满足两个条件。第一个条件是,当所有其他条件相同时,企业的(贴现)未来现金流应当受到环境绩效的影响。环境绩效与企业的未来现金流是否正相关的问题已成为争议话题。持怀疑论者争辩说,环境管理是有成本的(例如,Walley & Whitehead 1994),而其他人则看到了经济收益,如卓越的资源利用效率,在价值上超过了这些成本(Porter & van der Linde 1995)。Griffin & Mahon(1997)和 Margolis et al.(2007)检验了环境绩效和现金流指标以及其他绩效指标之间的关系。我们从到目前为止的文献中得出的结论是环保实践能带来更高的盈利能力①。然而，一些研究得出结论，企业只有通过积极的环境管理方式才能取得竞争优势。一种貌似可信的合理解释是，对环境相关法规的基本合规性并不会为企业带来竞争优势，因为合规性对所有行业同行的影响几乎相同，但是与"资源基础观点"一致（Wernerfelt 1984），环境管理可以被塑造成一家企业独一无二的宝贵资产，且不易被竞争对手复制（Hart & Ahuja 1996；Russo & Fouts 1997）。这种塑造要求更加积极的环境管理，如"生态效益"（Dowell et al. 2000）。

逐利观点固有的第二个条件是，股票价格不能反映所有与企业环境绩效相关的关联价值的信息。通过环境管理，企业所创造的丰厚利润是异常的股票收益来源，且超出金融市场的预期。有逐利心态的环境责任投资者只有在金融市场系统性地低估了企业环境绩效所带来的企业未来现金流的提升程度或高估了相关费用时，才可以赚取异常的收益。逐利的投资者所追求的目标是建立在"预期中的失误"的假设之上的（Derwall et al. 2010）。

在其他条件相同时，更具有环境责任的公司得到的股票收益更高。

这个假设与高效的资本市场的观点相反，在假设中，股票价格快速地体现了有关企业环境管理的所有新的关联价值的信息。诚然，至少从长远来看，由于投资者对企业未来现金流的缓慢认知而导致的市场不会陷于波动的想法难以与传统的经济逻辑相一致。不过，仍有理由认为市场可能无法完全充分地评估一些环境信息。

首先，正如 Cho et al.（本手册［第 24 章］）所指出的，价值关联的环境绩效信息并不容易通过标准的企业报告或其他来源获得。由于这些缺陷，投资者可能缺少所需工具对环境管理实践的整个范围进行估价及评估环境管理实践对企业价值的影响。其次，积极主动的环境管理开始时是昂贵的，而且其产生的经济收益，如果存在的话，有可能只能缓慢实现。未充分发展的会计惯例可能阻碍对环境绩效的增值价值的恰当判断，尤其是在对无形价值的判断上。学者们发表了大量关于在现行会计惯例下测量企业长期的价值创造潜力的复杂状态的文章（Lev & Schwarts 1971；Damodaran 2002）。

所有这些争论表明，金融市场的投资者可能会对企业环境绩效某些价值关联的信息感到惊讶。

---

① 参见 Russo & Fouts（1997）、Waddock & Graves（1997）、Dowell et al.（2000）、King & Lenox（2002）及 Guenster et al.（2011）。

25.2   环境责任投资者的动机

有关不同形式的环境责任投资的一个关键讨论问题是：为什么投资者在做出投资决策时会关心企业环境绩效？环境责任投资的偏好是基于价值观驱动还是逐利动机？我们在后面会详细解释，这种分析描述和市场细分对于理解环境投资如何影响金融市场的运作，以及受托人如何满足不同类型的环境投资者是至关重要的。

虽然确实很难理解投资者交易决策背后的动机的幅度，该领域的研究仍然逐渐发现价值观驱动和逐利动机与区分个人和机构投资者的环境投资偏好是相关的。表 25.1 总结了涉及访谈、调查及联合实验的报告研究结果。这些研究主要调查投资者是否愿意牺牲收益来换取从环境和社会责任的投资中产生的非金钱利益。

一方面，有证据表明投资者分配他们投资的环境影响的重要性时无关财务表现，而与他们是价值观驱动的投资者保持一致。例如，在由 Beal & Goyen (1998) 进行的一项调查中，一家澳大利亚的道德企业的股东回应说财务考虑不是投资道德公司的主要动机，重要的动机是企业在保护动物、植物和生态系统中发挥的作用及企业的道德形象。最近，Owen & Qian (2008) 基于在美国各地进行的大规模调查得出结论，非经济动机在投资人购买社会责任投资产品的决策中起到了重要的作用；他们发现，消费者的环保观念尤其影响着投资选择。

另一方面，也有证据表明，许多人将财务绩效视为环境及其他社会责任投资的主要目标，这与作为逐利投资者的身份是一致的。例如，Rosen et al. (1991) 对共同基金投资者所做的调查表明，这些投资者期待社会责任投资与其他类型投资一样可以取得收益。此外，即使投资者表明他们对环境责任投资的态度是由价值观引导的，他们的实际投资偏好可能显现出经济收益才是他们首要关心的 (如 Vyvyan et al. 2007)。

表 25.1   价值观驱动和追求利润的环境投资：对个体投资者的研究

研　究	样　本	总　结
组别 A：证明环境责任投资价值观驱动的动机		
Beal & Goyen (1998)	825 位伦理企业的股东	投资决策更多受到环境属性的激励而非投资收益

续表

Williams（2007）	GlobeScan 调查的受访者	社会责任投资可能更多地由实现企业的环境/社会目标的态度驱策而非金融收益。人口统计学很难解释社会责任投资。积极的企业社会责任消费者更愿意为社会责任投资
Owen & Qian（2008）	1055 名投资者	金融因素之外的非金融因素解释了责任投资的决策。购买环境友好型产品的人作为消费者更愿意为责任投资
Haigh（2008）	382 位基金投资者	持有社会责任投资基金的意愿与信息的准确性、社会责任投资的方法及投资组合尤为相关。这些问题比基金的费用和历史上的收益更为重要
组别 B：证明追求利润/反对价值观驱动的环境责任投资的证据		
Rosen et al.（1991）	2 种社会责任投资基金的 1493 位投资者	社会投资者经常对环境及劳工问题表现出担忧，并且大部分同意社会责任投资应该如同其他投资一般操作
Lewis & Webley（1994）	英国公民和学生	尽管环保意识态度增强了积极的社会责任投资态度，投资者似乎并不愿意放弃传统的投资者可能获得的额外收益
Vyvyan et al.（2007）	2 家澳大利亚企业的 318 名雇员和成员	拥有最积极的环境态度的投资者觉得环境基金的属性异常重要，而收益相对一般重要。但是根据实际投资者偏好，大多数投资者关心的是收益
组别 C：对包括逐利及价值观驱动的双方群体的检测		
Bauer & Smeets（2010）	2 家荷兰社会责任银行的客户数据库	生成细分的客户群。一组客户群通过投资环境及社会筛选的基金获得非金钱效益。而另一组客户群主要根据基金的历史收益进行投资，这表明其关注的焦点在经济效益上

虽然似乎大多数研究都不认同投资者动机的作用，研究人员却已经开始通过承认环境责任投资者可能有不同的动机来进一步协调早期的证据。例如，Bauer & Smeets（2010）发现，使用联合分析，可以将环境和社会责任银行的客户根据金钱和非金钱的特征进行细分。在特征的一端是一组细分的客户，他们通过社会责任投资基金取得大部分非金钱利益，而当选择基金时很大程度上忽略了过去的表现和基金的费用；在特征的另一端，社会责任投资基金的客户有很大一部分主要是根据以往的收益进行投资，这表明这些客户专注在金钱利益上。

另一种研究则通过关注企业的所有权形式研究机构投资者的环境和社会

责任投资的动机。表 25.2 总结了这些研究,并指出企业社会责任的各个方面解释了不同类型的机构间的所有权差异。具体来说,在环境绩效及其他企业社会责任问题方面,得分高的机构被发现与养老基金所有权的关系成正比,而较少的则涉及共同基金和投资银行的所有权。

表 25.2   环境绩效、机构所有权和共同基金持股关系

研　　究	样　　本	结　　论
Johnson & Greening (1999)	286 家美国公司,1993 年	有关"产品质量"(包括环境绩效)和"人"的绩效与养老基金所有权正相关,但是并没受到投资银行和共同基金所有权的影响
Cox et al.（2004）	541 家英国公司,2002 年	环境绩效(及企业社会责任中"员工"和"社区"方面)与"长期"机构的所有权正相关,但是与"短期"投资者却没有关系或呈负相关
Neubaum & Zahra (2006)	357 家美国公司,1995；383 家公司,2000 年	综合的企业社会责任措施(包括环境绩效)与养老基金所有权呈正相关,却与投资银行和共同基金所有权呈负相关
Hong & Kostovetsky（2009）	488 个美国共同基金,1992—2006 年	民主党的基金经理人倾向于具有正面环境和社会特性的企业并避免持有具有争议性的股票

对这种支持逐利动机模式的一种解释是,企业在环境管理中的投资主要是长期回报的投资,因此主要吸引拥有长远眼光的投资者,比如养老基金(例如,Johnson & Greening 1999；Cox et al. 2004；Neubaum & Zahra 2006)。然而,支持价值观驱动的另一种解释是,公共养老基金会避开具有环境争议的股票,是因为相对于其他类型的机构投资者,养老基金更容易受到公众及社会规范的监督。Hong & Kacperczyk (2009)就养老基金回避烟草、酒类和赌博类型的股票提供了一个类似的基于规范的解释。

共同基金在最近的实验证明政治价值观可以影响投资偏好。根据美国共同基金经理人的增持和捐赠,Hong & Kostovetsky (2009)发现,与向共和党捐赠的经理人相比,向民主党捐赠的经理人减持了具有社会争议性股票并更多地倾向于持有环境和社会责任型股票。虽然社会责任投资基金通常由民主党人运行,它们依然表明政治价值观对基金机构持有社会责任投资基金及非社会责任投资基金的影响。笔者对这种将影响完全归结于非金钱动机的观点持谨慎态度。

所有这些研究表明,那些关心投资环境绩效的投资者组成了异类群体。最近的研究表明,由价值观激励和追求利润的投资者是共存的(Bauer & Smeets 2010；Derwall et al. 2010)。自然而然地,后续的问题是哪种观点主

导了对于具有环境责任的企业及缺少环境责任的企业的股票收益的解释,而有效效应最终是一个实证问题。

25.3 企业环境绩效和投资者收益

我们现在审视有关环境责任及较少环境责任的股票投资组合的长期收益方面的实证研究。我们讨论的所有研究使用了相当一致的研究方法。这些研究设计出各种假设的投资组合,包含不同程度的环境责任,并使用绩效归因模型对形成后的投资组合收益进行评估。这种操作的主要目的是为了发现在其他决定投资组合收益的因素得到控制的情况下,环境责任投资组合得到的平均收益是否不同于较少环境责任的投资组合。根据环境绩效程度对所有可得到的股票进行排序,这些投资组合的环保特性已经在投资组合形成之前就被确定。这些股票的环境绩效数据往往从专门从事企业环境绩效评估的调查研究公司处收集。一旦公布新的环境绩效测量且可被投资者利用,就需要根据更新的信息重新平衡投资组合。

投资组合中关于环境绩效收益的重要属性是一个具有良好详细说明的绩效归因模型。现在众所周知的是,各种与环境责任投资无关的风险及投资风格对于解释不同投资组合的收益差异是至关重要的。如果不纠正这些多重效应,则可能使投资组合中关于环境属性的收益估计存在偏差。我们所探讨的调查研究已经就哪些测量最适用于环境绩效评估大致达成共识。

正如我们下面所描述的,基于 Fama & French (1993)模型的三因子 α 以及 Carhart (1997)模型的四因子 α,被大多数研究用来比较环境责任投资组合和较少环境责任投资组合的绩效。这些模型有以下几种形式,通常通过使用投资组合的月收益及自变量的回归方法进行估计:

$$R_{i,t}-R_f=\alpha_i+\beta_{o,i}(R_{m,t}-R_f)+\beta_{1,i}SMB_t+\beta_{2,i}HML_t+\varepsilon_{i,t} \qquad (25.3)$$

$$R_{i,t}-R_f=\alpha_i+\beta_{o,i}(R_{m,t}-R_f)+\beta_{1,i}SMB_t+\beta_{2,i}HML_t+\beta_{3,i}MOM_t+\varepsilon_{i,t}$$

$$(25.4)$$

其中,$R_{i,t}$ 指代环境责任(或较少责任)的证券投资组合收益。$R_{m,t}-R_f$ 是价值加权投资组合收益,代表超过无风险回报率的整体市场收益。更容易受到这个因素影响的投资组合具有较高的系统性风险("β"),并且从长远来看,具有高 β 值的股票应该产生更高的收益。SMB_t 指代小盘投资组合与大盘投资组合的收益差异:小型股在历史上的表现优于大盘股。HML_t 指代价值型投资组合(高账面/市值比率)和成长型投资组合(低账面/市值比率)之间的收益差异：价值型股票在历史上的表现优于成长型股票。MOM_t 指代过去 12 个月成功的投资组合和过去 12 个月失败的投资组合的收益差异：购入收益的赢家并抛出短线输家的投资策略则可以取得正的风险调整后收益[①]。

校正这些因素是至关重要的，因为众所周知，经过环境绩效筛选的投资组合向 SMB，HML 和 MOM 倾斜。Fama & French（1993）的三因子 α［式（25.3）中的 α_i］以及 Carhart（1997）的四因子 α［式（25.4）中的 α_i］是这些回归方法中的截距，代表了平均的异常（或风险调整后）投资组合收益。学术研究对 α 的解释分为几种类别。其中一种解释为，α 是对于三因子及四因子模型中变量没有正确估量的风险溢价，是投资组合对投资者的补偿。另一种解释为，α 是投资组合所包括的被市场"错误定价"的股票，而使得投资组合的收益不同于被市场均衡模型预计的收益。

在一个存在大量价值观驱动的投资者的世界里，我们可以预料到具有环境争议的股票将赚取正 α，或者具有环境责任的股票会赚取负 α，因为由价值观驱动的交易可以影响股票价格。相比之下，追求利润的环境投资者则期待环境责任股票的价值被低估，从而产生正 α。

这些预测之一是否成立或占主导地位，在现实中是一个吸引近期众多研究关注的实证问题。表 25.3 总结了这些研究[②]。第一个围绕投资组合绩效的证据是基于企业的生态效益形成的。Derwall et al.（2005）根据从 Innovest 战略价值顾问公司收集到的生态效益分值评估证券投资组合。他们报告说，在 1995—2003 年，包含了相对于同业者具有最高生态效益分值的前 30% 的美国股票的最佳行业组合，产生每年 4.15% 的四因子 α；与此相反，包含具有最低生态效益分值的企业投资组合则产生了 -1.81% 这一并不显著的负值 α。

表 25.3　基于环境绩效的股票投资组合的长期表现

研　　究	范围/周期	环境评级数据	投资组合选择准则	高排名投资组合 α	低排名投资组合 α
Derwall et al.（2005）	美国 1995—2003 年	Innovest 公司	最佳对比最差生态效益行业	4.15%*	-1.81%

---

① Fama & French（1993）以及 Carhart（1997）提供了关于因子—模拟投资组合的构建和绩效评价模型的更多内容。

② 其他的研究采用环境投资标准测量这些共同基金的 α。因为这些社会责任投资基金在结合其他企业社会责任标准时都采用了环境删选，所以本章不会做更多的回顾。可参考 Bauer et al.（2005）、Bauer et al.（2007）以及 Renneborg et al.（2008）。

续表

Kempf & Osthoff (2007)	美国 1991—2004 年	KLD	环保优势对比具有争议的投资组合	3.60％*	0.59％
Vermeir et al. (2005)	欧洲 2000—2004 年	Vigeo	最佳对比最差部门排名	1.08％	0.12％
Brammer et al. (2006)	英国 2002—2005 年	英国伦理投资研究组织 (EIRIS)	最佳对比最差环境评分	18.59％	15.14％

注:年率 α 来源于每月回报,并根据所引用研究中的报告数据计算得出。Vermeir et al. (2005)报告三因子 α,而其他研究则报告四因子 α;Brammer et al. (2006)评估 $R_{i,t}$而非 $R_{i,t} - R_f$;* 表示 α 在传统水平上差异具有统计显著性。

随后的研究验证了基于另一种环境责任标准形成的投资组合。例如,Kempf & Osthoff (2007)借用 Kinder et al. (KLD)的各项责任指标组成了包含环境责任高分和低分的美国投资组合。他们发现,在 1991—2004 年,一些环境高排名的投资组合比排名最低的投资组合赚取了较高的四因子 α。他们对企业的分析中出现了一个有趣的模式:一些公司被 KLD 称为"争议",而另一些公司则被 KLD 称为"优势"。包含"优势"公司股票的投资组合赚取了 3.60％的年化超常收益率,而包含"弱势"公司股票的投资组合则赚取了在统计上不显著的 0.59％的 α。其他的排名方法,如环境绩效最佳行业排名,得到最佳得分和最差得分的投资组合间绩效差异一般都是正的,但统计差异却并不是都显著。

在美国之外,关于环境责任投资的绩效还没有得到结论性的实证结果,而且研究报道显示遭遇到小样本问题。Vermeir et al. (2005)借用法国的企业社会责任评级公司 Vigeo 的企业评级对包括来自欧洲货币联盟(EMU)地区的股票投资组合的三因子 α 进行了研究。他们的结论是,在 2000—2004 年,各种评级高的投资组合,其中包括环境责任投资组合,都比评级低的投资组合表现出色,但差异并不显著。Brammer et al. (2006)研究了英国企业中社会责任的措施和股票收益之间的关系。使用英国伦理投资研究组织(EIRIS)的信息,他们创建了基于各种社会责任标准的投资组合,并随后检测这些组合的风险调整后收益;关于环境问题,高排名的环境投资组合优于低排名组合 3.5％的年收益。

作为一个整体,似乎正的长期超常收益(如果存在),是由具有相对较强环境绩效企业所组成的投资组合赚取的;相比之下,由相对较弱或有环境绩效争议的企业所组成的投资组合却未赚取超常收益。

值得注意的是,这些关于长期绩效的结果显示似乎与有关企业环境绩效新闻事件所引起的股票市场即时反应的研究相一致。在此,我们不对事件研究做详细阐述,这暗示金融市场对于正面的企业环境责任实践不如负面事件那般留意。Hamilton(1995)和 Klassen & McLaughlin(1996)发现,企业的股票价格随着对环境绩效新闻的反应而变化。不过,Klassen & McLaughlin (1996)还认为,利好消息所引起的正收益小于负面新闻所引起的负收益。为什么这些投资者会对负面消息产生显著反应?这个问题在 Karpoff et al. (2005)的研究中被讨论了。他们认为,由于企业的环境违法行为而导致的企业市场价值下跌相当于法定的罚款数额①。总之,这些研究结果可能表明,投资者可以完全预测到企业不佳的环境绩效对于其未来现金流的负面影响,却不能完全预测到企业出色的环境绩效引起的潜在积极影响。与此观点一致的发现是,具有环境优势的股票的长期异常收益为正,而带有环境弱势的股票却没有显著的长期异常收益。

这些结果总体都支持环境责任投资中以逐利观点为基础的"期望误差"的假设。价值观驱动的环境投资者对于资产价格的主要影响,正如"规避股票"假设预计的那样,目前并未得到实证研究的支持。对这种现象的一种解释是,总体上,采取环境投资准则的价值观驱动的投资者数量尚不足以影响股票价格②。

25.4 对从业者及研究者的意义

价值观驱动和追求利润的环境投资者之间的区别产生了一些有趣的现实意义,值得从业者和学者密切关注。

第一,之前讨论过的投资业绩证明材料告诉我们,追求利润的投资者,无论是环境责任投资者还是主流投资者,都可以受益于通过积极的环境绩效测量来筛选企业这一方式。事实证明,显示出环境绩效优势的企业或具有最佳行业绩效表现的企业可以带来具有吸引力的风险调整后收益,至少在美国市场是如此。基于长期的收益数据,未来的研究应检验这些结果是否可应用到其他市场。

---

① 我们注意到,在环境信息披露方面拥有良好记录的企业也许在负面事件之后所经历的股票价格下跌幅度相对较小。参见 Cho et al. 本手册[第 24 章]的讨论。

② 和此结论一致的是,Derwall et al. (2010)认为"罪恶"股票价格(例如烟草、酒类和赌博行业)目前主要受到价值观驱动的投资者的影响。

第二，环境投资领域至今没有明确认识到，不论是投资者的价值观驱动还是追求利润动机都可影响环境责任投资决策。对环境投资者的金钱和非金钱偏好异质性的观察发现，要求我们对环境和社会责任投资行为进行反思。一个逻辑问题是，环境责任投资是否应作为唯一的术语用于描述由一组具有异质性的动机所驱动的投资行为（Derwall et al. 2010）。

第三，经济的逻辑告诉我们，关于环境责任投资的"预期误差"假设的支持论据会随着时间的推移而消失，而"规避股票"假设则可能会在未来获得更多的支持。追求利润的投资者无法永久地利用金融市场对企业现金流信息的误解，因为投资者最终会了解自己的错误，并且价格将恢复到基本价值（参见例如，Core et al. 2006；Derwall et al. 2010）。与此相反，价值观驱动的投资者数量有可能因为人们对全球变暖与可持续发展的日益关注而有所增长，这是合乎情理的。

因此，从长远来看，金融市场价值的作用可能会变得更加显著并且不可避免地会出现在关于最佳投资策略的讨论中。

事实上，从共同基金家族中可以见证对服务价值日益增长的重视度。共同基金家族越来越认识到，他们的产品不应该为了迎合同质客户群而只是一味地最大化风险调整后收益。相反，根据他们投资工具的绩效及非绩效方面的特点，共同基金家族为了竞争而通过市场细分战略来实现现金流和稳定性的最大化（Massa 2003）。此外，满足特定市场的资金扩散可能有益于该基金家族的品牌价值，随之可能会对该基金家族内部更广泛的基金产生积极的"溢出效应"（资金流）。Bollen（2007）及一些后续研究证实，共同基金整合环境及其他社会责任问题以便形成工具来满足投资者群体中价值观驱动的投资者。具体而言，相比非社会责任投资基金，社会责任共同基金在经历负面的财务绩效后具有较低的现金流波动性和较弱的外流性，这表明一些非金钱收益使得投资者选择更忠诚于社会责任投资基金。因此，虽然产品的差异化可能需要每一位基金经理限制投资范围及投资技能，它丰富了基金家族提供替代投资工具的"机会"。

对于一些机构投资者而言，为异质性群体定制投资组合却要复杂得多。信托公司管理着大量的捐赠基金、养老基金和基金会，这些受托人根据指导方针进行管理工作并优先考虑实现出色的投资收益。关键的假设是受益者完全在意的是金融性成功，尽管我们认为并非所有的参与者都持这一目标。即使这个假设并非是严格的且受托管理人将环境价值纳入到投资政策中，可问题是，这些价值是否与受益者的要求相符？这个问题在某些情况下尤为微妙，如养老基金的服务目标是大众而非针对不同的群体,并且受益人不能自由选择不同的养老保险基金。

这些问题也与监管者和立法者相关。他们可以在鼓励大型机构投资的过程中发挥重要作用,使其认识到他们客户中有不同的环境偏好。一些国家的政府已经通过立法允许受益人选择最符合他们金钱及非金钱喜好的投资组合。一个有趣的例子是澳大利亚养老金法修正法案,该法案赋予员工更多的权利来决定他们强制缴纳的养老金如何被管理(参见 Richardson 2010)。

所有这些悬而未决的问题都说明需要对投资者在选择环境责任投资时考虑金钱及非金钱的动机和目标进行更多的研究。研究人员有强烈的欲望通过研究获得比迄今所见更好的对投资组合的细分和投资分析方法(参见 Gershoff & Irwin 本手册[第 20 章];Devinney 本手册[第 21 章],消费者环境下有价值的建议)。一个重要的问题是根据金钱及非金钱动机进行的环境责任投资者的群体细分如何转化为具体的投资规则和随后的投资决策的财务和环境绩效的评估。另一个重要的问题是,环境责任投资者的金钱及非金钱目标是否会随着时间而改变。而这些发展对金融市场和最优投资策略意味着什么是值得进一步研究的有趣问题。

25.5   结　论

研究表明,投资者在考虑从社会责任投资中获得金钱及非金钱利益时会产生分歧。了解他们动机和偏好的异质性对于理解投资者对金融市场、最优投资策略和企业行为的影响是非常重要的。根据这一推论,我们研究环境责任投资是否是吸引异类投资者的一种概念。综合各种文献,我们得出结论,环境责任投资吸引了包括价值观驱动投资者和追求利润投资者,与 Derwall et al.(2010)建议的投资者细分保持一致。

理论提出,由价值观驱动的环境投资者将提高具有环境争议企业的资本(预期收益)成本,降低环境责任企业的资本成本,并为了非金钱利益而牺牲收益。追求利润的环境投资者会期望获得出色的风险调整后收益,这是因为市场对企业环境绩效和企业的未来现金流之间关系的认识滞后。假设这两种可供选择的观点并不属于不同形式的环保投资,自然而然出现的问题是这些观点中哪一种观点成立,或占主导地位。实证证据表明,环境责任投资的风险调整后收益并不逊色;相反,对环境负责的企业的股票已经在美国市场上获得了正向的异常收益。

尽管到目前为止的研究表明,通过环境投资有可能实现正的异常收益,越来越多的证据显示,对于价值观驱动的投资者而言,重要的非金钱属性对投资政策和投资监管提出了新的挑战。关于解释受托人如何能充分满足投资者不同的非金钱需求的研究仍处于早期阶段。本章为未来此类研究奠定了一些基础。

参考文献

Angel, J. J. & Rivoli, P. (1997). "Does Ethical Investing Impose a Cost upon the Firm? A Theoretical Perspective," *Journal of Investing*, 6(4): 57—61.

Bauer, R., Derwall, J. & Otten, R. (2007). "The Ethical Mutual Fund Performance Debate: New Evidence from Canada," *Journal of Business Ethics*, 70(2): 111—124.

——Koedijk, K. & Otten, R. (2005). "International Evidence on Ethical Mutual Fund Performance and Investment Style," *Journal of Banking and Finance*, 29(7): 1751—1767.

——& Smeets, P. (2010). "Social Values and Mutual Fund Clientele," Working Paper, European Centre for Corporate Engagement.

Beal, D. & Goyen, M. (1998). "Putting Your Money Where Your Mouth Is. A Profile of Ethical Investor," *Financial Services Review*, 7(2): 129—143.

Bollen, N. (2007). "Mutual Fund Attributes and Investor Behavior," *Journal of Financial and Quantitative Analysis*, 42(3): 683—708.

Brammer, S., Brooks, C. & Pavelin, S. (2006). "Corporate Social Performance and Stock Returns: UK Evidence from Disaggregate Measures," *Financial Management*, 35(3): 97—116.

Carhart, M. M. (1997). "On the Persistence in Mutual Fund Performanc," *Journal of Finance*, 52(1): 57—82.

Core, J., Guay, W. & Rusticus, T. (2006). "Does Weak Governance Cause Weak Stock Returns? An Investigation of Operating Performance and Investors' Expectations," *Journal of Finance*, 62(1): 655—687.

Cox, P., Brammer, S. & Millington, A. (2004). "An Empirical Examination of Institutional Investor Preferences for Corporate Social Performance," *Journal of Business Ethics*, 52: 27—43.

Damodaran, A. (2002). *Investment Valuation*, 2nd edition. Wiley.

Derwall, J., Guenster, N., Bauer, R. & Koedijk, K. (2005). "The Eco-Efficiency Premium Puzzle," *Financial Analysts Journal*, 61(2): 51—63.

——Koedijk, K. & Ter Horst, J. (2010). "A Tale of Values-Driven and Profit-Seeking Social Investors," Working Paper, Tilburg Sustainability Center, Tilburg University.

Devinney, T. M. (2010). "Using Market Segmentation to Understand the Green Consumer," in Bansal, P. & Hoffman, A. (eds.) *Oxford Handbook of Business and the Environment*. Oxford: Oxford University Press.

Dowell, G. A., Hart, S. & Yeung, B. (2000). "Do Corporate Global Environmental Standards Create or Destroy Market Value?" *Management Science*, 46(8): 1059—1074.

Eurosif (2008). "European SRI Study 2008," Available at <http://www.eurosif.org>.

Fama, E. F. & French, K. R. (1993). "Common Risk Factors in the Returns on Stocks and

Bond，" *Journal of Financial Economics* ，33(1)：3—56.

Gershoff，A. D. & Irwin，J. D. (2011). "Why Not Choose Green? Consumer Decision Making for Environmentally Friendly Products，" in Bansal，P. & Hoffman，A. (eds.) *Oxford Handbook of Business and the Natural Environment*. Oxford：Oxford University Press.

Griffin，J. J. & Mahon，J. F. (1997). "The Corporate Social Performance and Corporate Financial Performance Debate. Twenty-Five Years of Incomparable Research，" *Business & Society*，36(1)：5—31.

Guenster，N. Derwell，J. ，Bauer，R. & Koedijk，K. (2011). "The Economic Value of Corporate Eco-Efficiency，" *European Financial Management*，17(4)：679—704.

Haigh，M. (2010). "What Counts in Social Managed Investments：Evidence from an International Survey，" *Advances in Public Interest Accounting*，13：35—62.

Hamilton，J. T. (1995). "Pollution as News：Media and Stock Market Reactions to the Toxics Release Inventory Data，" *Journal of Environmental Economics and Management*，28 (1)：98—113.

Hamilton，S. ，Jo，H. & Statman，M. (1993). "Doing Well While Doing Good? The Investment Performance of Socially Responsible Mutual Funds，" *Financial Analysts Journal*，49(6)：62—66.

Hart，S. L. & Ahuja，G. (1996). "Does It Pay to Be Green? An Empirical Examination of the Relationship between Emission Reduction and Firm Performance，" *Business Strategy and the Environment*，5(1)：30—37.

Heinkel，R. ，Kraus. ，R. & Zechner，J. (2001). "The Effect of Green Investment on Corporate Behavior，" *Journal of Financial and Quantitative Analysis*，36 (4)：431—449.

Hong，H. & Kacperczyk，M. (2009). "The Price of Sin：the Effects of Social Norms on Markets，" *Journal of Financial Economics*，93(1)：5—36.

——& Kostovetsky，L. (2009). "Values and Finance，" Working Paper，Princeton University.

Johnson，R. A. & Greening，D. W. (1999). "The Effects of Corporate Governance and Institutional Ownership Types on Corporate Social Performanc，" *Academy of Management Journal*，42(5)：564—576.

Karpoff，J. M. ，Lott，Jr. ，J. E. & Wehrly，E. W. (2005). "The Reputational Penalties forEnvironmental Violations：Empirical Evidence，" *Journal of Law and Economics*，48 (2)：653—675.

Kempf，A. & Osthoff，P. (2007). "The Effect of Socially Responsible Investing on Financial Performance，" *European Financial Management*，13(5)：908—922.

King，A. & Lenox，M. (2002). "Exploring the Locus of Profitable Pollution Reduction，" *Management Science*，48(2)：289—299.

Klassen，R. D. & McLaughlin，C. P. (1996). "The Impact of Environmental Management on Firm Performance，" *Management Science*，42(8)：1199—1214.

Kurtz，L. (2008). "Socially Responsible Investment and Shareholder Activism，" in Crane，A. ，McWilliams，A. ，Matten，D. ，Moon，J. & Siegel，D. (eds.) *The Oxford Handbook of Corporate Social Responsibility*. Oxford University Press，249—280.

Lev，B. & Schwartz，A. (1971). "On the Use of the Economic Concept of Human Capital in Financial Statements，" *Accounting Review*，46(1)：103—112.

Lewis，A. & Webley，P. (1994). "Social and Ethical Investing：Beliefs，Preferences and the

Willingness to Sacrifice Financial Return," in Lewis, A. & Warneryd, K. E. (eds.) *Ethics and Economic Affairs*. London: Routledge, 171—182.

Lintner, J. (1965). "The Valuation of Risk Assets and the Selection of Risky Investments in Stock Portfolios and Capital Budgets," *Review of Economics and Statistics*, 47(1): 13—37.

Margolis, J. D., Elfenbein, H. A. & Walsh, J. P. (2007). " Does It Pay to Be Good? A Meta-Analysis and Redirection of Research on the Relationship Between Corporate Social and Financial Performance," Working Paper, Harvard University.

Massa, M. (2003). "How Do Family Strategies Affect Fund Performance? When Performance Maximization Is Not the Only Game in Town," *Journal of Financial Economics*, 67(2): 249—304.

Merton, R. C. (1987). "A Simple Model of Capital Market Equilibrium with Incomplete Information," *Journal of Finance*, 42(3): 483—510.

Neubaum, D. O. & Zahra, S. A. (2006). "Institutional Ownership and Corporate Social Performance: The Moderating Effects of Investment Horizon, Activism, and Coordination," *Journal of Management*, 32(1): 108—131.

Owen, A. L. & Qian, Y. (2008). "Determinants of Socially Responsible Investment Decisions," Working Paper, Hamilton College.

Porter, M. E. & van der Linde, C. (1995). "Green and Competitive. Ending the Stalemate," *Harvard Business Review*, 73(5): 120—135.

Renneboog, L., Ter Horst, J. & Zhang, C. (2008). "The Price of Ethics: Evidence from Socially Responsible Mutual Funds," *Journal of Corporate Finance*, 14(3): 302—322.

Richardson, B. (2010). "From Fiduciary Duties to Fiduciary Relationships for Socially Responsible Investment," PRI Academic Conference 2010 Paper.

Rosen, B. N., Sandler, D. & Shani, D. (1991). "Social Issues and Socially Responsible Investment Behavior: A Preliminary Empirical Investigation," *Journal of Consumer Affairs*, 25(2): 221—234.

Russo, M. V. & Fouts, P. A. (1997). "A Resource-Based Perspective on Corporate Environmental Performance and Profitability," *Academy of Management Journal*, 40(3): 534—559.

SIF (2005). "2005 Report on Socially Responsible Investing Trends in the United States," US Social Investment Forum, available at <http://www. socialinvest. org>.

Sharpe, W. F. (1964). "Capital Asset Prices: A Theory of Market Equilibrium under Conditions of Risk," *Journal of Finance*, 19(3): 425—442.

Shane, P. B. & Spicer, B. H. (1983). "Market Response to Environmental Information Produced Outside the Firm," *Accounting Review*, 58(3): 521—285.

Statman, M., Fisher, K. & Anginer, D. (2008). "Affect in a Behavioral Asset-Pricing Model," *Financial Analysts Journal*, 64(2): 20—29.

Vermeir, W., van de Velde, E. & Corten, F. (2005). "Sustainable and Responsible Performance," *Journal of Investing*, 14(3): 94—100.

Vyvyan, V., Ng, C. & Brimble, M. (2007). "Socially Responsible Investing: the Green Attitudes and Grey Choices of Australian Investors," *Corporate Governance: An International Review*, 15(2): 370—281.

Waddock, S. A. & Graves, S. B. (1997). "The Corporate Social Performance-Financial Performance Link," *Strategic Management Journal*, 18(4): 303—319.

Walley，N. & Whitehead，B. （1994）. "It's Not Easy Being Green," *Harvard Business Review*，72(3)：46—52.

Wernerfelt，B. （1984）. "The Resource-Based View of the Firm," *Strategic Management Journal*，5(2)：171—180.

Williams，G. （2007）. "Some Determinants of the Socially Responsible Investment Decision：A Cross-County Study," *Journal of Behavioral Finance*，8(1)：43—57.

26 环境风险和金融市场：
一条双行道^①

Jena-Louis Bertrand，Bernard Sinclair-Desgagné

在企业界，风险是可能破坏年度或季度商业计划，并导致收益、盈利能力或资产净值估值亏损的随机不良事件。当涉及风险时，企业管理人员有一个基本的选择，他们可以决定要么是"战略"的（在这种情况下，股东将要求额外的回报以弥补承担风险的损失）或"非战略性"的（在这种情况下，股东、债权人和其他利益相关者期望将风险转移或减轻）。随着时间的推移，企业已经学会了如何处理与外汇、利率或商品价格相关的非战略性市场风险。他们定期对市场结果做出预测，包括在预算的准备阶段。他们经常求助于银行、保险公司和金融工程师，在必要时往往采用在证券交易所外进行交易的远期合约或期权来对冲有关风险。他们最终必须确保企业的报告可以解释这些风险，并暗示该企业遵守现行的法律法规^②。

目前一种类似的方法越来越多地被用来应对环境风险，因为这种风险可以在金融市场更加准确地被捕捉到。通过企业报告书、评级机构、商业媒体和金融网络，目前环境信息在投资者中越来越快地扩散，从而促进有效的风险分担和金融创新。本章包括了对这一新发展的简要介绍。在以下两节中，我们将先后描述金融市场的双重作用：①传递环境信息；②为企业提供管理环境风险的工具。我们将特别关注第二个作用，因为本手册已经对第一个作用做了彻底的解释（参见 Bauer & Derwall 本手册［第 25 章］；Cho et al. 本手册［第 24

---

① 我们要感谢本书（英文版）的编辑 Tima Bansal 和 Andy Hoffman，他们的建议和意见大大有助于改进本章的内容和格式。所有的错误和缺点理所当然是我们的疏忽。

② 参见例如，国际会计标准如 IAS3239、IFRS7 或 IFRS9。

章];Gray & Herremans[第 22 章])。对于环境风险管理领域更广泛的介绍，有兴趣的读者可以阅读 Sinclair-Desgagne(2001,2005)的著作。本章的第四节将用更长篇幅介绍一种特定的金融工具——天气衍生品——似乎与应对气候变化和相关天气变化所引发的后果尤为相关；讨论天气波动对企业和经济的整体影响，并提供新市场对天气衍生品的评估。在整章讨论过程及总结章节中我们将提出一些有价值的研究课题。

26.1 传递环境信息（及刺激）

金融市场往往会传递三种主要的环境信息：外源性的极端事件，如飓风或龙卷风及其他非灾害性天气事件（降雨、降雪、气温变化等）对经济的影响，企业对环境风险的信息披露，以及对诸如漏油或集体诉讼类新闻的商业效应。在提供一定的历史背景后，本节将回顾现有的涉及市场——尤其是股票市场——如何应对这些不同结果的文献。而目前存在的财务报表也显示，并没有必要向财务报表使用者提供为做出经济及投资决策所需要的所有信息。

天气事件

在 19 世纪，奥地利地理学家和气候学家 Eduard Brükner(1862—1927)，是首批研究气候变化对政治和经济影响的科学家之一。像其他同时期的地理学家和经济学家一样，比如 Tooke、Huntington、Beveridge 或 Heckscher，他相信气候周期在经济周期中起到重要作用，因为气候周期影响收割量，进而影响农作物价格(Stehr & von Storch 2000)。他因此领先于 Labrousse(1895—1988)。Labrousse 认为收割及其潜在的天气变量是决定农产品价格和农村就业水平的决定性因素，这反过来又影响了城市的收入因素(Pfister 1988)。Labrousse 的统计工作在今天仍然是一个参考的标准，但 Stanley Jevons(1835—1882)是已知的第一位建立模型表示气候和经济周期之间关系的经济学家。此外，Jevons (1875)发现，预估的 10.45 年太阳黑子周期与他利用农作物价格(Jevons 1878)计算出的两个经济危机之间的 10.43 年的时间长度近乎完美地匹配。他的"太阳黑子论"称，太阳黑子影响葡萄酒与粮食丰收，也因此影响食品和原材料的价格与货币市场的状态。Garcia-Meta & Shaffner (1934)后来否认了太阳黑子与经济之间的因果关系，但他们援引 Moore (1914,1923)和他在美国所做的降水周期研究，降水周期与 1881—1921 年测得的 8 年经济周期相吻合。在 1929 年，Humphreys 将火山和太阳活动与地球温度联系起来。这项研究之后被 Garcia-Meta & Shaffner 用来关联纽约及伦敦股票市场指数和太阳活动。

当然，测量气候影响的尝试仍在继续。比如，存在大量关于自然灾害对整体经济(Popp 2006)以及更具体的保险业和金融业(Kunreuther 1998；Froot 1999；OECD 2003 以及本章参考文献)影响的文献[①]。循环出现的结论是，如飓风、旋风、龙卷风等事件的发生频率及整体的人力、物力和财力成本，在过去的几十年里显著地增长(触发了一波金融创新，我们将在下一节简单介绍)。但是，灾害对不同行业的股票市场的影响却并不相同，这取决于不同行业的曝光程度。在对专注于澳大利亚资本市场的严谨研究中，Worthington & Valadkhani (2005)发现，例如非必需消费品、金融服务(尤其是保险)和材料是受灾害影响最严重的行业。

企业环境信息披露

企业信息披露内容及财务影响则是在有关金融及财务文献中另一经典主题[参见例如，由 Verrechia (2001)和 Dye (2001)分别做的调查研究]。企业信息披露现在越来越多地包含公司关于环境方面表现的数据(Epstein 1996；Cho et al. 本手册[第 23 章])。压力自然是来自于担忧的投资者和员工，也有来自监管部门的。当前，文献中提供了关于环境信息披露管理(常常是战略性的)动机分析(Sinclair-Desgagné & Gozlan 2003；Dasgupta et al. 2007；Lyon & Kim 2011；Bauer & Derwall 本手册[第 25 章])及其与金融市场的关联分析(Arts et al. 2008)。

然而当涉及气候和天气的风险时，企业环境信息披露在某些方面仍存在缺陷。对 SBF120 纽交所/泛欧交易所上市的公司关于气象信息披露所做的五年(2004—2008 年)研究显示，1/6 的年度报告管理层评论部分中提及了天气条件，以此对企业的业绩做出解释(Bertrand 2010)。在食品和饮料行业，80％的公司提到了天气；在公共事业中此数据为 71％，建筑业为 43％，旅游休闲业为 25％。该研究显示，3/5 遇到天气问题的企业没有提供任何有关天气风险所带来的财务后果的信息，也没有披露针对天气风险的风险管理政策的任何信息，而只有 1/4 的企业有关于此类风险的专门报告段落及清晰的解释。整体而言，可以说企业的管理人员投机取巧地利用天气条件，一般情况下，似

---

① 市场对温和(但显著的)天气异常的反应，如发现异常温度或降水量的最近记载，将在本章"定义天气风险"一节提及。

乎只是在为令人失望的财务状况辩护时才会提及天气。而另一份由近期欧洲公用事业所做的天气风险披露研究报道说,90%的年度报告提及了天气信息,但只有 1/3 的年度报告中披露了天气风险,甚至只有 1/10 的年度报告清楚地描述了天气风险①。信息披露的质量也在不同时期各不相同:2007 年的信息显著多于 2008 年,是因为 2007 年温和的春天对大多数公用事业的销售产生了负面的影响,而 2008 年的天气更有利于公用事业行业。

美国证券交易委员会(SEC)于 2010 年 2 月发布了新的有关气候变化相关信息披露指南后,这种情况现在可能会迅速改变。天气风险不再被股东和其他财务上的利益相关者忽略,或者被企业高管滥用,因为 SEC 主席 Mary Schapiro 在指南发布时做出了声明:

在我们的传统框架中,当潜在的影响变得举足轻重时,企业必须评估此……对公司的流动资金、资本资源或经营业绩的影响,并披露给股东。……如果事物对企业有重大影响则必须被披露……,不论这些风险是来源于竞争加剧还是恶劣天气。

关于环境事件的新闻

最后,人们会期望金融市场对诸如诉讼和意外污染等环境事件的消息做出负面反应。使用涉及 1982—1991 年间加拿大公司的 47 个事件样本,Lanoie & Laplante (1994)观察到加拿大股东会对不利的诉讼和解公告有所反应,却对诉讼的公告无动于衷②。最近,Capelle-Blancard & Laguna (2010)发现,石化企业在发生化学灾害两天后遭遇了 1.3% 的市场价值下跌;在有毒物质排放发生的六个月后,总损失了高达 12% 的市场价值。这种延迟的反应表明,股票市场的投资者对股市可能没有立即全面掌握环境风险,但最终随着他们对风险的认知增长,他们可能会要求额外利息。

金融市场传达环境信息的能力引发一些研究人员和政策制定者探究金融市场是否可以激励企业更好地应对环境风险(Tietenberg & Wheeler 2001)。例如,为了支持这种观点,Lanoie et al. (1998)认为,从美国和加拿大的研究中得到的证据表明,资本市场确实对信息的发布有所反应,并且大型污染者比

---

① 圣加伦大学和 Celsius Pro 有限公司的会计、控制及审计研究所,于 2010 年 1 月发布了《欧洲公用事业天气风险披露》白皮书。

② 有趣的是,这与美国股东的遭遇恰好相反。Lanoie & Laplante (1994)推断:"这些研究结果支持了这一观点,即在美国,环保法规的强制执行情况已普遍比加拿大更为严重。"

小型污染者更加明显地受到这种信息披露的影响。这种现象显然也存在于新兴国家[参见例如，Ruiz-Tagle（2006）在智利的一项研究]。

当然，如何实质化这些激励将取决于可利用的手段，而这部分却越来越严重地依赖于财务管理。

26.2 对冲环境风险（尤其是气候和天气）

环境风险可以分为五类。一方面，有由欠佳的法律法规或不负责任行为引起监管、声誉和法律风险；另一方面，存在物理和天气风险即企业不能阻止的外部事件——如地震和风暴。根据 KPMG（2008）对 50 份阐述由经营风险和气候变化产生的经济影响的企业报告的研究表明，监管风险是企业最普遍提及的，其次是自然风险。

表 26.1 展示了一家企业可以用来应对环境风险的主要手段。最近几年这些手段都发生了相当大的变化，其中有三种是专门为了应对气候变化带来的后果：可交易排放许可证、巨灾债券和天气衍生品。

表 26.1 环境商业风险和财务补救主要手段

类　型	描　述	财务补救
监督管理	政府在国际、区域、国家或地区层面进行干预，从而保护环境（限制温室气体排放）或自然资源（对化石能源收税，对可再生能源进行激励或设定目标）	强制性信息披露；排放许可（如欧盟排放交易计划）
声誉	降低消费者信心和品牌价值；无形资产价值的毁灭	自愿性信息披露；伦理投资
诉讼	法律或法规授予的程序法律诉讼；对个体公司提出环境损害赔偿，对股东未考虑或披露气候变化风险提出赔偿	责任保险
物理	天气相关危害的影响导致的灾难，例如风暴、飓风、龙卷风、台风、冰雹、雪灾所造成的物理损害或对日常商业活动的阻碍	自然灾害保险；巨灾债券
天气	气候变化变量，例如温度、降水量、风力等，影响企业的销售、生产和/或利润	披露（自愿性或强制性）；巨灾债券；天气衍生品

可交易排放许可证（或排放上限与交易）的想法可以追溯到 Coase（1960）的开创性文章。目前这个想法被有效地用于限制几种主要污染物如 SO_2（二氧化硫，由燃煤发电厂排放，很大程度上对酸雨的产生负有责任）和温室气体的排放。在这一点上，有大量的研究、数据和经验可以就排放问题付诸分析或

设计市场(参见例如,Hansjurgens 2005 及其参考文献)。目前大多数的讨论和现存的分歧都是关于如何进行初始分配(许可证是否最初应被拍卖或免费分配?),谁可以被允许参与交易(只有某些大的污染者还是也包括其他利益相关者?),以及与其他政策手段(如税收或自愿性方法)相比,排放上限交易方案在多大程度上控制了污染。到目前为止还缺乏了解的是这些交易成本的性质和大小及在决定这些成本时中介机构(如碳经纪人)的作用。

第一个巨灾债券(或某国债)出现在 1994 年,大多数的市场参与者是保险和再保险公司。被定义的巨灾小概率事件涉及大量同时发生的个人损失,利用新的金融工具作为对标准保险合同的补充的确是恰当的。Chichilnisky(2006:7)特别提供了对于这个命题的理论支持。他总结的论点如下:

利用负相关性通过证券对冲相关的风险。例如,在加州多地地震发生之后,随之而来的是建筑行业的蓬勃发展。因此,可以通过对建筑行业进行投资而发行适当的证券。这对于对冲灾难性的飓风风险有着显著意义。在新奥尔良发生卡特里娜飓风后的重建工作涉及数千亿美元的地方和联邦基金以及遍及全国的私人捐款。通过精心设计的保险和担保合同,因此可以通过巨灾损失与重建工作所创造价值之间的负相关性对卡特里娜飓风的受害者的经济损失进行补偿。

风险相关的证券交易早已司空见惯[参见例如,Andersen(2002)对此议题的优秀账目];目前估计约有八十亿美元的巨灾债券发行,且还在不断增长。

或许不幸的是,对于天气衍生品却至今未出现这样成功的结果,我们将在下一节对此进行延伸讨论。

26.3 天气衍生品的初期市场

对冲恶劣天气肯定不是新的话题。例如,Claudius(罗马皇帝,41—54 年)就曾为往返于地中海的整船运输小麦的商人提供恶劣天气的财务保障(Goetzmann & Rouwenhorst 2005)。在 17 世纪,大米期货市场的建立是为了保护农民免受恶劣的天气条件影响,伦敦的劳埃德银行(Lloyds)设计了一款保险(称为"降雨保险")以保护其客户免受强降雨的影响。在 19 世纪中叶,劳埃德银行还声称已经在累计降水量的基础上根据标的指数创建了第一个天气衍生产品(Roberts 2002)。

本节的其余部分会依次定义天气风险,介绍这些风险如何与商业企业和整体经济的发展紧要相关,并解释天气衍生品,以及讨论这些金融产品市场目前和未来的状态。

定义天气风险

气候变化风险跨越三种不同的时间间隔：数小时至数天，数月到几个季节，以及几十年到几百年（Dutton 2002a）。

持续几十年到几百年的天气变化与冰川和温暖期的长周期相关。长周期自古以来决定着人类迁徙情况、农业生产力情况和经济繁荣程度。如今，由于危险的人类活动可能显著地改变气候并导致众所周知的大气层恶果，以及几乎不为人知的经济形势影响，因此持续几十年至几百年的气候变化已经成为一个紧迫的问题。

另一方面，持续几小时至几天的气候变化为极端事件。它们是小概率、高影响的风险，已成为政府和私营部门关注的首要焦点，因为它们会夺取生命并导致巨大的财政损失。在过去的 30 年（1980—2009 年）里，仅美国就遭遇了96 次气象灾害，每次灾害的整体损失超过十亿美元，合计总损失（使用国民生产总值通货膨胀指数）为七千亿美元（NCDC，WHO）①。据估计，从 1990 年至2006 年间，极端事件已经造成美国约 3 万人死亡（Goklany 2007），而在 20 世纪 90 年代，极端气象灾害在全球范围内导致了约 60 万人死亡。

最后，持续几天到几个月和几个季度的气候变化，与正常气候的变化和偏差有关。我们称它们为天气风险。因此天气风险是非灾难性天气事件，它们对企业的销售业绩和利润有财务影响。它们与如温度、降雨、降雪、甚至风速等变化的可确定基准的任何可测量（最终可交易的）变化相关（Brockett et al. 2005；Bertrand & Bachar 2009）。天气风险主要影响成交量指标：如果冬季较往常温暖，那么不管能源的价格如何，能源的能耗依然较低。它们是大概率、低影响的事件，虽然它们导致的经济后果可能会相当显著。对此我们在之后还将进行探讨。根据世界气象组织预计，由于气候变化导致温度、降水等干扰的幅度增大，天气变化似乎将会更加影响经济。

量化天气风险

威廉·戴利，克林顿政府时期的美国商务部部长，曾在美国国会前表示25％的国内生产总值和80％的美国公司都具有天气敏感性。与此同时，联合国已经把全球 GDP 的天气敏感性比例调整为17％。德意志银行估计，天气

---

① NCDC：美国国家气象数据中心；WHO：世界卫生组织。

风险影响着 4/5 的世界经济（Auer 2003）；而荷兰银行指出，天气风险影响了 20%～30% 的欧洲工业生产，在美国这一数值是 35%（Triana 2006）。

当然，一些行业比其他行业对天气更加敏感。Dutton（2002b）精确地指出农业、能源、建筑、交通运输、旅游及休闲产业和零售业是对天气最敏感的行业（其结果是，1/3 的美国国内生产总值受到天气影响）。Changnon（1999）估计，厄尔尼诺现象引起的暖冬直接导致美国零售业销售额增加了 56 亿美元。

Larsen（2006）基于美国 11 个活跃的行业对温度和降水的敏感性开发了一个计算方法，认为至少 16.2% 的美国经济要面对各种天气风险。2008 年，在线服务商 WeatherBill 公司在世界其他地区扩展了 Larsen 的成果，并发表了一项基于天气限制的国家排名的研究。这项研究表明，事实上，美国高达 23% 国内生产总值是天气敏感性的（即 26000 亿美元）；而日本、中国和德国的数值分别是 33%、45% 和 37%。由法国气象局做的其他研究得出结论，天气变化的变量可以解释高达 90% 的电力消耗、80% 的啤酒消费、45% 的纺织品销售量以及所选定食品产品的销售量的高份额（Marteau et al. 2004）。

在微观经济层面，作为先驱，Roll（1984）研究了天气对冷冻浓缩橙汁（FCOJ）期货合约回报率的影响。[1] 冷冻浓缩橙汁是一个理想的研究对象，因为橙子的生产被限制在一个较小的地理区域，并且天气可能是可以解释价格变动的唯一变量。Roll 发现，意想不到的天气（"天气意外"）是冷冻浓缩橙汁未来价格走势的一个关键解释因素，虽然它仅仅解释了财务业绩的一小部分。此后 Boudoukh et al.（2007）专注于冰点温度的研究也强化了 Roll 的结论。

最近，Bertrand（2010）研究了在巴黎证券交易所上市的一组被挑选的公司季度销售额的天气敏感性。由于在交易所上市的公司并没有被系统地要求公布其销售额的地域分布情况，分析仅限于这 58 家分享了此类信息的公司。为了掌握天气状况的影响，Bertrand 对各公司测定了季度销售额变化与气温变化、日照时间变化、湿度变化和降水水平变化之间的关联性；因此，每家公司都代表着五维空间中的一点（每家公司的特征都可由 5 个相关的数据表示）。然后，他保留了在统计学上具有显著关联性的公司，然后利用主成分分析法将五维空间上的点投射到二维主平面上。图 26.1 所显示的二维主平面保留了包含在初始五维空间中 87.9% 的信息。横轴主要与温度关联，并解释了 67.0% 的整体关联信息，而纵轴主要关联降水情况，说明了 20.6% 的关联信

---

① 也见 Doll（1971）有关天气与玉米和 Fleming et al.（2006）有关天气与黄豆、小麦和玉米的影响研究。

息。从图 26.1 中，我们看到 Bricorama 连锁公司的销售额与高温呈现正关联性，但对晴朗或潮湿的条件却不太敏感。在横轴的另一端，我们看到 Cie Parisienne de Chauffage（一家能源公司）的销售额与低温呈现正关联性。Malteries Franco-Belge（一家啤酒公司）对高温具有一定的敏感性，但却极为容易受到晴朗天气的影响。

图 26.1 的优点是描述出了公司对气候的受限特征。而出于本章的目的，图 26.1 则证明了气候条件对企业销售和活跃行业以不同方式产生不同程度的影响。例如，它证实了能源行业的表现和低温之间呈现正关联性（Electricite de Strasbourg 和 Cie Parisienne de Chauffage），而 DIY 行业（Mr Bricolage 和 Bricorama）则在天气质谱图的另一端。值得注意的是，纺织行业（Etam）与饮料行业（Malteries Franco-Belge）的气候受限性则正好相反。

图 26.1 选取的部分巴黎证券交易所上市企业销售额的天气敏感性

Bertrand（2010）做了同样类型的分析，比较了季度销售额和异常的天气变化（即比常温高、比平时多雨等情况），并进一步证实天气是一类特定的风险：并不是所有的企业都受到同样的影响；即使他们在同一个行业（例如，Groupe Pierre et Vacances 和 ClubMed 同属休闲旅游业，VM Matériaux 和 Mr Bricolage 都在 DIY 行业中）。

天气条件并不仅仅影响销量。他们还可以影响企业的盈利能力。Roustant（2003）调查了非常有利的天气条件对（饮料、休闲和能源行业）四家企业盈利能力的影响,结果表明有利的天气条件可能会增加收益。

为了测试天气对上市公司财务业绩的影响,Bertrand(2010)分析了从巴黎交易所选择的一组股票的周收益。套利定价理论(APT)模型被用来解释周收益,数据包括了 473 周的经济、金融和天气的解释变量[①]。运行偏最小二乘(PLS)回归后,其分析结果与经典的金融理论保持一致。对单一股票的收益最重要的解释变量是市场本身。然而,473 周所经历的天气条件却可以对一些股票的相当一部分收益做出解释;在某些情况下,他们甚至比所有的经济因素还要重要。有两个例子可以说明这一发现——一个是食品和饮料业务(Danone,达能),另一个在纺织行业(Etam,艾格)。在没有气象变量的情况下引入经济变量解释了达能 72% 的收益和艾格 86% 的收益。加入天气变量时(累计三个月的指数),经济变量对达能收益解释的比例下降到 27%,而天气变量占到了 46%;对于艾格,通过经济变量解释的收益下降到 37%,而天气变量解释了几乎 50% 的财务业绩。

Bertrand(2010)最终用资本资产定价模型(CAPM)计算了被选择的对天气敏感股票的天气-β 系数,从而表明通过选择合适的股票可能创建完全天气依赖型的股票投资组合或者不受天气影响的中性股票投资组合。为了证实天气风险的特定特征,他对巴黎股票指数也运行了相同的模型(CAC40,SBF120,SBF250),结果显示,分别有 1%、5% 或 10% 的股票没有天气敏感性。这进一步证实了天气敏感性是一个可以通过多样化消除的特定风险。

总之,虽然上述研究是以不同的方式测量不同的事物,但它们共同肯定了天气风险对企业和整体经济具有重大影响。

企业天气风险管理

以前的研究结果表明一个重要的事实:天气可以是重要的风险[②]。照字面理解,风吹的方向可以提高或损害企业业绩。因此,若他们正遭遇天气风险,股东可能会要求被告知,这样他们就可以从与管理技能和决策关联的业绩中区分出与天气有关的业绩。

---

① 对于多重指标和 APT 模型的全面描述,参见 Elton et al.(2007)。在我们模型中使用的经济解释变量是巴黎股指 SBF120 的回报率、货币汇率、商品价格、通货膨胀率以及收益率曲线。天气变量是累积的温度、降雨、湿度水平和最近一至三个月的日照情况。

② 如果信息的遗漏或错报会影响(年度报告书)使用者在公司财务信息基础上做出的决策,那么该信息就是重要的。

　　企业若想妥善管理天气风险可能会发现通过创建适宜的气象特定指标，并将该指标应用到企业风险管理（ERM）系统中（与其他财务指标的应用方式相同，如外汇或利率）就足以整合气象信息到业务管理中。举例说明，METNEXT（天气风险管理公司）帮助企业测量他们对天气的敏感性；NIELSEN（调查机构）为数百类产品系列设计了天气敏感性指标（冰淇淋、汤、奶酪、水等），天气敏感性指标可以被制造商、分销商、超市和广告商用来优化他们的商业活动。如果天气情况变化所引起的销售或收入的波动被认为过高，那么采取适当的财务担保是转移部分风险的唯一途径。

　　基本的气象工具是一种交换（场外交易）或期货（交换清零），这相当于传统的期货契约①。它的特点由它的数量、到期日（一般不超过六个月）以及价位值决定。还有期权可供选择，它们赋予买方购买或出售优先的期货或基本的天气指数。在这种情况下，期权用现金结算。

天气衍生品

　　天气衍生品就像任何传统的衍生工具，除了基本商品是天气指数以外。例如，一个天气指数是指一个明确的周期内在一个明确的位置所测量到的平均温度或累积降水量数据（Dischel & Barrieu 2002）。Fillppi & Retaureau（2009）对此议题进行了准确且完整的概述，并提供了一个精密周到的应用说明。

　　最经常使用的天气指数是温度估计法。由于天气衍生品最初是为了满足能源部门的需求而创建的，有用的天气指数必须回应这个部门需要的特定特征：在冬季，比舒适温度18℃每降低1℃都产生额外的能源消耗。温度降幅越大，则需要的能源越多。因此，提出了"度日"（冬季采暖计算热负荷的特殊单位）概念。如果在某个给定的日子中没有能源需求，当天的"度日"值是零。否则，实际温度和舒适温度之间则为正差。度日累积数月或数季度，并作为大多数交换-清零的天气衍生品的基本指标。供暖度日数（制冷度日数）反映了在冬季（夏季）家庭或企业用来取暖（降温）所需的能量。芝加哥商业交易所（CME）使用供暖度日数（HDD）和制冷度日数（CDD）的合约在美国的30个城市中是合法的，在欧洲这个数字是10，澳大利亚和亚太地区是6②。

　　天气衍生品可以是标准的交换—清零或场外交易工具。天气衍生品都是

---

①　这就是说，在未来某一日期以在完成交易时确定的价格完成指定货品或产品数量交换的承诺。

②　城市和合同规范的列表可以从芝加哥商业交易所（CME）集团获得。

以现金结算的,并且由交易双方共同约定的气象指数单元(价位)值计算现金结算。然而,不同于传统的市场指数,天气指数不能被购买、出售、借用或储存。因此,不可能创建一个包含基本商品的投资组合,并复制衍生工具的性能。其结果是,天气衍生产品市场是不完的(Davis 2001),并且经典的衍生品估值方法,如 Black & Scholes 或 Cox et al. 的方法,并不起作用(Dischel 1998;Geman 1999;Cao & Wei 2000;Moreno 2000,2003;Young & Zariphopoulou 2002;Geman & Leonardi 2005)。幸运的是,有一些方法可以在不完全的市场中对衍生品定价。

Brocket(2005)回顾了一些天气衍生品的估值方法[①]。这些方法可以归纳为四大类:精算;使用基本天气指数复制的传统方法,其中天气指数采用了天气互换(Jewson & Zervos 2005)或能源衍生品(Geman 1999);均衡模型(Richards et al. 2004);效用函数。在实践中,由于终端用户倾向于在他们的账目上保留套期工具直至到期日,因此对套期进行估值从而预先抵消基本天气指数的平均预期值(Cao & Wei 1998,2005;Laurent & Roustant 2003;Brix et al. 2002;Campbell & Diebold 2004;Alaton et al. 2002;Brody et al. 2002;Richards et al. 2004)。也许根本不存在一种被普遍接受的方式来对天气衍生品进行定价,但是企业风险管理者(和股东!)应该知道,套期工具确实存在并可以用来抵消天气暴露风险。

一个缓慢的开始

根据针对天气衍生品的大多数文献综述,第一笔天气金融交易(我们如今知道的)发生在 20 世纪 90 年代末的美国,在美国能源部门放松管制及厄尔尼诺现象导致不寻常的暖冬之后。放松管制意味着能源企业不能够再如之前一样,通过天气规范化调节系统将额外的生产或分销成本转移到客户身上(Cooper 2004)。能源企业的股东迅速意识到用电量(因此所产生的利润)极度地依赖于气温的变化,并向管理层施压想方设法保证利润,降低收益率的波动性。天气衍生品和天气风险管理应运而生。广而告之的第一笔交易发生在

---

① 即:超级复制(El Karoui & Quenez 1995)、二次型方法(Follmer & Sondermann 1986;Schweizer 1988,1991;Bouleau & Lamberton 1989;Duffie & Richardson 1991)、分位数对冲和缺口最小化(Cvitanic 1998;Follmer & Leukert 1999,2000)、边际效用方法(Davis 1998)及无差别定价(Hodges & Neuberger 1989;Davis et al. 1993)。

1997 年的安然和科氏工业之间①。安然公司迅速成为新天气衍生产品市场的领先者，很快有保险行业企业开始跟随安然公司使用天气衍生产品，如美国国际集团、美国再保险公司或瑞士再保险（Nichols 2005）。在欧洲，第一笔天气衍生品交易发生在 1998 年安然和苏格兰水力发电之间。

第一份交换-清零契约由芝加哥商业交易所在 1999 年夏季推出。有几年交易量一直呈现低迷，而 2001 年安然公司的倒闭并没有对交易量有所帮助。安然公司的工作人员迅速被同行业其他企业聘用。在 2006 年 6 月，天气风险管理协会（WRMA）宣布，天气风险合约的名义价值已增长了近 4 倍，从 97 亿美元增长到 452 亿美元。

然而相对于股份（万亿美元），天气套期保值的数量似乎相当低（相比较而言，与此同时外汇交易的每日营业额超过 3.2 万亿美元）。经过十几年的发展，天气衍生产品市场仍处于起步阶段。天气风险管理协会公布的后金融危机数据显示，2009 年的年交易量只有 150 亿美元。芝加哥商品交易所的统计数据显示，在 2007 年 8 月至 2009 年 8 月间天气契约的跌幅为 46%，而同期其他芝加哥商品交易所产品的交易量只下降了 14%。奇怪的是，这个时期正是准备减轻气候变化带来的后果最为重要的时期。

在对三个欧洲司库协会（在法国、比利时和卢森堡）的一项研究中，Bertrand（2008）选取了除能源部门外的 130 家企业，这些企业对风险管理的态度积极，并广泛使用衍生工具。研究目的是要了解天气风险是否可以被定性并量化，并探讨为何活跃的财政组织在天气风险变得重要时没有利用天气衍生品。研究表明，67% 的受访者认为天气风险显著地影响了他们公司的销售额和利润，但 79% 的公司从来没有分析和量化过这些风险的财务影响，并且在可预见的未来 85% 的公司不打算这样做。他们做出的解释如下：90% 的首席财政官认为他们的竞争对手没有分析过天气风险，其他因素是缺乏信息披露框架和会计准则（22%）、缺乏相关的对冲工具（16%），以及内部技巧的不完善（9%）。有趣的是，1/2 的财务主管没有分析过天气风险却仍然认为天气风险的财务影响可以忽略不计（而那些分析过天气风险的财务主管却认为天气风险的财务后果可能会超过其他市场风险）。对中小型企业的研究得到了相似的结果（Bertrand 2010）。

然而，事情可能会改变。芝加哥商品交易所和风暴交易所呈现了一份研

---

① 1996 年，Aquila 和 Continental Edison 签订协议，利用交易保护后者以对抗八月份的温度下降。同年，另一个交易涉及到安然和佛罗里达电力及照明公司。

究结果,该项研究是 2008 年在美国圣地亚哥举办的风险和保险管理年会期间对美国 205 位财务执行官的一项调查。82％的高级财务和风险管理总经理认为,他们可能应该改变他们的长期商业模式以应对气候变化和天气的波动；59％的人说他们的公司暴露在由于天气波动而产生的风险面前,这意味着对其财务业绩的影响可能是显著的(38％)或严重的(21％),而他们需要避免受到该风险影响。在另一方面,51％的受访者表示,他们的公司并没有为应对由于天气所产生的日常经济风险而做好准备,似乎唯一努力分析其面对的天气风险的行业是能源行业。在 2010 年 2 月,美国证券交易委员会指出:"一些企业领导人越来越多地认识到对他们公司业绩和运营的当前和潜在的影响,无论是正面还是负面的影响,与气候变化相关。"[①]

26.4　结　论

本章简要地回顾了环境风险管理与金融市场之间的关系,其主要传达的信息是这种关系还是一条双行道。一方面,资本市场传达着与环境事件及好或坏的管理实践相关的有价值的信息；另一方面,资本市场也可以利用新的金融工具,如天气衍生品,规避环境风险。

研究清楚地表明,环境事件,尤其是由气候变化导致的天气波动,会对企业和经济产生显著的财务影响。然而,当涉及利用修正后的运营管理和/或新的金融产品来降低恶劣天气条件下的风险时,投资者和财务管理者表现出相当低的意识。现在就应该做进一步的研究来理解这一现象,并寻找解决途径。读者想要更多地了解此点,或任何上述介绍的主题,可以查阅一些引用文献。如果许多人都这样做的话,本章就达成目的了。

参考文献

Aerts, W., Cormier, D. & Magnan, M. (2008). "Corporate Environmental Disclosure, Financial Markets and the Media: An International Perspective," *Ecological Economics*, 64(3): 643—659.

Alaton, P., Djehiche, B. & Stillberger, D. (2002). "On Modelling and Pricing Weather Derivatives," *Applied Mathematical Finance*, 9(1): 1—20.

Andersen, T. (2002). "Innovative Financial Instruments for Natural Disaster Risk Management," Inter-American Development Bank, Sustainable Development Department Technical Paper Series.

---

① 参见指导委员会关于气候变化相关的信息披露,2010 年 2 月 2 日。

Auer, J. (2003). "Weather Derivatives Heading for Sunny Times," Deutsche Bank Research, Frankfurt Voice, 25 February, 8 pages.

Barrieu, P. & El Karoui, N. (2004). "Présentation Générale des Dérivés Climatiques," *Actes de la Société Française de Statistique*, 29 January.

Bertrand, J. L. (2008). "Les Entreprises Européennes Face à la Gestion des Risques Météorologiques," in *Économies et Sociétés*, *Série Économie de l'Entreprise*, K18(6-7): 1225—1249.

——(2010). "La Gestion des Risques Météorologiques en Entreprise," Unpublished doctoral dissertation.

——& Bachar, K. (2009). "La valeur d'une entreprise peut-elle être sensible à la météo? Une étude empirique du marché français," *Management & Avenir*, 28: 56—72.

Boissonnade, A., Heitkemper, L. & Whitehead, D. (2002). "Weather Data: Cleaning and Enhancement," in Dischel, S. (ed.) *Climate Risk and the Weather Market*. London: Risk Books, 73—93.

Boudoukh, J., Richardson, M., Yuqing, S. & Whitelaw, R. (2007). "Do Asset Prices Reflect Fundamentals: Freshly Squeezed Evidence From the OJ Market," *Journal of Financial Economics*, 83(2): 397—412.

Bouleau, N. & Lamberton, D. (1989). "Residual Risks and Hedging Strategies in Markovian Markets," *Stochastic Processes and Their Applications*, 33: 131—150.

Brix, A., Jewson, S. & Ziehmann, C. (2002). "Weather Derivative Modelling and Valuation: a Statistical Perspective," *Climate Risk and the Weather Market*, Risk Books: 127—150.

Brockett, P., Wang, M. & Yang, C. (2005). "Weather Derivatives and Weather Risk Management," *Risk Management and Insurance Review*, 8(1): 127—140.

Brody, D. C., Syroka, J. & Zervos, M. (2002). "Dynamical Pricing of Weather Derivatives," *Quantitative Finance*, 2: 189—198.

Campbell, S. D. & Diebold, F. X. (2004). "Weather Forecasting for Weather Derivatives," CFS Working Paper.

Cao, M. & Wei, J. (1998). "Pricing Weather Derivatives: An Equilibrium Approach," Mimeo, Columbia University.

——(2000). "Pricing the Weather," *Risk Magazine*, May: 67—70.

——(2005). "Stock Market Returns: A Note on Temperature Anomaly," *Journal of Banking and Finance*, 29: 1559—1573.

Capelle-Blancard, G. & Laguna, M. A. (2010). "How Does the Stock Market Respond to Chemical Disasters?" *Journal of Environmental Economics and Management*, 59: 192—205.

Chang, S. C., Chen, S. S., Chou, R. & Lin, Y. H. (2008). "Weather and Intraday Patterns in Stock Returns and Trading Activity," *Journal of Banking and Finance*, 32: 1754—1766.

Changnon, S. A. (1999). "Impact of 1997—98 El Niño Generated Weather in the United States," *Bulletin of the American Meteorological Society*, 80(9): 1819—1827.

Chichilnisky, G. (2006). "Catastrophic Risks: The Need for New Tools, Financial Instruments and Institutions," Mimeo, Columbia University.

Coase, R. H. (1960). "The Problem of Social Cost," *Journal of Law and Economics*, 3: 1—44.

Cooper, V. (2004). "Mitigating Your Weather Exposure," *Electric Light and Power*,

January issue.

Cvitanic, J. (1998). "Minimizing Expected Loss of Hedging in Incomplete and Constrained Markets," Preprint, Columbia University.

Dasgupta, S., Wang, H. & Wheeler, D. (2007). "Disclosure Strategies for Pollution Control," in Folmer, H. & Tietenberg, T. (eds.) *The International Yearbook of Environmental and Resources Economics*. Edward Elgar.

Davis, M. (1998). "Option Prices in Incomplete Markets," In Bloomfield, P. (ed.) *Mathematics of Derivative Securities*. Cambridge University Press.

——(2001). "Pricing Weather Derivatives by Marginal Value," *Quantitative Finance*, 1(3): 305—308.

——Panas, V. & Zariphopoulou, T. (1993). "European Option Pricing with Transaction Costs," *SIAM Journal on Control and Optimization*, 31: 470—493.

Dischel, R. (1998). "Black-Scholes Won't Do," *Weather Risk Supplement to the Risk Magazine*, October issue.

——& Barrieu, P. (2002). "Financial Weather Contracts and Their Application in Risk Management," in Dischel, R. S. (ed.) *Climate Risk and the Weather Market*. London: Risk Books, 25—41.

Doll, J. (1971). "Obtaining Preliminary Bayesian Estimates of the Value of a Weather Forecast," *American Journal of Agricultural Economics*, 53: 651—655.

Duffie, D. & Richardson, H. (1991). "Mean-Variance Hedging in Continuous Time," *Annals of Applied Probability*, 1: 1—15.

Dutton, J. A. (2002a). "The Weather in Weather Risk," in Dischel, S. (ed.) *Climate Risk and the Weather Market*. London: Risk Books, 185—211.

——(2002b). "Opportunities and Priorities in a New Era for Weather and Climate Services," *Bulletin of the American Meteorological Society*, 83(9): 1303—1311.

Dye, R. A. (2001). "An Evaluation of 'Essays on Disclosure' and the Disclosure Literature in Accounting," *Journal of Accounting and Economics*, 32(1-3): 181—235.

El Karoui, N. & Quenez, M. C. (1995). "Dynamic Programming and Pricing of Contingent Claims in Incomplete Market," *SIAM Journal of Control and Optimization*, 33(1):29—66.

Elton, E. et al. (2006). *Modern Portfolio Theory and Investment Analysis*, 7th edition. Wiley.

Epstein, M. J. (1996). *Measuring Corporate Environmental Performance: Best Practices for Costing ang Managing and Effective Environmental Strategy*. Irwin.

Filippi, A. & Retaureau, C. (2009). "Weather Derivatives Structuring and Pricing: Application to the Maple Syrup Industry in Québec," Mimeo, École poly technique, downloadable at < http://20www. enseignement. polytechnique. fr/economie/chaire-business-economics/RetaureauFilippirapportcomplet. pdf>.

Fleming, J., Kirby, C. & Ostdiek, B. (2006). "Information, Trading, and Volatility: Evidence from Weather-Sensitive Markets," *The Journal of Finance*, LXI (6): 2899—2930.

Föllmer, H. & Leukert, P. (1999). "Quantile Hedging," *Finance and Stochastics*, 3: 251—273.

——(2000). "Efficient Hedging: Cost versus Shortfall Risk," *Finance and Stochastics*, 4: 117—146.

Föllmer, H. & Sondermann, D. (1986). "Hedging of Non-redundant Contingent Claims," in Hildenbrand, W. & Mas-Colell, A. (eds.) *Contributions to Mathematical Economics*.

North Holland, 205—223.

Froot, K. A. (ed.) (1999). *The Financing of Catastrophe Risk*. National Bureau of Economic Research Project Report.

Garcia-Mata, C. & Shaffner, F., (1934). "Solar and Economic Relationships: A Preliminary Report," *The Quarterly Journal of Economics*, 49(1): 1—51.

Geman, H. (1999). "The Berrnuda Triangle: Weather, Electricity and Insurance Derivatives," in Geman, H. (ed.) *Insurance and Weather Derivatives: From Exotic Options to Exotic Underlyings*. Paris: Dauphine University, 197—203.

——& Leonardi, M. P. (2005). "Alternative Approaches to Weather Derivatives Pricing," *Managerial Finance*, 31(6): 46—72.

Goetzmann, W. & Rouwenhorst, G. (2005). *The Origins of Value: The Financial Innovations that Created Modern Capital Markets*. Oxford University Press.

Goklany, I. M. (2007). "Deaths and Death Rates Due to Extreme Weather Events: Global and U. S. Trends," International Policy Press (adivision of International Policy Network). Available online at <http://www. csccc. info/reports/report_23. pdf>.

Hansjürgens, B. (ed.) (2005). *Emissions Trading for Climate Policy: US and European Perspectives*. Cambridge University Press.

Hirschleifer, D. & Shumway, T. (2003). "Good Day Sunshine: Stock Returns and the Weather," *Journal of Finance*, LVIII(3): 1009—1032.

Hodges, S. & Neuberger, A. (1989). "Optimal Replication of Contingent Claims under Transaction Costs," *Review of Futures Markets*, 8: 222—239.

Intergovernmental Panel on Climate Change (2001). *Climate Change 2001: Impacts, Adaptation, and Vulnerability*. Cambridge University Press.

Jacobsen, B. & Marquering, W. (2008). "Is It the Weather?" *Journal of Banking and Finance*, 32: 526—540.

Jevons, W. S. (1875). "The Periodicity of Commercial Crises and its Physical Explanation," in *Investigations in Currency and Finance*. London: MacMillan, 334—342.

——(1884). "The Solar Period and the Price of Corn," in *Investigations in Currency and Finance*. London: MacMillan, 194—205.

——& Zervos, M. (2005). "No-Arbitrage Pricing of Weather Derivatives in the Presence of a Liquid Swap Market," Working Paper, 1—13.

Jewson, S. , Ziehmann, C. & Brix, A. (2002). "Use of Meteorological Forecasts in Weather Derivative Pricing," in Dischel, S. (ed.) *Climate Risk and the Weather Market*. London: Risk Books, 169—183.

Kamstra, M. , Kramer, L. & Levi, M. (2003). "Winter Blues: A SAD Stock Market Cycle," *American Economic Review*, 93(1): 324—343.

——(2008). "Is It the Weather: Comment," *Journal of Banking and Finance*, 33: 578—582.

KPMG (2008). "Climate Changes Your Business: KPMG's Review of the Business Risks and Economic Impacts at Sector Level," 76 pages.

Kunreuther, H. & Roth, R. J. (eds.) (1998). *Paying the Price: The Status and Role of Insurance Against Natural Disasters in the United States*. John Henry Press.

Lanoie, P. & Laplante, B. (1994). "The Market Response to Environmental Incidents in Canada: a Theoretical and Empirical Analysis," *Southern Economic Journal*, 60(3): 657—672.

——& Roy, M. (1998). "Can Capital Markets Create Incentives for Pollution Control?"

Ecological Economics, 26(1): 31—41.

Larsen, P. (2006). "An Evaluation of the Sensitivity of US Economic Sectors to Weather," Master's Thesis, Cornell University.

Laurent, J. P. & Roustant, O. (2003). "Weather Derivatives and the Stock Market: A Risk Assessment," Working Paper, AFFI.

Lettre, J. (2000). "Weather Risk Management Solutions: Weather Insurance, Weather Derivatives," November Research Paper, Rivier College.

Llewellyn, J. (2007). *The Business of Climate Change*. Report prepared for Lehman Brothers.

Lyon, T. P. & Kim, E. H. (2011). "Strategic Environmental Disclosure: Evidence from the DOE's Voluntary Greenhouse Gas Registry," *Journal of Environmental Economics and Management*, 61(3):311—326.

MacMichael, A. & Woodruff, R. (2004). "Climate Change and Risk to Health," *BMJ*, 329: 1416—1417.

Marteau, D., Carle, J., Fourneaux, S., Holz, R. & Moreno, M. (2004). *La Gestion du Risque Climatique*. Paris: Economica.

Meehl, G. A., Zwiers, F., Evans, J., Knuston, T., Mearns, L. & Whetton, P. (2000). "Trends in Extreme Weather and Climate Events: Issues Related to Modelling Extremes in Projections of Future Climate Change," *Bulletin of the American Meteorological Society*, 81: 427—436.

Moore, H. (1914). *Economic Cycles, Their Law and Cause*. New York: MacMillan Co.

Moreno, M. (2000). "Riding the Temp," FOW, Special Supplement Weather Derivatives, December.

——(2003). "Weather Derivatives Hedging and Swap Illiquidity," *WRMA*, June.

Müller, A. & Grandi, M. (2000). "Weather Derivatives: A Risk Management Tool for Weather Sensitive Industries," *The Geneva Papers on Risk and Insurance*, 25(2): 273—297.

Nichols, M. (2005). "Confounding the Forecast," *Environmental Finance*, 16 February. NOAA (National Oceanic and Atmospheric Administration), US Department of Commerce, Economic Statistics for NOAA, 4th edition.

Organization for Economic Cooperation and Development (OECD) (2003). "Catastrophic Risks and Insurance," Papers and proceedings of the conference on "Policy Issues in Insurance".

Pardo, A. & Valor, E. (2003). "Spanish Stock Returns: Where Is the Weather Effect?" *European Financial Management*, 9(1): 117—126.

Patz, J. (2004). "Climate Change: Health Impacts May Be Abrupt as Well as Long-Term," *BMJ*, 328: 1269—1270.

Pfister, C. (1988). "Fluctuations climatiques et prix céréaliers en Europe du XVIe au XXe siècle," *Annales, Histoire, Sciences Sociales*, 43(1): 25—53.

Popp, A. (2006). "The Effects of Natural Disasters on Long-Run Growth," in *Major Themes in Economics*, Spring.

Richards, T., Manfredo, M. & Sanders, D. (2004). "Pricing Weather Derivatives," *American Journal of Agricultural Economics*, 8(4): 59—86.

Roberts, J. (2002). "Weather Risk Management in the Alternative Risk Transfer Market," in Dischel, S. (ed.) *Climate Risk and the Weather Market*. London: Risk Books, 215—229.

Roll, R. (1984). "Orange Juice and Weather," *American Economic Review*, 74: 861—880.

Roustant, O. (2003). "Produits dérivés climatiques: aspects économétriques et financiers," Unpublished doctoral dissertation.

Ruiz-Tagle, M. T. (2006). "How Do Capital Markets Respond to Environmental News?" Discussion paper No. 22-2006, Department of Land Economy, University of Cambridge.

Saunders, E. M. J. (1993). "Stock Prices and Wall Street Weather," *American Economic Review*, 83: 1337—1345.

Schweitzer, M. (1988). *Hedging of Options in a General Semimartingale Model*. Dissertation ETHZ No. 8615, Zurich.

——(1991). "Option Hedging for Semimartingales," *Stochastic Processes and Their Applications*, 37: 339—363.

Sinclair-Desgagné, B. (ed.) (2005). "Corporate Strategies for Managing Environmental Risks," in *The International Library of Environmental Economics and Policy*, Volume XX. Ashgate Publishing Limited.

——(2001). "Environmental Risk Management and the Business Firm," in Folmer, H. & Tietenberg, T. (eds.) *The International Yearbook of Environmental and Resource Economics 2000/2001: A Survey of Current Issues*. Edward Elgar.

——& Gozlan, E. (2003). "A Theory of Environmental Risk Disclosure," *Journal of Environmental Economics and Management*, 45: 377—393.

Stehr, N. & von Storch, H. (2000). *Eduard Brückner——The Sources and Consequences of Climate Change and Climate Variability in Historical Times*. Kluwer Academic Publisher.

Tietenberg, T. & Wheeler, D. (2001). "Empowering the Community: Information Strategies for Pollution Control," in Folmer, H., Gabel, H. L., Gerking, S. & Rose, A. (eds.) *Frontiers of Environmenal Economics*. Edward Elgar.

Triana, P. (2006). "Are You Covered?" *European Business Forum*, Autumn: 50—55.

Trombley, M. (1997). "Stock Prices and Wall Street Weather: Additional Evidence," *Quarterly Journal of Business and Economics*, 36: 11—22.

Tufan, E. & Hamarat, B. (2004). "Do Cloudy Days Affect Stock Exchange Returns: Evidence from Istanbul Stock Exchange," *Journal of Naval Science and Engineering*, 2: 177—126.

Verrechia, R. E. (2001). "Essays on Disclosure," *Journal of Accounting and Economics*, 32 (1-3): 97—180.

WeatherBill (2008). "Global Weather Sensitivity: A Comparative Study," Report downloadable on <http://www.weatherbill.com/learn/research/>.

Worthington, A & Valadkhani, A. (2005). "Catastrophic Shocks and Capital Markets: A Comparative Analysis by Disaster and Sector," *Global Economic Review*, 34 (3): 331—344.

Young, V. & Zariphopoulou, T. (2002). "Pricing Dynamic Insurance Risks Using the Principle of Equivalent Utility," *Scandinavian Actuarial Journal*, 4: 246—79.

Zeng, L. (2000). "Pricing Weather Derivatives," *Journal of Risk & Finance*, 1(3): 72—78.

27　企业决策制定、净现值和环境

Bryan R. Routledgf

大部分的经济活动发生在企业。对任何关心环境问题的人来说，显而易见的是很多这类活动都产生直接和巨大的环境影响。本章的目的是阐明决策制定是如何——至少从商学院财务角度——发生的。随着我们对此话题探讨的深入，我们可以了解在决策制定过程中这些环境影响在何处以及如何显现。

现代企业的核心特征是所有权和经营权的分离。公司所有权由许多分散的异质性股东所拥有。然而，有关资源分配的长期战略及日常决策制定，包括考虑环境因素的资源分配，都全权委托给管理层执行（如首席执行官）。将所有权从管理中分离处理的益处包括金融市场的流动性，从跨越成千上万家公司的投资组合中取得多元化收益，以及拥有专业技能的职业经理人的投资收益。这种安排的缺点则是，协调每个人的利益是一项具有挑战性的任务。混合在各种环境问题中去协调每个人的利益更为难上加难。

在经济学中，任何决策制定的授权行为都将产生一个"代理"的问题。伴随着所有权与经营权的分离，随之要考虑的明显代理关系是对管理者的激励。这种首席执行官作为股东代理人的代理结构在财务研究中多有涉猎。股东们如何激励首席执行官专注于股东利益？高管薪酬合同和其他监督机制被设计用来减少在职消费（如公司公务机）、不适宜的冒险、帝国的建立（如不明智的收购）及其他利益冲突，同时也激励首席执行官努力工作。这是一个具有挑战性的问题。然而，在我看来，当考虑决策的环境影响时，会发现一个更深层次、更重要且很少被研究的问题：究竟什么是"股东利益"？更具体地说，在企业层面上股东们的目标和目的是统一的吗？如果不是统一的话，将发生什么情况？

任何与重要的环境后果有关的决策都需慎重考虑，简单决策的情况是极不寻常的。我们只关注环境决策对现金流的影响时，它仍然是不简单的。即使只描述代表环境后果现金流影响的随机变量的特征,也依然是困难的事情。例如,漏油事件可能导致的罚款和诉讼,具有很大的不确定性。他们往往是小概率事件,却会引发巨大的后果和一些对基本意见的看法。不仅仅认知的偏见普遍存在,这也是分歧所在。当然,更为普遍的情况是,对于涉及非重要成本和收益之间取舍的环境政策,不同的人会有不同的结论。一些意见的分歧源自不直观的或很难获得的数据(试想进行或理解环境研究所需要的科学知识);其他意见的分歧源自对不同人群产生不同影响的决策(电动汽车可能会减少烟雾,但会增加用于制造电池的化学品的生产);或者更为基本的情况是,品味和偏好分歧的差异分支(你是喜欢城市公园、高尔夫球场还是游泳池?)

　　本章的目标是提供一些股东一致同意的相关背景,以及与环境影响相关问题的一般治理和特定治理的一些背景。在多元的股东意见及偏好的基础上,现代企业如何选择项目?这些都是极其根本和实用的问题。正如你所预料的那样,还存在许多开放的、没有解决的问题。本章的计划是先从净现值(NPV)开始。净现值或基于价值的管理是企业财务的基石。企业内部发生的资源分配(广泛使用资源这一术语,但要考虑"资本预算")介入到金融和商品市场中。其基本思想是,持有不同观点和偏好的所有股东都同意更多的财富比较少的财富好。因此,为了股东,管理者的工作只需要专注于增加财富。这个目标通过计算净现值可以直接实现:相对于其成本的现金流价值。如果净现值为正,则管理活动是良好的。所有股东都认同财富的原因是意见和品位的差异可以体现在商品和/或金融市场上——掠取你的财富,当适合你时再购买和/或保存产品。

　　股东一致同意将决策制定权委托给管理人员,使其遵循净现值规则来制定决策,这是财务方面的一个基础问题。它与帕累托最优和以市场为基础的经济效率关系密切。但是,净现值规则是实用性的。"净现值规则"几乎对任何企业的日常管理都有深远的影响。每家企业的商业规划和行动几乎都有可能(对于较大的企业几乎可以肯定)涉及净现值计算[1]。而且,事实证明,财务学教授(和课本等)都碰巧非常善于关于净现值的教学。这是一些学生几乎普遍坚持的公理——他们并不总能得到正确的计算细节,但却依然坚持净现值法。而对于企业财务课程的其他部分则没那么普及。净现值的普及是值得注意的。如果你的目标,比如说作为环境政策的倡导者,是改变企业行为,那么你需要运用"净现值"理论去实现目标。

---

① 参见 Graham & Harvey (2001)。

　　净现值规则统一了股东们不同的信仰和喜好,这实在令人印象深刻。正如你所期望的那样,这确实依靠一些假设。我们将更密切地着眼于这些细节并专注假设;若违背这些假设可以使环境政策变得恼人。具体而言,我们将从一个简单的例子开始说明净现值法如何操作以及净现值法起作用的原因;同时利用精炼的例子来说明净现值的基本假设,以及它们怎样可以或不可以反映环境问题。跨出净现值的理论背景使得决策制定的授权显得暧昧又困难。我们将探讨这些是如何在企业对投票的管理、公司控制权和经理—股东的代理方面发挥作用,这一领域存在大量的开放性问题。正如你所期望的那样,这些问题比环境问题更庞大和更普遍,所以我们会尽量研究这些更加针对环境背景的问题。

27.1　净现值基础

　　要了解管理者和股东如何以及为什么关注净现值或财富,我们可以通过一个简单的例子来得到相关信息。对模型的一点注释可以帮助了解这个例子是如何产生的。如果你愿意,可以先阅读下面的讨论之后再查阅例子。

　　大部分资源分配的决策都是跨期的和不确定的。我们可以认为时间是离散的,记为 $t=0,1,2,\cdots$。一系列随机事件表示不确定性。当 $t>0$ 时,从有限集合 Z 中提取事件 z_t,初始事件为 z_0。事件中的一个特定序列代表一段历史或一条路径。事件中的 t 时期段历史记为 $z^t=(z_0,z_1,\cdots,z_t)$。所有可能的 t 段历史记为 Z^t。事件和历史的演变由事件树概念性表示,树的每个分支代表一个事件,每一个节点代表一段历史或状态[①]。像这样包括时间和不确定性的环境是大多数财务问题的起点。在这样的设定中,每段可能的历史中的人都有超越收益 $c(z^t)$ 的偏好。如果对偏好施加一个结构,我们就可以捕捉到偏好的一个量值效用函数,设为 $U(\{c(z^t)\})$(大括号提醒我们在整个事件树中偏好超越了收益)。关于偏好有两个关键的假设:①如前所述,假设偏好仅仅依赖于收益。我们将简短地重温这一假设。②假设偏好是单调的,且多优于少。设想在事件树上,每两处的收益都相同,只除了一个节点外,那么我们偏好收益较大的那个。当然,大多数的决定并不那么明显。一家企业的一个典型的资本预算项目涉及较少当前收益,但之后将换取较多的(并具有风险性

---

　　① 　虽然这不是我们主题的核心,大多数树形结构都能简单地对条件可能性进行描述。另一种描述这种结构的方式是通过一组终端状态和滤矢量(西格玛代数)。

的)收益。这是意见潜在差异的来源。反映在函数 U 上,即拥有不同偏好的股东们,对取舍持不同的观点。

体现在函数 U 中的偏好,集成了嵌入消费流量中的时间和风险。具体而言,设想效用函数是时间和风险的一个简单的线性聚合。也就是说,我们实行时间相加性及期望的效用结构

$$U\{c\{z_t\}\} = \sum_{t=0} \beta^t \sum_{z^t \in Z} p(z^t) u[c(z^t)] = E_0 \sum_{t=0} \beta^t u(c_t) \qquad (27.1)$$

其中,$0 < \beta < 1$。$p(z^t)$ 指代历史 z^t 的可能性(E_0 代表期望算子),u 是一段时期/状态的效用函数。这些偏好是吝啬的:跨越时间和状态的行为完全取决于折现系数 β,概率 p 和函数 u。请注意,函数 u 与时间或状态无关。函数 u 的曲率捕捉到了风险规避。在这种背景下,我们可以认为在函数 u 中,不同的股东具有不同的折现率("耐心")或曲率(定义为"风险规避"的属性)[1]。

例1:ABC 公司可以在 X 项目上花费 1975000 美元。结果是若经济繁荣,则在下一年将增加 2328900 美元的现金流("利润");若经济衰退,则在下一年增加 1896700 美元的现金流。经济繁荣的概率为 50%。现在,一年期美国国债的成本为 98.00 美元,一年后回报 100.00 美元。现在,标准普尔 500 指数的成本为 1110.69 美元,一年后将是 1000.00 美元或 1400.00 美元。

这个例子在多方面进行了简化。首先,决策只在两个日期对收益有影响,我们设为 $t = 0,1$。例子中的不确定性也很简单,因为在日期 1 中只有两个结果,$z_1 = z_b$ "繁荣"或 $z_1 = z_r$ "衰退"。两种结果的概率相同[2]。

该项目与财务资产都只是收益(现金流)。该项目虽然高度程式化,却捕获了资本预算的主要方面。目前花费的现金 $c(z_0) = -1975 \times 10^3$,以换取未来的具有风险性的现金流 $c(z_b) = 2328.9 \times 10^3$ 或 $c(z_r) = 1896.7 \times 10^3$。这是一个好主意吗?很容易想象,对于一位具有耐心且并不特别厌恶风险的股东来说,这个项目是有吸引力的(想象一下一个年轻人为了遥远的退休而储蓄)。这也可能是相反的情况,对于一个比较明智的投资者来说,该项目没有吸引力(想象一下,退休人员用储蓄生活)。对于 ABC 公司的管理者来说更大的问题是,公司的股东可能包括这两种类型的投资者。如何来解决不同的观点?

在这个例子中有两种金融资产(目前我们所需要的)。第一个资产是有收

---

[1] 对偏好建模的更为普遍的解释,请参见 Backus et al.（2005）。

[2] 只有两个日期和两种结果,这个树形结构只有两条路径 $Z^1 = \{(z_0, z_b), (z_0, z_r)\}$。这比我们所需的注释更多。

益的无风险债券,恒定两种结果 $b(z_b) = b(z_r) = 100$。这种资产的价格是 98.00 美元。我们可以将当前收益写为 $b(z_0) = -98$——如果你购买了一份债券,今天你支出的现金是 98 美元,而在 $t = 1$ 时会增加为 100 美元。股票的广泛产品组合收益(如果你之前运行过资本资产定价模型,请试想"市场组合")是有风险的,因为它的收益在 $t = 1$ 时不是恒定的。在这里,我们有 $d(z_b) = 1000$ 和 $d(z_r) = 1400$。这个资产的当前价格,类似债券,我们可以认为是一种资本外流 $d(z_0) = -1110.69$。这些资产的任何一种是否对个人具有吸引力?这取决于个人的偏好。储蓄的最佳量(购买多少这些资产)和最佳组合(股票和债券之间的投资组合或资产配置),将取决于耐心和个体风险规避的个人偏好。

也许我们可以稍事休息并想想这些数字来自哪里。首先,这个项目的现金流——初始成本和后续风险的现金流——来自商业分析。预测销售和成本的现金流不是一个简单的任务,对于任何可观的项目而言,这会消耗一个企业不同部门的许多工作时间。当考虑环境的影响时,我们会认为这些影响是来自特定类比分析(业务、技术、环境等)的随机变量,而项目的细节对于"财务"来说不是特别的。此处我们的例子过于简单化了,因为例子中我们的项目只有两种可能的结果(状态)。如果我们想使现金流模型具有更为复杂的配置(例如,具有第一和第二时间点的正常配置特征),可以通过放宽这个简单的假设来实现。这个例子中的财务信息有些过于易得。大部分的信息是简单的"价格",我们可以通过实时观察金融市场获得。状态依存的收益来自我们调整的过去数据的财务模型[①]。

我们可以将这些财务资产组合成一个投资组合。表 27.1 列出了包含任意数量的债券(y)和股票(x)组合的现金流[请注意,该投资组合的现金流是你所买入(或卖出)的股票及债券的线性函数],并得出当前的现金流影响 $a(z_0)$,和当 $t = 1$ 时的 $a(z_r)$ 及 $a(z_b)$。函数的特征是忽略了买入和卖出股票的交易成本(给定一个相关的适当假设,假设我们的目标是评估资本支出项目,而且与广泛的环境影响问题没有关系)。为简单起见,x 和 y 是实值(忽略

---

①　债券的收益率是无风险的 2%——这是我们目前可以观察到的。从历史数据估计,股票的预期收益比债券高出 6%(称为股票风险溢价),每年的标准回报率偏差约为 18%。$d(z_b)$ 和 $d(z_r)$ 是两个方程的答案。一个是均值收益率:$0.5\lg[d(z_b)/1110.69] + 0.5\lg[d(z_r)/1110.69] = 0.02 + 0.06$;一个是矢量方差:$0.5\{\lg[d(z_b)/1110.69] - 0.08\}^2 + 0.5\{\lg[d(z_b)/1110.69] - 0.08\}^2 = 0.18^2$。为了计算简便,四舍五入。如果你对资本的机会成本贴现现金流比较熟悉,可以利用这些值进行简单的计算,也能得出同样的结论。

"股份"购买单元是离散的这一事实），并且可以是负值（如果你喜欢，你可以卖出股票和卖出债券）。

表 27.1 股票和债券的投资组合

	$t=0$ z_0"现在"	$t=1$ $z_1=z_r$,"衰退"	$t=1$ $z_1=z_b$"繁荣"
购买 y 债券	$-98.00y$	$100y$	$100y$
购买 x 股票	$-1110.69x$	$1000x$	$1400x$
投资组合	$=-1110.69x-98.00y$ $=a(z_0)$	$=1000x+100y$ $=a(z_r)$	$=1400x+100y$ $=a(z_b)$

回到我们的例子：ABC 公司在项目 X 上可以花费 1975000 美元。是否应该这样做？我们可以通过使用金融价格（和模型）确定该项目的价值从而计算该项目的净现值。特别是，我们可以找到一个投资组合复制该项目的现金流，这样就可以知晓这个项目的价值。

请看表 27.2。表中的第一行为该项目的现金流，表中的最后一行为恰巧与项目 X 有相同时期 1 现金流的投资组合现金流。当然，正是为了拥有这个属性我们选择了这个投资组合（通过求解两个线性方程）。这个组合令人感兴趣的原因是，它体现了项目 X 的现金流的值。在这种情况下，价值减去成本计算出净现值为 25000 美元（= 2000000－1975000）。可以这样解释：项目 X 用 1975000 美元"买入"包括 8.163 股债券和 1.080 股的投资组合。相对于 2000000 美元的价值，这个价格便宜，因此该项目是有利可图的，并可以增加 25000 美元的股东财富。任何更喜欢增加财富的股东（我们上面讨论过的单调性假设）都会认为这一项目对于 *ABC* 公司来说是值得投资的。特别是，即使在耐心或风险厌恶方面持有不同意见的股东都会对这个项目得出相同的结论，他们是一致的。为什么呢？不喜欢项目现金流的风险特性的股东只需要调整他们个人的投资组合。该项目类似于（正是）股票和债券的投资组合。如果投资组合不适合你，卖一些股票，再买一些债券。调整你的投资组合并不会改变我们目前的财富水平。例如，卖 50 美元的股票，买 50 美元的债券，当前的财富水平并不会变化（忽略交易成本）。当然，你的未来现金流的风险特征发生了变化，但如果你做了正确的事情，则可以更好地满足你的风险偏好。

表 27. 2 项目 X 和类似的股票及债券的投资组合($\times 10^3$ 美元)

	$t = 0$ z_0 "现在"	$t = 1$ $z_1 = z_r$ "衰退"	$t = 1$ $z_1 = z_b$ "繁荣"
项目 X	-1975.0	1896.7	2328.9
购买 $y = 8.163$ 债券	-800.0	816.3	816.3
购买 $x = 1.080$ 股票	-1200.0	1080.4	1512.6
投资组合	-2000.0	1896.7	2328.9

深入阅读

净现值的基本概念可以追溯到 Fisher (1930)。然而,直到 Arrow (1964) 和 Debreu(1959)才出现了对这一话题的连贯普遍的均衡分析。为了理解信息是如何由价格正式地传达到资本预算的决策,请详见 Radner (1979)。

环境影响

净现值法则是财务和现代企业的核心基础。但这个设定是否考虑了项目或业务的环境和其他非现金影响? 简短的答案是否定的,而这种答案把生活复杂化了。我们可以用项目 X 的例子来弄清楚事物是如何/何时/为什么变得更加复杂的。让我们添加一些更多的细节。

例 2:ABC 公司可以投资 1975000 美元在项目 X 上。其结果是在下一年,如果经济繁荣,将增加 2328900 美元的现金流("利润");如果经济衰退,将增加 1896700 美元的现金流。经济繁荣的概率为 50%。[a]建设项目却减少城市绿地;[b]根据活动和现金流变化按比例增加废气排放。

该例子在几个方面比较简单。正如我们的现金流模型对环境影响的特性描述并不琐碎,并且通常需要一些工程与环境经济学方面的专业知识。然而,我们根据给定模型分析此例,并仍然专注于股东一致同意方面的问题。我们能否总结出,所有对于这些效果的不同股东观点类似于净现值对于现金流和财富的影响方式?

金钱方面

让我们先从"从外地来的"股东开始,在式(27.1)中他们的偏好定义为具有货币价值的消费商品(钱)。这种情况是(大部分)简单直接的。与股东相关的是环境效应对现金流的影响,例如,对于使用绿地(项[a])的监管费用直接降低了项目的净现值。反映出土地环境价值的政府费用可以有效地(通过社会)分配土地。如果费用超过 25000 美元,则项目 X 是一项负净现值的主张,而且股东们会达成一致意见,该项目不应该继续进行。

对于监管机构,确定环境资源的货币价值当然是不易的,也不是毫无争议的,特别是,假设可以议定一个唯一的价值时。我们之后会再讨论这一点。不过,对于条件环境评估,政策的执行很简单直接。也许,这是显而易见的,但在财富最大化和净现值法则中没有什么必然的"反环保"因素。在这个简单的例子中,侧重于监管机构收取的绿地成本的环境保护主义,是有效的。

接下来,我们考虑未来发生的并且是随机产生的环境影响。我们依然继续保持假设我们可以适当地用财务术语总结费用。在这个例子中,该项目的污染水平与现金流是成比例的。具体而言,让我们假设这个未来污染的货币成本为现金流量的 1%。这样 $c(z_b) = 23.3$ 或 $c(z_r) = 19.0$。实际很简单,这些现金流是成比例的。与绿地(项[a])的主要区别在于这些现金流是未来发生的并且是随机的。运用相同的逻辑(和代数),如果大家(你、我或股东)都同意现金流 $c(z_b) = 23.3$ 或 $c(z_r) = 19.0$ 可以得出环境成本,那么这些成本的日期-零的值("现值")就是 2 万美元。ABC 公司的项目价值将少于 2 万美元[①]。表 27.3 提供了详细说明。类似于表 27.2,因为我们假设成本是成比例的。然而,这个想法更加普遍。对于 ABC 公司及其股东的财务影响可以概括为现金流的价值。现在股东可购买表 27.3 中 2 万美元的"保险"投资组合以此完全抵消额外的费用。由于所有股东的这个成本都一样,因此全体股东一致同意 2 万美元是环境影响的成本。

在这种情况下,我们可以说些更重要的。不仅仅是这些股东们认同这些成本的(目前)价值为 2 万美元,其实每个人都这样认为。条件是我们(你、我、股东、非股东、监管机构)都认同状态依存环境影响由 $c(z_b) = 23.3$ 或 $c(z_r) = 19.0$(我们之后会回到这个条件)表达,这样我们都同意 2 万美元的现值。这可能有点出人意料。这意味着"贴现"是恰当的。在未来发生的环境成本折现到当前的值会变小(小的现值)。这也意味着对风险的(独特的)调整。不同于侧重在最坏的情况或预期成本上,成本的(现)值是由相同项目原始值的财务数据和风险溢价来计算的。其理由相同于绿地(项[a])。监管机

---

① 隐含在"线性"估值模型中的无套利意味着我们可以递增地看待现金流,即我们可以估值净现金流或估值各个组成的现金流,并在最后合计价值。

表 27.3 项目 X 的空气质量成本和类似的股票及债券的投资组合（$\times 10^3$ 美元）

	$t = 0$	$t = 1$	$t = 1$
	z_0	$z_1 = z_r$	$z_1 = z_b$
	"现在"	"衰退"	"繁荣"
空气质量成本		1896.7	2328.9
购买 $y = 0.08163$ 债券	-8.0	816.3	816.3
购买 $x = 0.11080$ 股票	-12.0	1080.4	1512.6
投资组合	-20.0	1896.7	2328.9

构可以在时期 1 根据污染程度[即 $c(z_b) = 23.3$ 或 $c(z_r) = 19.0$]向 ABC 公司收取费用；或者，也可以在日期 0（即现在）时收取 2 万美元的费用。用 2 万美元，可以购买一个投资组合（见表 27.3）正好抵消时期 1 任一选择的成本。无论哪种选择，对政府和公司都具有相同的效果。再次强调，净现值法与环境问题是一致的。考虑到环境资源的定价是实时性的，且在未来保持不变，因此净现值计算连贯独特地总结了价格，在某种程度上，我们都一致同意。

非金钱方面

金融市场需要资金的现金流，并温和地假设"无套利"，以独特的价值概括这些现金流。鉴于现金流，我们都同意企业的经营和投资决策。困难——以及金融市场和金融难以解决的困难——是项目某些影响并不总是能简易地归结为单一的现金流。在上一节中，我们假设一致同意绿地（项[a]）的环境影响和废气排放（项[b]）的状态依存未来成本的影响。特别是，我们假设可以用现金流单位（美元）概括它们。

让我们重温"从外地来的"股东偏好定义为具有货币价值的现金流的假设。这次让我们混入几个"本地"的股东，他们偶尔在可能是项目 X 所在的绿地上遛狗。你可以看到，股东们的一致性是如何立即消失的。原始的项目 X（在我们讨论对环境的影响之前）增加了 25000 美元的股东财富。一位"从外地来"的股东由于分享了 25000 美元而变得更富有。由于这是正面积极的，项目 X 被看好。然而对于一位"本地"股东则没有那么简单。他同样由于分享了 25000 美元而变得更加富有。但是，这是否足以补偿他失去的绿地？也许可以也许不可以，这取决于绿地对于他的相对（金钱上的）价值。这是偏好的问题，我们没有理由去期望不同的人有相似的取舍选择。我们喜欢更多的钱，我们也喜欢更多的绿地。然而,人们用一种换取另一种的可能比率是不同的。这种差异不需要基于"使用"——在这里我们采用的术语偏好相当的字面化。

从形式上看,我们需要重新审视式(27.1),假设股东偏好的定义仅基于一维商品 $c(z_t)$,我们称之为"现金流"。在一个一般模型中,取而代之的是假设 N 个商品 $c(z_t)$ 的矢量(有相似的时间和状态依存)。"货物"通常包括我们吃的食物、消费的东西,但也可以包括我们所认为的环境(绿地、干净的水、纯净的山等)。个人根据喜好对不同种类的消费品进行排名。利用喜好的一些结构,我们可以找到一个效用函数来公式化排名[①]。具体而言,先将事物简化,然后设想两种商品。m 表示复合商品的消费。由于这是我们用钱购买的东西,将符合商品设想成货币,并直接代入到我们之前所做的净现值的计算中。净现值为正的话将带给你更多的货币。商品 e 表示(一维的)环境商品,如绿化用地。下面利用一个简单的函数形式公式化取舍:

$$\eta = (m, e) = [(1-\eta)m^\gamma + \eta e^\gamma]^{1/\gamma} \tag{27.2}$$

$\eta > 0$ 的参数是把两种商品 m 和 e 代入到等价尺度的一种比例调整。确定一个人在金钱和环境商品之间取舍的关键偏好参数是 γ[②]。

要了解取舍的差异,这里有两个极端的例子。设想由 $\gamma = 1$ 指代一个人的特征。这意味着 $u(m, e) = (1-\eta)m + \eta e$。在这里,"钱"和"环境"是可以互相替代的——事实上,它们是完全的线性替代品。钱和环境之间的取舍是简单的量之一(缩放参数 η)。如果股东的项目 X 的份额净现值大到足以弥补失去的绿地,该项目会被积极地对待。另一个极端的例子,设 $\gamma < 1$。这也许看上去很奇怪,但如果你仔细考虑极限,将得到 $u(m, e) = \min(m, e)$。在这里,金钱和环境是互补的。额外的 1 美元不会增加幸福感,除非它带来了额外的单元环境商品[③]。在我们的例子中,项目 X 以失去绿化用地为代价带来了更多的金钱(净现值)。这减少 e 并增加 m。在给定了喜好的情况下,e 的减少更加令人感到刺痛,因而股东将不会批准该项目。关于环境偏好的异质性是股东冲突的根源。然而,这不仅仅是由于异质性。这是异质性兼环境资源的非排他性和外部效应的类似特征。

---

① 多种商品和随机动态设置的结合需要谨慎地特征化连贯的效用函数。例如,"风险厌恶"的定义和内涵对于多种商品而言时不再显得那么明显。其中的微妙不是我们在此提及的问题的核心。更普遍的是,一般性平衡在此的设置也同样需要作为非一般性被谨慎地处理,不存在性则可以显示出来。

② 通常我们限制 $\gamma \leqslant 1$。当 $\gamma = 0$ 时,喜好是 $u(m, e) = \exp(1-\eta)\lg m + \eta \lg e$。

③ 这个属性的偏好是按字母顺序排列的。

在这个例子中,关于"环境"有什么特别之处?为什么对商品 e 的喜好引起了特别的注意?心照不宣地,企业获得利润并将其以货币形式分配给股东[①]。假设,夸张地说,企业向股东支付的是"货物"(一篮子杂货、机票等)。那么我们将如何对表 27.2 的变化进行分析?从理论上讲,没有太大的变化。项目 X 在时期 1 提供了一篮子商品,具有状态依存特征:$c(z_b)$ 或 $c(z_r)$。现在,我们分析的第一步将是以现行价格(可能是依存状态)出售这篮子商品。利用我们得到的现金净额,如之前一样分析净现值。当然,实际上,卖一篮子商品(或卖出和买入调整成我们喜欢的一篮子商品)的交易成本是很大的。然而,从理论上讲,在竞争激烈的市场上商品的价格对于所有的股东来说是相同的,所以任何一篮子商品转换为货币时对于全体股东是相同的。因此,这篮子商品的构成不会引起股东的异议。实际上,这就是在对项目进行评估时,对商业分析内容的一种迂回的描述方式。项目分析中的第一步是评估活动以确定现金流——有效地销售这篮子商品,代表了该项目的活动。

环境商品引起的困难在于事实上并没有一个交易的"价格"。绿化用地和空气污染是商品的非排他性或外部性的两个例子。这对于财务来说并不特殊,作为经济学的核心则更为普遍。绿地代表具有"非排他性"的商品,许多人可以通过无须缴纳入会费而受益。其结果是,"搭便车"的问题会导致绿化用地的拨备不足。政府监管和/或社区组织通常被要求去解决公共供给(政府通过税收来资助公园开放,或房主协会收取物业费来维护公共区域,都是典型的例子)。空气污染是一个外部性的例子。污染的直接成本不是由股东直接和/或完全承担。在这两种情况下,效益或成本不以现金流进行衡量,净现值法则并不适用。我们的示例项目 X 有现金流和环境影响。在常见的金融市场中,我们认同现金流的价值。但是,我们不认同非现金流项目的价值(或效用)。这是一个令人头痛的问题,但我们接下来会探讨一些可能的解决方案。

27.2 投票、收购和公司治理

对于解决公共利益和外部性的"简单"方案是调整现金流以正确反映社会价值效应的监管。但是,正如你所期望的那样,这并不是一个简单解决方案的原因是,关于公共商品和外部性的价值并没有达成一致。这是许多政治经济

---

① 让我们短暂忽略与资本结构和股利分配政策相关的企业财务领域。这在很大程度上无关我们的话题。

文献内容的核心问题。两种被普遍研究的机制（并在实践中使用）是"投票"和"匹配"。投票作为一种选择机制是众所周知的，其中的难点对于公众来说也并不陌生。对于相对简单和单一形式的问题，投票的效果很好。但对于那些复杂难懂的问题（试想不同知情程度的选民）或不是单一类型的问题（试想两党制和长平台），投票的效果就欠佳了。匹配，在这个设置下通常被称为蒂伯特竞争，指那些自行归类到同质群体中的个人。有些城市有更高的税收和更漂亮的公园，其他的城市有较低的税收和较少的公园，个人会移居到他们认为最幸福的地方。如果移居成本相对不昂贵，并且两座城市的异质性与社区的选择相比也并不是很大，匹配的效果就会很好。这些模型中被广泛研究的一个例子是学校的选择（例如学区的房价）。政治经济学是经济学中一个庞大的研究领域。这些思路和模式对于研究受到环境影响的企业财务是否有帮助还是一个尚待解决的问题。作为起步，大家可以对企业环境下的这两种观点稍作研究。

大多数企业都存在一股一票，多数决定原则的投票机制。这与政治投票规则不同，因为企业中的选票可以被购买或被出售。由于选票附属于股权，购买和出售选票直接关系到现金流的买卖。也就是说，在我们的例子 ABC 公司中，除非增加对公司的金钱投资，否则不可能积累大量的选票。

让我们用 ABC 公司的项目 X 为例来说明。现金流具有 25000 美元的货币价值，净现值（NPV）。绿化用地（项[a]）和污染（项[b]）对环境的影响并不具有货币上的影响，但是，却可以在不同程度上影响到股东的利益。假设，我们对这个项目进行投票表决[①]。

如果大多数股东更喜欢绿化用地，那么这个项目就不获批准。这似乎是合情合理的。但问题是：项目 X 的现金价值为 25000 美元。企业价值 25000 美元低于投资该项目后的价值（对应较低的股票价值）。如果你是股东投票赞成该项目或只是一个局外人想赚取利润，你就有机会以较低的股价获得股票。你甚至可以以较低的价钱购买到足够多的股票而改变投票结果。一旦表决结果改变，批准了项目 X，股份的价值会反弹以反映项目 X 的 25000 美元净现值。这可能让你觉得奇怪。此前，大股东否决了项目 X，为什么他们会出售自己的股份呢？这时，你会认识到这是一种"搭便车问题"。持股量小的股东，若

---

① 　当然，一部分将是不寻常的，因为企业对特定项目上的投票是相当烦琐和昂贵的。如果分歧是实质性的，而且竞选开支和法务开销庞大，那么代理权争夺战，或者试图动摇与你统一战线的股东都特别的昂贵。此外，在这种简单设置中，我们还将从议程设置或策略投票的复杂性中抽离出来。在此，假设人们简单地根据自己的喜好投票。

单独地销售股份将不会改变公司的控制权。在市场中这是充分得到研究的协调控制问题。Grossman & Hart（1980）展示了对于一位股东来说，个体的理性如何可以成为整体的次优。理解这种观点如何适用于环境是一个开放的问题。

你可能会问，买卖股票是否可以扭转事物朝向相反的方向发展。在这里，假设多数股东选择项目 X 而舍弃绿化用地。同样，这似乎是一个明智合理的投票结果。那么对绿化用地有着强烈偏好的股东是否会购买股票从而扭转对项目 X 的决定呢？如果整体上，一个股东团体（或局外投资者）认为绿化用地的价值超过 25000 美元，那么他们可能会购买足够的股份以改变投票的结果。对于这些股东来说这个行为将是昂贵的，因为也许，他们付出的代价正好反映了他们打算取消的项目的价值。但是，再说一次，存在搭便车的问题。对我来说更美好的结局是你们和其他人购买了（价格昂贵）股票取消了项目 X。如果出现这种情况，我既收获了绿化用地的好处且无须花费任何资源。当然，这映射了政府或社会团体尝试解决的搭便车问题。一个类似的组织专注于通过购买股票以改变企业行为，比如社会责任投资基金，是可行的吗？原则上，是的。然而在实践中，这是困难的，因为要影响大企业和对环境有很大影响的项目，需要巨额的资源支持。

进一步阅读

据我所知，没有很多的研究论文可以提供一些指导。就让我们从 DeMarzo（1993）开始了解投票均衡。联系追随 Tiebot（1956）路线的地方外部性的理论与 DeMarzo（1993）的投票研究似乎是一种卓有成效的方法。详见 Ross & Yinger（1999）的文章可以对地方公共物品和学校的投票和流动性有一个大致的了解。公司治理中"搭便车"问题的思想更普遍地是起源于 Grossman & Hart（1980）的论文。虽然这篇论文的主题关于收购，但其中的想法却应用得更为普遍。

管理代理

到目前为止，我们都专注于金融市场怎样可以或不可以调和股东们相互矛盾的目标。股东们的目标——即净现值体现出来的——还有待管理层实施。而将管理层的权益和首席执行官的权益相匹配也不是一个容易的问题。财务，特别是企业财务研究，在理论和实证中详细地探索了此类激励问题。其基本内容包括绩效工资，其中绩效是对管理输入（例如，"精力"）和公司的类似股权份额（如股票期权）的繁杂测量。由于管理输入不能够完全被测量，导出的结果通常是不理想的。来自董事会、监管机构和收购的监督有助于减轻将管理重点转向长期发展("职业生涯的影响")合同带来的不利影响。

当我们在项目选择中加入环境因素时会出现什么困难？假设（为简单起见）我们的股东一致认为项目 X 中的绿化用地的价值高于 25000 美元的净现值，因此倾向于通过这个项目。不过，普通的激励方案下的首席执行官侧重于财务上的表现，如股票价格，将会接受价值增加的项目。有几个可能的补救措施。第一种方法，我们可以通过调整绩效指标，包括不直接用典型的财务指标，例如股票价格或营收来衡量。有时候，这种广泛的测量被称为"平衡计分卡"方法。然而在实践工作中却很难奏效。在我们简单的例子中，我们可能需要利用一些方法来衡量绿化用地，以此反映股东如何看待其价值。若这是该公司做出的唯一决定，那么测量是可行的。然而，校准复杂分散的决策制定的测量是困难的。此外，向管理者提供"模糊"的目标通常会削弱激励的效果，因为首席执行官可以侧重于那些他们发现容易实现的目标（参见 Dewatripont et al. 1999）。第二种方法是对决策制定施加"约束"。例如，在项目 X 中，企业的管理层可能会简单地被禁止接受减少绿化用地的项目。这样做的优势是股东们不再需要特征化货币（净现值）和绿化用地之间的取舍；劣势是它可能导致放弃一个对股东们具有吸引力的项目（假设项目 X 的净现值变成了 2 倍或更高的 10 倍）。第三种方法，首席执行官和管理人员，像股东一样，在金钱和非金钱事物例如环境影响之间有自己的偏好。在项目 X 中对于绿化用地的代理问题的解决方案是聘请志同道合的管理者。如果首席执行官对金钱和绿地之间的权衡大致符合股东的利益，那么"简单"（更简单）的货币奖励就足够了。当然，这里的难点是首席执行官的偏好很难被观察到，而且必须通过采访或一些自我选择机制（如筛查平衡）才可以引导出[①]。

进一步阅读

管理代理的问题是经济和财务的理论和实证研究中的重要研究问题［作为先驱者，参见 Aggarwal（2008）等］。更具体地说，Dewatripont et al.（1999）探讨了在多重企业目标背景下管理代理的问题。

---

① 委托人和代理人模式中的道德风险和筛选有密切的关系。两者之间的区别是，道德风险的问题是委托人不能观察到行动（即工作），而筛选的问题是委托人不能观察到类型（即偏好）。

27.3 最后的思考

净现值"法则"在现代企业中盛行,几乎是每个 MBA 学生学习和使用的工具。这不是没有原因的。匹配股东们不同的喜好,以促进所有权和控制权的分离是现代经济学的核心。对于有志于从事环境问题研究的研究者来说这具有双重含义(至少我看到的)。首先,现金流是核心。净现值法则利用金融市场,理智地合计现金流量来计算净现值。因此,企业直接面对的环境问题是这些问题导致的现金流影响。这些现金流的影响可以是即刻的、未来的,或未来且不确定的。只要现金流反映合理的环境政策(我知道这是不容易的),企业的决策制定会妥善地内化现金流。其次,环境政策并不总是可以轻易地用现金流来体现。所以,我们不能指望股东们可以全体一致。在这个背景下,需要深入了解企业会做什么,以及应该做什么。投票机制会带来明智的结果吗?我们是否需要一个占主导地位的股东提供投票的稳定性?企业章程是否可以有效地设计以便合理地考虑复杂的环境问题?这个领域还存在很多亟待解决和富有挑战性的问题。

参考文献

Aggarwal, R. K. (2008). "Executive Compensation and Incentives," in Eckbo, E. B. (ed.) *Handbook of Corporate Finance: Empirical Corporate Finance*, Volume 2. Amsterdam: Elsevier, 497—538.

Arrow, K. (1964). "The Role of Securities in the Optimal Allocation of Risk-Bearing," *Review of Economic Studies*, 31: 1407—1416.

——(1970). *Essays in the Theory of Risk-Bearing*. Amsterdam: North Holland.

Backus, D. K., Routledge, B. R. & Zin, S. E. (2005). "Exotic Preferences for Macroeconomists," in Gertler, M. & Rogoff, K. (eds.) *NBER Macroeconomics Annual 2004*, vol. 19. Cambridge, MA: MIT Press.

Debreu, G. (1959). *The Theory of Value*. New Haven, CT: Yale University Press.

DeMarzo, P. M. (1993). "Majority Voting and Corporate Control: The Rule of the Dominant Shareholder," *The Review of Economic Studies*, 60: 713—734.

Dewatripont, M., Jewitt, I. & Tirole, J. (1999). "The Economics of Career Concerns, Part II: Application to Missions and Accountability of Government Agencies," *The Review of Economic Studies*, 66: 199—217.

Fisher, I. (1930). *Theory of Interest: AS Determined by Impatience to Spend Income and Opportunity to Invest It*. Cliffton: Augstum M. Kelley.

Graham, J. R. & Harvey, C. (2001). "The Theory and Practice of Corporate Finance: Evidence from the Field," *Journal of Financial Economics*, 60: 187—243.

Grossman, S. J. & Hart, O. D. (1980). "Takeover Bids, the Free-Rider Problem, and the

Theory of the Corporation," *The Bell Journal of Economics*, 11: 42—64.

Radner, R. (1979). "Rational Expectations Equilibrium: Generic Existence and the Information Revealed by Prices," *Econometrica*, 47: 655—678.

Ross, S. & Yinger, J. (1999). "Sorting and Voting: A Review of the Literature on Urban Public Finance," in Cheshire, P. & Mills, E. S. (eds.) *Handbook of Regional and Urban Economics*. Elsevier.

Tiebout, C. (1956). "A Pure Theory of Local Expenditures," *The Journal of Political Economy*, 64: 416—424.

第8部分

新兴及关联观点

28　企业社会责任中自然环境的关联性研究

Krista Bondy，Dirk Matten

　　企业社会责任(CSR)，作为管理的亚学科，过去的 20 年里在学术讨论和商业实践领域取得了显著的成就。企业社会责任致力于解决一些根本问题，诸如，商业是什么，商业的基本目的，在社会层面上商业与其他领域的相关性，企业的形成和其他各个领域对其的影响，以及这些联系的本质和特性。虽然使用"社会"这个标签，但企业社会责任涵盖了商业与社会关系中有关社会、环境、道德、经济以及政治等各个方面。

　　企业社会责任的主要挑战在于重新调整商业的固有经济目标与广泛的社会利益之间的一致性。在这种情况下，企业社会责任对现有的企业理论，即商业被定义为纯经济行为人，带来了挑战，并建议商业应该在社会层面上承担社会角色、生态角色和政治角色。关于微型治理，例如组织代码，在管理商业与社会的关系方面是否有效的问题也越来越多地在企业社会责任争论中被提及，争论着重强调对更加一致的宏观型社会监管的需求（Matten & Moon 2008)。同样地，在许多方面，企业社会责任有助于我们理解商业与自然环境。

　　本章将首先从本手册的特定角度出发对企业社会责任进行介绍，然后将重点放在企业社会责任文献的不同理论链上。这些文献主要专注于对商业与自然环境之间关系的研究。之后，我们将对一些核心领域的企业社会责任实证研究做一个简要综述，突出商业与环境之间的特殊关联。最后，我们将提出一些关键问题，深入推进有关企业社会责任与自然问题紧密关联的知识发展。

28.1　什么是企业社会责任？

　　很久以前,在诸如企业社会责任及商业与自然环境概念被应用前,关于商业的社会和环境问题就已经被明确提出。霍华德·博温(Howard Bowen)在1953年发表的文章被一致认为是关于"企业社会责任"概念的首次正式记载。他根据当时商家有责任使其所做决策符合"社会目标和社会价值"来定义企业社会责任(Carroll 2008:25)。在20世纪60年代和70年代,企业社会责任被解读为商业通过慈善活动而非运营实践的改变来承担社会责任(如,Frederick 2006)。

　　如今,企业社会责任有时会被认为是"集群概念"(Matten & Moon 2008),并且被作为其他概念的同义词使用(例如企业责任、企业公民、企业社会领导力、企业社会义务、责任企业等)。基于近十余年来对企业社会责任著作的研究,Lockett et al. (2006:133)认为"企业社会责任知识最贴切的描述为处于兴起的持续状态。虽然这个领域貌似已完善地建立……但其并不具备特定理论、假设和方法的鲜明特征",因为企业社会责任是一个"没有范式的领域"。因此,借助于概念视角及理论方法的多样性,我们认为,相比将企业社会责任塑造为一个被完美定义的概念,企业社会责任更偏向于学术领域(van Oosterhout & Heugen 2008)。然而,对企业社会责任著作及新兴实践的广泛分析得出,企业社会责任具有以下六个核心特点(Crane et al. 2007:7-9):

　　①企业社会责任聚焦商业自愿活动;

　　②企业社会责任关注内在化及管理外部性问题;

　　③企业社会责任具有多重利益相关者导向;

　　④企业社会责任包含社会、环境及经济责任;

　　⑤企业社会责任有一套极为普遍的实践及价值标准;

　　⑥企业社会责任超越了单纯的慈善事业。

　　通过布伦特兰委员会对可持续发展的定义,"在不影响后代满足其自身需求能力的前提下,满足当前一代的需求"(World Commission on Environment and Development 1987),企业社会责任首次概念性地与环境相关联。受1992年里约会议上从业者讲话的带动,可持续发展(SD)被赋予商业上的"三重底线"概念,包括生态、经济及社会目标(Elkington 1997)。这种重叠造成了许多公司需要交替使用两种概念,尤其是在欧洲(Crane & Matten 2010:32)。在学术界,这种重叠在概念上被认可,但许多实证研究仍然按照学科方向进行

（Seager 2008）。然而，这种现状正在开始转变，学者和从业者开始明确强调工作中对社会及环境方面的需求（Montiel 2008；Moon 2007；Topal et al. 2009）。因此，尽管相对模糊（Norman & MacDonald 2004），但可持续发展概念却对企业社会责任争论做出了主要贡献，使企业更易于在社会责任与环境责任之间进行取舍。

将定义的问题留在这个相当宽广的领域内，我们现在将着眼点转向企业社会责任领域内，不同的理论流如何界定、解释和帮助预知商业和自然环境相互作用的相关问题。

28.2　企业社会责任理论与环境

通常来说，企业社会责任理论的形成是以从工具到价值观为基础的连续统一体（Garriga & Melé 2004；Windsor 2006），关注企业社会责任的工具方法仅仅是为了提升组织盈利能力的工具，而价值观导向方法将企业社会责任定义为商业活动的道德行为（Post 本手册［第 29 章］）。这一连续统一体为具有特定环境意义的四种企业社会责任理论的讨论提供了支持：工具方法、经济方法、网络方法及政治方法。相比工具方法和经济方法（Russo & Minto 本手册［第 2 章］），我们将更关注企业在社会及生态体系中所扮演的更为广泛的社会和政治角色。

工具理论

工具理论利用传统的商业需求来为企业社会责任佐证。在大部分情况下，环境被视为一组资源——如果得到有效及创新的利用，会节约成本或带来其他形式的竞争优势（McWilliams & Siegel 2001）。因此，环境资源和社会资源在一定程度上得到保护，能够有助于提升竞争地位并促进商业成功（Kurucz et al. 2008；Schaltegger & Wagner 2006）。

由于经常以"商业案例"为例，企业社会责任著作中的实质部分强调与自发企业社会责任相关的直接及间接财务收益。例如，企业社会责任能够提升竞争优势（Burke & Logsdon 1996；Husted & Allen 2000；Porter & Kramer 2002），其提升途径包括提高声誉（如 Fombrun 2005），降低诉讼及社会压力的风险（Zadek 2004），或者创造利基市场机会，如"伦理"或"绿色"产品（Shaw & Clarke 1999）。从这个角度看来，企业社会责任有助于降低成本或创造新的收益，因此，作为提升盈利能力的资源，它是有价值的。

支持企业社会责任工具方法是企业社会效益（CSP）的研究（Carroll 1979；Swanson 1995；Wood 1991）。这方面研究通过量化社会/环境和财务绩效之间关系的导向与强度，为企业社会责任提供商业案例（Griffin & Mahon 1997）。尽管对这一主题的争论已经超过 30 年，但最近的综合分析却赞同一种总体小而积极的关系受一系列因素调节（Margolis et al. 2007；Orlitzky et al. 2003；Wu 2006）。因此，企业社会责任活动在财务范畴内是合理的，且从有利于组织的财务绩效考虑，它是可以容忍的。

企业社会责任及商业与自然环境的工具方法——在实践者的文献中特别受青睐（Willard 2007）——对企业本质及其在社会中所扮演的角色的认识相当狭隘。企业社会责任被视为一种资源，能够对组织提供支持并帮助其实现利润最大化的目标。它是一项合法投资，其程度等同于一个实现更好财务绩效的有效工具。因此，企业社会责任需要在社会微观层面上实施；在该层面，企业代理人鉴别及参与有助于财务绩效的特定的社会和环保措施。

经济理论

在更广的经济层面，经济理论将企业社会责任及商业与自然环境视为低估或排除的资源。为了纳入产品的合理成本，从而在经济体系中得到合理价值评估，企业社会责任和商业与自然环境必须由社会型产品转化某些类型的资本。换而言之，他们必须被内部化并合理定价。

经济方法将不同形式的资本概念化。金融资本（现金和投资）、实物资本（基础设施、土地及设备）以及在某种程度上的人力资本（劳动力和组织文化）都被传统地计入生产价格中。然而，社会和自然体系的很多方面都被排除在这些类别之外。重构社会资本（例如，经营的社会许可；Nahapiet & Ghoshal 1998）和自然资本（如空气净化等生态系统服务；Lovins et al. 1999），可将他们划入经济体系的类别中。但是，只有通过货币形式对这些服务进行评估，才能使这些服务能够被经验性地纳入经济范畴内（Costanza et al. 1997；Daly 1998）。通过将社会和自然系统重构作为资本的形式并设定其货币价值，他们能内部化到经济体系并被计入生产成本中。相应地，产品及服务也能够更精确地反映出实际使用的资源情况，并能够根据其对社会及自然系统的影响对其定价。

如此，从某些方面看来，企业社会责任的工具理论和经济理论用来解决社会和环境问题的方式是类似的。社会和自然系统所具有的价值取决于其被量化为货币形式的价值，因此，可以将他们纳入企业及其代理人的成本/收益的核算中（Chiesura & de Groot 2003）。以额外的资本形式重构企业社会责任问题,有助于为社会中的企业、经济体系及商业目标提供一个相对无质疑的观点。然而,经济理论与工具理论在两个重要方面存在差异:强调的重点和分析层面。工具理论下的企业社会责任的核心是帮助企业提升自身的竞争地位,而经济理论力求将广泛的社会和环境"服务"内化为商品及服务的生产。虽然这两种观点都对企业社会责任问题进行了重构以适应现有的基本理论,但其中一个着眼于提高利润,而另一个则致力于造福社会体系与自然体系。这两种理论在应用的层面上也存在差异。虽然他们都聚焦于微观层面的自愿性实践,但工具理论侧重于企业,而经济理论则将重点放在更为广泛的经济体系上。因此,经济理论保持了现有的商业逻辑和企业理论,却拓宽了其合理适用范围。

网络理论

网络理论对商业概念及其社会作用提出了挑战。总的来说,这组广泛的理论通过经济主体及其周围活动主体之间的关系对企业社会责任进行研究。在一些情况下,这对企业理论提出了适度的挑战,诸如关于利益相关者理论的大量工作(Donaldson & Preston 1995;Freeman 1984;Phillips et al. 2003)。在其他情况下,这种挑战更加具有实质性,例如生态中心主义(Gladwin et al. 1995;Purser et al. 1995;Starik & Rands 1995)。这种方法比如代理理论等核心组织理论及建议更加认识到企业牢固地嵌入在社会和自然体系中。商业是更为庞大的社会网络中的一部分,网络中每一方都对自己及与各自空间网络和运营网络中其他各方的关系负有责任。因此,商业逻辑必须重新定位来识别和整合这些内容。基于网络方法的诸多企业社会责任理论中,有三种与商业与自然环境关系特别相关的理论:利益相关者理论、生态女性主义和可持续中心主义。

利益相关者理论与环境

利益相关者理论侧重于企业与能够影响组织目标实现的群体或受组织目标实现影响的群体之间的相互作用(Freeman 1984)。有别于 Kassinis(本手册[第5章])的主要观点,我们在此重申代表性方面:相比于其他人,一些利益相关者更有能力来表达他们的关注并参与企业活动(Mitchell et al. 1997)。这对环境来说特别重要,因为环境无法表达它自己(Phillips & Reichart 2000;Starik 1995);环境是通过不同利益相关者的机构来代表的。因此,只有当环境问题被追踪这些问题的人充分评估时,这些环境问题才能够显现出来。

考虑到利益相关者理论的这些局限性,Driscooll & Starik(2004)试图重新定义利益相关者的概念使其能够包含环境问题。他们重新定义影响代表性的三个核心概念(权利、合法性和紧迫性;Mitchell et al. 1997),并引入第四个核心概念"接近性"。接近性主要指物理接近性。由于相关者与商业的空间紧密性,利益相关者被视为合法(即一个流经污水释放区域的河流系,一片与工厂临近的森林,或是一个处于公司运营地区的社区)。"隔壁"成了获得必要合法性的充分条件。这样一来,接近性就能够重新界定利益相关者模式,使其明确包含环境因素,即便这些因素不被人类所重视,也能够使商业重拾其广泛的联系。

生态女性主义

同样地,生态女性主义通过专注于在伦理框架的创建及实践方面的联系,力求重新强调企业在其广阔的社会情境中的作用(Borgerson 2007;Brennan 1999;Derry 2002)。"生态女性主义的基本信念是女性主导(诸如对传统女权主义的研究)与自然主导并行,这种双重主导导致了父权社会控制的环境破坏"(Dobscha 1993:36-37)。这种方法旨在使主导体系透明化,这些体系是关于商业和环境的理所当然的信念中所固有的。例如,Dobscha(1993)对人们应对环境做出完全理性决策的观点发出了挑战。她认为,我们的情绪、感情以及对环境的热情显著影响了我们如何在环境问题上做出决策。由于过于关注环境问题的合理解决方案(如提供更多信息),社会忽略了很多用来激励变化的东西。McMahon(1997)支持这种观点,指出传统的经济学家所提倡的传统经济理论和生活模式忽视了其对社会及环境的破坏性后果。

通过维持现有的社会框架并忽略潜在的权利架构(参见 Banerjee 本手册[第 31 章]),企业的许多理论通过调节"现实"帮助解决社会和环境体系中的压迫和破坏问题(Borgerson 2007)。延续这些框架进一步稳固了商业逻辑,其结果是"企业资本主义是当前重大变革的驱动力之一,能够重新改变人类成为全球一致行动并大力转变的生物区域"(Crittenden 2000:52)。生态女性主义主张对商业范式实施革命性转变,以便在广泛的社会层面上重新调整这些问题。

可持续中心主义

Gladwin et al.(1995)创造了"可持续中心主义"的概念。该概念来源于商业嵌入在社会和自然体系中是造成社会和环境问题的主要因素。因此,可持续中心主义的责任不仅是要认识这些问题,而且要做出根本的、系统的改变以缓解这些问题(Bansal & Roth 2000;Jennings & Zandbergen 1995)。相关文献似乎侧重于两个方面:一是从生态环境的角度对企业重新定位(生态中心主义);二是从社会环境的角度对企业重新定位(社会中心主义)。生态中心主义强调了四个方面(Purser et al. 1995;Shrivastava 1995;Whiteman & Cooper 2000):

①对诸如保护及系统局限性等生态方面的基本原则保持相对一致；

②拒绝当前的"环境管理"方法，因为其支持现有的破坏性范式；

③相信商业和生态原则不是相互排斥的；

④重视组织作为变革的核心角色的作用。

同样地，有关社会中心主义的文献强调商业在社会及社会系统多个层面上的系统嵌入性（Aguilera et al. 2007）。这一学派认为，其核心挑战不只是企业与特定利益相关者群体之间的个别连接（Key 1999），而是包含了商业与其社会环境之间的复杂和系统的相互作用（Stern & Barley 1996；Walsh et al. 2003）。在企业社会责任著作中，一个最主要的研究方法是综合社会契约理论（ISCT）（Donaldson & Dunfee 1994,1999）。本质上，综合社会契约理论认为，作为隐性契约的一方，商业对社会负有广泛的责任。正如社会的其他组成一样，企业潜在地同意了规则、惯例和制度，这些对社会各方都是互利的，并且形成了各方相互作用的合同基础。因此，企业有合同义务来维护这一协议中的条件。假设这些合同被"超规范"或普遍原则支配，即适用于所有人类状况（如最被关注的普遍人权）及为在诸如国家或社区等小型集团内建立微型规范或基于具体情况的规范创建初始条件。通过与社会角色间隐形契约中的多层次网络，在此情景下生态考虑只是商业中一个较大的系统嵌入的一部分。

概括起来，网络理论将商业置于一个广泛的社会网络中，不同于工具理论和经济理论在经济行为方面将企业脱离社会和自然体系并严重忽视了企业对社会和自然体系影响的狭隘思想。然而，目前所讨论的所有方法都将侧重点放在作为变革推手的微观层面的角色，它们必须适应它们的规范框架和实践形成一种范式，与企业在社会中所扮演的角色紧密相关。

企业社会责任政治理论

作为近期讨论中出现的新理论，政治理论通过对企业社会责任政治本质的研究，对这一领域提出了质疑（Detomasi 2008；Scherer & Palazzo 2007；Scherer et al. 2009）。这类研究基于对企业的大部分事务或预期事务的了解，就广义社会的企业责任而言，拓展到了一个在大部分自由民主制国家被称为政治角色的势力范围，如最为显著的就是政府及个体作为公民的角色（Matten & Crane 2005；Moon et al. 2005）。企业参与提供医疗服务、教育或商业与自然环境背景下设计温室气体减排的自发性措施方面，这使其转型为社会中"价值和资源的自主分配日益增长的一部分"的政治角色（Crane et al. 2008a：1）。这一讨论主要集中在"企业公民"（Scherer & Palazzo 2008）一词，同时探寻在所谓的政治角色中企业的新角色及责任。这在许多方面还混杂着关于商业与自然环境方面的争论,其中大多数争论是围绕着"新企业环保主义"(NCE)及生态公民的概念而展开。

新企业环保主义

Jermier et al.（2006）提出了"新企业环保主义"（NEC）的概念性框架。"新企业环保主义"被定义为"作为有关企业在同时实现经济增长及生态合理性过程中的核心角色的言论,以及作为对管理的指导,即强调对于超越或凌驾于环保法律法规合规行为环境影响的自愿的主动控制"（Jermier et al. 2006：618）。其关键贡献之一是揭露了新企业环保主义的根本政治本质。企业是改变环境保护争论的核心（参见 Forbes & Jermier 本手册[第 30 章]）,这被一些人视为"劫持"了环境保护讨论（Welford 1997）。企业在环境友好管理实践的自愿参与（或有时成为障碍或甚至脱离开）,使得他们深陷在地方及全球社会中的大量规范性和高度政治性进程的广泛公开争论中。鉴于许多企业绿色化方面的文献具有相当多的技术特性,Jermier et al.（2006：640）推断"创建一个更加完善的新企业环保主义的政治内涵及意义并避免减少政治内涵和意义使其成为技术问题",是这一领域内现存的真正关键性难题。企业在塑造及影响社会和环境问题方面为其自身及其他组织提供了重要的机会（参见 Roome 本手册[第 34 章]）。因此,在通过影响宏观层面上的政治争论及微观层面上的企业决策来塑造遍及整个社会的"环境"概念方面,企业是一个强有力的角色。甚至对于一些被控犯有漂绿行为企业的讨论也推进了对环保言论象征性支持的行为问题的争论（Pulver 2007；Forbes & Jermier 本手册[第 30 章]）。因此,无论是象征性的还是实质性的,企业对绿色政治的作用进行重新定义并拓宽了其在社会中所起到的作用。

生态公民

生态公民是对基于个人权利的本土公民观念的挑战。与本土公民相反,生态公民超越了传统的地域限制,强调了公民的形式（集体权利和责任）及实质（参与和认同）方面（Delanty 1997；Dobson 2003；Saiz 2005）。因此,生态公民转变了个体的主要政治成员特性,使其从国家—州成员转变为关注自然环境和其他形式团体的成员（Crane et al. 2008b）。强调参与性意味着成员资格被扩展至包含诸如非人类及子孙后代等群体（Dobson 2003）。通过改进公民的观点,聚焦于通过权利、义务、参与及认同而与社会及环境体系联系在一起的广泛的团体,生态公民成为了成员间互动的基础。

商业与自然环境争论的关键意义暗示了在如何概念化商业的相关"团体"方面的改变。这种团体概念包括商业的地方及物理环境，或者其能够关注最为广泛的利益相关者受到的潜在影响；这种潜在的影响来自商业对包括后代的自然环境所造成的冲击。这种广泛的并在概念上明确的"团体"概念，在应用中存在着诸多问题。为了明确这些问题，Dobson（2003）认为，通过"生态足迹"为特定团体内行为人（例如，企业或个人）对有限的自然资源的影响进行评估，基于这一措施来判断团体内成员是否具有责任（Wackernagel & Rees 1996）。由于某些行为人（尤其是企业）使用的资源多于他人，这种不均的使用导致了团体内其他成员的责任不均。因此，作为责任不均的资源使用者，企业在团体内负有广泛的责任。相比于网络理论，政治理论侧重在宏观层面认清事实，即商业确实在社会中发挥了政治作用，并且通过改变如公民等社会政治结构来促进商业新范式的建立。

总之，企业社会责任的工具理论、经济理论、网络理论及政治理论力求重新调整商业与社会及自然系统的关系。工具理论和经济理论支持现有的商业理论，将社会和环境问题重新定义并作为工具支持现有的范式；网络理论和政治理论不仅力求对特定的执行方法或理念重新定位，而且通过拓宽和转变其在社会中的角色重点对商业的基础概念提出质疑。尽管一些理论在社会的宏观层面上造成了影响，但它们特别专注微观层面上由组织或其代理人造成的改变。另外，还有一些问题是关于这些理论是否能够实现对商业与社会和环境问题之间的重新组合。虽然一些方法质疑主导商业范式的哲学思想，但它们只能提供部分解决方案。而企业社会责任仍然需要鲁棒理论来对广泛的社会目标与狭隘的商业利益进行重新组合。网络理论和政治理论具有实质性进步，能为企业新理论的构思提供稳固的基础。

28.3　环境问题是企业社会责任议程的驱动力

虽然有大量关于商业与自然环境之间关系的研究成果，但这些研究成果中哪些方面能够恰如其分地适用于企业社会责任领域却是非常值得商榷的。事实上，在特定的企业社会责任问题和环境问题间画出界线是相当武断的做法，因为从广义的角度看，凭借其社会关联性，企业社会责任几乎总是能够使环境问题成为其议程的一部分。在本节中，我们将尝试对这两个领域重叠部分的核心区域进行辨认，也就是说，在关于企业社会责任的广义争论中哪些环境问题是至关重要的；反之，哪些方面是企业社会责任的主要关注点以及哪些方面受环境问题驱动。选择这些方面是因为其同样凸显了企业社会责任领域内的关键问题。

核心问题之一是如何使企业及相关的商业实践的企业社会责任理论制度化。换言之,如何将企业社会责任由一系列自发的、专门的态度和实践,转变为宏观社会政治制度的基本方面?答案是通过自我调节(参见 King et al. 本手册[第 6 章]),这种形式常见于标准化管理体系,也被称为行业元标准(Uzumeri 1997)。

行业元标准、环境和企业社会责任

就管理体系而言,这些标准都是以环境为主要关注点首先出现的。首先,1992 年英国环境管理标准(BS7750)生效(Bohoris & O'Mahony 1994),随后是 1993 年的欧盟生态管理和审计计划(Glachant et al. 2002)。这两个标准的部分内容于 1995 年被在全球范围内迅速占据支配地位(Corbett & Kirsch 2001)的 ISO 14000 系列标准所取代(Ghisellini & Thruston 2005)。仅仅在过去的几年里,一个关于企业社会责任和已于 2011 年生效的 ISO 26000 社会责任标准的类似标准已经得到广泛讨论(Sandberg 2006;Schwartz & Tilling 2009)。尽管不是以认证为基础,但作为企业社会责任工具的行动、道德及实施准则也可以追溯到环境问题上(Bondy et al. 2006)。全球化工行业责任关怀计划作为最显著的首批行业准则,它的建立旨在解决这一领域内环保措施贫乏的问题(King & Lenox 2000)。

这两种形式的措施都侧重于将社会和环境问题的不同方面标准化,目的在于将这些措施嵌入组织内部。认证措施的目的是社会与环境问题管理过程的标准化(Thompson 2002)。对于非认证措施而言,其目的是将特殊的问题标准化以便实现跨广泛业务区域的一致性管理(Bondy et al. 2008)。任何一种情况下,标准化都被认为可以实现对社会和环境问题的更为一致及有效的管理,并由此让这些措施深植于企业内部(例如,Paine et al. 2005;Sethi 2003;Williamsburg 2001)。

有关环境管理体系的著作中对理解企业社会责任治理提出了其他实质性见解。这包括着重于非市场问题的管理体系的有效设计(Kirkland & Thompson 1999;Rondinelli & Vastag 2000;Russo & Harrison 2005),交替形式监管(Stenzel 1999),最佳实践表现的影响(Christmann 2000),为提高可持续性发展和可持续性消费的个体和企业层面的观点整合(例如,Amine 2003),或者如何有效评估(Figge et al. 2002)及报告社会和环境问题

(Donnelly et al. 2008)。但是,问题在于支持现有商业范式的主要商业与自然环境研究文献(Purser et al. 1995)是否能够为企业社会责任治理提供对实现企业和社会目标根本性重组具有影响的不同见解。换言之,企业社会责任问题和治理过程的标准化能否支持商业在社会中角色的范式转变?这种转变是否可能以及在何种程度上是可能的,对此仍然存在诸多争议,并成为该领域有待解决的问题之一。

比较视角下的企业社会责任和环境

由于早期的企业社会责任研究主要在北美洲进行(Carroll 1979;Davis 1960;Sethi 1975),因此企业社会责任的另一主流研究是比较研究,旨在了解过去 20 年里这种管理理念在全球的变化(Matten & Moon 2008;Williams & Aguilera 2008)。这一视角引发了对企业社会责任与环境问题的关系及环境问题在广泛的企业社会责任争论中作用的关注。

正如 Carroll(2008)在其企业社会责任历史评论中提出,企业社会责任在北美的研究议程主要为企业慈善和团体参与,其次是 20 世纪 70 年代机会平等问题及狭义的道德问题(诸如腐败及歧视)。环境问题被提上议程的时间相对较晚。这能够从相关问题的学术争论中反映出来。尽管企业社会责任的相关期刊有着很长的历史,诸如《商业与社会》(1960 年创刊)及《商业和社会评论》(1972),但是侧重于商业与自然环境问题的刊物如《组织与环境》(1987)及《工业生态学期刊》(1993)则创立较晚,其致力于解决更多具体问题而非广泛的商业与自然环境。如果以 1995 年的《管理学评论》中的第一个有关于商业与自然环境的特刊为准,那么直到 1995 年,商业与自然环境相关议题才被主流学术讨论所接受。

在欧洲,情况却截然不同。作为一个明确的管理概念,企业社会责任从 20 世纪 90 年代开始流行,通过在治理商业行为的社会制度构建中倡导企业对社会负有的隐性责任得到支持(Matten & Moon 2008)。仅在 2001 年,欧洲第一个关于企业社会责任的学术刊物被创建(《公司治理:社会中的商业国际期刊与企业公民期刊》)。然而,商业与自然环境作为商业实践和学术研究方面一个庞大而独立的领域,早在 20 世纪 80 年代就已经出现了。诸如《商业战略与环境》(1992)、《清洁生产期刊》(1993)及《生态管理与审计》(1993)等期刊都是首批陈述商业与自然环境内容的刊物。显然,这些刊物的范围从未仅专注于环境方面,许多与更通用的(北美)企业社会责任议程相关的问题逐渐被纳入。欧洲的企业社会责任(作为明确的管理概念)争论来自于商业与自然环境领域,这一通用趋势反映在事实中:首本完善的企业社会责任期刊,《企业社会责任与环境管理》是在 2001 年将《生态管理与审核》更名产生的。也许公平地说,欧洲当代关于企业社会责任的讨论在很大程度上延续了早期关于商业和自然环境的讨论,往往被冠以可持续发展的标签。欧盟委员会关于企业社会责任的中心政策文件最好地反映了这一情况,文件中将企业社会责任等同于可持续发展(Commission of the European Communities 2002)。这为最终评论提供了令人关注的背景资料。

28.4 企业社会责任与自然环境:合并议程

虽然企业社会责任及商业与自然环境领域已经发展成为相互独立探究的学术研究领域,但他们之间显然存在着明显的重叠区域和共同目标。即便对这两个领域的核心问题粗略一瞥,诸如关于商业与气候变化的讨论(Begg et al. 2005;Hoffman 2005;Levy & Kolk 2002),表明了两领域文献的重叠和趋同之处。虽然清晰定义了环境问题,但是快速浏览许多大型跨国企业(MNCs)的企业社会责任网站,仍足以看出企业将企业对气候变化的响应视为其广泛社会责任或可持续性承诺的一部分。跨国企业往往把气候变化作为对社会和环境都具有影响的许多重叠问题之一,并对此承担一定的责任。类似的情况同样出现在当代的其他环境问题中,如水资源管理及生物多样性。应对这些问题并非只是为了解决环境问题;相反地,他们提出的问题并不只是围绕着全球正义中企业责任或是其在私人和公共治理中的角色,而是同时也严密地引出了经典的企业社会责任措施,如自发性承诺和行业协议、利益相关者磋商会议、人权管理以及报告和审计。从企业社会责任的角度来应对这些环境问题,几乎总是会引发关于企业的环境、社会与经济责任之间如何取舍的深思。因此,企业社会责任很乐意借用可持续发展观点或"三重底线"的做法并不足为奇(Norman & MacDonald 2004)。

企业社会责任及商业与自然环境还有着共同的目标。这两个领域都在寻求新的商业概念,从而将更广泛的社会目标纳入其中,并认识社会和自然的极限。因此,它们都拥有企业替代理论,并提出行动建议,意在将这些目标植入商业并对商业进行重组。然而,有必要对每部著作中所提及的社会和环境问题进一步融合,因为当前概念常常有利于一组问题而忽略另一组。同时这些观点也需要拓展或采用新的替代选项以便于应对更广领域内的问题,包括从微观层面上的角色到宏观层面上制度的跨地域实施。因此,新的商业理论概念化必须要多层次、多学科,这样才能充分反映出相关现象的复杂型和关联性。由此可见,研究也需要解决如何在不同层次上将这些可供选择的范式制度化,尤其是解决将企业社会责任植入社会政治制度的问题。有关企业社会责任及商业与自然环境著作中的那些讨论,不仅将共同关注实际问题或措施问题(例如标准化),而且还将分享通常情况下有关商业在社会中角色(包括生态方面)的更具策略性和规范性的关注。应对社会责任也必然包括应对与社会相关联的环境问题;反之亦然。因此,对商业所面临的来自环境方面的挑战的讨论不能够忽略其广泛的社会影响。关于商业目标和责任以及商业目的的新理论概念的最终问题,必然会促进企业社会责任及商业与自然环境研究的进一步融合。

参考文献

Aguilera, R. V., Rupp, D., Williams, C. A. & Ganapathi, J. (2007). "Putting the S Back in Corporate Social Responsibility: A Multi-Level Theory of Social Change in Organizations," *Academy of Management Review*, 32(3): 836—863.

Amine, L. S. (2003). "An Integrated Micro- and Macrolevel Discussion of Global Green Issues: It Isn't Easy Being Green," *Journal of International Management*, 9(4): 373—393.

Bansal, P. & Roth, K. (2000). "Why Companies Go Green: A Model of Ecological Responsiveness," *Academy of Management Journal*, 43(4): 717—736.

Begg, K., van der Woerd, F. & Levy, D. L. (eds.) (2005). *The Business of Climate Change. Corporate Responses to Kyoto*. Sheffield: Greenleaf.

Bohoris, G. A. & O'Mahony, E. (1994). "BS7750, BS5750 and the EC's Eco Management and Audit Scheme," *Industrial Management & Data Systems*, 94(2): 3—6.

Bondy, K., Matten, D. & Moon, J. (2006). "Codes of Conduct as a Tool for Sustainable Governance in Multinational Corporations," in Benn, S. & Dunphy, D. (eds.) *Corporate Governance and Sustainability: Challenges for Theory and Practice*. London: Routledge, 165—186.

——(2008). "Multinational Corporation Codes of Conduct: Governance Tools for Corporate Social Responsibility?" *Corporate Governance: An International Review*, 16 (4): 294—311.

Borgerson, J. L. (2007). "On the Harmony of Feminist Ethics and Business Ethics," *Business and Society Review*, 112(4): 477—509.

Brennan, S. (1999). "Recent Work in Feminist Ethics," *Ethics*, 109(4): 858—893.

Burke, L. & Logsdon, J. M. (1996). "How Corporate Social Responsibility Pays Off," *Long Range Planning*, 29(4): 495—502.

Carroll, A. B. (1979). "A Three Dimensional Model of Corporate Social Performance," *Academy of Management Review*, 4: 497—505.

——(2008). "A History of Corporate Social Responsibility: Concepts and Practices," in Crane, A., McWilliams, A., Matten, D., Moon, J. & Siegel, D. (eds.) *The Oxford Handbook of CSR*. Oxford: Oxford University Press, 19—46.

Chiesura, A. & Groot, R. (2003). "Critical Natural Capital: A Socio-Cultural Perspective," *Ecological Economics*, 44: 219—231.

Christmann, P. (2000). "Effects of 'Best Practices' on Environmental Management on Cost Advantage: The Role of Complementary Assets," *Academy of Management Journal*, 43 (4): 663—680.

Commission of the European Communities (2002). *Communication from the Commission Concerning Corporate Social Responsibility: A Business Contribution to Sustainable Development*. Brussels: EU Commission.

Corbett, C. J. & Kirsch, D. A. (2001). "International Diffusion of ISO 14000 Certification," *Production and Operations Management*, 10(3): 327—342.

Costanza, R., D'Arge, R., de Groot, R., Farber, S., Grasso, M., Hannon, B., Naeem, S., Limburg, K., Paruelo, J., O'Neill, R., Raskin, R., Sutton, P. & van de Belt, M. (1997). "The Value of the World's Ecosystem Services and Natural Capital," *Nature*, 387: 253—260.

Crane, A. & Matten, D. (2010). *Business Ethics: Managing Corporate Citizenship and Sustainability in the Age of Globalization*. Oxford: Oxford University Press.

——& Moon, J. (2008a). *Corporations and Citizenship*. Cambridge: Cambridge University Press.

——(2008b). "Ecological Citizenship and the Corporation: Politicizing the New Corporate Environmentalism," *Organization & Environment*, 21(4): 371—389.

Crane, A., Matten, D. & Spence, L. (2007). *Corporate Social Responsibility: Readings and Cases in Global Context*. London: Routledge.

Crittenden, C. (2000). "Ecofeminism Meets Business: A Comparison of Ecofeminist, Corporate and Free Market Ideologies," *Journal of Business Ethics*, 24: 51—63.

Daly, H. E. (1998). "The Return of Lauderdale's Paradox," *Ecological Economics*, 25: 21—23.

Davis, K. (1960). "Can Business Afford to Ignore Corporate Social Responsibilities?" *California Management Review*, 2: 70—76.

Delanty, G. (1997). "Models of Citizenship: Defining European Identity and Citizenship," *Citizenship Studies*, 1(3): 285—303.

Derry, R. (2002). "Feminist Theory and Business Ethics," in Frederick, R. (ed.) *A Companion to Business Ethics*. Oxford: Blackwell Publishing, 81—87.

Detomasi, D. A. (2008). "The Political Roots of Corporate Social Responsibility," *Journal of Business Ethics*, 82: 807—819.

Dobscha, S. (1993). "Women and the Environment: Applying Ecofeminism to Environmentally-Related Consumption," *Advances in Consumer Research*, 20: 36—40.

Dobson, A. (2003). *Citizenship and the Environment*. Oxford: Oxford University Press.

Donaldson, T. & Dunfee, T. W. (1994). "Toward a Unified Conception of Business Ethics: Integrative Social Contracts Theory," *Academy of Management Review*, 19: 252—284.

——(1999). *Ties that Bind: A Social Contracts Approach to Business Ethics*. Boston, MA: Harvard Business School Press.

——& Preston, L. E. (1995). "The Stakeholder Theory of the Corporation: Concepts, Evidence, and Implications," *Academy of Management Review*, 20(1): 65—91.

Donnelly, A., Prendergast, T. & Hanusch, M. (2008). "Examining Quality of Environmental Objectives, Targets and Indicators in Environmental Reports Prepared for Strategic Environmental Assessment," *Journal of Environmental Assessment Policy and*

Management，10(4)：381—401.

Driscoll，C. & Starik，M. (2004). "The Primordial Stakeholder：Advancing the Conceptual Consideration of Stakeholder Status for Natural Environment," *Journal of Business Ethics*，49(1)：55—73.

Elkington，J. (1997). *Cannibals with Forks：The Triple Bottom Line of 21st Century Business*. Oxford，UK：Capstone Publishing Ltd.

Figge，F.，Hahn，T.，Schaltegger，S. & Wagner，M. (2002)."The Sustainability Balanced Scorecard：Linking Sustainability Management to Business Strategy," *Business Strategy and the Environment*，11：269—284.

Fombrun，C. (2005). "Building Corporate Reputation through CSR Initiatives：Evolving Standards," *Corporate Reputation Review*，8(1)：7—11.

Frederick，W. (2006). *Corporation be Good：The Story of Corporate Social Responsibility*. Indianapolis，US：Dog Ear Publishing.

Freeman，R. E. (1984). *Strategic Management. A Stakeholder Approach*. Boston：Pitman.

Garriga，E. & Melé，D. (2004). "Corporate Social Responsibility Theories：Mapping the Territory," *Journal of Business Ethics*，53(1−2)：51—71.

Ghisellini，A. & Thruston，D. (2005). "Decision Traps in ISO 14001 Implementation Process：Case Study Results from Illinois Certified Companies," *Journal of Cleaner Production*，13：763—777.

Glachant，M.，Schucht，S.，Bultmann，A. & Watzold，F. (2002)."Companies' Participation in EMAS：The Influence of the Public Regulator," *Business Strategy and the Environment*，11：254—266.

Gladwin，T. N.，Kennelly，J. J. & Krause，T. S. (1995). "Shifting Paradigms for Sustainable Development：Implications for Management Theory and Research," *Academy of Management Review*，20(4)：874—907.

Griffin，J. J. & Mahon，J. F. (1997). "The Corporate Social Performance and Corporate Financial Performance Debate：Twenty-Five Years of Incomparable Research," *Business & Society*，36(1)：5—31.

Hoffman，A. J. (2005). "Climate Change Strategy：The Business Logic Behind Voluntary Greenhouse Gas Reductions," *California Management Review*，47(3)：21—46.

Husted，B. W. & Allen，D. B. (2000). "Is It Ethical to Use Ethics as Strategy?" *Journal of Business Ethics*，27(1-2)：21—31.

Jennings，P. D. & Zandbergen，P. A. (1995). "Ecologically Sustainable Organizations：An Institutional Approach," *Academy of Management Review*，20(4)：1015—1052.

Jermier，J. M.，Forbes，L. C.，Benn，S. & Orsato，R. J. (2006). "The New Corporate Environmenta-lism and Green Politics," in Clegg，S.，Hardy，C.，Lawrence，T. & Nord，W. R. (eds.) *The SAGE Handbook of Organization Studies*. London：SAGE，618—650.

Key，S. (1999). "Toward a New Theory of the Firm：A Critique of Stakeholder Theory," *Management Decision*，37(4)：317—328.

King，A. A. & Lenox，M. J. (2000). "Industry Self-Regulation Without Sanctions：The Chemical Industry's Responsible Care Program," *Academy of Management Journal*，43(4)：698—716.

Kirkland，L. H. & Thompson，D. (1999)."Challenges in Designing，Implementing and Operating an Environmental Management System," *Business Strategy and the Environment*，8：128—143.

Kurucz，E.，Colbert，B. & Wheeler，D. (2008). "The Business Case for Corporate Social

Responsibility," in Crane, A., McWilliams, A., Matten, D., Moon, J. & Siegel, D. (eds.) *The Oxford Handbook of CSR*. Oxford: Oxford University Press, 83—112.

Levy, D. L. & Kolk, A. (2002). "Strategic Responses to Global Climate Change: Conflicting Pressures on Multinationals in the Oil Industry," *Business and Politics*, 3 (2): 275—300.

Lockett, A., Moon, J. & Visser, W. (2006). "Corporate Social Responsibility in Management Research: Focus, Nature, Salience, and Sources of Influence," *Journal of Management Studies*, 43(1): 115—136.

Lovins, A. B., Lovins, L. H. & Hawken, P. (1999). "A Road Map for Natural Capitalism," *Harvard Business Review*, May-June: 145—158.

Margolis, J., Elfenbein, H. & Walsh, J. (2007). "Does It Pay to Be Good? A Meta-Analysis and Redirection of Research on the Relationship Between Corporate Social and Financial Performance," *Academy of Management*. Philadelphia, PA.

Matten, D. & Crane, A. (2005). "Corporate Citizenship: Toward an Extended Theoretical Conceptualization," *Academy of Management Review*, 30(1): 166—179.

——& Moon, J. (2008). "'Implicit' and 'Explicit' CSR: A Conceptual Framework for a Comparative Understanding of Corporate Social Responsibility," *Academy of Management Review*, 33(2): 404—424.

McMahon, M. (1997). "From the Ground Up: Ecofeminism and Ecological Economics," *Ecological Economics*, 20: 163—173.

McWilliams, A. & Siegel, D. (2001). "Corporate Social Responsibility: A Theory of the Firm Perspective," *Academy of Management Review*, 26(1): 117—127.

Mitchell, R. K., Agle, B. R. & Wood, D. J. (1997). "Toward a Theory of Stakeholder Identification and Salience: Defining the Principle of Who and What Really Counts," *Academy of Management Review*, 22(4): 853—886.

Montiel, I. (2008). "Corporate Social Responsibility and Corporate Sustainability: Separate Pasts, Common Futures," *Organization & Environment*, 21: 245—269.

Moon, J. (2007). "The Contribution of Corporate Social Responsibility to Sustainable Development," *Sustainable Development*, 15: 296—306.

——Crane, A. & Matten, D. (2005). "Can Corporations Be Citizens? Corporate Citizenship as a Metaphor for Business Participation in Society," *Business Ethics Quarterly*, 15(3): 427—451.

Nahapiet, J. & Ghoshal, S. (1998). "Social Capital, Intellectual Capital, and the Organisational Advantage," *Academy of Management Review*, 23: 242—266.

Norman, W. & MacDonald, C. (2004). "Getting to the Bottom of 'Triple Bottom Line'," *Business Ethics Quarterly*, 14(2): 243—262.

Orlitzky, M., Schmidt, F. L. & Rynes, S. L. (2003). "Corporate Social and Financial Performance: A Meta-Analysis," *Organization Studies*, 24(3): 403—441.

Paine, L., Deshpande, R., Margolis, J. & Bettcher, K. E. (2005). "Up to Code: Does Your Company's Conduct Meet World-Class Standards?" *Harvard Business Review*, December: 122—133.

Phillips, R., Freeman, R. E. & Wicks, A. C. (2003). "What Stakeholder Theory Is Not," *Business Ethics Quarterly*, 13(4): 479—502.

——& Reichart, J. (2000). "The Environment as a Stakeholder? A Fairness-Based Approach," *Journal of Business Ethics*, 23(2): 185—197.

Porter, M. E. & Kramer, M. R. (2002). "The Competitive Advantage of Corporate Philanthropy," *Harvard Business Review*, 80(12): 56—69.

Pulver, S. (2007). "Making Sense of Corporate Environmentalism: An Environmental Contestation Approach to Analysing the Causes and Consequences of Climate Change Policy Split in the Oil Industry," *Organization & Environment*, 20(1): 44—83.

Purser, R., Park, C. & Montuori, A. (1995). "Limits to Anthropocentrism: Toward an Ecocentric Organisation Paradigm?" *Academy of Management Review*, 20 (4): 1053—1089.

Rondinelli, D. & Vastag, G. (2000). 'Panacea, Common Sense, or Just a Label? The Value of ISO 14001 Environmental Management Systems," *European Management Journal*, 18 (5): 499—510.

Russo, M. & Harrison, N. (2005). "Organizational Design and Environmental Performance: Clues from the Electronics Industry," *Academy of Management Journal*, 48 (4): 582—593.

Saiz, A. V. (2005). "Globalisation, Cosmopolitanism and Ecological Citizenship," *Environmental Politics*, 14(2): 163—178.

Sandberg, K. (2006). "Groundwork Laid for ISO 26000," *Business and the Environment*, 17 (1): 14.

Schaltegger, S. & Wagner, M. (eds.) (2006). *Managing the Business Case for Sustainability*. Sheffield, UK: Greenleaf Publishing.

Scherer, A. G. & Palazzo, G. (2007). "Toward a Political Conception of Corporate Responsibility: Business and Society seen from a Habermasian Perspective," *Academy of Management Review*, 32(4): 1096—1120.

——(eds.) (2008). *Handbook of Research on Global Corporate Citizenship*. Cheltenham: Edward Elgar.

——& Matten, D. (2009). "The Changing Role of Business in a Global Society: New Challenges and Responsibilities," *Business Ethics Quarterly*, 19(3): 327—347.

Schwartz, B. & Tilling, K. (2009). "'ISOlating' Corporate Social Responsibility in the Organizational Context: A Dissenting Interpretation of ISO 26000," *Corporate Social Responsibility and Environmental Management*, 16: 289—299.

Seager, T. (2008). "The Sustainability Spectrum and the Sciences of Sustainability," *Business Strategy and the Environment*, 17: 444—453.

Sethi, S. P. (1975). "Dimensions of Corporate Social Performance: An Analytical Framework," *California Management Review*, 17(3): 58—64.

——(2003). *Setting Global Standards: Guidelines for Creating Codes of Conduction Multinational Corporations*. Hoboken, NJ: J. Wiley.

Shaw, D. & Clarke, I. (1999). "Belief Formation in Ethical Consumer Groups: An Exploratory Study," *Marketing Intelligence & Planning*, 17(2): 109—119.

Shrivastava, P. (1995). "Ecocentric Management for a Risk Society," *Academy of Management Review*, 20(1): 118—137.

Starik, M. (1995). "Should Trees Have Managerial Standing? Toward Stakeholder Status For Non-Human Nature," *Journal of Business Ethics*, 14: 207—217.

——& Rands, G. P. (1995). "Weaving an Integrated Web: Multilevel and Multisystem Perspectives of Ecologically Sustainable Organizations," *Academy of Management Review*, 20(4): 908—935.

Stenzel, P. L. (1999). "Can the ISO 14000 Series Environmental Management Standards Provide a Viable Alternative to Government Regulation?" *American Business Law Journal*, 37: 238—298.

Stern, R. N. & Barley, S. R. (1996). "Organizations and Social Systems: Organization Theory's Neglected Mandate," *Administrative Science Quarterly*, 41: 146—162.

Swanson, D. L. (1995). "Addressing a Theoretical Problem by Reorienting the Corporate Social Performance Model," *Academy of Management Review*, 20(1): 43—64.

Thompson, D. (ed.) (2002). *Tools for Environmental Management: A Practical Introduction and Guide*. Gabriola Island, BC: New Society Publishers.

Topal, R. S., Ongen, A. & Filho, W. L. (2009). "An Analysis of Corporate Social Responsibility and Its Usefulness in Catalysing Ecosystem Sustainability," *International Journal of Environment and Sustainable Development*, 8(2): 173—189.

Uzumeri, M. V. (1997). "ISO 9000 and Other Metastandards: Principles for Management Practice?" *Academy of Management Executive*, 11(1): 21—36.

van Oosterhout, J. H. & Heugens, P. P. M. A. R. (2008). "Much Ado About Nothing: A Conceptual Critique of CSR," in Crane, A., McWilliams, A., Matten, D., Moon, J. & Siegel, D. (eds.) *The Oxford Handbook of Corporate Social Responsibility*. Oxford: Oxford University Press, 197—223.

Wackernagel, M. & Rees, W. (1996). *Our Ecological Footprint: Reducing Human Impact on the Earth*. Gabriola, British Columbia: New Society Publishers.

Walsh, J. P., Weber, K. & Margolis, J. D. (2003). "Social Issues in Management: Our Lost Cause Found," *Journal of Management*, 29: 859—882.

Welford, R. J. (1997). *Hijacking Environmentalism: Corporate Responses to Sustainable Development*. London: Routledge.

Whiteman, G. & Cooper, W. H. (2000). "Ecological Embeddedness," *Academy of Management Journal*, 43(6): 1265—1282.

Willard, B. (2007). *The Business Case for Sustainabilty*. Vancouver: New Society Publishers.

Williams, C. A. & Aguilera, R. V. (2008). "Corporate Social Responsibility in a Comparative Perspective," in Crane, A., McWilliams, A., Matten, D., Moon, J. & Siegel, D. (eds.) *The Oxford Handbook of CSR*. Oxford: Oxford University Press, 452—472.

Williams, O. F. (ed.) (2001). *Global Codes of Conduct*. Chicago, IL: University of Notre Dame Press.

Windsor, D. (2006). "Corporate Social Responsibility: Three Key Approaches," *Journal of Management Studies*, 43(1): 93—114.

Wood, D. J. (1991). "Corporate Social Performance Revisited," *Academy of Management Review*, 16: 691—718.

World Commission on Environment and Development (1987). *Our Common Future*. New York: Oxford University Press.

Wu, M. L. (2006). "Corporate Social Performance, Corporate Financial Performance, and Firm Size: A Meta-Analysis," *The Journal of American Academy of Business, Cambridge*, 8(1): 163—171.

Zadek, S. (2004). "The Path to Corporate Responsibility," *Harvard Business Review*, 82: 125—132.

29　商业、社会和环境

James E. Post

　　商业无法脱离社会的其他方面而单独运作。实际上,许多个世纪以来,贸易一直是社会的一个组成部分。然而,自19世纪以来,人们越来越重视限制与改良由工业行为所造成的诸多不良外部影响。几个世纪以来,与环境相关的经济、政治与文化间的相互作用吸引了无数社会科学家的关注。在实践领域内,这一问题经历了不断的挑战、冲突以及政府政策的改变。然而,对于学者们来说,这种动态性激发了他们对管理与社会之间根本关系的分析。本章侧重于分析商业、社会及环境之间关系的演变过程,它们之中每个体系都会对其他体系构成影响。作者回顾了从传统的"自然支配"范式向彻底不同的"可持续发展"范式转变的艰难历程。实现这种转变需要对企业的社会角色有一个新的定义和理解。这种新模式的特征是值得推荐的。

29.1　管理与社会模式

　　Preston & Post (1975)引入了一种用来分析管理与社会间关系的系统视角。民主社会中,市场交易与政府政策被定义为协调社会利益与经济利益的两个过程。纯粹的市场契约模式认为,社会中每个角色都能通过与他人的交易关系得到自己的所需。相反地,马克思主义关于资本主义生产的分析不可避免地指出了其对劳动力的剥削——在本书中指自然资源的开发——是"剩余价值"的来源(即利润)。来自于创造利润的持续压力催生了一个新的存量资本,这一存量资本转而被附加到生产力中以获得更大程度的开发。正如马克思所著中,"厚积薄发! 正如摩西和先知们!"(Preston & Post 1975:21)过大的权力或精英人才的决策制定,导致"市场失灵",从而使经济实力变成政治势力,造成外汇交易系统瘫痪。这些失败的存在催生了"剥削"及"技术官僚"体系,验证了由马克思和加尔布雷思最初定义的马克思主义及加尔布雷思趋向(Galbraith 1967)。实证证据表明,现实在一定程度上支持每种理论,但没有任何一种理论能够对所有事实做出解释。我们的结论是,能够理解近代商业与社会关系的恰当模式,是那种能够认清商业与社会体系间相互渗透作用的模式。商业体系能够塑造社会,同样社会体系也能够塑造商业。这种相互渗透通过市场、政府政策流程以及大社会背景下对价值观改变的接受而发生(Preston & Post 1975)。

虽然对许多目击者来说是不言而喻的,但商业与社会间的相互依赖,不仅没有被普遍理解也没有被完全接受。历史提供了许多忽视其行为的副作用及后果的企业实例。理论上,那些富人及权势者并不具备法律与社会道德规范的豁免权;但在现实中却恰恰相反。

关于自然资源和环境,许多行业的行为犹如其已被授权不受法律及道德约束。在不同时期,农业、石油、化工、林业及生物技术行业(仅以此几个行业为例)都存在将伤害、成本及危险强加于公民与团体的行为,这有悖于常规道德和法律规则。对财产及人生生活的累积影响是无法计算的,但是很少有群体能够避免这些外部因素。

商业及社会从自身角度对企业社会责任和利益相关者理论做出了补充——企业社会责任提出了企业"对谁"负责任以及负"什么"责任,而利益相关者理论正是对这些问题的回答(见 Kassinis 本手册[第 5 章];Bondy & Matten 本手册[第 28 章])。当然,商业与社会角度是宏观视角,侧重于经济、政治及文化生产力在国家及全球社会演变的相互影响。

我们的论文很简单:对当代社会商业的研究提出一些问题,关于商业如何及应该如何与自然环境相处、如何使用所有生物共享的资源以及如何使过去经常被外部化至社会的成本内部化。回答这些问题的前提是首先要理解自工业革命以来我们是如何演化的。

29.2 商业、社会及环境之间关系的历史

回顾过去的几个世纪,能够明显发现,个人、企业以及行业都以"捕获规则"为依据,利用诸如煤炭、石油、铁矿、木材、水及土地等自然资源,来满足他们对能源及原材料的需求(即无论是谁,只要首先对资源行使主权,就有资格使用资源并从中获利)。从成员们通过狩猎和捕鱼来行使主权的狩猎采集社

会开始，直到体制与规模使广泛的经济活动成为可能的工业时代，自然支配一直是人类与自然环境之间关系的核心现实。在一定程度上，过去的 100 年中，有关商业、社会与环境的全部历史一直是对"自然支配"范式的一个挑战。正如下文所讨论的，越来越多的人运用替代性观点及行为对自然支配范式提出质疑。从行业卫生到现代污染控制系统以及未来主义的全球行为守则，环境保护运动一直力求在远离开发的情况下重新定义商业、社会与环境之间的关系，但是距离可持续发展的目标还有很漫长的一段路程。

环境历史中的四个轴向主题

在这段历史中，四个主题引领我们了解商业、社会和环境是如何随着时间的推移而演变的。这些轴向主题形成了关键生命维度之间的复杂关系的结构，这些聚集在一起的生命维度之间的关系犹如商业和社会与环境之间的相互作用。从这个角度出发，我们可以看到经济、技术、道德价值观及体制作用间的相互影响。

首先的两个主题（技术和经济）解释了什么被认为是人类利用环境资源的"驱动力"。这些都是几个世纪以来驱使人类广泛利用自然资源的动力。其次的两个主题（公共政策和伦理）是"限制"自然资源使用的思想及行动来源。这四个"轴向"主题一起为这段历史提供了解和分析框架。接下来我们将简要地对每个轴向主题进行分析。

科学与技术推动资源消耗

科学与技术是驱使自然资源消耗不断增加的强劲推动力。机械的发展带来的大规模的伐木、深水采油及大规模的采矿作业等例子证明了"开发"或前文中提及的自然支配范式。企业运用化学、生物学以及其他自然科学的进步来获得自然资源中潜在的生产力。当然，科学也预示了对环境的危害、风险及破坏，并且提出了针对这些问题的所谓"解决方案"；但是几个世纪以来，科技的主要作用一直是作为生产力的驱动力。

经济激励刺激自然资源的使用和滥用

第二个轴向主题是经济市场的作用。几个世纪以来，市场激励成了人类追求商业发展的诱因。与科学知识相结合，经济学为各种自然资源的广泛使用及滥用提供了诱因；但市场却是失败的，用于解决市场失灵的原因及后果的大量知识一直在稳步增长（见 Baron & Lyon 本手册［第 7 章］）。许多失败都涉及环境的外部性；同样地，历史中也随处可见由于误读市场信号而破坏自然的例子。最近,市场有时通过激励对环境有益或环境友好型行为的政策来提升环保目标。

法律及公共政策为商业性使用提供了至关重要的约束

法律与公共政策成为演化过程中的第三个轴向主题。法律与公共政策往往对自然资源的商业性使用构成约束。公共政策常常是市场失灵的优先(或唯一)解决方法,并且也因此在整个历史上对挑战狷獗及任意破坏自然资源的行为起到了至关重要的作用(见 Coglianese & Anderson 本手册[第 8 章])。如今,政府参与由地方、州及联邦一级延伸到国际环境治理的不断扩展的体系中。这个趋势似乎很可能被作为"集体行为逻辑"(Olson 1965)而延续下去,并且变得更加清晰及更具备说服力。

可持续性问题受道德和伦理因素的驱动

第四个轴向主题是人们越来越认识到:当我们面对环境问题时,对利害关系的判断是对人类价值观、道德及伦理的一种考验。在过去的 50 年中,企业常常要面对一些个人和团体,这些个人和团体编造并表达了他们在道德、伦理及人权方面的关注。环保运动的语言常常被限制在规范语言内——什么"应该"发生——并且常常被作为一种伦理的、道德的或是宗教的规则而受到追随。这种情况并不新奇,因为许多以提高儿童社会福利、提高贫困阶层健康和卫生水平以及帮助缺乏食物、水和避难所的弱势群体为目的的运动,也被定义在"环境正义"范畴内。道德良知在现代有关自然资源使用和环境影响的争论中十分关键。

总之,科学、市场、政府政策以及伦理原因之间的相互影响,有助于我们理解与环境有关的商业与社会间相互渗透及彼此影响的方式。如图 29.1 所示,这四个主题使我们能够了解环境历史中的动态涨落,因为在近几个世纪,环境已经触及到了商业和社会。

对自然资源使用的约束

		3.法律和公共政策	4.伦理和道德因素
自然资源使用驱动力	1.科学和技术	法规标准	科学知识的合理使用/误用
	2.经济机会和激励	专利税、补偿、使用权、量	替代使用、发展标准

图 29.1 环境历史中的轴向主题

挑战"自然支配"范式

环保意识与环保行动主义的历史可以追溯到 500 多年以前。对一些曾经被视为"自然"问题的挑战过程可以追溯到瘟疫发生的时期。瘟疫在 13 世纪席卷了欧洲,这对早期创建公共卫生体系起到了刺激作用。水污染问题被视为一个社区中出现的问题,即社区的人口密度能够催生危险的不卫生条件。因此,地方社区强制使用基本卫生设施。当时,破坏自然资源的状况也十分普遍。在德国、法国及英格兰展开的林业行动造成了大面积土地裸露,森林资源也因此被迫转为煤矿资源。尽管在中国、秘鲁及印度的文明中,对土壤侵蚀的影响以及如何运用梯田、轮作和天然肥料来防止土壤侵蚀十分了解,但关于水土保持知识的普及却十分缓慢。这一"史前史"显示了人类为了解及预防职业病而做出的早期努力。

直到 18 世纪,启蒙运动时期强调理性的力量并将其作为破除封建迷信的解药。这一时期在保护人类健康方面取得了显著的成果,也反映出启蒙运动的理念,即个体公民是宝贵的,而且不幸的状况并非是不可避免的。但 Thomas Malthus 认为,随着人口数量以几何级数增长,呈算数级数增长的粮食供应将耗尽。这一观点最为显著,因为它提出了地球的"承载能力"是有限的。随着人口的膨胀,Malthus 认为,自然体系将受到考验,带来无法避免的悲剧性结果。几百年之后,这一议题仍然在接受考验。

无疑地,将要发生的大规模的健康及环境灾难具有早期的预警信号。启蒙运动开启了新技术时代的大门,但其中一些新技术却导致新的污染形式产生。煤炭燃烧产生了污染水道的焦油;硫化橡胶向江河溪水中释放了有害的化学物质;煤烟使城市中的空气变得令人窒息;化工厂的运营不考虑那些处在下风区域的居民(Brimblecomb 1988)。随着工业革命的持续发展,经济进步与环境退化成了同义词。整个 19 世纪,随着城市的兴起,生活条件恶化,水质量变差,烟雾导致了像伦敦这样的大型城市的居民死亡。改变这些状况的压力接踵而来。1843 年,英国下议院烟害专责委员会建议所有制造企业搬迁至距市中心 5～6 英里(1 英里≈1.61 千米)以外。这一措施最终没有成功,但在政府政策的讨论中却出现了一个新的观点:工业活动应该远离人口中心。

公共卫生疫情困扰着城市,科学家和医师针对这种状况迅速采取行动。1855 年,一位名叫 John Snow 的伦敦医师发现一种致命的霍乱通过一台被污染的水泵蔓延。水污染通常会传播疾病,诸如霍乱。直到 19 世纪 80 年代,当洁净水被视为至关重要的公共必需品时,这种状况才被终结。(正如近代在海地及其他国家中出现的危机所示,诸如霍乱等问题一直存留至今。)19 世纪也发出了早期努力的信号,通过利用政府"禁止入内"的有效声明(法律或公共政策)来保护美国的自然保护区。由于灾难经常发生,因此公众意识受灾难的主导。随着 1849 年加州发起的淘金热,开始有人前往内华达山脉地区定居。1851 年,一棵被称为"森林之母"的高 300 英尺(1 英尺＝0.3048 米)、周长 92 英尺的巨树被砍伐了。这一砍伐巨树的新闻一进入旧金山和其他主要城市,便引起了公众愤怒的激增。最终,这一问题交由州及联邦公园系统来解决。公众意见认为,即使"经济发展"暂时放缓,但某些自然财产,诸如巨杉,仍需要保护。

这些孤立及零散的措施直到 19 世纪结束才得到支持,并且在污染严重的城市、行业以及贫困群体中萌生了初级的社会运动。这些运动,尤其是在保护与保留方面的努力,得到了富人及穷人和未受教育者的显著支持。诸如布恩与克罗克特俱乐部(由后来的美国总统西奥多·罗斯福在 1887 年创建,以 Daniel Boone 和 Davy Crockett 两位创始人名字命名)等社团及协会的建立在 20 世纪的环境保卫战中起到了十分重要的作用。

同时,一些像 John Muir 一样的环保主义先驱也出现了。Muir 拯救约塞米蒂免受商业开发的运动和他的众多信件、报纸专栏以及杂志文章,在 20 世纪初期为打造国家公园的概念打下了基础。

20 世纪初期的美国是改革运动的温床。工作条件、住房、劣质食物、卫生环境、污染行业以及政治腐败都成了改革的目标。美国总统西奥多·罗斯福招募具有热情的拥护者来完成创建更好社会的宏大愿景。改革运动中最重要的一位人物是 Gifford Pinchot,他提出了保护公共土地及"理智使用"森林的观点。但其他人,如 John Muir,却极力反对"理智使用",并力争彻底保护未遭破坏的自然保护区,这为一直延续至今的争论埋下了伏笔。罗斯福联合大自然拥护者一同进行整治博弈,推动环境政策在美国国会通过或讨论(Brinckley 2009)。

由 Jane Addams (Hull House)、Florence Kelly 及 Alice Hamilton 等名人发起的社会运动在进步时代占据了主导地位。新的组织提倡包括环境保护等初衷。在这些新的团体中,塞拉俱乐部拥护对自然的保护与保持,国家奥杜邦协会在 20 世纪初期曾是鸟类、栖息地及保护区的有力支持者。通过这些实体,"自然支配"理念受到了来自其他国家的质疑,争论接踵而至。正如罗斯福所追求的进步,尊重自然是美国对"进展"定义(或应有的定义)中的一部分。这是一场艰苦的斗争。

法律体系在裁定争议及在各州和联邦立委法律观念合法化方面发挥了重

要作用。例如,在 1872 年,所谓的"公共信托理念"在 Martin v. Wadell 的案件中被美国最高法院裁决通过。尽管保护区还没有完全的美国身份,但 Martin 决策确立了野生动物属于人民(州)的观念。

政府政策也变成了保护野生种群的一种途径。为了满足"美食、皮毛及战利品"等商业需求而对水牛、水鸟以及其他野生动物的大范围狩猎摧毁了美国的野生生物种群。对此,从纽约来到蒙大拿的具有奉献精神的猎人和捕鱼者推动了美国第一个狩猎法的实施,以此来限制捕杀野生动物的数量及捕杀方法。用来维持健康野生动物数量的相关法律已经建立,同时涌现出一批致力于改变美国人对野生动物看法的野生动物保护思想的领导者。随之而来的是强制执行的体系。

作为一个渴望户外活动及狩猎的人,当罗斯福在 1901 年成为总统后,大自然保护便成了国家议程的一部分。罗斯福的大自然保护理念是其探索、享受及书写大自然之美的毕生心愿的一部分。在罗斯福就任总统之前,白宫从未对环境投入更有力的关注(Brinckley 2009)。罗斯福在其演讲、访谈和著作中对他的大自然保护理论进行了阐述。他写道:

首先,我们应该认识到,为实现这一目标而做的努力实质上是一种民主运动。它是通过我们的力量来为热爱大自然的人保留大片的原野及狩猎,并且能为这些人锻炼狩猎技能提供合理机会,不论其是否有钱。将适当的狩猎法视为非民主是愚蠢的。相反,这些法律实质上是以人们的整体利益为基础的,因为只有通过这些法律的裁定和强制执行才能保留狩猎活动,并且能够避免其成为纯粹的富人游戏。收入微薄的人们仅依靠明智及良好执行的狩猎法来享受追捕带来的全部快乐。(引自国际野生动物联盟网站,www. nwf. org,2010 年 4 月 22 日)

罗斯福大力地追求环境目标:国家公园、古迹以及一些保护区已建立,并且已有 25×10^4 平方英里的土地得到保护而免于被开发和开采。罗斯福并非民主进程中的一个典范,但他却是环境问题的拥护者,而且他的热情感染了其他人,使 20 世纪的第一个十年成为倡导环保的"黄金时代"。罗斯福时代之后的一段时期出现了环境倒退,在 20 世纪 30 年代初期衰退的耕种行为引发了美国全国范围内大面积的"沙尘暴"。加之美国经济大萧条时期的经济困难,国家将关注重点从自然资源转移到了失业人口问题上。

20 世纪 30 年代发生了两种显著进展。首先,联邦政府通过改建国家公园和其相关的公共工程项目将就业与环境目标挂钩。从胡佛大坝到民间资源保护团,国家环境基础设施得到了大量注入资源。其次,大自然保护运动成为了有组织的运动,并且专注于提倡关键环境目标。1936 年,野生动物大联盟〔后被称为国家野生动物联盟(NWF)〕的成立,集合了大概 36000 个地方及区域组织为捕鱼、狩猎及野生动物保护形成了一致声明。成立伊始,NWF 便开始游说国会采取行动以实现各种环境及自然保护目标。

在经济高速发展的 20 世纪 20 年代,繁荣与社会意识无法同时兼顾。诸如国家海岸防污联盟等新角色出现。该联盟是由来自从亚特兰大到缅因州的东海岸团体的市政官员组成的。他们的关注主要集中在影响旅游这一重要经济产业的沿海水域的石油及污水污染。这一联盟在 1924 年成功地让美国国会通过了国际石油倾销条约。"自然支配"受到了来自经济观点及自然保护(公共信任)观点的质疑。对自然保护和保护主义者观点中的由实用性及功利性压力而引发的思考,成为在允许更多开发自然的行为发生之前衡量代价和后果的原因。

行业活动的外部性变得更加清晰,并可以更加科学地构建。公共健康再一次成为环境的战场。Alice Hamilton 曾领导了一次以禁止使用含铅汽油为目的的改革运动;该运动以失败告终,最终含铅汽油成为世界上大多数国家使用的标准燃料。但是其他有关工业危害改革运动案例成功地激发了公众的想象力。Hamilton 公布了"受到镭辐射的女孩"——一群由于暴露于存在辐射的工作环境中而死于癌症的年轻女性。改革运动记者 Walter Lippmann 与Hamilton 一起将她们的案例公之于众。这些宣传及运动成功地为受害者家庭争取到医疗服务和一些补偿。

科学和商业的作用在"农业化工"运动、平民主义及自然科学事业中体现出来。农业的利益对包括作为汽油替代品的酒精等农副产品的扩大使用提出了迫切的要求。这一运动所倡导的理念吸引了许多成功的商人。亨利·福特致力于将农产品用于汽车和燃料制造,尤其是大豆成功地被福特用来制造换挡手柄和喇叭按钮。作为早期的贡献者,乔治·华盛顿·卡佛(George Washington Carver)发现了花生、番薯及其他农作物的工业用途,使得以棉花为主导作物的南方产业多元化。在第二次世界大战期间,大量的努力被用于开发利用农产品来替代紧缺的自然资源,最显著的是利用合成橡胶替代紧缺的用于制造轮胎的天然橡胶。作为一项政治运动,农业化工运动逐渐衰退,但却没有失去对工业的吸引力。实际上,21 世纪的生物技术公司中还存在着农业化工运动的衍生物,即利用农业原料制造塑料、涂料、织物纤维及一些目前从石油提炼出来的其他产品。

工业化学侧重于管理工业废物、发掘明显无价值产品的使用方法或提高看似无价值物品的价值。为此工业化学蓬勃发展。正如 Pierre Desrochers 写道，这些"维多利亚女王时代企业可持续发展的先驱"认为盈利能力与清洁的环境是齐头并进的（Desrochers 2009：704）。注重工业副产品能为制造商及客户带来创新，也能够减少环境问题。早期的运动得到了英国社会的支持，鼓励艺术领域人员、制造商及贸易商积极参与并促进利用工业污染废料为原料的副产品的创造开发（Desrochers 2009：703）。然而，到了 19 世纪末，工业企业的规模使工业废物管理运动的成就相形见绌。尽管如此，科学知识与思想的主线已经建立，并作为半个世纪之后发展的先驱。如表 29.1 所示，作为整个历史中环境的经济开发基础，"自然支配"的前提被一套新的理论质疑。虽然受限于它们的直接影响，大自然及其慷慨必须得到保护、保留及重视的理念在 20 世纪后半叶构成了新范式的前提，这种新范式能够获得力量、动力及"可持续发展"的新名称。

表 29.1 两种范式

自然支配	可持续发展
• 自然是敌对的、具有威胁的；人类必须征服它	• 自然是友善的、给予生命的；人类必须保护它
• 决策必须反映当代人的忧思	• 决策必须反映下一代人的忧思
• 自然提供免费的商品，如空气、水	• 自然界不存在免费商品

当代的环境运动

后二战时代标志着当代环保意识的开始（关于这一时期更多的历史，见本手册 Weber ＆ Soderstrom［第 14 章］）。战争对自然环境来说是毁灭性的，在欧洲及亚洲的广大区域留下了来自炸药的化学废物、石油残余物及被污染水源；大范围的建筑毁坏及农业土壤污染是常见的副产物。自然栖息地及生产性土地面积的恢复需要紧张的开垦工作。美国所在的大陆幸免于重大环境破坏，但却遭受了供数百万士兵进行实弹训练的重大军事设施及数量激增的有毒垃圾填埋场的影响。

1948 年，随着护林人 Aldo Leopold 著作《沙乡年鉴》在其死后出版，环境政策的"道德声音"出现了。为扩展人类对自身及地球责任的观念，Leopold 编写了一个引人注目的案例。通过该著作，Leopold 在人类与环境间关系方面开创了有助于激励创意的宝库。从 1948 年至 20 世纪 60 年代，他的著作激发了关于人类与环境关系的道德论述。"创意市场"在战后的美国急剧扩展。Leopold 著作的流行引起了巨大的反响，并影响了其他有关环境论著（例如，

Rachel Carson 的《寂静的春天》)。

同时,事实表明,空气质量的恶化导致了宾夕法尼亚州多诺拉(1948)、伦敦(1952,1956)、纽约(1953)及洛杉矶(1945)致命烟雾事件的发生。公众开始意识到空气污染已经成为一个新的危机。首个国际空气污染会议于 1955 年召开;两年后,国际地球物理年项目(1957)中来自斯克利普斯海洋地理研究所的科学家得出了一项惊人结论,那就是地球大气中的二氧化碳含量正与日俱增。

当代环境运动在社会与政治动荡的 20 世纪六七十年代出现了长足进步。Rachel Carson 的《寂静的春天》(1962)与公众对化学品影响食品、动物、鸟类和儿童的担忧形成了共鸣。几年后,在俄亥俄州克里弗兰库雅荷加河由石油和化学物质引起的"燃烧的河流"事件(1969 年 6 月 22 日),将这一号召行动推向高潮。在这次事件中,火焰高达五层楼,火灾的照片散布到整个美国和许多其他国家。库雅荷加事件成为对"污染是什么样的?"问题的可见答案——就像燃烧的河一样。

三类发展影响着新公共政策的内容。首先,国家政治领导支持环境保护。共和党总统理查德·尼克松认识到运动的政治力量,并寻求通过将相关问题前端化对其进行驾驭。来自总统的支持为新的政策环境提供了合法性。

其次,活动吸引人们为地球庆祝并倡导对地球的保护与恢复。地球日(1970 年 4 月 22 日)作为一个政治活动,它的成功让最乐观的组织者感到惊讶。两千万的男女老少参加了活动,如此庞大的联盟统一性是空前的。环境运动已经成为具有政治影响力的国民运动。

最后,环境运动激发了具有创新精神的美国人为每次转变提供实践环节、解决方案及体系。环境运动常常是想法+行动:"我能做什么?"是每次会议、集会及运动的中心议题。这种形式在首次地球日活动之后的四十多年里一直保持着。

20 世纪 70 年代出现了公众觉醒及一系列值得纪念的政治行动。清洁空气法案、洁净水法案及濒危物种法案这三项联邦立法为环境监管、环境政策及环境实践提供了必要的框架。尼克松总统在国情咨文演说中的几句令人难忘的话清楚地表达了"我们必须与自然和平共处",我们必须开始对已遭损坏的环境"进行赔偿"。环境运动即便不是传达信息的使者,也是围绕着这样的信息而展开的。环保积极分子 Stewart Udall 是这样评价环境运动的,"它将自然保护运动扩展到整个星球"(American Experience 2009)。1970 年,美国环境保护署的建立成为另一个里程碑。史无前例地,一个美国联邦政府机构建立的明确目的,是为了指导以整个国家力量来解决空气污染和水污染问题。"污染防治"成为用于指导美国环境保护署行动的战略性理念,对负有重要责任但资金和人力资源有限的实体提供支持。

从美国环境保护署的诞生到 1979 年华盛顿广场的社区适用技术演示,这个时期被誉为"觉醒和净化的十年"。在 20 世纪 70 年代,通过催化转换器在使用无铅汽油的新型汽车上的应用使空气污染大幅度降低。但预言中的"零污染汽车"却已被证实无法实现。大规模污水处理扩建工程使水污染明显减少,而且之前被用作排水沟的河流也开始逐渐恢复。尽管如此,"国家污染排放处理系统"却并未达到真正消除污染排放的目的。因此,有毒的化学物质便成为一个严重的威胁。诸如联合化工公司、剧毒杀虫剂的生产厂家等被作为污染企业曝光,并被指为了追求利润而置公众于危险之中。美国还发现了更多有毒场所,包括拉夫运河(纽约的尼亚加拉大瀑布)及鼓谷(肯塔基州的路易斯维尔)。这些实例最终催生了新法律的颁布,包括在 1980 年被大肆宣传的"超级基金"法。

在这十年期间,最大公共危机出现在 1979 年,当时三里岛(宾夕法尼亚州)核电站发生事故并引起放射性物质外泄到大气层。三里岛事故有效地证明了没有一个核电站可以保证安全运转数十年。自然支配范式的错误再一次被暴露出来。工业灾难成为环境争论中越来越重要的议题。三里岛事件为"反应堆堆芯熔毁"做出解释,并形象化了社区所面临的由核设施与化学设施带来的危险。(随着时间的推移,这种危险还将扩展为生物技术风险及磁风险因素。)媒体开始关注工业对人类健康及社区命运的危害。美国环境保护署署长 William Ruckelshaus 在 20 世纪 80 年代推出了一种"风险管理范式"。Ruckelshaus 认为,社会不能奢望一种毫无风险的生活方式的存在,但却可以坚持谨慎的风险评估、评价及风险管理。这似乎是环境保护成本与资源使用收益之间的一个"平衡"过程。

美国国内外的环境灾难抑制了里根政府为回收法规而做出的努力。1984年,位于印度博帕尔的美国联合碳化物公司的工厂发生了一起工业事故,该事故在短时间内造成了数以千计的市民死亡,而且据估计其造成的长期影响将导致超过十万人死亡。在乌克兰,切尔诺贝利核电站反应堆爆炸事件引起了大量伤亡及放射性物质的全球扩散。诸如此类的灾难促使科学技术被应用于防御。美国挑战者号航天飞机的爆炸导致全体宇航员遇难,该事故被认为是由"O"形密封环故障引起的。但是引发爆炸的原因最终被追溯到减少任务风险的组织文化上。对于许多观察员来说,这次事故象征着行业和科学界内过大的风险容忍度。新兴的社会思潮似乎倾向于"安全第一"。1989 年,埃克森瓦迪兹号油轮在阿拉斯加威廉王子湾发生触礁事故,导致数百万桶原油泄入这片清澈而原始的水域,造成了不计其数的鱼类、海鸟及哺乳动物的死亡。这起事故是由人为失误造成的:在穿越危险的威廉王子湾航线时,醉酒的船长允许一名不具备资格的水手来掌舵。这起事故也是美国历史上环境沿海清理费用最高的一次,埃克森公司为此承担了近 30 亿美元的损失。公众再次遭遇由经济行为导致的巨额环境成本。

1987 年,蒙特利尔议定书的签订使各国在解决臭氧消耗问题上达成了国际一致,这在环境保护历史上画上了更具希望的一笔。该议定书为国际活动创建了前期计划,甚至对国际法存在反感的美国总统罗纳德·里根和英国首相玛格丽特·撒切尔夫人也签署了该议定书。蒙特利尔议定书体现了全球环境问题已经超越了主权国家界限的科学共识,并且是在全球范围内需要政府间集体行动的政治共识。与公海捕鲸、工业捕鱼船队、石油开采及核试验之间的矛盾突显出了环保运动存在危险。1985 年,绿色和平组织一艘名为"彩虹武士号"的船只在新西兰发生爆炸。此前,这艘船曾被用于对抗"环保恐怖分子",因而爆炸被视为报复行动。这次爆炸事件引起了国际社会的强烈抗议,并提醒了环境保护者在遭受袭击或杀害的同时也可能发生其他状况。

直到 20 世纪 90 年代,自然支配的理念受到广泛的质疑,但并未被推翻。20 世纪七八十年代发生的一系列事件引发商业运作新方法。很显然,在创意市场——最终在政治舞台上——创造"双赢"的结果势在必行。20 世纪七八十年代主导思想是"单赢"的想法却迅速导致"双输"的结果。面对这种挑战,商业发挥了想象力。20 世纪 90 年代,关于污染防治、废物减少、回收及环保设计的环境经验被广泛分享;环境技术、产品和服务相关的经济市场迅速扩容;改善后的环境健康与安全体系被用于许多行业。这些都是"双赢"的结果。

在这一时期,国际环境问题引发了越来越多的关注。1987 年,欧洲单一法案对罗马条约做出了修正,为泛欧洲的法规提供了明确的法律依据。20 世纪 90 年代初期,对统一的欧盟环保标准的需求达成了共识。在 1993 年,马斯特里赫特条约正式将环境问题作为欧盟政策的重点领域之一。跨国界污染是欧洲许多国家关注的严重问题,其主要反映在严重有毒物质向莱茵河、多瑙河及其他主要河流流域泄漏。从许多角度来说,欧洲人为环境政策和法规提供了强大的民意支持。1995 年,壳牌公司准备将 Brent Spar 石油钻井平台沉入北海的计划受到质疑,这一事件激起了欧洲的环保意识。绿色和平组织成员控制住了钻井平台,同时,一场针对壳牌的包括欧洲消费者联合抵制的国际战役打响了。壳牌受到了来自国际委员会的进一步质疑,原因是其被认为与尼日利亚政府串通一气对新闻工作者兼环保主义者 Ken Saro-Wiwa 宣判死刑,后者曾发文揭露了壳牌参与运营的石油金三角区域内的环境及人权滥用行为。虽然壳牌对此指控做出否认并公开为释放 Saro-Wiwa 寻求方法,但评论家们仍将壳牌的行为视为人权灾难。这两起危机最终导致壳牌高层管理者对其经营之道进行重新评估,并选择了一系列新的利益相关者参与政策与实践。

全球环境意识在这一时期被建立了。当萨达姆·侯赛因下令点燃数以千计的油井时,海湾战争沦为了一场环境灾难。油田燃烧的景象为全世界所瞩目。另一个引起全球抗议的国际关注事件是中国三峡水电站的建设。三峡工程连同亚马孙热带雨林大火成为 20 世纪 90 年代环境问题全球化的可见实例(有关 20 世纪 90 年代亚马孙热带雨林争论的讨论见 Buchholz et al. 1992)。

商学院将环境问题引入课程的速度之慢是众所周知的。但在 20 世纪 90 年代,借助于行业支持,一些商学院专注于环境问题如何与企业的经济利益和战略利益相结合。美国国家野生动物联盟及其企业保护委员会促成了环保领袖与会员企业高管在诸如回收、栖息地保护及自然资源保护等"共同立场"方面的对话。1990 年,美国国家野生动物联盟及企业保护委员会资助美国商学院首个环境课程大纲的开发及在三所美国大学本科生和 MBA 课程的试点。其他学校很快也加入了这个行列,因此环境管理学领域快速发展。由国际精英商学院认证机构(AACSB)主办的会议及华尔街日报报道称,在一年内,超过 150 所商学院提供了商业与环境的课程。

20 世纪 90 年代末期,自然支配范式受到了广泛的质疑。人们已经不再接受将空气和水作为"免费商品"。经济学家和监管机构将焦点放在了对环境外部性的定价及排放权交易的市场建立上。经济和技术已经从开发自然转向保存自然。可持续发展概念开始融入业界、政府和社会,并且千禧年为将公众关注聚焦于可持续发展议程提供了一个独特的机会。

29.3　可持续发展与新千年

新千禧年为地球上自然环境未来的记录、评估及规划提供了一个契机;尤其是,千年发展目标计划将至关重要的环境目标放在了其他人类目标的框架之中。这八个目标被定义为:

①消除极端贫穷和饥饿;

②实现普及初等教育;

③促进两性平等并赋予女性权利;

④降低儿童死亡率;

⑤改善产妇保健；

⑥与艾滋病、疟疾和其他疾病做斗争；

⑦确保环境的可持续能力；

⑧促进发展的全球伙伴关系。

国际社会（各国政府、非政府组织和其他机构）为实现这些目标动员了各种对项目的支持和资源。框架本身具有持续效果，因为它突出了结构要素；如果21世纪被认为是可持续发展及人类进步新范式扎根的时代，那么这些要素则必须被满足。基于商业与社会的相关性以及政府无法独立地解决环境问题，联合国秘书长科菲·安南在1996年呼吁建立全球合作伙伴关系或签订领先企业与联合国之间的"契约"。联合国全球契约设计了一个对社会负责企业的商业原则及实践的伦理和道德的框架，对社会负责企业的商业原则及实践能够尊重人权、环境和劳工权益。十项对社会负责企业的行为原则被提出，其中包括三条直接针对环境的原则。这三条核心环境保护原则是：

• 全球契约原则7："企业应对环境挑战未雨绸缪。"

• 全球契约原则8："主动增加对环保所承担的责任。"

• 全球契约原则9："鼓励无害环境技术的发展与推广。"

到2010年，来自各大洲的超过8000个组织签署了联合国全球契约，并承诺遵守契约的原则和报告要求。千年发展目标和联合国全球契约标志着全球环境意识及行动已处于最高政治层面。科学研究让人们意识到抑制温室气体排放及保护物种多样性已到了危如累卵的时刻。政府间在一系列其他环境问题上进行合作，企业、非政府组织及公民的私人行动的数量和重要性也正在不断增加。可持续发展仍然是一个难以把握的目标，但是全球商界已经成为为解决环境和发展议程合作努力的一分子。联合国全球契约和千年发展目标代表了在协调企业行为与隐含在这些文件中的"重要原则"相一致方面迈出的重要一步。这些文件及创建这些文件的过程，为关注人类如何利用地球资源的道德规范提供了一个空前的机会。已经对这些原则做出公开承诺的公司正在开发商业与环境如何能在更和谐关系下运作的"最佳实践"模式。

但这就足够了吗？自然支配范式自工业革命以来一直盛行，并支持经济、技术革新及政府权力以期追求物质方面的"进步"。21世纪，影响商业和社会与环境关系的四个重要的轴向主题（经济、技术、公共政策及道德思想）正在向可持续发展的方向转变。但是为了实现目标，我们需要转变旧规则的制度，其中最重要的因素是企业本身。

与经济企业总数相比，全球盟约及其他准则的签署企业数量仍然很少，而且还有着生态影响几乎没有得到解决的地理、行业和资源背景。相应的利益相关者模式未能协调伴有环境影响及风险的经济活动。我们需要的是一种"转型"的模式，即能够将环境影响作为经济、技术和政治问题的中心（见 Hart 本手册[第 37 章]）。在这样的一种模式下，经营许可、竞争许可及创新许可将形成三类不同的决策情境；在这些情境中，所有环境结果都可以在经营决策制定过程中得到评估（Sachs et al. 2011）。我们需要的是重新定义 21 世纪的企业（见 Elkington & Love 本手册[第 36 章]）。

29.4　重新定义企业

在超过三个世纪里，企业已经发展成为一种具有法律形式的经济实体。众多显著的变化包括由狭隘到通用章程、公众责任、全球商业运营及扩展义务。这些变化极大地拓展了企业参与国家的经济及政治活动的权利。在欧洲、亚洲、拉丁美洲和企业权力所在的其他地区，责任与权利的类似扩张明确了企业生存的动态性和全球性。

有理由相信，我们将看到"利益相关者企业"（见 Kassinis 本手册[第 5 章]）的进一步发展及其逐渐成为更具责任的企业。但有必要提出一个更激进的问题：一家企业如何能够被设计成为将社会及经济目标无缝衔接的企业？这个问题已经被 20/20 公司，一家国际多方利益相关者倡议所解决，其目标是发展和分享将社会目标由外围转移到组织核心的企业设计（www.corporation20/20.org）。20/20 公司提出了企业设计的六项原则来指导 21 世纪这类企业的创建。这六项原则如下：

①企业的宗旨是在收获私有利益同时服务公众利益。

②企业应当对其股东做出合理的回报，不能损害其他利益相关者的合法利益。

③企业应该可持续经营，在不影响满足未来几代人需求的能力基础上满足当代人的需求。

④对有助于企业创建的人，企业应该公平分配财富。

⑤企业应该以吸引参与的、透明的、有伦理的及负责任的方式进行治理。

⑥企业不应该以侵犯自然人权利的方式来管理自身，也不应该侵犯其他普遍的人类权利。

这些原则中的两条原则，第①条和第⑤条原则涉及自然资源使用与环境影响的问题。长期以来，企业的（第⑤条）宗旨被认为是"给予"。实际上，企业的宗旨也许是所有原则中最具争议的。20/20公司的原则写道,"关于企业宗旨的问题很少被问到,但却是今后几十年中创新型企业设计的社会期望、当代企业行为及前景的核心问题。用来区分以股东利益为导向的盎格鲁-撒克逊方法和利益相关者为导向的欧洲大陆方法的共识过于简单,而且其表面价值应该不能被接受。美国各州宪法的新发展为重新构建企业目标提供了新的可能"(www.corporation2020.org)。

其他相关原则是有关治理的第5条原则。20/20公司的原则写道,"企业应该以吸引参与的、透明的、有伦理的及负责任的方式进行治理"。责任作为一个关键概念,正发展成为应对21世纪客观环境的企业变革的社会期望。责任体现在治理、利益相关者关系及组织对透明度和伦理行为的承诺上。企业应该秉承什么样的规范?什么是在实践体现企业责任前沿的领先企业案例?这些都是留给学者及实践者的问题。企业发展的下一个阶段是企业不再试图成为而且积极防止成为一个"外部化机器"(Monks & Minow 2008)。

自然环境与60亿全球人口无法承受忽视环境的企业所造成的外部结果。环境破坏现在已经达到了人类历史上从未出现过的程度。由于这些原因,学者们必须寻求新的途径来利用企业的力量实现社会目标。但无论是结果还是方法都不足以完成任务。企业经常不是自愿去"做正确的事",即使有的话,也缺少经济诱因。而经济诱因有时候能造成负面的、反社会的结果。当标准与法规的制止不严格或无效时,管制就会变得毫无作用。

未来塑造企业的道德价值观和原则是什么?如果我们首先假设每个活着的人都有在地球上存在的基本权利,那么服务于全人类一定是指导标准。如果我们也考虑其他物种的权利,那我们将进一步限制可允许的活动。人与其他物种有着共同的利益,这说明我们必须投入更大努力来改进生存策略。我们的想法必须大胆超越哈丁的"公地悲剧"。然而道德困境的数量和复杂性迅速增长,而且关于应该用何种价值观来影响对话的争论在不断扩大。

很显然,那些目标狭隘、自私的企业无法适应21世纪的现实。如果这样的企业只专注于经济增长,那么企业就无法为现代生活中的其他要求作出相应的调整。一个拥有公共目标的企业拥有更多的潜力进行调整,但仅当其治理和责任机制确保至少所有利益相关者的利益都被考虑在内时。

企业需要新的模式。利益相关者所拥有的企业可能能够作为一个这样的选项,尽管如果其将环境置于突出位置就必须要为"社会效益"牺牲"市场效率"。基于未来的需要,企业形态的结构和治理需要反映出四个特征:

· 企业必须是一个参与型实体。那些受到其经营影响的企业必须要对决策有发言权。

·经营结果的公开性与透明性必须得到保证。

·决策制定的伦理原则必须被传达，企业所遵循的价值观、原则及规范必须清晰陈述。

·对已使用资源、已得到的结果及非预期后果负有责任。这种责任应该包括但不限于，对经济、环境及社会平等信息的定期汇报。

这一议程需要制定及完善。这项研究工作不仅需要解决是什么的问题，而且需要解决可以做什么的问题。

29.5　展望未来

本章从演化的角度分析了贯穿社会体系的商业、社会与环境间的关系。随着这些体系的发展，自然资源使用的驱动力和资源使用的限制也变得更加复杂。如今，适应的利益相关者企业已不再是一个能够胜任的模式了。我们需要一家具有"转型的"或重新定义的企业，这家企业要有公共目标及新的治理与责任原则（见 Ehrenfeld 本手册［第 33 章］）。

在环境方面，企业与社会"同命相连"。如果人类不能重新平衡企业活动与环境后果，那么后代们将在生活质量方面承受巨大的负担。未经限制的工业活动使得最坏的情况比比皆是。

这些挑战和人类历史上所出现的其他挑战一样严峻。但环保行动的历史，从最早期的基础公共卫生活动直到现在，已经成为一种科学、经济学、政治及伦理思想的互动从而涌现新意识。环境问题在经济市场、公共政策舞台及思维领域上十分突出（即"公共广场"）。尽管民意调查的结果建议调整优先权，但没有理由相信在长时期内人们对环境的关注将减少。如今，全球科学界、政府、非政府组织以及数以百万计市民的声音已经通过互联网及其他通信形式加入到了环境讨论中。这些意见证明了一个明白无误的事实：维持和保护自然的道德要求与实际要求取决于每个人、每个组织和每个公共机构。几百年来，人类一直相信自然支配。如今，自然支配范式将被可持续发展范式所取代。这个理念非常清晰，但进展却并不平衡。然而，科学、公共政策和道德思想都倾向于将实现可持续发展作为 21 世纪企业与社会所面对的环境终极挑战。

参考文献

American Experience (2009). *Earth Days* (A Robert Stone film). *The American Experience*, PBS, April.

Brimblecomb, P. (1988). *The Big Smoke*. London: Routledge.

Brinckley, D. (2009). *The Wilderness Warrior: Theodore Roosevelt and the Crusade for America*. New York: Harper.

Buchholz, R., Marcus, A. & Post, J. (1992). *Managing Environmental Issues: A Casebook*. Prentice-Hall.

Carson, R. (1962). *Silent Spring*. New York: Houghton Mifflin.

Cohen, M. (1984). *The Pathless Way: John Muir and American Wilderness*. Madison, WI: University of Wisconsin Press.

——(1988). *History of the Sierra Club*. San Francisco, CA: Sierra Club Books.

Desrochers, P. (2009). "Victorian Pioneers of Corporate Sustainability," *Business History Review*, 83(4): 703—729.

Galbraith, J. (1967). *The New Industrial State*. Boston: Houghton Mifflin.

Gore, A. (1993). *Earth in the Balance: Ecology and the Human Spirit*. New York: Plume.

Gottlieb, R. (2005). *Forcing the Spring: The Transformation of the American Environmental Movement*. Washington, DC: Island Press.

Hayes, D. (1977). *Rays of Hope: The Transition to a Post-Petroleum World*. Worldwatch / W. W. Norton.

Markham, A. (1994). *A Brief History of Pollution*. New York: St. Martin's Press.

McKibben, B. (1989). *The End of Nature*. New York: Random House.

Melosi, M. (ed.) (1980). *Pollution and Reform in American Cities, 1870—1930*. Austin: University of Texas Press.

Monks, R. & Minow, N. (2008). *Corporate Governance*, 4th ed. John Wiley & Sons.

Muir, J. (1991). *Our National Parks*. San Francisco, CA: Sierra Club Books.

Mumford, L. (1961). *The City in History*. New York: Harcourt, Brace & World.

Olson, M. (1965). *The Logic of Collective Action: Public Goods and the Theory of Groups*. Cambridge, MA: Harvard University Press.

Preston, L. E. & Post, J. E. (1975). *Private Management and Public Policy: The Principle of Public Responsibility*. Englewood Cliffs, NJ: Prentice Hall.

Post, J. E., Preston, L. E. & Sachs, S. (2002). *Redefining the Corporation: Organizational Wealth and Stakeholder Management*. Stanford, CA: Stanford University Press.

Rosner, D. & Markowitz, G. (1989). *Dying for Work: Workers Safety and Health in Twentieth Century America*. Bloomington, IN: Indiana University Press.

Sachs, S., et al. (2011). *Stakeholders Matter*. Cambridge: Cambridge University Press.

Schell, J. (1982). *The Fate of the Earth*. New York: Knopf.

Shabecoff, P. (1993). *A Fierce Green Fire: The American Environmental Movement*. New York: Hill and Wang.

Sicherman, B. (1984). *Alice Hamilton: A Life in Letters*. Cambridge: Harvard University Press.

Udall, S. (1988). *The Quiet Crisis and the Next Generation*. Salt Lake City: Gibbs-Smith.

30 新企业环保主义与组织文化的象征性管理

Linda C. Forbes, John M. Jermier

从商业学者与经济学家开始呼吁关注不受抑制的增长所带来的负面环境影响并开始为这种必要的增长的现状寻求替代方案到现在,已经将近 40 年了(Meadows et al. 1972;Schumacher 1973)。人口、生产规模、能源消耗以及生活商品化的增长在每个连续的十年内对自然环境的影响都会增加,这使一些知识渊博的观察家所争论的问题成为前所未有的环境威胁和挑战(Speth 2008)。几十年来,环保运动已经激发并引导了一些针对无限制增长和环境退化的抵制运动,使企业和行业、政府、消费者以及其他机构对环境问题有了广泛认识,并偶尔投入到广泛的环境保护或修复行动中。然而最近,企业试图改变自身与环境关系中所扮演的角色——将其自身定位为当代环保运动的引领者。为了支持企业这一新角色所提出的观点是,企业应该起到带头作用,因为相比其他机构,它拥有更多的资源和更多接触环保相关问题的机会。我们将对这种企业角色的新的理解方式称为"新企业环保主义"(Jermier et al. 2006),并在本章中从组织文化(见 Howard-Grenville & Bertels 本手册[第 11 章])及象征性组织理论的角度对其进行解读。

本章关注组织文化的原因是我们相信,比起受改革运动范式引导的商业学者们所得出的观点,文化视角能够帮助我们更彻底、更全面地理解绿色企业和其他组织(见 Egri & Pinfield 1996)。早期研究开创了组织和自然环境的学术领域,主张利用一些综合方法来实现环境绿化,这些方法根植在那些致力于企业实践的突破性的生态思想中(Callenbach et al. 1993;Gladwin 1993;Shrivastava 1994,1995;Egri & Pinfield 1996)。通常,有人断言通过围绕生态敏感文化假设、规范及实践构建管理和组织的新形式可以最好地实现绿色

化。在本章中，基于这个基本见解，我们认为，特别是在企业漂绿的时代
（Athanasiou 1996），为了将真正意义上的改善与仅仅是声称的改善区分开
来，采取综合方法评价组织及其在绿色化方面的努力是十分必要的。这需要
对组织的绿色化行动的表象和实质两个方面进行理论化及审查。

在下一节中，我们将呈现一些有助于理解当代企业对环境问题响应的有
关绿色组织文化方面的理论材料；然后我们将验证几个组织绿色化的文化现
象；在最后一节中，我们会对（使用象征性组织理论来理解当代企业绿色化行
为）这一分析进行总结。

30.1　组织文化与象征性组织理论

企业是一个将在我们的未来发挥核心作用的强大机构——无论未来是一
个可持续发展的时代还是一个生态衰退加速的时代（Assadourian 2010b：84）。

由最具权威性的世界观察研究所发布的 2010 年版《世界现状报告》，将关
注聚焦在为解决环境问题而进行文化变革的需求上（Starke ＆ Mastney
2010）。该手册章节中记录了许多主要机构在文化方面的故步自封行为对人
类发展（例如，消费文化、儿童生活商业化、传统的设计与建筑、政府俘获、媒体
规划、人力资源体系以及组织文化）走上不可持续发展之路的影响。显然，许
多市民在工作场所工作时，有一半的时间暴露在至少一定程度上的反生态的
商业行为中。当然，文化规划并不止于此。各个行业通过他们的产品及服务
影响文化设想、规范及实践的程度往往是不被承认的。一些全球环境影响的
例子包括价值 600 亿美元的瓶装水产业的成功使人们确信，240～10000 倍于
自来水价格的瓶装水"比自来水更健康、更好喝并且更时尚"，尽管大量研究结
果恰恰相反；价值 1200 亿美元的快餐产业有助于"改变饮食规范"；深度依赖
一次性纸制品使人"养成这样的信念：这些产品能够提供便利和卫生"，以至于
在世界上许多地方，这些产品被视为"必需品"（Assadourian 2010a：14）。

新企业环保主义

不管怎样，当代组织为了成为更好的企业公民及为环保做出贡献而承受
着来自于不同利益相关者的压力。Hackman ＆ Wageman（1995：309）将全面
质量管理制定为"社会运动的一部分"，当涉及企业环境管理时，会产生一个类
似的现象。一个新企业环保主义（NEC）出现了"结合企业领域在环保决策方
面具有运用综合的'理性'管理方法来解决环境问题的强大象征意义的特定的

自愿领导角色"(Jermier et al. 2006：627)。更确切地说,新企业环保主义被定义为"对商业在实现经济增长和生态理性方面的核心作用的额外关注,并在超越或超出遵守环境法律法规的条件下,作为强调对环境影响的自愿的前瞻性控制的指导"。重要的是,自愿的企业环保主义主旨强调自我管制,其目的是将对环境影响的情况控制交给个体企业、价值链要求、行业和贸易协会、第三方商业认证、行业指导和约定、政府激励计划以及其他联盟,而不是政府监管机构(参阅 Andrews 1998；Baron & Lyon 本手册[第 7 章]；King et al. 本手册[第 6 章])。与新企业环保主义最为直接相关的是企业组织,但是在一定程度上,它对所有现代组织及其领导者都施以压力。它被描述为一种言论,提出一套连贯的、被演讲及文学技巧所推进的、并以影响环境的政治论述为目的的理念。新企业环保主义的登高一呼是为了警告企业应对和控制生产对环境的影响(Jermier et al. 2006)。

我们将这种形式的企业环保主义作为"新的",因为仅在过去的十年左右时间里,它已经发展成为"相对连贯及广泛流传的一套观念,为企业处理与自然环境关系明确规定了一套新的领导责任并且识别了加强企业环境绩效的各种技术"(Jermier et al. 2006：628)。企业环保主义的言论已有转变,指出企业在环境问题方面发挥领导作用。在经济方面"企业收益不得以牺牲环境为代价,反之亦然"的"双赢"承诺凸显了这种转变(Holliday et al. 2002：16；Schmidheiny,1992；Hawken et al. 1999)。

我们也将新企业环保主义作为一种管理的指导,因为它为想法和行动提供实用的观点。其所提供的观点包括"将目标、行动计划及可衡量的结果一点点实现"(Holliday et al. 2002：139)。新企业环保主义的核心是环境管理,其中涉及超越符合法律要求的自愿的、自我管制环境保护方法(Jermier et al. 2006；Carraro & Leveque 1999；Reinhardt 2000；Gunningham et al. 2003；Lyon & Maxwell 2004)。其他因素包括,通过技术创新、废物减排和清洁生产系统、制定生态敏感任务报告与行为准则、生态激励故事和仪式以及其他文化因素而取得的生态效率。重要的是,新企业环保主义保护自然环境的立场有助于推动许多组织和行业的环境问题从边缘问题转变为战略问题。

企业领导者逐渐接收到来自不同利益相关者的压力,要求企业对环境恶化的现状负责并满足实施修复措施的期望。新企业环保主义的社会运动非常引人注目,它达到了一种势在必行的状态,即要求组织至少要象征性地表现出环保姿态;也就是说,他们可能无须证明实质性的环保进展(部分因为这种绩效测量仍存在困难),但他们必须摆出一些姿态,正面反映出他们以环境为导向并愿意加入环保运动。然而,我们不想造成这样的效果,即当提到环保主义时,商界领导者处于完全的被动状态。许多商界领导者视其自身为环保领袖并力图在环境政策制定上发挥巨大作用(Anderson 1998)。

象征性组织理论

我们已经发现用文化研究方式来分析新企业环保主义是具有建设性的,其原因有几点。最显而易见的原因是许多学者提出了一种观点,认为组织文化是产生成功的环境绩效的必要组成部分(例如,Callenbach et al. 1993;Halme 1996;Petts et al. 1999;Jermier et al. 2006;Esty & Winston 2006)。同样重要的是,在企业漂绿时代(Athanasiou 1996),企业有必要利用综合方法来对组织和其绿化努力进行评估以区分真正的改善与虚报的进步。

更确切地说,我们用于分析的文化研究方法是象征性组织理论(SymOT),一个基于象征性人类学和高关联性的框架,用来对组织绿化措施的象征和实质进行理论化研究及验证。鉴于新企业环保主义包含一系列充满修饰性成分并富于实质意义的现象,我们认为象征性组织理论特别适合用于分析新企业环保主义。

象征性组织理论将组织文化作为一个根隐喻而非一个变量。从这个观点出发,文化并不是组织的一部分,而依然是其自身的(Smircich 1983)。组织作为表现形式,其象征及实质成分被用于研究(Geertz 1973;Jermier et al. 1991)。象征通常能够被读出、解释及破译。每个象征都具有意义,虽然其中一些"仅仅是象征";象征是一种我们用来指代涉及到的材料和其他有形现象的概念,通过故意呈现出的一种不能准确表现环保成本及效益的表象,这些有形现象被分散或误导。它对在行动层面真正发生的事情加以掩饰,隐藏消极的一面而鼓吹积极的一面。

根据象征性组织理论,组织是象征处理系统。在这样的系统中,人类行为、价值观、信念以及态度被社会化地构建、维持、挑战及偶尔改变(Pondy & Mitroff 1979;Smircich 1983;Jones 1996)。象征性组织理论家感兴趣的是"在组织生命中的所有方面共享意义和象征意义的水平",他们也在寻求对不确定性、不连贯性、矛盾及变化的理解(Alvesson 1998:87;Martin 2002)。

在 Jacobs(1969)对象征性官僚机构的经典研究中,对一家社会福利机构的公众印象与其幕后操作进行了对比(Forbes & Jermier 2002)。社会福利机构似乎拥有理想官僚机构的所有要素,为了实现组织目标(例如,结算情况下),每个特征都通过"非官方变化"被例行公事地规避了,而超负荷情况下的经理们仍能礼貌地为客户服务。Jacobs（1969:414）的研究结果表明，"一个组织可能极少或者根本不符合官僚机构的条件，但却具有完整的官僚理想的形象"。这种人种学工作及其相关的一些其他研究阐明了一个组织的形式结构如何"可以是一个用来向外部社会掩饰组织内真正发生事情的机器"（Forbes & Jermier 2002:205），更为普遍的论点是组织发展的是以象征性的安慰的形式从其有影响力的构成部分来取得合法化（Mizruchi & Fein 1999；Meyer & Rowan 1977）。

绿色礼仪表象与漂绿

象征性组织理论中的一个关键概念是绿色礼仪表象或是人为或虚假的姿态，对正式的组织而言，这种表象适合于塑造一个良好的印象。官方文化中的多种多样的要素可以被打造为无须关心这些要素如何在实际中启用或阻止组织对效率的需求问题（例如，目标、使命宣言、项目、产品、技术及汇报系统、正式结构）。这些文化表面形式可能会向相关的社会期望需要被满足的外部（以及内部）利益相关者发出信号。就当前企业对环境的影响而言，新企业环保主义是更多地了解什么推动了文化运动和文化改变的途径。就其表面，新企业环保主义似乎是日益增长的环境保护中一支积极的变革力量，但是一些学者却对流行的漂绿现象深表担忧。漂绿是一种肤浅的企业环保主义，它只有形式没有实质，基本上只是口头上支持部分或所有"绿色化的"的文化要素（Greer & Bruno 1996；Tokar 1997；Beder 2002；Bruno & Karliner 2002；Ramus & Monteil 2006）。漂绿是象征性管理中的一种复杂形式。漂绿在象征性组织理论的章节中被解释为一种绿色礼仪表象。它将注意力集中在一个或少数具有高度可见性的绿色标准上而忽视所有其他方面（Jermier & Forbes 2003）。绿色礼仪表象"绿化"了组织的外观，但却很可能与实际的环境绩效鲜有关系（Forbes & Jermier 2002）。

基于绿色礼仪表象的概念，一种更加现实的评估将被正式推出，因为根据象征性组织理论，所有组织的集中趋势涉及一个礼仪表象的构建以及其他象征性的管理活动。当涉及企业绿色化时，明智的做法是先通过探查企业外观来对企业进行评估，然后再有条不紊地探查其他文化表现形式以实现对企业状况的全面了解。Hoffman（2001:14）的断言很好地描述了我们实现组织绿色化的方法："根本就不存在'绿色企业'，企业所能做到的最好状况是描述企业在'变绿'过程中的进展。"

30.2　组织文化表现形式

在本节,我们描绘了八种对实施组织绿色化行为的象征性分析必不可少的文化表现形式。虽然绿色组织至今还没有统一的定义,组织学者倾向于认为,在对组织绿色化方式的不同评估方法中需考虑许多不同的因素。下面所讨论的每个因素都是新企业环保主义的关键要素,并且具有需要评估的极大的象征意义及实质影响。从象征性组织理论的观点来看,认识到所有文化表现形式都包含象征性和实质性要素是十分重要的。

使命宣言

组织官方文化的中心部分(设想、信念、以及受领导层支持及为公众和利益相关者精心雕琢的实质性象征)是使命宣言(Jermier et al. 1991)。使命宣言包括对所期望的未来的愿景和雄心勃勃的价值观。通常,使命宣言中充斥着极端和崇高的语言。例如:"可口可乐公司让全球人民怡神畅爽。我们的基本主旨是简洁、牢固和不受时间影响。当我们把活力、价值、快乐和乐趣带给我们的利益相关者时,我们便成功地培育和保护了我们的品牌,尤其是可口可乐品牌。这是实现为公司所有者提供持续丰厚回报的最终责任的关键。"(Abraham 2007:40)公司的价值观得到明确的拥护,而且它们似乎被精心设计以包含所有方面且没有冒犯任何一方。他们传达了组织的更高目标并表现出其理想化的一面。然而,对我们的目的有益的是,这种类型的语言假定已在利益相关者之间达成共识并有利于所有各方。当然,可口可乐公司甚至没有提到诸如地下水开采和取代土著社区等争议性问题(见 Shiva 2002)。

这个问题已经引起组织科研人员多年的兴趣,贯穿本节的文化表现形式就是隐藏在官方文化背后的东西。作为所支持的价值观,使命宣言传达了概括性的目标信号用以吸引利益相关者,固化在大多数情况下的绿色礼仪,但在其他情况下会推动员工的更高层次的动机。此外,它们还能够促成新的环境绩效标准,即 Esty & Winston (2006:209)所称的"弹性目标",可以带来真正意义上进步的、清晰的、具体的、意义深远的目标。

组织结构

在早期应对环境法规和其他类似压力时,组织设立了专门的角色、岗位以及部门以解决绿色问题(Hoffman 2001)。通常情况下,这些结构要素最初都与工人的健康和安全、法律事务及公共关系分支联系在一起,随后会被扩展到更多的专业单位。致力于绿色问题的角色、岗位及部门的设定具有明显的象征意义,但一个更具象征的含义可以附加到更为广泛的结构布置中,也就是正规环境管理体系。例如,随着 ISO 14000 标准的出现及普及,为设计和实施一个由第三方机构进行外部认证的正规的环境管理体系而制定的指导方针现在已经被广泛使用了。拥有超过 188000 个单独认证(Interrational Organization for Standardization 2008),ISO 14001 系统似乎迅速成为对环境负责组织与那些落伍组织的区分标准。然而,ISO 14001 环境管理体系中充斥着象征主义,研究也无法清楚表明这种用来实现绿色的结构性方法与更高的环境绩效紧密相关(Hillary 2000;Russo & Harrison 2005)。对于受欢迎的生态管理和审计计划(EMAS),可以得到同样的观点。两者的区别在于生态管理和审计计划需要更严格的结果评估,使之更难在单纯的象征层面上进行操作。

建筑环境与交通运输系统

绿色建筑与绿色交通运输系统是组织研究中两个新兴的领域。他们对环境具有实质性的影响,且当二者结合在一起时,对环境的影响是惊人的。例如,美国的建筑占用了能源使用总量的 39%、总用水量的 12%、总用电量的 68% 及二氧化碳排放总量的 38%(USGBC,见 http://www.usgbc.org;Hoffman & Henn 2008)。交通运输领域的温室气体排放约占美国温室气体排放总量的 30%(Friedman 2009)。建筑及交通运输系统的绿色化带来了许多运营优势,包括更高的效率、环境影响的最小化以及不可再生资源使用的减少。这些方面的进步为社区提供了更健康的环境。就绿色建筑而言,如在学校学习一样,生产力提高了(www.usgbc.org)。

各种各样的关于绿色建筑和绿色交通运输的认证项目已经或将要开展。嵌入在高展现度建筑和多种形式的交通运输系统中的环境象征意义为展现绿色化成果提供了大量机会。建一个绿色企业总部(Smith 2003)或增加一支混合动力车队向内外部的利益相关者发出了强烈的信息。当这些强有力的信息与企业幕后或整体运营情况鲜有一致时,也可以将其视为漂绿姿态(例如,广泛的环境绩效标准)。

环境技术

设备、技术、信息以及将投入转化为产出(组织的技术)的过程是所有组织文化的一个重要组成部分。在对新发展方向做出承诺方面,技术变革往往比工程逻辑具有更强的表现信号,并且拥有广泛的组织影响。当一个组织实施降低生产排放、减少能源和资源消耗的措施,或提高产品可回收性及无公害性的环境技术时(参阅 Lenox & Ehrenfeld 1997),这就是一个具有象征意义的声明。一些技术变革包括遵循环保原则进行设计并具有明显的环境影响,诸如办公家具制造商 Herman Miller 公司燃烧废弃布料来为其工厂供热的流程。其他技术流程多为嵌入式的,但仍然具有象征意义,诸如 3M 公司为在短期内改变其黄色贴膜的生产技术而决定放弃现有的可观收入。一个可以用于垂直表面(例如计算机屏幕)贴膜的市场应运而生,但为确保产品的品质,这种贴膜需要一种更强的黏合剂,这就需要使用挥发性有机化合物。据报道,由于许下了不开发依赖危险性工业溶剂的新产品的承诺,因此,3M 公司耗费 6 年时间研究出一种不含挥发性有机化合物溶剂的黏合剂。出人意料的是,新的溶剂不但成本低,而且更重要的是,3M 能够向有关的利益相关者发出这样一个信号,即减少有毒的足迹对 3M 公司来说是一个十分严肃的承诺(Esty & Winston 2006)。

与环境利益相关者的合作伙伴关系

一旦合作伙伴关系建立,便会出现一大批环保利益相关者,他们可以代表关心环境的文化。企业与诸如政府机构、地方社区团体、行业联盟以及非政府组织的合作伙伴关系可以产生有形的环境效益,同时也能创造出巨大的象征性的提升作用。虽然现有的企业与环境非政府组织之间的合作很难在他们建立合作伙伴关系时对相互间的兼容性及合作成功做出保证,但在大众媒体(Deutsch 2006)及商业文献(Yaziji & Doh 2009)中却展示出很多双赢的案例。为了说明这一点,我们来列举一个不太可能成为合作伙伴关系的例子——香蕉生产商和分销商 Chiquita 与“热带雨林联盟”之间的合作伙伴关系。尽管合作之初存在争议,“热带雨林联盟”制定的一套对环境友善的香蕉种植标准被香蕉种植行业拒绝,但如今这种合作关系却被描述为“多层面及根深蒂固”的合作伙伴关系(Esty & Winston 2006:183)。这种合作伙伴关系被认为能够提高农业生产能力和利润,同时还能产生显著的环境结果,包括减少对塑料制品、农药、除草剂以及其他有害物质的使用(Esty & Winston 2006)。此外,通过象征性管理,这项最初以实验形式进行的工作似乎至少已经帮助 Chiquita 实现了由一个社会和环境恶棍向一家更受尊重企业的部分转型。

人力资源

人力资源管理(HRM)"专注于那些可以被广泛描述为企业中与人有关的部分:招聘、培训、人员安置、职业生涯规划及发展、薪酬和劳动关系"(Alvesson & Kärreman 2007:711)。作为功能型工具,人力资源管理在绿色化努力中的战略角色是至关重要的。人力资源管理通过寻找"正确"的人的招聘目标和策略在招聘初期阶段就产生了影响,有助于强化企业的环境政策及可接受的实践活动。人力资源管理也可被视为文化的象征性表现形式。它可以作为强有力的企业意义制定工具,用来支持或削弱可持续性发展方向。人力资源管理的部分作用可以通过沟通和其他结构性机制(例如,激励系统)进行调节。这些机制对共识进行了阐明及宣传,其目的是明示"绿色"的含义,并建立用来激发和促进对绿色措施服务的目标。因此,人力资源管理的角色可以被视为象征性管理者——通过企业政策及大量的其他机制表达基本价值观及关于绿化工作的设想(Berg 1986)。

故事和礼仪

Martin(2002:47)将故事和礼仪描述为组织秘籍中的文化形式。当人们解读了它们的真正含义时,这些故事和礼仪就会变得非常重要。与其他文化表现形式相比,故事和礼仪可以作为组织控制的功能性机制或是能够反映出肤浅和间或深奥的设想的标志。为了说明这一点,我们来看看最常被重复的倡导绿色商业行为的故事——Ray Anderson 的拯救传说(Anderson 1998)。Interface Carpets 公司的首席执行官 Anderson 将为一个应对客户所提出环境问题的工作小组做宣讲,在准备宣讲的几天里,他进行了反思,将自己定罪为"地球掠夺者"。Anderson 发誓将 Interface Carpets 公司文化打造得更生态友好。从此,通过其自身的决断力和频繁向广大观众(企业、教育机构、会议及大众媒体)复述他自身转变的故事,Anderson 成了一个高度象征性的存在。Anderson 的故事产生了深远的影响,因为故事一直将 Interface Carpets 员工和行业及商业界的许多其他人的注意力集中在环保目标上。

仪式有如戏剧:好看的剧本在社会环境中被重复地展开(Martin 2002)。Norm Thompson Outfitters 是力图创建一个关于可持续发展的"共享心智模型"的先进服装零售公司,它开发了一个四小时的多媒体互动培训课程并将其作为员工入职培训中的必修环节(Smith 2003)。因此,这个培训在功能上起到了一个启蒙仪式的作用。它如同环境价值观的表达一样具有丰富的象征意义,但是,就像 Anderson 的转变故事一样,它只是需要被仔细解读的复杂组织架构上的一片马赛克。

可持续发展报告

制作和分发可持续发展报告是一个在过去的 20 年里越来越重要的组织文化现象(见 Gray & Herremans 本手册[第 22 章])。根据税务、审计和管理咨询公司 KPMG 的统计,世界五百强企业中约有 52% 的企业发布可持续发展报告或企业社会责任报告,如果算上在年度报告中讨论过这些问题的企业,那么这个数字将超过 2/3。有些学者认为,我们正在见证一个新的企业责任运动的开始,这个运动能够在未来的一些年里变得更重要(Epstein 2008)。也许超出了其他任何文化表现形式,可持续发展报告充满了对合法绿色化和漂绿的可能性。本文长度有限,不允许我们对这一领域内的所有相关方面进行介绍,但是我们所要强调的重点是,在披露要点和深度以及报告就合法的独立外部机构进行审计和认证的程度方面,各种可持续发展报告存在较大区别。应该明确的是,如果可持续发展报告没有经过外部评估,鉴于组织承受着来自自设及满足具有挑战性的可持续发展目标的巨大压力,报告将很可能缺乏精确测量的数据以及存在误导性的甚至欺诈的信息。或许与其他象征性管理领域相比,可持续发展报告更能为相当有经验的利益相关者提出一个解释性质疑。

30.3 仅仅是象征吗? 组织文化的绿色化分析

当涉及环境问题时,那些想要企业发挥更加炫耀作用的领袖们必须接受一个事实,那就是当企业绿色化自身的组织文化时,利益相关者期待更高水平的透明度和更好的方法来检测那些仅仅是象征性的行为。建设具有环境意识的组织文化,是当代企业所面对的最大挑战之一,正如我们已经表明的,它需要彻底和全面的方法让绿色价值观贯穿整个组织。它要求在组织表层和深层的价值观和基本担当均实现绿色化,要求组织的各个组成部分都具有环境意识。有一些组织,例如 BP,似乎在原来被许多评论家认为是一门心思追逐利润的文化特征中植入了显而易见的、成本效益明显的绿色环保措施(Leopold 2010;National Academy of Engineering and National Research Council of the National Academies 2010),这使得他们被环保主义者们严厉地批评并斥为虚伪(Ridgeway 2010)。

我们使用象征性组织理论来解释组织绿色化过程,因为它能关注两点:首先,绿色的礼仪表象通常都是在漂绿时建设起来的;第二,在更深层的意义上,物质符号能够传达给外部和内部的利益相关方。我们识别并勾勒出的八种文化表现形式不仅具有代表肤浅甚至欺诈的绿色活动的潜力,而且也具有代表支持真正进步的环境管理的潜力。我们并不认为所有现代组织环保化的方法都应该作为仅仅是空洞的象征而被完全驳回,这些现象是受可耻行为误导和转移的。一些企业的绿色行动起步于看似肤浅的象征,例如 ISO 14001 计划和政策声明或者通过 LEED 认证的企业总部大楼,但这可能会引领组织在以生态为中心的组织道路上继续前行。一旦一家企业及其领导人公开承诺一项环保行动,哪怕它是相对次要的,在最低层次他们创造了更多的利益相关者的期待,并为更详尽的审查提供了机会。一个转折点的确立,可能仅仅烘托出一种绿色礼仪表象的结果,或令人信服地为以生态为中心的变革指引方向。

30.4   企业环保主义的未来研究方向和象征管理

自从 Dandridge et al.（1980:81）的文章发表以来,对于组织象征主义和象征管理的研究已经走过了漫长的道路。Dandridge et al.（1980:82）号召旨在揭露"组织深层结构"的多方法研究。象征管理（以及与此相关的深层结构）中一个快速发展的领域包括企业和其他企业组织的自愿环保行动——这些行动旨在将那些被用来管理环境影响的自律体系和其他合作关系制度化。我们将这个快速发展的领域称为新企业环保主义,并看到了很多能区分仅为漂绿和其他象征性反应与更多真正的旨在消除污染和废弃物的压力应对措施的机会。当代企业环保主义为象征主义组织过程的研究提供了一个舞台,这舞台至少和工作场所的民权法治理（Edelman 1992）,或者与高管和公司其他方面治理的长期刺激计划一样丰富广阔（Westphal & Zajac 1998）。快速发展的新企业环保主义作为一种与学习方法重要发展相结合的实证参照物（见 Rafaeli & Pratt 2006）,能够为进一步扩展象征性组织理论的更多更为深刻的实证分析提供舞台。近期,此领域重要的一些研究进展是组织学者们对那些受政府法规监管影响的,加入了自愿的气候保护协议（Delmas & Montes-Sancho 2010）和自愿报告当前和未来违反美国清洁空气法案行为的美国公司的研究（Short & Toffel 2010;Delmas & Toffel 本手册[第 13 章]）。这些研究和前面所提到的引用证明了象征性组织理论可以从依赖于实证主义认识论和定量分析的研究,以及旨在进行组织分析的标志着人类学起源的解释方法中获益。

参考文献

Abraham, J. (2007). *101 Mission Statements From Top Companies*. Berkeley, CA: Ten Speed Press.

Alvesson, M. (1998). "The Business Concept as a Symbol," *International Studies of Management and Organizations*, 28(3): 86—108.

——& Kärreman, D. (2007). "Unraveling HRM: Identity, Ceremony, and Control in a Management Consulting Firm," *Organization Science*, 18(4): 711—723.

Anderson, R. C. (1998). *Mid-Course Correction: Toward a Sustainable Enterprise*. White River Junction, VT: Chelsea Green.

Andrews, R. N. L. (1998). "Environmental Regulation and Business 'Self-Regulation'," *Policy Sciences*, 31: 177—197.

Assadourian, E. (2010a). "The Rise and Fall of Consumer Cultures," in Starke, L. & Mastny, L. (eds.) 2010 *State of the World: Transforming Cultures*. New York, NY: W. W. Norton & Company, 3—20.

——(2010b). "Business and Economy: Management Priorities," in Starke, L. & Mastny, L. (eds.) 2010 *State of the World: Transforming Cultures*. New York, NY: W. W. Norton & Company, 83—84.

Athanasiou, T. (1996). "The Age of Greenwashing," *Capitalism, Nature, Socialism*, 7: 1—36.

Beder, S. (2002). *Global Spin: The Corporate Assault on Environmentalism, Revised edition*. White River Junction, VT: Chelsea Green.

Berg, P. (1986). "Symbolic Management of Human Resources," *Human Resources Management*, 25(4): 557—579.

Bruno, K. & Karliner, J. (2002). *earthsummit.biz: The Corporate Takeover of Sustainable development*. Oakland, CA: Food First Books.

Callenbach, E., Capra, F., Goldman, L., Lutz, R. & Marburg, S. (1993). *Ecomanagement*. San Francisco, CA: Berrett Koehler.

Carraro, C. & Leveque, F. (eds.) (1999). *Voluntary Approaches in Environmental Policy*. Dordrecht: Kluwer Publishers.

Carson, R. (1962). *Silent Spring*. Boston, MA: Houghton Mifflin.

Dandridge, T. C., Mitroff, I. & Joyce, W. F. (1980). "Organizational Symbolism: A Topic to Expand Organizational Analysis," *Academy of Management Review*, 5: 77—82.

Delmas, M. & Montes-Sancho, M. (2010). "Voluntary Agreements to Improve Environmental Quality: Symbolic and Substantive Cooperation," *Strategic Management Journal*, 31: 576—601.

Deutsch, C. H. (2006). "The New Black: Companies and Critics Try Collaboration," *New York Times*. Retrieved from<http://nytimes.com>.

Edelman, L. B. (1992). "Legal Ambiguity and Symbolic Structures: Organizational Mediation of Civil Rights Law," *American Journal of Sociology*, 97: 1531—1576.

Egri, C. P. & Pinfield, L. T. (1996). "Organizations and the Biosphere: Ecologies and Environments," in Clegg, S. R., Hardy, C. & Nord, W. R. (eds.) *Handbook of Organization Studies*. London: SAGE, 459—483.

Epstein, M. J. (2008). *Making Sustainability Work*. San Francisco, CA: Berrett-Koehler.

Esty, D. C. & Winston, A. S. (2006). *Green to Gold: How Smart Companies Use Environmental Strategy to Innovate, Create Value, and Build Competitive Advantage*. New Haven, CT: Yale University Press.

Forbes, L. C. & Jermier, J. M. (2002). "The Institutionalization of Voluntary Organizational Greening and the Ideals of Environmentalism: Lessons about Official Culture from Symbolic Organization Theory," in Hoffman, A. & Ventresca, M. (eds.) *Organizations, Policy and the Natural Environment: Institutional and Strategic Perspectives*. Stanford, CA: Stanford University Press, 194—213.

Friedman, T. L. (2009). *Hot, Flat and Crowded: Why We Need a Green Revolution—and How It Can Renew America, Release 2.0*. New York: Piador/Farrar, Straus and Giroux.

Geertz, C. (1973). *The Interpretation of Cultures: Selected Essays*. New York, NY: Basic Books.

Gibbs, L. M. (1982). *Love Canal: My Story*. Albany, NY: Suny University Press.

Gladwin, T. N. (1993). "The Meaning of Greening: A Plea for Organizational Theory," in Fischer, K. & Schot, J. (eds.) *Environmental Strategies for Industry*. Washington, DC: Island Press, 37—61.

Greer, J. & Bruno, K. (1996). *Greenwash: The Reality Behind Corporate Environmentalism*. New York: Apex Press.

Gunningham, N., Kagan, R. A. & Thornton, D. (2003). *Shades of Green: Business, Regulation, and Environment*. Stanford, CA: Stanford University Press.

Halme, M. (1996). "Shifting Environmental Management Paradigms in Two Finnish Paper Facilities: A Broader View of Institutional Theory," *Business Strategy and the Environment*, 5: 94—105.

Hackman, J. R. & Wageman, R. (1995). "Total Quality Management: Empirical, Conceptual, and Practical Issues," *Administrative Science Quarterly*, 40: 309—342.

Hawken, P., Lovins, A. & Lovins, L. H. (1999). *Natural Capitalism: Creating the Next Industrial Revolution*. Boston, MA: Little Brown and Company.

Hillary, R. (ed.) (2000). *ISO 14001: Case Studies and Practical Experiences*. Sheffleld, UK: Greenleaf Publishing.

Hoffman, A. J. (2001). *From Heresy to Dogma: An Institutional History of Corporate Environmentalism (Expanded Edition)*. Stanford, CA: Stanford University Press.

Hoffman, A. & Henn, R. (2008). "Overcoming the Social and Psychological Barriers to Green Building," *Organization & Environment*, 21(4): 390—419.

Holliday, C. O., Jr., Schmidheiny, S. & Watts, P. (2002). *Walking the Talk: The Business Case for Sustainable Development*. San Francisco, CA: Greenleaf.

Intergovernmental Panel on Climate Change (IPCC) (2007). *Climate Change 2007: Synthesis Report*. Geneva.

International Organization for Standardization (2008). *The ISO Survey—2008*. <www. iso. org/iso/survey2008. pdf>.

Jacobs, J. (1969). "Symbolic Bureaucracy: A Case Study of a Social Welfare Agency," *Social Forces*, 47: 413—422.

Jermier, J. M. & Forbes, L. C. (2003). "Greening Organizations: Critical Issues," in Alvesson, M. & Willmott, H. (eds.) *Studying Management Critically*. London: SAGE, 157—176.

——Forbes, L. C., Benn, S. & Orsato, R. J. (2006). "The New Corporate

Environmentalism and Green Politics," in Clegg, S. R., Hardy, C., Lawrence, T. B. & Nord, W. (eds.) *The Sage Handbook of Organization Studies*, 2nd edition. London: SAGE, 618—650.

——Slocum, J. W., Jr., Fry, L. W. & Gaines, J. (1991). "Organizational Subcultures in a Soft Bureaucracy: Resistance Behind the Myth and Façade of an Official Culture," *Organization Science*, 2: 170—194.

Jones, M. O. (1996). *Studying Organizational Symbolism: What, How, Why?* Thousand Oaks, CA: SAGE.

Lenox, M. & Ehrenfeld, J. (1997). "Organizing for Effective Environmental Design," *Business Strategy and the Environment*, 6: 187—196.

Leopold, J. (2010). "BP Risks More Massive Disasters in the Gulf," *Truthout/Report*. Retrieved from http://oildisaster.com/2010/05/02/whistleblower-bp-risks-more-massive-catastrophes-in-gulf/.

Lyon, T. P. & Maxwell, J. W. (2004). *Corporate Environmentalism and Public Policy*. Cambridge: Cambridge University Press.

McKibben, B. (1989). *The End of Nature*. New York, NY: Random House.

Marshall, R. S. & Brown, D. (2003). "The Strategy of Sustainability: A Systems Perspective on Environmental Initiatives," *California Management Review*, 46 (1): 101—126.

Martin, J. (2002). *Organizational Culture: Mapping the Terrain*. Thousand Oaks, CA: SAGE.

Meadows, D. H., Meadows, D. L., Randers, J. & Behrens, W. W. III. (1972). *The Limits to Growth: A Report for the Club of Rome's Project on the Predicament of Mankind*. New York, NY: New American Library.

Meyer, J. W. & Rowan, B. (1977). "Institutionalized Organizations: Formal Structure as Myth and Ceremony," *American Journal of Sociology*, 83, 340—363.

Mizruchi, M. S. & Fein, L. C. (1999). "The Social Construction of Organizational Knowledge: A Study of the Uses of Coercive, Mimetic, and Normative Isomorphism," *Administrative Science Quarterly*, 44: 653—683.

Morelli, J. (1999). *Voluntary Environmental Management: The Inevitable Future*. Boca Raton, FL: Lewis Publishers.

National Academy of Engineering and National Research Council of the National Academies (2010). "Interim Report on the Causes of the Deepwater Horizon Oil Rig Blowout and Ways to Prevent Such Events," Retrieved from < http://www.nationalacademies.org/includes/DH_Interim_Report_final.pdf>.

Petts, J., Herd, A., Gerrard, S. & Horne, C. (1999). "The Climate and Culture of Environmental Compliance within SMEs," *Business Strategy and the Environment*, 8:14—30.

Pondy, L. R. & Mitroff, I. I. (1979). "Beyond Open System Models of Organization," *Research in Organizational Behavior*, 1:3—39.

Rafaeli, A. & Pratt, M. G. (eds.) (2006). *Artifacts and Organizations: Beyond Mere Symbolism*. Mahwah, NJ: Erlbaum Publishers.

Ramus, C. A. & Montiel, I. (2006). "When Are Corporate Environmental Policies a Form of 'Greenwashing'?" *Business & Society*, 44:377—414.

Rasanen, K., Merilaninen, S. & Lovio, R. (1995). "Pioneering Descriptions of Corporate

Greening: Notes and Doubts about the Emerging Discussion," *Business Strategy and the Environment*, 3:9—16.

Reinhardt, F. (2000). *Down to Earth: Applying Business Principles to Environmental Management*. Boston, MA: Harvard Business School.

Ridgeway, J. (2010). "BP's Slick Greenwashing," *Mother Jones Online*. Retrieved from <http://motherjones.com/mojo/2010/05/bp-coated-sludge-after-years-greenwashing>.

Russo, M. V. & Harrison, N. S. (2005). "Organizational Design and Environmental Performance," *Academy of Management Journal*, 48: 582—593.

Schmidheiny, S. (1992). *Changing Course: A Global Perspective on Development and the Environment*. Cambridge, MA: MIT Press.

Schumacher, E. F. (1973). *Small Is Beautiful: A Study of Economics as if People Mattered*. London: Blond and Briggs.

Shiva, V. (2002). *Water Wars: Privatization, Pollution and Profit*. Cambridge, MA: South End Press.

Short, J. L. & Toffel, M. W. (2010). "Making Self-Regulation More Than Merely Symbolic: The Critical Role of the Legal Environment," *Administrative Science Quarterly*, 55: 361—396.

Shrivastava, P. (1995). "The Role of Corporations in Achieving Ecological Sustainability," *Academy of Management Review*, 20: 936—960.

——(1994). "Castrated Environment: Greening Organizational Studies," *Organization Studies*, 15: 705—726.

Smircich, L. (1983). "Concepts of Culture and Organizational Analysis," *Administrative Science Quarterly*, 8: 339—358.

Smith, D. (2003). "Engaging in Change Management," in Waage, S. (ed.) *Ants, Galileo and Gandhi: Designing the Future of Business*. Sheffield, UK: Greenleaf, 93—108.

Speth, J. G. (2008). *The Bridge at the Edge of the World: Capitalism, the Environment, and Crossing from Crisis to Sustainability*. New Haven, CT: Yale UP.

Starke, L. & Mastny, L. (eds.) (2010). 2010 *State of the World: Transforming Cultures from Consumerism to Sustainability*. New York, NY: W. W. Norton & Company.

Tokar, B. (1997). *Earth for Sale: Reclaiming Ecology in the Age of Corporate Greenwash*. Boston, MA: South End Press.

Westphal, J. D. & Zajac, E. J. (1998). "The Symbolic Management of Stockholders: Corporate Governance Reforms and Shareholder Reactions," *Administrative Science Quarterly*, 43: 127—153.

Yaziji, M. & Doh, J. (2009). *NGOs and Corporations*. Cambridge: Cambridge University Press.

31 从批判视角看商业与自然环境

Subhabrata Bobby Banerjee

本章将介绍一些针对商业与自然环境的批判观点。管理学批判性研究（CMS）的逐渐兴起，为研究商业如何处理环境问题提供了非常重要的独特视角。本章的结构如下：首先将简要介绍管理学批判性研究（CMS），探讨与该领域相关的知识与哲学传统。管理学批判性研究切入权力与支配问题的方法与主流机构研究截然不同，为从理论上阐明环境问题提供了独特的方式。接下来将总结商业与自然环境研究中的关键主题。几乎所有针对在环境问题上应用的组织方法的研究都采用功能理论，给予各类组织目标相比于环境目标更多特权，因此在环境问题双赢方法上存在严重的局限性。最后以作者为商业与自然环境研究列出批判性研究日程作为结尾。

一系列哲学链和理论链交织形成辩论网络，这就是管理学批判性研究。批判性理论的观点由法兰克福学派的 Horkheimer、Adorno 和 Habermas 提出，传播了管理学批判性研究的部分表述方式，尤其在对工具理性、用户至上的批判及对社科研究和技术统治论的实证论偏见方面（Scherer 2009）。知识无法与人类兴趣剥离，同时也不存在无价值或价值中立的科学这回事，这种见解标志着对组织与管理研究传统理论的彻底背离。学者们采取批判理论观点是为了显示组织结构如何作为支配与控制模式发挥作用，同时提出另一种组织与治理结构模式，而这种新模式被认为压迫性更弱且更利于解放（Willmott 1993；Scherer & Palazzo 2007）。

从管理学批判性研究观点中暴露的关键问题，其关注点不仅仅是为了解释组织与政治经济中的现代安排，而是询问特殊安排是如何发生的，揭露阻碍组织机构变形的权力关系。这样一种观点将对盈利能力和股东价值的主流研究关注构成挑战；相比于询问如何增强盈利能力和股东价值，它更关注如何创造特殊利润，并试图鉴定与产生利益相关的社会与环境成本，或解释社会特定群体为何会被剥夺公民权利（Banergee 2010）。因此，在组织和自然环境的背景下，批判性方法将批判主流环境管理或战略研究，因为它让关于盈利模式的基本假定未受到质疑。我们在后面将看到，当环境问题在传统经济范式中形成时，会出现"环境"与"自然"的特殊结构。批判性方法将超越通过环境改善搜寻经济效益，而是在探索从环境视角存在其他经济和组织安排的可能性中强调其边界条件。

31.1　管理学批判性研究的兴起

关于管理学批判性研究的关键发展与文章在这里不能详尽介绍；但作者选取了其认为是管理学批判性研究的关键主题以供阅读。初期研究领域较为分散，学者人数较少，现在已演变为分支学科伴随着体制结构和过程。管理学批判性研究由最初的兴趣小组到成为现在美国管理学学会的成熟分部，拥有管理学年会专业发展研讨会和竞赛学术报告的分配配额。自 1999 年起，管理学批判性研究会议每两年举行一届。2009 年管理学批判性研究会议于英国华威商学院举行，包含 25 个分支学科及一系列讨论议题，如针对战略、全球化、国际商务、多元化、女权主义、种族理论、人力资源管理、营销、会计学、后殖民主义、性倾向、性别、后现代主义和环境保护的批判性观点。显然，在组织与管理研究中有太多需要批判研究的对象。探索管理学批判性研究的准确批判内容，以及在批判中可获得的其他世界观、认知论、理论、方法论和组织与管理方法，也将十分有益。

管理学学会中管理学批判性研究分部的领域陈述为我们提供了一些启发：

管理学批判性研究作为管理学学会旗下的论坛，用于传达关于既定的管理实践和既定的社会秩序的批判性观点。我们假设当代社会的结构特征，如利润率、父权社会、种族不平等和生态不负责任等，常常将组织转化为统治和剥削的工具。在试图改变当前局面的共同愿望的驱使下，我们旨在在研究、教学、实践中发展对管理和社会的批判性诠释，生成突破性的替代方法。我们的批判试图将管理和私人管理者的实践缺点与社会分化、生态破坏系统的需求在管理者的工作领域中对接起来。（CMS 2010）

因此，批判的基本假定与出发点是导致"统治与剥削"的"当代社会的结构特征"。"利润必要性"促使管理与组织研究成为批判的焦点。"利润必要性"

使得其他任何"社会"或"利益相关者"问题暂时搁置一边，是现代企业的根本。管理学批判性研究挑战了管理与组织理论和实践的基础性常规假设，即效率的管理理念普遍适用，且追求利益动机只会为劳动力和社会带来积极的结果。相反，采用批判性视角可能揭露管理中隐藏的压迫结构。这样一种观点能帮助我们将组织与管理实践视为权力关系争夺的战场。因此我们的目标就是将组织中的现有权力关系进行转化，构建压迫性更小的工作场所，从而不伤害社会与环境福祉。

这样一种广泛而普遍的批判借用了理论多元论，其中包括传统的新马克思主义分析、劳动过程理论、批判理论法兰克福学派、后现代主义、后结构主义、解构主义、后殖民主义、文化研究、女权主义、酷儿理论和精神分析（Fournier & Grey 2000）。管理学批判性研究中不存在一种包罗万象的批判管理"理论"——更准确地说是理论发展——可被视为各种争论的连通网络，包含不同的，甚至有时相互矛盾的政治和认知立场。事实上，有些人认为这种理论永远不可能存在。尽管认可辅助管理学批判性研究的理论多样性，然而Fournier & Grey（2000）却试图通过关注与表述行为、非自然性与反身性相关的方面来描述其边界。

Fournier & Grey（2000:17）认为表述行为是传统管理学研究的根基，效率是至高无上的，所有的知识与事实都直接推动效率或"为实现最小投入的最大输出产量"。管理学批判性研究排斥这种对表述行为的追求，反而提倡在管理与组织的研究中采取非表述行为甚至反表述行为的方法。随表述行为而来的可能还有剥削、操纵、监视、从属和夺权（Burrell 1997），批判性的管理视角将展示知识如何在表述行为知识的幌子下带来负面效果。

非自然性包含揭露隐藏在合理性架构中的不合理性、"违背自然规律"和权力关系（Alvesson et al. 2009）。因此，去自然性的组织探究挑战了现存组织与社会关系的稳定性、合理性和"自然性"，试图铭记管理学理论（Fournier & Grey 2000）。反身性标志着批判性与非批判性方法之间的第三类边界条件，实证主义认知论和方法论很少在管理学主流学派中遭到挑战，采取反身方法将明确认可和细查这些假设，强调已获取知识的局限性。究竟哪些事实获得承认，哪些事实被否决，都属于反身过程的一部分。批判性视角不仅仅是为问题寻找新的答案，也会质疑为什么有些问题需要答案，而有些却不需要；对知识的普遍追求中包含或不包含哪些利益；为什么特定知识生产方法会优于其他方法被人选择（Grice & Humphries 1997）。

然而，Fournier & Gray 的管理学批判性研究边界条件并非没有受到质疑。批评者认为,针对关于本体论与认知论的哲学论据的先入之见,忽视了员工在组织内所面对的工作场所和材料挑战(与"社会构建"截然不同)的政治现实(Thompson 2004)。否定剥削的、父权制的、以欧洲为中心的、殖民的、资本主义的、等级制度和表述行为的效率观念是令人满意的,但理论批判也必须提供另一种存在和了解的方法,同时保留对自己创造的知识的反省。否则,管理学批判性研究可能陷入愤世嫉俗的管理学研究陷阱,或者正如 Burrell(1993)善辩地总结为"在大街上撒尿"行为的智能等价。

相比于欣然接受非表述行为或反表述行为,Spicer et al.(2009)提倡肯定的或积极的表述行为,将表述行为参与作为管理学批判性研究的一部分。只有通过与实践和批判性对话互动以及实施务实的干预来挑战压迫的组织和社会关系,管理学批判性研究才有希望为统治与屈从关系的现存形式创造另一种形式,揭示其批判性审查。这样一种表述行为立场将是肯定的(不仅仅是消极的),包含道德和注意义务,同时在定位需要干预的特殊组织实践和空间方面,以及定义替代方案和可能性及对替代实践评估常规标准的批判分析方面,体现了其实用的一面(Spicer et al. 2009)。

为了举例说明管理学批判性研究中或许更抽象的观念,让我们首先观察原住民与如采矿和石油开采等采掘工业之间的土地与资源冲突,或许会更容易理解。主流"利益相关者"方法提倡与受影响群体进行咨询、对话、补偿和重新安置,这样资源开采才能转为从社会和环境角度均负责任的方法(见 Bondy & Matten 本手册[第28章])。然而,这种方法拒绝对强大跨国企业"利益相关者参与"策略中的极不平等的权力关系以及南北经济和政治互动中持续存在的权力殖民关系负责。存在的原住民模式和土地的关系从内在上与资源开采的经济范式不具有比较性,即使再多的"利益相关者对话"也不能调和这些本质区别,除非存在一种针对权力关系的显性分析,可以帮助地方群体拒绝"发展"的特殊形式,或允许背后有国家支持的跨国企业从原住民保留地开采资源(Banerjee 2000,2003)。

批判性方法将检查"发展"、"现代性"和"进步"的话语构建如何在政治经济中创造特殊关系和权力结构,促使特定开发形式出现的同时规避其他形式。经济、社会、生态和政治领域的区分也是典型的"西方式"看待和管理世界的方式,尽管其普遍性要求并不能反映世界主要人口的现实情况。例如,在"发展"的要求下将自然转化为"环境"已经对第三世界国家数百万的民众产生了消极的后果,因为这种做法掩盖了其导致的社会、经济与政治混乱(Banerjee 2000,2003,2008)。批判性的表演性将超越揭露权利的压迫现状,而是关注务实干预,如保护原住民土地权利、保护原住民文化权利和社会秩序的法律机制。

管理学批判性研究究竟对管理和组织理论及管理实践施加了哪些影响?如果从关联性和影响角度评判研究的质量,那么我认为,尽管近些年研究数量增加、制度化进程加快,管理学批判性研究对管理实践或公共政策的关联性和影响可以说微乎其微。尽管这可能为学术发表生涯创造新的发展空间,但也存在一种风险,即管理学批判性研究成为组织和管理研究中孤立的一个分支学科,仅限于批判出现在主流刊物的研究,同时自身无忧无虑地躲在哲学和理论性的舒适圈内。鉴于本手册关注商业与自然环境领域的研究,因此管理学批判性研究观点对商业与自然环境领域相关研究有哪些影响,也是作者将在下一节讨论的内容。

31.2　商业与自然环境研究:批判性分析

20 世纪 60 年代末期和 70 年代初期,在美国和欧洲颁布了第一部环境法规后,环境问题被列入企业议程。与此同时,环境问题也同样获得学术研究的关注,并作为企业社会责任的一部分而被理论化。20 世纪 70 年代的石油危机、有关环境污染引起环境与健康危机的越来越多的证据、杀虫剂滥用、有毒废料倾倒等越发引起公众对于环境的担忧,促使政府引入环境立法。商业学科的相关学术研究,尤其是管理、会计和营销领域,开始关注如节能、生态责任(消费者和企业双方)和企业社会责任等议题。20 世纪 60 年代和 70 年代在欧洲和美国兴起的环境运动很大程度上是一种草根运动,见证了一些绿色非政府组织(NGO)的出现,绿色非政府组织的注意力集中在"大企业"的环境影响上。然而,20 世纪 80 年代该运动中断了十年之久,并于 90 年代再次被列入企业议程,尽管形式有所改变。

一方面社会责任和道德观点仍被用作企业环境保护论的规范性辩护措施,另一方面自 20 世纪 90 年代起其理论和实践发生了一场战略转型。环境问题已变为"战略行为",原因是它有可能影响企业的财务业绩,这是由于环境污染控制的成本增加,企业产品和生产引起环境影响责任更重、环境立法更加严格,以及消费者对环境问题的关注增多(Banerjee et al. 2003)。20 世纪 90 年代见证了管理学文献中关于企业绿化文章的轻微爆炸性增长。多数这类文献试图将可持续发展的观念纳入企业战略中(例如,2000 年《管理学学会期刊》的"在自然环境中的组织管理"特刊,1995 年《管理学学会评论》的"生态可持续组织"特刊,或 1992 年《长期规划期刊》的"环境的战略管理"特刊),探讨企业环境保护论和环境管理组织过程的兴起。

在管理学学会中,自然环境重新燃起人们的兴趣并获认可可作为一个研究领域,也就诞生了组织与自然环境(ONE)。最初 ONE 只是 1994 年创建的一个兴趣小组,然后被授予成为管理学学会的一个独立分支,地位得到合法化。根据管理学学会组织与自然环境的领域陈述,该部分主要促进:

涉及组织与自然环境关系的相关研究、理论和实践。主要议题包括:生态持续性、环境哲学与战略、生态绩效、环境创业、环境产品与服务行业、环境污染控制与预防、废弃物最少化、工业生态学、全面环境品质管理、环境审计与信息系统、可持续性的管理人力资源、生态危机管理、自然资源与系统管理、环境保护与修复、系统管理的相互作用、环境利益相关者的相互作用、环境政策、环境态度和决策及此类话题的国际维度与相互比较。由于自然环境是所有个人、组织及社会活动必需的一部分,因此兴趣小组鼓励整体、综合和跨学科分析;鼓励与所有其他学科和管理学学会分支共同针对这些议题进行探索研究。(ONE 2010)

除了关于"环境哲学"和"整体、综合和跨学科分析"的若干参考文献,该领域陈述的领域议题是关于如何"管理"环境问题。因此大多数研究的"联合探索"聚焦于组织生存与成长的自然环境的策略意涵上,这不应让人感到惊讶。因此,研究的重点在于"生态效率"及由减少能源法案、废物与污染预防所带来的经济效益(Banerjee 2001);或通过成本领先和产品差异化增强竞争优势的途径(Bansal & Roth 2000;Kallio & Nordberg 2006);或"管理"利益相关者和监管环境以回避或参与立法(Banerjee 2007;Banerjee & Bonnefous 2010)。尽管部分研究把注意力集中在"环境结果"(Bansal & Gao 2006),但其基本假设是这些结果将为企业增强财务或经济结果。这种环境研究的"双赢"策略是商业与自然环境相关主流研究的根本基础。对于"良好的"环境结果造成"不好的"财务或经济结果,管理者和公司如何协调这些效益悖反或"环境结果"是否在一段时期内可持续,多数研究对此避而远之(Banerjee 2007;2010)。

尽管环境问题有可能改变组织和管理的理论与实践,但该过程仍有很长的路要走。在考虑商业与自然环境相关研究的未来时,Shrivastava & Hart(1994:607)评论道:

在近十年中,环境保护论将成为经济、社会和政治变革中最强有力的力量之一。到 2000 年,组织和组织理论将会戏剧性地进行自身转变,以适应环境困扰问题。尽管环境保护论已在过去的二十年间兴起,但组织和组织理论学者却没有恰当地解决环境困扰问题。

由于如何"恰当地解决环境困扰"没有一致性可以评价,因此必然不存在任何证据证明组织和组织理论已经"戏剧性地实现自我转变,以解决环境困扰"。事实上,有些研究者认为情况恰恰相反:组织和组织理论已经戏剧性地将自然本身转化为可管理、可经营和可被操控,以符合组织结果的"环境问题"(Banerjee 2003,2007;Levy 1997;Newton & Harte 1997;Shrivastava 1994;Welford 1997)。由于企业不可能继续无视环境问题,而且现在大多数大企业都有环境管理政策,主导范式依然照旧,可能有绿色认证的淡淡着色。批判性策略将分析政治经济与管理学学会中的权力动态,以期解释为什么这样一种转变未能发生以及积极阻止向绿色经济转变的利益团体的作用。

那么商业与自然环境相关研究究竟对主流管理与组织研究造成了哪些影响?有哪些新见解形成,自然环境又是怎样影响了组织理论与实践?商业与自然环境相关研究状态的最新综述表明,其影响简直微乎其微。例如,Kallio & Nordberg(2006)提出,所谓的领域绿色化并没有导致管理学研究出现根本性的转变或重新定向(见 Gladwin 本手册[第 38 章]的进一步批判)。多数此类研究继续受到管理和功能观点影响,缺乏批判性自省。在将自身塑造成为商业"正统"问题的渴望中,商业与自然环境相关研究并未建立任何有新意的理论框架,而是关注组织领域理论的渐进式发展,例如公司的资源基础观和公司的利益相关者理论(见 Eherenfeld 本手册[第 33 章]的相关论证)。文献中仅有少数"范式级别"的论据能够挑战组织学中的主流观点,并提供可供选择的哲学和理论观点(Bansal & Gao 2006;Jermier et al. 2006)。20 世纪 90 年代中期,出现一些在范式级别的理论化的尝试举动,其基本前提是文献和提出环境问题的事件中缺乏对自然环境的关注,其基本范式是以人类为中心的,而生态原则要么包含经济范式,要么与其分离(Purser et al. 1995)。例如,Gladwin et al.(1995)探讨了"技术中心"范式及其关于无限增长的关键假设与对解决环境问题的科学技术依赖性。这种观点与"生态中心"范式恰恰相反,对自然持另一种观点,且承认增长与地球承载能力有局限性。他们提出"可持续中心"范式能够综合其他两种范式的对立局面,可持续发展也在无拘束增长与不增长之间提供了一种折中方案。然而,即使这些在构建环境问题中的批判性尝试也不能算作是政治经济中对权力动态的精密分析,从而实现范式转移。此外,商业与自然环境相关研究的影响和作用范围似乎都是最小限度的:如果不计算特刊的论文数量,商业与自然环境相关研究在组织学与管理学研究文献刊物中发表数量不足百分之一(Bansal & Gao 2006)。

我们发现,自然环境的生态意义屈从于一种支持经济增长模型主导性的传统观点,这一点十分具有启发意义。商业与自然环境相关研究所取得的实践意义,就是在继续为增长、生产和消费提供特权的组织学理论主流观点上加上前缀"可持续性的"。Bansal & Gao(2006)和 Kallio & Nordberg(2006)承认商业与自然环境相关研究并未生成一个人们期望的强力理论框架的"巨大问题"。更准确地说,自然环境已经屈服于商业中的竞争性环境与政治经济,其中自然变为"捆绑的资源",环境管理成为"战略能力"或"核心竞争力",且与组织学主流理论保持一致。即使针对商业与自然环境相关研究的批判也是基于主流观点:Gladwin(1993)在其"让组织学理论"更绿色的请求中表示,商业与自然环境相关研究尤其缺乏"准确的定义、因果关系方向性;可实证检验的命题以及经过验证的一般模型"(Kallio & Nordberg 2006:443),并叹息商业与自然环境学者并未始终"将自身从倡导与意识形态中抽离出来"(Gladwin 1993:43)。从那之后实证研究取得了一些成果,得到了经实证检验的假设和环境保护论措施,但管理学批判性研究学者认为,除了其功能主义和实证主义的认知论与存在论假设,这样的理论性"严格"评价凸显了在商业与自然环境相关研究中自省与批判性观点的缺失。更多精确措施、经实证检验的命题和先进的分析技术能够生成良好的统计模型,但却在能够解释自然环境在经济、战略和竞争性术语中如何构建"倡导与意识形态"的问题上保持沉默。批判性的观点将会检验材料、论述和制度权力关系,并要求商业与自然环境学者在接受不提倡任何意识形态的主导经济范式的规范假设的同时,规避倡导意识形态。

快速精读本手册的部分章节就可看出环境问题的话语框架。例如,在商业与自然环境研究背景下论述竞争战略和营销的章节审视了一系列研究,其基本理论方法是拓展关于竞争战略、企业理论、市场细分和消费者行为的现有理论,试图将环境问题加以融合。除极少数例外情况之外,大多数研究试图为环境问题找到一个商业理由:在企业和公司层面,绿色形象会产生声誉利益;在竞争战略层面,能效与产品差异性可引领企业获得竞争优势和财务收益;在功能性层面,细分市场和生产绿色产品能够增加市场占有率和收益。主要目的是要让"环境"适应商业模型,而非反其道而行之。但这并不是说不应鼓励对环境影响较弱的产品,而是应该定义双赢局面的界限。更重要的是,增长与消费的局限性勉强被承认,简单地在增长与消费前面加个前缀"可持续性的"并非特别有效。多数绿色消费文献将注意力放在环境改善与消费者愿意支付的代价之间的取舍上。即使绿色产品在价格上更便宜,也并不意味着它们是环境可持续性的,例如在中国和印度经济的快速增长中,生产超级省油、价格更低廉的汽车意味着单位排放强度得到全面降低,但随着越来越多的人有能力购置汽车,总尾气排放仍将增长。

试图定义可持续性对于商业的意义将凸显知识在组织学研究中的话语力量,以及企业与机构对可持续性的获取。例如,世界可持续发展工商理事会(WBCSD),一个由超过 200 家跨国企业首席执行官组成的强大的游说团体,在发展其"可持续发展愿景"时主张,可持续发展的目标之一就是"通过自愿行动而非监管机构强迫来保持企业的自由"(Schmidheiny 1992:84)。这种论断反驳了企业环境保护论唯一的一贯主张,即政府监管是企业环境绩效的最重要的预言者(Banerjee et al. 2003)。面对世界可持续发展工商理事会,道琼斯可持续发展指数不甘示弱地将可持续性的企业定义为一个"旨在通过将经济、环境和社会增长机遇综合纳入企业和商业战略以增加长期利益相关者价值"的企业(Dow Jones Sustainability Group Index 2010)。

Zadek (2001:9)同样将"公民企业"定义为"通过有效地开发其内在价值与能力来将社会和环境目标纳入核心业务"的企业。"在私人企业原则的限制内"追求这些机遇,从而增强了在环境问题双赢策略上的狭隘视野。因此,环境与社会问题仅能被概念化为商业的"成长机遇"。假设它们不能提供成长机遇,商业企业就不应该追求环境和社会行动,这也不是某些商业与自然环境学术研究在组织学中所需要的"戏剧性转化",即便假设商业与自然环境研究仅关注环境可持续性,而不是社会、文化或政治可持续性。更准确地说,公事公办似乎更占上风:正如国际跨国企业孟山都公司前首席执行官 Robert Shapiro 所解释的那样,可持续发展并不是基于情感或伦理的柔性问题,而是包含"冷酷、理性的商业逻辑"(Margretta 1997:81)。如果我们想要发展一种不为强权企业提供狭隘经济利益特权的可持续性的突破性思想,那么就必须解构这种"冷酷、理性的商业逻辑"。某些研究学者宣称"冷酷、理性的商业逻辑"将为企业带来"道德转变"(Crane 2000:673),看起来这种论断需要面对可持续性的挑战。批判性管理在此类解构和重构中扮演了决定性的角色。

环境污染预防与产品监管或许是企业可以发展的"双赢"环境战略能力,但这些战略能否承载经济、环境和社会可持续性的更广泛目标,仍存有疑问。例如,假如一项"可持续发展"战略反映出真正的"公司基于自然资源的观点",那么就必须努力"割裂在发展中国家中环境与经济活动之间的负面联系"(Hart 1995:96)。考虑到多数全球政治经济都是基于从第三世界国家采购原材料,因此很难看清目前商业政策与战略、组织管理或组织与自然环境中的理论发展,如何能够开始解决这种规模和程度的问题。尽管人们提倡"对组织研究概念与理论的根本性修订"(Shrivastava 1994),但却没有对如何采取行动的进一步解释。组织内不可能发生根本性改变,除非在大型政治经济中发生了相应的转变,且企业的社会角色及其经营许可的根本性问题得到关注。

近期关于全球气候变化谈判失败的争论已经证明了商业游说在制定全球环境日程中的权力:大型企业在解决气候变化时更愿意采取的策略是政治游说阻止强制减排,不让其商业模式发生"任何戏剧性的转化"(Bumpus & Liverman 2008;Levy & Egan 2003)。由于类似生态效率、全生命周期评估、环境化设计和全面环境品质管理可以帮助商业企业开发战略能力,以理解和可能降低其环境影响,近期研究表明,即使这些环境倡议也会根据其对公司的经济效益进行评估,但只有那些能够带来经济效益的倡议才会被采纳(Banerjee 2001;Banerjee & Bonnefous 2010)。针对双赢局面的排他聚焦并非反映出范式转移,而是经济合理性而非生态合理性对可持续性话语的获取。假如全球环境危机需要发展一种"恢复经济",其中政治经济围绕资源节约而非资源损耗建立,这一点也正如 Hawken(1994:11)所建议的一样。这就打破了在针对由资本主义生产与消费引起的环境破坏和社会错位的组织研究中盛行的令人困窘的沉默。或许这也是管理学批判性研究能够发挥作用的地方。所谓的"商业绿色化"不应与可持续发展混淆;更准确地说,批判性研究学者的任务就是揭露生态理性与道德如何在组织与组织研究中被操纵来巩固企业利益。若要与此相关并施加影响,则该批判必须也能够提供其他研究与实践方法。作者将在本章结束时列出组织与自然环境批判性研究议程。

31.3 面向商业与自然环境研究的批判性研究议程

那么什么才是基于权力关系分析的批判性研究议程的关键元素?我将探讨除主流观点之外的其他五个未来商业与自然环境研究的主题:试图重新概念化商业与环境关系的范式研究(与将"环境"作为另一种资源进行管理的做法不同),描述绿色管理局限性的实证研究,分析市场、国家和公民社会角色之间权力关系的批判性政治经济方法,旨在促进生态民主与更多决策参与形式的全球环境治理,团体、机构与政治选区的批判性参与。

批判性范式研究

商业与自然环境的批判性观点将超越对环境问题的技术解决方案的确认。正如 Shellenberger & Nordhaus(2004)指出的,将环境构建为不得不被管理的对象仅允许特定类型的问题被表达以及限制了狭隘定义问题的解决方案。因此，全球变暖可以通过技术修补得到"解决"，例如环境污染控制、汽车燃料经济性和碳交易，同时不损害当前政治经济的根基。这种方法并没有涉及全球环境问题带来的政治、社会和文化挑战，更重要的是也阻碍了任何形式的草根组织与抵抗。将全球变暖构建为"大气中碳含量过高"的问题（Shellenberger & Nordhaus 2004），掩盖了地区、区域和国家间对大气的不公平使用，以及在解决问题时对资源的不公平分配。更先进的技术可能会降低环境污染，但不会解决同样是"环境问题"的资源分配与公平的根本问题。全球环境危机不可能通过大气私有化与污染权利交易得到解决。

范式层次上的环境保护论的批判性观点超越了技术手段的还原本质，而关注科技系统的社会、文化和政治特性，试图促进"政治生态"和环境运动的民主化（Luke 2005）。假如气候变化是一种市场失灵形式，那么基于市场的解决方法将倾向于关注减少遵守监管的企业成本，促进治理私有化形式，而不是寻找公共监管和民主治理的更有效形式。

绿色管理的局限性

管理学批判性研究可在识别环境问题"双赢"策略的局限性上做出贡献。有证据显示，基于环境改善带来的成本节约可能正在趋于稳定，环境改善的最初的高回报/低投入时期已经结束，而企业环境战略撞上了"绿色保护围墙"（Piasecki et al. 1999）。如何克服这些局限性需要在体制、产业、组织与管理层面上进行研究，批判性视角能够帮助我们不仅看清体制与话语权力如何建立标准来定义"可接受的"环境局限性，还有可能为我们指明能够改变决策规范框架的管理方法（Banerjee 2010）。理解特殊环境倡议的长期效果需要更多的研究。大多数研究都将注意力放在了环境保护论的双赢案例上。当人们尝到能源效率、废物排放减少和循环回收的快速效果，企业将会面对那些无法提供即时经济与财务效益的环境倡议（Banerjee & Bonnefous 2010）。那么管理者如何对输赢局面中的取舍进行谈判？所使用的决策标准是什么？如何就这些标准与内外部利益相关者沟通？

批判性的政治经济方法

针对组织为何应该更绿色环保的标准规范的相关问题或许存在于分析层面。关于竞争、生产、消费与经济增长观点的政治经济组织结构揭示了在组织结构层面限制任何向环境保护论进行根本转化的显著结构束缚。创建"修复经济"不仅需要在组织机构层面，而且也要在机构、社会、政治经济及私人层面进行干预。商业与自然环境研究的批判性观点将检验推论性地生成外部环境约束的结构与过程,以及这些约束如何决定组织机构的回应。这种批判应当允许我们扩大争论范围,囊括政治经济与触及环境问题的其他方法,即当前"环境管理"话语未成功触及的话题(Levy 1997)。

经济、环境与社会利益之间的任何调节在根本上是一项政治任务,因为其包含权力结构与过程。组织与自然环境研究方面的批判性观点在理论化社会、经济与政策之间的复杂互动时,将权力定位为分析的中心单元。权力动态性将全球环境运动从超国家机构的体制力量,如世界银行和国际货币基金组织,即工业化国家及其跨国企业的经济权力,塑造成为"环境—经济范式"的话语权力,生成并传播"自然"、"环境"和"生态多样性"的特定观念(Mcafee 1999)。政治经济中的话语权力形成一种以特殊方法孤立经济的企业理性,并反映在如世界银行、世界贸易组织和国际货币基金组织等机构的发展政策,以及商业企业的企业战略中。这种角色被合法化以推广一种意识形态,即只有通过物质与服务的全球生产与消费竞争才能实现社会进步。因此,由话语生成的规则便成为"自然"法则或标准。"进步"、"发展"与"企业公民"的定义成为管理定义过程中掩盖权力关系的真实影响(Foucault 1980)。

批判性方法不仅设法解释经济、社会与政体之间的现存关系,而且分析当前秩序是如何形成的,以及维持其存在的结构与过程。关于环境保护、生物多样性和地球承载能力的政策争论更多与特殊社会秩序的保护有关,而非自然保护(Harvey 1996)。因此,商业与自然环境的批判方法根本上是对社会变革的分析,并试图将社会和生态改变重新嵌入政治经济中去,且有可能识别出其他权力共享安排。

全球环境治理

关注企业的政治与"公民"角色的研究也为商业与自然环境相关研究的批判提供了基础(Scherer & Palazzo 2007)。假设在全球化世界中,国家的角色已经发生变化甚至被弱化,而与此同时,市场参与者在社会治理中扮演越来越重要的角色。明确了企业在参与市场时的政治角色的话,那么国家和公民社会参与者可被视为超越传统环境管理方法的"生态公民"形式(Crane et al. 2008)。假如企业要实施曾是属于政府权限的活动,那么就有必要检查企业参与政治与社会领域活动的过程与结果。透过企业公民身份理解企业的社会角色将会带来重要的规范问题,例如企业在交付公民权利时的能力比国家或公众参与者更有效,对所产生结果的期许问题,及企业进入公民权利领域的动机问题(van Oosterhout 2005)。

在国际贸易协定与环境政策的背景下,更多的决策民主形式包含了更多非国有和非企业参与者。要实现这一点,可通过纳入公民社会组织机构要求的政治方法,或通过企业(和政府)自愿与公民社会参与者合作加强经济、社会和环境政策合法性的"协商民主"方法。这样一种过程可能实现"企业权力在公共用途上予以更民主的管理"(Scherer & Palazzo 2007)。然而,尽管参与性对话可以增加企业决策的透明度,但并未解释清楚企业在协商民主中的参与如何能够在企业行动中对非企业参与者加以"民主控制"。国家、企业与公民社会参与者之间的不平等权力动力问题依然存在。冲突利益方之间的公开对话可以形成一种不稳定的一致意见,可能提供更好的透明性,但仍未触及如何在协商民主的背景下建立并巩固责任性。公私伙伴关系或许是一种参与性更高的发展方法,但管理这些伙伴关系的规则却倾向于通过结构和话语权力关系由企业构建(Fuchs & Lederer 2007)。正如 Mouffe(2000:14)所提出的,假如权力关系是社会基础,那么"民主政治的主要问题不是如何消除权力,而是如何建立与民主价值更兼容的权力形式"。

批判性参与

最后,如果管理学批判性研究务必要对商业与自然环境相关研究产生影响,则需要彻底脱离传统理论化模式。从根本上讲,针对环境问题的批判性研究议程,其相关性与影响需要根据政策与实践的改变程度来评判。相比于"从倡议和意识形态中抽离自身"(Gladwin 1993:43),批判性研究学者需要与市场、国家和公民社会参与者接洽,着眼于推动更多的决策参与形式,同时对他们提出的其他选择的局限性保持自省。如世界社会论坛和其他社会和环境福祉联盟等社会运动已提倡广泛的体制改革,以解决全球贫穷、劳工条件、气候变化、环境破坏和生物多样性保护。在企业层面,这些团体已提倡更多的企业社会责任和针对强大跨国企业的民主控制。例如,地球之友,一家国际环境非营利组织,在约翰内斯堡地球峰会上提出了一份企业责任感框架公约(Bruno & Karliner 2002)。政府与企业不出意外地无视了这份提议。这份提议的关键要素包括:

• 就环境与社会影响的强制性企业报告要求。受影响群体的优先咨询途径,包含环境与社会影响评估和信息的完整获取。

• 扩大企业违反环境与社会法律时的董事责任,以及违反国际法律与协定时的企业责任。

• 公民的纠正权力,包括世界任何地方受影响人群寻求诉讼的途径,为利益相关者提供合法挑战企业决策,及支持此类挑战并提供公共基金的法律援助机制。

• 社区资源权力,包括在如森林、渔业和矿物等公共财产上的原住民权力。

• 对开发项目和反对拆迁的投票权以及对企业征收资源的赔偿权力。

• 违反以上责任时对企业的处罚,包括暂停股票交易、罚款和(在极端情况下)撤销公司章程或收回有限责任地位。

针对组织与自然环境研究的批判性观点不仅需要多学科研究方法,同时也要综合认识论、本体论、理论化和方法论的观点。管理学批判性研究询问不同的问题,而不是为相同的问题去寻找更多答案。例如,商业与自然环境相关研究的批判性研究议程可能探索下列问题:

• 政治经济中的结构和话语安排如何塑造组织机构的环境战略?

• 管理主体性如何针对环境问题做出企业响应措施?

• 环境保护主义者和公民社会参与者采用了哪些反抗形式,及他们的努力有多成功?

• 管理者们如何就环境影响与经济效益的权衡进行协调?"环境"的结构与话语定位如何塑造组织的响应范围?

• 企业使用了哪些政治战略来影响环境政策制定?

• 企业如何让存有疑问的利益相关者采取一种不会影响企业经济底线的行为方式?

• 企业会采取哪些策略让存有疑问的利益相关者保持沉默或使他们的声明非法化?

• 强大的企业和体制利益如何在政治经济中维持他们的支配地位?他们使用哪些策略去管理阻力?

在结束本章时本人提出一个发人深省的问题:环境可持续性是否有前景?抑或我们是否已经走到了绿色商业的极限,进一步努力将纯粹是增量?所有向可持续性话语的突破性转变都需要直面大企业主导的"可持续发展工业"的力量,这股力量已经通过展开生态现代主义和生态效率成功控制了争论(Springett 2003)。超过四十年的商业与自然环境研究没有成功问出那个"大"问题,而是几乎将全部注意力放在了环境工具主义上。没有询问我们如何让经济增长具备环境可持续性与社会可持续性,管理学批判性研究询问的是:我们如何让低环境影响的生活方式,降低消耗和富裕人群的生活标准,实现经济可持续性?商业与自然环境领域的批判性管理研究必须超越将组织或

企业作为分析单元,并将注意力聚焦于政治经济,并借鉴源自环境社会学
(Catton & Dunlap 1980)、人类学(Escobar 1995)和生态经济学(Daly 1999;
Martinez-alier 1987)的跨学科观点。批判性观点必须描述出当前解决环境问
题方法的局限性,确定战略和参与者去克服这些局限性,提出决策的可替代的
规范标准,为未来研究指明方向,并始终保持强大的自我反思。

参考文献

Alvesson, M., Bridgman, T. & Willmott, H. (2009). "Introduction," in Alvesson, M., Bridgman, T. & Willmott, H. (eds.) *The Oxford Handbook of Critical Management Studies*. Oxford: Oxford University Press.

Banerjee, S. B. (2000). "Whose Land Is It Anyway? National Interest, Indigenous Stakeholders and Colonial Discourses: The Case of the Jabiluka Uranium Mine," *Organization & Environment*, 13(1): 3—38.

——(2001). "Managerial Perceptions of Corporate Environmentalism: Interpretations from Industry and Strategic Implications for Organizations," *Journal of Management Studies*, 38(4): 489—513.

——(2003). "Who Sustains Whose Development? Sustainable Development and the Reinvention of Nature," *Organization Studies*, 24(1): 143—180.

——(2007). *Corporate Social Responsibility: The Good, the Bad and the Ugly*. Cheltenham: Edward Elgar.

——(2008). "Necrocapitalism," *Organization Studies*, 29(12): 1541—1563.

——(2010). "Governing the Global Corporation: A Critical Perspective," *Business Ethics Quarterly*, 20(2): 265—274.

——& Bonnefous, A. (2010). "Stakeholder Management and Sustainability Strategies in the French Nuclear Industry," *Business Strategy and the Environment*, 20(2) 124—140.

——Iyer, E. S. & Kashyap, R. K. (2003). "Corporate Environmentalism: Antecedents and Influence of Industry Type," *Journal of Marketing*, 67(2): 106—122.

Bansal, P. & Roth, K. (2000). "Why Companies Go Green: A Model of Ecological Responsiveness," *Academy of Management Journal*, 43: 717—736.

——& Gao, J. (2006). "Building the Future by Looking to the Past: Examining Research Published on Organizations and the Environment," *Organization & Environment*, 19(4): 458—478.

Bruno, K. & Karliner, J. (2002). "Marching to Johannesburg," *Corpwatch*. Available at < http://www. corpwatch. org/article. php? id=3588>. Accessed on 31 October 2010.

Bumpus, A. G. & Liverman, D. (2008). "Accumulation by Decarbonisation and the Governance of Carbon Offsets," *Economic Geography*, 84(2): 127—155.

Burrell, G. (1993). "Eco and the Bunnymen," in Hassard, J. & Parker, M. (eds.) *Postmodernism and Organizations*. London: SAGE, 71—82.

——(1997). *Pandemonium: Towards a Retro-Organization Theory*. London: SAGE.

Catton, W., Jr. & Dunlap, R. E. (1980). "A New Ecological Paradigm for Post-Exuberant Society," *American Behavioral Scientist*, 24(1): 15—47.

CMS (2010). Critical Management Studies Domain Statement. Available at < http://www.

aomonline. org/aom. asp？ID ＝ 18 & page _ ID ＝ 57 # cms ＞. Accessed on 31 October 2010.

Crane，A.（2000）. "Corporate Greening as Amoralization," *Organization Studies*，21（4）：673—696.

——Matten，D. & Moon，J.（2008）. "Ecological Citizenship and the Corporation：Politicizing the New Corporate Environmentalism," *Organization & Environment*，21（4）：371—389.

Daly，H. E.（1999）. *Ecological Economics and the Ecology of Economics：Essays in Criticism*. Sheffield：Edward Elgar.

Dow Jones Sustainability Group Index（2010）. ＜http://www. sustainability-index. com/＞. Accessed on 31 October 2010.

Escobar，A.（1995）. *Encountering Development. The Making and Unmaking of the Third. World*. Princeton：Princeton University Press.

Foucault，M.（1980）. *Power/Knowledge：Selected Interviews and other Writings*，1972—1977. New York：Pantheon Books.

Fournier，V. & Grey，C.（2000）. "At the Critical Moment：Conditions and Prospects for Critical Management Studies," *Human Relations*，53（1）：7—32.

Fuchs，D. & Lederer，M. M. L.（2007）. "The Power of Business," *Business and Politics*，9（3）：1—17.

Gladwin，T. N.（1993）. "The Meaning of Greening：A Plea for Organizational Theory," in Fischer，K. & Schot，J.（eds.）*Environmental Strategies for Industry：International Perspectives on Research Needs and Policy Implications*. Washington，DC：Island Press，37—61.

——Kennelly，J. J. & Krause，T. S.（1995）. "Shifting Paradigms for Sustainable Development：Implications for Management Theory and Research," *Academy of Management Review*，20：874—907.

Grice，S. & Humphries，M.（1997）. "Critical Management Studies in Postmodernity：Oxymorons in Outer Space?" *Journal of Organizational Change Management*，10：412—425.

Hart，S. L.（1995）. "A Natural-Resource-Based View of the Firm," *Academy of Management Review*，20（4）：986—1014.

Harvey，D.（1996）. *Justice，Nature and the Geography of Difference*. Oxford：Blackwell Publishers Ltd.

Hawken，P.（1994）. *The Ecology of Commerce：A Declaration of Sustainability*. London：Phoenix.

Jermier，J.，Forbes，L. C.，Benn，S. & Orsato，R. J.（2006）. "The New Corporate Environmentalism and Green Politics," in Clegg，S.，Hardy，C. & Nord，W.（eds.）*Handbook of Organization Studies*. London：SAGE.

Kallio，T. J. & Nordberg，P.（2006）. "The Evolution of Organizations and Natural Environment Discourse：Some Critical Remarks," *Organization & Environment*，19（4）：439—457.

Levy，D. L.（1997）. "Environmental Management as Political Sustainability," *Organization & Environment*，10：126—147.

——& Egan，D.（2003）. "A Neo-Gramscian Approach to Corporate Political Strategy：Conflict and Accommodation in the Climate Change Negotiations," *Journal of Management Studies*，40：803—830.

Luke，T.（2005）. "The Death of Environmentalism or the Advent of Public Ecology?" *Organization & Environment*，18：489—494.

Mcafee, K. (1999). "Selling Nature to Save It? Biodiversity and Green Developmentalism," *Environment and Planning D*, 17(2): 133—154.

Magretta, J. (1997). "Growth Through Global Sustainability: An Interview with Monsanto's CEO, Robert B. Shapiro," *Harvard Business Review*, January/February: 79—88.

Martinez-alier, J. (1987). *Ecological Economics: Economics, Environment and Society*. Oxford: Blackwell.

Mouffe, C. (2000). *Deliberate Democracy or Agnostic Pluralism*. Vienna: Institute for Advanced Studies.

Newton, T. J. & Harte, G. (1997). "Green Business: Technicist Kitsch?" *Journal of Management Studies*, 34: 75—98.

ONE (2010). Organizations and the Natural Environment Domain Statement. Available at <http://www.aomonline.org/aom.asp? ID=18 & page_ID=57 # one>. Accessed on 31 October 2010.

van Oosterhout, J. (2005). "Corporate Citizenship: An Idea Whose Time Has Not Yet Come," *Academy of Management Review*, 30(4): 677—684.

Piasecki, B. W., Fletcher, K. A. & Mendelson, F. J. (1999). *Environmental Management and Business Strategy: Leadership Skills for the 21st Century*. New York: John Wiley.

Purser, R. E., Park, C. & Montuori, A (1995). "Limits to Anthropocentrism: Toward an Ecocentric Organization Paradigm?" *Academy of Management Review*, 20: 1053—1089.

Scherer, A. G. (2009). "Critical Theory and Its Contribution to Critical Management Studies," in Alvesson, M., Bridgman, T. & Willmott, H. (eds.) *The Oxford Handbook of Critical Management Studies*. Oxford: Oxford University Press.

——& Palazzo, G. (2007). "Towards a Political Conception of Corporate Responsibility: Business and Society from a Habermasian Perspective," *Academy of Management Review*, 32: 1096—1120.

Schmidheiny, S. (1992). *Changing Course: A Global Business Perspective on Development and the Environment*. Cambridge: MIT Press.

Shellenberger, M. & Nordhaus, T. (2004). "The Death of Environmentalism." Available at <http://www.thebreakthrough.org/ PDF/Death_of_Environmentalism.pdf>. Accessed on 31 October 2010.

Shrivastava, P. (1994). "CASTRATED Environment: GREENING Organizational Studies," *Organization Studies*, 15: 705—726.

——& Hart, S. (1994). "Greening Organizations—2000," *International Journal of Public Administration*, 17: 607—635.

Spicer, A., Alvesson, M. & Kärreman, D. (2009). "Critical Performativity: The Unfinished Business of Critical Management Studies," *Human Relations*, 62(4): 537—560.

Springett, D. (2003). "Business Conceptions of Sustainable Development: A Perspective from Critical Theory," *Business Strategy and the Environment*, 12(2): 71—86.

Thompson, P. (2004). "Brands, Boundaries and Bandwagons: A Critical Reflection on Critical Management Studies," in Fleetwood, S. & Ackroyd, S. (eds.) *Critical Realism in Action in Organization and Management Studies*. London: Routledge, 54—70.

Welford, R. J. (1997). *Hijacking Environmentalism: Corporate Responses to Sustainable Development*. London: Earthscan.

Willmott, H. (1993). "Strength Is Ignorance, Slavery Is Freedom: Managing Culture in Modern Organizations," *Journal of Management Studies*, 30: 515—552.

Zadek，S. (2001). *The Civil Corporation：The New Economy of Corporate Citizenship*. London：Earthscan Publications.

32 使用复杂性理论探索商业与环境

David L. Levy, Benyamin B. Lichtenstein

2009 年 12 月哥本哈根环境大会上建立应对气候变化的国际公约的失败,凸显了在商业与自然环境交叉领域处理复杂问题的挑战性。尽管有着对全球性协同行动的广泛共识,哥本哈根大会代表了集体行动的失败——也是惯性的胜利——因为行业和国家仍然在调和狭隘的经济利益观念和全球化的积极行动的需求中艰难挣扎。这一不幸的结果可以通过一个更大的、被商业和政策制定者们操纵着的"社会技术系统"内涵来理解;该体系是一个复杂的动态系统,包含经济、技术、社会、政治和生态元素,产生复杂的相互作用和无法预料的结果。

然而,尽管在哥本哈根出现了各种指责的声音,仍然有人希望能够拥有超越集中式的、自上而下的全球气候治理模式的机会。他们更欢迎商业企业、非政府组织(NGOs)和政府机构去大量尝试各种减少排放的创新方法,认为这样会提供学习和创新性解决方案的机会(Hoffmann 2011)。复杂性理论通过解释网络中的参与者们如何展示适应性学习和新兴的自我组织,为这种乐观的观点提供了坚实的理论基础。

在本章中,我们将检验复杂性理论对于我们理解商业与自然环境发挥的作用,并重点关注气候变化这一具有展示意义和代表性的例子。"复杂性"一词,指的是来源于系统理论的一组理念,其中包括复杂动态系统理论、混沌学、与其他学科间的系统理论的应用。这些都为系统性倾向在规律性的行为、顽固的惯性和一些情况下的极度不稳定方面提供了深刻的见解。在宏观层面,复杂性理论解释了为什么系统经常很难领悟与预测,而只能进行管理和控制。然而,复杂性也通过提供微观层面上的工具和理念来帮助创新型组织,使其在松散的网络化机构采取的地方性举措中提高稳定性(Senge et al. 2008)。这一领域因此也为决策体系在可持续转型和适应能力的加强方面提供了深刻见解,同时避免了全局操控的狂妄自大(Smith, Stirling & Berkhout 2003)。

现有的关于商业与自然环境的文献著作主要集中于管理者拥有自主权和责任的组织层面。尽管正如本手册举例说明的那样,这些文献具有价值,但这种狭隘的关注方式掩盖了广义社会技术体系中新出现的特性和整体功能的增值。一些学者(Ehrenfeld 本手册[第 33 章];Roome 本手册[第 34 章])强调,可持续性只有在系统层面才有作为一种概念的意义。即使企业能够接受环境友好型的行为,我们全球生产和消费的总体影响还是会给这个星球和其内包含的企业留下不可持续的环境轨迹。其他学者(Banerjee 本手册[第 31 章];Gladwin 本手册[第 38 章])将这种危险的惯性与更宽泛的企业所依存的资本主义制度联系起来。

复杂性理论为宏观层面上的系统分析和微观层面上组织行为的理解提供了一种链接,这或许能够带来潜在的解决方案。这一链接为理解甚至潜在解决目前企业为可持续性做出的努力与地球持续恶化现状之间的脱节这一问题,带来了一个至关重要的研究课题。复杂性理论为解决系统层面上的环境影响,如供应链(Klassen & Vachion 本手册[第 15 章])和地域产业生态(Lifset & Boons 本手册[第 17 章])等提供了新的方式。但是,复杂性理论能否被实际应用还存在很多问题。自上而下的管理和自下而上的自发行动在什么样的组合情况下是最优的?如何识别杠杆作用和影响的作用点?在金融体系,企业治理和能源定价方面需要什么结构性变化?哪些措施可以促进地方性的自发行为并且使其聚结成为更具有可持续性的生产体系?

32.1　复杂系统和环境

复杂性理论提供了一个概念框架,集成了经济与环境系统中必要的不可预测性与独特且偶然的稳定模式出现(Anderson et al. 1999;Ormerod 1998)。复杂性最初源于非线性数学(Thom 1975)、热力学(Prigogine & Glansdorf 1971)和计算机科学(Simon 1962)的发展。这些思想很快就被社会系统所接受(Ulrich & Probst 1984),然后经历了 20 世纪 90 年代的对于管理和组织的爆发性关注(Ashmos & Huber 1987;Kiel & Elliott 1996;Levy 1994;Merry 1995)。复杂性理论通过确定性混沌理论(Lorenz 1963)、幂律现象(Andriani & McKelvey 2009)和计算方法学的发展,超越了系统观点(Kauffman 1993;Davis et al. 2007)。

复杂性理论认为经济和环境系统包括很多代理，从个人到大型组织，每一层级都有鲜明的特征。例如，经济是由个人消费者、工人、企业、市场、行业和国家经济组成的。尽管这些层级是相互依存的，更高层级的聚合展现出的"新兴"属性不易被降低到更低层级的相互作用中（Holland 1998）。例如，宏观经济学依赖于与个体企业和消费者不相关的结构和理论。复杂系统的一些核心特性如表 32.1 所示。

表 32.1　复杂系统的核心特性

序号	描述
1	复杂系统包含大量动态的相互作用的元素
2	互动丰富，任何元素都可能影响其他元素
3	相互作用是非线性的，并且通常都是短期的
4	相互作用存在正反馈和负反馈回路
5	复杂系统是开放系统，往往在远离平衡态的情况下存在
6	复杂系统具有路径依赖性
7	单个元素通常无法感知整个系统的行为

了解复杂性是组织理论长期关注的领域（Simon 1962），它提供了对于更高层级的系统例如地球气候、经济组织和社会机构的模式化结构和秩序兴起的深刻见解，同时为发现复杂现象背后的基本关系和简单性提供了方法。复杂性有助于解释系统是如何以意想不到的方式演变，从而呈现巨大的不稳定性（Rudolph & Repenning 2002）甚至崩溃（McKelvey 1999）的。天气、全球气候和经济都是能够表现出这种混沌行为的复杂系统（Brock et al. 1991）。

混沌理论，作为复杂性理论的核心科学，主要探索系统中非线性函数的递归应用是如何产生高复杂性但又存在规律的行为。混沌系统具有几个显著的特性。首先，它们在长期内不可预测，尽管它们受确定性规则的驱动。例如天气状况，受广泛认知的例如湿度、气压和温度这些变量相互作用的影响，然而，这些相互作用的非线性特性使得我们无法推演天气系统的长期变化。像这样的混沌系统的轨迹高度依赖于初始启动条件：众所周知的蝴蝶效应，即通过连续的交互放大和回荡，蝴蝶振翅可以对整个天气系统产生干扰震荡。

一个重要的推论是，虽然混沌系统永远也不会返回到同一个精确的状态，但其结果却有着可推测的边界，并产生众所周知的模式（Dooley & van de Ven 1999）。飓风出现在夏末，尽管我们永远不会知晓它们确切的时间、路径和强度。很多行业表现出成长和成熟的典型模式，但会通过很多不可预知的方式来呈现。这些模式是由"陌生吸引因子"塑造的，这些因子是制约和塑造它们进化的系统的结构特性。这些模式反映了宏观层面出现的特性:飓风、经济衰退和社会变动表现出全系统的运行模式,而不是这些系统中组成部分的特性。

复杂系统的另一个重要特征在于变化可以是内生的;在特定条件下相互作用可以串联变为制度转型(Cheng & van de Ven 1996)。例如,在一个生态系统里,迅速增长的人口使缓慢的食物补给迅速枯竭,这将会造成典型的"超限并崩溃"的结果(May 1976)。同样地,股市的崩盘可能受到正反馈机制中投资者信心、流动性约束和计算机驱动交易的影响。此外,崩溃后的系统并不一定会恢复到原始的模式中,它们反而会转换为一种围绕另一个吸引因子的新模式。经济可能会陷于一种自我延续的衰退中,而气候则有可能被锁定在冰河期中。重要的是,这些关键阈值很难预测。一些比较大的扰动项可能会逐渐消失,而一些规模较小的项却可能蔓延到更大规模。尽管存在这种不可预知性,无论是地震或者股市崩盘等瞬间变化模式往往会遵循幂律分布(Andriani & McKelvey 2009),使得大规模事件发生的频率与其规模成反比。混沌系统的这些特征为理解经济和环境之间的关系提供了重要的基础。

经济和环境的动态联系

表面上看,商业和自然环境是非常不同的系统。商业是一种由人类代理、根据消费与投资做出决策的社会系统。而气候,与其相反,主要是受太阳辐射、碳循环、冰盖和洋流驱动的物理和生物系统。这些系统运行在完全不同的时间尺度上,经济衰退每隔十年左右发生,而冰河世纪则每隔十万年才发生。然而,从复杂性的角度看,这些系统都是一个更大的社会技术体系中相互关联的元素。商业中的一部分行业,例如农业和旅游业,以及清洁能源来源例如水力发电和风力发电,直接依赖于气候。商业还取决于看似低成本的天然可靠的自然资源,包括水和化石燃料。同样,推动气候变化的碳排放是经济增长、技术选择和企业治理结构的一个函数。

在更深的层次,商业和气候都是动态的复杂系统,具有同步的稳定和崩溃的发展趋势。二者都易受到治理的基本问题的影响:受限于理解、预测和控制。近期的金融危机说明了预测和应对迫在眉睫的经济衰退的困难。而对于真正在融化的冰盖而言,针对气候变化的集体行动问题变得尤为尖锐。

环保主义者们早就理解了经济和环境之间的关系,他们认为地球的自然支持系统无法承受无限的经济和人口增长。到某一节点,增长会受到缺乏自然资源和海洋空气无法吸收废物的制约。罗马人俱乐部早期在系统动态建模方面的努力强调了这些"增长的极限",作者们还预测该系统将走向"超限并崩溃"(Meadows et al. 2004)。"增长的极限"这篇文章的核心见解被当下的化石燃料、水、森林、耕地甚至于物种的消耗速率所证实。

这些动态性和相互依赖性在近些年日益明显。一直到 2008 年的时候,经济快速增长的新兴市场带动了石油、食品和其他大宗商品价格的大幅上升,而金融套利者急于趁机获得丰厚利润的行为使得这一趋势进一步加强,直到原油价格最高接近每桶 140 美元。这些高价格刺激了替代能源资源的大量投资,并且还为 2008 年秋季开始的严重衰退提出了不止一条导火索。这次经济衰退导致原油价格大幅跳水和清洁能源投资的严重缩减,同时,2008 年和 2009 年美国约减少了 10% 的温室气体排放,扭转了其长期的增长趋势(EIA 2010)。这一衰退还使政府们提供了庞大的包含清洁能源的财政刺激方案。但随之而来的赤字似乎削弱了当时张扬的长期减排行为的资源和政治意愿。传统的线性经济模型不足以描述这些动态关系(Ormerod 1998)。

复杂动态系统的结构和特性提出了经济和环境治理方面的重要问题。最核心的问题就是复杂系统能否被理解,它们的行为能否被预测,它们的结果能否被管理和控制。在现在的例如气候变化这样的能够严重威胁到我们正常生存的商业—环境体系里,这些问题就更加严峻。在下一节,我们将研究当商业与气候系统相遇时的一些特征,这些特征将会对及时有效的治理提出挑战。

32.2 环境治理的系统性挑战

也许对于有效的气候治理来说,最严峻的挑战就是克服我们基于化石燃料的经济惯性。Unruh(2000:817)曾经使用"碳锁定"这一词语来指代"互锁关系的技术的、体制的和社会的力量······这延续了基于化石燃料的社会基础设施,尽管采取了那些他们已知的环境外部性和显而易见的成本中性,甚至具有成本效益的补救措施"。碳密集型技术由于规模经济、网络经济和路径依赖性(Arthur 1994)以及发电厂和机场等资产的使用寿命而被锁定。系统各部分之间的互补性是惯性的一个重要来源(Geels 2004)。例如,电动汽车与内燃发动机汽车相比,面临着充电网络的缺失和电池技术一直缺少投资的历史性问题。

但是技术锁定的重要性就如同"碳锁定其实是源于技术和机构之间的系统性交互"(Unruh 2000:818)。工会、政府机构和专业团体制定标准、规则、规范和日常惯例,以保证技术锁定和主流技术的稳定及共同发展。以汽车为例,它就是紧密连接我们工作和休闲的方式。Levy & Rothenberg(2002)提出,美国汽车制造商不愿意去验证低排放技术,因为保守的管理思想总会避开消费者也许会接受小型汽车或者清洁柴油发动机这种想法。在政治层面上,现任商业集体与利益集团打造强大的联盟以延续现状。Unruh(2000:825)认为,"汽车联盟依旧是影响美国财政政策的最大利益集团之一"。正是这种能源系统中的惯性构成了"不正常的弹性"(Gallopín 2006),这一高稳定的子系统,对于全球气候和经济的稳定性都具有威胁性。我们面临的挑战就是将这种惯性打破成为包括理解和模拟复杂系统的单元,认识危机,并且确定如何在系统中干预危机。

认识并模拟复杂系统的挑战

有效的治理假设具有能力去理解一个系统,预测其发展,并比较有信心地干预某些结果。复杂的动态系统对管理过程中所有三个要素提出了挑战。社会世界由于可以被认知而变得人口稠密。个人层面上,情感的代理者们的行为本质上仍是不可预知(Stacey 1996:187)。即使当系统功能已经能够在微观层面上被很好地理解时,预测宏观层面上的系统行为仍然是个问题。仿真模型经常被用来表现复杂系统,因为它们能更好地描述在一段时间内的迭代和非线性的相互作用。例如,依赖于计算机仿真模型的天气预报,模型将大气层模拟为一个网格,其中的各种元素在一个定义明确的物理关系中相互作用。对于给定的一组起始条件,计算机可以生成相当准确的未来五天的天气预报,并且比随机预测的十天要更好。

但是模拟总是被简化的,因此并不能完美地描述现实情况。首先,在固定步骤中,计算过程中的有限分辨率会丢失自然和社会系统中分子层面的连续动态;第二,起始条件也无法做到完美准确;第三,关系的规范并不能捕捉到更细微的反馈,例如云层和海陆大气交界的情况。气象预报员们尝试使用更快的超级计算机来处理更精细的时间和空间分辨率以提高准确性,但是这些改进都是边际性的,因为在这种方法中,模型规范和起始条件上的错误会通过迭代计算而被放大。

尽管气候模型的设计已经取得了显著进展,能够与历史数据达成比较好的匹配,但是模型目前在模拟例如洋流、冰和森林覆盖及其他使得气候在更长时间范围内混沌的因素的更长期变化上,还不可靠。它们也不能超越一些宽泛的情境,更加细微地捕捉政治和经济系统的相互作用。因此,我们可以推测正反馈效应可能会导致冰盖崩溃,全球变暖失控,但很难预测是否以及何时我们可以超过关键临界阈值。

识别危机

复杂系统的动态性令人难以识别关键阈值方法并及时采取行动来避免危机。首先,"正常"的波动和剧烈的转变很难被区分。卡特里娜飓风没有敲响很多关于气候变化的预警,大多数观察家也没有将贝尔斯登公司的崩溃当作全球金融危机爆发的信号。只有在事后,与其他数据相结合时,我们才能够看到更广泛的模式,并把这些事件带入相关情境中。此外,即使当结构性压力正在聚集时,复杂系统也常常会有显得相对平静的区域。2008 年 10 月金融危机前,企业利润和就业数据曾引起一些担忧,并且债务升高和房价虚增也引起失衡的紧张局势。相似的情况是,尽管温室气体的浓度在迅速增强,但在业余观察者眼中,气候似乎仍是相对稳定的。

从根本上说,应对危机需要行动这一认知,是一个社会和政治过程。大众媒体在一个更广阔的叙事框架内扮演着构建大事件的关键角色,这一角色在气候变化这一事件中特别明显(Boykoff et al. 2010)。定义局势为危机这种类型的情况通常需要分配责任并且需要补救措施。但是能源密集型产业和高排放国家都在试图最大限度地减少对气候变化的担忧,大概原因就是气候变化的缓解措施有可能会对他们产生不利的影响。此外,识别危机还面临着组织上和心理上的障碍。我们会带有偏向性地忽视那些对灾难的警告,并假定在过去看似有用的事物,未来依旧会有用(Kahneman et al. 1982)。在那些负责复杂系统比如航天飞机或者核电厂的组织内部,高度的组织压力通常会对危险的有效担忧保持沉默。这些压力源于权力官僚体系、预算压力和认为担忧风险是软弱表现的男性组织文化(Perrow 1989;Vaughan 1996)。

即使一个即将发生的危机已经被认识到而且人们也意识到需要采取积极干预,影响有效行动的几大主要障碍也在复杂理论中得到了很好的阐述。下面的章节将探讨干扰复杂动态系统的困难,包括集体行动、意料之外的后果和有效管理固有的局限性的问题。

有效干预复杂系统的挑战

干预社会技术系统牵扯到大量参与者的协调行动,这就提出了集体行动的问题。Hardin(1968)的《公有地的悲剧》描述了过度使用例如大气等某一公共资源的行为而不作为时,私人参与者可以搭便车并没有什么动力去改变自己行为的趋势。很多社会机构已经开始解决这些集体行动的问题(Ostrom 1990),但是大规模的系统性危机通常需要采取昂贵的措施,而这些措施需要漫长的过程来获得共识。

在某种程度上,这样的拖延和分歧反映了对于复杂系统的技术理解方面的差别。例如,气候变化方面的行为就是因为各方在争论最佳行动方式时被推迟的总量管制和交易抑或是碳税,核能抑或是可再生能源。然而,这些差异同时又是深度政治化的,反映出参与者们感到危机和补救措施会影响他们的这种不对称的方式。应对气候变化行动的最激烈的支持者是那些可能被上升的海平面淹没的低洼国家。相比之下,强烈反对行动的国家和行业,都是那些严重依赖化石燃料的。一些富有国家可能会愿意支付 GDP 的 1‰~2‰ 来削减温室气体排放,但是发展中国家如果要从廉价的化石燃料转型,则需要大量输入资本。哥本哈根会议上未能达成共识,主要也是因为这些深刻的分歧。

集体行动的问题会因为在复杂动态系统中需要协调多个干预形式而加剧。Jones(2009)在他的太阳能产业进化的系统动态模型里提出了一个观点:无论是碳税还是某个单一科技突破,其本身都不能解决气候问题。复杂系统的干预也被出现意外后果的可能性所阻碍。提高汽车燃油经济性标准降低了每公里的旅行成本,鼓励更多人自驾旅行。采取激励措施以提高生物燃料生产可能会引发粮食价格上涨,或者可能鼓励砍伐森林。

这些不确定性已经导致一些人认为,复杂系统基本上是无法控制的。Perrow(1989)研究了三里岛核事故,结论是对于该岛高度复杂的社会技术系统来说,灾难性事故其实是"正常的"。Perrow 指出,即使是最精心设计的系统,也无法阻止偶尔的人类或者技术故障通过连锁效应成为重大灾难。2010年春天,英国石油公司的油井爆炸和大量原油泄漏凸显了当监管者和管理者在满足最后期限和利润指标的压力下忽视风险时,想要预测每一种潜在可能性的挑战。

32.3 复杂系统中的环境行动

尽管未能在哥本哈根达成一致,很多观察家乐观地指出,由城市、国家机关、企业和非政府组织在地方和区域层面开展的气候和能源相关的多边行动,通常是以公私合作形式存在的(Ostrom 2009a)。"在多边僵局面前,并不是缺少气候治理,这个世界其实充斥着改变个人、社区、省、区域、企业和民族国家对于气候治理反应的治理行为"(Hoffmann 2011:3)。举例来说,地方环境行动国际委员会(ICLEI)的气候项目是一个包含超过 500 个城市和地方政府的网络,致力于地方性的可持续发展和气候变化行为(Betsill & Bulkeley

2004）。在美国加州伯克利,资产评估清洁能源(PACE)模型被开发用以为住宅的可再生能源和能效投资的前期成本融资,之后通过物业税的评估来偿还。这解决了缺乏必要的融资知识或者不确定自己是否会搬家的房主所面临的问题。

在商业世界里,企业正在开发低碳产品和服务,与非政府组织和政府开展合作,建立联盟如美国气候行动合作伙伴来推动更积极的气候变化行动(Hoffman 2006；Pinkse & Kolk 2009)。通用电气集团的生态创想计划增加了一倍的环境产品的研发投资,达到了 15 亿美元,而花旗集团则承诺一笔500 亿美元的"绿色"倡议,包括清洁能源和减少其在全球的碳足迹。也许更能令人印象深刻的举措是重新设计供应链、市场和整个行业。例如,美国绿色建筑委员会的 LEED 建筑认证系统已经帮助创造了 120 亿美元规模的绿色建筑行业,在材料和能源的长期使用效率方面领先(Senge et al. 2008)。

这种本地活动的崛起,不同于有关集体行动的传统理论中所预测的"没有人愿意改变他们的行为并减少能源的使用,除非外部权力机构实施强制执行的规则改变这些人所面对的激励措施。这也是为什么许多分析师呼吁全球层面上的机构改变"(Ostrom 2009b：7)。相反,Ostrom 展示了参与者往往会有局部的刺激因素,而不依赖于协调行动："即使国家层面上没有征收能源税,那些决定投资更好的保温措施和更有效的炉具以及其他家电产品的家庭,只要切实可行,就会加入合伙行动并且采取其他节能行动,从而节约长期使用资金"(Ostrom 2009b：15)。同样地,城市可以享受到减少使用化石燃料带来的多重益处,比如更清洁的空气和公共健康的提高。Ostrom 强调,当有了足够的信任、社会资本、领导力和沟通时,参与者网络中就会产生合作、激励互惠和互相学习。她总结道,"该领域内很多自我组织的团体在一个小到中等规模上开发公共资源配置的解决方案"(Ostrom 2009b：10)。Ostrom 对"多中心秩序"内的自我组织的暗示说明了有效的方法会使网络参与者们有"自下而上"崛起的可能性。

崛起理论有助于理解动态系统是如何产生秩序(Lichtenstein & Plowman 2009；McKelvey 2004)并展现"自我组织"(Holland 1998)的。在本节中,我们将这一理论以及囊括多个角度的模型应用到企业应对气候变化的崛起中,这些角度包括复杂适应系统中的秩序生成,能够产生新的机会和市场极度失衡的情况,应急系统中地方性试验和学习的关键作用,以及供应链方面自我组织文献的增加。

极度失衡的情况

许多研究复杂性的学者认为,极度失衡的情况推动系统做出超出正常范围的行动,是崛起的一个关键驱动因素(Meyer et al. 2005)。例如,气候变化带来了来自消费者、活动家、竞争对手和监管者的希望变革的压力;相似地,资源稀缺性是创新的推动力。也许 Chiles et al.(2010)已经开展了这一领域内的领先研究,开发出"激进主观主义"方法,来说明企业家所面对的不确定性会导致市场分化,这个过程比通过模仿的基于平衡的市场趋同现象更强势。分化会增强异质性,这是创新、试验和协同演化的驱动力(Lewin & Volberda 1999)。

清洁能源行业的兴起反映出一个缓慢而持续的全系统范围的技术、法规和需求模式的出现,促进了商业在受庇护的细分市场上的建立和扩张。例如,围绕太阳能发展的技术,商业和政策型企业家识别出能够克服市场化、技术化和政治化锁定的实践和模型。当风险投资人、企业家、消费者和监管者在产业网络中互动并创造出自我维持的规范、规则、惯例和机制时,市场就开始"自我组织"。随着时间的推移,预期和相互作用导致市场上出现松散协调的自我组织、新技术以及新的商业模式。"因此,竞争性创业市场上企业家活动/思维模式的夹带可能会同时创造出一种极度失衡的、既异质又连贯的市场秩序"(Chiles et al. 2010:39)。Shai Agassi 为纯电动汽车创造出全国性可更换电池的基础设施的"更美好地方项目",说明了企业家如何调动其他参与者一起转变市场并且克服基础设施和规模的系统性障碍。

关于崛起的试验

秩序创造过程的研究表明,极度失衡系统倾向于创造一种能够解决内部张力的地方性试验(Prigogine & Stengers 1984;Lichtenstein 2000)。这些试验与达尔文进化过程中展现的随机变化相比,更具有策划性和自我解决方案导向;它们往往作为一种对这些情况的自适应反馈在一些组织(Fuller et al. 2008)或者市场地区(Chiles et al. 2010)"冒泡",而且一些更加成功的试验能够被复制和吸引更多资源来发展。

可持续发展的试验已经在许多自然资源利用率高的行业内涌现。《清洁生产期刊》的一期特刊(Jegatheesan et al. 2009)强调了一些资源密集型生产方式向减少能源和材料消耗的创新方式转型的试验,例如生产不使用石油的基于生物聚合物的塑料。这些试验和其他类似的试验集中关注某些特定行业,但是可以被联系到更广泛的生产系统中。

可持续发展的商业活动与政府试验辩证地交互,不仅对监管压力做出反应,同时也为政策发展创造了政治空间。Hoffman & Eidelman(2009:2)描述了大量的自我组织方面的气候治理试验:"治理就是在已存在的政治自主权之上、之下和之间制定决策。而试验意味着使用新的管理方式来创新和试错。"他们划分了 58 种经典的试验,每一种都旨在影响不同层级的认知和行为。这些分类包括:例如福音气候倡议等网络;例如地方环境行动国际委员会和美国碳注册管理局等基础设施建设者;例如环球环境专家 e8 网等自愿行动者;还有例如世界自然基金会气候拯救者等负责任的参与者行动。

Hoffman & Eidelman(2009:2)认为,"尽管每个试验都源于特异性原因,试验是一种能够推动重要创新的广泛模式化的过程"。他们把这一过程描述成政治代理人"在治理环境下,嵌入与环境共同进化或者交互的本构关系中的自适应参与"的过程,因此"参与者的信仰、兴趣和行动中会有不断的反馈……没有集中规划,试验举措可能会形成一个治理体系,其中可能会包含混合了竞争和合作的网络、实践社区的崛起以及体系中可能的冗余发展"(Hoffman & Eidelman 2009:13)。

32.4　崩溃和崛起之间

对于商业和自然环境,我们从两个非常不同的角度提出观点。宏观上看是比较悲观的。通过系统动力学与混沌理论我们了解到,环境的外部性和集体行为的失败导致了"公有地悲剧"的上演。在对混沌系统的理解和控制过程中存在一种固有的困难,这使我们成了自然生态系统和嵌入其中的商业的不可避免发生的"超调和崩溃"的不知情的帮凶。然而,复杂性理论也在微观层面上提供了一个更为乐观的,有关全系统秩序在地方具体问题中的自组织解决方案中出现的观点。在这两种观点间,存在许多方法表明有限的预测和管理干预对于引导我们的经济和环境系统远离灾难不仅是可能的,而且是必要的。在此我们简要回顾系统动力学建模、可持续供应链和生态小区的发展等几种方法。

许多类型的复杂系统比较容易处理,计算模型可以提供一定程度的预测和规划。全球气候模型越来越能够重现历史记录以及如厄尔尼诺现象这样的区域特征。同样,系统动力学模型(Forrester 1971;Sterman 1989)能描绘一些周期性和混沌性行为,同样还有稳定或崩溃倾向性,这能帮助我们更好地了解阈值的影响,观察到预期之外的结果,并可能对干预做出响应(Warren

2004)。使用这些工具方法，Jones（2009）发现，在诱导产业的系统化转型过程中，如激励、提供信息和对研究支持等一系列政策的综合应用，要比单独依赖于补贴之类的单一工具更有效。

建模方法要求体系外的自主代理主体进行预测和管控。与之相反，新涌现的有关社会技术转型管理的环境研究起源于复杂性理论，强调无法分割地嵌入在体系中的管理者拥有有限但有形的权利。管理者可以引导系统发展线路，而不是准确地确定结果（Garud & Karnoe 2003）。同时，系统内的成员有不同的利益和权力，导致在引导方向上的潜在冲突。Smith & Sterling（2006：1）从这一视角提出建议，"总之，我们需要从'管理者引导'视角转为对'政治引导'的理解"。

对环境有利的新技术和实践行为经常面临障碍，因为最初他们展现出相对较差的技术经济绩效，并且与现有的基础设施、利益、现有企业和法规等不协调（Geels 2004；Meadowcroft 2005）。因此，转型方式指出"战略性利基市场管理"的重要性，鼓励利基市场出现的新模式，从而避免受主流市场影响，随后协同演化的过程将利基市场的创新扩散并融合到主流市场（Kemp et al. 1998；Raven 2007）。

同理，可持续的供应链管理和工业生态学代表了其致力于提高系统的环境绩效而不是企业层面的环境绩效。如 Lifset & Boons（本手册［第 17 章］）所述，"工业生态学的一个重要前提是应该从系统的角度来看待环境问题及补救措施"。Klassen & Vachon（本手册［第 15 章］）同样认为，组织机构只有把供应链作为一个整体来考虑才能可持续地繁荣下去。更具体地说，关于供应链的研究已经表明，企业可以将自己组织起来去提高效率和改善环境绩效（Choi et al. 2001）。大量研究表明，通过适应创新和加强与本土企业、供应商及顾客的联系，供应链表现出具有自组织性，并能提高整个网络的可持续性发展（Lichtenstein，2011；Pathak et al. 2007；Varga et al. 2009）。

实体经济中一个类似的自组织过程，是工业生态学（Ehrenfeld 2009）和生态工业园区的核心（Rosenthal & Cote 1998）。基于生态产地和工业区域之间的运营模拟，其观点是一个产业的一种或多种的输出（"垃圾"），可以成为其他产业的投入，比如木材场废料可以作为造纸厂的投入。在世界范围内已经有很多成功的生态工业园区，其中的每家企业都参与了识别和转移那些在其他公司生产过程中能利用的资源（Spiegelman 2003）。这些自适应网络组织经常与大范围的产业紧密关联，正如 Klassen & Vachon（本手册［第 15 章］）展示的卡伦堡案例。

复杂性理论以及实证研究都表明供应链的适应性自组织是需要特定条件的。根据 NK 景观模型（Kauffman 1993），当一个系统包含存在较高相互依存度的刚性联系的代理商时，计算生态学可以"冻结"——McKelvey（1999）称之为"复杂性灾难"：该系统变得非常不灵活和无适应性。自主性与相互依赖性平衡的松散网络，能同时促进适应性试验的开展和更多成功创新的扩散。采用基于代理的模型，复杂性研究展现出将自下而上的努力与自上而下的引导和结构相整合的价值所在。这些模型的实证证据表明，自治代理的自组织性只能创建最低程度的秩序（McKelvey & Lichtenstein 2007），而现代组织机构的组成则需要七或八个等级层次（Jacques 1989）。

32.5 结论和未来方向

复杂性研究方法包括商业与自然环境间动态交互的两个方面之间的核心张力。宏观层面的系统视角强调结构性惯性、不当的激励机制和集体行动的失败，因此，它提供了一种悲观的观点，那就是我们正在朝向环境超调和崩溃，并对商业和社会造成可怕的后果。而更微观层面的视角暗示，在一定的条件下，网络参与者会参与众多的地方性行为和实验，带来系统性的学习和自适应。这种复杂领域内存在着一种相关的张力，介于那些认为科学理论可以被用在复杂的理论和模型工具的发展上使得系统可以被模型化和控制的人，与那些认为复杂系统本质上超出人类能够管理范围的人之间。这些张力是相关联的，因为那些使得复杂动态系统难以预测的特点也正是促进自我组织和秩序崛起的特点。

在商业和自然环境背景下，我们的回顾表明需要地方实验和宏观层面治理的互补。地方设计的行动具有相当的能量与创造力，但是为了发展以及规模化，他们需要协调和一个有利的情境。在气候这一例子中，这意味着需要变革、国家法规和国际协议的经济刺激和政策压力。总之，这些都提供了一些可预测性，一种跨部门和地域的联盟和能够围绕目标达成共识的协调机制。

即使哥本哈根大会上未能达成官方共识，但 2009 年国际环境大会前的争论产生了有关全球变暖最高再上升 2℃ 的共识，现在已作为一种松散的政策协调机制。但是这些宏观层面上的进程自身并不能自带解决地方性可持续发展挑战所必需的领导力，因为这些领导力要求具有特定行业和地理区域中地方性的行动、专家和企业及其他组织的参与。因此，进一步的发展要求地方层面上的行动和更高层级上协调领导的结合。

生态区域和可持续供应链展示了自上而下的管理和自下而上的自发组织的结合。这种结合的发生通常需要混合产业区域、经济刺激和集成的基础设施的地方性行动。类似地，生命周期分析可以帮助辨别合作企业之间的资源协同。但是，为了产生企业层面的承诺和持续创新，这种企业间的联系需要通过系统内的代理者来担任，而不是外部力量。

机会存在于对自上而下的治理和自下而上的试验这二者之间合理的形式与组合的研究中。复杂性理论为那些需要自我组织的情况提供了深入见解，但对于如供应链和地方性气候治理试验这样的特殊情况，这些见解难以被应用和操作。此外，可持续供应链和产业生态的文献过度依赖物质流和能源流，而忽略了这些系统所在的社会、政治和经济结构。

这种自下而上的自发行为和自上而下的控制相结合的视角代表了对复杂系统的一种新的重要理解。一种认为自发性组织只适用于缺少自上而下层级控制的情形的观点，反映出一种不准确但普遍的对于复杂性科学的理解，这种理解生成了一种使用隐喻化的，甚至于神化方式引用复杂性理论的组织咨询风潮。这种方法中隐含的是自由市场理念欢迎自发行动，而厌恶政府指导。未来的研究可以在更广泛、更有条理的协调互补的动态背景下，研究地方性环保行为的程度、节奏和有效性。如果这些地方性自发行动需要在战略性利基市场被保护，那么就需要研究既能够达到这一目的，而又不会遏制成功创新积极扩散到更大系统中的方式。

代表商业与环境复杂性交互的建模工具的发展为未来的研究提供了巨大的潜力。尽管我们已认知到对复杂系统进行长期预测的局限性，很好地使用现实架构和参数的模型能够保证为我们当前环境和经济的发展轨迹、关键阈值和未来危机，以及杠杆作用点与干预点提供深刻见解。一个越来越被系统动态研究者接受的适度的目标，是开发使用可视化表现方式的、能够与决策制定者进行互动和协作的模型。这些模型借鉴了许多跨系统的不同地区的专业人士的集体智慧，能够捕获正在进行的核心动态性和交互行为。这些行为的目的不单单是为了开发有用的模型，更重要的是鼓励参与者提高对复杂系统的理解，然后对可能的结果和潜在的干预达成共识。目前关于气候变化的极化和无能为力指出，我们需要对商业与环境交界处的复杂系统特性及行为有更广泛的认知。

参考文献

Anderson, P., Meyer, A., Eisenhardt, K., Carley, K. & Pettigrew, A. (1999). "Introduction to the Special Issue: Application of Complexity Theory to Organization Science," *Organization Science*, 10(3): 233—236.

Andriani, P. & McKelvey, B. (2009). "From Gaussian to Paretian Thinking: Causes and Implications of Power Laws in Organizations," *Organization Science*, 20: 1053—1071.

Arthur, W. B. (1994). *Increasing Returns and Path Dependence in the Economy*. Ann Arbor, MI: University of Michigan Press.

Ashmos, D. & Huber, G. (1987). "The System Paradigm in Organization Theory: Correcting the Record and Suggesting the Future," *Academy of Management Review*, 12: 607—621.

Betsill, M. M. & Bulkeley, H. (2004). "Transnational Networks and Global Environmental Governance: The Cities for Climate Protection Program," *International Studies Quarterly*, 48(2): 471—493.

Boykoff, M. T. (2007). "From Convergence to Contention: United States Mass Media Representations of Anthropogenic Climate Change Science," *Transactions of the Institute of British Geographers*, 32: 477—489.

——Goodman, M. K. & Curtis, I. (2010). "Cultural Politics of Climate Change: Interactions in Everyday Spaces," in Boykoff, M. T. (ed.) *The Politics of Climate Change*. New York: Routledge.

Brock, W. A., Hsieh, D. A. & LeBaron, B. (1991). *Nonlinear Dynamics, Chaos, and Instability: Statistical Theory and Economic Evidence*. Cambridge, MA: MIT Press.

Cheng, Y. & van de Ven, A. (1996). "The Innovation Journey: Order out of Chaos?" *Organization Science*, 6: 593—614.

Chiles, T., Tuggle, C. S., McMullen, J., Bierman, L. & Greening, D. (2010). "Dynamic Creation: Elaborating a Radical Austrian Approach to Entrepreneurship," *Organization Studies*, 31(1): 7—46.

Choi, T., Dooley, K. & Rungtusanatham, M. (2001). "Supply Networks and Complex Adaptive Systems: Control vs. Emergence," *Journal of Operations Management*, 19: 351—366.

Davis, J., Eisenhardt, K. & Bingham, C. (2007). "Developing Theory Through Simulation Methods," *Academy of Management Review*, 32: 480—499.

Dooley, K. & van de Ven, A. (1999). "Explaining Complex Organizational Dynamics," *Organization Science*, 10(3): 358—372.

Ehrenfeld, J. (2009). *Sustainability by Design*. New Haven: Yale University Press.

EIA, U. (2010). *U. S. Carbon Dioxide Emissions in 2009: A Retrospective Review*. US Energy Information Administration.

Forrester, J. W. (1971). "Counter-Intuitive Behavior of Social Systems," *Theory and Decision*, 2(2): 109—140.

Fuller, T., Warren, L. & Argyle, P. (2008). "Sustaining Entrepreneurial Business: A Complexity Perspective on Processes that Produce Emergent Practice," *International Entrepreneurship Management Journal*, 4: 1—17.

Gallopin, G. (2006). "Linkages Between Vulnerability, Resilience, and Adaptive Capacity,"

Global Environmental Change，16（3）：293—303.

Garud，R. & Karnøe，P. （2003）. "Bricolage Versus Breakthrough: Distributed and Embedded Agency in Technology Entrepreneurship," *Research Policy*，32：277—301.

Geels，F. W. （2004）. "From Sectoral Systems of Innovation to Socio-Technical Systems: Insights about Dynamics and Change from Sociology and Institutional Theory," *Research Policy*，33：897—920.

Hardin，G. （1968）. "The Tragedy of the Commons," *Science*，162：1243—1248.

Hoffman，A. J. （2006）. *Getting Ahead of the Curve: Corporate Strategies that Address Climate Change*. Washington，DC: The Pew Center on Global Climate Change.

Hoffmann，M. （2011）. *Climate Governance at the Crossroads: Experimenting with a Global Response after Kyoto*. Oxford: Oxford University Press.

——& Edelman，G. （2009）. "Experimenting with Climate Governance," Working Paper，University of Toronto.

Holland，J. （1998）. *Emergence: From Chaos to Order*. Cambridge，MA: Perseus Books.

Jacques，E. （1989）. *Requisite Organization*. London: Carson & Hall.

Jegatheesan，V.，Liow，J. L.，Shu，L.，Kim，S. H. & Visvanathan，C. （2009）. "The Need for Global Coordination in Sustainable Development," *Journal of Cleaner Production*，17：637—643.

Jones，C. （2009）. "The Renewable Energy Industry in Massachusetts as a Complex System: Developing a Shared Understanding for Policy Making," Ph. D Dissertation，University of Massachusetts，Boston.

Kahneman，D.，Slovic，P. & Tversky，A. （eds.） （1982）. *Judgment under Uncertainty: Heuristics and Biases*. New York: Cambridge University Press.

Kauffman，S. （1993）. *The Origins of Order*. New York，NY: Oxford University Press.

Kemp，R.，Schot，J. & Hoogma，R. （1998）. "Regime Shifts to Sustainability Through Processes of Niche Formation: The Approach of Strategic Niche Management," *Technology Analysis & Strategic Management*，10（2）：175—198.

Kiel，D. & Elliott，E. （eds.） （1996）. *Chaos Theory in the Social Sciences: Foundations and Applications*. Ann Arbor，MI: Universtiy of Michigan Press.

Levy，D. L. （1997）. "Lean Production in an International Supply Chain," *Sloan Management Review*，38（2）：94—102.

——（1994）. "Chaos Theory and Strategy: Theory, Application, and Managerial Implications," *Strategic Management Journal*，15：167—178.

——& Rothenberg，S. （2002）. "Heterogeneity and Change in Environmental Strategy: Technological and Political Responses to Climate Change in the Automobile Industry," in Hoffman，A. & Ventresca，M. （eds.） *Organizations，Policy and the Natural Environment: Institutional and Strategic Perspectives*. Stanford: Stanford University Press，173—193.

Levy，D. & Scully，M. （2007）. "The Institutional Entrepreneur as Modern Prince: The Strategic Face of Power in Contested Fields," *Organization Studies*，28（7）：971—991.

Lewin，A. & Volberda，H. （1999）. "Prolegomena on Coevolution: A Framework for Research on Strategy and New Organizational Forms," *Organization Science*，10：519—534.

Lichtenstein，B. （2000）. "Self-Organized Transitions: A Pattern Amid the 'Chaos' of Transformative Change," *Academy of Management Executive*，14（4）：128—141.

——Lichtenstein, B. (2011). "What Should Be the Locus of Activity for Sustainability? Eight Emerging Ecologies of Action for Sustainable Entrepreneurship," *Social and Sustainable Entrepreneurship*, 13:231-274.

——& Plowman, D. (2009). "The Leadership of Emergence: A Complex Systems Leadership Theory of Emergence at Successive Organizational Levels," *The Leadership Quarterly*, 20: 617—630.

Lorenz, E. (1963). "Deterministic Nonperiodic Flow," *Journal of the Atmospheric Sciences*, 20: 130—141.

McKelvey, B. (1999). "Avoiding Complexity Catastrophe in Coevolutionary Pockets: Strategies for Rugged Landscapes," *Organization Science*, 10(3): 294—321.

——(2004). "Toward a Complexity Science of Entrepreneurship," *Journal of Business Venturing*, 19: 313—342.

——& Lichtenstein, B. (2007). "Leadership in the Four Stages of Emergence," in Hazy, J., Goldstein, J. & Lichtenstein, B. (eds.) *Complex Systems Leadership Theory*. Boston: ISCE Publishing, 93—108.

Maguire, S., McKelvey, B., Mirabeau, L. & Oztas, N. (2006). "Complexity Science and Organization Studies," in Clegg, S., Hardy, C., Nord, W. & Lawrence, T. (eds.) *Handbook of Organization Studies*, 2nd edition. London, UK: SAGE.

Meadowcroft, J. (2005). "Environmental Political Economy, Technological Transitions, and the State," *New Political Economy*, 10(4): 479—498.

Meadows, D., Randers, J. & Meadows, D. L. (2004). *Limits to Growth: The 30-Year Update*. White River Jct., VT: Chelsea Green.

Merry, U. (1995). *Coping with Uncertainty: Insights from the New Sciences of Chaos, Self-Organization, and Complexity*. Westport, CT: Praeger.

Meyer, A., Gaba, V. & Colwell, K. (2005). "Organizing far from Equilibrium: Nonlinear Change in Organizational Fields," *Organization Science*, 16: 456—473.

Ormerod, P. (1998). *Butterfly Economics: A New General Theory of Social and Economic Behavior*. NY: Pantheon.

Ostrom, E. (1990). *Governing the Commons: The Evolution of Institutions for Collective Action*. Cambridge: Cambridge University Press.

——(2009a). "A General Framework for Analyzing Sustainability of Social-Ecological Systems," *Science*, 325: 419.

——(2009b). "A Polycentric Approach for Coping with Climate Change," Policy Research Working Paper #5095, World Bank.

Pathak, S., Day, J., Nair, A., Sawaya, W. & Kristal, M. (2007). "Complexity and Adaptivity in Supply Networks: Building Supply Network Theory Using a Complex Adaptive Systems Perspective," *Decision Sciences*, 38: 547—580.

Perrow, C. (1989). *Normal Accidents*. Oxford: Oxford University Press.

Pinkse, J. & Kolk, A. (2009). *International Business and Global Climate Change*. London: Routledge.

Prigogine, I. & Glansdorff, P. (1971). *Thermodynamic Theory of Structure, Stability, and Fluctuations*. New York: Wiley & Sons.

——& Stengers, I. (1984). *Order out of Chaos*. New York, NY: Bantam Books.

Raven, R. (2007). "Niche Accumulation and Hybridisation Strategies in Transition Processes Towards a Sustainable Energy System: An Assessment of Differences and Pitfalls,"

Energy Policy, 35(4): 2390—2400.

Rosenthal, E. C. & Cote, R. P. (1998). "Designing Eco-Industrial Parks: A Synthesis of Some Experiences," *Journal of Cleaner Production*, 6: 181—188.

Rosser, J. B. (1991). *From Catastrophe to Chaos: A General Theory of Economic Discontinuities*. Boston, MA: Kluwer Academic Publishers.

Rudolph, J. & Repenning, N. (2002). "Disaster Dynamics: Understanding the Role of Quantity in Organizational Collapse," *Administrative Science Quarterly*, 47: 1—30.

Schieve, W. & Allen, P. (eds.) (1982). *Self-Organization and Dissapative Structures: Applications in the Physical and Social Sciences*. Austin, TX: University of Texas Press.

Schwark, F. (2009). "Influence Factors for Scenario Analysis for New Environmental Technologies: The Case for Biopolymer Technology," *Journal of Cleaner Production*, 17: 644—652.

——(2009). "Influence Factors for Scenario Analysis for New Environmental Technologies: The Case for Biopolymer Technology," *Journal of Cleaner Production*, 17: 644—652.

Simon, H. (1962). "The Architecture of Complexity," *Proceedings of the American Philosophical Society*, 106(6): 467—482.

Smith, A., Stirling, A. & Berkhout, F. (2005). "The Governance of Sustainable Socio-Technical Transitions," *Research Policy*, 34: 1491—1510.

——(2006). "Moving Inside or Outside? Positioning the Governance of Sociotechnical Systems," SPRU Electronic Working Paper Series.

Spiegelman, J. (2003). "Beyond the Food Web: Connections to a Deeper Industrial Ecology," *Journal of Industrial Ecology*, 7(1): 17—23.

Stacey, R. (1996). "Emerging Strategies for a Chaotic Environment," *Long Range Planning*, 29(2): 182—189.

Sterman, J. D. (1989). "Deterministic Chaos in an Experimental Economic System," *Journal of Economic Behavior and Organization*, 12: 1—28.

Thom, R. (1975). *Structural Stability and Morphogenesis*. Reading, MA: Addison-Wesley.

Ulrich, H. & Probst, J. B. (eds.) (1984). *Self-Organization and Management of Social Systems*. Berlin: Springer-Verlag.

Unruh, G. C. (2000). "Understanding Carbon Lock-In," *Energy Policy*, 28(12): 817—830.

Varga, L., Allen, P., Strathern, M., Rose-Anderssen, C., Baldwin, J. & Ridgway, K. (2009). "Sustainable Supply Networks: A Complex Systems Perspective," *Emergence: Complexity and Organization*, 11(3): 16—36.

Vaughan, D. (1996). *The Challenger Launch Decision*. Chicago: The University of Chicago Press.

Veiga, L. & Magrini, A. (2009). "Eco-Industrial Park Development in Rio de Janeiro, Brazil: A Tool for Sustainable Development," *Journal of Cleaner Production*, 17: 653—661.

Warren, K. (2004). "Why Has Feedback Systems Thinking Struggled to Influence Strategy and Policy Formulation? Suggestive Evidence, Explanations and Solutions," *Systems Research and Behavioral Science*, 21(4): 331—350.

第 9 部分

未来观点

33 挑战勇敢新世界：企业可持续发展

John R. Ehrenfeld

  本手册是对商业企业及其对环境影响研究的历史发展进程的思考。过去十年中，这两者之间的联系已经超越环境的健康发展，进而包括了与人类福祉状况相关的问题。和其他学者一样（Willard 2002；Werbach 2009），本人相信可持续性已经成为企业战略形成和实施的核心，本章将强调这一新的事实。

  但事情并不总是如此。本人于 20 世纪 90 年代初发起的有关"企业科技和环境"的 MIT 项目，是最早明确探索企业与环境关系的项目之一。那时候所发表的关键论文开始提到一个新的战略阶段，而不仅仅只是遵守规章制度（Hoffman & Ehrenfeld 1998；Hunt & Auster 1990；Roome 1992）。Roome 的文章刊在期刊《企业、战略和环境》的第一期，该出版物将这一主题作为严肃的学术课题来强调。当时所有的商学院仍然禁止将"企业"和"环境"这两个词联系起来。值得注意的是，MIT 项目设置在工程学院而不是斯隆管理学院。又一个十年过后，即将毕业的博士生进入学术职业市场，毫不掩饰他们对环境的兴趣。到了 2010 年，情况完全改变了。没有该领域课程的商学院和投资组合中没有"绿色化"或"可持续"的企业非常罕见。

  随着"产业绿色化网络"的形成，制度化进程向前推进。产业绿色化网络是一个由学界、政府和业界参与者组成的松散的国际联盟。这一网络作为重要的召集机制，是该领域发展中的关键一步。几年后，美国管理学学会支持了学术兴趣群体"组织和自然环境"（ONE）的成立。至此，二十年后有关商业与环境的研究情况已经大不同了。2009 年美国管理学学会年会的总主题是"绿色管理事项"，组织和自然环境作为学会的分支机构在组织这次会议中发挥了重大的作用。"绿色化"一词也渐渐被用来指代"企业和环境"大标题下的一系列广泛的活动。

2000 年,本人从麻省理工学院退休,个人在该领域的研究也正式结束。离开麻省理工学院的时候,"绿化"这一标签开始演变成"可持续性",但是新标签的含义并不明确。1987 年,布伦特兰报告将可持续发展定义为"发展不仅满足目前的需求而且不损害子孙后代满足其自身需要的能力"(WCED 1987:8)。这个定义含蓄地表达了全球经济正在掠夺地球,形成了极其不公平的资源使用方式。翻译成商业语言,这类似于"三重底线"(经济、环境、权益)或3Ps(人类、星球、利润)的口号,很快成为发达国家所有主要企业的战略。生态效率,即产生更多的价值同时减少对环境的影响,成为全球企业的核心环境策略(Desimone & Popoff 1997)。

几乎所有这些战略都集中在保持一个健康底线的同时少产生一些坏的环境影响。所有组织都假设地球上的自然资源是无限的,高效率的生产和消费将足以支持推动工业化世界的持续经济增长政策。气候变化的征兆、枯竭的渔业和其他环境的压力开始对可持续发展战略的有效性提出质疑。日益不平等和社会功能障碍的征兆也提出类似的问题。企业社会责任(见 Matten & Bondy 本手册[第 28 章])被添加到商业和环境这一类别下。"绿色化"这一标签慢慢被"可持续发展"所取代,但对于新标签的含义以及企业战略如何融合仍存在争议。这个替代过程加速,并走向全球化。2010 年在互联网搜索,出现在"可持续"下与商业相关的词条数是"绿化"下相应词条数的十多倍。

本手册的许多章节都仔细地阐述了企业和环境目前和未来的发展。展望未来,我相信企业会被"可持续"以一种不同的方式改变,即一种反映出我们对企业在复杂的高度相互关联和有限世界中的角色的了解不断加深的方式。进一步,既然当今社会没有解决维护地球及其所有公民福祉的难题,可持续发展将会呈现吸引人的、向前拉动的核心意义,而不是强调修复和补救。作者定义"可持续性"为"人类和其他生命在地球永续兴旺的可能性"(Ehrenfeld 2008:6)。再者,认识到减少不可持续性和创造可持续发展之间的区别是重要的。企业以环境管理、绿色化、生态效率、可持续的发展或可持续性名义开展的所有活动都只符合第一个标题——减少不可持续性。

列出的最后一个术语,可持续性,明确有别于前四个,特别是不同于可持续发展。可持续性没有内在的含义或值,它描述了系统输出的持续性,例如,渔业持续的产出或从一幅画中获得的美。缺乏命名产出或质量,这个词是没有意义的,因此容易让人迷惑或混乱。数量或质量的缺失会导致对世界状态的混乱、虚幻的期望和失望。

本人采用繁荣作为规范性的质量。繁荣具有广泛的跨文化理解和用法。它可以包含其他的准则，例如正义或自由。繁荣为未来提供了愿景，如同正义或自由，是全球社会/经济/技术/环境（自然）系统的自然属性。可持续性本身不是属性，相反，它是属性将会长时间持续出现的可能性。我们应明确理解和选择繁荣或另一个类似的品质，而不是可持续性本身，作为社会目标和企业战略目标。

目前这些区别被误解并在商业语言中滥用。可持续企业、可持续的洗涤剂或可持续的品牌是不存在的。可持续的 X，持续的同源形容词，就是其所指内容，而不是可持续性。正如在许多商品的广告中所见，"环境友好"一词尤其具有误导性。几乎没有什么普通业务对环境有积极影响。如果企业，作为一个机构，如同它声称的那样，旨在成为世界繁荣的主要驱动力，它必须理解这个道理。

33.1　企业的不同未来

生态效率和所有它的变体主要处理不可持续性的症状，而不是它的根源。这存在于富裕的工业社会文化深处（Ehrenfeld 2008）。要超越绿色化的补救能力，企业必须找到直接与信念和价值观互动的方法，并推动他们符合繁荣的新趋势。

企业在可持续发展之路上有一个二分的选择（见图 33.1）。企业可以选择围绕着减少不可持续性的绿色化、提高生态效率、协调三重底线或任何一个类似的框架，或采取旨在繁荣的可持续发展战略。企业也可以同时执行以上选择，但必须清楚地理解这两者之间的区别。这两种路径可能会产生一定的协同作用，但很大程度上是非重叠的。本手册的其他部分主要涉及减少不可持续性（绿色化），其他路径——创造可持续性——是本章的重点。一旦绿色化的观点根植在企业战略及其客户的期望中，企业便可以转向当时盛行的一般战略模式。适用于普通业务的各种各样的工具和模型同样可以用来获得绿色战略下的竞争成功。

选择创造可持续性公司的更有前途的长远机遇在于备选途径。这一选择提出了巨大的挑战。这些企业提供的服务和运营不能只产生不同的客户满意度，他们还必须采用积极的策略改变公司内部和外部的文化（见 Hart 本手册[第 37 章]）。特意改变企业内部文化并不新鲜，尽管经验告诉我们这种改变是困难的（Schein 1984）。特意改变企业所处的外部文化是一个新的挑战，偏离了在政治经济体系内定义企业角色的传统模式。我们可以将文化的改变视为类似米尔顿·弗里德曼（1970）的著名论断"企业的社会责任是增加利润"。

标准的商业模型将企业视为市场中商品或服务的提供者。竞争的成功依赖于在消费者的支付能力范围内，他们为获得这些商品和服务以及竞争者所提供的可替代产品或服务的愿意贡献（支付意愿）（Porter 1980）。消费者和整个社会的价值，通常被视作是外生的。产品和企业实践的创新可能会改变上述的观念和价值，但这种变化通常是在既定事实之后发生的，并非是通过有意识的行为而产生的变化。除极少数情况下，探索过程都是将产品引入到已经准备接受它们的文化环境中去。

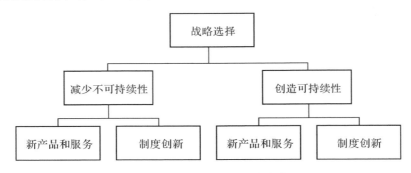

图 33.1　不同的可持续性战略路径

同样地，除了少数例外，绿色化战略反映出现有的消费者偏好。该战略与其他那些被设计用来捕获广阔市场中部分市场份额的一般竞争战略之间存在着细微的差别。例外情况可能会发生在对独立出资人具有强大的规范性愿望或有着强有力控制的企业，他们会偏离一些标准的竞争模型。Yvon Chouinard 全资拥有的巴塔哥尼亚公司，在几乎完全以 Chouinard 的理论为指导的前提下，选择不扩大企业，而是将高价位的有机棉制品添加到其产品目录中（Pongtratic 2007）。同样，Ray Anderson，界面地毯公司的创始人及现任的主要领导人，可以将他的企业带往他所谓的可持续发展道路上（Anderson 1998；Dean 2007）。

正如本手册所阐述的一样，绿色化战略以及相关行为已变得司空见惯。系统思维已经渗透在基于产品生命周期、工业生态学以及生命周期管理理论的工具和运营过程中（Ayres & Ayres 2002）。这个框架在绿色化产出方面很重要，但未能对可持续性做出贡献。这种有局限的系统思维可能会导致人们对复杂全球系统的忽视。这些以系统为导向的原则下的工具都被限定在分析的产品或服务的适用范围中，但可持续性产生于有瑕疵的世界。一些已纳入人类或社会关注问题的系统工具已经得到了发展。使用标准工具可能使工程师、设计师或经理人相信分析是比较完善的。

可持续性理念的精髓包含：①世界不是一个机械的系统，而是以复杂系统在运转；以及②人类的行为是出于一系列的关怀，而不是需求（Ehrenfeld

2008）。无法接受复杂性会导致一种错觉，即传统的分析反映了现实。基于这些模型的行为实际上总是会偏离我们的预期。通常情况下，偏差没有显著的后果，然而环境以及不可持续性的担忧告诉我们，这一偏差不容忽视。在市场调查、系统设计或者组织设计中运用标准的经济学人类行为分析模型，也很容易造成繁荣情境下不完善和不满意的结果。

在 21 世纪的第一个十年里，可持续性需要有助于文化变革的行为，这些行为将引导人们从之前问题根源的观念中走出来，并向新的观念转变，这种观念要和繁荣发展责任的关键联系保持一致。Gladwin et al. (1997) 描述了可能促使繁荣（与目前不可持续的世界形成鲜明的对比）的一系列符合系统行为的信仰和行为规范，同时也为迈向可持续性创造了一个起点。他们列出的内容包括个人主义和社群主义、整体性和还原论、有机的和机械的以及充足和效率。根据上文所述的两个基本观念可以得到他们的分类法：理解大型生态系统的复杂性以及人类基于关怀而不是需求的存在论（Ehrenfeld 2008）。

被称为"企业"的机构在现代这个注重可持续性以及实现可持续性所需文化变革的社会中有着非常特殊的角色。在经济实力方面，企业是规模最大并且实力最雄厚的全球组织机构，甚至超过了政府的历史主导地位。企业是最大的雇主，得到了学界和政府的支持，是技术创新的主要来源。目前企业作为全球性机构，也成为规模最大的不可持续的代表。企业不同于任何其他的主要机构，其重心在于创新和变革。

33.2　定位可持续性战略

如果不包括 2×2 矩阵，任何分析企业战略的手册必然是不完整的。图 33.2 描述了绿色化或减少不可持续性以及增加可持续性的战略。战略根据绿色化的程度（影响的相对强度的一种度量）水平定位，根据潜在的文化变革垂直定位。绿化战略由生命周期影响测评或等效过程决定。这种评价系统正在普及。例如，沃尔玛打算为他们出售的所有产品开发一个数值索引。

此矩阵描述了各种广义战略的相对位置。本地化——建设小规模的经济基础设施——中断了标准市场分销系统的无形性，增强了社区价值的意识（Marglin 2008；Seyfang 2009）。遵循预防原则让周围文化变得复杂（O'Riordan & Cameron 1996）。参与规划、设计和决策过程提高了本地知识的价值，根除了浪费。作为一般性战略，生态效率落在水平轴的某处，具体取决于特定的产品或流程的有效性，但无助于可持续性。所有纯绿色战略倾向于创造虚假的安全感,加强现状和使系统偏离可持续性。图 33.2 中各项的位置是近似的,仅仅是为了说明如何使用。

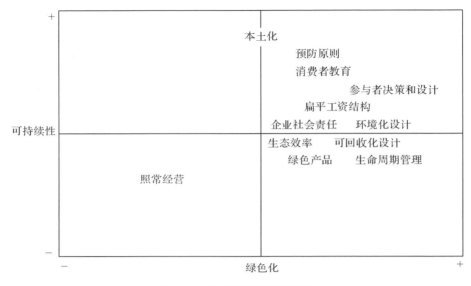

图 33.2　战略的可持续性矩阵

图 33.3 阐释了市场定位如何可以进行同样的分析。右上象限中的项既有助于减少影响,也有助于灌输新的价值。此图中的示例适用于一家开发交通运输战略的企业。这并不是对所有企业都有现实意义:如果丰田考虑做休闲鞋,将会是一件很奇怪的事情。如果在 20 世纪 30 年代人们已经得出这些相关结论,那么通用汽车公司可能会在购买许多公共交通系统使用权时有所迟疑(Slater 1997)。这一简单的格式直白地揭示了减少不可持续性和增加可持续性之间的权衡,而且可以使那些曾在这两者之间犹豫不决的(几乎所有)企业做出正确的关乎可持续性的决定。目前描述每个选择特征属性的可用流程是初步的,但尽管如此,这种格式在潜在市场措施分类中仍然非常有用。

33.3　结　论

可持续性,而非绿色化,对企业而言是更为重要的战略挑战。环保项目已发展了四十年或更长时间,并且在具有一定规模的企业中都已被制度化。企业关注重点持续从生产流程的影响转移到关注整个生命周期中,尤其是在使用阶段所出现的主要影响。随着中国、印度、巴西和其他快速发展的新兴经济

图 33.3　交通运输选择的矩阵范例

体的工业化和消费增长的发展，本手册中从美国和欧洲汲取的经验教训，将使那些国家企业的措施更加有效。

　　可持续性不仅仅是绿色化的更大和更复杂的版本，所以采取相同的战略框架和同样的做法来实现可持续性是无效的。可持续性存在于一种新的范式中，其有关企业的定位、角色和实践的基本信念，是企业不再能够随心所欲生产远超过否定正面结果的、会带来意料之外后果的产品。随着企业更加强大，改变其方式迫在眉睫，也更加困难。但改变也是必需的，否则这个伟大的机构将无法为世界提供供给。美国作家斯科特·菲茨杰拉德预见到生活在过去的绿色化世界的挑战，同时倡导可持续发展的挑战，如他在《了不起的盖茨比》中写道："最难的智力测试，是有能力同时在头脑中持有两个相反的想法，但仍保持自己的大脑正常运转。"

参考文献

Anderson, R. C. (1998). *Mid-Course Correction*. Atlanta, GA: The Peregrinzilla Press.

Ayres, R. U. & Ayres, L. W. (eds.) (2002). *Handbook of Industrial Ecology*. Northampton, MA: Edward Elgar Publishing, Inc.

Dean, C. (2007). "Executive on a Mission: Saving the Planet," *New York Times*, May 22.

Desimone, L. D. & Popoff, F. (1997). *Eco-efficiency: The Business Link to Sustainable Development*. Cambridge, MA: MIT Press.

Ehrenfeld, J. (2008). *Sustainability by Design: A Subversive Strategy for Transforming Our Consumer Culture*. New Haven, CT: Yale University Press.

Friedman, M. (1970). "The Social Responsibility of Business Is to Increase Its Profits," *The New York Times Magazine*.

Gladwin, T., Newburry, W. E. & Reiskin, E. D. (1997). "Why Is the Northern Elite Mind Biased Against Community, the Environment, and a Sustainable Future," in Wade-benzoni, K. A. (ed.) *Environment, Ethics, and Behavior: The Psychology of Environmental Valuation and Degradation*. San Francisco: The New Lexington Press.

Hoffman, A. & Ehrenfeld, J. R. (1998). "Corporate Environmentalism, Sustainability, and Management Studies," in Roome, N. (ed.) *Sustainability Strategies for Industry: The Future of Corporate Practice*. Washington, DC: Island Press.

Hunt, C. & Auster, E. (1990). "Proactive Environmental Management: Avoiding the Toxic Trap," *Sloan Management Review*, 31: 7—18.

Marglin, S. (2008). *The Dismal Science: How Thinking Like an Economist Undermines Community*. Cambridge, MA: Harvard University Press.

O'Riordan, T. & Cameron, J. (eds.) (1996). *Interpreting the Precautionary Principle*. London: Earthscan.

Pongtratic, M. (2007). *Greening the Supply Chain: A Case Analysis of Patagonia*. IR/PS CSR Case ♯ 07—22. Graduate School of International Relations and Pacific Studies, University of California, San Diego.

Porter, M. E. (1980). *Competitive Strategy*. New York: Free Press.

Roome, N. (1992). "Developing Environmental Management Systems," *Business, Strategy and Environment*, 1: 11—24.

Schein, E. H. (1984). "Coming to a New Awareness of Organizational Culture," *Sloan Management Review*, 25: 3—16.

Seyfang, G. (2009). *The New Economics of Sustainable Consumption: Seeds of Change*. London: Palgrave MacMillan.

Slater, C. (1997). "General Motors and the Demise of Streetcars," *Transportation Quarterly*, 51: 45—66.

WCED (1987). *Our Common Future*. Oxford: Oxford University Press.

Werbach, A. (2009). *Strategy for Sustainability: A Business Manifesto*. Boston: Harvard Business Press.

Willard, B. (2002). *The Sustainability Advantage*. Gabriola Island, BC: New Society Publishers.

34 回顾过去，展望未来：区分弱可持续性和强可持续性

Nigel Roome

本手册阐述了学者所理解的和管理者与企业所实践的商业和自然环境间复杂多面的关系。它显示了自然环境横跨管理职能和管理学者理论的现象。自然环境关系到企业战略、组织结构设计和商业模式、财务会计、产品开发、生产、物流、营销和销售，以及该企业与其他经济、社会和政治角色之间的关系。

本章描述了商业与环境领域的两个不同的视角——强可持续性和弱可持续性——这是本手册前面章节忽略的部分。虽然支撑弱和强可持续性的技能和组织能力类似，这两者之间的关键区别在于他们与企业其他活动融合过程的目标。

弱可持续性将环境问题纳入企业结构和系统的框架中。它的起源可以追溯到从 20 世纪 60 年代中期开始随着现代环保运动兴起所出现的环境与企业的联系，那是对一系列事件的反应，这些事件包括塞韦索灾难(1976)、运河灾难(1978)、博帕尔惨案(1984)、埃克森—瓦尔迪兹石油泄漏(1989)、臭氧消耗(1985)、《蒙特利尔议定书》(1987)以及布兰特史帕尔油田事件(1993)。他们引起了管理实践许多方面的变化，组成了"企业环境管理"，例如责任关怀(™)、ISO 14001 和环境化设计议定书等。他们促使了 1989 年在欧洲和美国开始的环境报告制度的建立。

相反，强可持续性旨在将企业纳入环境或社会生态系统中，这样企业的生产和消费模式将在地球可承受的范围内持续发展。目前据估计企业的生产和消费我们至少超出地球承受能力的 25%(World Wildlife Fund 2006)。将企业与地球承受能力相适应的目标起源于《罗马俱乐部报告》(Meadows，Meadows & Randers 1972)、人类环境的斯德哥尔摩会议(Stockholm 1974)、《布伦特兰报告》(United Nations 1987)和《21 世纪议程》(United Nations 1992)中的思想。

推进强可持续性的问题与推进弱可持续性的问题在性质上有所不同。他们将管理引导到解决如发达经济体"生产和消费模式"的全球扩散但该模式的全球范围复制将使其不可持续的问题的轨迹上。他们建议企业需要寻找新的发展途径,如果经济和社会发展的收益将会维持且无损未来维持这种发展水平的能力(United Nations 1992)。总的来说,强可持续性是一个更为复杂和严格的过程,更少受到单个企业及其管理者的控制。它代表了一种社会和组织学习的形式,这种学习在多角色的协同过程中涉及多个参与者的创新和变革。

这与本手册很多章节中提到的很多传统企业理论与实践存在概念上的和典范性的区别。绝大多数章节主要围绕延长现有企业理论与实践的范式,该范式需要对企业和社会持续面对的环境问题负责。

34.1 强可持续性的应用:安大略水电公司

很少有企业对强可持续性要求有真实的响应。加拿大安大略省的电力公司安大略水电却是个例外,即使这种方法并不持久(Roome & Bergin 2006)。Maurice Strong 在完成他作为地球峰会秘书长的工作后,立即成为安大略水电的首席执行官和董事长。在他的影响下,1992 年开发定义了安大略水电可持续能源发展和使用战略。Strong 曾与 Jim MacNeill 和 David Runnalls 一起合作参与《布伦特兰报告》工作(United Nations 1987)、地球峰会的设计以及《21 世纪议程》的初稿(United Nations 1992)。

MacNeill 和 Runnalls 被要求支持安大略水电的战略设计开发,因为当时几乎没有人比他们更理解可持续发展的理念和方法。基于 Eric Trist 和其他人有关社会—生态系统的变革思想,他们设计的过程使用类似于在地球峰会所使用的过程(Trist 1983;Tavistock Anthology 1990,1993,1997)。就内容而言,安大略水电公司战略的目标不是组织可持续发展目标。该目标是安大略水电公司作为领导者,促进安大略省总体能源发展和使用体系的更可持续发展。这就要求领导创新以及与其他行动者合作。战略的内容交叉引用了《21 世纪议程》的原则。

除了安大略水电企业的例子——弱和强可持续性总是让人困惑,容易混为一谈,这是因为很少有学者和从业人员体会强可持续性根源的想法和思维。强可持续性来源于《布伦特兰报告》(United Nations 1987)和《21 世纪议程》(United Nations 1992)中所述的可持续发展的原始定义。这种清晰定义的缺乏阻碍了进步,妨碍了解构成可持续发展进程真正目标和进展的挑战、抱负和对策。厘清这两个概念变得更加重要，因为全球化加速了更多经济发展的不可持续结果的产生（World Wildlife Federation 2006）。

　　为此，本章探讨了企业环境管理或"弱可持续性"与企业对可持续发展的贡献或"强可持续性"之间的区别。首先，本章澄清这两个概念的不同定义方式。然后，本章更加详细地检视企业构建弱和强可持续性能力意味着什么。最后，本章结尾将简要陈述这些区别对今后研究和教育的影响。

34.2　弱可持续性和强可持续性

　　表 34.1 阐述了作为区分"弱"和"强"可持续性的独特范式的六个框架。心智框架描述了企业与环境的整合是如何构成的；决策框架决定与选择相关的信息；组织/体制框架确定深入参与变革的参与者；时间框架指定选择的时间范围；价值框架包含做出决策和调整决策所需的价值；最后，变革/创新框架关注创新和变革问题。

　　弱和强可持续性代表了进步的思想，将供应链管理和产品管理等新理念运用和嵌入在组织实践中（Roome 1994），其运用和嵌入方式超越了简单的技术合作和创新。弱可持续性涉及渐进变化，而强可持续性则在方向上更具有突破性，建立了一种基于系统思维和组织及社会创新的新范式。

表 34.1　弱可持续性和强可持续性的概念框架（Roome，1998）

弱可持续性	框架	强可持续性
商业与经济作为环境影响的主要系统而进行控制	心智框架	商业和经济嵌入在并依赖着环境和社会系统
顺应调整商业系统中的环境价值	决策框架	评价商业系统中经济选择的环境和社会结果，并寻求将企业融合到环境情境中
企业及其供应链	组织/体制框架	经济、体制、社会、环境系统和网络改变生产和消费模式
由产品/服务以及技术生命周期来决定	时间框架	代际
关注产品管理的实用主义	价值框架	实用主义＋管理受到参与原则和预防、包容、公平、公正的限制
技术创新推动企业及其供应链、技术、流程、产品和服务发展	变革/创新框架	组织创新推动着无上限地重塑组织、机构和社会

34.3 强可持续性的新范式

　　管理学者就他们对可持续性隐含的管理和组织变革能力的不同观点而分成不同的流派。"悲观/批判"和"乐观/推进"观点保留了下来。本手册的一些章节(见 Banerjee 本手册[第 31 章];Gladwin 本手册[第 38 章])对沃尔玛、通用电气和壳牌等公司为实现可持续发展做出必要变革的能力持批评态度。其他章节(见 Elkington & Love 本手册[第 36 章];Hart 本手册[第 37 章])则相信组织有应对可持续发展挑战的能力(Hart 2005)。后者举出前者拒绝的相同实例,两者不可能都是正确的,当然除非他们谈论的是不同形式的可持续发展。换言之,应对可持续发展艰难挑战的能力取决于这些作者是否把实现(弱或强)可持续性的决心作为采取当前范式扩展或新范式的要求(Ehrenfeld 本手册[第 33 章])。对本人来说,《布伦特兰报告》发布 20 年后,本手册中仍很少有作者区分弱、强可持续性和他们的词性根源,这使本人认为嵌入在强可持续性中的典范转变将会极其困难地在企业研究、管理教育、以及商业实践中发展。即便如此,本手册章节中相左的意见支持了通过组织学习、创新发展和变革管理,管理者实施系统方法来改变和影响可持续性与组织融合的必要性。在弱可持续性中,这些想法在公司内运作,而在强可持续性中,它们由在其他参与者系统中的企业来运作。在该系统中,企业的当前和未来的产品和服务被应用。

　　这些主要观点的概况在图 34.1 中,该图表明了企业可以采取的三种典型立场。合规立场是企业满足环境问题法律义务的特性。主动立场指企业部署组织学习以理解企业和环境的关系、制定应对措施,并将这些应对措施组织成更集成的管理结构和系统。

　　图 34.1 中的第三个立场描述了在环境可持续性的框架内寻求竞争力的企业。可持续性学习超越了组织性的活动,转变为社会和组织的活动。它迫使企业管理者与社会和经济中的其他行为人一起合作,共同定义什么是未来可持续的流动性、营养或者健康系统。由一家企业来主导这一进程是可能的,但更有可能的是企业只是合作伙伴。这不是通常理解的作为弱可持续性一部分的利益相关者的参与。相反,组织和社会学习活动涉及不同类型多行为人平台上的企业参与。这些平台为包括企业在内的参与者展望更可持续的系统提供了机制(European Commission 2001)。这些平台的工作和促进可持续发展的核心,更广泛地说是基于系统思维的系统性观点(Roome 1994;Levy & Lichtenstein 本手册[第 32 章];Lifset & Boons 本手册[第 17 章])。

系统思维

强可持续性需要新方法来理解建立在组织学习和变革能力（Senge 1994；Checkland 1981）上的系统的部分和整体功能间的复杂关系和联系（Ackoff 1999）。系统思维易使管理者受他人的作用和想法的影响，并促进驱动强可持续性的参与性方法的改变。

这将导致重点关注企业责任，或更确切地说是责任管理和领导（请参见Bondy & Matten 本手册［第 28 章］），对超越企业独自选择和行动的思考至关重要。可持续发展涉及变化协同过程中的许多社会参与者（United Nations 1987）。企业促进其所在的生产和消费系统的可持续性，以及其运营所在的生物区域或国家的可持续性。根据这个观点，一家企业，事实上是任何组织，对于理解经济或社会项目的强可持续性来说都不是一个适当的分析单位。如图34.1 所示，强可持续性涉及很多参与者合作形成生产和消费都在地球承载能力范围内的社会生态系统（图上显示为虚线包围的东北角）。

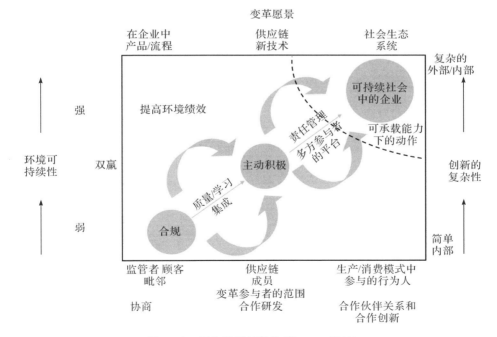

图 34.1　弱和强可持续性（Roome，2004）

图 34.1 中水平轴和纵轴代表勾勒出弱和强可持续性的四个核心维度。左边纵轴显示可持续性的强度；顶部水平轴显示了不同变革的愿景；底部水平

轴上显示走向可持续发展的参与者；右边纵轴代表创新的程度。弱和强可持续性通过集成的途径、变革愿景的目标、创新的复杂性和社会、政治及经济参与者之间的协作程度进行区分。

比如，合规企业与有限的参与者合作进行改进产品或工艺的渐进式创新。积极主动的企业则采用学习或能将环境因素与业务流程整合在一起的质量流程方法，并结合协同变革中的产品或供应链。图 34.1 中，东北角的策略将强可持续性提升到了社会生态系统的层次，并与营养、通信、能源、家庭服务和运输等社会子系统和它们所运作的生产—消费和生态/环境系统相结合。学习如何跨组织协作以及开发并传递共同愿景的能力在强可持续性中备受青睐。

强调多方参与者进程建立在 Chevalier & Cartwright（1966）和 Trist（Tavistock Anthology 1990, 1993, 1997）解决社会—生态系统元问题或变革的基础性工作之上。这些想法直接启迪了那些参与撰写《布伦特兰报告》的学者思想，并为地球峰会的设计做出贡献。在此方法中，不同的参与者必须携手合作，了解复杂问题中的本质，找出应对未来问题更好的格局，寻找从现在转变到共同期盼的未来的路径或选择，并检视和评价这些选择对相关参与者经济、环境、社会和政治状况的影响后果。

读者可能注意到，强可持续性隐含的组织和社会学习、创新与变革比最近被称为创新新范式的开放式创新的理念（Chesborough 2003）更复杂。的确，强可持续性可以理解为开放式创新最开放的形式（Roome 2001），其必然涉及社会、体制、组织和管理创新的众多参与者，而不只是技术创新。

组织领导力和创新

那些把强可持续性嵌入自己商业模式中的企业将企业责任理解为组织领导力与管理创新的一种形式（Roome & Jonker 2006）。类似的进程体现在"自然一步"。他们从组织的愿景开始，这由影响和指引通过企业范围内的协作而改进的新实践的新理念发展而来（见 http://www.naturalstep.org/the-system-conditions）。组织领导力涉及跨越公司和其他参与者的共享和分布式领导力（D'Amato & Roome 2009）。它围绕着特定的信仰、习俗和角色而构建，包括参与和学习的价值，以及问题和变化都是挑战和机遇的意识。实践包括高度的言行一致以及承诺贯穿企业所有层级的责任、学习和变革。如管家式管理等新概念的产生和应用来支持变革的角色，促进了对强可持续性责任理念的逐步采用。这些概念通过概念倡议者、网络成员户和变革代理人的工作转化为行动，反过来资源看门人和组织中的工作想法又支持了这些人的工作。这些信仰、实践、角色和流程很少在致力于弱可持续性的企业中应用，而是成为强可持续性的核心。

34.4　未来研究

上面讨论的思想对任何曾对努力将可持续发展作为基本变革议程的企业进行研究的人来说是不陌生的。不幸的是，这样的例子并不普遍，其有限的影响不可能在很大程度上改变我们的生活方式和资源利用超过地球承载能力的现状。遗憾的是进展无法匹配如《有限增长》(Meadows et al. 1972)或《布伦特兰报告》(United Nations 1987)等很久之前的报告中提出的挑战。弱可持续性不足以转型为一个可持续的未来。正如《布伦特兰报告》所展望的那样，更为彻底的改变是必需的(United Nations 1987)。

既然强可持续性代表一种新的范式，就有必要重新审视当前范式中形成的商业研究和教育，它们造成了我们现在不得不解决的问题。商学院的研究和教育必须更侧重系统思考以及组织和社会学习，而不是狭隘地关注委托代理理论、个体企业的成功以及考虑生态和社会可持续性经济增长的要求(Khurana 2007；Banerjee 本手册[第31章])。

这种转变势必包括致力于开放的变革过程的学者；但变革过程中实践比理论更重要，而且实际的成果与学术出版物一样有价值。此外，弱可持续性旧范式中的主流理论被认为对未来贡献甚微，而强可持续性强调对突破性而不是渐进变革的新思想的发展。商科学者必须将强可持续性的许多方面带入课堂，培养有助于学生未来作为变革推进者而不是不可持续现状维持者的相关技能。

参考文献

Ackoff, R. (1999). *Ackoff's Best*：*His Classic Writings on Management*. Chichester：Wiley.

Carson, R., (1962). *Silent Spring*. Boston：Houghton Mifflin Co.

Checkland, P. (1981). *Systems Thinking, Systems Practice*. Chichester：Wiley.

Chesborough, H. (2003). *Open Innovation*：*The New Imperative for Creating and Profiting from Technology*. Boston, MA：Harvard Business School Press.

Chevalier, M. & Cartwright, T. (1966). "*Towards an Action Framework for the Control of Pollution*," in *National Conference on Pollution and Our Environment*. Ottawa：Canadian Council of Resource Ministers.

D'Amato, A. & Roome, N. (2009). "Toward an Integrated Model of Leadership for Corporate Responsibility and Sustainable Development：A Process Model of CR Beyond Management Innovation," *Corporate Governance*：*The International Journal of Business and Society*, 9(4)：421—443.

European Commission (2001). "Sustainable Production: Challenges and Objectives for EU Research Policy," *Report of the Expert Group on Competitive and Sustainable Production and Related Services*. European Commission, DG XII (Research).

Hart, S. (2005). *Capitalism at the Crossroads: The Unlimited Business Opportunities in Solving the World's Most Difficult Problems*. Upper Saddle River, NJ: Wharton School Publishing.

Khurana, R. (2007). *From Higher Aims to Hired Hands: The Social Transformation of American Business Schools and the Unfulfilled Promise of Management as a Profession*. Princeton, NJ: Princeton University Press.

Meadows, D., Meadows, D. & Randers, J. (1972). *The Limits to Growth*. New York: Universe Books.

Roome, N. (1992). "Developing Business Environmental Strategies," *Business Strategy and the Environment*, 1(1): 11—24.

——(1994). *Taking Responsibility: Promoting Sustainable Practice Through Higher Education Curricula—Management and Business*. London: Pluto Press.

——(ed.) (1998). *Sustainability Strategies for Industry: The Future of Corporate Strategy*. Washington, DC: Island Press.

——(2001). *Metatextual Organisations: Innovation and Adaptation for Global Change*. Inaugural Address, Erasmus Center for Sustainable Development and Management, Erasmus University, Rotterdam.

——(2004). "Innovation, Global Change and New Capitalism: A Fuzzy Context for Business and the Environment," *Human Ecology Review*, 11(3): 277—279.

——& Jonker, J. (2006). "The Enterprise Strategies of European Leaders in Corporate [Social] Responsibility," in Jonker, J. & de Witte, M. (eds.) *The Challenge of Organising and Implementing CSR*. London: Palgrave.

——& Bergin, R. (2006). "Sustainable Development in an Industrial Enterprise: The Case of Ontario Hydro," *Business Process Management Journal*, 12(6): 696—721.

Senge, P. (1994). *The Fifth Discipline: The Art and Practice of Organizational Learning*. New York: Doubleday Currency.

Stockholm (1974). *Report of the United Nations Conference on the Human Environment*. <http://www.unep.org/Documents.Multilingual/Default.asp?documentid=97>.

Tavistock Anthology (1990/1993/1997). *The Social Engagement of Social Science a Tavistock Anthology*, vol 1, 1990; vol 2, 1993; vol 3, 1997. London: Tavistock Institute.

Trist, E. (1983). "Referent Organizations and the Development of Inter-Organizational Domains," *Human Relations*, 36: 269—284.

United Nations (1987). *Report of the World Commission on Environment and Development*. General Assembly Resolution 42/187, 11 December 1987.

——(1992). *Agenda 21*. http://www.un.org/esa/dsd/agenda21/res_agenda21_01.shtml.

van Kleef, H. & Roome, N. (2007). "Developing Capabilities and Competence for Sustainable Business Management as Innovation: A Research Agenda," *Journal of Cleaner Production*, 15(1): 38—51.

World Wildlife Fund (2006). *Living Planet Report*. Gland: Switzerland: WWF.

35　企业可持续发展2.0：
可持续发展的美学

Paul Shrivastava

管理企业与自然关系的实质性挑战，以及对环境管理的意识和信息的需求都在成倍增长。诸如全球气候变化、环境资源枯竭、能源的生产及使用和企业的可持续发展等关键的环境管理问题，我们都可以获得大量的相关信息（Bansal & Roth 2000；Gladwin 1996；Sharma & Starik 2002；Hoffman 2000；Russo 2010；Stead & Stead 1996）。尽管在这方面的知识十分丰富，但是环境问题和状况仍在日趋恶化。

过去关于商业可持续性的研究在很大程度上是以生态学方式研究"外部"空间（土地、空气、水、人类）的管理，研究人员专注于理解及发展贯穿价值链的商品和服务的生产和分配上的生态效率（见Gladwin本手册[第38章]）。这一关注重点是必要的，而且事实上对该领域早期思想演化是非常重要的。这对我们理解企业可持续发展具有潜在的科学意义。

然而，对于企业可持续发展的更好的认知理解并没有带来更可持续的消费和生产行为。因此，我们需要提出以下这些问题。改变个人和集体行为需要付出怎样的代价呢？为实现企业可持续发展，我们需要哪些环境方面的意识和知识？如何才能快速地减少大气层中的碳累积？短时间内，我们又能找到什么样的方法应对迫在眉睫的全球气候变化（IPCC 2007）？

在本文的其他部分，本人就重新定位企业可持续发展的新研究方向提出一些见解。在过去重点研究外部空间的基础上，本人也建议研究人的思想和感情等内部空间。内部空间的关注点包括对自然有更深的感官上（身体上）的认识，对自然有更深的情感感知，同时也对外部环境与内部心理认知形成过程的关系有更多了解。本人将这称为可持续发展2.0。作为可持续发展方面前进的序幕,这一理论旨在建立人与自然间感性而又富有激情的联系。该理论是对环境和"人与自然"间关系的整体考虑,而不是将自然作为科学研究的另一个研究目标进行一个单独学科的研究。

35.1 为什么提倡可持续发展 2.0?

不可持续的主要来源是人类和组织的行为。为了实现全球可持续发展,行为以及组织变革是必需的。21 世纪我们所面临的主要挑战并非对抗自然力量下的人类生存。我们拥有充足的财富、自然资源、知识以及技术资源供人类支配,我们每天选择生产、分配和消费产品和服务的方式决定了我们如何使用这些资源。为了实现可持续发展,我们需要改变我们的消费、企业、制度、社会以及政治的行为(见 Ehrenfeld 本手册[第 33 章])。

行为上的改变受到主客体之间情感联系的影响。单凭知性理解或者认知理解并不足以引起变革。更深层次(科学的)知性理解可能会提高我们决策和变革的长期质量,但也不会触发行为变革。因此,为了促发生活方式朝着可持续的方向改变和为组织变革提供动力,可持续发展的研究人员需要将人们对于可持续发展挑战的感性理解纳入自己的研究范围(Csikszentmihalyi 2003)。

这一必要的行为转变在如今严峻的气候环境下显得更为突出。这种转型不会来自零碎渐进的政策措施,它需要有意识的转变,对人与自然关系根本上的感性变化。我们需要彻底的重新想象和深刻的情感转变,使人类与自然用一种更持久的良好方式重新连接起来。可持续发展 2.0 就是呼吁这种彻底转型,从个人和组织行为开始转变。

关注情绪上的转变使得我们在讨论可持续发展和气候变化时,可以使用一个之前被严重忽视的人类能力,即人类的艺术才能。纵观历史,艺术一直是人类表达情绪的载体。艺术陪伴人类度过了艰苦岁月、处理重大的人类问题、给予慰藉抚平伤痛、赋予事物意义、创造美丽和揭示真理。在君主和教会以及过去几个世纪中世俗捐赠人的控制下,艺术一直服务于教育和改变人类行为。一些学者,例如哲学家 Denis Dutton,曾经声称艺术是人类的天性,有着进化的功能(Dutton 2009)。

艺术为卓越注入了激情。在主流文化衰退时,艺术还扮演了慰藉、治愈角色。可持续发展 2.0 希望使艺术或美学的力量增强,使其能够承受我们当代最重要的挑战。通过使用基于艺术的调查和行动方法,以及审美的真理和见解,可持续发展 2.0 大大扩充了人类应对可持续问题挑战的科学工具。

本手册中，把提倡可持续发展 2.0 作为对可持续发展情感的投入似乎是脱节的。本篇（"未来展望"）的其他章节在考虑可持续性时，提出将社会领域纳入其中以拓宽"企业和环境"的概念，这意指我们需要将很多社会利益相关者纳入到我们实现可持续发展的方法中。这些文章与本文的立场一致。要做到更加社会化以及更加包容，我们需要更好地理解我们自己情感上和感官上的自我。这种自我意识促使我们与他人及自然建立起更深的联系。社会的和情感上的与可持续发展的交融是相辅相成的。

25.2　什么是企业可持续发展 2.0？

可持续发展 2.0 是指从情感上了解自然环境及其与我们个人和组织关系的方法和导向。它是指对人与组织和自然关系的一种包含的经验化理解。它带来了对生态系统的全面认知，对可持续生活方式的热情，承认在生态行为中个人也需承担责任，以及通过协同合作来解决问题（见 Post 本手册[第 29 章]）。

对于将这一理念运用到商业和其他企业中，作者提倡研究与最佳实践不仅要从对环境问题的知性认知理解发散出来，还需要对这些问题情绪体验进行综合认知。这种感性了解乍看与科学的规范和理想相矛盾。情感是主观的，在历史上也一直属于艺术的领域。因此，我们面临的一个巨大的挑战在于，怎样将艺术情感、美学探究与对客观的科学追求和严谨的度量相结合，以达到理性上合理、情感上也令人信服的解决方案。

以下三个小节将简要介绍这些观点：①企业情感基础设施的配备对其长期的成功至关重要；②在长期代际全球繁荣形式中的企业可持续发展，需要一种整体的、全面的和具有包容性的人与自然关系方法，这一方法包含了对人与自然关系的理解及其所产生的环境和社会的挑战；以及③艺术作为人类情感的载体，美学探究作为追求真理的一种方式，它们帮助人们以激情的方式去理解和关联自然。可持续发展 2.0 寻求对自然做出整体的充满激情的承诺，并在个人和组织层面上做出正确的选择。

企业的情感基础设施

20 世纪，"科学管理"看重的是企业和组织管理中客观、技术和理性的方面。组织管理中人性化的一面在 20 世纪 60 年代开始被认可。然而，人类在组织管理中的角色概念局限于"机器""系统"或"社会技术系统"等关于组织的隐喻。当初，这一目的是为了理解人类行为如何能够完美达到类机械的水平，以带来持续的、可靠的、可预测的产出。这种将人类视为劳动力、视为资本或者人力资源的"工业化时代"思维模式,而非将人类视为整体的、社会化的、有情绪的生命,阻碍了我们充分理解组织中感性的一面。

组织具有决定其情绪、工作氛围和绩效能力的情感基础设施(Barsade & Gibson 2007;Fineman 2003)。员工的情感生活与组织的各种决策相互作用,相互影响。对组织的成功而言,情感方面的管理技巧和资本与材料、技术以及财务技能等同样重要。情感在工作的某些领域扮演着重要的角色,例如建立信任、参与谈判、树立公信力及行使判断等。尽管情绪技巧的重要方面已经是个人个性的一部分,这种技巧还是可以开发培养成熟的。情绪的自我表达使员工成为组织中做出更多承诺和获得更多产出的一员。关于"情商"的研究与实践日益增多,恰恰证实了理解并发展组织情绪基础设施的可能(Cameron et al. 2003;Goleman 1995)。

可持续发展的体验式理解

深入理解可持续发展需要用体验的方式去感受它。体验哲学定义了物质和思维间的关系。在这种方法下,人类的身体并非工具,而是一种存在,心灵和精神是身体的表达方式。因此,心灵和身体是同一种存在。它们被单个进程绑定,同时结合了家庭和语言,从而消除了主客观之间的区别。思想则是身体和家庭的延伸,延展到它所在的环境、社区、种族乃至整个地球(Bateson 1980)。人类的心灵和思想是大脑和生理的机能。只有在特定的历史、文化、生态、社会、习惯以及现场的背景下才能够理解一般的心理过程(Csordas 1990;Neidenthal et al. 2005;Sampson 1996)。体验式学习拒绝使用主客观二分法,偏向于全面的经验的理解。因此,理解可持续问题不仅仅是科学上的挑战,还涉及身体和精神上的挑战。

通过对体验式实践知识的探索,我们可以得出不同的批判性见解。尤其是,体验式知识可以通过组织和社会技术系统中的艺术和美学探究而产生。这些知识为我们理解企业的可持续发展提供了新线索(Bourdieu & Wacquant 1992)。本人建议基于艺术的"美学"流程技术可以用来形成对企业环境和社会风险组合的理解,这些理解存在质的不同,与此同时,还会促成更多应对危机的适用性较强的方法(Shrivastava & Statler 2010)。

可持续发展企业的美学

艺术和美学是通向情感和激情的媒介。视觉、媒体和表演艺术在历史上一直是作为人们通向、观察、表达情感的体验方式。一些艺术形式，例如音乐和舞蹈，尤为适合用来表达情感和激情。艺术制作方法结合了感官技能和身体活动，以此创造并检测情感。

美学是探寻美和优雅的一种途径。审美经验为管理者提供机会以增强他们的感官认识；练习在对自然和人类系统有一个体验的整体理解基础上进行判断；以及反思与同事集体达成的为实现对社会负责的和可持续性结果的认知和判断（Shrivastava & Statler 2010）。

可持续性审美承认并规范了自然的优雅和美丽，以及其启发和激励人们的能力。贯穿历史，从狩猎采集社会的岩石艺术，到当代艺术的现代可持续/环境艺术运动，自然既是艺术家创作的主题，也是他们灵感的源泉。自然带给人类创造的对象、人工环境、基于自然美的价值的表演、和谐以及平衡。它提出关于人与自然关系的激进问题，动摇了人们对自然的企业层面和政治层面上"标准化"观点。这激发人们思考我们对自然的所作所为（Fowkes & Fowkes 2006；Grande 1994；Kagan & Kirchberg 2008）。

企业可持续发展2.0激发了可持续发展组织美学——这就是将企业视为人类需求与自然世界之间的调解人。我们需要在自然规律下，理解并接受我们人类的位置，并用这种意识提醒组织不忘自身的使命和承诺。这包括用可持续的审美来设计产品和生产系统、物流和人类资源。这些设计需要超越形式和功能上的价值，超越对经济生产力的考虑，而且需要具备与之相符的社会福利，考虑人类的幸福程度、优雅和美丽。可持续发展的企业将人视为一个完整的人，而非每天工作八小时的劳动力，也非每年带来固定收益的客户，或者用来筹资的投资者。

可持续艺术应用的一个实例为"可持续设计（SD）"（也称为环境化设计、环境可持续设计、环境意识设计等）。这种方法设计的产品、服务和人工化环境将有利于改善其经济、社会和生态性能，其目的是通过全面周全的设计消除不利的环境影响。可持续设计强调可再生资源、最小化的生态足迹、从摇篮到摇篮的设计，有机地将人与环境联系起来。

可持续设计的应用包括日常使用的小件物品（安全别针）到大机器（汽车），乃至整栋建筑、城市和地球物理表面。它是一种应用于建筑、景观、照明、城市规划、工程、平面设计、广告、时装、工业设计和室内设计的哲学。

如果可持续发展不仅仅是一种标榜艺术的东西，我们需要了解Guattari（1989）提出的可持续发展艺术的巨大潜力，及非常有用的对人类主体性三个心理领域的区分。Guattari描述了三个相互关联的生态"寄存器"，即自然环境、社会环境和心灵环保水平。

首先，生态"寄存器"认为艺术品和艺术实践活动是对自然世界的材料负担。在生产、运输和安装艺术工艺品过程中，使用材料和产生废料可能会对自然生态系统有潜在的破坏。

其次，社会维度或生产和使用的社会联系，提出了对艺术影响力的担忧。艺术作品明确表达了个人和组织以及在其相互联系中的权力和地位。可持续艺术的社会影响包括艺术项目的道德影响，特定群体潜在的赋权/夺权，生活主题的客观化和艺术家/手艺人的利用。

Guattari 在理解可持续艺术变革潜力上最重要的贡献是，他建议使用艺术家的工作方法来理解对"日常生活心灵环保领域"的影响。艺术是商业化心理和精神污染的解毒剂，商业化最终会导致空气、土地、水的毒性和碳的过度消费。

35.3　代替总结

本章的目的在于拓宽企业可持续发展研究的视野，以更具有创造性和综合性的角度思考。作者没有明确的结论可以提出。在此，用对可持续发展2.0三条有发展前景的途径的思考作为结尾。

该研究什么？什么有意思？

传统的可持续发展（可持续发展1.0）主要关注生产方面。其重点是以更有效的方式管理产品、材料和生产系统。与之相反，可持续发展2.0关注消费方面。研究者需要更好地理解人类需求的本质、消费的充足性、消费与自我实现/幸福的关系、物质与精神消费以及节俭的作用。欲望和消费如何影响自我认同？我们需要发展消费方式以服务于全球90亿人口。盲目转移消费欲望和消费活动以及在全球建立消费社会是不可持续的。

此外，可持续发展2.0注重分配的公平。它提出了生态和金融商品与服务分配的公平、平等和平衡问题（见 Ehrenfeld 本手册［第33章］）。它调用美学的伦理根源使这些道德问题成为可持续发展企业关注的核心问题。

研究的方法

科学探究是过去研究的主要方法。可持续发展2.0提供了问知的美学方法和基于艺术的学习方法。它提倡对组织可持续发展的传统消费方式进行反思性批判，并思考新的改进方法。组织和自然都主要通过身体的感官去体验。

可持续发展企业的最新研究是认知性的，并以语言和文化为调节。它基于认识论和相应的科学方法论。虽然科学提供了重要的方法和具有 200 年传统的方法论，但是它不是了解整个人类文化和历史的唯一途径（Lakoff & Johnson 1999）。实践知识的探索可以产生新的重要见解。体验式的知识可以通过艺术和美学探究来产生。基于艺术、审美过程的技术可以用来产生对可持续性完全不同的理解（Taylor & Hansen 2005）。可持续发展企业采用的全面方法需要追求真善美的艺术标准以及具有客观性、可验证性和普适性的科学标准。

可持续发展企业实践

传统可持续问题致力于将组织的收益带给所有的利益相关者（消费者、员工、企业伙伴、供应商、公众、社区、政府）。相比只关注投资者利益的主流商业方法，这已经是很大的进步。但即使是以利益相关者为导向的传统可持续研究也可以再造。例如，组织应对其社会、环境和可持续发展的绩效有一个完整的、全面的和复杂的陈述（见 Gray & Herremans 本手册［第 22 章］）。关于谁是组织合法利益相关者的讨论已经展开。可持续发展 2.0 考虑了更多种利益相关者。自然和动物都是利益相关者。后代在任何可持续发展的定义中都是重要的利益相关者，但组织决策很少考虑他们（见 Roome 本手册［第 34 章］）。最终，关于需要考虑未来多少代人的问题仍不得而知。

总之，可持续发展 2.0 考虑了人类在地球上延续的重要情感和体验性方面。艺术作为情感的表达可以作为工具很好地将可持续发展的激情倾注到企业中。在对可持续发展挑战的科学认识过程中，我们忽视了艺术所带来的人和组织行为的变化。将艺术与科学融合可以对可持续发展有更全面的了解。

参考文献

Bansal，P. & Roth，K.（2000）．"Why Companies Go Green：A Model of Ecological Responsiveness，"*Academy of Management Journal*，43(4)：717—736.

Barbican Art Gallery（2009）．*Radical Nature：Art and Architecture for a Changing Planet 1969—2009*. London：Barbican Art Gallery.

Barsade，S. & Gibson，D.（2007）．"Why Does Affect Matter in Organizations，"*Academy of Management Perspectives*，21(1)：36—59.

Bateson，G.（1980）．*Steps to an Ecology of Mind*. New York：Bantam Books.

Bourdieu，P. & Wacquant，L.（1992）．*An Invitation to Sociology*. Chicago，IL：University of Chicago Press.

Cameron，K.，Dutton，J. & Quinn，R.（2003）．*Positive Organizational Scholarship：Foundations of a New Discipline*. San Fransisco：Barrett-Koehler Publishers.

Csikszentmihalyi，M.（2003）．*Good Business. Leadership，Flow and the Making of*

Meaning. New York: Penguin Viking.

Csordas, T. (1990). "Embodiment as a Paradigm for Anthropology," *Ethos*, 18(1): 5—47.

Dutton, D. (2009). *The Art Instinct: Beauty, Pleasure and Human Evolution*. New York: Oxford University Press.

Fineman, S. (2003). *Understanding Emotion at Work*. Thousand Oaks, CA: SAGE.

Fowkes, M. & Fowkes, R. (2006). "Principles of Sustainability in Contemporary Art," *Praesens: Central European Contemporary Art Review*, 1: 5—12.

Gladwin, T. (1996). "Toward Eco-Moral Development of The Academy of Management (Letter)," *The Academy of Management Review*, 21(4): 912—914.

Goleman, D. (1995). *Emotional Intelligence: Why It Can Matter More than IQ*. New York: Bantam Books.

Grande, J. (1994). *Balance: Art and Nature*. Montreal: Blackrose Publisher.

Guatari, F. (2000). *The Three Ecologies*. Full translation by Pindar, I. & Sutton, P. London: The Athlone Press.

Hoffman, A. (2000). *Competitive Environmental Strategy: A Guide To The Changing Business Landscape*. Washington, DC: Island Press.

IPCC (Intergovernmental Panel on Climate Change) (2007). *Fourth Synthesis Report*. Geneva: IPCC.

Kagan, S. & Kirchberg, V. (2008). *Sustainability: A New Frontier for the Arts and Cultures*. Frankfurt am Main: VAS-Verlag für Akademische Schriften.

Lakoff, G. & Johnson, M. (1999). *Philosophy in the Flesh: The Embodied Mind and Its Challenge to Western Thought*. New York: Harper Collins Publishers.

Neidenthal, P., France, F., Barsalou, L. W., Winkielman, P., Krauthgruver, S. & Ric, F. (2005). "Embodiment in Attitudes, Social Perception, and Emotion," *Personality and Social Psychology Review*, 9(3): 184—211.

Russo, M. (2010). *Companies on a Mission: Entrepreneurial Strategies for Growing Sustainably, Responsibly, and Profitably*. Palo Alto, CA: Stanford Business Books.

Sampson, E. (1996). "Establishing Embodiment in Psychology," *Theory and Psychology*, 6(4): 601—624.

Sharma, S. & Starik, M. (eds.) (2002). *Research in Corporate Sustainability: The Evolving Theory and Practice of Organisations in the Natural Environment*. Cheltenham, UK and Northampton, MA, US: Edward Elgar.

Shrivastava, P. (2010). "Pedagogy of Managing Sustainably with Passion," *Academy of Management Learning and Education*, 9(3): 443—455.

——& Statler, M. (2010). "Aesthetics of Resilience," *Telescope*, 16(2): 115—130 (in French).

Stead, E. & Stead, J. (1996). *Management for a Small Planet: Strategic Decision Making and the Environment*, 2nd edition. California: SAGE.

Taylor, S. & Hansen, H. (2005). "Finding Form: Looking at the Field of Organizational Aesthetics," *Journal of Management Studies*, 42(6): 1211—1231.

36　　未来企业决策层议程

John Elkington，Charmian Love

在成为市场主流的过程中，企业责任、社会创新、共同价值观和可持续发展议程需要越来越多的企业高级领导者的参与（Elkington 1997；Bondy & Matten 本手册［第28章］）。但是指导企业战略的高级领导团队——来自企业决策层和董事会的企业首席执行长官——如何在未来十年应对机遇与挑战并存的局面？改革的驱动力是什么？发展的最大阻碍是什么？

知名专家已在前面探讨了企业战略、非市场战略、组织理论和行为、市场营销、会计和财务方面以及一些不同的新兴未来研究方向，还有哪些新颖而有用的内容可以介绍？本手册之前的章节多次提及这一关键结论，即环境和可持续发展议程的范围越来越广并还在不断扩展，包括了商业、金融、市场利益和活动，从供应链到公司价值。这是好的兆头，在边缘被遏制了几十年的思想开始变得强大并主流化，但基本的问题仍存在：如何以必要的速度将这一进程向正确的方向推进？

在管理文献的基础上，你可能会认为工作大都已经完成了。最近的研究表明企业董事会和决策层越来越关注环境和可持续发展问题，包括2010年埃森哲代为发布的联合国全球契约。不少于96%的受访首席执行官认为可持续发展问题应该与公司的战略和运营充分融合，2007年这一比例为72%。但我们认为其中也有一部分人在虚张声势（见 Forbes & Jermier 本手册［第30章］）。所以我们用扑克来隐喻企业决策层对这些趋势的不同看法。早在2010年，我们在《快速企业》的一系列博客中检验了本章的论点，如下所示：

①百搭牌：资本主义作为高赌注扑克游戏；

②赌注：为赢得终极大奖；

③花牌 K：首席执行官和董事会主席；

④花牌 Q：首席财务官、首席投资官、首席会计官；

⑤花牌 J：首席运营官、首席采购官；

⑥扑克牌 10：首席法务官、首席责任官、首席可持续官；

⑦王牌：企业决策层的同花顺。

任何尝试让董事会和决策层在最近几十年参与环境、可持续相关问题的人都知道这不是非常容易的。但是这个过程正在取得进步。让我们来梳理前面所列的七个领域。

36.1 资本主义作为高赌注扑克游戏

当美国士兵入侵伊拉克时，他们带了一幅带有萨达姆政府和阿拉伯复兴社会党高级党员面孔的扑克牌，以帮助他们识别旧政权中的首要通缉犯。如今，可持续发展活动家和专家在企业中扮演了利益相关者和战略顾问的角色，我们认为他们可以带一幅识别企业高层决策层中的主要参与者的扑克——像首席执行官、首席财务官和首席运营官之类的企业决策者，他们的头衔中都有"首席"这个词。

把资本主义形容成高赌注的扑克游戏有点陈词滥调，但接下来我们将此比喻现实价值，尽管这个比喻并非第一次使用。"扑克是我们所钦佩和轻蔑的资本主义和民主的缩影"，扑克专栏的 Lou Krieger 热情地写道，"它可以粗制滥造也可以精打细磨，或冷或暖，宽恕仁爱或严肃无情，变化无常难以捉摸，但最终它是公平、正义和公正（Krieger 2000）。"

真的吗？想想最近市场过度或越来越不稳定的气候余波。这些外部事件助长了近几十年来强烈的社会和环境运动，致力于提醒政策制定者、投资者和商界领袖关注资本主义扰乱的生活、社区或生态系统。这些运动包括消费者的安全、环境、援助、人权和腐败等领域打击侵权行为的运动。

高层决策层中许多人仍对此一无所知，但是在发生演变——重点在于转变市场观念、行为、文化，最终改变范式。在我们为麦肯锡做的研究中，我们区分影响这四个方面的变化，至少在与环境和可持续发展的关系上，我们总结出尽管在改变决策层的观念上已取得进步，但我们在改变背后的行为上举步维艰（如英国石油公司的墨西哥深水地平线漏油灾难），主要是因为我们未能改变企业和更广泛市场文化的关键因素，也因为我们仍在传统的"索取、生产、浪费"的范式中前行（Elkington 2010）。

无论用什么修辞，太多董事会和决策层仍对如气候变化这样类似的挑战如何影响他们的商业模式知之甚少。传统上,决策层都由首席执行官、首席财务官和首席运营官三位组成。他们领导着各种各样的"首席",例如首席营销官、首席创新官、首席技术官、首席可持续官等。他们下面还有更多的副总裁和其他副职,主要的工作就是执行高层的指令。

企业环境日趋复杂,加上工作头衔膨胀,导致决策层头衔和报告程序的激增,我们认为这是不可持续的。最终,我们希望看到更少、更简单和更综合的稳定管理层。随着企业在衰退过程中组织重建,这一进程已经开始。

36.2　赌注:终极大奖

进入企业总部的顶楼,那种沉默、异样和空气越来越稀薄的感觉令人不安。大多数董事和决策层成员都活在现实的泡沫中,可能——也可能没有——反映出现有的或突发的现实。埃克森美孚前首席执行官 Lee Raymond 曾在著名的"神豆荚车"中开展工作,他的执行办公室在此行使近乎神圣的权力。试图让决策层领导们更广泛参与对环境、社会或治理事件是徒劳的事情,即使你真的进入了那扇门。

当然,如果你的雷达调到普通业务频段可能很难定位到未来。Pablo Picasso 观察最高管理层得出重要经验:"我总是做那些我不会做的事,这样我就能学会如何去做。"高层思维从公民责任转向对机遇和挑战的战略性评估,这对企业领导也是很好的建议。

转型变革通常来自于现行制度的边缘而不是现任官员。Bill Hewlett 和 Dave Packard 共同将纳米车库创建成了硅谷。尽管如此,一些现任领导人,特别是商界领袖可以看到未来的要素。2010 年初,29 位全球首席执行官发起了由世界可持续发展工商理事会(World Business Council for Sustainable Development,SWBCSD)进行的名为《展望 2050》的最新研究(WBCSD 2010)。不同于后哥本哈根的悲观主义,他们从乐观的角度探讨了 21 世纪中期危险的、快速增长的人口对健康、食物、居所、能源、流动性、教育和其他生活基础部分的影响。

世界可持续发展工商理事会倡导的是"全球市场、治理和基础设施的彻底改变,以及对我们增长与发展的重新思考"。要让这些成为可能,公司董事会和决策层必须解决如何有效合作达成共同目标的问题,以及如何将碳、生态系统服务和水资源等外部性转移到市场中。他们还必须解决在不增加所需的土地或水源的基础上让农业产量翻倍的问题。另外,他们还要在 2050 年前在世界范围内实现碳排放量为 2005 年基础标准的一半。

令人高兴的是,历史表明,赌注越大,优秀的领导者愿意承担的风险越大。牌打完以后,每个人心中都有一个疑问,市场回报到底有多大? 世界可持续发展工商理事会的首席执行官们得出结论认为,随着在基础设施、技术和服务上投资数万亿美元,企业向可持续发展转变的商业发展新机会将被创造。

36.3 花牌 K:CEO 和主席

除了留在最后一节讨论的王牌外,K 是扑克牌中最高级别的牌了。对我们而言,决策层中的 K 就是首席执行官。像通用电器、杜邦公司、英特飞或沃尔玛这样的公司之所以在可持续发展挑战上走在前头,主要是因为他们的首席执行官。有时他们这么做是因为他们的产业面临着如气候变化这样的问题,如杜邦或杜克能源公司;有时则是感觉到了新的机遇空间(如通用电气);而有时则是如英特飞和沃尔玛的首席执行官灵光一现。

沃尔玛前任首席执行官 Lee Scott 的顿悟是在卡特里娜飓风毁掉沃尔玛诸多店铺后,而英特飞的创始人 Ray Anderson 在阅读了 Paul Hawken 的著作《商业生态》后得到启迪。他在美国驻伦敦大使馆的著名讲话在公司内激起千层浪:"我震惊于工业对我们地球的所作所为。我是地球的掠夺者。在将来,像我这样的人会被送进监狱"。

像 Scott 和 Anderson 这样的领导者分到了百搭牌——他们无法计划或准备这种灵光一现的时刻——但他们能迅速捕捉到对他们商业模式的长期影响。令人欣慰的是,他们不再如从前那样不正常。在统计数据中你可以看到这一点。商业周刊调查服务(Business Week Research Services,BWRS)在一项为 SAS 的调查中声称,社会和环境问题对大多数首席执行官来说不是首要问题。商业周刊调查服务称尽管"还处在发展阶段,可持续发展由于其带来的机遇正在被具有创新精神的经理们认可,2009 年过半的经理们关注了可持续发展。并且,在过去的 12 个月中,过半的组织增加了对可持续发展的关注,40%的组织对可持续发展的关注度没有变化"(BWRS 2010)。

值得欣慰的是,一小部分——但意义重大的——首席执行官正在挑战股东价值的观念。联合利华首席执行官 Paul Polman 在 2010 年《金融时报》上说:"事实上,我不为股东工作,我为消费者、客户工作。我不受股东价值驱动,也不会用股东价值来推动商业模式发展。"一两年前这会被视为异端。如今通用电气前首席执行官 Jack Welch 也宣布,取其字面的结论,股东价值是世界上最愚蠢的想法。

你也可以说他在任职期间攻击那些想让通用电气在环境行动上赚钱的人很愚蠢。值得庆幸的是，他的继任者 Jeffrey Immelt，采取了不同的线路——2004 年他勇敢地打出了一张百搭牌——绿色创想。由于对旨在解决环境挑战的新产品上的持续投资，通用电气在这一领域的营收从 2004 年的 60 亿美元，增长到 2008 年的 170 亿美元以及 2010 年的预计 250 亿美元。最近，当讨论到清洁能源的成本问题时，他指出"煤炭在取代柴灶时也被认为是昂贵的。"

36.4　花牌 Q:首席财务官和首席投资官

翻开你的牌发现是 Q 真是太好了，Q 在扑克牌中排列第三，仅次于王牌和 K。对我们而言，Q 是决策层中的首席财务官，有时也代指首席投资官和首席会计官。

即使在最好的时期，你也忍不住为首席财务官感到遗憾，他在首席执行官的热情和金融市场判断困境之间进退维谷。面对全球经济下行，他们理应得到更多的尊敬。但在过去，大部分首席财务官令人头疼，例行公事地否定想要参与可持续发展日程的首席执行官及其他决策层领导者。对首席财务官和其他高层执行官的民意测试表明，很明显目前情况已经发生了改变。2008 年由首席财务官研究与全球商业房地产调查及资金管理机构 Jones Lang LaSalle 开展的对 175 位首席财务官和其他高层执行官的调查（CFO Research 2008）发现，超过一半的人认为他们的公司"很有可能"或"有点可能"通过可持续发展项目增加收入、减少运营费用、提高投资者回报和股东价值，并更好地留住员工。最被提及的益处是风险下降（很有或有点可能在 78％ 的公司中带来好处）、提升品牌影响力和声誉（77％）、留住消费者（72％）及提高员工的健康水平和生产力（68％）。

公司可持续发展的首要目标是遵守法规（对 61％ 的受访者来说是头等大事，对 26％ 的受访者来说是中级优先）、提高能源效率、减少温室气体排放（47％ 是首要的，32％ 是中等优先）以及减少运营对环境的影响（从 45％ 到 32％）。这些目标是动态的，而且似乎将更动态化，强调了未来首席财务官积极参与的必要性。

最大的障碍包括无法度量可持续发展对股东价值的影响（46％ 的受访者认为这是首要的三大挑战之一），无法书面总结对财务绩效的影响（37％），以及缺乏考虑环境因素的标准决策框架（36％）。令人吃惊的是，最不重要的挑战竟然是组织的阻力,仅被 20% 的受访者列为三大首要挑战之一。

36.5 花牌 J:首席运营官和首席采购官

人头牌中等级最低的就是 J,决策层中的 J 就是首席运营官和首席采购官。在企业不得不学习如何整合和运作复杂的全球供应链的过程中,后者的地位越来越重要。想要在当今市场上获胜,尤其需要依赖对市场敏感、消息灵通和灵敏的 J——它能够巧妙地应对不同的优先事宜、截止时间和文化敏感性。

可持续发展日程从外围向主流发展,很多类型的企业都认识到转变运行甚至是商业模式以更好地在企业中推行客户想发展计划的重要性。艾哲森在回顾首席运营官的相关问题时,指出几个关键利益领域:新产品和服务的收入增长、缩减成本和提高效率、更好地管理风险以及提升品牌的影响力和声誉。

最终,艾哲森总结道:"可持续发展可以是良好绩效的驱动引擎。市场重点和定位、独特的功能可以为股东和社会创造出商业机遇和持久价值。"

市场透明度越来越高,随着供应关系在各地和各个市场扩张的情况下,做一名首席运营官是极富挑战性的一件事,可能造就也可能打败竞争者。令人欣慰的是,尽管首席运营官不是首席可持续官,但不断增加的数量让他们成为决策层中一支新的力量,他们的目标就是在这个世界上留下足迹。

36.6 扑克牌 10:CLO,CRO 和 CSO

除了前面所述的人头牌,扑克牌中最大的就是 10 了。决策层中的 10 就是维护和构建品牌形象和公司声誉的高级职员。他们包括首席营销官、首席法务官、首席责任官和首席可持续官。

这些人承担了通常默认的且经常会犯错的由首席运营官及设施管理者承担的职责。更典型地是,首席可持续官很努力地去领导和支持,但不影响到其他决策层的功能。但乐观地来讲,这种决策层的转变也正说明了公司在严肃地对待这个问题。

早在 2005 年,世界前 150 强大公司中大多数都有副总裁级别或更高等级的可持续主管。《企业责任》杂志在最近的一项调查研究中列出了以下的典型任务:商业伦理、沟通、合规治理、环境、国际事务、政治和立法、社会责任和社会责任投资。没有哪一个是琐碎的任务。

显而易见的是,我们正在迈入创造性破坏的时代,这里有两个典型问题。

首先,首席法务官、首席责任官或者首席可持续官是否打破了公司目前的思维模式和商业模式。不容置疑他们是重要的催化剂,但我们的直觉告诉我们,如通常情况一样,变革一般来自于系统的边缘。这是我们本章最后一部分要讨论的内容。其次,针对所有决策层野心家的问题,可持续发展因素是否应该加入到高级管理人员的培训中呢?

36.7　王牌:决策层的同花顺

王牌是最令人痴迷的牌,得分高低取决于实际情况。他们代表个人、团队、商业模式和技术的潜在突破,能帮助决策层推动转型变革并帮助企业面向未来。他们可以是企业的内部人或局外人。有新的方法可以发现、培养和利用这种人才。至少值得期望的是首席技术执行官、首席创新执行官以及新出现的首席创造执行官的队伍越来越庞大。

未来企业的王牌知道如何打好这副牌,这对之前的首席执行官和高级主管来说是破坏性的。他们也知道从哪里寻找合适的破坏性解决方案,无论是从消费者、竞争者、非政府组织、公共机构还是从社会和环境企业家那里。

曾经为专业杂志、时事报刊和创新型媒介专属的商业问题,如今经常性地在主流管理杂志上出现,如《哈佛商业评论》。2011 年《哈佛商业评论》一篇主要文章的标题就是《为什么可持续发展是如今创新的驱动力》,此文由 C. K. Prahalad 和他的同事 Ram Nidumolu 以及 M. R. Rangaswami 合著。

他们的结论是什么呢? 他们称:"企业高管似乎在生产可持续产品或过程中最大化社会利益和最小化财务成本中抉择,但这并不真实。我们的研究表明,可持续发展是组织和技术创新的源头,会带来一定范围内的回报。事实上,正因为这些是企业创新的目标,聪明的企业把可持续发展当作创新的最新前沿。"

内部创业者和变革者很容易会被王牌困扰,破坏团队和文化。渐渐地,企业的内部创业者和变革者在业务范围内随处可见,即使有时候他们自己的管理层未能认识到他们的价值和潜力。是时候发现并支持这些人,不论他们在决策层的内部还是外部,在企业的内部还是外部,与他们共同创造适合新世纪的资本主义新形式。

参考文献

Accenture & United Nations Global Compact (2010). *A New Era of Sustainability：UN Global Compact-Accenture CEO Study* 2010.

BWRS (Business Week Research Services) (2010). *Emerging Green Intelligence：Business Analytics and Corporate Sustainability*.

CFO (2008). *The Role of Finance in Environmental Efforts* (March). Available at ＜http://www.cfo.com/whitepapers/ index.cfm/displaywhitepaper/13010943＞.

Elkington，J. (1997). *Cannibals with Forks：The Triple Bottom Line of 21st Century Business*. New York：Capstone/John Wiley.

——& Love，C. (2010). "Wild Cards for Tomorrow's C-Suite," online blog series，＜http://www.fastcompany.com/tag/john-elkington＞.

——(2010). "A New Paradigm For Change，McKinsey & Company," online ＜http://whatmatters.mckinseydigital.com/social _entrepreneurs/a-new-paradigm-for-change＞.

Financial Times (4 April 2010) ＜http://www.ft.com/cms/s/0/72d68b60-4009-11df-8d23-00144feabdc0，dwp_uuid＝1d202fd8-c061-11dd-9559-000077b07658.html＞.

Hawken，P. (1994). *The Ecology of Commerce：A Declaration of Sustainability*. New York：Harper Business.

Krieger，L. & Harroch，R. D. (2000). *Poker for Dummies*. IDG Books.

My Hero Project：*Ray Anderson* (1998). ＜http://www.myhero.com/go/hero.asp? hero＝randerson＞.

Nidumolu，R.，Prajalad，C. K. & Rangaswami，M. R. (2009). "Why Sustainability Is Now the Key Driver of Innovation," *Harvard Business Review*. ＜http://hbr.org/2009/09/why-sustainability-is-now-the-key-driver-of-innovation/ar/1＞.

WBCSD (World Business Council for Sustainable Development) (2010). *Vision 2050：The New Agenda for Business*. Switzerland：WBCSD.

37　第三代企业

Stuart L. Hart

市场和贸易的出现可以追溯到人类起源时期。正如 John McMillan 在他的著作《重塑市集》中指出的，进行商业活动仿佛是人类基因的一部分。诚然，自有历史记载以来，人类就为了互利共赢而进行贸易和互换。市场和集市已蓬勃发展了数千年。货币的出现更促进了这一现象，也使得价值的交换变得更加容易（MacMillan 2002）。

而企业则是近代社会的产物，其出现时期距今大约 500 年。资本主义概念的兴起就更接近现代了，其在 19 世纪中叶初露端倪（Braudel 1992）。历史上企业的变革经历了两个重要阶段，而目前，第三个阶段也开始兴起了（见图 37.1）。文艺复兴时期，作为殖民侵略和征服的一种工具，出现了"特许的"企业。过多的索取、贪婪和腐败导致了它最终的消亡。第二个阶段时，于 19 世纪形成的工业企业，在内战后的美国被拟人化，是 19 世纪末和 20 世纪的资本主义爆发的导火索。

然而，过多的索取、贪婪和腐败似乎再一次侵蚀了企业界。随着逐渐增加的环境破坏和日趋严重的社会不公，我们看到了在 21 世纪兴起的第三代企业的轮廓——可持续发展的企业。随着第三代企业的到来，或许我们也在见证着一个更加包容的资本主义的开始。在回顾最初两个阶段的企业之后，本章将重点考虑第三代企业的前景，包括一些与这个新兴领域相关的重要研究问题。

37.1　企业发展家谱

13 世纪初，在欧洲城镇中，封建制度开始给新的公司和商业让路。事实上，14 世纪到 15 世纪，"自由民"茁壮成长，"商人"为了获得丰富的资源，开始向海外版图起航。然而，贵族们却被无形的手铐束缚住了，因为他们的财富与

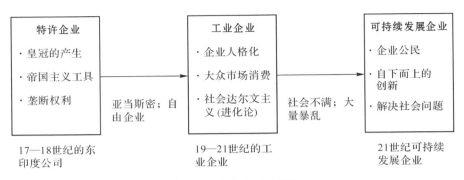

图 37.1　企业的三代历程

他们在封建时代所积累下的土地紧密相连。通过圈地和贩卖土地（从而将农村中的农民连根拔起，迫使他们进入工资劳动力市场），统治阶层的贵族，连同最成功的商人一起，建立了一种新的投资工具——公司。通过为被动参与提供有限的合伙关系，贵族们在其所拥有的土地之外，终于又找到了一种扩大投资的方式（Rushkoff 2009）。

因此，第一代公司是由君王特许的贸易公司，与价值交换和市场交易的进行几乎没有关系。通过对有限责任和股份所有权的巧妙运用，君王可以给那些对自己最忠诚的商人赋权，例如一些殖民地和产业的永久垄断控制权。作为对合法的、强制执行的垄断权利交换，君王们获得了远超他们进行其他任何投资的收益（Robins 2006）。

16 世纪到 17 世纪出现了数十家大型贸易公司，例如英国的商人冒险家、荷兰的联合东印度公司以及法国的东印度公司。北美曾经被弗吉尼亚公司和哈德逊湾公司等贸易公司殖民统治（Nace 2005）。然而，真正改变世界的公司是在 1600 年成立的英国东印度公司：它开创了公司所有权中的股东模式，为现代企业管理奠定了基础。他们一心追求利润，该公司和其管理人员统治亚洲市场超过 200 年。然而，该公司的过激行为和对人类的压迫也骇人听闻（Robins 2006）。

18 世纪末期，许多该时期的主要领导人都谴责特许经营企业的做法。亚当·斯密、埃德蒙·伯克和卡尔·马克思对他们的批评尽管原因各不相同，但是意见都一致，表达了对这种专横的、压迫性的商业形式的不满。如亚当·斯密认为企业是市场自由化最大的敌人之一，他的著作也很清楚地反映了这一点。事实上，美国革命本身更多的是小型商人反对特许经营的跨国企业对市场的垄断，而非简单意义上的对英国殖民统治的反抗（Zinn 2003）。

为了确保公司不会主导"生活、自由以及追求幸福",开国元勋们大幅地限制了公司在独立后美国的势力和范围:公司只可由州(而非联邦政府)特许经营;公司除了赚钱之外,要在社会中起到一定的示范作用(例如修建一座桥),且只能在特定的时间段内存在。像亚当·斯密一样,先驱们讨厌大公司,构想了一个由小型企业和农场主所组成的自由公司系统,不受大规模的、远程运行的垄断者的阻碍(Korten 1999)。

19世纪早期,特许企业已经日薄西山。一种新的公司形式,即工业企业开始兴起,其在规模、范围和全球影响力方面都大大超越了它的前辈。然而,值得一提的是,当时很少有人能够看清这种公司形式的到来。比如亚当·斯密和卡尔·马克思,都没有能够预见复兴的企业可以成为占主导地位的机构,他们二人主要都是受当时英国情况的影响:所有大型的特许公司都分崩离析,而且英国的工业革命在相当简单的制度形式下繁荣发展,例如家庭企业、合伙企业和非法人公司(Rushkoff 2009)。

在美国,公司也经历了复苏,但在19世纪上半叶,国家特许系统的主要作用是防止像英国东印度公司那样的大型企业出现。然而,从19世纪50年代开始,为新兴铁路公司工作的政治说客开始向各自的州议会索取特权。一开始,宾夕法尼亚铁路公司说服了宾夕法尼亚州立法机关放宽了对一个公司拥有另一个公司股票的长期禁止。内战过后,统一战争英雄Tom Scott得以使用这一异议来实现其对全国铁路系统的愿景。运用控股公司这一形式,Scott购买了几个小型铁路公司的控股权,大多是在南部和西部地区(Nace 2005)。

在富有争议的1876年Rutherford B. Hayes和Samuel Tilden参加的总统选举中,Scott成为关键的权力经纪人,决定了选举结果。共和党海耶斯Hayes被最高法院大法官和国会议员的特别委员会选举为美国总统,这一事件在后来被称为"1877年的妥协"。为了换取南部选民的选票以及出于对Scott统一南方铁路这一计划的默许,海耶斯Hayes同意撤回南方剩余的联邦部队,南方老旧的设施得以重建,也接纳了以佃农和剥夺黑人权利为主的种族隔离系统(Painter 1987)。

在之后的30年里,通过一系列的法院判决,对公司的法律限制被逐步淘汰。到世纪之交,法人组织成为一种敷衍的形式,对企业寿命的限制也已经被去除,公司可以自由收购合并其他的公司,公司还可以向其他州扩展,只要它们自己认为合适即可。但最意味深长的或许是在1886年,最高法院在圣克拉克县对南太平洋铁路公司官司的决议报告中的一句双关语,公司被赋予了"人格"的权利。根据美国宪法的第十四次修正案,要保证昔日奴隶的公民权利,同时,企业律师可以将"人"运用到对公司的描述中去。这使得公司具有了和美国公民一样的"正当程序"和"平等保护"的权利(Nace 2005)。

这些种种变化,导致了"镀金时代"的开始,以及大型铁路、钢铁、石油公司还有以"强盗大亨"为首的金融信托的兴起,这些强盗大亨如杰·古尔德、安德鲁·卡内基、约翰·洛克菲勒以及 J. P. 摩根(Morris 2005)。与第一代的特许公司相似的是,建立这些巨型信托是为了限制竞争,获得垄断权利。然而,镀金时代的大亨们,研究出了社会达尔文主义,以此来说服人民:他们只是达尔文生存斗争理论中的赢家(Trachtenberg 2007)。其结果就是第二代工业企业快速兴起以及大众市场和消费经济的产生。事实上,在 19 世纪下半叶到 20 世纪初期,诞生了那些留存至今的标志性企业,例如通用电气、福特汽车公司、宝洁等。

经济史学家卡尔·波兰尼将这一时期称作"大转型"(Polanyi 1944)。在 19 世纪之前,经济活动被"嵌入"在更大的社会中,服从于政治、宗教和社会关系。然而,随着 19 世纪后期"资本主义"制度的出现,经济开始逐渐剥离,服从市场利益,这不可避免地导致了社会的反弹和叛乱的发生,以此来保护社会免受市场过度的侵害,波兰尼称之为"双重运动"。因此,这段时期内的劳工运动、先验论、共产主义运动以及无政府主义者的出现,都不是巧合。暴动、罢工、爆炸和暗杀随处可见。

西奥多·罗斯福制定的劳工保护政策以及 20 世纪早期的"改革论者",可以被视作为了能够让资本主义制度继续运行而采取的必要的姑息措施;他们着手解决燃眉之急,但却没有从根本上对资本主义结构做出改变。第一次世界大战将工业化国家的注意力从这些根本问题上转移开来。战争结束后,随着"咆哮的 20 年代"经济又重回过剩的状态,随后 1929 年经济体系塌陷并出现了"大萧条"(Hofstadter 1955)。

15 年之久的萧条之后,二战随之而来。富兰克林·罗斯福的改革成效显著,纠正了一些与镀金时代相关联的基本失衡。二战后的美国开始重返繁荣,成为世界经济中占主导地位的力量。美国企业是美国能够成功的关键之一:"对通用电气公司有利的也将对整个美国有利"是当时的口号。弗里德里希·哈耶克是美国市场自由主义的不懈推动者,直接激励了那些有影响力的追随者,如米尔顿·弗里德曼、玛格丽特·撒切尔和罗纳德·里根(Hayek 1944)。

然而,如我们所见,那些与工业企业模式相关的未解决的问题会在 20 世纪 60 年代重现。对环境污染、社会不公以及最重要的全球贫困和不平等等问题的关注日益增加,预示着第三代"可持续发展"企业的崛起。

37.2　第三代企业的崛起

正如第一代特许企业在最终退出历史舞台前所产生的反弹,如今,第二代工业企业也在经历着相同的负隅顽抗,并终将走向他们主导地位的终结。事实上,我相信我们距离下一个起始于 20 世纪 60 年代环境运动的"大转型"还有 40 多年的时间。50 年后,我们的后代就会像我们现在反思 20 世纪工业企业模式的兴起一样,回顾我们现在所处的时代。我不想重新审视过去 40 年的转型之路,因为很多学者已经很好地完成了这一任务(Hart 2010;Hoffman 2001)。我将尝试阐明逐步衰退的第二代和正在兴起的第三代企业形式之间的显著区别(见表 37.1)。每个特征都将被深入讨论,同时还会讨论每个特征的相关研究问题。

表 37.1　企业模式比较

工业企业	可持续发展企业
渐进的;持续的改进	破坏性的;改变游戏规则
集中化的;规模经济驱动	分布式的;探索规模不经济性
非嵌入式;蹂躏现有的社会—文化传统	嵌入式的;基于自然传统与知识进行企业构建
外源性的;出于恐惧或金钱	内源性的;出于意义和目的
精炼的;实践零和思维	包容性的;打破利益相关者间的权衡

表现得像一个破坏者

考虑到大多数清洁技术对现有第二代企业的战略而言都具有破坏性,向环境友好的可持续企业转变意味着学习像一个破坏者一样进行思考和行动(Christensen 1997)。这意味着对下一代的清洁技术进行小规模的试验,从底层来发展这些技术,而不是自上而下继续依靠大规模解决方案(Hart 2011)。工业企业致力于限制竞争,并维护他们自身作为老牌经营者所建立起来的行业地位;而第三代企业则集中精力创造未来,而非巩固现有的统治权力。

因此,未来的关键研究问题包括:企业活动在"利用"现有的与"探索"新的市场和技术这两方面活动比重应该是多少(见 Ehrenfeld 本手册[第 33 章])?生态效率相关技能和那些破坏性的清洁技术商品化如何不同?现有的工业企业有能力采取破坏性行为吗?或者他们需要放弃现在的领域而去创业吗(见

Lenox & York 本手册[第 4 章])?

分布式解决方案

工业企业模型是基于高固定成本、资本集约的商业模式,以大规模的集中生产为核心。然而,在过去的几十年里,传统的"越大越好"的理念受到了冲击。分散式的能源利用、点对点的水处理和医疗技术展现出了一种"规模不经济"——规模越小,越高效。因此,第三代企业采用这些战略和技术有可能会摧毁现有等级制度,绕过腐败的政府和制度,迎来资本主义的全新时代,为全球 67 亿人带来广泛好处(Hart 2010)。处在"金字塔底层"的 40 亿每天收入少于 4 美元的贫困人口,他们所在的地方正是培育这些未来技术的理想场所,因为他们不会为了现有的集中式基础设施而竞争(Hart & Christensen 2002)。

因此未来的关键研究问题包括:以规模经济为前提的工业企业能否转型关注小规模的分散的战略? 新的正式系统、指标和措施能否确保这种转变的发生? 与西方发达国家现有的大型企业相比,发展中国家新兴市场中的企业是否更有可能在分布式技术和商业模式方面实现"飞跃"?

重新将企业融入社会

和它的工业前辈们不同,第三代企业正在探寻尊重当地文化和自然多样性的全面的解决方案。这意味着要与当地社区进行"深入的对话",共同打造"深植于"当地文化的商业模式。这样的公司会把其服务的社区当作合作伙伴与同事,而不是单纯的"消费者"。这种观念的转变要求配合以新的"本土能力",来达到在全球效率、地方响应以及大多数公司已经具备的学习转化方面的竞争力(Simanis & Hart 2009)。

因此,未来的关键研究问题包括:对工业企业来说,何种方式是获得这种新能力的最佳方式? 这种"接地气"的技能可以被传授,还是需要通过"干中学"? 现有的企业雇员能够应对这一挑战,还是我们必须在公司外部去寻找具备必要动机和技能的人员和组织? 在不使人偏离其职业轨道的情况下,我们怎样激励人们应对这一挑战?

在实现目的的过程中创造意义

长久以来的观点认为,企业的最终目的是将投资者的利益最大化。然而,利益的最大化并不是一个目标,而是一个产出结果。事实上,现在人们越来越清楚地认识到,利益最大化的最好方法就是不将其作为主要目标(Mackey 2009)。利润就像幸福:是其他事情的附属产品,例如很强的愿望、有意义的工作以及深厚的关系等。那些过分关注自己幸福的人通常是自我陶醉者,并大多以不幸收场。因此,第三代企业能够理解你通过做一些有益的事情来赚钱,而不是以其他的方式。首先,你使自己的目的变得有意义,而后金钱会随之而来(Mourkogiannis 2006)。

因此一些未来的关键研究问题包括:在企业内部,怎样才能激发出强烈的目的意识?目的可以自上而下"传达",还是这种意识也必须要由组织内部人员的集体愿望产生?怎样将"人力资源管理"重新概念化来囊括全人类的发展?受强烈社会目的所驱使的企业,其表现能否胜过那些具有传统金融或商业使命目标的企业表现?

通过包容性的资本主义打破权衡

说实话,金融和社会表现两者之间没有内在冲突。因此,第三代企业有意识地去推翻具有"权衡"心态的暴政。其关键是要学会联合优化所有利益相关者的需求和欲望,而不是使某一个利益相关者的地位高于其他所有人(Freeman 1984)。奇怪的是,这样的企业可以发展具有竞争力的卓越战略,获得优质的财务回报,如一个可持续企业的定义(Sisodia et al. 2007)。经验教训是:掠夺性贷款者和庞氏骗局的执行者们奉行"打了就跑"策略,在短期内可以获得巨额的财富,他们忽视甚至伤害了其他利益相关者。但最终恶性循环的结果会在他们身上展现。而对长期繁荣更感兴趣的可持续企业,会学着去满足所有的利益相关者。

因此,未来的关键研究问题包括:利益相关者能否有效地被纳入到一个企业战略的发展中?是否可能将所有利益相关者的利益联系到一起,使其可以相辅相成,而不是为了各自的利益去竞争?一个公司应该怎样去衡量"利益相关者的价值"(这包括企业为所有利益相关者创造的总价值)?公司创造更多的利益相关者价值,会使得该公司的表现一直优于那些纯粹为财务利益而存在的公司表现吗?

37.3　结　论

当今的许多企业转而向政府寻求解决方案,而第三代企业可能是我们"可持续"未来的最大希望,包括可持续经济、可持续社会和可持续环境。越来越多的公司是全球规模的,这让它们非常适合于应对跨边界问题和国际挑战。比如一些跨国企业已经开始采取行动来解决气候变化(例如美国气候行动伙伴)、海洋渔业的衰退(例如海洋管理委员会)、可持续发展(例如世界可持续发展工商理事会),这些都绝不是偶然的。

更为显著的是,第三代企业相比政府,在理解和应对新兴的社会需求方面,可能处在一个更好的位置。这并不是启蒙思想家所宣扬的广义、抽象的"公共利益",而是更为细小接地气的"细微"利益,落实到每一个人、家庭和社区(人类和自然)。毕竟"更加贴近客户"是企业世界的股票和贸易。

利益驱动可以促进(而非抑制)朝着全球可持续的方向转型,其中公民社会、政府以及多边机构都扮演着合作者和监督者的重要角色。通过大量的企业行动,我们可以开拓清洁技术的创新道路,同时迎接 40 亿处在"金字塔底层"的穷人参与到全球经济中来。

不幸的是,对第三代"可持续"企业兴起的研究才刚刚开始,只抓住了一些表面现象:迄今,大多数同行评审工作一直专注于生态效益议程,这将更注重和工业模式相比渐进式的改进,而不是去研究转型变革。原因何在?因为有大量的数据可供分析,这就导致了复杂的、定量的、假设检验的工作。然而,现阶段真正需要的是更有前景的行为研究工作,以此来推动现有的技术状态。正如我十年前所指出的那样,我们所要达到的"不仅仅是绿化"(Hart 1997)。在本手册最后部分的其他章节中,可以找到类似的呼吁。

事实上,由于清洁技术和"金字塔底层"战略在全球范围内得势,现在正是提高管理理论的最好时机。他们为解开可持续发展之谜提供了重要线索:"新一代"的技术将显著降低对环境的影响,为全人类实现资本主义梦想找到了一条创新的道路。

参考文献

Braudel, F. (1992). *The Wheels of Commerce*. Berkeley, CA: University of California Press.

Christensen, C. (1997). *The Innovator's Dilemma*. Boston, MA: Harvard Business School Publishing.

Freeman, E. (1984). *Strategic Management: A Stakeholder Approach*. Marchfield, MA: Pittman Publishing.

Hart, S. L. (1997). "Beyond Greening: Strategies for a Sustainable World," *Harvard Business Review*, January/February: 66—76.

——(2010). *Capitalism at the Crossroads*, 3rd edition. Upper Saddle River, NJ: Wharton School Publishing.

——(2011). "Taking the Green Leap," in London, T. & Hart, S. L. (eds.) *Next Generation Business Strategies for the Base of the Pyramid*. Upper Saddle River, NJ: Wharton

School Publishing.

——& Christensen, C. (2002). "The Great Leap: Driving Innovation from the Base of the Pyramid," *Sloan Management Review*, 44(1): 51—56.

Hayek, F. A. (1944). *The Road to Serfdom*. Chicago, IL: University of Chicago Press.

Hoffman, A. (2001). *From Heresy to Dogma*. Palo Alto, CA: Stanford University Press.

Hofstadter, R. (1955). *The Age of Reform*. New York: Vintage Books.

Korten, D. (1999). *The Post-Corporate World*. San Francisco: Berrett-Koehler.

Mackey, J. (2009). "Creating a New Paradigm for Business," in Strong, M. (ed.) *Be the Solution: How Entrepreneurs and Conscious Capitalists Can Solve All the World's Problems*. Hoboken, NJ: John Wiley & Sons.

MacMillan, J. (2002). *Reinventing the Bazaar: A Natural History of Markets*. New York: W. W. Norton.

Morris, C. (2005). *The Tycoons*. New York: Owl Books.

Mourkogiannis, N. (2006). *Purpose: The Starting Point of Great Companies*. New York: Palgrave-MacMillan.

Nace, T. (2005). *Gangs of America: The Rise of Corporate Power and the Disabling of Democracy*. San Francisco: Berrett-Koehler.

Painter, N. I. (1987). *Standing at Armageddon*. New York: W. W. Norton.

Polanyi, K. (1944). *The Great Transformation*. Boston, MA: Beacon Press.

Robins, N. (2006). *The Corporation that Changed the World: How the East India Company Shaped the Modern Multinational*. Hyderabad: Orient Longman.

Rushkoff, D. (2009). *Life Inc: How the World Became a Corporation and How to Take It Back*. New York: Random House.

Simanis, E. & Hart, S. (2009). "Innovation from the Inside-Out," *Sloan Management Review*, Summer: 77—86.

Sisodia, R., Sheth, J. & Wolfe, D. (2007). *Firms of Endearment*. Upper Saddle River, NJ: Wharton School Publishing.

Trachtenberg, A. (2007). *The Incorporation of America*. New York: Hill and Wang.

Zinn, H. (2003). *A People's History of the United States*. New York: HarperCollins.

38   资本主义批判:企业与自然和谐的系统局限性

Thomas N. Gladwin

他们一直陷于奇怪的矛盾之中:决定不作决定,决心不下决心,坚决犹豫不决,坚定不移地动摇,竭尽全力无所作为……由于过去的疏忽,面对最直白的警告,我们已经进入一个危险时期。这个拖沓的时代,这个三心二意的时代,这个迷惑人心的延缓的权宜之计的时代即将结束。而我们将承受其后果……我们无法逃避,我们正在其中。

温斯顿·丘吉尔,1936 年 11 月 12 日

在"现代环境主义"差不多 50 年后,情况变得怎么样了呢? Paul Hawken,商业与自然环境领域的领导人物之一,总结道,"(地球上)的每个生命系统正在退化并且退化的速度在加快。这有点令人难以置信,但在过去的 30 年中没有任何一篇发表的论文可以驳斥这一说法"(Hawken 2009:1)。过去的半个世纪中,环境知识、技术、法规、教育、认知和组织呈现里程碑式的指数化增长,但是没有一个能减少关于地球命运的吓人的科学预警。

比如,联合国《千年生态系统评估报告》(2005)总结了在过去的 50 年中支撑生命的近 2/3 的生态系统服务在退化或以不可持续的方式被使用,并警告了地球生态系统维持后代的能力并非如理所当然的那样。联合国环境项目报告《全球环境展望 CEO-4》(United Nations Environment Programme 2007)也同样表明了对自然系统持续的、系统性的和难以解决的破坏给人类带来严重的威胁。斯德哥尔摩应变中心的科学家们由大气层中二氧化碳的积累、生态多样性的丢失、排入生物圈和海洋中的氮/磷断定,人类已经超过了地球维持自我调节能力的安全"星球边界",导致突发不可逆环境变化的风险(Rockstrom et al. 2009)。世界自然野生动物基金会计算得出人类掠夺自然生物产物资源和排放二氧化碳的速度超过了自然再生和再吸收速度的50％(2010)。这种过量可以追溯到高收入资本主义国家的能源和物质生产量的增长。

38.1 商业与自然环境领域的现状

正如本手册文献综述中所提的,商业和自然环境领域实质上已经认识到全球环境危机的影响程度、严重性、持久性、复杂性及指数化加速或转型的紧迫性(例外请见本手册第8和第9篇的章节内容)。为什么会这样呢? 这个领域与环境科学脱节了吗? 还是知识创造的基础仅仅是简化论、实证论、经验论、相对论、理性主义和客观主义? 还是传统经济学使其认为有效的资源配置是唯一重要的目标,与承载能力相关的公平分配和最优产量是可以被忽略的? 这个领域是否将复杂的道德和伦理问题撇在了一边?

商业与自然环境领域无视自然的承载生命能力消失的部分原因在于,该领域以减少带给自然的"负担"来衡量企业环境绩效,而并不衡量这些负担对受影响系统的健康、健全和恢复力的影响。这在工业生态学领域尤为普遍(Lifset & Boons 本手册[第17章];Buhr & Gray 本手册[第23章])。企业的环境卓越性开始意味着相比过去或竞争者对环境的损害更小,通常表示为产出或销售额的百分比(Ehrenfeld 本手册[第33章]及 Roome 本手册[第34章]中关于把"绿色化"当作减少不可持续性而非创造真正可持续性的批判)。这个领域并没有用如生态经济学领域公布的那些绝对的生态可持续规范、规则或标准来评价企业行为(见 Daly & Farley 2004)。

还有一个忽视事情如何糟糕的可能理由是该领域偏爱积极的变化,但是结果却是边际化的。它不太关心抵制变革的力量和真正改变企业行为的亲环境力量的无效性。为什么对大多数首席执行官来说,环境并非首要问题,或者说70％的大公司并没有很积极地投资可持续发展,将其融入业务实践中(Elkington & Love 本手册[第36章])? 为什么美国股市90％的资产并不是被有社会责任感的投资者拥有或影响(Bauer & Derwall 本手册[第25章])? 为什么传统的管理会计系统缺乏环境方面的信息? 为什么只有3％的跨国企业发布社会和环境报告(Buhr & Gray 本手册[第23章])? 为什么几乎不可能从这些报告中判断这些机构是否促进了生态可持续发展或社会公正(Gray & Herremans 本手册[第22章])? 为什么公司财务报告中关于环境方面的披露如此之少(Cho et al. 本手册[第24章])? 为何投资者和分析家到现在都还没有因为企业忽视气候风险而对其做出惩罚(Bertrand & Sinclair-Desgagné 本手册[第 26 章])? 为什么现在真正的绿色消费如此之少(Devinney 本手册[第 21 章];Gershoff & Irwin 本手册[第 20 章])? 为何有如此多的漂绿行为(Forbes & Jermier 本手册[第 30 章];Scammon & Mish 本手册[第 19 章])? 为什么没有可持续发展的商业或金融案例(Buhr & Gray 本手册[第 23 章];Russo & Minto 本手册[第 2 章])? 这些作者注意到这些残酷的现实(都告诉我们至今环境压力对改变商业世界和金融/消费者市场的影响非常有限)但并没有进行验证,一般都用快速地回归来解释有限的正向偏差而不是压倒性的负面阻力。

White(2009:1)写道:"根本的问题是环境保护主义者并不擅长提问,更别说回答问题了:为什么是这样,自然世界的破坏发生了?"我认为在商业与自然环境领域也存在同样的问题。一些章节(Lounsbury et al. 本手册[第 12 章];Buhr & Gray 本手册[第 23 章];Banerjee 本手册[第 31 章])表明这个领域开始挖掘产生企业与自然不和谐的难以观察到的系统性因素。这有助于发现根源而不是症状、系统性的而非零碎的诊断、真正有效而不是治标不治本的解决方案。在当前系统的表面上寻找肤浅的答案,而不是探寻表面下的建设全新且功能更强大的系统必需的转型变革。哲学家 Wilber(1995:73)告诉我们,世界问题的解决方案只有在我们愿意"转变观点,深化认知,应对阻力,拥抱更深更广的内容"时才会出现。

本章的剩余部分提出让商业与自然环境领域的成员思考,是否基于市场的资本主义是导致全球环境危机的主要原因,它是否也是阻碍这一危机解决的主要"黑暗"力量。尤其是盎格鲁—撒克逊形式的资本主义,其特征是相对不受约束的市场交易、上市公司、高机构持股、以股东而非利益相关者价值创造为驱动力。这并非一场知性之旅。传统的商业与自然环境领域明确或含蓄地认为,只有资本主义才能使商业与环境关系变得有意义。但如果现代资本主义在根本上和本质上不可弥补地是由造成生态破坏的一套互相加强的强制性规则、操作指南和生存必要条件所驱动的,又会如何[见 Mander(1991)和 Bakan(2004)关于这一主题的研讨成果]?

任何一种资本主义形式,过度、瑕疵、失灵、矛盾和不稳定,几十年来已成为社会主义者、反对技术进步者、马克思主义者和宗教批判的话题。生态方面的批评源于现代环保主义的兴起(如 Rachel Carson 在她的 1962 年著作《寂静的春天》中所控诉的 DDT 和化学工业)。马克思主义学者则声称资本主义使得社会进化与生态进化相对立(Bookchin 1980),造成了脆弱的地球(Foster

1999），是真正的"自然的敌人"（Kovel 2002）。主流环保主义者认为，当代资本主义是"人类发展中追求财务利润但并不可持续的异常行为"（Hawken et al. 1999：5），"与可持续发展格格不入"（Porritt 2005：67），根本上"无法实现环境的可持续发展"（Speth 2008：63）。

商业与自然环境领域已经构建了自己的理论和假设，收集数据并在当代自由资本市场的框架内提供评估。资本主义的逻辑无所不在，影响、渗入和构成与该领域有关的假设。该领域的评判标准也参照资本主义指标（如盈利能力、竞争优势、收入增长等），而不是可持续发展的生态标准或是公平的伦理标准。我认为，作为唯一意义建构内容的资本主义的空头偏离了该领域，严重低估了外部性和其他市场失灵的重要性，阻止可持续发展的惯性力量，试图改变环境行为的机构的企业控制权，以及忽视被剥离的当前行为对子孙后代福祉和自然其他部分的影响。资本主义锁定也导致了过分夸大环境创业和绿色消费的潜能、技术手段的能力和来自非监管的自愿方法和基于市场的环保主义的收获。以下让我们思考关于资本主义代表了生态破坏的根本原因和过渡到可持续未来的阻力的六种论点。

论点一：资本主义要求生产能力的增长

经济史学家就经济增长是资本主义"无法抵抗的激情"这一观点上达成一致。Baumol（2002：1）提出："资本主义经济可以被视为主要产物是经济增长的机器。事实上，它在这方面的有效性是无法比拟的。"经济增长的正统派观点认为，人口结构的转换会稳定人口数量，通过创造就业机会和"垂滴"效应缓解贫困，通过"水涨船高"减少不平等，以及通过提高收入进而清洁环境的方式来提升环境等。支持这些观点的证据相当混乱。然而，所有的机制（如工人、消费者、公共机构、非营利组织、投资者等）都协同演化并依赖资本主义增长机制。这就造成了这样一种困局：系统层面的经济增长造成环境的不可持续发展，但不增长又会给社会和经济造成破坏和痛苦（Jackson 2009）。

在企业层面，关于资本家"发展或毁灭"的戒条有普遍的共识，Mander（1996：322）将其形容为"不可动摇、不可摧毁、贪婪的"。增长有着不同的用途，用来应对下降的利润率，维持营利性（反之又是持续增长的必要条件），实现成本下降的规模经济，支持创新活动，投资新工厂、设备和库存，应对市场新进入者的威胁，证明高层管理者薪资增长的合理性，避免破产风险，为投资者提供超额收益率，支付债务的利息，并持续增加决定股价、市值和分红的预期收益。Hawken（2007：134）声称企业"由于资本市场和全球化的融合需要比以前更快地增长；否则，他们会受到惩罚甚至破产"。

受到政府和消费者的支持，势在必行的资本主义增长促使世界商品与服务的总消费额从 1960 年的 4.9 万亿美元增长到 2006 年的 30.9 万亿美元（按 2008 年的美元当量计算），这段时间人均消费支出翻了三番（Assadourian 2010:4）。与之相伴的是，通过去物质化和替代品使用，高收入国家中单位 GDP 资源和能源消耗显著下降，所有迹象都表明产出的增长大大超过了效率的提高（Speth 2008）。在可持续发展道路上将能源和物质产出与经济增长脱钩一直是个谜："有关资本主义的效率倾向会允许我们稳定气候、保护稀缺资源的假设简直就是妄想。那些想把脱钩当作从增长困境中脱离出来的人，要好好地分析一下历史的迹象和增长的基本算数"（Jackson 2009:57）。

或许我们时代最大的困境在于，尽管地球上数十亿贫困人口希望同时也需要扩大消费，而且到 2050 年还会新增 20 亿人口，但是我们目前的消费水平已经超过了自然的承载能力。世界自然野生动物基金会声称，20 世纪 80 年代人类对可再生生态服务的消费就已经超过了地球再生的能力，导致人类进入了超量的状态（World Wildlife Fund For Nature 2010）。超过 80% 的世界人口生活在超过生态承受能力的地区。比如，过半的美国再生资源的消费依靠于地球上其他地区生态承载力生产的产品和服务，国内资源开发的速度超过了再生的速度，温室气体排放进入全球大气层中（World Wildlife Fund For Nature 2010）。当前世界最大的资本主义经济就是那些最入不敷出的国家。

Bookchin（1990:93-94），自由社会主义和生态思想的鼻祖，警告道，"在资本主义市场经济下谈论'增长的限制'是毫无意义的，就如同在武士社会谈论极限……资本主义不能'被劝说'去限制增长，如同人类无法'被劝说'不呼吸。由于资本主义无限增长的本质，让资本主义成为'绿色'资本主义和变得生态化的尝试注定失败"。

论点二：资本主义要求成本和风险的外部化

商人 Robert Monks 认为，企业是"外部化的机器，就像鲨鱼是杀人机器一样……这不是恶意或意愿的问题；企业具备一些特征，鲨鱼具备一些特征，那些特征使得他们能够做好他们被设计时的初衷"（Bakan 2004:70）。为了最小化运营成本而最大化负外部性或溢出效应是资本主义提高效率和利润的核心，尤其在激烈的竞争面前。正如 Grieder（2003:39）解释道："资本主义的逻辑灵活而完整，自我持续且具有前瞻性。除了一个较大缺陷：原则上，它并没有考虑社会利益。企业的资产负债表无法确认不是它自己的成本，没有理由也没有办法计算自己造成但是由他人支付的未来负债。事实上这一动机适得其反。如果管理者外部化它真实的运营成本，企业反而会得到更多回报和更高股价。"

有关企业和产业倾向外部化其环境和社会成本的理论多种多样且仍未发展完善。我们期望更高的成本和风险外部化与"利益导向型"动机（Kapp 1950）及竞争压力强度相一致。寻求高收益可能受到利润下降、市场份额丢失、股价下跌、新竞争者进入、消费者对降价的要求等因素影响。动态复杂性为成本外部化提供了更多机遇，在时间和空间上分离了因果；累积的、间接的、协同的环境影响使得索赔或归责更加困难；供应链更长和更不透明；过度进行的时空贴现；利用共同财产或开源资源；定义含糊不清、无保障的或不存在的财产权利；消费者、投资者和监管机构对环境和社会副作用关注的缺失；以及获得不正当补贴、税收减免和各国政府放松管制的难易程度。

在显著负外部性存在的情况下，自由市场上的价格无法反映生态和社会的现实。缺乏有关资源和资源破坏的正确标记会扭曲私人成本收益的计算，导致过度开发，对风险的错误定价，以及对生态系统服务的节约、保护和恢复的投资不足。最大的问题是：负外部性在目前的资本主义经济中有什么样的重要性？新古典经济学家一般认为它们不是很重要，可以不考虑，他们的研究着重于计算驾驶、飞行、计算、供电、消费肉类等的隐形成本，但是显示结果却不是如此。比如，美国国家研究理事会（US National Research Council 2009）保守估计美国 2005 年化石能源生产和使用的隐形成本超过了 1200 亿美元。如果包括所有的外部生命周期成本（如环境破坏、气候变化造成的影响、政府补贴、经济成本、军事和安全成本、基础设施成本等），美国石油消耗的总外部成本估计超过每年 10000 亿美元，这意味着内化这些成本的能源税大概是每加仑汽油 3～4 美元（Victoria Transport Policy Institute 2010）。

论点三：资本主义要求政治俘获和监管俘获

Speth（2008：62-63）警告美国可持续发展的进程被阻碍，他提出了大量的政治批评："华盛顿政府蹒跚而行，金钱腐败，为经济利益服务，只关注选举周期的短期利益，而且其指导来自无活力的环境政治、不知情的公众，以及寥寥无几的环境公开讨论"。美国民主治理的削弱，也许有很多原因，但企业对政治和监管直接和间接的干涉首当其冲。目前这种干涉的动机和机制已被很好地理解："因为团体或个人在政策的结果或监管决策上有重大利益，需要通过监管干涉来达到他们想要的政策效果，而对于公众而言，由于每个人受到的结果影响很小，因此他们会完全忽略（Laffont & Tirole 1991）。"

2008 年企业利益集团花费了 28 亿美元来游说华盛顿的政策制定者和监管者(占所有联邦游说费用的 86％) (Assadourian 2010:14)。游说国会的总费用从 1998 年的 14.4 亿美元上升到 2009 年的 34.9 亿美元,有近 14000 名正式注册的游说家穿梭在联邦政府大楼里。非正式估计,总的游说者有 35000 人,也就是说每个国会议员都有 38 名游说者(Speth 2008:162)。这些游说者的工作就是为获得有利的税收待遇和贷款、采购合同、贷款担保、补贴、监管削减、对国外进口实行关税、以及其他很多形式的"企业福利"。他们还阻止新法案或更严厉法案的实施,使得这些法案"很难实行,总是有各种有目的的漏洞延缓其生效"(Greider 2003:32)。

2008 年,企业利益集团捐赠了 39 亿美元赞助联邦政治办公室候选人,占总政治献金的 71％(Assadourian 2010:13-14)。越来越多的研究表明,企业政治献金、游说的努力和政治联系深刻地影响了政府资源的分配,并为企业股东带来了正的价值。除了游说和政治献金,隐含的"解决门路"让企业高管游走在立法、监管、游说、咨询和私人部门职位之间,这也导致了高级政策制定者和监管者"在意识形态和社会制度上被俘获"(Davidoff 2010)。

资本主义的政府俘获受到企业能力影响,这种企业能力是企业控制和操纵全社会参与者对持续增长、消费主义和去监管化的心理倾向的能力。也许该领域最大的问题在于媒体所有权的一体化,导致少数的媒体集团控制了世界上过半的信息网络。批评家认为,这使得企业控制了市民每天的所见所闻,使得媒体倾向于亲商主义;极右化政治观点和哗众取宠而不是进行严肃的新闻工作;依靠公共关系和出版发布作为新闻;服务于广告商的超级重商主义;而且远离无偏见的独立的新闻报道(McChesney 2008)。其他破坏真理、独立性和责任的深度俘获机制包括从工业到学术界的加速渗透,对慈善机构的大量捐赠,旨在平息批评、获得"清白"的专业协会和研究机构。

论点四：资本主义要求去全球化

全球化包含大量的文化、政治、法律、技术和军事等多个方面,此处的重点是以跨国贸易、外国直接投资和金融资本形式的经济全球化。尽管之前世界见证了经济全球化的浪潮,但当前的经济全球化"重要性、深度和发展步伐史无前例"(Young et al. 2006:30)。国际货币基金组织估计贸易价值占世界国内生产总值(GWP)的比值从 1980 年的 42％上升到 2007 年的 62％,外国投资占世界(GWP)的比重从 1980 年的 6.5％上升到 2006 年的 32％,跨国银行贷款和其他形式的金融债券价值量占世界 GWP 的百分比从 1980 年的 10％激增至 2006 年的 48%（IMF 2008）。这些增长大大超过了近年来全世界产出的增长速度，增长的主要原因是跨国机构连接了高收入国家的市场和相对较少的一些新兴的中等收入国家的市场。

马克思主义者很早就提出资本积累必然会导致资本主义空间上和"帝国式"的扩展（Harvey 2007）。尽管该主题吸引了大量学术兴趣，这种扩展对环境可持续发展的影响仍很有争议（Christmann & Taylor 本手册[第 3 章]）。这是因为伴随着共同导致全球化的批评者和支持者之间的"聋子对话"意识形态的教条主义和范式的差异，可持续发展情形极其复杂。经济全球化直接或间接影响环境的途径成百上千，有正面的也有负面的影响。

支持负面影响的观点各异，并与资本主义的其他命令相互作用。Gladwin（1998）认为全球化带来了如下的结果：专业化分工带来经济效率的提高以及基于国际交换的相互依赖性使得价格更低、产出扩大和经济增长速度更快；为开发世界上剩余的未被开发或未被充分利用的自然资本提供途径，必然加速其消耗；高收入国家通过占用其他国家的生态承载力来维持他们入不敷出的生活，造成超量；通过宣扬物质享乐主义的价值观和行为以及全球儿童生活商业化来提倡资源集约型生活方式；促使环境外部性的产生和替代；通过国际货运加速生物入侵；以物质集约型、大规模的、单一文化、出口导向型的工业化农业系统代替小规模农场经营；物理上将生产与环境成本的消费、扩散责任和义务分离；通过降低标准的竞争以及限制单个政府监管企业行为、再次分配收入、资助社会项目和实施更严格环境标准的能力，诱发环境和社会的"底层竞争"。这些全球化的负面影响如何与正面影响相平衡，就不得而知。

论点五：资本主义要求金融短视

金融化，现代资本主义的长期趋势，主要指："金融动机、金融市场、金融参与者和金融机构在国内和国际经济运作中的作用越来越重要"（Epstein 2005:3）。Bresser-Pereira（2010:8-9）认为，当代金融化资本主义的三个核心特征是："首先，证券化和衍生品促进金融工具的增加，带来世界范围内流动的金融资产的总价值剧增；其次，随着虚拟金融财富的大量创造促进资本主义食利者发展，造成实体经济和金融经济的分离；最后，金融机构利润率的增加，尤其提高了它们支付大量红利给那些能增加资本借贷的金融交易人的能力"。

金融在资本主义制度中支配地位的原因不尽相同：20 世纪 70 年代的滞胀和利润率的下跌；20 世纪 80 年代早期的金融去监管化，全球的资本自由流动，投资银行与商业银行的混业经营，以及信息和通信技术革新。因此世界金融资产的全部价值——包括股票、私募和公募债以及银行存款——从 1980 年的 12 万亿美元(相当于全球 GWP 的 120％)上升到 2007 年的 196 万亿美元(相当于全球 GWP 或实体财富的 359％)(McKinsey Global Institute 2008)。全世界"社会责任投资"只有 4 万亿(Social Investment Forum Foundation 2010),这表明全世界只有 2％的金融资产投资通过社会环境和治理标准的正向和负向影响进行筛选。

　　其他数据也表明金融化的惊人增长(Epstein 2005)。美国证券交易额从 1970 年的 1360 亿美元增加到 2000 年的 14.2 万亿美元。美国家庭所拥有的这些股票比重从 1950 年的 92％下降到 2008 年的 24％,控制权转移到大型养老基金、共同基金和其他金融机构的手中。结果,基于内在价值的长期投资变成基于股价的短期投机(股价的变动范围从 20 世纪 50 年代和 60 年代间的 20％～30％扩大到 2008 年的 300％)。美国信用债市场的规模从 1973 年全国 GDP 的 1.6 倍扩展到 2007 年 GDP 的 3.5 倍。每年全球外汇交易占世界贸易量的比值从 1973 年的 2∶1 上升到 2004 年的 90∶1。金融机构对美国 GDP 的贡献占比从 1950 年的 11％增加到 2005 年的 20％。美国金融机构的税前利润占企业总利润的比例从 20 世纪 60 年代的平均 14％提高到在 2000—2006 年间的 37％。

　　Korten (2009:43,137)认为,资本主义的金融化形成了"不受控制的脱节的金融系统,造成投机、资产泡沫、掠夺企业资产和掠夺性借贷……我们的道德破产系统只对自己负责,脱离现实,完全受个人主义的贪婪驱动"。在宏观层面,金融化饱受诟病,包括巨大的不安全因素、专家的误导、信任的退化、财富集中、全球金融不稳定、政治权力的集中以及民主的腐败,所有均不利于可持续发展(Johnson & Kwak 2010)。

　　在企业层面,金融价值成为主要的机构和组织设计的准则(Froud & Williams 2000)。金融资本"狂躁的逻辑",不断地搜寻更高和更快的市场回报,被记为股东财富最大化的优势(尤其对于内部人和机构投资者来说)和当代非金融企业决策中的短期效益主义(Dore 2008),这使得管理动机转变为提高企业股票价格和市盈率,而不是增加公司的内在价值(Bogle 2005)。非金融企业的收益不断向金融市场中以利息、股息支付和股票回购形式的收益转变,伴随着非金融企业在短期流动金融资产和金融子公司自有投资产生的收入增长(Krippner 2005),这些在理论上造成了固定资产投资率、研发支出和非金融创新的下降。所有这些都不利于可持续性的长期投资。

论点六:资本主义要求不受监管

Polanyi (1944:73)在他的著作《伟大的转变》中警告道,"让市场机制成为人类命运和自然环境唯一的主导者……会导致社会破坏"。很明显所有资本主义的诚命相互强化,但他们的基础都是新自由主义的政治经济哲学。正如 Monbiot (2007:1)描述的,"新自由主义声称最大化的市场自由和最小化的政府干涉是最好的办法。政府的角色就是创造和维护市场,保护私人财产和保卫国土。其他功能最好由私人企业执行,他们在利益的驱动下会提供基本的服务。这样的话,企业自由了,理性的决策可以做出,而且市民也摆脱了政府不人性化的管制"。面对 20 世纪 70 年代的滞胀,回归到第一次世界大战前的经济自由主义成为工业和金融资本家的共同任务以"重建资本主义积累的条件,恢复经济精英的权利"(Harvey 2005:19)。20 世纪 80 年代英国保守派"撒切尔主义"和美国"里根经济政策"的兴起,都促进了市场原教旨主义重回主导地位。

新自由主义成了"华盛顿共识"的思想基础。华盛顿共识是国际货币基金组织、世界银行和美国财政部关于能最好地促进发展政策的共识,它强调精减政府、去管制、国有资源私有化、消除贸易壁垒、经济向出口导向型转变以赚取外汇支付债务、资本市场自由化、竞争性汇率、从紧的货币控制以及限制工资增长(Williamson 1990)。这些条件作为 20 世纪 80—90 年代结构性调整中担保贷款增加的代价强加给了发展中国家。该共识致力于提高经济效率,根据 Stiglitz (2006:17)的说法,该共识"较少关注平等、就业和竞争问题……过多地强调 GDP 增长,而不是其他影响生活水平的问题,且不关心可持续发展,不关心增长是否是经济、社会、政治或环境可持续的"。

尽管对共识的信心下降,新自由主义仍是影响当今世界的主流思想。批评家 George (1999:2-3)把该影响力归功于其支持者的智慧,让新自由主义看上去"似乎是人类自然的和标准的状态……对我们来说这是唯一的经济社会秩序……世界主要的宗教,有其教条学说、神父、立法机构,而最重要的是,处置胆敢争夺真理的异教徒和罪人的地狱"。

鉴于新自由主义多方面的特点,与其他资本主义倾向的紧密联系,以及对本地、区域和全球直接和间接影响的综合结果,评价这一世俗宗教的影响非常困难。Liverman & Vilas (2006:331,356)仔细研究了新自由主义对拉丁美洲环境的影响,发现很少有证据能证明新自由主义政策下环境受到了更好的保护,政策的影响很大程度上取决于"历史和地方背景"。国际地球之友

(Friends of the Earth International 2000:7)更大胆地断言,新自由主义"助长了不考虑社会和环境代价地追求利益的行为。它造成国内和国家之间不平等的加剧;资源和权力掌握在越来越少的少数人手中的集中性导致民主的退化;经济、社会、政治的排斥;经济的不稳定性;自然资源开发的速度不断加快;生态和文化多样性的丢失。它阻碍了适合当地的可持续商业系统的维持和发展"。

争论的焦点围绕着新自由主义造成的监管责任落到地方后的收益与成本;森林、水源、生态多样性等国有、州有或公有财产资源的私有化和商品化;从指挥控制型的监管向自由市场环境主义转变,而对于新自由主义的国家财政和行政资源对环境保护的大幅缩减所带来的后果倒没有太多争议。Judis(2010:1-4)报告称,奥巴马总统之前的三位新自由主义共和党前任都削弱或破坏了国家环境监管机构,让企业经理、公司律师和游说者来担任相关机构的负责人;削减监管部门的预算;并通过强调成本而不是收益来推动成本效益分析作为放松管制。Kennedy (2004)报告称,乔治·布什政府退回了300多项美国环境法案;撤销了对数百万英亩的公共用地、湿地和水域的保护;压制、清除、并惩罚政府环境科学家;并以前所未有的方式操纵、压制和歪曲一切不符合企业利益的科学。

38.2   资本主义诫命的互相强化

企业为了生存必须遵守的现代资本主义运行规则严重限制了企业与生活整体环境深度和谐的可能性。正如本手册所揭示的,主流的商业与自然环境领域研究严重忽视了这种限制。理解资本主义诫命的互相作用创造了一个强大的自我强化系统是很重要的。所有这些规则的相互依赖为资本主义扩张和维持主导地位减少了限制,或者说增加了可能。例如,利润的增长和积累的消费激情促进了全球化、商品化、消费主义以及基于扩张指标的全社会激励机制。政治的企业主导确保了放松商业自由化管制,并从责任和义务中解放出来,因此增加了成本外化,特别是通过全球供应链带来的成本外化的可能性。这种转变降低了成本和价格,因此促进了精英消费增长和加速自然资本清算。金融化催生了通过信贷和对更快和更高利润的过分要求带来的增长,以及财富和权力的集中,这又反过来增加了精英的政治参与和影响力,进而确保更多利润私有化和损失社会化,永无止境。

当前资本主义系统循环强化的强度和广度表明,旨在系统变革的部分或表面的干预措施会受到相当大的"政策阻力"(如:由于对这些干预的系统防御反应而被推迟、被削弱或被击败的可能性）。资本主义制度下的行为，产生的情况主要来源于基本而有力的精神方面。这表明只针对改变行为（如我们通过开明的领导者或减少广告来解决这个问题），或针对改良环境（如我们通过再分配和环境恢复来解决）的干预，其影响是有限的。如果随着所有问题有了答案后，对增长的迷恋仍然不变，那么即使是体制变革的干预（如我们通过用可持续发展代替增长指标或提高能源税），其价值也是有限的。除非我们从根本上改变想法，否则我们不可能对不可持续发展的资本主义有重大改变。最后，由于系统强大的自我强化本质，我们相信实质性的变革不太可能从系统内部产生，而必须从外部开始。Mander（1991：137）建议"我们必须抛弃企业可以自我改革的想法。让企业高管采取道德上合理行为的想法是荒诞的。企业，包括企业中的人，所遵循的逻辑系统不可避免地导致支配行为。让企业不这样行动就如同让军队信奉和平主义"。

38.3 资本主义改革和商业与自然环境领域

Keynes（1933：239）在一战后声称，"我们所处的衰落的、国际化的、利己主义的资本主义……并不成功。它不明智，不美丽，不公正，不高尚，同时，它也不促进货物流通。简而言之，我们讨厌它，我们开始鄙视它。但当我们思考用什么来代替它时，我们会极度困惑"。

关于资本主义改革的评估，焦点在于改革是否能够使其真正全程服务于一个可持续的未来，由原先的完全不可能，到很有希望如此。悲观主义者断言，现代资本主义被权力失衡、吸毒成瘾、盲目追星、冷漠、动力、恶性、锁定、合理化以及背弃所包围，资本主义深陷其中，很难接受实质的改变。从这种角度出发，资本主义是从根本上无法修补的，并将继续吞噬自然，直到毁灭其自身存在的基础，从而引发一场生态社会主义革命（Magdoff & Foster 2010）。

许多其他人驳斥这一悲观的理论，坚信资本主义一定可以被重塑，达到一个可持续的未来。对后当代资本主义的生活愿景并不缺乏。充满激情的、创造性的和令人振奋的未来画卷已经展开，将未来可能的生态、整个地球、深层的稳定的状态、本土化的、恢复性的、共赢的、参与型的经济都囊括其中（这些愿景的回顾，参见 Speth 2008）。这些经济体的完全不同的基本价值观（例如公平、多样性、团结、相互依存、责任感、关爱等）使得设想真正的民主、自然、共同性保护以及资本主义道德品质的多样性成为可能（Porritt 2005）。这些鼓舞人心的设想都见长于对现代资本主义中的自然和社会疾病的诊断和未来可持续经济的准则,但是欠缺于能够带来人类意识深远变化和实现可持续系统所需要的权力再分配方面的实用战略和机制。

"我们已经进入了一个阶段,充满危险……和后果",1936 年,当纳粹在集结和部署他们的权利时,丘吉尔如是警告道(参见本章开头的引用)。同样的警告适用于当今商业与自然环境领域,因为对全球环境的摧毁和破坏的证据历历在目。地球需要一个新的操作系统来大量减少由现有的资本主义所引发的破坏性的产量增长、成本外部化、政治捕获、全球恶化、金融短视以及监管最小化。该领域是否愿意接受这个巨大的挑战,并将其作为自身的核心目标呢?如果该领域真正和坚决地执行生态神学家 Berlry(2000)所说的"伟大的事业",即促进人与地球间关系的共同强化,那么该领域要如何演化呢?它前进的方向是什么?它将做什么去发现、构造新的可持续操作系统,并确保人们接受它?我相信,只要我们更深入地研究生物物理、社会政治和道德精神领域,答案自然会显现。

可持续经济系统的许多操作指南都是由"仿生"得来的,基于数十亿年进化而来的智慧,将自然当作模型、度量和导师。"有意识地效仿,也正是生命的天才之处,"生物学家 Benyus(1997:2)如是说。他指出,依靠太阳能而非化石能源、循环利用而非浪费、再生而非清理、地方上自力更生而不依赖全球化、充裕而不过剩、注重弹性而非效率、寻求质量上的提升而非数量上的扩张,这些都是生命天才之处的具体表现。商业与自然环境领域必须熟练地通过生物学、生态学和热力学法则等这些关键因素来分析商业的影响,而不是关注资本增长、盈利能力、市场份额以及竞争优势指标等这一系列导致生态破坏的方面。

商业与自然环境领域也必须上升到 Harich(2010:1)所提出的意义深远的问题的高度:"尽管已经有了超过 30 年的巨大努力,为什么人类还是不能解决环境的可持续问题?"Harich 认为,抗拒改变的力量已经使得倾向于改变的力量和解决这个问题的潜在动力变得不堪重负。更加注重系统性变革的阻力会推动这一领域往更深的社会政治科学领域发展,这些社会学和政治科学侧重于文化转型、权力结构、公民社会、民主的扭曲、社会陷阱以及所有前面所回顾到的资本主义"深度捕捉"的迫切需要。在组织层面上,更加扩大转型变革的关注需要更加注重改变领导力、同盟构建、合作伙伴关系和联盟、开源、预防实验、组织内创业、危机的作用、退出和进入壁垒的强度等。

核心上,商业与自然环境领域的学者们必须开始提出与对这个星球上生命支持系统毫无节制的破坏相关的深刻道德问题。他们必须提出在道德层面上,商业亏欠人类后代什么,亏欠那些正在被剥夺的、易受伤害的、居住在这个星球上的数十亿其他物种什么。该领域必须为对与错、好与坏提供一个公正的标准。它还必须分配责任和道德义务，要求牺牲，并规范地关注应该关注的事物。没有对生命的敬畏、对创作的关注以及对苦难的同情，这个领域将会失去它的心和灵魂。这必将导致根本的变革。1532 年，Niccolo Machiavelli 在他的著作《君王论》中说道："没有什么事比带头树立新秩序更难接手，更加冒险，也更加难以确定其是否能够成功。"商业与自然环境领域准备好迎接这一挑战了吗？

参考文献

Assadourian, E. (2010). "The Rise and Fall of Consumer Cultures," in Starke, L. & Mastny, L. (eds.) *2010 State of the World: Transforming Cultures*. New York: W. W. Norton, 3—20.

Bakan, J. (2004). *The Corporation: The Pathological Pursuit of Profit and Power*. New York: Free Press.

Baumol, W. (2002). *The Free Market Innovation Machine: Analyzing the Growth Miracle of Capitalism*. Princeton, NJ: Princeton University Press.

Benyus, J. M. (1997). *Biomimicry: Innovation Inspired by Nature*. New York: William Morrow and Company.

Berry, T. (2000). *The Great Work: Our Way into the Future*. New York: Harmony Books.

Bogle, J. C. (2005). *The Battle for the Soul of Capitalism*. New Haven: Yale University Press.

Bookchin, M. (1980). *Toward an Ecological Society*. Montreal: Black Rose Books.

——(1990). *Remaking Society: Pathways to a Green Future*. Montreal: Black Rose Books.

Bresser-pereira, L. (2010). "The Global Financial Crisis and a New Capitalism," Levy Economics Institute Working Paper 592, viewed on November 17, 2010, <http://www. levy. org>.

Carson, R. (1962). *Silent Spring*. Boston: Houghton Mifflin Co.

Cooper, M., Gulen, H. & Ovtchinnikov, A. (2010). "Corporate Political Contributions and Stock Returns," *The Journal of Finance*, 65(2): 687—724.

Daly, H. E. & Farley, J. (2004). *Ecological Economics: Principles and Applications*. Washington, DC: Island Press.

Davidoff, S. M. (2010). "The Government's Elite and Regulatory Capture," *The New York Times*, June 11, 2010, viewed on November 17, 2010, <http://dealbook. blogs. nytimes. com/2010/06/11the-governments-elite-and-regulatory-capture/>.

Dore, R. (2008). "Financialization of the Global Economy," *Industrial and Corporate Change*, 17(6): 1097—1112.

Epstein, G. (ed.) (2005). *Financialization and the World Economy*. Northhampton, MA: Edward Elgar Publishers.

Foster, J. B. (1999). *The Vulnerable Planet: A Short History of the Environment*. New York: Monthly Review Press.

Friends of the Earth International (2000). *Towards Sustainable Economies: Challenging*

Neoliberal Economic Globalization，December 2000，viewed on November 17，2010，<http:// www. foei. org/en/resource/trade/archive/1_Dec_Summm_full. html/>.

Froud，J. & Williams，K.（2000）. "Shareholder Value and Financialization：Consultancy Promises and Management Motives," *Economy and Society*，29(1)：80—110.

George，S.（1999）. *A Short History of Neoliberalism：Twenty Years of Elite Economics and Emerging Opportunities for Structural Change*，viewed on November 17，2010，< http://www. glo-balexchange. org/campaigns/econ101/neo-liberalism. html>.

Gladwin，T. N.（1998）. "Economic Globalization and Ecological Sustainability：Searching for Truth and Reconciliation," in Roome，N.（ed.）*Sustainability Strategies for Industry*. Washington，DC：Island Press.

Grieder，W.（2003）. *The Soul of Capitalism*. New York：Simon and Schuster.

Hawken，P.（2007）. *Blessed Unrest*. New York：Viking Penquin.

——(2009). *University of Portland Commencement Address to the Class of* 2009，viewed on November 17，2010，<http://www. up. edu/ commencemnet/default. aspx? cid = 9456 & pid=3144>.

——Lovins，A. & Lovins，L. H.（1999）. *Natural Capitalism：Creating the Next Industrial Revolution*. Boston：Little，Brown and Company.

Harich，J.（2010）. "Change Resistance as the Crux of the Environmental Sustainability Problem," *Systems Dynamics Review*，26(1)：35—72.

Harvey，D.（2005）. *A Brief History of Neoliberalism*. Oxford：Oxford University Press.

——(2007). *The Limits to Capital*. London：Verso Books.

International Monetary Fund Staff（2008）. *Globalization：A Brief Overview*，viewed on November 17，2010，<http://www. imf. org/external/np/exr/ib/2008/ 053008. htm>.

Jackson，T.（2009）. *Prosperity Without Growth：The Transition to a Sustainable Economy*. London：U. K. Sustainable Development Commission.

Johnson，S. & Kwak，J.（2010）. *13 Bankers：The Wall Street Takeover and the Next Financial Meltdown*. New York：Random House.

Judis，J. B.（2010）. "The Quiet Revolution," *The New Republic*，February 1，2010，viewed on November 17，2010，< http://www. tnr. com/print/article/politics/the-quiet-revolution/>.

Kapp，K. W.（1950）. *The Social Costs of Private Enterprise*. Cambridge，MA：Harvard University Press.

Kennedy，Jr.，R. F.（2004）. *Crimes Against Nature*. New York：Harper Collins.

Keynes，J. M.（1933）. "National Self-Sufficiency," *The Yale Review*，21(4)：Section 3/III.

Korten，D. C.（2009）. *Agenda for a New Economy：From Phantom Wealth to Real Wealth*. San Francisco：Berret-Koehler.

Kovel，J.（2002）. *The Enemy of Nature：The End of Capitalism or the End of the World*. London：Zed Books.

Krippner，G.（2005）. "The Financialization of the American Economy," *Socio-Economic Review*，3(2)：173—208.

Laffont，J. J. & Tirole，J.（1991）. "The Politics of Government Decision Making. A Theory of Regulatory Capture," *Quarterly Journal of Economics*，106(4)：1089—1127.

Liverman，D. & Vilas，S.（2006）. "Neoliberalism and the Environment in Latin America," *Annual Review of Environmental Resources*，31：327—363.

McChesney，R.（2008）. *The Political Economy of Media*. New York：Monthly Review Press.

McKinsey Global Institute (2008). *Mapping Global Capital Markets: Fifth Annual Report*. San Francisco: McKinsey and Company.

Magdoff, F. & Foster, J. B. (2010). "What Every Environmentalist Needs to Know About Capitalism," *Monthly Review*, March: 1—18.

Mander, J. (1991). *In the Absence of the Sacred*. San Francisco: Sierra Club Books.

——(1996). "The Rules of Corporate Behavior," in Mander, J. & Goldsmith, E. (eds.) *The Case Against the Global Economy*. San Francisco: Sierra Club Books, 309—322.

Millenium Ecosystem Assessment (2005). *Ecosystems and Human Well-Being: Synthesis*. Washington, DC: Island Press.

Monbiot, G. (2007). "How Did We Get Into This Mess," *The Guardian*, August 28, 2007, viewed on November 17, 2010, <http://www.monbiot.com/archives/2007/08/28/how-did-we-get-into-this-mess/>.

Polanyi, K. (1944). *The Great Transformation*. Boston: Beacon.

Porritt, J. (2005). *Capitalism as if the World Matters*. London: Earthscan.

Rockstom, J. et al. (2009). "A Safe Operating Space for Humanity," *Nature*, 461(24): 472—475.

Social Investment Forum Foundation (2010). *Report on Socially Responsible Investing: Trends in the United States*. Washington, DC: Social Investment Forum.

Speth, J. G. (2008). *The Bridge at the Edge of the World: Capitalism, the Environment, and Crossing from Crisis to Sustainability*. New Haven: Yale University Press.

Stiglitz, J. E. (2006). *Making Globalization Work*. New York: W. W. Norton.

United Nations Environment Programme (2007). *The Global Environment Outlook: Environment for Development* [GEO-4]. Nairobi: UNEP.

US National Research Council (2009). *Hidden Costs of Energy: Unpriced Consequences of Energy Production and Use*. Washington, DC: National Acadamies Press.

Victoria Transport Policy Institute (2010). *Resource Consumption External Costs*. June 30, 2010, viewed on November 17, 2010, <www.vtpi.org/tca/tca0512.pdf>.

White, C. (2009). "The Barbaric Heart: Capitalism and the Crisiws of Nature," *Orion Magazine* (May—June 2009), viewed on November 17, 2010, <http://orionmagazine.org./index.php/articles/article/4680/>.

Wilber, K. (1995). *Sex, Ecology and Spirituality: The Spirit of Evolution*. Boston: Shambhala Publications.

Willamson, J. (1990). *Latin American Adjustment: How Much has Happened?* Washington, DC: Institute for International Economics.

World Wildlife Fund For Nature (2010). *Living Planet Report 2010: Biodiversity, Biocapacity and Development*. Gland, Switzerland: WWF.

Young, O. Berkhout, F., Gallopin, G., Janssen, M., Ostrom, E. & Vanderleeuw, S. (2006). "The Globalization of Socio-Ecological Systems: An Agenda for Scientific Research," *Global Environmental Change*, 16(3): 304—316.